ALEMAÑ BERENGUER

Pensamiento científico
Cómo se construye la ciencia

GUADALMAZÁN

GUADALMAZÁN • COLECCIÓN DIVULGACIÓN CIENTÍFICA
Edición de BIBIANA GARCÍA y ANTONIO CUESTA

www.editorialguadalmazan.com
guadalmazan@almuzaralibros.com

TALENBOOK, S.L.
C/ Cervantes, 26 · 28014 · Madrid

Imprime: LIBERDÚPLEX
ISBN: 978-84-19414-52-6
Depósito Legal: M-7736-2025
Hecho e impreso en España - *Made and printed in Spain*

Para Yaqut,
porque nunca debes olvidar que la única
fuerza invencible es la de la razón.

Índice

Prólogo 11

INTRODUCCIÓN. CIENCIA Y CULTURA 15
    El significado de la Ciencia 17
    El caso de Ernesto Sábato 20
    El cientificismo 24
    Estructura de la obra 27
1. EXISTO, LUEGO PIENSO 31
    El acontecimiento clave de la historia 32
    Ciencia y filosofía 35
    Los siglos xix y xx 41
    Contra la racionalidad científica 45
    Los cimientos filosóficos de la investigación científica 49
    ¿Y las matemáticas? 60
2. EL PENSAMIENTO CIENTÍFICO 65
    Campos de investigación científica 69
    Problemas directos y problemas inversos 71
    Del problema a la hipótesis 76
    Leyes y modelos 79
    La construcción de una teoría 84
    La explicación científica 89
    Objetividad, subjetividad e intersubjetividad 95
    Alcance y límites del conocimiento científico 100
3. ENFRENTARSE A LOS HECHOS 107
    Azares y errores 113
    Indicadores, entre la teoría y la experiencia 122
    Los aparatos de medición y sus controversias 125
    Mediciones, medidas y unidades 128
    Evaluación estadística 131
    El significado de la probabilidad 136
    Cuando las perturbaciones son beneficiosas 141
    De la teoría a la práctica 145

4. EL CAMBIO EN LA CIENCIA 149
   La Revolución Científica de los siglos XVI-XVII 153
   Las «revoluciones científicas» de Kuhn.................................... 159
   Los irracionalistas.. 164
   Refutación y verificación 168
   Los programas de investigación de Lakatos 171
   Y la nave va 175
   Una mirada a la trastienda... 179
   ¿Refutadas o arrumbadas?... 183
5. LOS SILLARES DEL CONOCIMIENTO 187
   Leyes de conservación y simetrías.. 191
   Espacios de estados y ecuaciones de evolución....................... 195
   Principios variacionales 199
   Caos y autoorganización 201
   Complejidad e información.. 206
   Propiedades emergentes.. 209
   Redes de teorías y ciencias mixtas 215
6. ENTRE DOS INFINITOS 221
   Las convulsiones del siglo XX 225
   Electricidad, luz y energía 231
   De la Tierra al universo.. 234
   Química 241
   Ciencias de la Tierra... 246
7. LAS CIENCIAS DE LA VIDA 255
   Conocer y curar 257
   Donde la vista no alcanza... 259
   Bacterias y virus.. 262
   Del fijismo a la evolución... 266
   La era de Darwin... 271
   La odisea de la humanidad 276
   Más allá del neodarwinismo 280
   ¿Qué es la vida?... 284
   La biología como ciencia 288
   Biología teórica 292
   La larga sombra de la evolución 295
8. CEREBROS Y MENTES 299
   Los dos rumbos de la psicología.. 304
   Dualismo y monismo.. 309
   Tendencias en el siglo XX 313
   El estudio científico del cerebro.. 316
   De la cartografía cerebral al conectoma................................... 320
   La conciencia del yo 325
   La mente humana en acción... 331
   Inteligencia, memoria y emociones 336
   ¿Está el sexo en el cerebro?... 339
   ¿Es la psicología una ciencia?... 342

9. HUMANISMO Y CIENCIA.. 347
    El choque de las dos culturas 349
    Las guerras de la ciencia y el escándalo Sokal................... 352
    La imagen popular del científico.................................. 358
    ¿Por qué en Occidente?.. 365
10. UNA MIRADA CIENTÍFICA A LA SOCIEDAD....................... 371
    La lingüística como ciencia.. 374
    ¿Hacia dónde va la historia? 379
    Del «anti-Marx» a la cliometría................................... 383
    Antropología, la ciencia de la humanidad........................ 386
    Sociología: vivir en comunidad 391
    La sociedad como sistema 395
    Fenómenos y leyes sociales.. 399
    La realidad como construcción social............................. 406
    Sociología de la ciencia.. 412
11. ECONOMÍA, POLÍTICA Y DESARROLLO.......................... 417
    El amanecer de la economía 419
    La respuesta socialista... 427
    Contrarrevolución en economía 431
    Camino a la Gran Depresión....................................... 435
    Del estado del bienestar a la globalización....................... 439
    Neoliberalismo y clases sociales................................... 442
    ¿Leyes de la economía? 446
    Economía, política y la «gran ciencia».............................. 451
    Politología, la ciencia de la ciudadanía........................... 454
12. TÉCNICAS Y TECNOLOGÍAS 459
    De la herramienta a la máquina................................... 462
    Combustión y electricidad... 466
    Materiales y radiaciones 472
    Microelectrónica y computación 476
    Cibernética y robótica... 480
    Los intelectuales y la técnica 485
    Técnicas que no lo parecen 490
13. PSEUDOCIENCIAS.. 497
    Falacias sobre el mundo físico 500
    Biología engañosa 505
    Pseudoterapias 510
    Pseudociencias sociales 514
    Hablando de economía... 518
14. CIENCIA Y CIVILIZACIÓN 527
    Ciencia y religión 531
    La sociedad científica: política, información y energía 537
    El espejismo del crecimiento infinito............................. 543
    Contaminación, esa amenaza silenciosa 547
    Cultura, ciencia y civilización 551

Bibliografía.. 557

Prólogo

Esta es una ocasión de celebración. Rafael Alemañ-Berenguer, conocido tanto por sus obras científicas y filosóficas académicas como por sus trabajos de divulgación, nos ha brindado un libro excepcional. Su título, *Pensamiento científico*, encierra una profundidad que quizá no todos los lectores perciban en una primera lectura. Podemos hablar de muchos tipos de pensamiento: político, religioso, económico, artístico, militar, filosófico y, por supuesto, científico. Quisiera comenzar apelando al concepto sociológico de «capital cultural» y presentar la obra de Alemañ-Berenguer como un auténtico tesoro del capital cultural científico, que nos protege de caer en mitos y ficciones anticientíficas o pseudocientíficas, al tiempo que nos brinda un valioso arsenal para comprender los fenómenos que nos rodean.

Lo que Ortega y Gasset denominaba la «barbarie del especialismo» —la tendencia a ser experto en un único campo del conocimiento y permanecer ignorante en los demás— es tan fragmentaria, parcial y reduccionista que resulta incapaz de contrarrestar los peligros derivados de la ausencia de cultura científica. Es urgente fomentar un pensamiento científico global que abarque los fundamentos de las ciencias naturales, sociales, biosociales y formales. Necesitamos una visión panorámica que, complementada por una sólida filosofía, nos proporcione un mapa para navegar un mundo lleno de falsedades, distorsiones y mitos. Y es justamente esa visión panorámica del pensamiento científico la que el lector encontrará en el presente libro de Alemañ-Berenguer. Como bien sabía Aristóteles, y como Alemañ-Berenguer nos recuerda desde las primeras páginas de este libro, no hay escapatoria racional de la filosofía. Es precisamente por esto que Alemañ-Berenguer nos advierte de la receta asegurada para el desastre epistémico: filósofos que no saben de ciencia y científicos que no saben de filosofía. En sus propias palabras: «Ante la desdeñosa condescendencia con que parte de los filósofos contemplan la ciencia —cuando no muestran una abierta militancia anticientífica—, la reacción antifilosófica de algunos científicos no ha resonado con menos estridencia».

Todo cartógrafo se enfrenta a una pregunta fundamental: ¿qué incluir en el mapa, con qué grado de detalle, y qué omitir o señalar de manera sucinta? Rafael Alemañ-Berenguer, sin duda, se vio ante un desafío similar al planificar los contenidos y la estructura de este libro. Para exponer los principales hitos del pensamiento científico, ¿en qué centrarse; hasta qué punto, y qué dejar fuera? Permítaseme adelantar al lector que, a pesar de la magnitud de este reto, Alemañ-Berenguer ha realizado un trabajo sobresaliente al identificar y analizar los grandes hitos científicos que, según él, deben constituir un sólido pensamiento científico.

El estilo y la forma de exposición de Alemañ-Berenguer son, además, admirables. Mientras que muchos libros de divulgación científica sacrifican rigor y profesionalismo en aras de la accesibilidad, Alemañ-Berenguer logra un equilibrio encomiable entre la difusión y el rigor científico, sin renunciar a ninguno de los dos. De esta forma, teorías científicas complejas y a menudo oscuras se explican con una claridad ejemplar, sin perder ni un ápice de rigor ni de enfoque pedagógico para los lectores no especializados. La estructura misma de *Pensamiento científico* es espléndida, combinando de manera admirable el enfoque histórico con el sistemático. Este libro representa, por tanto, una visión global de la cultura científica, jugando brillantemente con la unidad y la diversidad del conocimiento científico.

El pensamiento científico tiene además un poder descomunal para liberarnos de supersticiones y creencias sobrenaturalistas, ya sean estas milenarias o recientes. Un desconocimiento básico de física, biología y antropología cultural es lo que lleva a tantas personas a creer en fantasmas o «energías» ficticias de todo tipo, presentadas como naturales o sobrenaturales. Esto no significa que el pensamiento científico conduzca al ateísmo. La cuestión de si Dios existe o no, o si interviene de alguna manera en la historia humana, es eminentemente filosófica. Por ello, muchos teístas y deístas están formados en ciencias sociales. Sin embargo, lo que está claro es que, si son coherentes, sus creencias teístas han sido afectadas o depuradas por su cultura científica. Es decir, no creen como lo haría alguien que carece de esa formación científica.

De igual manera, un conocimiento básico de las falacias lógicas, los sesgos cognitivos y otros efectos psicológicos ayudaría a millones de personas a evitar ser manipuladas por todo tipo de noticias falsas, discursos populistas, bulos y propaganda amarillista. Un buen capital cultural científico nos protegería de caer en la manipulación de datos; en la confusión entre correlación y causalidad; en la memoria selectiva de los aciertos, y en otros mecanismos con los que tantos políticos, reporteros y líderes de opinión se benefician. La falta de comprensión básica en estadística, lógica y psicología social es lo que permite que políticos, medios de comunicación, documentales e intelectuales difundan, ya sea de forma consciente o inconsciente, caricaturas simplistas sobre sociedades o problemas culturales. La cultura científica es una herramienta poderosa para contrarrestar estas distorsiones y fomentar una sociedad más crítica e informada.

El pensamiento científico no solo nos previene de creer en mitos gratuitos y dogmas, también nos ofrece herramientas conceptuales, experimentales y pragmáticas imprescindibles para comprender todo tipo de realidades que nos rodean, desde las infecciones víricas, modas culturales y crisis financieras a los patrones de divorcio o de fracaso escolar de tal o cual país. Y, de nuevo, esta comprensión no es solo más rica y compleja que los mitos populares con los que, en ausencia de pensamiento científico, tendemos a explicar lo que nos rodea; lo crucial es que esta comprensión científica de las cosas está siempre sujeta (o, cuanto menos, debería estarlo) a la revisión, actualización y modificación constantes. Es por ello que el propio Rafael Alemañ-Berenguer en ningún momento presenta sus tesis y conclusiones como si estuvieran escritas en piedra; por el contrario, por firmes y sólidas que sean muchas de ellas, las presenta siempre sujetas a la revisión ante evidencias o argumentaciones más sólidas futuras. Es así como funciona el nervio crítico tanto de la buena ciencia como de la buena filosofía. Y es por ello también por lo que el presente libro de cultura científica tiene igualmente mucho de buena cultura filosófica.

La divulgación científica de calidad tiene el poder de exorcizar los demonios del oscurantismo y la ingenuidad dogmática tan comunes en la ciencia popular. Y si, como señalé al inicio de este prólogo y Rafael Alemañ-Berenguer nos recuerda desde las primeras páginas de este libro, existe un círculo virtuoso entre la buena ciencia y la buena filosofía, no es menos cierto que también hay un peligroso círculo vicioso entre la ciencia popular y la filosofía mundana; ambas se retroalimentan.

Como señalé anteriormente, el que conoce mal la realidad que le rodea la evalúa de modo incorrecto. Esto a menudo lleva a acciones peligrosas para uno mismo o los demás. El pensamiento científico fundamental es esencial para tomar decisiones informadas en muchos ámbitos de la vida, desde la salud personal hasta las políticas de desarrollo sostenible. La falta de conocimientos científicos lleva a la toma de decisiones basada en emociones, supersticiones o desinformación, lo cual puede tener consecuencias desastrosas. Pues bien, el presente libro es una magnífica herramienta para detener la sinergia entre ignorancia científica global, filosofía mundana y peligrosos sistemas de evaluación y acción. Como tal, cualquier lego en cultura científica global debería guardar este libro como un tesoro, a la vez que lo recomienda a amigos y conocidos ayunos en un capital cultural científico que vaya más allá de lo que Ortega denominaba la barbarie del especialismo. De nuevo, lo que está en juego no es la mera erudición, sino el porvenir de nuestras sociedades, inundadas de mitos y decisiones desastrosas.

No quisiera quitarle al lector más tiempo del estrictamente necesario. Le invito, pues, a pasar la página y comenzar la lectura de este maravilloso libro. Créanme, no se arrepentirán.

JAVIER PÉREZ JARA
Profesor de Filosofía de la Universidad de Sevilla

INTRODUCCIÓN
CIENCIA Y CULTURA

Vivimos sin duda en un mundo alimentado por los frutos de la ciencia y la técnica, un tópico no por repetido menos cierto. Y sorprende que, reconociendo esa realidad, la mayoría de los individuos admitan a la vez un desconocimiento casi absoluto de los principios básicos que sustentan esas ciencias de las cuales sus vidas dependen críticamente. Esa perplejidad se mezcla con una buena dosis de inquietud cuando comprobamos que la ignorancia en materias científicas básicas no solo resiste el baño de cultura típico de la educación secundaria, sino también la formación ofrecida en buena parte de los estudios superiores. Tan grave carencia en el bagaje intelectual facilita la labor de personas y organizaciones cuyos objetivos consisten en manipular las opiniones de un público mayoritariamente desprovisto de sentido crítico y hábitos de análisis racional.

Parece necesario dotar al ciudadano corriente de un pensamiento científico que le permita desenvolverse en unos tiempos en los que, cada vez más a menudo, necesitará formarse una opinión solvente sobre temas de los que dependerá su futuro inmediato. No se trata de que todas las personas se conviertan en copias actualizadas de los sabios renacentistas. Sería absurdo aspirar a que todos fuésemos especialistas en cualquier asunto que se nos presentase. Pero sí es cierto que necesitamos un equipaje conceptual mínimo para vérnoslas con cuestiones cuyas raíces no pueden descubrirse sin una comprensión global del funcionamiento de la naturaleza o de la sociedad.

Porque ahí reside la clave; no en atesorar un océano de conocimientos, sino en una acertada selección de los conceptos que pueden actuar como tablas de salvación a las que aferrarnos cuando la sinrazón amenaza con dominar el escenario. Aunque no seamos conscientes de ello, precisamos con urgencia un mapa intelectual que superponer a la realidad para orientarnos con un mínimo de garantías en un universo complejo y cambiante. Los hitos de ese mapa son las ideas básicas de la ciencia y la técnica, las verdades bien confirmadas a las que podemos asirnos en tiempos de zozobra.

Tal como un explorador sin brújula se extravía en un territorio desconocido, los seres humanos también pierden su camino sin puntos de referencia sólidos sobre los cuales construir su identidad. A esa tarea —no pequeña— debe dar satisfacción la cultura científica bien entendida, sin confundirse con la mera erudición. En efecto, por muy beneficioso que resulte ejercitar la memoria, una vasta acumulación de nombres y hechos no mejora por sí misma nuestro pensamiento científico; tan solo nos convierte en enciclopedias andantes. La habilidad de relacionar ideas y aplicarlas de manera óptima a cada situación concreta acaso sea un arte cultivado sin esfuerzo por individuos talentosos, pero no cabe duda de que también es una facultad susceptible de aprenderse y desarrollarse con la práctica.

Es de suponer que un propósito semejante tendrían en mente los autores de las leyes educativas que insertaron en España a comienzos del siglo XXI dos nuevas asignaturas en las enseñanzas oficiales. En 2007 los planes de estudio incluían por primera vez una nueva materia denominada Ciencias para el Mundo Contemporáneo, asignatura que siete años después —por obra de la enésima reforma legal— se convirtió en Cultura Científica, a su vez desdoblada con el mismo nombre en dos cursos académicos sucesivos, hasta su desaparición en 2022 a resultas de una nueva ley educativa. Pese a duplicar su presencia en el currículum, la voluntariedad de matricularse en estas dos asignaturas (Ciencias para el Mundo Contemporáneo debía ser cursada obligatoriamente por todos) disgustó a muchos educadores. A su juicio, se desperdiciaba una oportunidad muy conveniente para inculcar un verdadero espíritu científico en la totalidad de los estudiantes.

Sin desdeñar el peso de sus argumentos —que a buen seguro será considerable— cabe también preguntarse por la necesidad de una o dos asignaturas específicas destinadas a imbuir a los alumnos de unos hábitos mentales que supuestamente son ya imprescindibles para asignaturas cursadas con anterioridad o al mismo tiempo (física y química, biología y geología e, incluso, matemáticas y filosofía). En otras palabras, no se entiende bien por qué se necesitan asignaturas específicas para enseñar un estilo de pensamiento que presuntamente se halla en la base intelectual de otras materias, estas sí comunes y obligatorias.

Tal como nadie crea una colina amontonando piedras, la mentalidad científica no se alcanza con un mosaico de conocimientos, alicatando la mente del estudiante con retazos de múltiples asignaturas, por interesantes que estos sean. Se necesita una visión de conjunto, un marco general que organice y confiera un sentido colectivo a ese caudal de conocimientos suministrado por las asignaturas ordinarias. Y eso es precisamente lo que los actuales planes de estudio no ofrecen.

Naturalmente, el propósito de cualquier texto, como el presente, da por sentado que tiene sentido hablar de cultura científica. Algunos autores de gran renombre han puesto en duda, directa o indirectamente, este punto al señalar que cultura es aquello que distingue antropológicamente a unos grupos humanos de otros. En consecuencia, no cabe hablar de cultura universal, sino más bien de culturas particulares[1]. Esta es, sin duda, una posible perspectiva acerca de los fenómenos culturales, si bien no es la única ni tenemos que someternos necesariamente a ella. Es cierto que existen rasgos culturales particulares, como también los hay generales, basados en el simple hecho de que todos los seres humanos formamos parte de una misma humanidad. Y entre los rasgos principales de esa humanidad figuraría la aspiración al raciocinio como norma superior de una vida bien administrada.

EL SIGNIFICADO DE LA CIENCIA

El obstáculo principal nace del sentido de la palabra ciencia, que puede ser al menos triple y por ello se presta a confusión con gran facilidad. Su origen etimológico en la voz latina *scientia* significa «conocimiento» o «saber», especialmente el que se presenta de modo ordenado y sistemático. Esa es la primera acepción y sin duda la más popular de todas. La ciencia, así pues, sería un conjunto de conocimientos veraces y bien organizados de los que generalmente podemos extraer algún provecho práctico. Las asignaturas científicas en cualquier nivel de la enseñanza se nutren de estos contenidos, por lo cual no resulta extraño que la ciencia se identifique con un repertorio de saberes fehacientes sobre diversos ámbitos de la realidad.

---

1   Por ejemplo, Bueno (2004).

Esa suma de conocimientos forma la savia de los libros de texto con lo cuales se hallan familiarizados los estudiantes, ya sea para admirarlos o deplorarlos. Por eso no nos detendremos demasiado en ellos cuando llegue el momento de sobrevolar los logros intelectuales de las ciencias. Esos avances revisten la mayor importancia para el bienestar y desarrollo de la humanidad, pero no es este el lugar para exponerlos con cierto detalle al público en general; semejante tarea corresponde a los libros de divulgación. Aquí nos limitaremos a trazar el perfil de las ideas básicas, puesto que, en términos de cultura científica, nos concierne más el panorama general que la precisión en los matices. No obstante, los textos y autores que se mencionarán al paso del relato ofrecerán al lector inquieto la posibilidad de ampliar cualquiera de los temas que le atraigan.

El segundo significado, más allá de unos conocimientos concretos, se asocia con el método empleado para lograrlos. La ciencia, en este caso, se identifica con la idea de «método científico», no sin razón, ya que a través de ese método se consiguen los conocimientos que dan su primer significado a la palabra. La ciencia, en este caso, se equipara con un procedimiento reglado para adquirir cierto tipo de saberes de nivel superior, más poderosos y abarcadores que el mero sentido común. Por desgracia, no son pocas las presentaciones del método científico que lo presenta casi como la parodia de un recetario, un manual de instrucciones para desvelar los secretos del cosmos paso a paso, como quien monta uno de los muebles de cierta empresa nórdica.

La realidad es algo menos trivial que esa caricatura del investigador que se limita a observar una serie de fenómenos y automáticamente obtiene la ley que los rige. O la del individuo enfrascado en un laboratorio pendiente del experimento definitivo que confirmará o refutará lo que hasta entonces se tenía por cierto sobre alguna parcela del universo. Los eslabones entre una hipótesis científica y su contrastación empírica resultan más lejanos e indirectos de lo que sugieren las imágenes anteriores, no por legendarias menos populares.

Mención aparte merecen las diferencias en la aplicación del método científico a distintos campos de investigación. Junto a las características comunes, evidentes sin duda, encontramos también matices y detalles dispares según la disciplina científica en la que nos internemos. No deberíamos sorprendernos, ya que la diversidad de ángulos desde los que podemos apuntar al corazón de la realidad exige a menudo estrategias distintas de aproximación. Esta variedad de métodos particulares dentro de una matriz general espoleó la osadía de algunos autores, quienes llegaron a afirmar que no existe el método científico como tal y cualquier procedimiento debe considerarse válido.

La historia de la ciencia —aunque algunos autores lo nieguen— nos ilustra con patrones comunes en el comportamiento profesional de los investigadores que trataron de rasgar mediante la razón el velo de la naturaleza. La existencia de tales pautas permitió a Gerald Holton, físico e historiador de la ciencia en Harvard, identificar una serie de elementos comunes a su pensamiento —los *themata*— que actuarían como balizas o faros intelectuales, guiando a los investigadores en su elección de los mejores caminos a seguir. En la metodología científica, estos «núcleos temáticos», se revelarían en la preferencia de los científicos por plasmar el comportamiento del universo mediante leyes de conservación, principios de simetría o reglas de exclusión. Los trabajos de Holton sobre los *themata*, lejos del repudio metodológico de Feyerabend, han abierto nuevas sendas en la comprensión de la inventiva científica.

El último significado que se anuda a la palabra ciencia, sin duda es el más importante culturalmente hablando y a la vez suele ser el menos conocido, no solo por el público en general sino por los mismos científicos en particular. Por encima de los conocimientos que nos proporciona y del método que los engendra, la ciencia nos obsequia con una perspectiva única y privilegiada de la realidad, una manera de ver el mundo y relacionarse con él que abraza casi todos los aspectos de la existencia.

La realidad, como un paisaje, no puede contemplarse con propiedad sin una atalaya a la que encaramarse, esa posición de vigía que nos brinda la perspectiva científica. Estamos tratando, en suma, con una cosmovisión, una manera de enfrentarse e interpretar la realidad en su conjunto mediante una serie de hipótesis y supuestos muy generales cuya validez habrá de confrontarse con la práctica. Las suposiciones básicas de lo que podríamos denominar la «cosmovisión científica» conciernen a la constitución del universo, al modo de conocerlo e incluso a los valores morales que tal empeño comporta. La honestidad intelectual, la curiosidad razonada y la libre difusión de los descubrimientos deberían contarse entre tales normas de conducta.

La educación reglada de todos los niveles intenta inculcar un repertorio selecto de conocimientos científicos, con el fin de capacitar al estudiante para la vida profesional y —en menor medida— también para su vida privada. Muy raramente se insiste con cierta profundidad sobre las particularidades del método científico, pues los temarios oficiales suelen ser tan densos que apenas hay tiempo para insistir en los contenidos principales. Y prácticamente nunca se aborda el tercer aspecto relativo a la cosmovisión científica, esa perspectiva de la realidad que debiera basarse en una racionalidad sistemática, imaginación disciplinada, flexibilidad intelectual y exigencia de pruebas.

Muchos alumnos —gran parte de ellos muy brillantes— absorben con facilidad la primera capa de conocimientos. Unos cuantos, con algo más de curiosidad, se preocupan por cuestiones metodológicas y analizan los sinuosos pasajes entre la teoría y la experiencia. Y casi ninguno de ellos disfruta la oportunidad de adquirir una genuina mentalidad científica en el sentido antes expuesto. Pueden llegar a ser grandes expertos en sus respectivas ramas profesionales, aunque a la vez encontremos ingenieros que practican magia negra en sus ratos libres, o médicos que prescriban fármacos homeopáticos. Así ocurre porque estas personas poseen conocimientos sin convicciones de fondo que los sustenten, insertándolos en un esquema racional de las cosas.

Acaso nos parezca absurdo que un ingeniero crea en rituales mágicos —siguiendo con el ejemplo anterior— pero cuando así sucede es porque ese individuo carece de un cuadro general donde acomodar sus conocimientos y dotarlos de sentido. Los saberes que aprendió en su adolescencia o en su época universitaria flotan como barcos a la deriva en un océano de irracionalidad que persiste irredento. Y es el pensamiento científico en su mejor expresión el que debería sembrar la semilla de esa cosmovisión ausente.

EL CASO DE ERNESTO SÁBATO

Pocos ejemplos hay tan esclarecedores de esta confusión de planos como el del gran literato argentino Ernesto Sábato (1911-2011). Pintor, novelista y ensayista, mucho menos conocida es la faceta científica de Sábato, quien tras doctorarse en Ciencias Físico-Matemáticas en 1937 trabajó sobre emisiones radiactivas en el Laboratorio Curie de París. Durante su estancia en la capital francesa quedó embriagado por el surrealismo —entonces de moda en Europa—, cuyos llamamientos a liberarse del yugo racionalista desbridando la imaginación y la emotividad humanas no tardaron en arrastrar a un hombre de tan aguda sensibilidad como Sábato.

Pronto se convenció de que la ciencia no sería el cauce más adecuado para resolver los problemas de la humanidad, aunque después de París y justo al inicio de la Segunda Guerra Mundial permaneció durante un año en el Massachusetts Institute of Technology (MIT). A su regreso a la Argentina en 1940 sufrió un vacío existencial y un profundo descreimiento que le llevó a abandonar su carrera científica tres años más tarde. Desafortunadamente, tan breve desempeño en la ciencia dejó en Sábato una impronta de insatisfacción que al correr de los años afloraría en juicios inmisericordes sobre sus antiguos colegas de profesión.

Opinaba —por ejemplo— que los astrónomos eran, en su mayoría, individuos solitarios y misántropos, neuróticos y hasta psicóticos, que enmascaraban su inadaptación social con el estudio de los astros[2]. Para Sábato la búsqueda vital de los seres humanos se dirige a compensar sus carencias, de modo que los científicos buscan orden en la naturaleza porque no lo tienen en su propio espíritu. No es del todo cierto que los individuos persiguen aquello que no poseen, pues en ese caso no se explicaría el ansia de magnates y políticos por acumular poder o riquezas aun cuando ya les sobran. Pero tampoco le falta razón al gran escritor argentino al señalar que el deseo de orden y pulcritud de las certezas científicas contrapesa de alguna forma las ambigüedades y vaivenes inherentes a la vida humana. Si hay algo que los investigadores buscan a través de la ciencia porque lo añoran es precisamente el conocimiento objetivo.

Una de las acusaciones de más peso que Sábato formuló contra la vía científica hacia la realidad, que le condujo a abandonar ese camino, fue la que podríamos llamar «antihumanismo». A su juicio, el dominio científico de la naturaleza permite al hombre reinar sobre las cosas materiales al precio de cosificarse a sí mismo, de someterse a una suerte de «tecnolatría» o adoración al progreso técnico. Uno de los remedios contra esta deshumanización ocasionada por la racionalidad científica, la encuentra Sábato en la mezcla de mitos, sueños, símbolos y pasiones liberadas a través del arte.

La acusación de que el avance científico aleja al ser humano de su naturaleza esencial, lo desarraiga espiritualmente y lo robotiza apareció con frecuencia durante las discusiones éticas sobre las aplicacio-

---

2   Entrevista realizada por Joaquín Soler Serrano para el programa de Televisión Española *A Fondo* (1977), minuto trece y en adelante.

nes de tales avances a lo largo del siglo XX. Nadie discutiría el influjo de los intereses industriales y militares en la expansión de los presupuestos de investigación durante el siglo pasado —especialmente en el marco de la Guerra Fría— pero tampoco cabe negar que discursos como el de Sábato culpan a la herramienta del uso que le da el operario. Un bisturí guiado por un cirujano puede salvar una vida con la misma facilidad con la que puede arrebatarla en manos de un asesino. Incluso un arma tan terrorífica como una bomba nuclear serviría quizás para desviar un asteroide en rumbo de colisión con la Tierra salvándonos de una catástrofe definitiva.

Cuando Sábato sugiere que la ciencia y la técnica arrasarán el espíritu humano parece indicar que, o bien el conocimiento es nocivo en sí mismo, lo cual es difícilmente defendible, o bien que un volumen creciente de conocimientos acentuará los peores impulsos del hombre, como el deseo de manipular al prójimo. Es verdad que un mejor conocimiento confiere mayor poder de actuación —como subraya el tradicional adagio «el conocimiento es poder»— pero eso no implica que el poder así conseguido haya de emplearse para unos fines u otros.

Poder tienen quienes utilizan estratagemas de persuasión en sus campañas comerciales, apoyándose en conocimientos de psicología, como también los médicos cooperantes que auxilian a enfermos desasistidos en países subdesarrollados basándose en otra clase de conocimiento científico. Las intenciones de cada cual pueden ser muy diferentes, aunque todos se valgan de verdades científicas bien demostradas. Nunca hemos de confundir el arte con el artífice.

Que Sábato no alcanza a penetrar en la cosmovisión científica —o, de hacerlo, la menosprecia— se hace evidente al escuchar declaraciones como esta[3]:

> A veces me han criticado que yo hable mal de la ciencia. (...) La ciencia tiene un valor pero en su lugar, y no hacer que todo se rija por la ciencia y sea el dios supremo. (...) La ciencia sirve para ciertas cosas, pero nadie me va a venir a mí a consolar o a ayudar a morir (...) y me venga (...) se acerque y me diga: «Ernesto, le voy a decir una cosa que lo va a alegrar. Se ha descubierto un

---

3 Entrevista en el programa de la televisión argentina Siete locos (1995).

nuevo satélite en Júpiter». Mi respuesta no la puedo decir por motivos lingüísticos y por decoro.

El gran literato argentino conocía sin duda la leyenda que atribuye al no menos grande Arquímedes su indiferencia ante el legionario romano que iba a quitarle la vida durante la toma de Siracusa —para consternación del general Marcelo, que pretendía salvaguardarlo—, absorto como estaba en sus estudios geométricos. Por lo menos para Arquímedes el conocimiento puro valía incluso más que la propia vida, aunque puede alegarse que el relato es una exageración mitificada. No exagera, sin embargo, quien reconozca que Sábato omite la mejor parte de la cosmovisión científica y con ello pierde una considerable porción de lo mejor que esta aporta al ser humano. Tal controversia está lejos de ser reciente, como prueban las siguientes observaciones en el siglo XIX del célebre naturalista inglés Thomas Henry Huxley[4]:

> *¿Cuántas veces se ha afirmado que el estudio de las ciencias físicas es incapaz de aportar cultura; que no aborda ninguno de los problemas más elevados de la vida; y, lo que es peor, que la dedicación continua a los estudios científicos tiende a generar la creencia fanática y limitada de que el método científico puede aplicarse a todo tipo de verdades?*

Dios y la eternidad, el amor y la muerte, la soledad, el destino, la pugna entre el bien y el mal o cualquiera de las demás cuestiones monumentales que asaetean el corazón humano pertenecen a esa clase de asuntos que jamás recibirán una solución definitiva, pero al menos la ciencia puede ayudarnos a canalizar las turbulencias que generan en nuestro espíritu. Sin rechazar que la vertiente puramente emocional del ser humano es tan suya como la razón científica, esa fogosa inclinación puede encauzarse racionalmente para que no produzca mal en forma de violencia y crueldad sino bien —como sin duda hubiese querido Sábato—, a través de la libertad creativa y una moral solidaria.

---

4   T.H. Huxley (1880), discurso de inauguración del Sir Josiah Mason's Science College de Birmingham.

La cosmovisión científica también proporciona un sentido de la trascendencia estrechamente análogo al sentimiento religioso. El genuino conocimiento científico tiene por objeto no el descubrimiento de hechos particulares (como el caso del satélite joviano mencionado por Sábato), sino de leyes naturales, pautas que de hallarse verdaderas permanecerán inalterables para siempre. El individuo que participe en la empresa colectiva de la investigación científica, puede sentir legítimamente que una parte de sí mismo se sumerge en la savia de tales descubrimientos, perviviendo con ellos por toda la eternidad. Y dado que el plazo de toda vida humana ha de vencer algún día, esa sensación de formar parte de algo más grande que uno mismo nos brinda un destello de inmortalidad en este mundo terrenal donde todo es caduco y transitorio.

EL CIENTIFICISMO

Detractores de la talla intelectual de Ernesto Sábato no pueden ser tomados a la ligera, particularmente cuando lanzan sus dardos contra el cientificismo. Esta palabra (a veces transformada en *cientismo, ciencismo* o *cientifismo*) se ha convertido en un anatema para muchos autores ajenos por completo a la mentalidad y los valores de la cosmovisión científica. Porque se da por descontado que con ese término nos referimos a esa clase de fascinación que subyuga a los adoradores de la ciencia y les lleva a despreciar cualquier otra forma de conocimiento. Nuevamente en palabras de Sábato, los excesos «del enciclopedismo, el iluminismo y, en suma, el cientificismo» han desembocado en la deshumanización y la desorientación existencial que tortura al individuo en la sociedad moderna.

Este neologismo fue acuñado por primera vez en francés bajo la pluma del embriólogo y filósofo de la ciencia Félix-Alexandre Le Dantec (1869-1917). El hecho de que Le Dantec se declarase ferozmente ateo, materialista y determinista, no le granjeó precisamente mucha popularidad entre los círculos de pensamiento más tradicionales. Más tarde el término cientificismo fue convenientemente aquilatado en el prestigioso tesauro de vocablos científicos debido al también francés André Lalande (1867-1964).

El primer paso para introducir algo de luz en el debate consiste en aclarar el significado de aquello que se discute. De lo contrario es muy fácil dejarse encadenar por ideas que no compartimos y vernos arrastrados a defender una posición que realmente no es la nuestra. En su versión más extrema, el cientificismo se parece bastante al espantajo siniestro que pintan sus oponentes[5], pero hay una visión alternativa. En adelante entenderemos por cientificismo la escuela de pensamiento que sostiene la idoneidad de la ciencia —en su más amplia acepción— para el conocimiento del mundo material y de la sociedad.

Es decir, a juicio de un cientificista «todo aquello que puede ser conocido objetivamente sobre la naturaleza de la realidad, se conoce mejor científicamente». El adverbio «mejor», en este contexto, comporta una superioridad explicativa —y también en la potencia de sus aplicaciones— con respecto a cualquier otra forma de aproximación al conocimiento del mundo real. Todo buen investigador —y todo buen filósofo— sabe que el conocimiento científico resulta siempre parcial, inexacto y provisional, aunque progresivamente mejorable. Porque somos humanos, también somos falibles; nos equivocamos y nos equivocaremos (*errare humanum est*) pero tenemos la capacidad de aprender de nuestros errores —aunque no siempre la ejerzamos—, y las fronteras de la ciencia, que son las del conocimiento humano, aún están por trazar.

Es precisamente por ello que los cientificistas consideran la ciencia como el más fino escalpelo con que contamos para diseccionar la realidad. Habida cuenta de que acaso existan alienígenas con facultades cognitivas superiores a las nuestras, la ciencia tal vez sea, si no la mejor en sentido absoluto, sí la mejor opción a nuestro alcance, y sin duda mejor que la magia, la superstición y el oscurantismo que durante tantos siglos azotaron nuestras conciencias.

Ante la desdeñosa condescendencia con que parte de los filósofos contemplan la ciencia —cuando no muestran una abierta militancia anticientífica—, la reacción antifilosófica de algunos científicos no ha resonado con menos estridencia. Estos investigadores observan la filosofía y ven un grupo de estudiosos ensimismados que tan solo se complacen entorpeciendo al progreso científico con objeciones

---

5   Interesadamente, el politólogo y economista ultraconservador Friedrich Hayek (1899-1992) entendía por cientifismo el empeño de imitar servilmente a las ciencias de la naturaleza —sobre todo la física— en el estudio de los asuntos sociales.

incomprensibles y paradojas inútiles. El archifamoso físico británico Stephen Hawking (1942-2018) daba a la filosofía por muerta, ya que —en su opinión— sus mayores temas de controversia habían caído bajo la jurisdicción de los físicos.

Con ese espíritu, el físico estadounidense y premio nobel Steven Weinberg (1933-2021) escribió «Contra la filosofía», un capítulo de su libro *El sueño de la teoría final: la búsqueda de las leyes fundamentales de la naturaleza*. El título de ese capítulo suena ya bastante amenazador, pero una lectura detenida nos delata que el gran físico norteamericano dirige sus dardos hacia el positivismo y el relativismo, a los cuales imputa —con todo acierto— la responsabilidad de haber entorpecido el avance de la ciencia. Y no es de extrañar, ambas doctrinas son hijas bastardas del idealismo, en cuya versión más estricta nuestros pensamientos y percepciones constituyen el eje fundamental de la realidad, fuera del cual nada tiene sentido.

Weinberg advierte tal circunstancia, acertadamente, y la rechaza con vehemencia. No obstante, también añade algunos comentarios sobre lo farragoso e incomprensible que le parecían los textos filosóficos a los que tuvo el infortunio de acercarse, así como su convicción de que la filosofía puede ayudar, en el mejor de los casos, absteniéndose de estorbar a los científicos. Debe reconocerse que tan deplorable imagen sobre la filosofía ha sido cultivada con frecuencia por aquellos filósofos que, desprovistos de cualquier conocimiento científico, se permiten dar lecciones a los investigadores sobre lo que el mundo realmente es y cómo deben explorarlo. Por desgracia, esta clase de autores todavía abunda más de lo que sería de desear.

La defensa habitual contra estas objeciones suele girar en torno a la influencia benéfica que la filosofía puede ejercer sobre la ciencia, no solo reflexionando sobre el alcance y las limitaciones del método científico. El físico Carlo Rovelli[6] expone este extremo con meridiana claridad:

> *(...) la filosofía puede facilitar métodos para producir nuevas ideas, nuevas perspectivas, y pensamiento crítico. Los filósofos tienen herramientas y habilidades que la física necesita, pero no son propias de la formación de los físicos: análisis conceptual, atención a las ambigüedades, precisión expresiva, la habilidad para detectar fallos en argumentos estándar, para concebir*

---

6   Rovelli (2018), p. 4.

perspectivas radicalmente nuevas, para hallar puntos conceptualmente débiles, y para buscar explicaciones conceptuales alternativas.

Todo esto puede ser cierto, aunque Rovelli omite el punto principal, que no es otro, sino la inevitable y esencial imbricación entre la ciencia y la filosofía. No se trata tan solo de que ambas puedan obtener un beneficio mutuo de una estrecha colaboración; ocurre más bien que la ciencia y la filosofía se solapan parcialmente en muchos de sus campos de trabajo, y en cuestiones de principio la fusión entre ambas resulta bien visible para quien desee constatarlo. Conceptos como «sistema», «estado», «objeto material», «azar», «pertenencia a un conjunto», «significado y verdad», e incluso el espacio y el tiempo, resultan tan generales que no son exclusivos de ninguna ciencia particular. Todos ellos, y muchos otros, son conceptos filosóficos que se hallan en la base del quehacer científico diario —como veremos más adelante— sin los cuales esa labor se extinguiría.

A su vez, la filosofía no puede cerrar los ojos ante los descubrimientos científicos fehacientes si desea desarrollar su trabajo con una mínima solidez intelectual. El empeño de muchos filósofos a lo largo de la historia —Hegel es un ejemplo notable— de enmendarle la plana a los científicos siempre se ha saldado con el más oprobioso ridículo. Y aun así sigue habiendo autores que dirigen una mirada desdeñosa a la ciencia, como un saber de segunda clase, al que solo debemos descender para solucionar problemas prácticos. Es esta clase de filósofos científicamente incultos —no todos los filósofos— los responsables de la mala fama de su profesión entre los científicos. Y sus carencias solo pueden compensarse con un entrenamiento mental que no todos están dispuestos a realizar.

ESTRUCTURA DE LA OBRA

El triple significado de la palabra ciencia que se ha discutido en los epígrafes previos podría equipararse con el diseño de un edificio. La cosmovisión científica, con todo su bagaje lógico-matemático y filosófico, actuaría como el armazón arquitectónico principal: las paredes maestras, pilares, vigas y otros elementos básicos dan la consistencia estructural imprescindible para que el edificio no se derrumbe. El método científico en todas sus variantes, dependiendo del ámbito al que se aplique, reemplazaría en esta metáfora al conjunto de cañerías, conducciones de gas, circuitos eléctricos, cableado de telecomunicaciones y todo lo que podríamos denominar el «sistema nervioso» del edificio, aquello sin lo cual solo tendríamos un cascarón inhabitable. Los primeros capítulos que seguirán a este constituyen un primer bloque en el que nos ocuparemos del edificio de la ciencia tal como se ha descrito. Nuestro camino se detendrá en el diseño básico de la ciencia, sus estancias interiores, su inervación y, en el segundo bloque, admiraremos los hallazgos que atesora. Dado la turbadora vastedad de los conocimientos científicos acumulados, no será posible más que ofrecer unas breves pinceladas de cada disciplina científica, suficientes para despertar la curiosidad del lector que desee profundizar por su cuenta en la extensísima bibliografía existente, desde la más especializada a la más divulgativa.

Por motivos prácticos, cinco grandes áreas jalonarán nuestro camino en este segundo bloque. Las ciencias del mundo inanimado irán en vanguardia, sin entrar aún en la materia viva, que será el tema de la siguiente etapa. Les seguirán las ciencias del cerebro (y la mente) y las ciencias sociales, algunas de estas últimas aún en proceso de adquirir un grado razonable de cientificidad.

El tercer y último bloque concierne a las aplicaciones de las ciencias que llamamos técnicas y a su estudio global, la tecnología. A ello seguirá una incursión en el siempre perturbador mundo de las pseudociencias, con la intención de prevenirnos contra toda clase de trampas y marrullerías disfrazadas de conocimiento. Nuestro viaje finalizará poniendo bajo los focos a la comunidad científica como grupo social, tanto sus normas de funcionamiento interno como la imagen, justificada o no, que el resto de la sociedad tiene de ella.

Debo agradecer en este punto la asistencia recibida por mi amigo, profesor de la Universidad de Sevilla, Javier Pérez Jara, brillante filósofo y mejor persona aun, si cabe. Pese al torrente de obligaciones y compromisos que amenazaba con arrollarle, encontró —no sé cómo— el tiempo y los ánimos suficientes para leer el manuscrito de este texto, introducir diversas y muy oportunas correcciones, así como, sobre todo, escribir un magnífico prólogo que tanto ha mejorado el conjunto de esta obra. También he de mostrar mi gratitud al editor Antonio Cuesta, un magnífico profesional rodeado de un equipo de profesionales de excelencia también difícil de igualar. Cualquier error que haya permanecido agazapado en el texto debe imputarse a mi descuido y no a su impecable trabajo.

Por último, y desde luego no por ser de menor importancia, mi esposa Sarah Boussatti ha sido la persona de quien he recibido el más firme apoyo, con indisimulado cariño y total indulgencia. Su aliento, paciencia y amorosa tolerancia me han aliviado de cargas que hubiesen hecho muy difícil si no imposible la finalización de este trabajo. Y nuestra hija Yaqut, a quien se dedica la obra, ni por un instante ha dejado de iluminar nuestros días con la luz y la calidez típicas en una vida recién estrenada que, con impaciencia y curiosidad, se abre a todo un mundo por descubrir.

1. EXISTO, LUEGO PIENSO

Todos los seres humanos compartimos una colección de ideas básicas, imprescindibles para conducirnos por la vida sin exponernos a sufrir contratiempos irreparables. Son ideas tan profundamente arraigadas que apenas advertimos su presencia, aunque sin ellas la realidad cotidiana se convertiría en un confuso delirio. El gran filósofo francés René Descartes (1596-1650) sentenció, en una de sus más célebres frases, «Pienso, luego existo»; pero en verdad ocurre justo al contrario: por el hecho de existir, la naturaleza humana es tal que nos inunda un torrente de ideas, de muchas de las cuales ni siquiera nos percatamos.

Por supuesto, no todas esas ideas y suposiciones tienen el mismo valor. Eso que solemos llamar el «sentido común» no es, ni más ni menos, que una apreciación ponderada, según las circunstancias, del modo más razonable de afrontar los problemas de la vida cotidiana, según ciertos esquemas culturales que hemos asimilado de forma más o menos consciente. Esa convicción animó al gran naturalista Thomas Henry Huxley (1825-1895) a declarar que «La ciencia es simplemente sentido común en su máxima expresión, es decir, estricta precisión en la observación, y guerra sin cuartel contra las falacias lógicas».

Dado que la ciencia ambiciona un conocimiento universal, sin limitaciones de principio, el refinamiento del sentido común necesario para ello va creando progresivamente un abismo entre sus estrategias intelectuales y los vaivenes de nuestro día a día. Ese abismo puede siempre franquearse mediante una oportuna combinación de pensamiento lógico y sagacidad experimental. Por eso la diferencia entre el sentido común ilustrado y el conocimiento científico, más de grado que de especie, es la misma que hay entre un bebé recién nacido y un adulto en su plena madurez.

Estas ideas destiladas a partir del sentido común culto constituyen —como se dijo en el capítulo introductorio— la perspectiva desde la cual una mentalidad científica contempla la realidad o, en otras palabras, la «cosmovisión» científica. Hablar de contemplación no debería inducirnos a imaginar una actitud pasiva, sino más bien una manera de concebir las cosas en su conjunto, una forma tentativa de aproximarse a la realidad para interrogarla y explorarla. Esta cosmovisión se funda en una serie de presuposiciones sin las cuales no sería posible, pero que —a diferencia de los prejuicios— sí admiten retoques al contacto con la experiencia.

A veces se critican las bases del conocimiento científico porque —se dice— actuarían como un obturador que estrecha nuestro campo de visión, sesgando irremediablemente nuestra mirada sobre el mundo. Otras formas de aproximación a la realidad —prosigue este argumento— como el chamanismo, la meditación autohipnótica o los éxtasis psicodélicos serían tan legítimos como la mencionada cosmovisión científica. Ocurre, sin embargo, que cuando examinamos de cerca tales prácticas, el veredicto no es muy esperanzador. Las alteraciones de la conciencia que en ellos se producen nacen de una percepción distorsionada de la realidad que en ocasiones puede acarrear graves secuelas —como la pérdida definitiva de la cordura— para aquellos individuos que las sufren.

El sustrato intelectual de la ciencia, que en breve pasaremos a desgranar, no venda nuestros ojos ante la embriagadora riqueza de matices que el universo nos ofrece. Más bien suple las limitaciones del ser humano, ayudándonos a ver más lejos y con mayor precisión. Si algo ha de quedar patente al final de nuestro breve recorrido por el pensamiento científico es la sabiduría que encierra la frase del gran matemático y físico ruso Yuri Manin: «El genuino valor de la ciencia consiste en permitirnos ver el mundo como realmente es, porque para eso con los ojos no basta».

EL ACONTECIMIENTO CLAVE DE LA HISTORIA

Probablemente nunca se saldará con un acuerdo definitivo la ocasional discusión académica sobre el evento que mayor influencia ha ejercido sobre el curso posterior de la historia humana. Tal vez el descubrimiento del fuego; la invención de la rueda; la aparición de la escritura, o el nacimiento de la agricultura y la ganadería. No obstante, casi siempre se omite un acontecimiento al menos comparable en importancia con todos los mencionados: la llamada Revolución científica de los siglos XVI y XVII. Sin entrar en la controversia acerca del grado de radicalidad de los cambios culturales entonces acaecidos, no cabe duda de que en trescientos años pasamos de temer las asechanzas de la brujería a pisar la Luna en un viaje de ida y vuelta. Si tomásemos a un individuo culto de la antigua Sumeria y lo transportáramos como por ensalmo al año en que los turcos ocuparon Constantinopla, salvo quizás por la disparidad lingüística, no le resultaría demasiado gravosa la adaptación a los usos y costumbres de la nueva época. Ahora bien, de trasladar a una persona del Renacimiento hasta nuestros días, el experimento tendría seguramente un final calamitoso, o exigiría muchísimo más esfuerzo. Aunque el salto temporal fuese diez veces menor que el experimentado por el sumerio, nuestro invitado renacentista debería franquear un abismo cultural de tal calibre que requeriría un largo y costoso periodo de entrenamiento.

No se trata de un asunto de inteligencia personal, sino de las categorías mentales que ubican a un individuo en el flujo de la historia y le permiten reconocerse a sí mismo —y a sus congéneres— en un marco cultural determinado. Por ejemplo, cabe imaginar un rápido entendimiento entre el gran escultor griego Fidias (siglo V a. C.) y Leonardo Da Vinci, mil años posterior al artista ateniense. Sin embargo, no parece que fuese tan sencillo suponer una conversación del mismo jaez entre Aristóteles y Einstein; tal sería la profundidad de la sima intelectual entre ambos.

No es exagerado aventurar que en los últimos tres siglos y medio el progreso en conocimientos teóricos y aplicaciones prácticas carece de parangón en el resto de la historia humana. Y todo se lo debemos a un puñado de hombres que con admirable coraje espiritual decidieron enfrentarse a lo desconocido, tan solo provistos de una combinación de razonamiento y observación nunca antes ensayada. Un cambio de convicciones y expectativas que abre la puerta a tales hazañas no puede ser considerado sino un hito histórico de primera magnitud.

La Revolución Industrial —se dirá— también constituyó un revulsivo social y cultural de primer orden, pues modificó para siempre nuestros hábitos de vida y nuestra relación con el planeta, e incluso con nosotros mismos. Y en verdad así fue, como también es cierto que el rasgo distintivo del naciente industrialismo manufacturero fue la introducción de maquinaria diseñada sobre la base de principios científicos reconocibles, más allá de los saberes prácticos tradicionalmente desplegados por los buenos artesanos. Nunca antes se había demostrado con tanta claridad el poder de la racionalidad organizada y la importancia de contar con profesionales bien instruidos en los modos de la ciencia.

En este momento histórico, los significados de «técnica» y «tecnología», a menudo consideradas sinónimos, comenzaron a divergir. La primera palabra nos remite en su origen a un arte u oficio desempeñado con destreza, de modo que «técnico» es quien acredita la pericia necesaria para realizar una obra porque domina los medios adecuados. Si aprendemos tales procedimientos, disfrutaremos de la correspondiente habilidad técnica. La tecnología da un paso más y concierne al conocimiento de los principios científicos en los que se sustenta la efectividad de cada técnica. Aun cuando no sepa manejar un determinado artilugio, el tecnólogo se ocupa de analizar las razones de que opere con eficacia la luz del acervo científico disponible. Si el técnico «sabe hacer», el tecnólogo se pregunta por qué funciona lo que el técnico hace y busca la respuesta en los conocimientos ofrecidos por la ciencia.

A mitad de camino encontramos el vocablo «ingeniería», referida a la facultad de planear con sagacidad la ejecución de una obra cualquiera. El ingeniero no es ya solo quien tiene «ingenio» (inventiva y originalidad en sus ideas), sino también quien conoce a fondo las bases teóricas de la técnica que practica. Digamos que el tecnólogo examina los fundamentos de todas las técnicas consideradas en conjunto, en tanto los distintos tipos de ingenieros ahondan en cada una de las técnicas particulares.

Por otra parte, la palabra «científico» entró en el vocabulario cultivado, y más tarde en el popular, gracias al teólogo, historiador de la ciencia y filósofo británico William Whewell (1794-1866), quien la utilizó en su obra *La filosofía de las ciencias inductivas*, publicada en 1840. Todo indica que ese vocablo, con su significado restringido a los practicantes de las ciencias naturales, fue acuñado no antes de las décadas de 1830 o 1840.

Y efectivamente, en una comunicación de 1834 de la Asociación Británica para el Avance de la Ciencia se expone cuánto había incomodado a los participantes en sus reuniones, a principios del decenio de 1830, la carencia de un término único para referirse a los estudiosos del conocimiento del mundo material. Debido a ello, en una de tales reuniones, algún caballero ingenioso —cuyo nombre no quedó registrado para la Historia— propuso formar la voz *scientist* («científico», en inglés) por analogía con *artist* («artista»), aunque el mismo artículo señala que la mayoría no quedó muy satisfecha con el nombre[7].

Hasta ese momento era común referirse a lo que hoy llamamos ciencia con expresiones como «filosofía natural», «filosofía experimental» o «filosofía mecánica» (en este último caso, cuando se creía que todas las ciencias naturales habían de copiar los métodos de la mecánica newtoniana). Los compiladores del Oxford English Dictionary, trabajando a finales del siglo xix, no hallaron ejemplo alguno del uso actual de la palabra ciencia antes de 1860, y además puntualizaron «[...] usaremos la palabra "ciencia" en el sentido que los ingleses tan comúnmente le dan; así expresando la ciencia física y experimental, con exclusión de la teológica y metafísica».

Este reemplazamiento delata el estrecho parentesco que hubo en origen entre la ciencia y la filosofía, una filiación que todavía persiste —porque resulta inevitable— aunque a escondidas. Quizás por ello este vínculo familiar, como todos los parentescos ocultos, se halla tan descuidado y causará más de una sorpresa al desvelarlo.

CIENCIA Y FILOSOFÍA

Bien se sabe que la filosofía occidental germinó en el área de Asia Menor dominada culturalmente por la Grecia clásica, en torno a los siglos v y iv a. C. Mientras la filosofía de Extremo Oriente se inclinaba mayoritariamente hacia la ética (China) o se confundía con la teología (India), la civilización griega también se interesó por la naturaleza del mundo material, iniciando una corriente de pensamiento que al paso de los siglos daría lugar a la ciencia tal como hoy la entendemos[8]. Platón consideraba indispensable el dominio de las matemáticas para aprender a razonar con claridad, una observación que nos

---

7 En inglés se distingue entre el sustantivo *scientist* y el adjetivo *scientific*, mientras en español se utiliza tan solo la voz «científico». Igualmente sucede con «químico», que en inglés se separa en el sustantivo *chemist* y el adjetivo *chemical*.

8 Sería injusto olvidar las reflexiones de los filósofos orientales sobre la existencia de las cosas —lo que ahora llamamos ontología— pero no hay espacio en esta obra para matizar sus interesantes aportaciones.

permite contemplar al gran matemático Arquímedes como un precursor de la mecánica aplicada al estudio de las máquinas y a la ingeniería militar.

Por desgracia, a cada periodo de iluminación intelectual en la historia parece seguir una época sombría empeñada en eclipsar los avances previos. Al esplendor del helenismo sucedió el oscurantismo religioso propugnado por Justiniano, emperador romano de Oriente, quien ordenó la quema de obras filosóficas y la destrucción de estatuas clásicas por considerarlas exponentes del más impío paganismo. La ya mencionada Revolución Científica de Galileo y Newton antecedió a la mayor persecución de brujas ocurrida en Europa, en un frenesí de fanatismo homicida que se saldó con miles de muertos en las hogueras inquisitoriales.

El movimiento cultural que hoy denominamos la Ilustración (o Iluminismo), iniciado en Francia a mediados del siglo XVIII, pretendía mejorar la condición humana —individual y social— difundiendo el conocimiento y fomentando el uso de la razón. En los ilustrados se albergaba la semilla de cambios políticos —el liberalismo, los derechos civiles— y culturales —la expansión de las artes y las ciencias—, que se pretendían en beneficio de la humanidad. Sin embargo, como la mayoría de los reformadores bienintencionados, los ilustrados también pecaron de ingenuidad y no imaginaron que su acérrima defensa del racionalismo acabaría impulsando una reacción opuesta.

Efectivamente, al Siglo de las Luces seguiría el Romanticismo, dispuesto a exaltar los sentimientos irracionales y la pura emotividad por encima del raciocinio. En el campo de la filosofía, la contra-ilustración se encarnó en el alemán Friedrich Hegel (1770-1831), resuelto adversario de todas las novedades científicas del siglo anterior. También en Alemania la comunidad científica —especialmente la biología— sufrió el asalto de la *Naturphilosophie*, enemiga de la teoría evolucionista de Darwin y más cercana al pensamiento mágico y supersticioso que a la tradicional visión racionalista de los filósofos de la naturaleza. Inspirados en la filosofía idealista de Fichte —precursor de Hegel— estos nuevos místicos despertaron las simpatías de literatos románticos como Schelling y Goethe, pero afortunadamente tuvieron una menor influencia en Francia o Gran Bretaña.

Las grandes revoluciones científicas a comienzos del siglo XX —relatividad y teoría cuántica— precedieron a la barbarie del nazismo, alentada por los mitos de supremacía latentes en la filosofía de Friedrich Nietszche (1844-1900), otro notorio irracionalista. Y tras la conmoción de la Segunda Guerra Mundial, hitos, como la biología molecular, la genética de poblaciones o el florecimiento de las neurociencias, tuvieron que afrontar corrientes intelectuales anticientíficas (existencialismo, posestructuralismo, posmodernismo, historicismo, textualismo) furibundamente contrarias al racionalismo científico al que juzgaban un miserable dogal para el espíritu humano.

Mayoritariamente asentadas en Francia, estas ideologías antirracionalistas contaron entre sus filas a escritores como Jacques Lacan, Gilles Delleuze o Jacques Derridá, cuyo estilo literario, abstruso y farragoso hasta la náusea[9], trataba de embellecer sus propias confusiones. Esa mezcla de opacidad estilística y falacias argumentales tenía conocidos predecesores, como el pensador alemán filonazi[10] Martin Heidegger (1889-1976), siempre oscilando entre la indiferencia y el desprecio hacia la ciencia de su tiempo.

No todos los filósofos se han mostrado tan refractarios ante el progreso científico como se desprendería de los casos anteriores. En la antigua Grecia fueron mayoritariamente racionalistas, salvo los neoplatónicos, si bien uno de los momentos históricos más sobresalientes en el que los filósofos se comprometieron con el conocimiento científico fue durante la Revolución francesa. Tras el derrocamiento del absolutismo en Francia, aparecieron dos facciones entre los ilustrados[11], una radical (Diderot, Helvétius, d'Holbach, La Mettrie, Cloots, Condorcet, Mirabeau y Maréchal) y otra moderada (D'Alembert, Montesquieu, Rousseau, Turgot y Voltaire). Uno de los componentes principales del ala radical era la admiración militante por el conocimiento científico y el anhelo de convertirlo en parte indispensable de la cultura popular.

Más de un siglo después, siguiendo los ideales del iluminismo radical francés, un grupo de filósofos y científicos constituyeron en la capital de Austria el llamado «Círculo de Viena para la concepción científica del mundo» —o, abreviadamente, «Círculo de Viena»— con la pretensión de buscar bases comunes para todas las ciencias

---

9   Entre los filósofos poco simpatizantes del racionalismo científico, una notable excepción es el danés Søren Kierkegaard (1813–1855). Su prosa brillante, plena de lucidas metáforas y fina ironía, puede disfrutarse también en la actualidad, aunque no se concuerde con todas sus aseveraciones.

10 Paradojas de la vida, Heidegger mantendría, en la década de 1920, una relación tempestuosa con la filósofa y escritora Hannah Arendt, quien hubo de exiliarse de Alemania por su ascendencia judía.

11 Israel (2010) contiene una interesante descripción de este periodo.

Bertrand Arthur William Russell (1872-1970), tercer conde de Russell.
Filósofo, matemático, reformador social y miembro de la Orden
del Imperio Británico (1931-1970) [Wikimedia Commons].

y expurgar el pensamiento de palabrería vana[12]. De sus integrantes (conocidos como empiristas lógicos, positivistas lógicos o neopositivistas) puede decirse, como de todos los enamorados, que profesaban tanto afecto a la ciencia que se cegaron ante sus limitaciones.

Condenaron con acierto la fenomenología trascendental del austriaco Edmund Husserl (1859-1938), una parodia del método científico[13], pero siguieron encadenados al fenomenismo típico de Immanuel Kant, David Hume, Auguste Comte y Ernst Mach, según el cual todo lo que existe —o al menos todo lo que puede ser conocido— son las apariencias, es decir, los fenómenos tal como son percibidos. Uno de los más profundos filósofos del siglo XX, que simpatizó con el Círculo de Viena, el británico Bertrand Russell, reconoció años después el error de una aversión tan visceral a la metafísica en los empiristas lógicos[14]:

> *El problema es el siguiente: todo empirista sostiene que nuestro conocimiento de cuestiones de hecho deriva de la percepción, pero si la física es verdadera, debe haber tan poca semejanza entre nuestras percepciones y sus causas externas que resulta difícil ver cómo, a partir de las percepciones, podemos adquirir conocimiento de objetos externos. El problema, además, se complica por el hecho de que la física fue inferida de la percepción. Históricamente, los físicos partieron del realismo ingenuo, es decir, de la creencia de que los objetos externos son exactamente lo que parecen; sobre la base de este supuesto, elaboraron una teoría que hace de la materia algo muy diferente de lo que percibimos. Así, su conclusión contradice su premisa, aunque solo unos pocos filósofos observaron esto (...).*

Años después, Russell volvió a dirigir sus mordaces críticas contra la suposición de que todo conocimiento deriva solo de la experiencia[15]:

> *Si os halláis en una playa pedregosa, podéis estar completamente seguros de que hay piedras en la playa que no habéis visto ni tocado. Todo el mundo acepta innumerables proposicio-*

---

12 Kraft (1986).
13 El científico y filosofo franco-alemán Johann Heinrich Lambert (1728-1777) trató de construir una fenomenología matemática sin abandonar el racionalismo, aunque lamentablemente no culminó su tentativa.
14 Russell (1983), p. 209.
15 Russell (1982), p. 136.

nes acerca de cosas no experimentadas, pero cuando las gentes empiezan a filosofar parece ser que creen necesario hacerse artificialmente estúpidas. Admitiré inmediatamente que existen dificultades para explicar cómo adquirimos conocimiento de lo que trasciende la experiencia, pero opino que la idea de que no tenemos tal conocimiento es totalmente insostenible.

Resulta curioso que en multitud de textos de historia de la filosofía, particularmente en educación secundaria, se presente a Hume y a Kant como los autores que apuntalaron filosóficamente la nueva visión científica del mundo surgida tras la irrupción de la mecánica de Newton. Hume y Kant —suele decirse— son los filósofos de la revolución newtoniana, cuando la realidad es justamente la contraria. No solo es que ambos fuesen incapaces de leer a Newton por desconocer la matemática superior, sino que sus doctrinas colisionaban directamente con la filosofía subyacente a los progenitores de la Revolución Científica: Marin Mersenne, Pierre Gassendi, Galileo Galilei, René Descartes, Isaac Newton, Wilhelm Leibniz, Christian Huygens, Robert Boyle, Thomas Harriot, Simon Stevin y Thomas Willis[16].

El empirismo radical de Hume y el idealismo subjetivo de Kant casan mal con la ciencia moderna, que considera las percepciones una de las vías de acceso a la realidad objetiva que las ocasiona. Por el contrario, Hume sostenía que no hay más conocimiento que la información aportada por los órganos sensoriales —luego no podemos saber nada más allá de lo que llegue por nuestros sentidos— y Kant iba aún más lejos afirmando que el mundo no existe más allá de las apariencias que de él percibimos (aunque en algunos pasajes se muestra contradictorio y vacilante al respecto).

En sus diversas variantes, el fenomenismo, la creencia de que no hay más conocimiento que el ofrecido directamente por los sentidos, posee una larga tradición histórica que se extiende desde Protágoras hasta los teóricos cuánticos de la Escuela de Copenhague. Aun así, su esterilidad y estancamiento —si no hay más conocimiento que nuestras percepciones, nunca podremos ir más allá de ellas y quedaremos eternamente enclaustrados en nosotros mismos— desenmascaran su carácter reaccionario y abiertamente opuesto al progreso de la ciencia.

---

16 No tan conocido como otros de los nombres que en esa lista aparecen —quizás en el mismo nivel que Stevin y Harriot—, Willis fue el anatomista y neurofisiólogo que primero propuso considerar el cerebro humano como el órgano del raciocinio y las emociones.

Para entender propiamente el estado de la ciencia y, en general, del pensamiento ya traspasados los umbrales del siglo XXI, parece ineludible volver la vista atrás por unos momentos, pues solo comprendiendo de dónde venimos atisbaremos algo del camino que recorremos y del destino al que nos conduce. Comencemos por el siglo XIX, centuria en la que la ciencia despegó definitivamente como actividad profesional con las creaciones de grupos sociales (académicos, escritores, investigadores) que ejercieron una influencia creciente sobre la cultura de su época, situación que ha persistido —con grandes altibajos— hasta la actualidad.

No pocos historiadores consideran que el siglo XIX finalizó en 1914, culturalmente hablando, cuando la Primera Guerra Mundial trastocó catastróficamente la sociedad, la política y la economía que habían sido los pilares tradicionales del mundo anterior a la conflagración. Menospreciado por Ortega y Gasset, este siglo, no obstante, aportó interesantísimas novedades intelectuales que se mostrarían decisivas en las décadas posteriores con la aparición de figuras como Schopenhauer, Mach o Haeckel.

En el terreno de las ciencias —como se desgranará en capítulos posteriores—, el siglo XIX fue testigo de la aparición de la teoría de campos en física, cuya importancia resulta difícil exagerar, así como la mecánica de los medios continuos, la física estadística (especialmente centrada en los gases), el atomismo —aunque con resistencias— y la estructura interna de la materia, la termodinámica y la teoría electromagnética. La química, imbricada a menudo con la termodinámica, disfrutó y a la vez acicateó el desarrollo industrial de medio mundo. La química orgánica, la teoría de las disoluciones y los métodos de análisis experimentaron un avance espectacular. La biología, por su parte, reforzó su conocimiento de la vida microscópica gracias a la teoría celular, seguida de cerca por la evolución darwinista y los primeros pasos de la genética mendeliana.

Pero este siglo también resultó fructífero en el reino de las ideas filosóficas, muchas de ellas llamadas a impulsar o dificultar la investigación científica. En este momento histórico aparecieron versiones remozadas de antiguas doctrinas: neotomismo, neohegelianismo o neokantismo. Este último se separa en dos tendencias: la escuela de Marburgo (Paul Natorp y Hermann Cohen), que apenas tuvo influencia por la vacuidad de sus generalizaciones, y la escuela de Baden, encabezada por Wilhelm Windelband, Heinrich Rickert y, sobre todo, Wilhelm Dilthey, cuyas opiniones adquirieron un enorme peso —a través de la obra de Max Weber— en las ciencias sociales (como en la «sociología comprehensiva»).

Además, tenemos el intuicionismo —en particular, el del francés Henri Bergson—; el positivismo en su versión francesa (Auguste Comte) e inglesa (John Stuart Mill, Herbert Spencer); el marxismo —que por sí solo modificó el curso de la historia del mundo—, cuyo influjo comenzó a sentirse a finales del siglo; el pragmatismo en su versión alemana (Friedrich Nietszche y Albert Lange) y en la modalidad estadounidense (Charles Pierce y William James); el irracionalismo (Kierkegaard, Nietszche y Unamuno), y la fenomenología (Max Scheler y, en su primera etapa, las obras de Edmund Husserl y Nicolai Hartmann).

Quizás la novedad más destacada y duradera en la filosofía decimonónica fue la irrupción de la lógica moderna, un poderosísimo aparato formal capaz de superar las limitaciones de la lógica aristotélica y las argumentaciones escolásticas del Medioevo. Desarrollada por George Boole, Augustus de Morgan, John Venn, Gottlob Frege —quizás el más sobresaliente de todos— y Giusseppe Peano, la lógica se convertirá en una rama de la matemática a partir de los trabajos de Bertrand Russell y Alfred North Whitehead para nunca más volver a ser cultivada exclusivamente por filósofos.

Finalizada la Primera Guerra Mundial, se esfuma el neotomismo —filosofía oficial de la Iglesia católica— y el neohegelianismo, que pervivió por un tiempo en manos de Giovanni Gentile —ministro de Mussolini— hasta caer en el más absoluto descrédito tras 1945 y la derrota del nazifascismo. El positivismo decimonónico se renovó con el nombre de empirismo lógico o neopositivismo (notablemente el grupo de intelectuales conocido como Círculo de Viena). El marxismo se dividió en sus variantes rusa, china y occidental —este último mucho menos rígido y dogmático—. También surge el neopragmatismo (Clarence Irving Lewis, Ernest Nagel, Nelson Goodman y, solo en parte, Willard Van Orman Quine).

En el periodo de entreguerras, el polaco-estadounidense Alfred Tarski consolidó la semántica como una rama legítima de la filosofía sustentada en métodos lógicos, mientras las teorías relativistas de Einstein y la física cuántica revolucionaban nuestra comprensión del mundo material. También en esa época aparece la filosofía del lenguaje como tal, aunque del asunto se hubiesen ocupado durante mucho tiempo antes obras concretas de muchos pensadores. No menos importante es que se configure igualmente el campo profesional de la filosofía de la ciencia, hasta entonces practicada casi exclusivamente por científicos jubilados. El hecho de que los filósofos comiencen a abordarla directamente ocasiona su acelerado desarrollo, a la vez que un progresivo alejamiento de los problemas reales de la ciencia[17].

Por encima de todas estas corrientes sobrevuelan una serie de personajes difíciles de clasificar, como el ya mencionado Bertrand Russell —tras dejar el positivismo lógico— en su segunda etapa, Nicolai Hartmann (también en el segundo periodo de su obra), Gaston Bachelard, Karl Popper y Émile Meyerson. Este último, totalmente olvidado hoy día, mantuvo largas y fructíferas conversaciones con Einstein. Originariamente formado en la química industrial, Meyerson conocía muy bien la historia de la ciencia, aunque, por desgracia, siempre se mostró reticente ante la lógica matemática que, en aquellos momentos, por su extrema novedad, parecía demasiado artificial.

De 1939 a 1945 el segundo conflicto mundial mancilló casi todos los continentes y cuando callaron las armas el panorama intelectual se presentaba asimismo muy desolado. Del neopositivismo solo quedaban aquellos adeptos que o bien eran norteamericanos o habían huido de Europa al comienzo de la guerra, como Rudolf Carnap, Hans Reichenbach o Herbert Feigl, entre otros. Los neomarxistas ya tienen poco que ver con el marxismo original, según demuestra el marxismo estructuralista de Louis Althusser y Michel Foucault. Por su parte, la denominada «teoría crítica» —que ni es una teoría ni es crítica, sino una forma de irracionalismo— nace de mezclar y agitar unas cuantas dosis de Marx, Freud y Hegel, cuyo más conocido representante acaso sea Jürgen Habermas.

---

17 En España, el gran Ortega y Gasset nunca entendió la relatividad de Einstein.

Ludwik Fleck.

CONTRA LA RACIONALIDAD CIENTÍFICA

Como gran novedad de este periodo, da sus primeros pasos el subjetivismo colectivo, un credo que al correr del tiempo adquiriría tintes siniestros, aunque disfrazado de ideario emancipador. El subjetivismo tradicional sostiene que el mundo circundante es, de algún modo, creación del sujeto que lo contempla. Berkeley, Schopenhauer y en gran parte Husserl son subjetivistas individualistas. Sin embargo, en 1935 vio la luz un pequeño libro titulado *Génesis y desarrollo de un hecho científico*, cuyo autor era un médico polaco llamado Ludwik Fleck. La desconcertante tesis de Fleck afirma que las cosas existen porque ciertos colectivos creen en ellas o, en otras palabras, los grupos de personas que comparten un «estilo de pensamiento» —en palabras de este médico— crean los fenómenos que observan debido a esa concordancia de ideas entre ellas.

Fleck argüía, por ejemplo, que la sífilis —en la que él era experto— no existía más que como una creación de la comunidad médica[18]. Del mismo modo, cabría decir que la Luna y los planetas existen porque la comunidad profesional de astrónomos cree en ellos, aunque nosotros, de no pertenecer a ese colectivo, tendríamos perfecto derecho a ponerlo en duda o a reclamar reconocimiento para las creaciones de nuestro grupo. Este subjetivismo colectivista resulta tan extravagante que, de no ser por la nefasta influencia ejercida sobre las ciencias sociales, no merecería más que un silencioso menosprecio.

No obstante, este ingrediente es el que toman para sus propias teorías, en torno a la década de 1970, los denominados «nuevos sociólogos de la ciencia»: Thomas Kuhn, Paul Feyerabend, Bruno Latour, Karin Knorr Cetina y otros. Todos ellos proclaman que la ciencia no se ocupa verdaderamente de estudiar la realidad, sino que la inventa como resultado de un acuerdo colectivo. Los hechos, así pues, son meramente convenciones sociales, construcciones culturales de ciertas comunidades de individuos, en completo pie de igualdad con las reglas de un manual de urbanidad. Para estos autores la verdad no existe, y lo que tomamos como verdad científica es tan solo el resultado de una lucha de poder dentro de la comunidad profesional que nos la transmite[19].

---

18   Fleck (1986).
19   Aunque es verdad que Latour, por ejemplo, publicó posteriormente textos más matizados.

Admitimos que la galaxia de Andrómeda supera en tamaño a la Vía Láctea, no porque objetivamente sea así, sino porque el conflicto de poder entre los miembros de la comunidad astronómica, como grupo profesional organizado, se ha resuelto a favor de quienes así lo declaran. Este tipo de extravagancias pronto se hicieron muy populares por la sencilla razón de que no exigían saber casi nada para defenderlas y, a la vez, otorgaban supremacía a las ciencias sociales sobre las naturales, posición que los practicantes de aquella siempre habían anhelado. Los desastrosos resultados intelectuales que ello acarreó parecieron importar a poca gente en esos momentos.

Este tipo de convencionalismos se nutre en parte de la creencia en el poder absoluto del lenguaje para crear la realidad. Muy cerca de esa opinión se halla la filosofía lingüística de la época —especialmente tras la publicación del texto *Investigaciones filosóficas*, de Wittgenstein— como se revela en las obras de John Austin, Elizabeth Anscombe y Gilbert Ryle. Este periodo, entre 1945 y 1975, destaca como la edad dorada de la filosofía analítica de Oxford y de la revista *Mind*, con esa misma orientación.

La guerra de Vietnam y la crisis del petróleo, entre 1973 y 1975, sacudieron las conciencias en el mundo occidental, especialmente en las generaciones más jóvenes, que comenzaron a incluir entre sus preocupaciones los problemas medioambientales y el ecologismo político. Desde las revueltas francesas en mayo de 1968, los jóvenes habían comenzado a identificar la ciencia y la técnica —particularmente la energía nuclear— con instrumentos de las clases dominantes para sojuzgar al resto de la sociedad, lo que propició una oleada de irracionalismo entre quienes tenían que tomar el relevo de las élites intelectuales.

Fue precisamente en ese momento cuando se publicaron algunas de las obras más famosas de los nuevos sociólogos de la ciencia, como el libro sobre las «revoluciones científicas», de Thomas Kuhn, quien se había inspirado en los textos previos de Ludwik Fleck y Alexandre Koyré. A título personal, Kuhn era políticamente conservador, aunque la palabra «revolución» incluida en el título de su famosa obra atrajo equívocamente a muchos estudiantes de la época, fascinados con la posibilidad de un vuelco abrupto en la estructura social de los países desarrollados.

A finales del siglo xx se produjeron avances en ética y filosofía política (John Rawls, Roger Scruton, Jose Luis López-Aranguren). En España destaca la obra de José Ferrater y, especialmente, la de

Gustavo Bueno, creador de un sistema filosófico propio denominado «materialismo filosófico», un nombre poco afortunado en tanto esa denominación ya tenía un significado propio desde siglos atrás. Bueno considera que las diversas ciencias forman categorías cerradas en sí mismas —«cierre categorial» es el nombre de esta tesis—, de forma que carece de sentido hablar de un método común para todas las ciencias; es decir, no existiría un método científico común a todas las disciplinas científicas.

Quienes así opinan suelen argüir que a cualquier situación en la vida cabe aplicar el procedimiento que combina el planteamiento de hipótesis para resolver un problema con la observación y la experimentación que han de contrastarlas; luego ese proceder no merece la etiqueta exclusiva de método científico. Parece convincente, pero ese argumento omite un punto clave que marca la diferencia. Cuando aplicamos ese procedimiento mixto (empírico-racional, diríase) a la búsqueda de regularidades objetivas en el mundo material —esto es, leyes naturales— entramos en el terreno de la ciencia propiamente dicha, y ese método deja de ser una estrategia racional genérica de conjeturas y comprobaciones. Pues no en vano decía Aristóteles que no hay ciencia de lo particular, de los hechos contingentes, sino solo de aquello que es general y sigue leyes de aplicación universal.

Dejando a un lado muchas otras razones, la existencia de ciencias mixtas (como se mencionará en el capítulo 5) desmiente ese presunto cierre de categorías. Las ciencias se dividen en parcelas porque sería humanamente imposible intentar investigarlo todo a la vez, pero el cuerpo de conocimientos que aspiran a construir es unitario en la medida en que todos sus contenidos deben ser mutuamente compatibles. De hecho, organizar los conocimientos científicos en demarcaciones que dependen de propiedades objetivas reales no parece enteramente convencional.

El método científico, por su parte, posee unos rasgos globales (razonamiento lógico, coherencia con el conjunto del conocimiento probado, control empírico de las conjeturas, etc.) que sí comparten todas las áreas de investigación, aunque cada ciencia específica utilice métodos particulares adaptados a su objeto de estudio[20]. Pese a ello, las agudas observaciones de Gustavo Bueno, especialmente punzan-

---

20 Esto sigue siendo controvertido, pues hay quienes niegan la existencia de un método científico genérico.

tes en asuntos sociales y políticos, hicieron de él un autor muy popular y respetado al que siempre ha de tenerse en cuenta.

Juzgado por los efectos que tuvo en adelante, el acontecimiento cultural más importante de esta época, acaso fuese la publicación en 1979 de *La condición postmoderna: Informe sobre el saber* (*La condition postmoderne: rapport sur le savoir*) del francés Jean-François Lyotard[21]. En esta suerte de manifiesto, Lyotard declara la caducidad de las grandes visiones generales —o «metanarrativas» en su jerga particular— sobre el triunfo de la razón, la emancipación de los individuos y el progreso moral de la humanidad. Este autor identifica tres grandes metanarrativas supuestamente superadas en un mundo globalizado: la Ilustración, el marxismo y la religión, que representan respectivamente el ideal de la racionalidad, la justicia social y la trascendencia espiritual.

Privados de estos grandes relatos culturales[22] caemos en un relativismo que niega la existencia de verdades universales, pues cada grupo social tendría la suya, y admite una multiplicidad de interpretaciones y significados correspondientes a esos grupos, lo que Lyotard llama «juegos de lenguaje» (siguiendo la segunda —y peor— etapa de Wittgenstein). En su opinión, la ciencia solo se justifica por sus éxitos prácticos sin que deba perseguir verdades de cuya existencia ni siquiera podemos estar seguros. Bajo la farfolla de una prosa escarpada e indigesta, esta presentación de la filosofía posmoderna no podía ocultar los colmillos del subjetivismo colectivista y el escepticismo irracionalista en su versión más estéril.

Como toda doctrina que permite pasar por sabios a los ignorantes, la filosofía posmoderna despertó con rapidez un gran atractivo para literatos y humanistas, algunos investigadores sociales y muy escasamente —como es lógico— entre científicos y técnicos. De las fuentes posmodernas fluyeron otras creaciones del mismo jaez, como el pensamiento débil del italiano Gianni Vattimo, la exaltación lingüística del estadounidense Richard Rorty, la «modernidad líquida» del británico Zygmunt Bauman, o las divagaciones e incongruencias pseudo-revolucionarias del esloveno Slavoj Žižek, que tanta celebridad adquirió a cuenta de las convulsiones económicas debidas a la Gran Recesión a finales de la primera década del siglo XXI.

---

21 Lyotard (2006).
22 Nótese que Lyotard era teórico literario, lo que explica sus continuas apelaciones a «relatos» y «narrativas».

La popularidad del ideario posmoderno ocultó la publicación en el último cuarto del siglo XX de uno de los sistemas filosóficos más poderosos y coherentes jamás configurado, la «filosofía exacta» del argentino Mario Bunge. Solo comparable en extensión y profundidad a la obra de Russell —otro filósofo de inspiración científica—, el sistema de Bunge toma los elementos que él considera más valiosos en las escuelas tradicionales (materialismo, realismo, racionalismo, etc.) y los reorienta en nuevas y fértiles direcciones.

Bunge se mostró firme partidario de emplear la lógica y las matemáticas como herramientas para analizar y sintetizar conceptos y teorías en busca de la mayor exactitud posible. Su filosofía se construyó en estrecho contacto con las ciencias y las técnicas contemporáneas, como una trama lógicamente organizada en la que todas las ramas de conocimiento se apoyan unas a otras. Por desgracia, ya inmersos en el tercer milenio del calendario occidental, los tiempos no parecen muy propicios a la racionalidad que defiende la filosofía exacta de Bunge. Y, aunque nos cueste creerlo, las consecuencias de esta desdicha la padecemos a diario en infinidad de formas.

LOS CIMIENTOS FILOSÓFICOS DE LA INVESTIGACIÓN CIENTÍFICA

A estas alturas debería estar ya muy claro que la ciencia es el vástago aventajado de la filosofía, que al hacerse adulto comenzó a andar sobre sus dos piernas, una compuesta de lógica y matemáticas, la otra de experimentos y observaciones. Pero toda rama que surge vigorosa solo mantiene su lozanía mientras se mantenga unida al tronco original, porque al cortarla se seca y muere. Esa es la razón de que la ciencia —sin perder su identidad— necesite siempre pisar un suelo filosóficamente firme si no quiere extraviarse por terrenos pantanosos.

Ciencia y filosofía no se confunden, lo cual tampoco impide admitir que provienen de una fuente común, el anhelo de alcanzar el mejor conocimiento posible por medios intelectualmente lícitos, es decir, a través de la razón y la experiencia[23]:

---

23   Russell (1972), p. 1066.

La prosecución de la investigación científica en un campo dado no es la misma cosa que la filosofía. Pero una de las fuentes de la reflexión filosófica está en la ciencia. Cuando consideramos qué es, en general, ser científico, nos enfrentamos con una cuestión filosófica, Uno de los perennes problemas que han ocupado la atención de los filósofos, es el intento de explicar cómo es el mundo en sus rasgos generales. (...) Al mismo tiempo debemos indicar que, al abordar la tarea de hacer ciencia, ya estamos envueltos en alguna clase de concepción filosófica del mundo. Pues lo que consideramos una actitud normal de sentido común es de hecho un tejido de suposiciones tácitas generales acerca de la naturaleza de las cosas.

Es una lástima, por tanto, la imagen tan deslucida que tiene la filosofía entre la mayoría de estudiantes que no la cursan como carrera universitaria. De hecho, en el imaginario popular las figuras del científico y el filósofo aparecen en agudo contraste. Si el científico representa al individuo práctico, apegado a los hechos y alérgico a las discusiones bizantinas, el filósofo se pinta como un charlatán engreído que utiliza su seductora retórica para confundir a las gentes sencillas y pasa el resto de su tiempo ensimismado en cuestiones que se quiebran de puro sutiles. Ambos tópicos, por supuesto, son caricaturas ridículas de la realidad; ni los científicos son pragmáticos de visión estrecha ni los filósofos son embaucadores ensimismados. Entonces, ¿por qué tantos lo piensan?

Esta desdichada situación se debe en parte a razones psicológicas y en parte a circunstancias sociales. La ciencia y la filosofía deberían enseñarse de manera análoga: aprendiendo a detectar problemas interesantes, formularlos con claridad y proponer estrategias de solución. Lamentablemente, por su extensión y pesadez los temarios oficiales resultan losas descorazonadoras para profesores atenazados por el descrédito social y la falta de incentivos profesionales. Pese a repetir continuamente lo contrario, el estilo educativo en boga ha desprestigiado el esfuerzo personal y la apreciación de la belleza intelectual —las únicas vías genuinas a la auténtica cultura—, lo que desarma todavía más a los educadores.

Para los profesores de ciencias la conexión de su materia con la tecnología y sus consabidas aplicaciones actúa como una salida de emergencia ante tan frustrante situación. Los filósofos, desafortunadamente, carecen de esa opción y deben conformarse con enseñar la vida y obra de autores célebres o resaltar —en el mejor de los casos— las relaciones entre la lógica binaria, el álgebra de Boole y el diseño de circuitos en electrónica digital. Ahora bien, la ciencia y la filosofía son mucho más que eso, hasta tal punto que necesitan fertilizarse mutuamente para sobrevivir.

No se puede filosofar apropiadamente sin una íntima familiaridad con el espíritu de la ciencia moderna —la cosmovisión científica ya mencionada—, ni los científicos pueden eludir controversias inútiles cuando pierden pie en cuestiones filosóficas esenciales. Este insustituible apoyo mutuo ha llevado a proponer la conveniencia de una «filosofía científica», que no debe confundirse con la filosofía de la ciencia. Algo semejante al programa del Círculo de Viena pero sin miedo a la metafísica. Esa fue la pretensión de Mario Bunge con su proyecto de una *filosofía exacta*[24]. Es obvio que un cientificista comprometido acogerá con agrado este tipo de iniciativas, e incluso sostendrá que esta es la más elevada clase de filosofía posible[25]:

> *Una conclusión muy general (...) es que la filosofía no puede ser fructífera si se divorcia de la ciencia empírica. Y con esto no quiero decir que el filósofo debería «hacer» un poco de ciencia, como tarea de día festivo. Quiero decir algo mucho más profundo: que su imaginación debería estar impregnada de la perspectiva científica, y que debería sentir que la ciencia nos ha ofrecido un mundo nuevo, nuevos conceptos y nuevos métodos, desconocidos antes, pero que la experiencia ha demostrado que son fructíferos allí donde los conceptos y métodos más antiguos resultaron estériles.*

Bunge estaba persuadido de que la especulación en amplias parcelas de la filosofía —sino en toda ella— podía abordarse con la misma precisión matemática que las investigaciones científicas habituales. Dicho muy brevemente, el procedimiento consistiría en utilizar las herramientas de la lógica y las matemáticas para pulir al máximo la precisión de los conceptos («exactificar», decía el filósofo argentino). Y dado que los aspectos de la realidad que atraen a la filosofía no suelen ser inaccesibles a la experiencia, solo podremos embridar la espe-

---

24 Véase, entre otros muchos ejemplos, Bunge (1971).
25 Russell (1982), p. 267.

culación desbocada exigiendo que cualquier cavilación filosófica sea al menos compatible con nuestro conocimiento científico del mundo (el mejor *en ese momento*, pues la filosofía, como la ciencia, jamás debe creerse perenne). En consecuencia, el programa bungiano de investigación en filosofía exacta es más una metodología general que un cuerpo concreto de doctrinas[26].

Por su lado, la cosmovisión científica consta de una serie de ingredientes filosóficos que pasaremos a comentar uno a uno. Bien entendido ha de quedar que estos elementos conforman una base mínima, susceptible de modificación, y que sus significados suelen hallarse sujetos a encendidas controversias. Así pues, esbocemos los componentes de la cosmovisión científica en una sucesión rápida como realismo, naturalismo, dinamicismo, sistemismo, emergentismo, falibilismo, escepticismo, racionalismo-empirismo, causalismo y neutralidad moral[27]. Veamos ahora cómo se desenvuelven.

REALISMO. No sería exagerado decir que sobre la palabra «realismo» se han vertido tantas interpretaciones como autores la han utilizado. En este caso, como en el resto de nociones que vamos a mencionar, las discusiones sobre el significado de los términos revisten sin duda gran interés para quien desee profundizar en la controversia[28]. Aquí, sin embargo, nos limitaremos a la acepción más amplia del término compatible con la cosmovisión científica que se defiende.

Lo que nosotros llamaremos realismo se sustenta en una doble declaración: *las cosas existen independientemente de nosotros y podemos conocerlas aunque tan solo mediante aproximaciones sucesivas.* Haríamos bien en detenernos un tanto a reflexionar sobre esta afirmación, no solo porque es el credo que todos suscribimos en la práctica sino también por la cantidad de problemas que disipa cuando somos consecuentes con ella.

Todos los actos de la vida diaria de una persona mentalmente sana presuponen la existencia de una realidad externa a nuestra conciencia. Cuando hablamos con nuestros seres queridos o saboreamos una cena apetitosa, igual que cuando renegamos del grifo que gotea sin

---

26 Agassi & Cohen (1982).
27 La neutralidad moral no implica neutralidad axiológica, pues la actividad científica también necesita de valores.
28 Clarke & Lyon (2002).

cesar o escuchamos con horror las instrucciones del dentista para que abramos la boca, ninguna persona cuerda duda de la existencia real de los seres y objetos que participan en tales situaciones. Solo los filósofos idealistas sostienen lo contrario, y además únicamente lo hacen a cobijo de sus cátedras, porque en el momento en que abandonan sus despachos y cometen —digamos— una infracción de tráfico, ninguno admitiría seriamente que la multa o el guardia que se la pone son creaciones de su mente[29].

Ese punto de insinceridad se esconde siempre tras el irrealismo, tratando de poner a la defensiva a los realistas con preguntas semejantes a la consabida «¿Cómo sabes que la Luna existe cuando no la estás mirando?». La respuesta más obvia replicaría: «¿Y cómo sabes tú que no existe?», pues todo nuestro conocimiento sobre el mundo físico nos autoriza a creer en que los objetos existen, los veamos o no[30]. Este juego de trileros intelectuales se aprovecha de la confusión habitual entre la existencia de las cosas y nuestro modo de conocer esa existencia.

Obviamente nuestros medios de conocimiento cambian con el tiempo y con ello también el peso de nuestros argumentos. El hombre de las cavernas que admiraba las luces en el cielo de una noche estrellada podía creer que aquellos puntos refulgentes desaparecían cuando él cerraba los ojos, pero hoy en día la física estelar nos invita a suponer que esas inmensas bolas de gas en perpetua combustión nuclear existen incluso cuando el astrónomo deja de apuntar su telescopio hacia ellas.

En la infancia todos somos realistas, ingenuos, a saber, creemos que las cosas son exactamente lo que parecen ser; por eso resulta tan fácil deleitar a los niños con sencillos trucos de prestidigitación. Entre los adultos, muchos individuos se convierten en realistas críticos al hacerse conscientes de que a menudo las apariencias engañan: la fiebre, la embriaguez o los alucinógenos pueden producir imágenes tan irreales como espejismos en el desierto. En esos casos, sabemos que se trata, o bien de problemas fisiológicos que alteran el aparato sensorial, o bien de fenómenos ópticos debidos a las condiciones ambientales. De hecho, los colores, contornos y sonidos, por ejemplo, desaparecerían de no haber sistemas nerviosos que los captasen.

---

29 En realidad apenas cabe encontrar verdaderos solipsistas, pues los clásicos del idealismo no lo son.
30 Contra la imagen que algunos divulgadores suelen transmitir, la teoría cuántica tampoco acepta esta clase de apariciones y desapariciones rocambolescas.

Solo unas pocas personas acceden a la última etapa, el realismo científico, en la que se admite la necesidad de recurrir a construcciones abstractas para explorar más a fondo la realidad material. Cuando tocamos un trozo de madera y otro de metal a la misma temperatura, podemos explicar que uno nos parezca más frío que el otro apelando a abstracciones físicas como la conductividad térmica, por ejemplo, algo que excede el alcance del realismo crítico. Por eso también en un sentido científico «lo esencial es invisible a los ojos», como dijo con intención poética el francés Antoine de Saint-Exupéry.

La segunda parte de la tesis realista subraya con humildad que esa realidad existente fuera de nosotros solo puede conocerse paso a paso, recorriendo una escala de aproximaciones progresivamente mejoradas en amplitud y precisión, pero sin garantía de que alguna vez alcancemos el último peldaño. En la investigación científica no se admite el presunto conocimiento obtenido en éxtasis místicos, ingiriendo alucinógenos o por revelación directa de duendes y espíritus. No hay conocimiento genuino que no provenga de un laborioso esfuerzo teórico y práctico, del mismo modo que no podemos saberlo todo sobre todas las cosas.

NATURALISMO. De entre las múltiples interpretaciones de esta palabra, como sucedió con «realismo», nos acogeremos a la más abierta y flexible. Así, entendemos por naturalismo la tesis según la cual *la ciencia no se ocupa de entes sobrenaturales, los cuales —de existir— quedarían fuera del alcance del conocimiento humano fiable.* Es importante resaltar que hablamos de la ciencia en general y no solo de la física. Algunos autores han creído conveniente puntualizar que solo la física es competente a este respecto, y que todas las demás ciencias han de ser tributarias de ella. Esta radicalización, llamada «fisicalismo», queda lejos de nuestras pretensiones.

La versión más estricta de esta prescripción excluye de partida la existencia de cualquier cosa que no pertenezca al mundo material[31], motivo por el cual es la predilecta de quienes se declaran ateos. Sin

---

31 La mayoría de autores prefieren hablar de materialismo en lugar de naturalismo, no porque incluyan los espíritus fantasmales en el marco de la naturaleza, sino porque creen —según el monismo materialista— que la mente es tan solo una derivación de la materia. Con ello dejan fuera de la discusión, por decreto, la teoría del monismo neural y la posibilidad de que no todo en el universo sea exclusivamente material. Más sobre este tema en Alemañ (2012, 2013, 2018).

embargo, para nuestros propósitos tal rigidez no es necesaria; nos basta con un planteamiento más relajado para entender que si hay un mundo de ultratumba, la ciencia no se ocupa de su estudio. Si existiese un segmento de la realidad extramuros del mundo físico, por definición quedaría fuera del alcance del conocimiento humano, tan limitado como este es.

Cuando en ocasiones se ha planteado la posibilidad de indagar científicamente cuestiones sobrenaturales —siempre en vano—, pocos han advertido el obstáculo esencial que se alza ante tal empeño. Si el presunto mundo ultraterreno puede someterse a investigaciones científicas, así será porque establece algún tipo de lazo con el nuestro. En ese caso nos vemos inmediatamente confrontados con cuestiones concernientes al tipo de interacción que se da entre ambos mundos y las pautas que la rigen. Porque entonces resultaría que, en cierto modo, el ámbito sobrenatural formaría parte de la naturaleza, ya que la investigación científica —cuando es posible— opera solo con medios naturales. Por eso no es de extrañar la falta de resultados y la renuencia de los científicos a participar en esos asuntos.

DINAMICISMO. Esta premisa de la cosmovisión científica sencillamente nos dice que *todo lo que existe en el mundo real cambia de algún modo con el tiempo*. Ese es el sentido del término «dinámico», entendido como una referencia a los cambios que se dan con el paso del tiempo en su sentido más general. La popular sentencia «la vida es cambio» se extiende también en este contexto a los objetos inanimados. Las rocas se erosionan, los líquidos se evaporan y los gases se dispersan.

Pocas verdades parecen más evidentes que esta. Todo cambia en el universo material, ya sean cuerpos inertes, seres vivos o incluso organizaciones sociales. Por el contrario, los conceptos teóricos y los valores morales no están sometidos a esos avatares. El concepto de número primo no cambia con el tiempo por efecto de proceso natural alguno, y tampoco lo hace el ideal de solidaridad, por complicado que sea definirlo en ocasiones. El dinamicismo, por tanto, nos proporciona un buen criterio para distinguir los entes materiales de los que no lo son, sin extraviar nuestra mirada en direcciones que no competen a la investigación científica.

SISTEMISMO. Basta observar a nuestro alrededor para constatar que vivimos en un mundo de interacciones, una noción, por cierto, de importancia capital en todas las ciencias y especialmente en física. Nada está completamente aislado del resto de las cosas existentes y la constatación de este hecho nos lleva al presupuesto filosófico del sistemismo, es decir, la afirmación de que *todo cuanto existe en el mundo real es, o bien un sistema en sí mismo, o parte de un sistema.* La única excepción a esta máxima es, quizás, el universo en su totalidad como sistema de todos los sistemas, por la sencilla razón de que nada hay fuera de él.

Para mayor claridad conviene formalizar el concepto de sistema del modo más simple posible con el ánimo de evitar confusiones y tener siempre presente de qué estamos hablando. Cualquier sistema posee componentes, aquellas cosas que lo constituyen como tal. Así pues, denotaremos el conjunto de los componentes de un sistema S como C. Además, S tiene un entorno K que lo rodea, una estructura interna E (el conjunto de relaciones entre sus componentes) y la serie de interacciones I con el exterior. Caracterizando el sistema S mediante esos cuatro elementos, podemos escribir $S = \langle C, E, K, I \rangle$. Dependiendo de cada caso, por supuesto, C, E, K, I serán distintos.

Como se verá en los siguientes capítulos, la ciencia misma puede tomarse como un sistema formado por diversas áreas de conocimiento. Y desde una visión sistemista se comprende a la perfección el solapamiento entre diferentes campos de investigación. El conocimiento científico está interconectado —o, como suele decir, es interdisciplinario— y las hipótesis nunca se contrastan en solitario, pues siempre forman parte de una teoría o de una red de teorías.

EMERGENTISMO. El triunfo de la teoría atómica en el siglo XX determinó el predominio del reduccionismo en la perspectiva científica de la época. Desde ese punto de vista, bastaba conocer las propiedades de los componentes individuales de un sistema para deducir las propiedades del sistema en conjunto. No tardó en oponerse a esta doctrina la opinión contraria, el holismo o globalismo, según la cual los sistemas poseen propiedades globales que son distintas e independientes de las de sus componentes. Pero al ser independientes de las características de los componentes, estas nuevas propiedades resultan misteriosas e inasequibles a la investigación científica.

Afortunadamente hay una tercera opción denominada emergentismo, que reconoce la aparición de novedades cualitativas reales en los sistemas —es decir, propiedades diferentes a las de sus elementos por separado— mientras admite que tales propiedades dependen, al menos en parte, de las propiedades de los componentes de dichos sistemas.

Todos sabemos que las propiedades de una célula viva, por ejemplo, no pueden deducirse las propiedades de las moléculas que la componen tomadas aisladamente. Pero tampoco las características de los átomos y moléculas son irrelevantes para el funcionamiento de la célula. No se puede construir una célula con agua, amoniaco y alcohol, digamos. De ahí la importancia de aceptar las propiedades emergentes en los sistemas complejos, de los cuales rebosa el mundo real.

FALIBILISMO. Pocas circunstancias reflejan con mayor nitidez la condición humana que nuestra capacidad de equivocarnos. Todos cometemos errores y debemos prepararnos de un modo u otro para ello. El falibilismo nos recuerda que *podemos equivocarnos y sin duda nos equivocaremos, pero eso no invalida la investigación científica sino más bien nos obliga a mantenernos alerta y enmendar en lo posible nuestros inevitables errores.* Los errores en dosis moderadas pueden ser más saludables para un investigador, si se detectan a tiempo, que un acierto temprano. Reconocer y corregir nuestras equivocaciones pule nuestra humildad y nos permite aprender —no hay lección más valiosa— de nuestros propios fallos

ESCEPTICISMO. En su origen etimológico, escéptico es aquel que se formula preguntas pertinentes sobre un asunto cualquiera. Y no cabe duda que plantearse preguntas es la única llave para abrir la antesala del conocimiento. Al cuestionarnos los diversos aspectos de un problema ponemos a prueba nuestros conocimientos, ensayamos posibles caminos para profundizar en él y durante ese proceso aclaramos nuestras propias ideas.

Por eso *el escepticismo ha de ser moderado,* no absoluto. No podemos quedar paralizados por un torrente de preguntas, dudas y reservas que nos lleve a cuestionárnoslo todo continuamente. Esa sería la diferencia entre un escepticismo moderado que es constructivo, y un escepticismo absoluto, que resulta esterilizador.

Racionalismo y empirismo. Tradicionalmente, los filósofos racionalistas desconfiaban de la información transmitida por los sentidos y preferían volcarse en los desarrollos teóricos, parapetados tras la robustez lógica de las matemáticas; es decir, eran aprioristas. En el extremo opuesto, los empiristas solo se fiaban de las percepciones porque, a su juicio, el camino de los racionalistas solo llevaba a perderse entre ensoñaciones matemáticas.

A partir de la Revolución Científica se popularizó el método de Galileo-Newton que, con sus correspondientes refinamientos, se ha convertido en el método científico actual. Este procedimiento aspira a *formular hipótesis formalizadas matemáticamente para luego confrontarlas con la experiencia*. A su vez, los resultados de las observaciones y experimentos nos guiarán en la modificación de las hipótesis y teorías en un proceso de iteración sin final, pues el conocimiento humano nunca será perfecto.

Causalidad y legalidad. El requisito de causalidad se confunde a veces con el «principio de legalidad» (o «postulado nomológico», si apreciamos los tecnicismos), aunque en puridad no se identifiquen. Ambos pertenecen a esa clase de enunciados que no pertenecen a una ciencia en particular, sino que son condiciones previas —de tipo filosófico— para la investigación científica. Muy brevemente expuesto, el principio de causalidad impone que en cualquier sistema material la transición de unos estados a otros ha de obedecer alguna pauta o regularidad que llamamos «ley de la naturaleza». *Esa conexión legal —es decir, estipulada por una ley natural— entre un estado y el siguiente, es lo que denominamos causalidad física en un sentido amplio.*

La causalidad puede presentarse en forma determinista o estocástica. En el primer caso a cada estado anterior corresponde un solo estado posterior, lo que supuestamente era la norma general en la naturaleza. Si a partir de los datos iniciales de un sistema no podíamos calcular su evolución posterior, se creía que la deficiencia era debida tan solo a dificultades de cálculo y no a impedimentos teóricos de alguna clase.

Tan confiada presunción se esfumó cuando el mundo cuántico entró en escena. En ese caso nos tenemos que contentar con las leyes probabilistas, no por incapacidad de cálculo, sino porque los sistemas cuánticos son intrínsecamente aleatorios (salvo cuando evolucionan con el tiempo en perfecto aislamiento). No es cierto que en las teorías cuánticas todo ocurra por azar, pero sí es verdad que allí solo se aplica la causalidad estocástica. A cada estado anterior le corresponde un abanico de posibles estados posteriores sobre el cual la teoría establece una distribución de probabilidad, de modo que el paso a alguno de estos estados posteriores se realiza de modo aleatorio. Y los experimentos verifican las predicciones cuánticas con envidiable precisión.

Una vez admitido que en la naturaleza todo está sujeto a pautas y regularidades (leyes) de algún tipo, podemos ir un paso más allá y considerar que la explicación de un fenómeno cualquiera solo quedará completada cuando se aporte el mecanismo de su funcionamiento. Dentro de este contexto y en un sentido general, llamamos «mecanismo» a un proceso causal que ocurre en uno o más sistemas materiales. Cuando renunciamos a la búsqueda de un mecanismo nos limitamos al enfoque de la «caja negra» (partiendo de unos datos iniciales, realizamos predicciones verificables sin preguntarnos qué ocurre realmente en el sistema), que es uno de los escalones más bajos de la investigación.

Ahora también podemos completar la formalización que hicimos de un sistema en un apartado anterior, añadiendo un nuevo componente al planteamiento. Ese nuevo elemento sería precisamente el mecanismo M que caracteriza el funcionamiento interno de cada sistema. Así pues, escribimos $S = \langle C, E, K, M, I \rangle$.

En resumen, el principio de causalidad ni se demuestra ni se adjudica a ciencia alguna; más bien se presupone como requisito imprescindible para cualquier conocimiento científico digno de ese nombre. Al hacerlo así estamos proscribiendo tanto el azar salvaje (los hechos que ocurren al margen de cualquier ley determinista o estocástica) como la magia (hechos que tienen lugar en contra de las leyes naturales). De ocurrir algún suceso aparentemente milagroso haríamos bien en recordar las palabras de San Agustín: «Los milagros no ocurren en contradicción con la naturaleza, sino en contradicción con nuestro conocimiento de la naturaleza».

NEUTRALIDAD MORAL. La guerra de Vietnam, además de en el propio suelo vietnamita, acarreó toda clase de consecuencias nefastas en los Estados Unidos y un drama humano de proporciones incalculables. Una de las repercusiones nocivas menos comentadas fue la identificación que hicieron los movimientos antibelicistas de la ciencia con los estamentos políticos y sociales que habían provocado el conflicto.

Igualar la ciencia y la tecnología de ella derivada con el horror de la guerra y las injusticias aparejadas convirtió el conocimiento en aliado de la opresión en la mente de muchos ciudadanos[32].

Fue un error terrible que abrió la puerta por la que se deslizaron en la cultura norteamericana numerosas corrientes anticientíficas, ocultistas y esotéricas. Inopinadamente en la ideología de la *new age* se arremolinaron el pacifismo y el irracionalismo, en una mezcla inquietante. No se comprendió en ese momento —y, en parte, tampoco después— que la ciencia es moralmente neutra, pues no aspira más que a aproximarnos al conocimiento veraz de la realidad. El uso que hagamos a continuación de tales conocimientos es exclusiva responsabilidad nuestra.

Es posible, sin duda, que las jerarquías dominantes de una sociedad —el *establishment* en la expresión anglosajona— se sirvan de la eficacia técnica que la ciencia procura para que sus intereses prevalezcan sobre cualquier oponente. Pero esa no es razón para denostar la ciencia, sino para exigir que el conocimiento científico encuentre un uso más humanitario. Se suele resumir esta postura en una escueta frase: «la ciencia es inocente; la técnica es culpable», y aun así con matices porque una misma aplicación técnica, como el cableado eléctrico, puede utilizarse para alumbrarnos en la oscuridad o para matar por electrocución.

¿Y LAS MATEMÁTICAS?

La división acostumbrada de las ciencias en naturales y sociales relega la delicada cuestión de dónde situar el predio de las matemáticas. Si nos paramos a pensarlo, las matemáticas han ocupado siempre una posición peculiar en el concierto de las ciencias. No pueden etiquetarse propiamente como ciencias de la naturaleza ni de la sociedad, pero a la vez constituyen la herramienta fundamental de cualquier otra ciencia solvente.

La respuesta habitual consiste en definir la matemática como una ciencia formal, que se ocupa de abstracciones (ideas, conceptos) cuya utilidad para el resto de las ciencias se halla fuera de toda duda. Esta

---

32 Como se observa con toda claridad en la posición al respecto de Bertrand Russel, recogida en, por ejemplo, Pérez-Jara & Camprubí (2022).

contestación, aunque correcta, deja abiertas a su vez tres cuestiones no menos interesantes: ¿cuál es la relación orgánica entre la matemática y las demás ciencias?; ¿de dónde surge la eficiencia de las matemáticas aplicadas al mundo real?, y por último, ¿qué clase de existencia disfrutan los entes matemáticos?

Los idealistas creen en la existencia de los entes matemáticos, junto a otros muchos, en un mundo atemporal e intangible al que solo tendríamos acceso intelectual (¡y no todos!). La escuela nominalista mantiene que las matemáticas son tan solo un lenguaje más y que los entes que en ella se manejan se reducen a otro juego de símbolos con los que operar según ciertas reglas establecidas. En tercer lugar, para los empiristas radicales los objetos matemáticos existirían únicamente como fenómenos mentales, es decir, sensaciones o imágenes que se derivan por abstracción de nuestras manipulaciones con cosas materiales.

Se tiene al gran filósofo griego Aristocles, más conocido como Platón, por el primer pensador que desarrolló una doctrina completa sobre la respuesta a esa pregunta. Para Platón las ideas matemáticas provenían de un orden superior de la realidad, un mundo invisible e intangible pero que, al estar formado por entes eternos e inmutables, era en ese sentido «más real» que el mundo físico. Al mundo platónico —donde también residían ideales como belleza y verdad— se podía acceder mediante el intelecto, lo que permite a los matemáticos talentosos descubrir esos conceptos, que están allí esperando a ser hallados por las mentes más hábiles.

A este platonismo matemático se contrapone el ficcionismo, según el cual los conceptos matemáticos —como los personajes literarios— solo existen en la mente de sus creadores y en la de aquellos que los estudian. La tesis ficcionista niega, por supuesto, el mundo platónico, y sostiene que las matemáticas se crean —como se inventan las máquinas—, no se descubren, porque previamente a su creación carecen de una existencia que alguien pueda desvelar.

El conceptualismo ficcionista[33] distingue entre existencia material y existencia conceptual, adjudicando esta última a los entes matemáticos. Para existir conceptualmente basta que un objeto sea concebible intelectualmente por cualquier ser racional capaz de pensar. Los

33 No debe confundirse este ficcionismo con la filosofía del «como si» de Hans Vaihinger (1852-1933), en la que se vuelve a dudar de la realidad del mundo y, por tanto, se alinea con los antirrealistas.

objetos matemáticos (números, funciones, espacios abstractos, etc.), por tanto, son creaciones de la mente humana a la que convencionalmente se considera existentes en determinados contextos, como las teorías a las que pertenecen[34].

Las matemáticas, igual que la filosofía, se encuentran en la base del resto de las ciencias, aunque solo sea porque todas ellas pretenden ser lógicamente auto-coherentes y tan precisas como resulte posible. Esto no se justifica por algún extraño compromiso místico con el carácter esencialmente matemático de la realidad; más bien se debe al mero reconocimiento de que solo con ayuda de la matemática nuestras ideas y conceptos se afinan lo suficiente para resultar comprensibles y accesibles a la crítica.

El segundo punto, relacionado con la eficacia de las matemáticas aplicadas para reflejar las estructuras del mundo físico, encuentra una de sus mejores respuestas en un comentario al respecto realizado por Albert Einstein (1879-1955) cuando dijo[35]: «(...) en la medida en que se refieren a la realidad, las proposiciones matemáticas no son seguras y, viceversa, en la medida en que son seguras, no se refieren a la realidad».

Tenía razón el gran físico alemán cuando apunta el hecho de que, en sus orígenes históricos, los conceptos básicos de la matemática nacieron a través de un proceso de idealización de las experiencias cotidianas. De ahí llegamos a refinar abstracciones como las de «punto», «recta», «plano» y muchas otras. Por ello, cuanto mejor definidas estén tales abstracciones menos se corresponderán con los objetos reales que en tiempos lejanos las inspiraron. Sin embargo, eso no explica por qué conceptos matemáticos mucho más complejos que los mencionados reproducen tan magníficamente el funcionamiento real de la naturaleza. Esa duda sigue abierta y, en parte, nos conduce a la última pregunta: ¿las matemáticas se inventan o se descubren?

El eminente premio nobel de física, matemático, filósofo y divulgador británico sir Roger Penrose elaboró una tercera propuesta, más cercana al platonismo, pero sin identificarse con él, similar a propuestas anteriores, como los tres mundos de Popper o los tres reinos de Simmel. Penrose cree en la existencia, no de un solo mundo (la realidad física del ficcionista) ni de dos (el mundo físico y el platónico), sino de tres: material, mental e ideal (platónico). Cada uno de ellos se

---

34 Bunge (2006).
35 Einstein (1986), p. 23.

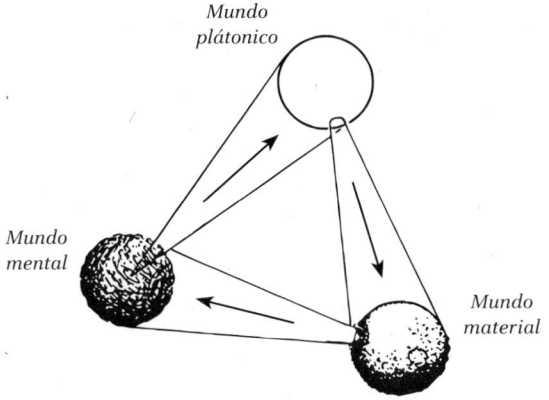

Diagrama de los tres mundos de R. Penrose.

halla parcialmente encajado en el que lo antecede —o sería una proyección parcial de él— formando un bucle difícil de visualizar[36].

A juicio de Penrose, dentro del mundo físico una parte de la materia que lo compone se organiza en un nivel superior, dando lugar a las mentes humanas. A su vez, una parcela de la actividad mental conecta con el mundo platónico, en el que se encuentran las ideas matemáticas. Y cerrando el bucle, esas ideas matemáticas modelan en cierta manera enigmática el mundo físico del cual partimos.

No son muchos los autores que comparten el pluralismo ontológico de Penrose, pero lo cierto es que no deja de ser una idea interesante, que incide en el carácter crecientemente abstracto de la física fundamental —el más poderoso instrumento en nuestra exploración de la realidad—, algunas características de la mente en apariencia irreducibles a un sustrato material, y la exquisita brillantez del poder matemático para explicar los entresijos de la naturaleza.

Sea como fuere, este debate persistirá entre los especialistas durante largo tiempo, si es que alguna vez se cierra del todo. Mientras tanto, en nuestros instantes de mayor desaliento ante los obstáculos habituales en el estudio de las matemáticas, deberíamos recordar las amables palabras de William Thomson (1824-1907), ennoblecido con el título de Lord Kelvin, por el que le conoce la historia de la ciencia: «No supongas que la matemática es dura, avinagrada y repulsiva para el sentido común. Se trata simplemente de la idealización de ese mismo sentido común».

---

36 Penrose (2006), pags. 61 y 1377.

2. EL PENSAMIENTO CIENTÍFICO

Equipados con los supuestos básicos de la cosmovisión que la ciencia nos ofrece, ya estamos en condiciones de abordar directamente la cuestión del método científico. Del capítulo anterior hemos aprendido que la concepción científica del mundo comporta una ontología realista y una gnoseología naturalista; recordemos lo que ello significa.

Hablamos de ontología para referirnos, dicho brevemente, a una teoría sobre la existencia de unas cosas y no otras[37]. Cuando escogemos los componentes últimos de la naturaleza a partir de los cuales explicaremos todo lo que en ella ocurre, entonces hemos elegido una ontología concreta para nuestras investigaciones. Las ontologías pueden ser generales —si tratan de abarcar todo el universo— o particulares —cuando solo conciernen a una parcela de la realidad—, dependiendo del campo de estudio en que nos hallemos. Por eso, una ontología realista de la ciencia afirma que las cosas existen fuera de nuestras mentes, tengamos conciencia de ellas o no. La realidad, en suma, no depende de nuestras conciencias.

Si, por un lado, la ontología nos dice qué es lo que existe, por el otro, la gnoseología realiza el esfuerzo de analizar cómo conocemos lo que existe. La gnoseología científica —como vimos— es naturalista porque deja fuera de su radio de acción los entes sobrenaturales, si es que tales entidades existen. Tal vez existan o tal vez no, acaso algún día podamos dirimir la cuestión o quizás nunca lo logremos. En todo caso, la gnoseología naturalista de la ciencia deja en suspenso tales asuntos y prosigue en la búsqueda de verdades contrastables

---

37 Más rigurosamente, la ontología estudia la estructura, contenidos y mecanismos más generales o fundamentales de la realidad.

dentro de nuestro universo, siempre con la convicción de que la tarea resulta ímproba y los avances son lentos aunque duraderos.

Tradicionalmente han sido dos los caminos disponibles para acercarnos al mejor conocimiento posible de la realidad: la vía racional y la empírica. En la primera senda se concede el timón a nuestra capacidad de raciocinio y abstracción. El pensamiento puro se considera susceptible de alcanzar certezas del mundo sobre la base de razonamientos que solo de modo secundario se apoyan en aquello que podemos percibir de nuestro entorno. Los antiguos filósofos griegos se inclinaban por este tipo de inferencias, pues creían firmemente que la imperfección de los sentidos humanos nos conducía más a menudo al error que al acierto.

En el polo opuesto se sitúa la opinión de los empiristas, para los cuales son los datos de la experiencia los que deben asumir el control en la persecución sistemática del conocimiento que llamamos ciencia. A su juicio, el entendimiento humano es tan limitado y falible que acaba por engañarnos más que nuestros sentidos, extraviándonos en un reino de ensoñaciones sin contacto alguno con la realidad. No obstante, si somos suficientemente hábiles para disciplinar las percepciones mediante experiencias controladas y observaciones rigurosas, conjuraremos el peligro de ahogarnos en abstracciones y nos mantendremos bien aferrados a la realidad. La naturaleza no engaña — subrayan los empiristas—, si tenemos la pericia necesaria para interrogarla correctamente.

Puede parecer extraño a ojos de un espectador actual, pero hubo de transcurrir un buen número de siglos hasta alcanzar un compromiso entre ambas posturas, señalando —como ya advirtió Aristóteles— que en el término medio está la virtud. Por supuesto que tanto los sentidos como el raciocinio corren siempre el riesgo de sumirnos en el error; en ese extremo atinaban los racionalistas y los empiristas con sus recriminaciones al adversario. Por desgracia, ninguna de esas dos escuelas quiso aplicarse a sí misma la lección que dispensaba al contrincante. No hay duda de que necesitamos tomar contacto con el mundo que nos rodea para conocerlo, pero hacerlo sin una guía teórica que nos ayude a seleccionar los hechos relevantes, sería completamente inútil. Y a la inversa, las inferencias racionales son la clave del pensamiento científico, aunque privadas de la experiencia se marchitarían en un amasijo de elucubraciones sin interés.

Intuiciones como estas fueron compartidas por muchos autores a lo largo de la historia, pero solo comenzaron a consolidarse como un procedimiento universalmente aceptado a partir de la época de Galileo y Newton, es decir, desde el periodo que denominamos Revolución Científica. A tientas en sus inicios, el método científico nació balbuceante y rudimentario para ir fortaleciéndose con el paso del tiempo en duelo permanente con la realidad del mundo que aspiraba a descubrir. Gracias a ello, hoy podemos ofrecer un esquema simplificado de sus etapas sin gran pérdida de rigor.

El procedimiento que llamamos genéricamente «método científico» comienza al identificar un problema, algo que no encaja en los saberes aceptados hasta ese momento. Para resolverlo conjeturamos una posible explicación y la denominamos «hipótesis». Debe ocurrírsenos algún medio práctico para confrontar esa hipótesis con los hechos que deseamos entender, y cuando los hechos se ajustan a nuestra hipótesis podemos dar el problema por resuelto. En caso contrario tendremos que imaginar una nueva conjetura para trabajar sobre ella del mismo modo.

En realidad, en este resumen del método científico cada paso encierra numerosas sutilezas y reclama multitud de matices que serán discutidos, también brevemente, en los próximos capítulos. Ahora bien, lo esencial del método se contiene en esta sencilla receta: tome un problema bien planteado; combine teoría y observación en las debidas proporciones, y agítelas sin temor hasta obtener la solución. No siempre conseguiremos lo que buscamos, y casi nunca será una labor sencilla, pero la verdad es que no disponemos de una alternativa mejor.

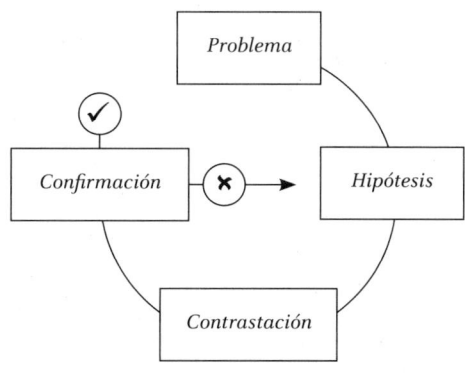

Diagrama cíclico del método científico.

Algunos autores, como el ya mencionado Feyerabend, se negaban a admitir la existencia del método científico o, en general, de cualquier procedimiento reconociblemente superior a otro en la exploración de la naturaleza. Y como el método escogido prefigura el tipo de resultados a obtener, quienes rechazan distinguir entre métodos pierden la posibilidad de discriminar la calidad del conocimiento alcanzado. No habría motivos para preferir la atención de un médico internista antes que la de un curandero analfabeto; en el fondo, sus procedimientos estarían en pie de igualdad.

El anarquismo metodológico de Feyerabend falló al considerar el método científico como una táctica en lugar de una estrategia. En un símil bélico, el estratega fija los objetivos principales para vencer en la contienda junto con los medios disponibles para lograrlo. Acto seguido, la táctica nos dirá cómo hemos de operar en cada caso concreto, según los recursos con que contamos y la evolución de los acontecimientos, para la consecución de tales objetivos.

Es un grave error no percatarse de que el método científico se sitúa en el plano estratégico, mientras la diversidad de procedimientos específicos históricamente empleados por los investigadores queda en el nivel táctico. Faraday inventó el concepto de campo magnético imaginando hilos y tentáculos invisibles alrededor de un imán; un sueño sugirió a Kekulé la estructura de la molécula de benceno, y Darwin se inspiró en un tratado demográfico para su teoría evolutiva. Todos estos autores fiaron inicialmente a su intuición las ideas que luego habrían de poner a prueba de acuerdo con el mejor uso que su ingenio diese a las posibilidades experimentales de la época. Y así es como avanza de veras la ciencia.

Por esa razón, y dando por descontado desde el principio la unidad fundamental de la ciencia, clasificaremos las ciencias particulares aplicando un criterio muy elemental que atenderá a su objeto de estudio. Las «ciencias formales» —lógica y matemática— se ocupan tan solo de las estructuras y relaciones entre cualquier colección de términos abstractos, por lo que convendrá situarlas en un puesto separado. Si tenemos ciencias formales, también habrá «ciencias factuales», encargadas de lidiar con los hechos del mundo material. Estas ciencias factuales, a su vez, pueden dividirse en ciencias naturales y sociales de acuerdo con sus respectivos intereses.

Hasta mediados del siglo xx era común hablar de «ciencias humanas» donde ahora simplemente se dice «ciencias sociales», debido a la influencia del humanismo clásico. Esa denominación oficiaba como un auténtico cajón de sastre en el que entraban desde la filología hasta la musicología, pasando por la hermenéutica (interpretación de mensajes de todo tipo), la religión o la educación. Con el ánimo de eludir ese revoltijo tan poco práctico, parece aconsejable inclinarse por la denominación de ciencias sociales, un término bastante más neutro y aquilatado.

CAMPOS DE INVESTIGACIÓN CIENTÍFICA

La investigación científica, para rendir buenos frutos, comporta una serie de condiciones tan complejas como puedan serlo en cualquier otra actividad humana en el seno de una sociedad organizada. Queda lejos ya el mito romántico del sabio aislado, el individuo de excepcional inteligencia que se encierra en un laboratorio y, sin otro auxilio que su pericia, logra desentrañar por sí solo los más recónditos secretos de la naturaleza. Esa imagen romántica, cultivada involuntariamente por alguno de los investigadores del Barroco, cuando la ciencia todavía no alcanzaba el rango de profesión reconocida, palidece frente a la realidad de una labor cada día más especializada y dependiente de las decisiones políticas, que desde una gran lejanía —geográfica y cultural— determinan los recursos económicos sin cuya continuidad ningún proyecto serio puede subsistir.

Como se verá a lo largo de las páginas de esta obra, el carácter polifacético de la ciencia abarca desde los aspectos materiales (equipamiento, sedes, financiación) a los puramente intelectuales (preconcepciones típicas de ese momento histórico; intercambio de ideas en la comunidad científica; inspiraciones individuales; existencia de teorías auxiliares que refuercen cada línea de investigación), pasando por otros de tipo social (planes de desarrollo, políticas educativas, respaldo de la opinión pública, divulgación de la ciencia, aplicaciones técnicas).

La más aquilatada formalización de lo que sería una familia de campos de investigación o —si se quiere— una disciplina científica, se debe al físico y filósofo Mario Bunge[38]. Su formulación describe la composición de un campo cognitivo, en general, mediante diez elementos que simboliza como $I = <C, S, D, G, F, B, P, K, M, O>$; veámos-

---

38   Bunge (1983a, 1983b).

los brevemente uno a uno. Empezando por C, tendríamos una comunidad profesional de investigadores del asunto I, caracterizados por una educación especializada y una estrecha comunicación entre ellos dirigida al intercambio de ideas y hallazgos.

La sociedad S debe ser capaz de asimilar, o al menos tolerar, las labores de los miembros de C en sus diferentes facetas: cultural, económica, política, etc. Es aquí donde se pone de relieve la ineluctable dimensión social de la ciencia. El dominio D agrupa los referentes de I, es decir, el conjunto de cosas que estudian los miembros de C, las cuales deben ser entes reales (contrastados o hipotéticos) con total exclusión de seres y fenómenos sobrenaturales.

El trasfondo filosófico G reúne una ontología naturalista, basada en cosas, procesos o sistemas gobernados por regularidades objetivas (leyes naturales); una gnoseología realista que admite la existencia de un mundo independiente de nuestra conciencia, y una ética —aunque a menudo no se cumpla— de libre búsqueda de la verdad. El trasfondo formal F representa el repertorio de teorías lógicas y matemáticas actualizadas sobre las cuales se cultivará el trasfondo específico B, una colección de datos, hipótesis y teorías —siempre mejorables—, que se deben confirmar con tanta precisión como sea posible, junto con métodos de investigación eficaces originados en otras áreas de investigación relacionadas con I.

Todo este arsenal se destina al abordaje de P, la problemática de I, constituido por la colección de problemas cognitivos referentes a la naturaleza (en particular a las leyes) de los miembros de D, especialmente sobre las leyes naturales que los afectan, así como de cuestiones relativas a otros componentes de I. Esa problemática parte en cada momento histórico de un sustrato K de conocimientos, compuesto por las teorías, hipótesis y datos producidos por los miembros de C y compatibles con el contenido de B.

La metodología M incluye tanto el método científico general (hipotético-deductivo) como los procedimientos específicos —controlables, analizables y justificables— de cada área de investigación en particular. Los objetivos O de tales áreas de investigación proponen la mejora de los métodos mencionados en M, así como la búsqueda y descubrimiento de nuevos fenómenos junto con las leyes que los regulan. Además de estos diez factores, cualquier campo de investigación saludable se caracteriza por solaparse parcialmente con otros campos científicos aledaños, con los que comparte algunos sectores de D, G, F, B, P, K, M, O. Siempre ocurre que estos ocho elementos van modificándose con el paso del tiempo en virtud de la propia tarea investigadora de los miembros de *C*.

No ha faltado quien, creyéndose muy sagaz, ha pretendido demoler la anterior formalización puntualizando que cabría aplicarla a actividades no científicas, como religiones, ideologías políticas o creencias de todo tipo. Y efectivamente así es; la formalización de Bunge se refiere en su sentido más amplio a «campos cognitivos», que pueden concretarse en investigaciones científicas o meramente en creencias al margen de todo conocimiento fiable. No desmerece en modo alguno que los campos cognitivos sean susceptibles de aplicarse a ciencias o a creencias, siempre y cuando tengamos la prudencia de distinguir entre unos y otros.

PROBLEMAS DIRECTOS Y PROBLEMAS INVERSOS

Muchos de los problemas que afrontamos en la vida diaria, por suerte, se resuelven aplicando alguna clase de «receta», una lista de instrucciones que, de seguirse fielmente, conducen a la solución deseada. Esa receta bien definida es lo que denominamos «algoritmo», por lo cual los problemas directos también se dice que son resolubles algorítmicamente. Cuando tratamos de cocinar un guiso concreto; de cumplimentar una instancia oficial; de componer un rompecabezas, o de sustituir una pieza de motor defectuosa, en todos esos casos estamos siguiendo —con mejor o peor fortuna— una serie de pasos bien determinados de antemano para conseguir un objetivo concreto. La labor puede ser más o menos engorrosa, pero el código de conducta está bien definido; esos son los que se conocen como «problemas directos».

Una ecuación del tipo $x + 1 = 3$ también es un problema directo, ya que las reglas para resolverla están perfectamente claras. Lo mismo sucede con el usual problema de física en el que se nos dan la masa y la carga de una partícula en un campo electromagnético conocido y se nos pregunta su trayectoria subsiguiente. Pero los problemas centrales de la investigación científica —y los más interesantes, en general— son precisamente aquellos en los cuales no conocemos las reglas fundamentales de la situación y, en el mejor de los casos, solo contamos con las consecuencias observables. Estos son los «problemas inversos», caracterizados por la necesidad de remontarse desde los efectos a las causas.

George Pólya (1887-1985) [Biblioteca ETH].

El médico que intenta descubrir la enfermedad de un paciente examinando sus síntomas, o el cristalógrafo que trata de hallar una estructura molecular a partir de la figura de difracción obtenida en un análisis de rayos x —por ejemplo— se enfrentan a problemas inversos típicos, donde se conocen los efectos y se buscan las causas que los producen. No hay una forma unívoca de hacerlo; de ahí la grandeza y la dureza de la investigación científica. Los problemas inversos, en principio, no son algorítmicamente resolubles.

Es verdad que las matemáticas nos ofrecen técnicas para «rellenar los huecos» en nuestro conocimiento, dicho sea sin rigor. Los métodos de interpolación nos ofrecen los valores intermedios en una serie de datos; la extrapolación permite estimar datos fuera del intervalo inicialmente disponible, y la prolongación analítica se diseñó para extender cierto tipo de funciones matemáticas más allá de su rango de validez original. Todo eso es cierto, pero también lo es que la fiabilidad de tales métodos depende de ciertas suposiciones sobre la regularidad y uniformidad de los datos y las funciones manejadas. Tales presunciones de buen comportamiento, que no siempre se cumplen en las matemáticas, tampoco están garantizadas en las ciencias naturales.

Tal vez porque carecían de algoritmo que los solucionase, el gran matemático francés Jacques Hadamard (1865-1963) los tildó de «problemas mal planteados», un nombre francamente desafortunado por cuanto los confundía con errores lógicos y desalentaba a los profesionales interesados en ellos. De hecho, el no menos insigne matemático húngaro George Pólya (1887-1985) ni siquiera los menciona en sus magnas obras sobre la resolución de problemas en matemáticas y física[39]. No debe extrañarnos, pues, que el primer congreso internacional sobre problemas inversos se celebrase en fecha tan tardía como el año 2002, gracias a una iniciativa de la City University of Hong Kong[40].

Los problemas inversos exigen navegar contracorriente, pues el paso *consecuencias* → *premisas* es opuesto a la secuencia lógica habitual. Por eso este tema enlaza con el debate secular sobre el uso de la deducción y la inducción en la ciencia. Los matemáticos saben que el único camino coherente es *axiomas* → *teoremas*, en el cual las conclu-

---

39 Pólya (1954, 1962, 2004), Pólya & Kilpatrick (1974 y Pólya & Szegő (1951).
40 First International Conference on Inverse Problems, City University of Hong Kong, January 9-12, 2002. Las actas del congreso fueron publicadas por la editorial World Scientific el año siguiente.

siones se deducen de los supuestos iniciales por cauces estrictamente lógicos. La matemática, al menos en las teorías bien formalizadas, es un conocimiento deductivo. Muy al contrario ocurre con las ciencias naturales, donde no podemos guiarnos solo por el requisito de coherencia formal, ya que debemos ajustarnos a la realidad de los hechos tal como se presentan en el mundo físico.

Es en este momento cuando entran en juego los inductivistas y sugieren que su método es el adecuado. La inducción aspira a obtener las pautas que rigen la naturaleza a partir de la detección de regularidades en los fenómenos observables. En su versión más sencilla, si somos inductivistas y observamos un buen número de peces con escamas —aunque no está claro cuánto es «un buen número»— generalizaremos afirmando que todos los peces tienen escamas y sostendremos que tal enunciado es universalmente válido.

Sin embargo, el filósofo escocés David Hume (1711-1776) puntualizó que la mera conjunción repetida de varios fenómenos no garantiza una conexión causal entre ellos, de modo que solo la deducción proporciona certeza racional. Bertrand Russell (1872-1970) solía contar la fábula del pavo inductivista para mostrar las equivocaciones a las que esta clase de inferencias podían conducirnos. Un pavo, al constatar que el granjero lo alimenta a diario, concluirá por inducción que ese mismo individuo repetirá su conducta indefinidamente. Causalmente, el pavo llega a esa conclusión la víspera de Navidad (o el Día de Acción de Gracias), sin saber que al día siguiente su inducción quedará trágicamente desmentida.

Los inductivistas más refinados, conscientes de las limitaciones de su método, pasaron a defender que la inducción ofrece al menos un grado de certeza en sus afirmaciones que cabe cuantificar mediante una estimación probabilística. Esta suposición es la base de la llamada «lógica inductiva» —muy cultivada por los neopositivistas—, que asigna probabilidades a las proposiciones, lo cual es tan sensato como asociarlas con temperaturas o masas. Una proposición como «Mi amigo llegó tarde a la cita» es verdadera o falsa en alguna medida (dependiendo de cómo entendamos el adverbio «tarde»), pero no podemos utilizarla en el cálculo probabilístico porque las probabilidades no son grados de veracidad.

Ahí reside uno de los errores más graves y a la vez más comunes en la inducción probabilista. Cualquier teoría de probabilidades presupone algún concepto de verdad aplicable a los fenómenos aleatorios de los que se ocupa. Carece de todo sentido asignar probabilidades sin un criterio objetivo que nos diga cómo hacerlo, un criterio objetivo que se vale del concepto previo de verdad. Por si esto fuese poco, hay otro error de la lógica inductiva que arruina sus pretensiones de universalidad. Supongamos la proposición «El 99 % de los gorilas tienen su pelaje de color negro». Pues bien, un inductivista se sentiría habilitado para el siguiente razonamiento: «Dando por cierto que "El 99 % de los gorilas son de color negro", si en la habitación de al lado hay un gorila, la probabilidad de que tenga un pelaje negro es 0,99».

Parece un razonamiento impecable, pero no lo es. Y no lo es porque carece de una premisa sin la cual no se asegura la conclusión. La premisa faltante sería «El gorila de la sala contigua se ha escogido al azar de una muestra representativa (aleatoria) de su especie». Este enunciado, y no otro, es el que realmente implica la verdad de la conclusión, porque sin él nada nos garantiza que el gorila no haya sido tomado de un grupo sesgado en cuanto al color del pelaje (es decir, que la proporción de colores no se corresponda con los porcentajes supuestos). En suma, incluso admitiendo que la inducción brinda alguna clase de conocimiento probable, tampoco funciona si no se adjuntan premisas que nada tienen que ver con la inducción.

Por si todo ello fuese poco, no resulta descabellado considerar que la inducción no existe como tal, porque al fin y al cabo no es más que una deducción disfrazada. Cuando digo que, tras haber visto siempre cisnes blancos por inducción, afirmo que todos los cisnes son blancos, estoy deslizando en realidad una premisa encubierta sobre la uniformidad de la naturaleza sobre la base de mis observaciones. Lo que digo implícitamente es, primero, mis observaciones se realizan sobre una muestra representativa de la uniformidad de la naturaleza y, segundo, yo constato en esa muestra que todos los cisnes son blancos; por consiguiente, deduzco de ambas premisas que todos los cisnes son siempre blancos. Es tan solo la ocultación de la primera premisa lo que nos hace creer que la inducción permite pasar de un caso particular a una clase general de casos equiparables. Y así operamos también en nuestra vida cotidiana.

Empleamos gran parte de nuestro tiempo resolviendo toda clase de problemas prácticos con los que la vida cotidiana nos desafía de continuo. Los niños —tal como debieron hacerlo nuestros antepasados prehistóricos— comienzan aplicando el método del ensayo y error: intentamos diferentes estrategias hasta dar con la que nos brinda el efecto deseado. Cuando no recuerdo cuál es la llave que abre la puerta de mi garaje, pruebo cada una de ellas hasta dar con la que encaja en la cerradura. Se trata de una técnica muy elemental aunque tremendamente útil si el número de pruebas no es muy elevado.

Hay otros problemas, sin embargo, que requieren mayor curiosidad intelectual y una reflexión más sofisticada. Cuando nos preguntamos por las regularidades de la naturaleza, o cómo se encadenan unos fenómenos con otros, nos internamos en territorios propios de la ciencia y la filosofía. ¿Por qué siempre que nos acercamos al fuego sentimos aumentar el calor?, ¿a qué se debe que unas cosas ardan y otras no?, ¿por qué la madera puede convertirse en cenizas y nunca sucede lo contrario? Cuestiones como estas nos conducen a investigar el funcionamiento de la naturaleza de un modo inalcanzable para el método de ensayo y error, que se agota en los casos puramente prácticos. Por el contrario, la verdadera ciencia —como escribió Aristóteles en su *Metafísica*— concierne a lo general, mientras que es la experiencia la que se ocupa de lo particular.

Ya que podríamos plantearnos infinidad de interrogantes sobre el mundo que nos rodea, hemos de seleccionar aquellos que parecen apuntar mejor hacia explicaciones más abarcadoras y poderosas. Este es un punto importante que merece ser destacado: como un buen detective que desecha pistas irrelevantes, el científico sagaz debe tener un cierto «olfato intelectual» para detectar aquellos problemas realmente interesantes y profundos. Quien investigue las condiciones de ebullición de un líquido, por ejemplo, demostrará más tino concentrándose en la temperatura y la presión que en el color o la forma del recipiente.

El siguiente paso consiste en proponer conjeturas racionales, o hipótesis, que resuelvan el problema planteado. Aunque con demasiada frecuencia suele olvidarse, partimos siempre de algunas de las premisas enunciadas en el capítulo anterior, que adoptamos como hipótesis reguladoras, llamadas así porque establecen el marco conceptual básico al que deben someterse las demás. Las hipótesis reguladoras delimitan el «terreno de juego» —por así decirlo— en el que se desenvolverán las hipótesis de rango inferior.

Algunas de estas premisas básicas serían la hipótesis de causalidad (el estado de cualquier sistema material proviene siempre de otro anterior), la negación de la magia (ningún sortilegio puede cambiar el curso de la naturaleza a voluntad del hechicero), la no contradicción en las regularidades naturales (basándonos en ellas, no podemos obtener conclusiones opuestas para el mismo caso) y su permanencia (al menos algunas de las pautas del mundo natural permanecen constantes con el tiempo, y las que cambian lo hacen, a su vez, de acuerdo con alguna regla bien definida).

Otra de estas hipótesis puede ser meramente un criterio de selección, como la conocida «navaja de Ockham», que nos invita a escoger la explicación más sencilla entre todas las posibles para un cierto fenómeno. Sin duda, también las hipótesis reguladoras se hallan sujetas a mejoras y correcciones, pero es evidente que para modificarlas se exigirán argumentos de mucho más peso que en otros casos.

A continuación se formulan hipótesis ontológicas que conjeturan la existencia de aquello que vamos a investigar. La hipótesis atómica de la materia —por ejemplo— sostiene que la materia, en cualquiera de sus modalidades, se halla compuesta por porciones microscópicas llamadas átomos. Podría ser cierta, o no, pero necesitamos partir de su afirmación para ponerla a prueba y decidir después sobre la base de los resultados. Las hipótesis de existencia más interesantes son aquellas que se refieren a una clase general de propiedades o de objetos. Por ejemplo, la conjetura «Existen átomos con carga eléctrica a los que llamamos iones» tiene un alcance mucho mayor que «Existe un planeta más cercano al Sol que Mercurio, al que llamamos Vulcano», ya que la segunda afecta a un único cuerpo mientras la primera involucra todo un conjunto de objetos.

El inglés Michael Faraday (1791-1867) conjeturó la existencia del campo magnético, abriendo con ello una de las más exitosas líneas de pensamiento en la historia de la ciencia. Su compatriota Charles Darwin (1809-1882) aceptó como una de sus hipótesis básicas la existencia de pequeñas variaciones en las sucesivas generaciones de plantas y animales que darían lugar posteriormente a la evolución de las especies. En las ciencias sociales ocurre otro tanto: los economistas admiten la existencia de mercados con ciertas características, los sociólogos dan por descontada la existencia de organizaciones sociales, etc.

No siempre las hipótesis científicas se demuestran ciertas, por supuesto. El éter luminífero es uno de los casos más famosos. Durante el siglo XIX se postuló la existencia de un fluido invisible e intangible, al que denominaron «éter», cuyas vibraciones transmitían las fuerzas electromagnéticas y gravitatorias a través del espacio. La física cuántica y la relativista desmintieron la realidad de este éter al que se habían atribuido toda clase de propiedades contradictorias. El «calórico» y el «flogisto» fueron otros dos fluidos fantasmagóricos imaginados para explicar respectivamente la transmisión del calor y la combustión de algunos cuerpos. No debemos avergonzarnos de proponer una hipótesis fallida, porque las conjeturas son la savia de la ciencia, sino de aferrarnos a ellas contra toda evidencia, ya sea por conservadurismo o por autocomplacencia.

También es cierto que inicialmente debemos conceder a una hipótesis novedosa el beneficio de la duda frente a los primeros indicios desfavorables. Cuando una idea es realmente nueva y atrevida, no suele ser fácil ponerla a prueba, y unas reticencias excesivas al principio pueden sofocar hipótesis que luego se demuestran válidas. Esta tolerancia inicial es lo que el historiador de la ciencia estadounidense Gerald Holton llama «suspensión temporal de la incredulidad». Holton relata al respecto la vivencia personal del también estadounidense y premio nobel de física en 1923 Robert Millikan (1868-1953).

Durante sus experimentos con gotas de aceite ionizadas entre dos placas de condensador para determinar la carga del electrón, Millikan sufrió numerosos contratiempos ante los cuales muchos otros investigadores se hubiesen dado por vencidos. Pero Millikan estaba convencido de que su intuición era correcta, insistió y finalmente sus expectativas se vieron confirmadas, pese a los resultados inicialmente opuestos. Saber hasta qué punto conviene persistir en un empeño y cuándo debemos renunciar a él, forma parte asimismo del talento de cada investigador y, afortunadamente, Millikan dio sobradas muestras de poseerlo.

¿Cómo surgen las hipótesis, acertadas o no, que son el alimento de la investigación científica? El pensador norteamericano Charles Sanders Peirce (1839-1914) utilizó el inquietante nombre de «abducción» para referirse al proceso puramente imaginativo, sin reglas fijas, por el cual en la mente de un individuo se engendra una hipótesis que pretende explicar algún fenómeno desconocido. Aunque la denominación pueda ser poco afortunada, Pierce estaba completamente en lo cierto al enfatizar la importancia de la imaginación racional en la elaboración de conjeturas plausibles, como acertaba también al destacar la inexistencia de recetas determinadas para lograrlo. Albert Einstein (1879-1955) opinaba de modo muy semejante, lo que deja patente en una carta a su íntimo amigo Maurice Solovine (1875-1958), en la cual explica su punto de vista acerca de las vías por las que discurre el pensamiento científico.

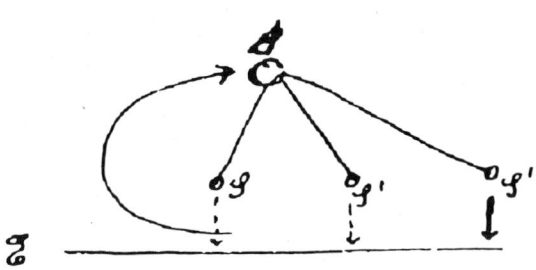

Dibujo esquemático contenido en la carta de Einstein a Solovine

A su juicio, desde el plano de la experiencia $\mathscr{E}$ se da un salto imaginativo hasta las hipótesis que se adoptarán como axiomas A para obtener de ellos unas conclusiones ($\mathscr{S}$, $\mathscr{S}'$, $\mathscr{S}''$, etc.) que finalmente se puedan confrontar con la experiencia de nuevo. Esa flecha curvada, que conduce desde el conjunto de nuestras experiencias hasta los axiomas (hipótesis) que las pretenden explicar, expresa la ausencia de un camino sistemático entre unas y otras. Es la sagacidad personal de cada científico (intuiciones, inspiraciones, corazonadas, etc.) la que determinará su grado de acierto al escoger unas suposiciones u otras como la base de sus razonamientos. Y en último término será la prueba empírica la que decidirá su validez.

LEYES Y MODELOS

Tomando las hipótesis escogidas como premisas de un razonamiento lógico, podemos deducir teoremas exactamente igual que en la matemática pura. La diferencia estriba en que su validez ha de constatarse por medio de la experiencia. A un matemático le basta con demostrar que sus razonamientos se hallan libres de contradicciones, es decir, que cumplen el requisito de coherencia. No obstante, los científicos exigen —nada más y nada menos— que sus construcciones teóricas se correspondan, siquiera aproximadamente, con algún aspecto concreto del mundo real.

Un ejemplo famoso es el de la relatividad especial, formulada por Einstein en 1905. Partiendo de la constancia de la velocidad de la luz y de la equivalencia de todos los sistemas de referencia inerciales (principio de relatividad), además de la hipótesis implícita de la uniformidad del espacio y el tiempo, el genio alemán obtuvo un torrente de nuevas predicciones concernientes al espacio-tiempo, al movimiento de los objetos y a la propagación de la radiación. El propio Einstein y su compatriota Max Planck (1858-1947), se sirvieron de la hipótesis cuántica (la energía y las vibraciones atómicas solo adoptan valores discontinuos) para explicar el extraño comportamiento de la materia al interactuar con la luz.

Cuando tales hipótesis se ven confirmadas, adquieren el rango de «principios» o «leyes naturales». En su magna obra *Principios Matemáticos de Filosofía Natural*, donde sentó las bases de la mecánica clásica, Isaac Newton (1643-1727) concedió a sus descubrimientos el nombre de «axiomas o leyes del movimiento» (*axiomata sive leges motus*). Obviamente, la denominación de leyes de la naturaleza proviene de la comparación con los textos jurídicos, que establecen normas de obligado cumplimiento bajo la amenaza de sanciones. A diferencia de la sociedad humana, la naturaleza no necesita amenazar o sancionar, puesto que sus leyes representan regularidades que se limitan a expresar el modo de ser de las cosas. Eso no significa que las leyes naturales se reduzcan a meras descripciones de los hechos que tienen lugar a nuestro alrededor. Aunque imaginemos que un individuo de extraordinario talento escribiese una función matemática capaz de reproducir las posiciones de todos los objetos del universo durante un cierto periodo de tiempo, eso no sería en absoluto una ley física, por mucho que nos asombrase su proeza de cálculo. Las genuinas leyes naturales deben contener el nexo causal que conecta unos sucesos con otros en el tejido de la realidad.

En consonancia con la distinción anterior que separaba las hipótesis reguladoras del resto, también podemos diferenciar un segundo estrato de leyes naturales que regulan la forma de las demás. Esas leyes reguladoras, o «meta-leyes», se alzan como un requisito previo, estableciendo las condiciones para que las leyes de rango inferior sean si quiera puestas a prueba. Cuando no se satisfacen estas precondiciones, las candidatas a leyes naturales son rechazadas sin mayores trámites. La segunda ley de la termodinámica, por ejemplo, obliga a cualquier otra ley natural a respetar el aumento global de la entropía —una magnitud relacionada con el desorden molecular— del universo, lo que la eleva a la categoría de meta-ley en el sentido antes expuesto. La primera ley de la termodinámica, que estipula la conservación de la energía, juega el mismo papel. Gracias a ella podemos descartar la veracidad de cualquier máquina que aparente funcionar sin aportación externa de energía. Lo mismo cabe decir de los postulados de la relatividad especial de Einstein. Ni la materia ni la radiación pueden moverse más deprisa que la luz, y si alguna predicción así lo afirma podremos estar bastante confiados en su inconsistencia.

Las leyes de la naturaleza no se aplican directamente a los objetos físicos en toda su complejidad, sino a representaciones idealizadas de tales objetos, es decir, a modelos. La palabra» encierra gran número de significados dependiendo del contexto, lo que puede inducir fácilmente a error. Además de los hombres y mujeres que desfilan en las pasarelas de alta costura, también suele pensarse en alguien a quien imitar por alguna razón admirable. En lógica y semántica, por otra parte, se llama modelo a cualquier interpretación específica de una teoría general no interpretada, lo cual es motivo de confusión entre el sentido matemático y el físico de la palabra. Por ejemplo, las transformaciones de coordenadas de la relatividad especial satisfacen las condiciones de la teoría matemática de grupos algebraicos. En ese sentido, cabe decir que las transformaciones relativistas son un modelo de la teoría de grupos, pero no es eso a lo que nos referimos en las ciencias fácticas (aquellas que se ocupan de los hechos del mundo material).

Un modelo —en el sentido que aquí damos a la palabra— es una representación formal, simplificada y esquematizada, de un sistema físico real. Ya que los sistemas materiales son infinitamente complejos en sus detalles, necesitamos servirnos de esta idealización para manejarnos con soltura cuando deseamos aplicar alguna ley natural, por sencilla que parezca. Pongamos el caso del movimiento de un péndulo, al cual aplicamos las leyes newtonianas del movimiento bajo la acción de la gravedad. En lugar del péndulo real, con todas sus complejidades, tomamos tan solo un modelo abstracto compuesto por un hilo inextensible y sin masa al que unimos una masa puntual en uno de sus extremos, además de prescindir del rozamiento con el aire. Ya tenemos un modelo del péndulo al que aplicar nuestras leyes del movimiento.

Otro ejemplo muy conocido es el de los gases ideales, cuya ecuación de estado relaciona la presión, el volumen y la temperatura del gas de que se trate. Los gases ideales se suponen compuestos por partículas puntuales (volumen nulo) que colisionan entre sí de modo perfectamente elástico, sin ejercer fuerzas de atracción o repulsión entre ellas. Este modelo queda tan alejado de la realidad que resulta sorprendente el hecho de que se cumpla con tanta exactitud en gases reales diluidos. El modelo cinético de los líquidos los representa asimismo como un gran conjunto de moléculas, representadas como esferas microscópicas absolutamente rígidas, con una separación entre ellas menor que la de los gases.

En ocasiones acompañamos un modelo con imágenes metafóricas que nos ayudan a visualizar mejor la situación. Así ocurrió con el modelo del átomo como un sistema solar en miniatura, debido al francés Jean Perrin (1870-1942), o el modelo mecánico de James Maxwell (1831-1879) para el campo electromagnético, concebido como una serie de rodillos separados por capas de bolitas de rodadura («piñones locos»). El modelo atómico de Perrin se reveló deficiente desde sus comienzos y fue sustituido por sus contrapartidas cuánticas, mientras el modelo maxwelliano del campo electromagnético funcionó bien, aunque nadie creía en él más que como una analogía visual atractiva. Esta anécdota nos demuestra que un modelo puede capturar parte de la auténtica estructura de un fenómeno, aunque lo acompañemos con metáforas y analogías que solo son producto de nuestros prejuicios intelectuales[41].

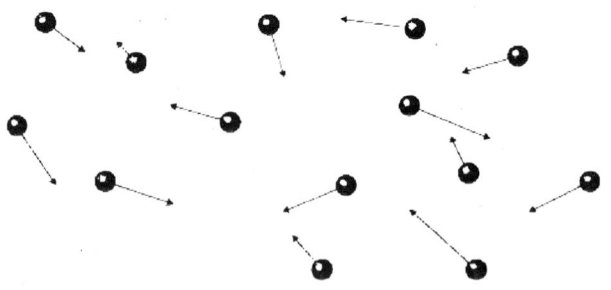

Modelo de un gas, donde las flechas expresan las velocidades de las partículas

41 Bunge (1985).

Existen igualmente modelos en biología donde se representa el cerebro, limitándose a la transmisión de señales eléctricas en las sinapsis, o la dinámica depredador-presa en un ecosistema. La economía y la sociología tienen sus propios modelos sobre equilibrio de mercados o sectores de actividad y las organizaciones sociales que los configuran. En todos los casos el modelo ha de escogerse con cuidado con el fin de retener las características que nos interesan del objeto real, desechando sus rasgos accesorios. Ciertamente, cuanto mejor sea la aproximación del modelo a la realidad más parecido será al sistema real el comportamiento que podamos deducir de él.

En el último paso de nuestro recorrido llegamos a las joyas con las cuales se teje el conocimiento científico, las teorías. Tal como sucedía con la palabra modelo, el término «teoría» cuenta con un uso popular tan extendido como equívoco, ya que se confunde con «hipótesis». Cuando alguien afirma «Tengo la teoría de que las obras de Shakespeare fueron escritas en realidad por Edward De Vere, decimoséptimo conde de Oxford», lo que en realidad está diciendo es que considera verosímil la posibilidad de que ese aristócrata fuera el verdadero autor de las obras de Shakespeare. Y eso es una hipótesis, más o menos plausible a la luz de la evidencia disponible, pero no es una teoría.

Estrictamente hablando, una teoría es un conjunto interconectado —un sistema— de hipótesis del cual pueden deducirse, siguiendo las reglas de la lógica, una cantidad virtualmente infinita de enunciados que, bajo las condiciones adecuadas, son susceptibles de contrastación empírica. Las teorías científicas, por tanto, forman sistemas hipotético-deductivos, estructuras abstractas, algunas de cuyas consecuencias puede someterse a prueba experimental con los métodos oportunos[42]. La noción de teoría constituye la piedra angular del pensamiento científico avanzado, razón por la cual dedicaremos el siguiente epígrafe a examinar cómo se elaboran.

---

42 Joseph Sneed y Wolfgang Stegmüller, en la década de 1970, trataron de modificar esta concepción, pero solo consiguieron enredarse en una confusión entre modelos de la matemática pura y modelos de las ciencias empíricas.

LA CONSTRUCCIÓN DE UNA TEORÍA

Las teorías científicas, como las pinturas o las esculturas, pueden elaborarse de muy diversas maneras. No obstante, cuando alcanzan un cierto grado de sofisticación y superan la prueba experimental, todas ellas poseen una misma organización interna. Todas las teorías científicas dignas de ese nombre —como se dijo en el apartado anterior— constan de un núcleo central de ideas básicas, junto con todos los enunciados que se puedan inferir lógicamente de ellas. Es cierto que el conjunto de premisas fundamentales de una teoría puede cambiar de una época a otra, dependiendo del aumento de nuestros conocimientos y de la potencia de los formalismos disponibles. Y también lo es que la estructura conceptual de una teoría puede organizarse de muy diversas maneras. Por todo ello escrutaremos a continuación, a modo de ejemplo, una de las teorías más simples y potentes a nuestro alcance: la mecánica newtoniana de partículas, explicada rutinariamente a los estudiantes de educación secundaria y capaz de justificar con extraordinaria precisión la práctica totalidad de nuestras experiencias cotidianas.

Comencemos con el sustrato formal que toda teoría desarrollada debe tomar como uno de sus puntos de partida. La mecánica newtoniana de partículas se sirve de las poderosas herramientas que la lógica y las matemáticas ponen a su disposición. Como el resto de la física, esta teoría presupone la lógica de predicados de primer orden (suplementado con el principio de identidad) divalente, esto es, que solo admite los valores verdadero o falso para cada proposición[43]. También se dan por sentadas la teoría usual de conjuntos, el álgebra lineal, el cálculo infinitesimal y la geometría euclídea. No resulta sorprendente que una teoría física, madura y estructurada, recurra al instrumental matemático que le permita desenvolverse mejor en su trato con el mundo real, aunque esto no significa que siempre haya de acudirse necesariamente a las matemáticas más modernas.

Más interesante parece el trasfondo metacientífico que siempre acompaña todas las teorías, aunque casi nunca aparece explícitamente como parte de su andamiaje. Este bagaje imprescindible consta de una serie de ideas y teorías hipergenerales, que por su amplitud

---

43 Esto también rige en la teoría cuántica, donde —pese a la opinión de muchos especialistas y divulgadores— no subyace una lógica distinta a la comúnmente empleada en el resto de la física.

y versatilidad no pueden considerarse patrimonio de alguna disciplina concreta. Empecemos por los ingredientes metateóricos de tipo semántico, como los conceptos de significado, verdad (aproximada o parcial), representación y denominación. Todos ellos son conceptos que juegan un papel clave en la semántica de la teoría, es decir, en la asignación de significados a los términos teóricos.

En primer lugar, debe aparecer una afirmación de existencia, es decir, un enunciado que establezca la existencia de los objetos a los cuales se refiere la teoría (su clase de referencia). En nuestro caso, hemos de partir de la premisa de que existen partículas de materia a las que aplicar la mecánica newtoniana. Nadie puede pedirnos, dentro de nuestro marco teórico, que demostremos que existe la clase de referencia de la teoría, ya que tal existencia se presupone como una condición previa, indispensable, sin la cual la propia teoría pierde todo sentido.

Y no es extraño que estalle en ocasiones una ardorosa polémica sobre la clase de referencia de una teoría. Así ocurre, por ejemplo, en la física cuántica acerca de cuyos referentes básicos se sigue discutiendo hoy día. Tan extraordinariamente precisas y acertadas como resultan las predicciones cuánticas, todavía no hay acuerdo general entre los expertos sobre los objetos fundamentales de los que se ocupa esa teoría[44].

Volviendo a la mecánica newtoniana, supongamos que la función $P(p, k, t)$ asocia una terna de números reales —la posición— a cada partícula p en el sistema de referencia k en un instante t. Este supuesto semántico no solo actúa como regla de designación confiriendo un significado a la función P. Conlleva además una afirmación de existencia, en concreto la existencia de una propiedad llamada posición, poseída por cualquier partícula p. Admitimos también otras hipótesis existenciales sin las cuales ninguna teoría tendría sentido: «Existen objetos físicos independientes de nuestra conciencia», «Todo objeto físico obedece pautas estables y objetivas» (leyes naturales) y «Podemos conocer las cosas reales, aunque siempre de modo parcial, aproximado y provisional». No cabe refutar estos enunciados empí-

---

44 Las axiomatizaciones realistas más recientes de la física cuántica sugieren que los objetos básicos de la teoría son los campos cuánticos. Las partículas elementales de la física clásica, y de las primeras versiones de la física cuántica, tan solo serían «excitaciones» o procesos asociados a estos campos cuánticos, asimismo muy distintos de los campos clásicos (Puccini & Vucetich 2004, 2005).

rica o teóricamente, por lo cual no son científicos, sino metacientíficos —como ya se ha dicho— ya que constituyen las precondiciones indispensables que hacen posible la ciencia en sí misma.

Junto a los ingredientes semánticos y existenciales, en el trasfondo metafísico de la ciencia, nos acompañan la teoría básica de sistemas y las teorías elementales del espacio y el tiempo físicos, entre otras. Gracias a la teoría de sistemas nos es dado elucidar nociones como la de «sistema», «pertenencia a un sistema», «propiedad», «estado del sistema» e incluso el de «espacio de estados de un sistema». Para acceder al concepto de «cambio de estado» (o «evolución de un sistema») necesitamos el concepto de tiempo que nos proporcionan las teorías protofísicas del espacio y el tiempo. Por cierto, no todas las teorías científicas requieren coordenadas de localización espacial o cronológica. En la estática, por ejemplo, no participa la variable tiempo; el análisis de redes (o teoría aplicada de grafos) prescinde de variables de posición, y la teoría del equilibrio químico carece de variables de tiempo y de posición.

Una vez atravesadas estas dos primeras capas, llegamos al verdadero corazón de la teoría, la llamada «base primitiva», compuesta por los conceptos y enunciados que, al no poderse deducir dentro de la propia teoría, se adoptan como básicos, indefinibles o primitivos. Se llaman indefinibles porque si fuesen susceptibles de definirse no serían verdaderamente básicos. En el ejemplo de la mecánica newtoniana de partículas, tenemos una base primitiva formada por cinco conceptos y tres enunciados. Los conceptos aquí indefinibles serían el espacio E y el tiempo T (absolutos en sentido newtoniano), las partículas materiales p, la masa m (como propiedad de tales partículas) y la fuerza f.

Notablemente, la mecánica newtoniana presenta la fuerza como un concepto primitivo, a diferencia de la mecánica analítica, donde se calcula a partir de la energía potencial. Este caso nos demuestra que algunos conceptos pueden ser primitivos en una teoría y derivados en otras. Dicho de otro modo, el carácter indefinible de los conceptos es contextual, pues depende del marco teórico en el que nos movamos.

Los tres enunciados restantes de nuestra base primitiva vendrían dados por la definición de la función posición P —ya mencionada antes—, la relación entre el cambio de movimiento de una partícula y la fuerza aplicada sobre ella (ley fundamental de la dinámica newtoniana), así como la afirmación de que las fuerzas ejercidas mutuamente entre pares de partículas son iguales y de signo opuesto (ley de acción y reacción). Estos dos últimos enunciados son en realidad leyes físicas que resultan de capital importancia, pues sin ellos no tendríamos una teoría propiamente dicha. Una teoría digna de ese nombre debe contener al menos un enunciado de tipo legal, una ley de la naturaleza, pues de lo contrario quedaría reducida a una mera lista de conceptos y definiciones.

Nos servimos del sustrato formal que antes comentamos —los métodos matemáticos, en suma— para operar con las cantidades matemáticas que representan sus contrapartidas físicas. Así, utilizamos la operación llamada «derivación» para obtener la velocidad a partir del cambio de la posición instantánea de la partícula, y derivando una segunda vez obtendríamos la aceleración. La geometría euclídea nos permite describir trayectorias y definir sistemas de coordenadas con las que calcular desplazamientos, velocidades y aceleraciones. También podemos inferir conclusiones lógicas de los postulados de nuestra teoría: si no existe fuerza actuando sobre una partícula, su movimiento quedará inalterado. De ello se sigue que la partícula mantendrá un movimiento uniforme (ley de inercia) y que el producto de su masa por su velocidad permanecerá constante (ley de conservación del impulso, momento lineal o cantidad de movimiento).

La arquitectura de una teoría científica que hemos delineado para la mecánica newtoniana de partículas, se preserva en líneas generales para cualquier otro campo de investigación[45]. En la genética de poblaciones —importante rama de la biología evolutiva— el trasfondo metacientífico incluye la idea de azar, mientras el sustrato formal recoge el concepto de probabilidad y los métodos de la estadística matemática. Como su mismo nombre indica, esta disciplina se ocupa de la transmisión de la herencia genética en grandes grupos de organismos reproductores y, en sus versiones más sencillas, toma buena parte de su base primitiva de otras teorías biológicas, como la genética mendeliana (alelos, mutación, deriva genética) y la evolución darwiniana (selección natural, migración, especiación).

Uno de los enunciados legales básicos de la genética de poblaciones es el principio de Hardy-Weinberg, según el cual la composición genética de una población que se aparea al azar permanece constante mientras no actúen factores evolutivos como las mutaciones, migraciones, selección natural o deriva genética. En otras palabras, la herencia mendeliana por sí misma no genera cambios evolutivos.

---

45 Bunge (2016).

Una de las hipótesis básicas de esta teoría supone que se da una relación simple y directa entre el genotipo (repertorio de genes de un organismo) y el fenotipo (características fisiológicas de dicho organismo), una premisa cuyo grado de cumplimiento no siempre resulta obvio. Cuando además estipulamos que el éxito reproductivo de un individuo depende la composición genética de la población en la que vive (selección dependiente de la frecuencia alélica), cabe deducir la ley de Fisher, que para muchos puede sonar evidente, aunque no lo sea tanto si se analiza de cerca desde una perspectiva biológica rigurosa. Esta ley afirma que en una especie con reproducción sexual, la proporción entre los sexos es aproximadamente la misma (1: 1).

Las ciencias sociales, aunque menos desarrolladas que las naturales, suelen seguir el mismo patrón a la hora de construir teorías. En economía, por ejemplo, tenemos la teoría de los mercados en equilibrio, que tantos debates y textos ha inspirado. El caso más sencillo se corresponde con un equilibrio parcial (solo un sector económico) y de intercambio (sin considerar la producción), donde se investiga la configuración de precios que conduce a igualar la oferta con la demanda. En tales circunstancias, resulta obvio que los supuestos de existencia conciernen a los agentes económicos y a los bienes con los cuales se va a comerciar. Otros conceptos primitivos de esta teoría son «dotación» (cantidad de bienes de que dispone cada agente para intercambiar) y «utilidad» (magnitud que trata de cuantificar las preferencias comerciales de cada agente económico y que todos intentan maximizar).

A partir de esta base primitiva se define el equilibrio de mercado y se enuncian una serie de teoremas (llamados curiosamente «de bienestar») que pretenden regir la distribución de precios en situaciones de equilibrio y prescribir las condiciones para las cuales tal equilibrio no solo existe, sino que también conserva su estabilidad frente a pequeñas perturbaciones. Como parte de la teoría microeconómica neoclásica, el equilibrio de mercados ha sido objeto de severas críticas generalmente relacionadas con la irrealidad de algunas de sus hipótesis subsidiarias, como la que supone que todos los agentes económicos poseen una información completa e instantánea de los precios de todos los productos del mercado. No obstante, volveremos sobre estos matices —muy importantes— al abordar el tema de las pseudociencias sociales.

LA EXPLICACIÓN CIENTÍFICA

La elaboración de teorías y modelos pretende explicar y predecir los fenómenos del mundo material, pero semejante propósito nos confronta con una cuestión capital: ¿qué es una explicación científica? No resulta sencillo avanzar una respuesta del todo satisfactoria. De hecho, la profundidad del interrogante nos obligará a esbozar tan solo el perfil de una respuesta, lo cual, no obstante, puede ser notablemente provechoso. Que la pregunta ha inquietado a los mejores pensadores desde las fechas más tempranas, se pone de relieve en los escritos del gran filósofo griego Aristóteles. En su opinión, solo tenemos conocimiento de las cosas cuando descubrimos sus causas, de modo que una explicación será válida, en tanto exponga las causas de aquello que se intenta explicar. Aristóteles manejó un amplio catálogo de causas con el fin de apuntalar su tesis y sostener que toda explicación genuina ha de ser causal, si bien en la actualidad los especialistas difieren un tanto de la doctrina aristotélica.

Debe tenerse muy presente que el mero descubrimiento de una correlación entre dos variables físicas —por muy llamativa que fuese— no constituye en sí mismo una explicación del fenómeno; es necesario, además, proponer siquiera tentativamente un mecanismo que dé cuenta de lo que sucede. Por «mecanismo», en sentido amplio, ha de entenderse cualquier proceso causal que reproduzca la evolución de los sistemas materiales bajo estudio. Es decir, el mecanismo no necesariamente ha de ser mecánico (expresado en términos de fuerzas y partículas), aunque parezca una contradicción lingüística.

Tomemos el caso de la ley de Sckumanich, que relaciona la edad de una estrella con su giro ecuatorial. Según esta ley, la velocidad de rotación ecuatorial es inversamente proporcional a la raíz cuadrada de la edad de la estrella. Pero ello no pasaría de ser una interesante conexión entre dos variables si no explicamos a continuación que las interacciones entre el viento estelar (materia con carga eléctrica despedida desde las capas externas) y el campo magnético de la estrella consumen la energía cuya pérdida se manifiesta en un frenado de la velocidad de giro sobre sí misma.

Modernamente se prefiere restringir el concepto de causa a lo que el filósofo griego hubiese llamado la «causa eficiente», denominada por nosotros simplemente «causa». También hoy establecemos algunas distinciones, como se comprueba en los ejemplos siguientes.

Cuando golpeo una pelota con una raqueta, esa es la causa «directa» de que la pelota de tenis cambie su trayectoria. Y si la pelota, tras rebotar en una pared, impacta contra el cristal de una ventana y lo quiebra, mi golpe de raqueta habrá sido la causa «indirecta» del destrozo, como fácilmente se acreditaría en un pleito si me negase a reparar los desperfectos.

La causación indirecta implica la existencia de una sucesión de estados intermedios que forman lo que llamamos una «cadena causal» que ligaría mi desafortunado golpe de raqueta con la destrucción de una propiedad ajena. Es importante destacar este punto, pues —aunque algunos filósofos finjan negarlo— todos admitimos en la vida diaria la realidad de estas cadenas causales, sin lo cual nuestra existencia se convertiría en un confuso revoltijo de hechos aislados e inconexos. Y ninguna teoría del conocimiento puede aspirar a una mínima veracidad sin dar cuenta del conocimiento común que todos constatamos cada día.

Otra distinción interesante separa la causalidad determinista de la probabilista. El ejemplo emblemático de esta última nos remite a la medida de un objeto cuántico —un electrón, digamos— que se halla en una combinación de estados de energía. Al efectuar la medida obtendremos un valor de la energía del electrón, pero nada hay que nos permita predecirlo con absoluta seguridad, pues la teoría cuántica asigna tan solo una cierta probabilidad a cada uno de los posibles resultados. Para ilustrar la causalidad determinista, el ejemplo puede ser más tosco, ya que basta recurrir al manido caso del tiro parabólico: conociendo el ángulo con respecto a la horizontal de un cañón y la velocidad del obús (despreciando el rozamiento con el aire), podemos calcular el alcance y la altura máxima del proyectil con total precisión.

Ahora bien, la diferencia clave que nos separa del esquema aristotélico estriba en las explicaciones acausales, que hoy admitimos con naturalidad, aunque Aristóteles hubiese replicado que en realidad nos referimos a otro tipo de causas. Si alguien nos pregunta por qué el tiempo transcurre a distinto ritmo para observadores que se mueven uniformemente con diferentes velocidades, contestaremos que tal fenómeno se debe a un rasgo estructural del universo (la geometría espacio-temporal) que se expresa en la correspondiente teoría mediante el principio de relatividad de Einstein y la constancia de la velocidad de la luz. Esta respuesta caería en el ámbito de lo que Aristóteles denominaba «causas formales», relacionadas con las propiedades fundamentales de la naturaleza, aunque hoy no las contemplemos como tales.

Otro ejemplo vendría dado por el lanzamiento vertical de una piedra, la cual —desconsiderando de nuevo la fricción con el aire— llega a una altura máxima y vuelve a caer. El máximo valor de la altitud alcanzado por la piedra no tiene una causa, en el sentido de que tenga lugar alguna acción externa que la detenga. La ley de conservación de la energía impone una restricción explícita a la altura máxima alcanzable por un objeto como ese, dependiendo de las condiciones iniciales. Aristóteles aduciría que la piedra, como cuerpo pesado que es, posee una tendencia interna, no a elevarse, sino a descender. A su juicio, la explicación reside en la causa final —una suerte de carácter intrínseco— de la piedra, que la conduce hacia el suelo, entre los objetos pesados, alejándola de las alturas, donde moran los cuerpos ligeros. Sin duda, esta clase de argumentos, basados en tendencias inmanentes y naturalezas ínsitas, resultan inadmisibles para el pensamiento científico moderno.

¿Cuál es, entonces, nuestra idea de una explicación causal? Responder que consiste en elucidar las relaciones de causa-efecto involucradas en un fenómeno cualquiera, tampoco aclara mucho en tanto no sepamos qué son esos procesos causales. Sin propósito de agotar el tema, ya que la causalidad en el mundo físico abona interminables debates, sí nos hallamos en posición de esbozar siquiera los rasgos básicos de una relación de causalidad elemental. En primer lugar, una relación de causa-efecto se establece siempre entre distintos sistemas o subsistemas, lo que excluye, por definición, la posibilidad de fenómenos autocausados (si es que eso tiene algún sentido). Además debe ser una relación asimétrica, puesto que no cabe admitir que la causa y el efecto intercambien sus papeles, como veremos a continuación.

La relación causal básica satisface otros dos requisitos: Uno, la causa debe preceder en el tiempo al efecto y, dos, ha de haber una conexión genésica —inmediata o a través de una cadena de interacciones— entre causa y efecto. La primera condición parece obvia si aceptamos, por definición, que debe darse un orden cronológico definido entre causas y efectos, de modo que aquellas antecedan a estos. El segundo requisito exige que causa y efecto se vinculen de modo que la primera constituya el origen del segundo o lo «produzca» (condición genésica). Una imagen muy gráfica, que nos ayudará a fijar ideas, es la de un arquero cuyo disparo provoca el impacto de una flecha en la diana. Aquí, en efecto, un sistema (el arquero con su arco y flecha) actúa sobre otro (la diana). Hay una relación asimétrica (no hay equivalencia física entre el lanzamiento de la flecha y su llegada al objetivo), así como un orden cronológico bien definido e inalterable (la flecha sale disparada primero y después penetra en la diana). Y por último, se cumple también la condición genésica, pues el disparo de la flecha provoca su impacto en la diana y no al revés.

No obstante, cabría preguntarse qué significa que el lanzamiento de la flecha «provoque» el impacto posterior en la diana. La respuesta más obvia surgiría de la continuidad del proceso: desde que la flecha abandona el arco hasta que llega a su destino, recorre una serie continua de posiciones que conforma su trayectoria desde el arquero hasta la diana. ¿Es, pues, la continuidad de la serie de estados que lo constituyen la clave de un proceso causal? En realidad no, aunque sea un ingrediente de la mayor importancia. Podríamos imaginar que la flecha describe un bucle en el aire antes de llegar a la diana, lo cual, si bien no violaría la continuidad de la trayectoria, nos parecería inadmisible.[46]

Con el fin de eludir posibilidades tan extravagantes como esa, además de la continuidad de la serie de estados físicos (la trayectoria de la flecha en el ejemplo) hemos de exigir que se cumplan también los principios de conservación y otras leyes básicas de la física, cuya intervención —como antes se discutió— reviste un carácter no causal. Es decir, los procesos causales precisan de un elemento acausal en su caracterización, si no deseamos caer en un razonamiento circular según el cual un proceso causal es el que obedece leyes causales, y a la vez decimos que leyes causales son las que gobiernan todo proceso causal. La condición genésica equivale a la afirmación de que nada sucede por obra de encantamientos mágicos, que todo estado de un sistema material procede de un estado anterior y que sobre ellos siempre rigen las leyes fundamentales de la naturaleza.

Veámoslo con un poco más de rigor. La investigación científica del mundo material nos revela la existencia de cosas con propiedades. Si x es una cosa cuyas propiedades se representan mediante una colección de funciones $\{P_i\}$, denominaremos estado e de x en el instante t al valor de sus propiedades en dicho instante, $e \equiv \{P_i(t)\}$. El cambio de un estado e_1 a un estado e_2, que expresamos mediante el par ordenado $S \equiv \{e_1, e_2\}$, se llamará «suceso» o «evento». Entonces, un suceso en

---

46 Esta continuidad, por cierto, se mantiene en la teoría cuántica, aun cuando se suele suponer lo contrario. Mientras no se realice una medida sobre un sistema cuántico, este seguirá obedeciendo, en el caso más sencillo, la ecuación de Schroedinger de modo completamente suave, continuo y determinista. Solo cuando se efectúa la medición aparece la causalidad probabilista.

una cosa x causa otro suceso en otra cosa y, lo que denotaremos como $C(x, y)$, si x transfiere energía a y obedeciendo alguna ley natural. Por tanto, la causalidad es una relación entre sucesos, no entre cosas; este es un punto clave que a menudo se olvida con el consiguiente oscurecimiento de las discusiones al respecto.

La causalidad es una forma de generación de sucesos que solo ocurre cuando se da una interacción entre dos cosas de modo que un suceso —al que llamaremos «causa»— en una de ellas, por ejemplo x, provoca un suceso —al que llamaremos «efecto»— en la otra, digamos y. Sin embargo, no es esta la única forma posible de generar sucesos porque de hecho sabemos que en la naturaleza ocurren sucesos acausales. Un ejemplo de ello es el decaimiento de algunas partículas elementales, que tiene lugar de acuerdo con ciertas leyes físicas, pero sin que cualquier otra cosa actúe sobre ellas. Cuando un muón (μ^-) decae en un electrón (e^-), un neutrino muónico (υ_μ) y un antineutrino electrónico ($\bar{\upsilon}_e$), nada ha interactuado con él para producir ese evento; se trata de un suceso acausal. Y no es el único caso; en general todos los bosones masivos decaen en otras partículas, algunas de las cuales pueden ser estables y persistir durante un tiempo indefinido.

Otro ejemplo sencillo nos lo ofrece la desexcitación espontánea de un electrón en un átomo, que salta desde un orbital superior a otro inferior emitiendo un fotón con la energía pertinente. No hay un suceso previo en otro sistema físico que ocasione tal desexcitación —ya se ha mencionado su carácter espontáneo— de modo que este proceso acausal da lugar a la existencia de un fotón, lo que constituye una magnífica muestra de la posibilidad de que objetos físicos entren en existencia sin causa a la que responsabilizar de ello. Según la teoría cuántica, incluso un conocimiento perfecto del estado del átomo previo a la desexcitación solo nos permitiría asignar una probabilidad a la emisión espontánea del fotón.

Por fin estamos preparados para responder brevemente a la pregunta sobre la naturaleza de una explicación científica, que en definitiva no es sino una explicación de tipo racional con el más alto grado de refinamiento intelectual posible. Las explicaciones científicas son esencialmente justificaciones nomológicas (basadas en leyes) de los fenómenos del mundo real. Cuando en nuestros argumentos participan enunciados legales de tipo científico —causales o no—, estaremos operando con una explicación de tipo científico y podremos extraer de ella las ventajas que la ciencia, como cuerpo de conocimientos, método y cosmovisión, puede brindarnos.

Una objeción a la capacidad de las teorías científicas de captar las verdades esenciales de la naturaleza quedó recogida por el filósofo y científico Alan Chalmers con el nombre de «paradoja de la tachuela». Esta paradoja nos enfrenta con las consecuencias de incluir entre los enunciados de la teoría uno que nada aporta, ni a favor ni en contra, al contenido empírico susceptible de ser comprobado. En las propias palabras de este autor[47]:

> *Consideremos la llamada «paradoja de la tachuela», que voy a ilustrar con un ejemplo. Imaginemos que la teoría de Newton, T, ha sido confirmada observando minuciosamente el movimiento de un cometa y que se ha cuidado de eliminar fuentes de error debidas a la atracción de planetas vecinos, a la refracción de la atmósfera terrestre, etc. Supongamos que ahora construimos la teoría T' adhiriendo a la teoría de Newton, como con una tachuela, un enunciado del tipo de «las esmeraldas son verdes». ¿Queda confirmada T' por la observación del cometa? Si sostenemos que una predicción p confirma una teoría si p se sigue de la teoría y es confirmada en un experimento, entonces T' (y un gran número de teorías construidas de forma similar) es confirmada por las observaciones en cuestión, en contra de nuestras intuiciones. De aquí la «paradoja de la tachuela».*

Esta paradoja, por trivial que parezca a ojos de un experto, tiene la virtud de ponernos en guardia sobre las generalizaciones demasiado fáciles. Las hipótesis semánticas que conectan la estructura matemática de una teoría con sus referentes materiales —en este caso, objetos sometidos a la mecánica newtoniana— no deben dar paso a elementos espurios. Los enunciados legítimos de T se refieren a las propiedades dinámicas de los objetos físicos, no a las propiedades químicas y estructurales que, en último término, son las responsables del color de las gemas.

Así pues, la moraleja de esta «paradoja de la tachuela» consiste en advertirnos que no dejemos pasar de contrabando entre las premisas teóricas algún aserto, aparentemente inocuo, que no se refiera realmente al campo de aplicación de la teoría. Es muy posible que quien haga eso pretenda embaucarnos extrayendo conclusiones que no se

---

47   Chalmers (2008), p. 181.

obtienen propiamente de la teoría una vez depurada de tales adherencias. Esta es una manipulación muy habitual —triste es decirlo— en las ciencias sociales.

Es interesante recordar ahora las palabras del médico, químicofísico y sociólogo húngaro Michael Polanyi (1891-1976), exiliado en Inglaterra huyendo de los nazis, cuando llamaba la atención sobre el hecho de que el papel de los descubrimientos y los nuevos experimentos se exagera al hablar del avance de la ciencia[48]: «Lo que revela la ciencia no son tanto hechos nuevos como nuevas interpretaciones de hechos conocidos, o el descubrimiento de nuevos mecanismos o sistemas que explican estos hechos conocidos». Además, los verdaderos hitos de la ciencia se presentan con un carácter global, «[...] como cuando la gente "ve" de súbito algo que hasta entonces carecía de todo significado».

Ese momento de inspiración, en el cual se siente que por fin encajan todas las piezas del rompecabezas que intentábamos componer, no llegaba por puro azar. Polanyi opinaba que los investigadores poseían lo que él llamaba «conciencia científica», una mezcla de intuiciones y presuposiciones —basadas en la propia experiencia y en las enseñanzas de colegas— que dirige sus pasos hacia el camino certero y les ayuda a separar lo accesorio de lo principal. El peligro de esta conciencia —advirtió Polanyi— residía en la posibilidad de que acabase enquistándose y convirtiéndose en un sesgo que lastrase el buen juicio del profesional. En ese momento, solo la comunidad científica y el paso del tiempo podrían juzgar cuál fue retrospectivamente la mejor línea de investigación.

OBJETIVIDAD, SUBJETIVIDAD E INTERSUBJETIVIDAD

Uno de los hitos principales que dieron forma a la Revolución Científica consistió en situar al objeto, y no al sujeto, en el centro de nuestros esfuerzos por conocer la realidad. Hasta ese momento, los filósofos solían comenzar planteándose la manera en que conocemos todo cuanto nos rodea para avanzar después hacia la cuestión de qué

---

48 Polanyi (1946), pp. 14 y 19. No debe confundirse con su hermano economista Karl, aunque de ambos hablaremos en el décimo capítulo.

es aquello que nos rodea. Los primeros científicos modernos invirtieron los términos del problema, convirtiendo la forma humana de conocer en un elemento más del mundo natural que había de explorarse. En palabras de Bertrand Russell[49]:

> *Ha sido corriente entre los filósofos comenzar por cómo conocemos, y seguir después con qué conocemos. Creo que esto es una equivocación, porque saber cómo conocemos es una pequeña parte de nuestro saber qué conocemos. Creo que es un error por otra razón: tiende a dar al conocimiento una importancia cósmica que de ningún modo merece, y predispone así al estudiante filósofo a la creencia de que la mente tiene cierta especie de supremacía sobre el universo no mental, e incluso que el universo no mental no es otra cosa sino la pesadilla soñada por la mente en sus momentos no filosóficos.*

Galileo y Descartes, dos de los fundadores de la ciencia moderna, hicieron gala de este cambio de perspectiva distinguiendo entre propiedades primarias y propiedades secundarias. Las primeras son las que los científicos del siglo XVII hubiesen llamado características geométricas y mecánicas; esto es, las propiedades físicas, en su acepción general, de los objetos materiales (masa, densidad, carga eléctrica, índice de refracción, conductividades eléctrica y térmica, temperaturas críticas, etc.). Las propiedades secundarias, derivadas de las primarias, reúnen bajo ese nombre todas las percepciones que provocan en nosotros las propiedades primarias cuando las captan nuestros órganos sensoriales.

Reflejar una determinada longitud de onda sería una propiedad primaria de los pétalos de una flor, pero el color que nosotros vemos es una percepción elaborada cerebralmente que cae dentro de las propiedades secundarias de ese objeto. En definitiva, las propiedades primarias son rasgos objetivos del mundo e independientes de cualquier observador, mientras que las secundarias surgen en la subjetividad de cada individuo. Esta diferenciación fue negada por los fenomenistas de toda laya, en cuya opinión solo las propiedades secundarias serían reales porque solo ellas son capturadas directamente por nuestros sentidos. Sin embargo, estos fenomenistas nunca aclararon

---

49 Russell (1982), pp. 14-15.

cómo serían posibles las investigaciones en física nuclear —por ejemplo— valiéndonos tan solo de lo que captan directamente la vista, el oído y el tacto.

Galileo no perdía el tiempo con tales sinsentidos, pues sabía muy bien que las sensaciones visuales, táctiles, olfativas o auditivas residían en los sentidos de los seres vivos capaces de experimentar esas sensaciones, y que si la criatura sensible desaparece, con ella desaparecen también esas cualidades secundarias. Descartes siguió el mismo razonamiento acerca de un tronco ardiendo: las sensaciones que podemos notar al aproximarnos —calor o dolor si nos quemamos— no están en el fuego, aunque el fuego sea su causa. El inglés John Locke (1632-1704) fue tan lejos que llegó a afirmar que las propiedades primarias eran completamente inseparables del cuerpo, cualquiera que sea el estado en que este se encuentre.

Todas estas aportaciones contribuyeron a perfilar las nociones de objetividad, subjetividad y, más tarde, intersubjetividad. La ciencia aspira a obtener representaciones objetivas del mundo, independientes de cualquier punto de vista particular, construidas mediante propiedades primarias y sus relaciones, las cuales serían las mismas para todos los sujetos. La subjetividad entraría en juego al considerar las percepciones que capta cada observador del mismo suceso —las apariencias del suceso— dependiendo de sus circunstancias particulares. Por último, hablamos de intersubjetividad[50] cuando somos capaces de relacionar, disponiendo de datos suficientes, las apariencias subjetivas que nosotros captamos en nuestras condiciones específicas, con las apariencias que percibe del mismo evento otro observador en otras circunstancias[51].

Imaginemos que estamos contemplando la estatua en mármol de Aristóteles ubicada en el Palazzo Spada de Roma (una experiencia estética muy recomendable). La dureza del material y su composición química, módulo de rigidez, masa, volumen o índice de reflexión de la luz son propiedades primarias de esa obra artística que admiramos. Pero lo que realmente nos emociona no es eso, sino las propiedades secundarias: el color (en parte dependiente de la iluminación que baña la estatua), el tamaño aparente, el ángulo de observación, etc.

---

50 Lo cierto es que este vocablo nace en el seno de la fenomenología anticientífica del alemán Edmund Husserl (1859-1938), aunque se puede reconvertir su significado a algo más entendible.
51 Véase un análisis profundo de esta tres nociones, más bien inclinado hacia la lingüística, en Davidson (2003).

A su vez nuestro punto de vista subjetivo, las apariencias que captamos del objeto, pueden ponerse en conexión con las de otro observador situado en otro lugar, a otra distancia, con otro ángulo de visión y otra iluminación ambiental, detalles todos ellos que determinarán unas apariencias percibidas diferentes de las nuestras, aunque posibles de correlacionar con ellas.

Estas distinciones parecían muy obvias y bien asimiladas hasta que el constructivismo social[52] de diversos filósofos e historiadores de la ciencia vino a embrollar la situación. No se trataba solo de analizar las condiciones materiales que habían propiciado los avances científicos —lo que es legítimo e imprescindible— o examinar la influencia de las circunstancias personales de los investigadores en el curso de su labor. Los autores de esta nueva tendencia parecían dirigirse a socavar la confianza tradicional en la objetividad de la ciencia sobre la base de esas mismas influencias sociales, de modo que el contenido de los descubrimientos científicos en sí mismos sería también un producto social.

Escorarnos hacia esa opinión nos conduciría indefectiblemente a caer en una nueva forma de irrealismo, pues la médula del conocimiento científico —no solo su envoltorio— dimanaría de convencionalismos sociales y culturales, como el uso de pintura blanca en vez de roja para marcar los pasos de peatones. Algunos constructivistas sociales niegan tales consecuencias, por supuesto, pero resulta difícil sustraerse a la sensación de que no son del todo sinceros al leer sus escritos. Buen exponente de ello es el libro *Objectivity* de los estadounidenses Lorraine Daston y Peter Galison, que intenta trazar una historia crítica del concepto de objetividad científica con conclusiones poco nítidas[53].

Es sintomático que se elija como hilo argumental de la obra las compilaciones de imágenes —los famosos «atlas»— sobre diversos temas de las ciencias naturales: anatomía, botánica, astronomía, fisiología, cartografía y meteorología. La belleza de las ilustraciones no disipa la duda del lector sobre cuál hubiese sido el tratamiento de la cuestión de haberse escogido la evolución histórica de la física atómica o la mecánica teórica, como marco en el que discutir el concepto de objetividad, cuyo origen histórico —opinan los autores— debe situarse a mediados del siglo XIX. Es entonces, nos dicen, cuando la

---

52 Véase el capítulo 9 para un mayor abundamiento sobre este asunto.
53 Daston & Galison (2007).

objetividad pasó a ser considerada una «virtud epistémica», un valor exigible a los que se consideraban científicos y, por ende, artífices del conocimiento humano más sofisticado.

Daston y Galison exponen con rigor y acierto los tres periodos que ellos creen identificar en la evolución de la idea de objetividad. En primer lugar, tendríamos la etapa de la «veracidad natural», en la que los científicos del Barroco trazaban sus dibujos —de plantas, por ejemplo— concediendo primacía a la uniformidad de la naturaleza por encima de los detalles que diferenciaban unos ejemplares de otros. Se suponía que tanto los seres vivos como los inertes obedecían a un plan subyacente en la naturaleza, por lo cual los detalles específicos de cada individuo no eran más que meros accidentes particulares que debían dejarse a un lado en beneficio de la objetividad científica. Después vino el momento de la objetividad «mecánica», cuando la aparición de la fotografía permitía registrar los detalles particulares de cada objeto con absoluta fidelidad, desplazando así la noción de objetividad hacia una recuperación de las diferencias individuales. Por último, tenemos la objetividad «estructural» del presente, en la que se persigue delimitar relaciones abstractas que caracterizan los sistemas materiales en la convicción de que se alcanzaría así la máxima objetividad.

Pero estos dos autores cuestionan esa pretendida objetividad de los rasgos estructurales, recordando que todo conocimiento es en parte una construcción social y que nada nos impide sospechar que en el futuro nuestro concepto de la objetividad puede cambiar. Así lo sugieren, mirando hacia el futuro cercano, al ocuparse en la última parte del libro de la nanotecnología y de la realidad virtual. Y es muy posible que estén en lo cierto, pues al fin y al cabo la empresa científica se mantiene viva tan solo por su capacidad de mejorarse, criticando y corrigiendo sus propios errores. Pero al final no puede eludir la sensación de que se insinúa más de lo que se dice, porque no queda claro si se quiere insistir en la importancia de los factores sociales como parte del descubrimiento científico, o si más bien se desea poner en tela de juicio la posibilidad de alcanzar un conocimiento objetivo a través de la investigación científica.

La objetividad, entendida como una perspectiva desde todas partes a la vez o como una observación sin observador, constituye un ideal tal vez inalcanzable, pero al que no debemos renunciar, de igual modo que no renunciamos a guiarnos por la estrella polar para caminar hacia el norte aunque estemos seguros de que nuestra orientación no será perfecta. Las situaciones ideales tomadas como límite de estados reales constituyen un lugar común en la física (el movimiento inercial, las colisiones perfectamente elásticas, el gas ideal, los péndulos sin rozamiento, etc.) y nadie se escandaliza por ello. Con o sin ingredientes sociales, la objetividad perfecta no existe, aunque no por eso debemos renunciar al empeño de aproximarnos a ella tanto como sea posible, asombrándonos a la vez de que, tan lejos como estamos de ese ideal, hayamos conseguido tanto por el camino.

ALCANCE Y LÍMITES DEL CONOCIMIENTO CIENTÍFICO

Pese a los muchos y extraordinarios servicios que nos ha rendido, también el método científico se ve aquejado de sus propias limitaciones[54]. A continuación examinaremos algunas de ellas y hallaremos que se encuentran íntimamente relacionadas con las propias limitaciones tanto del ser humano como de las herramientas intelectuales que empleamos para desenvolvernos en el mundo real. Podríamos imaginar, por ejemplo, que nuestro universo es tan solo un segmento de una realidad más amplia cuyos rasgos generales ni siquiera podemos concebir. Nada nos garantiza que la realidad, en su sentido más general, coincida con todo lo que sea concebible por las mentes humanas. No obstante, como poco puede decirse de lo que ya desde el principio consideramos inconcebible, pasaremos por alto este punto.

El método científico aspira a procurarnos el mejor conocimiento objetivo posible, pero nada dice sobre aquello que sea irreductiblemente subjetivo. Buen ejemplo de ello son los llamados *qualia*, las experiencias internas que constituyen nuestra percepción de las cosas. Cuando contemplo una determinada superficie de color rojo, el color rojo que yo veo es una experiencia absoluta e irreductiblemente subjetiva que nadie, sino yo mismo, puede conocer. Naturalmente, también mis emociones gozan de ese estatuto privilegiado de absoluta privacidad, aunque sea discutible considerarlas percepciones.

---

54 De entre la abundantísima bibliografía sobre un tema tan apasionante como las fronteras de la ciencia pueden consultarse, por ejemplo, Horgan (1996), Barrow (1998), Dewdney (2004), Bonk (2008), Rescher (2009), Yanofsky (2013), Gleiser (2014) y Wuppuluri & Ghirardi (eds., 2017).

Ciertamente, con los métodos de formación de imágenes cerebrales más modernos podemos detectar las corrientes eléctricas y las activaciones neuronales que se corresponden con mi experiencia «ver ese color rojo» Ese es el lado objetivo de lo que yo llamo «ver ese color rojo». Aun así, hay un aspecto ineludiblemente subjetivo que solo yo puedo experimentar, puesto que es la combinación de esa percepción mía en concreto, más toda la suma de experiencias previas que configuraron mi mente y mi modo de relacionarme con el mundo que contiene esa superficie de color rojo.

El caso es análogo a lo que sucede cuando varias personas contemplan un paisaje desde diferentes perspectivas. El paisaje ante ellas indudablemente es el mismo, aun cuando cada una, debido a su posición, lo percibe de un modo particular. La principal diferencia con los *qualia* reside en el hecho de que cualquier otro observador puede ocupar la posición que yo ocupo ahora, pero nadie puede entrar en mi mente y ocupar el sillón de mi autoconsciencia, por decirlo así[55]. A ello se debe que los *qualia* se consideren subjetivamente personales e intransferibles: mis *qualia* son míos por definición, y de transferirse a otra persona dejarían de serlo para convertirse en otra cosa, presumiblemente los *qualia* de esa otra persona.

El método científico atrapa en sus redes la estructura objetiva del mundo material, en el que también se incluyen, al menos en parte (abundaremos sobre ello en el capítulo 8), los fenómenos mentales. Sin embargo, parece haber ciertos aspectos inevitables de nuestra subjetividad que permanecen fuera de su radio de acción. Esto, en sí mismo, no es un problema, toda vez que la abstracción es lo que ha concedido a la ciencia su inmenso poder explicativo y transformador sobre la naturaleza. Como señalaba Bertrand Russell al reflexionar sobre el mismo asunto[56]:

> *La extremada abstracción de la física moderna es difícil de entender, pero proporciona a los que pueden entenderla una visión del mundo en conjunto, un sentido de su estructura y mecanismo, como ningún aparato menos abstracto podría posiblemente proporcionar. El poder de usar las abstracciones es la*

---

55 Esto no significa que consideremos la conciencia al estilo cartesiano, como el espectador de un teatro, tan criticada por autores como Daniel Dennett.

56 Russell (1986), p. 70.

esencia del intelecto, y a cada aumento de abstracción, los triun-
fos intelectuales de la ciencia son acrecentados.

La importancia de la abstracción en el conocimiento científico fun-damental nos lleva a otra de las limitaciones del método científico, esta vez en conexión con la interminable polémica sobre lo que la ciencia puede decirnos acerca de las cosas que existen. Tomando el caso de la física como epítome de ciencia avanzada y profunda, vemos que en sus ecuaciones fundamentales se recogen, en efecto, tan solo las tramas de relaciones abstractas entre las series de sucesos —los procesos, si se prefiere— que componen el universo. Nada se nos dice sobre aquello que pueda haber por debajo de esa trama o, con otras palabras, conocemos la estructura, pero no el sustrato y tal vez ocurra que no puede ser de otra manera.

Pensemos en las ecuaciones que gobiernan el movimiento de un electrón libre, por escoger un ejemplo sencillo. El electrón se nos pre-senta como un conglomerado de propiedades primarias (carga eléc-trica, masa, espín, etc.) que deben tener un soporte material y no puede ser otro que el propio electrón. Entonces, ¿qué es el electrón? La respuesta «un objeto que posee las propiedades antes menciona-das y obedece tales o cuales ecuaciones» nos deja con el mismo grado de desconcierto. Tendemos a pensar que las cosas portan sus propie-dades como un mulo sus alforjas; sabemos que al despojarlo de sus alforjas siempre queda el mulo, pero la física, en el caso de la materia, sugiere que no es tan sencillo.

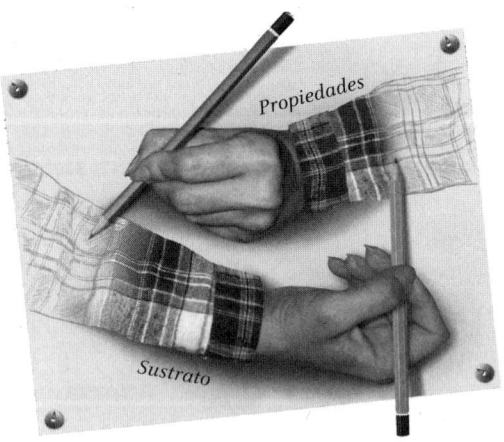

Una cosa (sustancia o sustrato) posee propiedades, las cuales a su vez constituyen la identidad de la cosa que las posee.

No parece que tenga mucho sentido pensar en un individuo, un objeto en el sentido más general, enteramente despojado de todas sus propiedades. ¿Qué quedaría de un electrón al que privamos de carga eléctrica, masa, espín, helicidad, número leptónico y todas sus demás propiedades? Resulta dudoso que quedase algo sobre lo que tuviese sentido hablar. Tan absurdo sería eso como pensar en propiedades sin un sustrato que las soporte, al igual que la sonrisa del gato de *Alicia en el país de las maravillas*, una sonrisa que persiste mientras el gato se desvanece.

Así pues, parecería que las propiedades carecen de sentido sin un sustrato, o «cosa» (tradicionalmente denominada «sustancia», en filosofía) que las porte, en tanto esas mismas cosas delimitan su identidad mediante la serie de propiedades que posean. Sin embargo, podemos adoptar un punto de vista diferente y prescindir del sustrato para quedarnos tan solo con el haz de propiedades y las relaciones que las vinculan. Pues teniendo eso, ¿para qué necesitamos un sustrato imposible de conocer más allá de esas propiedades? Antecedentes de este planteamiento pueden encontrarse en pensadores tan dispares como Buda o Hume, si bien la filosofía científica moderna se ha ocupado de conceder a esta idea la necesaria respetabilidad[57].

La distinción aristotélica entre sustancia y propiedades, si no se toma como una mera formalidad, propicia un escepticismo tan pernicioso como el que inspiró el idealismo subjetivo de Kant. Si solo podemos conocer los fenómenos (las percepciones de las propiedades de las cosas), nos advierte Kant, no podremos saber si de veras existe la sustancia que porta esas propiedades (el *noumeno* o «cosa en sí», según el vocabulario de este pensador alemán). Sin duda, de haber aceptado que las propiedades son sencillamente el modo de ser de las cosas, Kant no habría establecido esa separación artificial entre ellas, y hubiese comprendido que mediante el poder de la abstracción intelectual y el cuidado diseño de experimentos podemos superar las limitaciones de nuestros sentidos.

Estas perplejidades nos conducen a un tercer escalón de limitaciones para el método científico, como es el controvertido vínculo entre el mundo real y las teorías abstractas que lo representan. El mundo real está formado por sucesiones eventos encadenados en el espacio y

---

57   Véase Romero (2018a), quien habla certeramente sobre estas propiedades como «el modo de ser de las cosas».

el tiempo por esas regularidades objetivas que llamamos leyes naturales. De algunos de tales eventos tenemos datos empíricos (percepciones, observaciones, mediciones, etc.) y otros los inferimos. Ahora bien, las teorías son estructuras abstractas de carácter lógico-matemático que poco tienen que ver con el mundo real. Pueden ser perfectas en su construcción lógica, aunque nunca estaremos seguros de que se realizan verdaderamente en el mundo material. Como tan diáfanamente expresaba el filósofo, antropólogo y matemático español Jesús Mosterín (1941-2017) al analizar este mismo tema[58]:

> Lo que nos interesa es, en primer lugar, el jugoso y abigarrado mundo perceptual que nos rodea, y en segundo, el mundo que simbólicamente captamos con nuestro lenguaje y nuestros conceptos; en resumen, la historia. La teoría es un mero instrumento para iluminar la historia. Pero la historia siempre es hipotética e insegura. Solo los fríos y vacíos teoremas de la teoría son seguros, pues no dicen nada acerca del mundo. [...].
>
> En definitiva poseemos un saber perfecto y seguro sobre lo irreal, vacío y formal (las estructuras objetos de las teorías), pero solo un saber imperfecto e inseguro sobre lo real, lo vivo y lo material (los sistemas objeto de la historia). [...].
>
> Somos como las arañas, y las teorías son como las redes o telas de araña con las que tratamos de captar y capturar el mundo. No hay que confundir estas redes o telas de araña con el mundo real, pero sin ellas ¡cuánto más alejados estaríamos de poder captarlo y, en último término, de poder gozarlo!

Tan certeras como las apreciaciones precedentes son las restricciones que para el método científico implican los límites internos de las propias matemáticas. Gracias a los magistrales trabajos de lógicos y matemáticos como Kurt Gödel (1906-1978), Alonzo Church (1903-1995), Alan Turing (1912-1954), Paul Cohen (1934-2007) y muchos otros, con sus teoremas de incompletitud e indecidibilidad, sabemos ya que hay un límite en lo que podemos demostrar lógicamente partiendo de un número finito de axiomas o en un número finito de etapas. Esas fronteras internas de la lógica y las matemáticas repercuten sobre las herramientas abstractas que empleamos para explorar

---

58 Mosterín (1981), pp. 62-63.

el mundo natural, pues en definitiva toda teoría abstracta se corresponde con algún tipo de estructura matemática.

Tradicionalmente, la ciencia y su método se han movido entre la idolatría y la execración. Idolatrada por quienes veían en ella una alternativa al oscurantismo de un pasado supersticioso, la ciencia se exponía a la condena desde el lado opuesto de cuantos la consideraban una amenaza para los ideales morales, la emoción artística y cualquier otro rasgo emotivamente valioso. Con diferentes ropajes ese mismo antagonismo ha sobrevivido hasta nuestros días y ha dificultado grandemente una ponderación sosegada de los méritos y deméritos del método científico. Sin embargo, como hemos visto, no hay motivo de vergüenza en el reconocimiento de que la ciencia no aspira a la perfección ni busca cobijarse en el dogmatismo que antaño otros credos utilizaron como baluarte. Nunca lo pretendió y, de hecho, la ciencia no puede ofrecernos un conocimiento perfecto porque, en definitiva, ninguna perfección se encuentra al alcance de la humanidad.

3. ENFRENTARSE A LOS HECHOS

El antiguo adagio «La experiencia es la madre de la ciencia» acentúa, con razón, la importancia del control empírico de nuestras teorías. Sin él, nos perderíamos en un mundo de ensoñaciones intelectuales enteramente desligado de la realidad. Por eso todos concordamos en la necesidad imprescindible de poner a prueba las hipótesis, objetivo que en la práctica resulta bastante menos sencillo de lo que parece. Ya en el comienzo, debemos disponer de una hipótesis tan claramente formulada como sea posible, porque solo así sabemos con certeza qué debemos contrastar. Y no es una tarea fácil; como hemos visto en los capítulos anteriores, las buenas hipótesis surgen a partir de un conocimiento solvente del tema de investigación, al que añadimos un poco de intuición, unas gotas de inspiración y algo de buena suerte.

Con hipótesis prometedoras o buenas teorías a mano, podremos seleccionar lo que para nosotros serán los hechos relevantes, una categoría que viene dada precisamente por nuestro marco teórico. Las fases de la Luna carecían de interés para los astrónomos de tradición ptolemaica, aunque para los heliocentristas era un argumento a favor de la rotación de la Luna en torno a la Tierra, mientras nuestro planeta giraba a su vez alrededor del Sol. Los fósiles, por ejemplo, no pasaban de ser meras curiosidades de la naturaleza hasta que los paleontólogos evolucionistas los reconocieron como lo que verdaderamente eran: restos petrificados de animales cuyas especies se extinguieron en tiempos muy remotos. Estos dos casos nos muestran hasta qué punto los hechos relevantes dependen del marco conceptual en el que nos movemos.

Toscamente hablando, la contrastación empírica puede ser de dos clases: observación y experimentación[59]. En la primera nos limitamos a obtener datos del objeto bajo estudio sin alterarlo sustancialmente —como ocurre en la astronomía—, en tanto la segunda implica la posibilidad de modificar algunas de las condiciones que dan lugar al fenómeno examinado, tal cual sucede a diario en los laboratorios del mundo entero. Las ciencias sociales poseen unas características específicas por las cuales los datos empíricos se obtienen mediante encuestas (en cuyo caso ha de estimarse de algún modo el grado de fiabilidad de las respuestas), entrevistas, estudio de casos presuntamente modélicos o ensayos con grupos de voluntarios.

Cuanto más aquilatada sea la hipótesis —o mejor, el sistema de hipótesis— a comprobar, mayor será nuestro conocimiento de las circunstancias que pueden influir en el experimento. Porque siempre cabe la posibilidad de que el fenómeno estudiado dependa de alguna característica que nos ha pasado desapercibida, lo que incrementaría el riesgo de error. A eso se debe la previa mención a la buena suerte como uno de los factores en juego, al menos inicialmente. El gran químico y microbiólogo francés Louis Pasteur (1822-1895) descubrió en 1848 las dos versiones de la molécula del ácido tartárico, cuyas estructuras son como reflejos especulares la una de la otra, y logró separarlas tras la oportuna cristalización. Lo que Pasteur ignoraba entonces era que dicha cristalización dependía de la temperatura, de modo que si hubiese intentado llevar a cabo su tarea en una latitud como la de Brasil —pongamos por caso— muy probablemente hubiese fracasado.

Contamos con otro ejemplo famoso en la demostración experimental, en 1887, sobre la existencia de las ondas electromagnéticas, llevado a cabo por el germano Heinrich Hertz (1857-1894). El gran físico alemán nunca supo que una de las fuentes sistemáticas de error radicaba en el tamaño de la sala donde realizaba sus experimentos, pues la longitud de las ondas producidas no se ajustaba bien a la separación entre las paredes del laboratorio[60]:

---

59 Resulta aleccionador comparar el significado del término «experiencia» en la filosofía de Descartes, como se explica en Clarke (1986), y su interpretación actual, recogida —por ejemplo— en Hacking (1983).

60 Chalmers (2007), p. 54.

Una de las consecuencias de la teoría que se estaba compro-
bando era que las ondas de radio deben tener una velocidad
igual a la velocidad de la luz. Cuando Hertz midió la velocidad
de sus ondas de radio, encontró repetidas veces que su velocidad
era significativamente distinta a la de la luz. Nunca consiguió
resolver ese problema, y hasta después de su muerte no se com-
prendió cuál era realmente la fuente del problema: las ondas de
radio emitidas desde su aparato se reflejaban en las paredes del
laboratorio y volvían al aparato, interfiriendo en las mediciones.
Resultó que las dimensiones del laboratorio eran muy relevan-
tes. Así pues, las falibles e incompletas teorías que constituyen
el conocimiento científico pueden servir de falsa guía para un
observador. Pero este problema se ha de abordar mejorando y
ampliando nuestras teorías y no registrando una lista infinita de
observaciones sin un propósito fijo.

Más aún, Hertz falleció convencido de que su detección de las ondas electromagnéticas constituía un poderoso argumento a favor de la realidad del éter, una sustancia invisible —según la física decimonónica— que llenaba el vacío y a través de cuyas vibraciones se transmitía la luz por el espacio. Hoy sabemos que en ese punto se equivocaba por completo; no existe ese éter luminífero tan querido por los científicos del siglo XIX, y de él no dependía la realidad de las ondas electromagnéticas. El ejemplo de Hertz no es el único caso en que un experimento exitoso se vio reinterpretado en parte debido a posteriores avances del conocimiento.

Jan BaptisteVan Helmont (1580-1644) fue uno de esos personajes ambiguos, al filo de la Revolución Científica, cuya obra se proyectó sobre los lindes entre la teología, la fisiología, la química y la alquimia. Que se tenga constancia, él fue el primero en realizar un experimento de botánica controlando las variables que su hipótesis de trabajo consideraba relevantes. Van Helmont trata de comprobar si el aumento de masa de una planta en crecimiento se correspondía con una disminución de la tierra sobre la que había enraizado. Tras supervisar el crecimiento de un sauce durante cinco años, midiendo la cantidad de tierra en la que estaba plantado, el agua con que se regaba y el aumento de masa de la planta, concluyó que el desarrollo del árbol no se debía a una transmutación de la materia del suelo en materia vegetal —lo que era cierto— y, por tanto, su incremento de masa tenía que atribuirse al agua de riego absorbida —lo cual era falso—.

Las conclusiones erróneas de Hertz y Van Helmot sobre el resultado de sus respectivos experimentos no prueban, como algunos antirealistas apuntan, que no existe una realidad objetiva independiente de nuestros experimentos, o que estos adulteran la verdadera naturaleza del mundo físico. La enseñanza que podemos extraer de estos errores transitorios subraya la imperfección y provisionalidad de cualquier hipótesis, pues el conocimiento científico es siempre mejorable. Sin embargo, la investigación científica se muestra capaz de corregirse a sí misma sustituyendo o perfeccionando las hipótesis y teorías que guían los experimentos.

Las observaciones podrían parecer menos comprometidas que el diseño experimental, dado que en definitiva se trata de perfilar con la máxima exactitud posible el modo en que ocurre un cierto fenómeno, ya sea para constatar su existencia o conocer sus detalles. No obstante, incluso en esos casos, las conjeturas teóricas resultan imprescindibles en alguna etapa del proceso. La primatóloga estadounidense Dian Fossey (1932-1985) dedicó un buen número de años a estudiar los gorilas de montaña de Ruanda, tratando de interferir lo menos posible en sus costumbres y comportamiento para que los datos obtenidos tuviesen la máxima autenticidad. Los resultados de sus trabajos de campo, sin embargo, hubiesen tenido mucho menos valor de no haberse empleado para enriquecer teorías etológicas, zoológicas e incluso antropológicas.

La observación aparentemente más aséptica se daría en la tarea de los astrónomos, quienes en la mayoría de los casos no pueden influir directamente sobre el objeto observado. Y aun así, el trabajo teórico que comportan las observaciones astronómicas es monumental. El planetoide Ceres, cuya órbita se sitúa entre Marte y Júpiter, fue descubierto en 1801 por el italiano Giuseppe Piazzi (1726-1846). El inicial alborozo se tornó consternación cuando se perdió el rastro de su movimiento, unos cuarenta días después de su primera detección. Afortunadamente, el gran matemático alemán Carl Friedrich Gauss (1777-1855), que a la sazón contaba veinticuatro años, logró calcular su trayectoria mediante un método matemático de su invención —el ajuste por mínimos cuadrados—, que hoy se enseña rutinariamente en las facultades de ciencias de todo el mundo como herramienta de provechosa aplicación en multitud de problemas. Así pues, hasta la observación más distante y desligada del investigador puede acabar redundando en beneficios teóricos y prácticos duraderos.

Resulta obvio que el experimento, a diferencia de la observación, implica modificar las condiciones en las que acaecen los fenómenos o —en otras palabras— intervenir sobre la naturaleza. Aun así, la carga teórica de cualquier experiencia resulta incuestionable, a menos que tengamos una imagen muy superficial de la labor científica. Una precondición tan elemental como la uniformidad del espacio y el tiempo, por ejemplo, otorga sentido a nuestras observaciones y experiencias. Tal extremo suele omitirse en las disquisiciones de los nuevos experimentalistas, aunque se da por descontado, confundiendo así el carácter implícito de un supuesto teórico con la independencia respecto a él. Para aclarar este punto imaginemos un dinamómetro (un resorte con una escala graduada para medir la fuerza de estiramiento o compresión) utilizado para comprobar la equivalencia dinámica del peso y la inercia. Colgamos un pequeño peso y medimos el alargamiento del muelle; después colocamos el dinamómetro sobre una superficie horizontal y lo hacemos girar hasta que la aceleración centrífuga lo estira en la misma medida. Nuestra pequeña experiencia ha tenido éxito, si bien solemos olvidar lo que tácitamente admitimos para pensar así[61]:

> Lo que se ha supuesto, tácitamente, es que la ley elástica o ecuación constitutiva del muelle es invariante bajo rotaciones. Para un observador parado sobre el suelo, así como ante un observador sentado sobre la mesa o, con esta finalidad, para un observador contemplando el experimento en un espejo plano mientras se le dispara desde la boca de un cañón, una pulgada de estiramiento corresponde a una libra de fuerza. Para una persona carente de esta creencia, el experimento nada mide en absoluto. Esa persona ve dos sucesos, pero no puede establecer correlación alguna entre ellos. (Como de costumbre en los experimentos «fundamentales», el punto principal en disputa ha de concederse antes de que el experimento comience).

Pese a todo, sigue habiendo autores para quienes los conceptos científicos solo cobran realidad en el contexto experimental en el que se constatan. De ahí las discusiones sobre la cuestión de si la gente respiraba oxígeno antes de que Lavoisier lo descubriese (sin duda respiraba, ¿pero era eso oxígeno?); si la momia de un faraón egipcio

---

61   Truesdell (1966), p. 6.

murió verdaderamente de tuberculosis, dado que el bacilo de la tuberculosis se descubrió en el siglo XIX; o si las montañas de Europa central —como se preguntó Heidegger— existían antes de que el primer humano las admirase. De nuevo la sempiterna confusión entre lo que existe y nuestro conocimiento de lo existente.

La irreflexiva sumisión al ídolo del idealismo operacionalista condujo a buen número de teóricos cuánticos a caer en los brazos de la Escuela de Copenhague, cuyas estrecheces doctrinales se adaptan mal a la riqueza y variedad de la práctica real de los científicos. Aun así, una versión de esta falacia logró cierta popularidad en el tránsito del siglo XX al XXI entre algunos autores que se tenían por sutiles y vanguardistas. Uno de sus más destacados promotores fue el francés Bruno Latour, quien rechazó por anacrónica la afirmación de que el faraón Ramses II probablemente murió de tuberculosis, ya que sus restos momificados arrojan indicios de tal posibilidad. Aquí hemos de tener cuidado porque cuando este filósofo francés asegura que con anterioridad al descubrimiento de la tuberculosis por Koch en 1882 «el bacilo no tiene existencia real[62]», ya no cree en un constructivismo social absoluto, de modo que hila más fino y apunta a la construcción —no solo cultural— de los hechos científicos.

No cabe duda de que los hechos con importancia científica no son obvios ni intuitivos; hemos de entrenar nuestra capacidad de detectarlos e interpretarlos, y en ese sentido sí son «construidos». Pero lo que se construye no son los hechos de la realidad, sino los conceptos y las teorías que nos permiten detectarlos e interpretarlos como tales, por muy necesarias que resulten después las operaciones empíricas para entender el mundo. En ese aspecto, cualquier moderno metodólogo de la ciencia concordaría con Latour, dejando a un lado la jerga innecesariamente espesa y enrevesada del filósofo francés (actante, mediador, traducción, estratos cronológicos, etc.) con la que acaso pretenda aparentar originalidad y novedad.

El verdadero problema radica en el uso que hace Latour del término «anacronismo», muy influido por su formación como sociólogo. Resulta anacrónico —en su opinión— hablar de tuberculosis en la época de Ramses II porque los antiguos egipcios entendían esa dolencia en sus propios términos culturales. En este punto, Latour confunde anacronismo con objetividad, nada raro en un autor que niega

---

62   (Latour, (2010), p. 77).

la existencia de una realidad objetiva, desligada del individuo, que se desvela en los experimentos científicos.

Tiene sentido puntualizar que la democracia ateniense en tiempos de Pericles no se corresponde con el concepto actual de política democrática, y equiparar ambas constituiría un anacronismo. Ahora bien, cuando afirmamos que el bacilo de Koch provocó la muerte de un sujeto hace tres mil años tan solo estamos aplicando a un caso concreto un conocimiento objetivo, adquirido tras muchos esfuerzos y elaboraciones, que por su propio carácter es universal e independiente de sus descubridores, pues esa y no otra es la esencia del conocimiento científico.

No es la primera vez que surgen idearios que reverencian la acción y relegan el pensamiento, y no solo ha ocurrido así en el ámbito de la ciencia. En filosofía política, tanto los marxistas en el siglo XIX como los futuristas (predecesores del fascismo) en el XX encumbraron la acción en el pedestal de la política. Para ambos la prioridad no era ya comprender el mundo, sino acondicionarlo como escenario en el que realizar las ensoñaciones de cada uno de estos credos. Como sabemos, el resultado en ambos casos fue históricamente catastrófico. La presencia humana en el mundo se caracteriza por una mezcla de reflexión y actuación, en cantidades variables dependiendo de las circunstancias, y cualquier receta que pretenda menospreciar uno de estos ingredientes en beneficio del otro solo puede conducirnos al desastre.

AZARES Y ERRORES

Cualquier contacto con el mundo real viene siempre guiado, en mayor o menor grado, por algún presupuesto teórico que —si no nos ciega el fanatismo— estaremos dispuestos a modificar a la luz de la experiencia. Salvo que contemos con evidencias de peso, al tratar con otras personas solemos dar por sentado que su comportamiento no será errático ni peligroso; y lo hacemos así porque en la gran mayoría de los casos la experiencia nos muestra que tales expectativas se cumplen con buena aproximación. Del mismo modo —como ya se ha mencionado— la investigación científica precisa de un armazón teórico que oriente y dote de sentido la labor experimental.

Incluso las búsquedas por ensayo y error, aparentemente las más alejadas de una guía teórica, se basan en alguna suposición previa que acote el terreno de la búsqueda. La bombilla incandescente en vacío, construida por Thomas Edison en 1879, se componía de un filamento de hilo de algodón carbonizado, posteriormente sustituido por bambú también carbonizado, a través del cual circulaba la corriente. Edison y sus colaboradores probaron cientos de muestras de materiales de origen animal, vegetal y mineral, pero aun con ello la variedad de opciones habría resultado prácticamente infinita de no haberse realizado una selección inicial, si bien muy amplia, de las posibilidades más prometedoras.

En ocasiones, aferrarse a un principio teórico como guía de interpretación de resultados no del todo claros puede conducir a descubrimientos inesperados. Así ocurrió con el neutrino, la esquiva partícula postulada por el gran físico de origen austriaco Wolfgang Pauli (1900-1958), cuando en 1930 ciertos experimentos sobre micropartículas parecían insinuar una violación de la ley de conservación de la energía. Un empirista acérrimo hubiese despachado el asunto sin rodeos: si los datos sugieren que la energía no se conserva pues admitámoslo francamente y pasemos a otra cuestión. Pero Pauli conocía bien la importancia de los cimientos teóricos y la relativa falibilidad de los experimentadores, así que decidió apostar por la conservación de la energía y reinterpretar los datos que parecían desmentirla.

Era la existencia de una nueva partícula elemental, denominada neutrino[63], la que no se había tenido en cuenta en los cálculos. El neutrino generado en determinados procesos nucleares (las desintegraciones beta) se lleva una parte de la energía que, al no ser incluida en el balance final, lleva a pensar que la energía total no se ha conservado. Y, en efecto, la primera detección experimental de los neutrinos se produjo en 1956, en un centro experimental de Carolina del Sur (EE. UU.). Pauli tuvo razón al preferir tentativamente el soporte teórico al dato experimental, lo que nos revela el cuidado con que debe tomarse el antiguo dístico según el cual los resultados experimentales siempre prevalecen sobre los presupuestos teóricos.

El azar, en las observaciones científicas, juega a veces un papel mayor del que suele suponerse. Por casualidad, el francés Antoine-

---

63 La denominación neutrino se debe al físico italiano Enrico Fermi, quien propuso tal nombre basándose en la carencia de carga eléctrica de esta partícula, cuya masa posee un valor extraordinariamente diminuto.

Henri Becquerel (1852-1908) descubrió que unas sales de uranio guardadas en un cajón eran capaces de velar una placa fotográfica envuelta en papel negro junto a ellas. De ello Becquerel dedujo correctamente que la irradiación responsable del ennegrecimiento de la placa provenía de las propias sales de uranio a causa de un proceso interno, sin necesidad de verse excitadas previamente por la luz solar. Y no menos ocasional fue el hallazgo de la penicilina por el británico Alexander Fleming (1881-1955). A finales de septiembre de 1928, una de las placas donde conservaba un cultivo de bacterias se contaminó casualmente con el hongo *Penicillium notatum*, en torno al cual las bacterias habían muerto. Fleming no tardó en percatarse de que el hongo segregaba una sustancia bactericida a la que finalmente denominó «penicilina», inaugurando con ello la era de los antibióticos de uso terapéutico.

Estos dos ejemplos se aproximan al concepto de «serendipia», el hallazgo casual de un resultado interesante y significativo que aparece en el curso de una investigación iniciada con otro objetivo. Naturalmente, hemos de estar preparados para detectar la feliz coincidencia cuando se produzca; de lo contrario la suerte puede pasar junto a nosotros sin que lo advirtamos. Por fortuna, el químico alemán Friedrich Wöhler (1800-1882) no carecía de una gran solvencia profesional, cuando en 1828 hizo reaccionar el ácido ciánico con amoniaco en ciertas condiciones de humedad y temperatura. Para su sorpresa, el resultado no poseía las características típicas de una sal (producto habitual de la reacción entre una sustancia ácida y otra alcalina), sino que fue identificada como la urea, una molécula presente en la orina mediante la cual los riñones excretan el nitrógeno del organismo. Aunque muchos químicos habían aventurado la posibilidad de reproducir en el laboratorio las reacciones químicas propias de sistemas biológicos, esta síntesis accidental de la urea era la primera ocasión en la que tal eventualidad se verificaba sin lugar a dudas. Inicialmente, tanto Wöhler como sus colegas dirigieron su atención a considerar por qué no se había formado una sal, como cabía esperar, y no se percataron de la importancia del suceso. El pensamiento dominante en la ciencia de la época suponía que los procesos bioquímicos se hallaban gobernados por una fuerza vital (*vis vitalis*), que no operaba en el ámbito de los objetos inertes. Quizás no fuesen conscientes de ello en aquellos momentos, pero Wöhler había señalado el principio del fin de la doctrina vitalista en la química moderna. Tal como Galileo y Newton demolieron la rígida separación entre el mundo terrestre y el celeste, demostrando que ambos se regían por un mismo conjunto de leyes físicas, así los químicos del siglo XIX probaron que las reglas de la química imperaban igualmente en los organismos vivos y en los cuerpos inanimados.

Friedrich Wöhler.

Las observaciones y experimentos no siempre nos proporcionan la certeza que deseamos, como se demuestra en la gran cantidad de errores involuntarios —dejando a un lado los fraudes— que durante un breve lapso de tiempo pasaron por indicios de grandes descubrimientos a punto de revelarse. El estadounidense Percival Lowell (1855-1916) creyó distinguir canales artificiales sobre la superficie de Marte, reliquias imponentes de una civilización fenecida. Observaciones telescópicas más cuidadosas revelaron que se trataba de accidentes del terreno, más o menos rectilíneos, de carácter enteramente natural.

Del mismo modo, algunos astrónomos profesionales se engañaron a sí mismos a finales del siglo xix, cuando se convencieron de haber observado el planeta Vulcano, cuya trayectoria más cercana al Sol que la de Mercurio explicaría ciertas irregularidades en la órbita de este último. El francés Urban Le Verrier (1811-1877) propuso que tales irregularidades debían estar causadas por la presencia de un planeta más próximo a nuestra estrella que Mercurio, al que denominó Vulcano. Esta explicación había funcionado en el caso de Urano, lo que condujo al descubrimiento de Neptuno, pero en este caso el hipotético planeta Vulcano no se dejaba ver con tanta facilidad. Las observaciones del Sol durante los eclipses de 1860, 1878 y 1883 acabaron con las esperanzas de la mayoría de los astrónomos. Finalmente, fue la teoría relativista de la gravitación formulada por Einstein la que explicó las irregularidades de la órbita de mercurio sin necesidad de recurrir a las perturbaciones causadas por otro planeta más cercano al Sol.

Los errores nacidos del afán por aferrarse a expectativas personales o ideas preconcebidas, no solo tienen su lugar en el campo de la astronomía. René Blondlot (1849-1930) fue un físico francés que gozaba de gran prestigio cuando en 1903, durante sus investigaciones sobre la polarización de los recién descubiertos rayos x, anunció el descubrimiento de un nuevo tipo de radiación, que denominó «rayos N» en honor a la ciudad de Nancy, en cuya universidad Blondlot desempeñaba su docencia. Aquellos rayos N poseían propiedades tan extravagantes como difícilmente medibles, ya que acentuaban el brillo de una diminuta chispa eléctrica o aumentaban la agudeza visual del ojo humano en condiciones de penumbra. Por otro lado, diversos materiales irradiados por la luz solar —guijarros, madera, cristal— se convertían en fuentes de esta nueva y enigmática radiación.

Inicialmente, hasta ciento veinte científicos franceses, muchos de ellos también en Nancy, afirmaron haber detectado los rayos N tal como Blondlot los había descrito, pero no ocurría lo mismo en otros laboratorios de Francia y menos aún en el extranjero. El escepticismo, o al menos la duda, creció cuando grandes figuras de la física internacional fracasaron en sus propios intentos de estudiar esa novedosa radiación. Además, los fisiólogos especialistas en la visión negaban, dentro y fuera de Francia, que hubiese la menor prueba de una mejora en la percepción visual a resultas de los presuntos rayos N. La revista *Nature* envió al físico norteamericano Robert Wood de incógnito a Nancy para investigar la posibilidad de un fraude. Wood realizó diversas manipulaciones en el montaje experimental de Blondlot sin que este o su ayudante lo supieran, a pesar de lo cual el científico francés decía seguir percibiendo los efectos de la radiación N, incluso en condiciones en las que ello hubiese sido imposible. Wood concluyó que los rayos N no existían y que, lejos de un fraude, el error de Blondlot se debía a una forma de autoengaño llamada sesgo del experimentador.

El hecho de que se publicasen trescientos artículos sobre una radiación inexistente solo puede comprenderse atendiendo a las circunstancias que rodearon este fiasco. Francia había sido derrotada en la guerra franco-prusiana de 1870, de la cual había salido con graves heridas en su orgullo nacional y una competencia latente con la vecina Alemania, que adoptaba múltiples manifestaciones. El descubrimiento de los rayos x por alemán Wilhelm Roentgen en 1895 no hizo sino espolear tan aguda rivalidad, esta vez en el campo de la ciencia, cuando el anuncio de los rayos N cayó en un terreno bien abonado por el enfrentamiento nacionalista. Tras la decepción, Blondlot siguió trabajando hasta el final de sus días en una relativa oscuridad, sin que sea cierto que muriese demente a causa del desprestigio público por su desatino[64]. En definitiva, la mejor enseñanza que podemos extraer de los fallidos rayos N proviene de la capacidad autocorrectiva de la empresa científica[65]: «(...) fueron los mismos científicos los que pusieron fin al mito de los rayos N. Y son pocas las instituciones humanas que pueden decir lo mismo de sus propios mitos».

En un clima similar de rivalidad política —entre los países soviéticos y las democracias occidentales— se dio años después el desafortunado lance de la «poliagua», que en tantos aspectos recordaba los rayos N de Blondlot. El químico ruso Nikolai Fedaykin, en la segunda

---

64 Así lo cuenta Gardner (1957, p. 186), tomando casi literalmente la frase del biógrafo de Richard Wood. Ambos se equivocaban.
65 Thuillier (1981) p. 67.

mitad del siglo XX, condensó pequeñas gotas de agua en tubos de vidrio ultrafinos y creyó encontrar extraordinarias propiedades en el material obtenido[66]. El agua así tratada parecía comportarse como un plástico más que como un líquido usual, ya que podía calentarse hasta los 500 °C, sin evaporación, y ser enfriada hasta –40 °C, sin solidificarse. Boris Deryagin (1902-1994), a la sazón el mayor experto soviético en química de superficies, comunicó en 1966 el hallazgo a sus colegas occidentales, quienes se apresuraron a reproducir tales resultados. Este nuevo estado de la materia se atribuyó a un peculiar vínculo químico entre las moléculas de agua, que adquirían la estructura de moléculas llamadas «polímeros»´; de ahí el nombre, rápidamente popularizado, de «poliagua».

Tras la inicial oleada de entusiasmo —como sucedió en el caso de Blondlot—, siguieron los primeros brotes de escepticismo. Comenzó a crecer el número de los especialistas que cuestionaban la veracidad del descubrimiento, y la exigencia de pruebas más sólidas se tornó insoslayable. Pese a la gran cantidad de artículos publicados sobre el asunto (otro punto en común con los rayos N), trabajos experimentales posteriores demostraron que las anómalas propiedades de la presunta poliagua se debían en realidad a la impurificación de las muestras por cloro, potasio, calcio y sodio, muy probablemente debidos al sudor humano. De nuevo experimentaciones poco cuidadosas, junto con el deseo de reproducir resultados novedosos, crearon un espejismo intelectual con el que prestigiosos profesionales se dejaron envolver.

Esta clase de percances entraba en el catálogo que el químico estadounidense Irving Langmuir (1881-1957) había etiquetado como «ciencia patológica». A diferencia de las pseudociencias (que se abordarán en el capítulo 10), los practicantes de la ciencia patológica no pretenden engañar; más bien solo se traicionan a sí mismos. En tales casos, las causas y los efectos investigados se sitúan cerca del límite de la capacidad de detección de los instrumentos más sensibles, motivo por el cual la controversia está garantizada. Asimismo, los datos se seleccionan con un sesgo claramente favorable a ideas preconcebidas, incluso cuando la evidencia contraria se hace irresistible, ante lo cual se responde con excusas improvisadas y artificiosas cada vez más alambicadas. Finalmente, los escépticos no pueden obtener los mismos resultados experimentales que los científicos patológicos, y estos

66   Ziman (1981), pp. 112-116.

últimos reprochan a los primeros su falta de confianza, circunstancia a la que atribuyen el fracaso experimental. Con el tiempo —generalmente breve— el tema de investigación cae en el desprestigio y el olvido, en agudo contraste con el relumbrón que lo acompañó en sus primeros momentos.

Tal vez pareciera que dos casos internacionalmente relevantes de ciencia patológica en un mismo siglo eran suficiente advertencia para no repetir los mismos errores. Sin embargo, el 23 de marzo de 1989, el distinguido electroquímico de la Universidad de Southampton (Reino Unido) Martin Fleischmann, y su colega estadounidense de la Universidad de Utah, Stanley Pons, comunicaron que había conseguido llevar a cabo una reacción sostenida de fusión nuclear a temperatura ambiente con un equipo experimental de notable sencillez. Con una batería y un par de electrodos inmersos en un baño de agua pesada rica en deuterio (versión del hidrógeno con un neutrón, además de un protón, en su núcleo atómico), Pons y Fleischmann afirmaban haber conseguido la fusión de los núcleos de deuterio gracias a la capacidad de absorción de hidrógeno del metal paladio, componente de uno de los dos electrodos.

Dado que siempre se había supuesto la necesidad de altísimas temperaturas para verificar procesos de fusión nuclear, el anuncio de Pons y Fleischmann retumbó en el mundo entero. Por primera vez en la historia la humanidad parecía tener a su alcance una fuente de energía barata, no contaminante (sin residuos radiactivos ni contaminantes químicos) y prácticamente ilimitada. Durante un mes y medio se sucedieron las publicaciones favorables y contrarias a este presunto hallazgo, en el seno de una comunidad científica tan alborotada como intrigada por el asunto. Poco a poco, por desgracia, fueron creciendo las pruebas de que las proclamas de Pons y Fleischmann no eran realistas. La fusión fría de estos dos investigadores cayó en el descrédito, aunque ellos siguieron trabajando en el mismo tema con financiación privada, y el único consuelo consistió en que esta vez la verdad se había establecido con mucha mayor rapidez que en el caso de los rayos N o la poliagua.

La mejor enseñanza que podemos cosechar de esta serie de azares afortunados y errores deplorables apunta en una doble dirección que debe alentarnos a perseverar sin rendirnos jamás. Por una parte, los descubrimientos casuales están siempre al acecho en el mundo natural, esperando que un investigador avispado los advierta y extraiga de ellos las más profundas conclusiones. Pero la buena suerte solo sonríe en su plenitud a la persona que de veras se halla bien preparada para recibirla. Únicamente los observadores sagaces y los experimentadores bien entrenados podrán aprovechar las oportunidades cuando se presenten; de lo contrario, tales ocasiones pasarán desapercibidas sin el menor provecho. Por otra parte, la capacidad de la ciencia para corregirse a sí misma siempre queda bien de manifiesto, lo cual no es en absoluto desdeñable dada la inclinación humana a satisfacer las propias expectativas por encima de la verdad y el respeto a los hechos. En definitiva, la experimentación científica se nos abre como un territorio mucho más agreste de lo que sugieren los manuales de divulgación al uso[67]:

> *Los hombres de ciencia, desde luego, han de ser metódicos. Pero el «método experimental» por sí mismo no proporciona certezas absolutas para evaluar de golpe las posibilidades efectivas de un nuevo instrumento o de un nuevo montaje científico; para distinguir infaliblemente un artefacto de un fenómeno pertinente; para descubrir de entrada las variables verdaderamente significativas. Los descubrimientos, de hecho, exigen que se corran riesgos: que se ose imaginar experimentos no ortodoxos, que se tenga la audacia de postular ciertas entidades y la osadía de aventurar interpretaciones no habituales. Tampoco es verdad que una experiencia negativa obligue a un científico a abandonar sistemáticamente sobre el terreno una hipótesis que se aprecia. [...] Con mucha frecuencia es necesaria una real obstinación antes de alcanzar el éxito. En caso de triunfo, los hagiógrafos de la historia de la ciencia aclaman los méritos del vencedor (que pese a las dificultades ha sabido encarnizarse, etc.). [...] Pero la distancia entre el éxito y el fracaso es a veces muy escasa.*

---

67 Thuillier (1983), p. 66.

INDICADORES, ENTRE LA TEORÍA Y LA EXPERIENCIA

Podemos explorar y conocer, aunque precariamente, el mundo más allá de nuestras percepciones gracias a nuestra capacidad de teorizar y construir modelos abstractos de aquello que escapa a nuestros sentidos. Esta venturosa facultad humana lleva aparejada un obstáculo nada desdeñable: ¿cómo conectamos nuestros modelos teóricos con la realidad empírica? De todos los enunciados —potencialmente infinitos— que una teoría puede generar, ¿cuáles son lo que debemos confrontar con la experiencia y cómo debemos hacerlo? El problema no es pequeño, ya que supone encontrar un puente entre los conceptos abstractos de una teoría, en un extremo, y, en el otro, las operaciones materiales que el investigador realiza en su laboratorio o en sus trabajos de campo.

La conexión entre los enunciados teóricos y los datos empíricos se logra a través de los llamados «indicadores», ya sean fenómenos observables (indicadores empíricos) o magnitudes calculadas a partir de otras variables (indicadores teóricos). El nivel del mercurio en uno de los antiguos termómetros de este material constituía un indicador de la temperatura del enfermo al que se aplicaba, en tanto la fiebre misma venía a ser el indicador de alguna enfermedad. En ambos casos, «temperatura» y «enfermedad», son conceptos pertenecientes a sendas teorías —física y biológica, respectivamente— y, por tanto, inobservables[68]. Para salvar el abismo entre teoría y experiencia contamos en este caso con dos indicadores, uno cuantitativo, correspondiente a la temperatura, y otro cualitativo, como es la fiebre.

Estos dos ejemplos de indicadores empíricos se pueden complementar con muchos otros: el cambio de color de un papel tratado químicamente (no por casualidad también denominado «indicador») se relaciona con la acidez de una disolución; el periodo de un péndulo con la aceleración de la gravedad en ese lugar, o la traza en una cámara de burbujas con el paso de una partícula subatómica a través de ella. En todos los casos, el indicador establece una relación —en el mejor de los casos, una relación funcional— entre una propiedad observable y otra inobservable, en lo cual reside su potencia y utilidad. Las ciencias sociales, por su parte, también poseen indicadores característicos, como el producto interior bruto (PIB) para la actividad económica; la

---

68 En efecto, contra lo que nuestra experiencia inmediata parece indicar, no «vemos» la enfermedad sino sus síntomas.

tasa de alfabetización para el nivel educativo, o el porcentaje de votantes sobre el censo electoral para la participación política.

Los filósofos y científicos empiristas desconfían de las piezas teóricas del conocimiento y tratan de reducirlo todo a los datos de la percepción. Los seguidores del empirismo dentro de la corriente operacionalista, en concreto, aspiran a definir todos los conceptos científicos en términos de operaciones de medición, a ser posible en un laboratorio. El físico estadounidense Percy Bridgman (1882-1961), autor de uno de los textos más influyentes del operacionalismo[69], etiquetó como «definiciones operacionales» lo que se ha llamado sencillamente «indicadores». Bridgman cometía al menos dos errores: olvidaba que la definición de un concepto es una tarea lógica, mientras la medición es un acto material; y, por otro lado, confundía la medida, que es la asignación de un valor numérico a una magnitud en un cierto marco teórico (como el cálculo del área de un triángulo en la geometría euclídea), con la medición, que es una operación física usualmente realizada con ayuda de instrumentos[70].

Los indicadores podrían denominarse «hipótesis indicadoras», por cuanto dependen de una teoría que los conecta con los datos empíricos que luego deberán ser interpretados. Veamos el caso de una báscula de platillo —o de plataforma, si la usan personas— que mide las masas de los objetos depositados sobre ella por la compresión de un muelle que determina la posición de una aguja sobre una escala medidora. La masa de un objeto, o de un individuo, es una propiedad inobservable que se traduce en el movimiento de la aguja sobre la escala de la báscula gracias a la compresión elástica de ese muelle oculto dentro del dispositivo. Pero ese muelle, a su vez, obedece las leyes mecánicas aplicables a los sólidos elásticos (la ley de Hooke, generalmente), gracias a las cuales podemos saber la masa de aquello que ponemos sobre la báscula.

Esto no ocurre cuando el muelle se deforma (superamos su límite de elasticidad) o se rompe, de modo que también los indicadores tienen sus márgenes de validez. La fiabilidad de un indicador dependerá a su vez de la teoría que lo relacione con los datos empíricos buscados, datos que suelen obtenerse mediante aparatos de medida diseñados específicamente para cada caso experimental. Y ello nos conduce al polémico terreno de los dispositivos experimentales y la teoría de la medición.

69 Bridgman (1927).
70 Véase una magnífica discusión al respecto en Bunge (1973).

Percy Williams Bridgman (1882-1961) [Bachrach Studio. Smithsonian Institution Archives].

LOS APARATOS DE MEDICIÓN Y SUS CONTROVERSIAS

El matemático estadounidense de origen húngaro John Von Neumann (1903-1957) poseyó una de esas mentes privilegiadas que tanto contribuyeron al desarrollo de la teoría cuántica a comienzos del siglo xx. Su particular idiosincrasia de pensador puro, no obstante, le condujo a creer el mito de que todos los experimentos consisten en mediciones directas, como la que realizamos al aplicar una cinta métrica sobre el borde de una mesa para determinar su longitud. Como consecuencia de ese malentendido, en su celebrado texto sobre física cuántica, Von Neumann se remitía a una teoría general de la medición que, por supuesto, nunca concretó. Y nunca lo hizo porque resulta imposible; cada montaje experimental se organiza sobre premisas distintas con propósitos diversos. En otras palabras, no hay medidores universales. Los experimentos de colisión llevados a cabo en aceleradores de partículas difieren profundamente de los análisis espectrográficos, en los que no hay impactos. Un interferómetro-láser, utilizado para calibraciones de máxima precisión, trabaja con luz y obedece leyes diferentes del dinamómetro, que mide fuerzas por la deformación de un muelle, o del viscosímetro que mide la viscosidad de un fluido, el cual se compone de moléculas, no de fotones. Considerado retrospectivamente, parece pasmoso que alguien tan inteligente como Von Neumann no advirtiese estos detalles y el mito de la medición inespecífica perdurase tanto tiempo.

Una misma magnitud puede medirse de muy diversas maneras (en detrimento, además, del credo operacionalista), como nos demuestra el caso de la temperatura. Antes que los pirómetros electrónicos, que miden la temperatura corporal mediante un sensor infrarrojo dirigido hacia la piel del paciente, se usaban los populares termómetros de mercurio, basados en la dilatación de ese elemento con la temperatura. Pero también existen los termómetros de gas, capaces de manifestar los cambios de temperatura por su correlación con los cambios de presión que como consecuencia sufre el gas. Por el contrario, los termómetros bimetálicos están formados por una cinta espiral de dos metales distintos, que se deforma ante una variación de temperatura debido al diferente coeficiente de dilatación de cada metal. Tal deformación actúa sobre una aguja que marcará la temperatura sobre una escala convenientemente preparada. También basados en la unión de dos metales distintos, los termopares detectan el minúsculo voltaje producido por la diferencia de temperatura entre ambos extremos.

No existe, por tanto, una teoría general de la medición —como Von Neumann daba por sentado—, porque nadie mide «cosas generales», signifique eso lo que sea. Todas las mediciones se aplican a objetos específicos, a sistemas materiales concretos, pues no hay alternativa lógicamente posible. Basta contemplar la práctica científica real con algo de detenimiento para desmentir la opinión de Von Neumann. En su esqueleto conceptual, cualquier experimento parte de un modelo idealizado del dispositivo medidor, D, modelo que depende de un conjunto determinado de leyes y teorías, T, que abreviaremos como D_T. Cuando este dispositivo experimental actúa sobre un cierto sistema material, S_m, obtenemos un resultado numérico, r, expresado en un sistema de unidades concreto, ε. Simbólicamente tendríamos $D_T(S_m) = r_\varepsilon$. Resulta obvio que cada modelo D se funda en teorías T diferentes porque se ocupa de sistemas S_m distintos.

Incluso la escala de medidas, algo en apariencia tan sencillo, no se asentó hasta tiempos históricamente recientes. En la antigüedad clásica, los griegos solo admitían las operaciones expresadas como proporciones entre magnitudes del mismo tipo, es decir, prelaciones entre longitudes, áreas, volúmenes, etc. Para ellos resultaba aberrante concebir, por ejemplo, el cociente de la distancia recorrida entre el tiempo empleado en recorrerla, que es como definimos la velocidad. Dado que la distancia y la duración son magnitudes diferentes, cualquier relación entre ellas a los antiguos griegos se les antojaba inaceptable. Naturalmente, ellos sabían que unos movimientos son más rápidos que otros, pero, expresándolo de forma un tanto alambicada, hubiesen dicho que en una misma duración de tiempo la proporción de las distancias recorridas sería diferente de uno, de modo que al objeto más rápido corresponde la distancia mayor.

La medición concreta de las magnitudes entrañaba asimismo sus propios problemas. Más allá de relojes de sol o arena, clepsidras e incluso los latidos del corazón, no se contaba con métodos fiables para medir el paso del tiempo hasta que el físico holandés Christiaan Huygens (1629-1695) introdujo los primeros relojes mecánicos de péndulo en 1657. Los escritos originales de Galileo aún se refieren a la velocidad midiéndola en «grados» al estilo medieval, tal como Nicolás de Oresme y los calculadores de Oxford en el siglo XIV. El sistema métrico decimal, con el cual hoy todos estamos tan familiarizados, se adoptó tras la Revolución francesa, en 1800. Y las exigencias de otra revolución —la Revolución industrial— determinaron que en el último cuarto del siglo XIX naciese el Sistema Internacional de Unidades, de uso extendido para multitud de fines, tanto comerciales como de investigación científica.

Ahora se plantea una interesante cuestión acerca de la fiabilidad de los resultados de un aparato medidor, cuando la teoría que lo sustenta se halla lejos de haber sido consolidada. El problema se manifestó en toda su crudeza en los primeros momentos de la Revolución Científica: la bomba de vacío o el telescopio nacieron como artilugios cuya ciencia subyacente permanecía entonces en la penumbra. El caso tristemente más famoso acaeció cuando Galileo hizo uso de un catalejo para divisar las irregularidades de la superficie lunar y, a continuación, trató de divulgar su conocimiento entre las gentes educadas de la época. El hallazgo del sabio italiano contravenía los fundamentos de la concepción aristotélica del universo, en aquellos años piedra angular de la ortodoxia teológica de la Iglesia romana, por lo que cabía esperar resistencias a reconocerlo, como de hecho ocurrió. Durante su visita a Roma en 1611, Galileo tuvo ocasión de discutir con colegas astrónomos que también eran eclesiásticos, algunos de los cuales simpatizaban con su labor (Paolo Foscarini, Christoph Grienberg) mientras otros se oponían con rotundidad (Christopher Clavius, Caluido Acquaviva).

Los adversarios de Galileo aducían el imperfecto conocimiento del funcionamiento de su anteojo telescópico como justificación para negarse a considerar que las imágenes mediante él percibidas constituyesen una evidencia irrefutable de la existencia, no solo de irregularidades en la superficie lunar, sino también de manchas en el Sol y de satélites en torno a Júpiter. ¿Cómo estar seguros de que tales imágenes —decían estos críticos— no son meros efectos espurios, distorsiones ópticas fruto de un dispositivo de observación todavía mal conocido?

Hasta que Kepler ofreció la primera explicación del funcionamiento óptico de los sistemas de lentes, el argumento más directo hubiese sido el de la analogía: si los telescopios y catalejos aumentaban las imágenes de objetos situados sobre la Tierra, igualmente debían hacer con los cuerpos existentes más allá de nuestro planeta. Pero en este punto chocamos con una disparidad irreconciliable entre las premisas del razonamiento. Los aristotélicos admitían, sin reservas, el postulado según el cual nuestro mundo revestía características radicalmente distintas de los objetos siderales, cercenando así la posibilidad de cualquier analogía entre los dominios terrestre y celeste.

El progreso de la óptica acabó por disipar cualquier duda sobre la legitimidad de los dispositivos ópticos de aumento empleados, primero para la observación astronómica y después en la investigación del mundo microscópico. Las predicciones de la mecánica celeste se cumplieron a plena satisfacción, tanto como las leyes newtonianas del movimiento en entornos más cercanos, reforzando así la credibilidad de la nueva física, la cual terminó imponiéndose sobre cualquier rescoldo de reticencia que pudiese quedar entre los más tradicionalistas. La lección que podemos extraer de esta historia es que resulta legítimo dudar de los artefactos que emplean leyes naturales no del todo confirmadas, pero de ninguna manera cabe aceptar que la discrepancia y la disputa intelectual se salden con la persecución de los disidentes, especialmente cuando estos solo se sirven de la razón para enfrentarse al dogmatismo.

MEDICIONES, MEDIDAS Y UNIDADES

Para medir algo primero tenemos que introducir en ese contexto nuestras ideas más generales al respecto, es decir, los conceptos métricos. Con ello estaríamos realizando la «metrización», cosa que no siempre se puede lograr, como demuestra el hecho de que el amor, la justicia o la belleza de una poesía no sean susceptibles de medida. La metrización, por tanto, implica incorporar conceptos métricos como la distancia entre dos puntos o el tiempo transcurrido entre dos instantes. Tomando el ejemplo aparentemente más sencillo, fijémonos en el caso de la distancia. Este concepto métrico nos permite asignar un número a cada par de puntos espaciales, número al que denominamos «distancia». Pero si nos detenemos un poco más en detalle sobre el asunto, veremos que no es tan sencillo.

Podemos escoger el teorema de Pitágoras como metrización de la distancia, con lo que estaríamos presuponiendo que son dos puntos sobre una superficie plana (o un espacio sin curvatura). Aunque también podríamos escoger el cálculo de la distancia entre dos puntos sobre una superficie curvatura positiva, como la superficie terrestre, o negativa, como la superficie de una silla de montar a caballo. Más aún, si generalizamos a puntos espacio-temporales —incluyendo coordenadas de posición espacial y de tiempo— tendríamos que escoger entre las nociones de distancia que nos ofrece la relatividad especial o la relatividad general, según el caso.

Por sencillez, escojamos el teorema de Pitágoras suponiendo que nos desenvolvemos una superficie perfectamente plana. Hemos elegido una metrización determinada, lo que está muy bien, pero sirve de poco si no tenemos una unidad de medida para la distancia espacial. Podríamos medir a palmos, extendiendo la palma de nuestra mano repetidamente hasta cubrir la distancia deseada, aunque parece un sistema un tanto primitivo. Además, ¿por qué la palma de nuestra mano y no la de otras personas?, ¿y por qué la palma y no el pie o el brazo? Preguntas de este estilo carecen de respuesta mientras no se tenga un sistema de unidades universalmente aceptado para las magnitudes físicas básicas.

En el siglo XX, por fortuna, se generalizó el uso internacional para fines científicos del Sistema Internacional de Unidades (conocido a nivel mundial como SI). En ese sistema, la unidad básica de distancia es el metro, con sus respectivos múltiplos (decámetro, hectómetro, kilómetro...) y submúltiplos (decímetro, centímetro, milímetro...). Asimismo, la unidad de tiempo es el segundo; la de masa, el kilogramo, y la de temperatura, el grado Kelvin, entre otras[71]. No importa tanto el hecho de que cualquier sistema de unidades resulte convencional como el acuerdo general para su utilización en ciertas situaciones que a todos conviene. A nadie se le ocurriría emplear el sistema atómico de unidades para medir, digamos, las distancias entre ciudades en un mapa de carreteras. Del mismo modo, tampoco alguien en su sano juicio emplearía unidades astronómicas de distancia para medir el tamaño de bacterias. Cada sistema de unidades posee un ámbito óptimo de aplicación y a él debemos atenernos.

Vamos avanzando en nuestro empeño, pues ya tenemos una metrización (dada por la geometría plana a través del teorema de Pitágoras) y un sistema de unidades (el SI). Ahora nos correspondería elegir el procedimiento para obtener el valor de la distancia entre esos dos puntos, en lo que se conoce como «medición». Un acto de medición puede realizarse simplemente superponiendo una regla o una cinta métrica sobre la distancia que queremos medir. Pero también cabría utilizar un odómetro, o cualquier instrumento mecánico similar. Otro procedimiento podría recurrir a métodos ópticos, empleando un teodolito, digamos.

71 Gutierrez & Peset (1997).

El hecho es que existen múltiples mediciones posibles de una misma magnitud, si bien todas ellas, de ser correctas, deberían concordar en un mismo valor, al que llamamos la «medida» de esa magnitud. En ocasiones podemos obtener una medida sin medición, como ocurre cuando calculamos el volumen de una esfera a través de la fórmula geométrica correspondiente. A continuación, podríamos sumergir la esfera —si es pequeña— en un líquido y medir directamente su volumen; si todo es correcto, ambas mediciones deberían proporcionar la misma medida para el volumen de una misma esfera.

A partir de las magnitudes fundamentales de un sistema, por combinación, cabe obtener toda una colección de magnitudes derivadas. El cociente entre la distancia y la duración nos suministra una velocidad y, en general, se puede expresar el cambio de cualquier magnitud con respecto a tiempo como el cociente de las unidades de esa magnitud y las del tiempo. La velocidad a la que varía la temperatura en un cierto lugar dado, por ejemplo, se expresaría como una cierta cantidad de grados por cada unidad de tiempo; una cantidad positiva si la temperatura aumenta y negativa si disminuye.

Cualquier persona que en el mundo moderno ha echado un vistazo a los medidores de velocidad dentro de un automóvil sabe que se indica como el cociente de kilómetros y horas (aunque en unidades del SI sería metros/segundos). Esto, sin embargo, resultaba inconcebible para los antiguos griegos, que entendían los cocientes como relaciones de proporcionalidad y, por tanto, solo admitían cocientes entre magnitudes iguales con las mismas unidades.

En vez de decir que un objeto se mueve con mayor rapidez que otro, simplemente comparando las velocidades, aquellos filósofos y matemáticos hubiesen razonado que para recorrer el mismo trecho el cociente de los tiempos empleados indicaba que uno requería más tiempo que el otro, o que en el mismo tiempo uno de los objetos recorría más distancia que el otro, lo que se hacía obvio al efectuar el cociente de las distancias recorridas en un mismo tiempo.

Por extraño que nos parezca, este modo de pensar pervivió durante toda la Edad Media, como se observa en los escritos del matemático francés Nicolas de Oresme (1323-1382) y los monjes calculistas de Oxford —los *calculatores* del Merton College— en la primera mitad del siglo XIV. Así se llegó hasta la época de Galileo, en cuyos textos también emplea los cocientes clásicos de magnitudes del mismo tipo, atolladero del cual se salió definitivamente durante el siglo XVIII.

Suelen denominarse «dimensiones» a cada una de esas magnitudes a las que se refieren los sistemas de unidades: distancia, duración, temperatura, masa, carga eléctrica, etc. El cálculo dimensional aplicado a las ecuaciones nos asegura que estas son correctas en tanto las unidades sean las mismas en ambos lados de la igualdad. Tomemos la bien conocida segunda ley newtoniana del movimiento, en su versión más sencilla, que iguala la fuerza aplicada sobre un objeto con el producto de la masa y la aceleración de dicho objeto, $F = ma$. Como la masa se mide en kilogramos (kg) y la aceleración en metros partidos de segundos al cuadrado (m/s^2), el lado derecho de la igualdad tendría como unidad final el producto $kg \cdot m/s^2$. A la izquierda tenemos la fuerza F, cuyas unidades en el SI se denominan newtons en recuerdo del genio inglés. Pero la definición de un newton (1 N) es precisamente un kilogramo por un metro entre un segundo al cuadrado ($kg \cdot m/s^2$), lo que garantiza la homogeneidad de esa ecuación.

Curiosamente, el anarquismo metodológico de Feyerabend (véase cap. 3) le lleva a rechazar no solo el método científico, sino también la coherencia dimensional de las ecuaciones físicas que transcribe mal e interpreta peor. En la página 62 de la edición inglesa de 1978 de su célebre obra *Against Method* aparece la fórmula de Lorentz, para la fuerza que un campo electromagnético arbitrario ejerce sobre una partícula cualquiera con carga eléctrica. Sin embargo, Feyerabend dice que esa expresión proporciona la energía de un electrón que se mueve en un campo magnético constante, lo que es del todo erróneo. El detalle de que tampoco escriba la constante c (velocidad de la luz) acarrea que la ecuación ni siquiera resulte dimensionalmente correcta. Y, pese a todo ello, aún hay muchos que consideran a Feyerabend un gran físico y filósofo.

EVALUACIÓN ESTADÍSTICA

Uno de los malentendidos populares más arraigados sobre la ciencia podría recibir la justa denominación de «mito del experimento crucial». Esta es la suposición de que la ciencia avanza franqueando encrucijadas en las cuales los dilemas se presentan nítidamente como el enfrentamiento de dos alternativas, solo una de las cuales puede salir vencedora. Entonces un experimentador somete la naturaleza a una prueba inequívoca —el experimento crucial— y todo se resuelve en un parpadeo. El resultado obtenido otorga la victoria sin discusión a una de las opciones en liza, y el científico que realizó el experimento gana la gloria imperecedera de haber deshecho el entuerto, para envidia y enfado de los obtusos oponentes.

Galileo dejando caer dos esferas del mismo tamaño y distinta densidad desde la Torre de Pisa —una experiencia de cuya realidad histórica ni siquiera hay certeza— se corresponde con ese imaginario épico del científico solitario, incomprendido por un mundo al que desafía desde el baluarte de su inexpugnable racionalidad. Otro experimento crucial sería el de Pasteur para rebatir la generación espontánea de seres vivos a partir de materia inanimada, comparando frascos abiertos y cerrados en cuyo interior había depositado pedacitos de carne[72]. También el nacimiento de la relatividad de Einstein se suele ligar a un experimento presuntamente crucial, llevado a cabo por los estadounidenses Michelson y Morley en 1887. La superposición de dos rayos de luz —escindidos a partir de un haz original—, tras recorrer sendas trayectorias mutuamente perpendiculares, ofreció resultados que se interpretaron como un respaldo a la hipótesis de que la velocidad de la luz era independiente de la velocidad de la fuente emisora.

Efectivamente, los datos obtenidos eran correctos, pero una búsqueda historiográfica más cuidadosa nos revela que Michelson no quedó convencido de que la interpretación mayoritaria de su experimento fuese acertada. A su juicio, podían haberse dado una serie de errores en el montaje experimental que invalidarían las conclusiones. Es decir, Michelson prefería alterar algunas hipótesis subsidiarias antes que modificar el núcleo de la mecánica newtoniana.

Lo mismo podría haberse dicho de la supuesta experiencia de Galileo en la Torre de Pisa. El impacto simultáneo en el suelo de las dos bolas tal vez se hubiese debido a una perturbación del viento; un error en la percepción de los testigos, o a un lanzamiento defectuoso de los objetos. Y así cabe analizar cualquier experimento: no basta una sola ejecución; deben realizarse numerosas repeticiones, y estudiar en ellas los posibles márgenes de error para llegar a una conclusión sobre la fiabilidad de los resultados. En otras palabras, hay que aplicar métodos estadísticos.

---

72 Estos experimentos de Pasteur en el siglo xix fueron precedidos por los del italiano Lazzaro Spallanzani en 1769, que llegaron a la misma conclusión, aunque se vieron enturbiados por disputas sobre su interpretación con el inglés Jopeh T. Needham. Véase De Kruif (1986).

Es difícil trazar un origen histórico diáfano para un método que enlaza con tantos y tan importantes conceptos, si bien cabe tomar como punto de partida el trabajo del matemático británico Thomas Bayes (1702-1761), publicado en 1763, que intentaba sustentar el razonamiento inductivo sobre probabilidades para pasar de lo particular a lo general, o de las propiedades de un individuo a las propiedades del colectivo al que este pertenece[73]. El gran Pierre-Simon de Laplace (1749-1827) razonó en 1820 que la distribución de valores de una magnitud constituida por diversos factores independientes posee unas características (promedio, varianza, etc.) equivalentes a la agregación de esas mismas propiedades en las distribuciones de valores de los factores constituyentes tomados uno a uno[74]. Otro gigante intelectual como Gauss contribuyó con la teoría matemática de los errores aleatorios a través de la conocida «distribución normal» o «campana de Gauss», una curva que describe la frecuencia de los errores en conjuntos muy numerosos de mediciones realizadas en las mismas condiciones[75].

La estadística matemática en su acepción moderna y, particularmente, su aplicación a la biología («biometría») deben agradecerse al matemático británico Karl Pearson (1857-1936), quien dedicó casi medio siglo a estudiar las propiedades estadísticas de grandes muestras[76]. Fruto de tales esfuerzos surgió una distribución de valores numéricos que cuantificaba la discrepancia entre los datos obtenidos y la hipótesis ensayada por un experimentador. Así surgió el conocido «test chi cuadrado» (χ^2). Como los científicos suelen trabajar con muestras de pequeño tamaño, William Gosset (1876-1937), alumno de Pearson, adaptó los trabajos de su maestro para ese caso y publicó sus resultados con el pseudónimo de Student. Ese fue el origen de la «prueba t de Student», todavía hoy de gran utilidad en estadística.

A comienzos del siglo XX el británico sir Ronald Fisher (1890-1962) sentó las bases del moderno análisis estadístico de los datos experimentales en general y de la genética de poblaciones en particular[77]. Fue un personaje polémico, con una conflictiva vida familiar, que creía en las diferencias raciales asociadas a la inteligencia y a la emotividad, además de negarse a reconocer el vínculo entre el consumo de

73   Bayes & Price (1763), Barnard (1958).
74   Laplace (1820).
75   Gauss (1809).
76   Stigler (1999).
77   Fisher (1925, 1930, 1935).

Percy Williams Bridgman (1882-1961) [Bachrach Studio. Smithsonian Institution Archives].

tabaco y la mayor probabilidad de desarrollar tumores. Pese a estos enormes desatinos a Fisher, debemos conceptos hoy tan comunes como el de coeficiente de correlación en un conjunto de datos, la hipótesis nula o el p-valor. El coeficiente de correlación, como su mismo nombre indica, nos ofrece una medida del grado en el que dos grupos de datos se hallan correlacionados.

La hipótesis nula (H_o) en una investigación experimental se establece por defecto —generalmente supone negar la dependencia entre las variables estudiadas—, y es aquella que el estudio experimental se propone rebatir. Por ejemplo, si estudiamos la relación entre el uso de un fertilizante y el aumento de las cosechas, la hipótesis nula afirmaría que no existe tal relación; en tal caso, refutar H_o implicaría concluir que el fertilizante sí influye en la mejora de las cosechas. A su vez, el p-valor se interpreta como una estimación de la probabilidad de obtener un cierto resultado si la hipótesis nula es cierta. Sobre el empleo más adecuado de la hipótesis nula en el muestreo estadístico, Fisher inició una disputa con Karl Pearson que continuó con el hijo de este, Egor Pearson, y que en algunos aspectos aún persiste[78].

Al presentar resultados experimentales con frecuencia se lee o escucha que cierto resultado alcanza un intervalo de confianza de un determinado número de «sigmas», y en consecuencia se da por verídico. ¿Qué significa esto? Suponiendo que los errores de medición se distribuyen según la campana de Gauss, o distribución normal, cualquier dato experimental (desde la altura de una planta tratada con un fertilizante a las colisiones en un acelerador de partículas) se considerará fiable —es decir, no producido por un error aleatorio— si cae dentro de un intervalo de confianza fijado por un número convencional de desviaciones típicas[79] (o «sigmas», σ), un parámetro estadístico que caracteriza al anchura de la campana de Gauss.

Cuanto mayor sea el número de sigmas establecido como intervalo de confianza por los investigadores, menor será la probabilidad estadística de que un dato considerado verdadero se deba en realidad a un error de la medición. Los científicos sociales, por ejemplo, trabajan con intervalos de dos sigmas, 2σ, lo que implica un 95 % de confianza estadística: cinco de cada cien datos podrían deberse a un error de la

---

78 Christiensen (2005).
79 Estrictamente, la desviación típica de una serie de datos se define como la raíz cuadrada del número obtenido al tomar la media de los cuadrados de tales datos menos el cuadrado de su promedio.

medición del efecto analizado. Por su parte, los físicos de partículas exigen que un nuevo fenómeno se admita como tal cuando se constate en un intervalo de confianza de cinco sigmas, 5σ, es decir, con una confianza estadística del 99,99994 %.

EL SIGNIFICADO DE LA PROBABILIDAD

Aunque suelen confundirse debido a su estrecha relación, la estadística nos proporciona propiedades colectivas referidas a un conjunto sin referirse individualmente a sus elementos, en tanto la probabilidad concierne a sucesos individuales que ocurren realmente al azar. Un sencillo ejemplo tal vez aclare mejor este punto clave: imaginemos que tras el correspondiente estudio de campo se ha concluido que la mitad de las palomas de un territorio son grises y la otra mitad de color blanco. El enunciado anterior es de tipo estadístico, pues nos habla de una propiedad colectiva del conjunto de las palomas en un caso ideal, por supuesto, en el que no hay colores intermedios. Pero la situación cambia si alguien nos dice que ha capturado una paloma —sin observarla— dentro de una caja opaca y, en consecuencia, la probabilidad de que sea blanca es 0,5 (o 50 %, si se prefiere como porcentaje) y 0,5 la probabilidad del color gris.

Podría suponerse, en efecto, que así es: como la población de palomas está dividida por colores en dos mitades, las probabilidades de que la paloma de la caja presente un color u otro deben ser iguales. Pero pensar así sería un error, porque para ser cierto tendríamos que añadir la condición de que la paloma ha sido capturada de modo completamente aleatorio. Este es un punto que con frecuencia se omite, aunque resulta clave: debemos garantizar de algún modo que la paloma no se ha tomado de algún lugar en el que localmente hubiese una distribución distinta de colores (no 50 %-50 %). Tendríamos que actuar «aleatorizando» la captura; es decir, como si metiésemos todas las palomas en un recipiente, lo agitásemos vigorosamente para entremezclarlas de manera uniforme y, finalmente, extrajésemos una al azar. Entonces, y solo entonces, tendría sentido decir que la probabilidad de extracción de una paloma blanca o gris es ½ en ambos casos.

Como nos demuestra el ejemplo anterior, al aplicar la teoría matemática de las probabilidades necesitamos el concepto de azar —no otra cosa es la mezcla aleatoria— que tiene un origen extra-matemático. En efecto, dentro de la matemática pura no hay lugar para el azar[80], pues nada aleatorio hay en los postulados, los teoremas y las conclusiones. Es en el mundo material, en los fenómenos naturales donde aparecen los acaecimientos fortuitos y se revela el carácter aleatorio de algunos procesos. Las desintegraciones radiactivas, las transiciones cuánticas, el barajado de los genes durante la meiosis o el apareamiento en numerosas especies de invertebrados inferiores —por citar algunos— forman parte del repertorio de acontecimientos azarosos presentes en la naturaleza.

El estudio matemático de las probabilidades nació en la estela de los juegos de azar entre los siglos XVII y XVIII, cuando el marqués de Laplace ofreció su famosa receta para calcular la probabilidad del acaecimiento de un cierto suceso como el cociente de los casos favorables entre los casos posibles. Siempre pensamos en un dado que se lanza al aire, cuya caída es perfectamente aleatoria, como el exponente típico de semejante situación. Si nos preguntamos por la probabilidad de obtener un 3, obviamente nos vendrá dada por el cociente de un único caso posible (solo hay un 3 en el dado) entre los seis posibles (el dado tiene seis caras); por consiguiente, $Pr(3) = 1/6$. Pero si deseamos la probabilidad de obtener un número par, entonces tendremos tres casos posibles sobre seis; es decir, $Pr(par) = 3/6 = 1/2$. El enunciado de Laplace de nada serviría si el dado estuviese trucado y algunas de sus caras pesase más que las otras. Por eso es tan importante insistir en que todos los casos posibles tengan las mismas oportunidades de ocurrir, lo que se suele garantizar a través de condiciones de simetría (lo cual es obvio para un dado bien equilibrado).

La discusión se complica por la multitud de significados comúnmente atribuidos a la palabra «probabilidad»: propensión, incertidumbre, credibilidad (o grado de confianza en nuestras creencias), probabilidad objetiva (referida, en sentido estricto, a eventos genuinamente aleatorios) y frecuencia estadística, entre otros. Cuando nos basamos en nuestra experiencia anterior y la información de que disponemos para estimar intuitivamente la verosimilitud de un posible aconte-

---

80 Los generadores aleatorios de números, al depender de un algoritmo, ofrecen de hecho secuencias numéricas pseudoaleatorias en las que existen ciertas regularidades, si bien difíciles de detectar.

cimiento futuro, estamos utilizando la palabra «probabilidad» para denotar la propensión de algo a ocurrir. Con este uso se relacionan afirmaciones como «Mi amigo x muy probablemente me ayudará si lo necesito» o «Es muy probable que llueva mañana». De igual modo, calibramos nuestra incertidumbre cuando decimos «Me parece muy poco probable que haya ocurrido esto o aquello», olvidando que la probabilidad no se relaciona con nuestra ignorancia —que es un estado psicológico— de hechos acaecidos, sino con sucesos aleatorios.

Pese a ello, desde el último cuarto del siglo xx se ha venido desarrollando toda una escuela de pensamiento que interpreta las probabilidades como la cuantificación de la creencia de un sujeto en el acaecimiento de una cierta clase de sucesos[81]. Esta corriente se denomina «subjetivista», «personalista» o «bayesiana» por el uso —y abuso— que hace del teorema de Bayes, un fragmento de la matemática pura no necesariamente ligado a la investigación empírica. Desde su punto de vista puede asignarse una probabilidad a todo suceso e, incluso a toda proposición (sin importar que sean construcciones lingüísticas, no sucesos aleatorios), aunque de modo intuitivo y subjetivo, es decir, arbitrario[82]. Los bayesianos se defienden arguyendo que en muchos modelos experimentales el investigador debe comenzar con una distribución de probabilidades escogida por él mismo, siquiera tentativamente, de acuerdo con su intuición profesional. De ser así, se trataría de una debilidad del modelo que debe corregirse con investigaciones más profundas, y nunca una estrategia de aplicación universal.

La teoría matemática de la probabilidad elemental fue desarrollada rigurosamente por el ruso Andréi Kolmogórov (1903-1987) para conjuntos numerables de sucesos discretos, lo que constituye el caso más sencillo. Kolmogórov estableció las condiciones para las cuales una función matemática podía considerarse una distribución de probabilidad sobre una familia de estos conjuntos de sucesos aleatorios[83]. Por cierto, estos trabajos dejaron obsoleta la teoría probabilista de la verdad, según la cual una proposición es verdadera cuando su probabilidad es estrictamente igual a 1. Como ya se ha dicho con respecto a los bayesianos, un enunciado lingüístico (frase, oración, hipótesis, etc.) no es un suceso material de índole aleatoria, único tipo de elementos a

---

81 Este malentendido se adapta perfectamente a la visión subjetivista —igualmente errada— que muchos autores comparten sobre la física cuántica.

82 De Finetti (2017).

83 Kolmogorov (1950).

los que cabe aplicar la teoría de la probabilidad. Dicho de otro modo, la teoría de la probabilidad, cuando se aplica al mundo natural, presupone la noción de verdad, sin la cual no se podrían contrastar empíricamente los modelos teóricos en los que aparecen probabilidades.

Un vistazo a los axiomas de la teoría de Kolmogórov revela de inmediato que las probabilidades no necesitan definirse sobre la base de frecuencias estadísticas, según pretendían empiristas como Ludwig Von Mises (1881-1973) y Hans Reichenbach (1891-1953). Las frecuencias estadísticas sí pueden ser indicadores experimentales de la distribución de probabilidad cuando un modelo estocástico se pone a prueba, pero tales frecuencias no definen las probabilidades. Además, como se aclaró al comienzo de este epígrafe, las frecuencias son propiedades colectivas de conjuntos de datos ya registrados, mientras las probabilidades se refieren a sucesos individuales de carácter aleatorio cuyo acaecimiento se dará en el futuro. La tentativa empirista de igualar las probabilidades a las frecuencias en el límite de una serie infinita de sucesos también fracasa, ya que toda serie real es finita y ese límite queda, por tanto, mal definido.

Andrey Kolmogorov e Igor Zurbenko [Igor Zurbenko].

Un uso descuidado de la conexión entre probabilidad y estadística propicia conclusiones erróneas que pueden tener repercusiones sociales de todo punto condenables. Imaginemos que en el ficticio país de Ocealandia se constata que el 60 % de los asaltos a viviendas es perpetrado por inmigrantes venidos del vecino —y no menos ficticio— país de Terralandia. Algunas voces en Ocealandia exigirían que se castigase más duramente a los asaltadores terralandeses que al resto, ya que las estadísticas señalan su mayor implicación en esos delitos. Un movimiento tal conduciría al llamado «derecho penal de autor» (disfrazado como «justicia estadística»), en el cual, por el mismo acto cometido, se aplica un castigo distinto en función de la identidad o características personales del autor. La prevalencia de ciertos rasgos comunes entre los autores de un determinado tipo de delito debería ser materia de estudio sociológico, no la excusa para discriminaciones penales. Sin embargo, monstruosidades como esa se dan actualmente en algunas sociedades modernas, con el aplauso —tras el conveniente bombardeo propagandístico— de un amplio sector de la opinión pública.

Más aún, podría incitarse a pensar a los ciudadanos de Ocealandia que, como el 60 % de los robos domésticos han sido atribuidos a los terralandeses, cualquier terralandés que se encuentren por la calle tiene una probabilidad igual a 0,6 de ser un ladrón de hogares. Este razonamiento aberrante deja de lado que los robos no son sucesos aleatorios, de modo que la probabilidad no puede aplicarse legítimamente a ellos. Tampoco podríamos considerarlo una aplicación individual de la frecuencia estadística porque, primero, las propiedades estadísticas conciernen únicamente a conjuntos, no a individuos, y, segundo, ni siquiera se conoce la proporción entre los terralandeses ladrones y la totalidad de terralandeses que viven en Ocealandia. El razonamiento previo tendría algún sentido si se tomasen todos los expedientes de robos domiciliarios en Ocealandia y, tras barajarlos adecuadamente, se extrajese uno al azar. Entonces, y solo entonces, cabría decir que la probabilidad de extraer un expediente que involucrase a un terralandés sería de 0,6. Pero esto no es lo que suele entender la mayoría de la población cuando se manejan probabilidades, estadísticas e índices de criminalidad.

CUANDO LAS PERTURBACIONES SON BENEFICIOSAS

Comúnmente se supone que disponemos de dos grandes vías para llegar a conclusiones correctas, según nos movamos en el seno de las matemáticas o en las ciencias naturales y sociales. La matemática es una ciencia formal, de modo que la verdad de sus conclusiones se sigue de la veracidad de sus premisas sin más que respetar las reglas de la inferencia lógica. Más aún, dado que los matemáticos no precisan de un patrón externo de verdad —no tienen que adecuar sus hipótesis a la realidad material—, les basta con la coherencia formal. Si no hay contradicciones internas y la deducción lógica se realiza sin fallos, la corrección de los resultados queda fuera de toda duda. Pensemos en la geometría de las curvas cónicas; concretamente en una elipse perfecta. A partir de los axiomas correspondientes de la geometría plana y de los enunciados particulares convenientes para este caso, obtendremos la ecuación que define la elipse como una curva cerrada sobre el plano, con sus focos y semiejes.

Pero al pasar al terreno mucho más pantanoso del mundo material, las idealizaciones de la matemática pura han de compaginarse con las exigencias de la naturaleza tal como se presenta ante nosotros: imperfectamente representable, compleja hasta en sus menores detalles e impredeciblemente sutil. Así se pone de manifiesto cuando, a partir de las leyes de Newton, deducimos la forma de la órbita de un planeta en torno al Sol. La respuesta —como cualquier estudiante sabe— es también una elipse, aunque ahora se tratará de la elipse de un físico, sin la pulcra exactitud de la elipse del matemático.

Los cuerpos astronómicos no son puntos sin dimensiones, y la órbita de un planeta en torno al Sol se ve irremediablemente afectada por la presencia de los demás componentes del sistema solar. La presencia de los demás planetas que giran alrededor de nuestra estrella impide que una trayectoria orbital como la de Mercurio —por citar un ejemplo históricamente célebre— no sea una curva cerrada, en lugar de lo cual su eje mayor rota sobre el plano orbital con una cierta velocidad angular. Todos estos datos han de obtenerse por análisis de una gran cantidad de observaciones, aplicando métodos de cálculo de errores y técnicas estadísticas que nos ayuden a estimar la fiabilidad de nuestras conclusiones, que nunca serán, obviamente, tan seguras como las del matemático puro.

Ahora bien, junto con la deducción estrictamente lógica de la matemática pura y los datos empíricos con sus estimaciones de errores y confianza estadística, existe una tercera vía para aproximarnos a verdades científicas que a menudo se silencia, aun cuando su importancia teórica y práctica no han dejado de crecer desde que comenzara su uso. Esta tercera senda nos la ofrecen los procedimientos perturbativos, también llamados «método de las perturbaciones» o «teoría de perturbaciones». En realidad, no resulta muy acertado hablar de «teoría» por cuanto este cálculo no es un cuerpo de teoremas que partan de un conjunto concreto de postulados con un dominio de aplicación bien delimitado, a diferencia de la geometría de Euclides, la aritmética de Dedekind-Peano o la teoría de conjuntos de Zermelo-Frankel.

Mejor sería puntualizar que el método de las perturbaciones forma una rama de las matemáticas que nos proporciona soluciones aproximadas para problemas complejos encontrados en la naturaleza. En ese sentido puede decirse que las técnicas perturbativas nos enseñan a manejarnos con los inevitables errores de cualquier teoría aplicada al mundo material, ayudándonos a dominarlos paso a paso. Un aspecto característico de estos procedimientos, así pues, consiste en su capacidad para, partiendo de premisas aproximadamente verdaderas, desembocar en resultados cuya precisión —o, si se quiere, su grado de veracidad— puede incrementarse progresivamente[84].

El método de perturbaciones puede aplicarse sin problemas a la solución numérica de ecuaciones algebraicas, donde el resultado es un número, para aproximarnos sucesivamente a un valor cada vez más cercano al exacto (si bien puede ser un número irracional con infinitos decimales no periódicos). Sin embargo, la máxima utilidad de estas técnicas se obtiene en la resolución de ecuaciones diferenciales, en las que el resultado es una función, digamos $f(x)$. En ese caso podemos partir de una situación simplificada, que llamamos «no perturbada», cuya solución sería $f_o(x)$. Para llegar a la solución completa $f(x)$ podemos imaginar que alteramos gradualmente $f_o(x)$ escribiendo $f(x) = f_o(x) + \lambda f^*(x)$, donde el parámetro λ se va modificando hasta que al llegar a $\lambda = 1$ tenemos la solución completa (o «perturbada») $f(x)$.

Dicho así suena muy sencillo, aunque en la práctica dista mucho de ser fácil. Uno de los ejemplos más fáciles vendría dado por el caso de la elipse que antes mencionábamos. Partimos de una elipse como

_____

84   Bangu (2012), Barrett (2008), Batterman (2002, 2021).

la que existiría si Mercurio estuviese girando en solitario alrededor del Sol y vamos añadiendo, poco a poco, los efectos —las perturbaciones— de la presencia de los demás planetas. Al final conseguimos una curva elíptica tan similar como deseemos a la que realmente se observa en la naturaleza, dependiendo del grado de precisión buscado —a más precisión, más tarea de cálculo—.

Resulta harto interesante comparar las técnicas perturbativas con la búsqueda de soluciones por iteración en las ecuaciones que carecen de una solución cerrada. Cuando iteramos introducimos la solución inexacta que tenemos de nuevo en el algoritmo de cálculo para obtener otra solución algo más cercana al valor deseado, y esta de nuevo se vuelve a introducir como dato inicial para obtener otro resultado aún más preciso y así sucesivamente. Cabría describir estos dos planteamientos con sendas metáforas: una iteración operaría como una espiral en la que nos vamos acercando más y más al objetivo; por otro lado, el método perturbativo se parece más a un amontonamiento de capas y más capas de cálculo que van dando forma paulatinamente a la solución perseguida. Este estilo de acercamiento paulatino a un resultado cada vez más exacto a partir de una solución inicial aproximada se advierte también en los polinomios de interpolación de Newton o el famoso desarrollo en serie de Taylor[85], que nos da una aproximación lineal de cualquier función en torno a un punto concreto de la misma.

No obstante, resulta de la mayor importancia subrayar que no siempre se puede tomar como equivalentes dos teorías que llegan al mismo resultado, una con herramientas perturbativas y otra sin ellas. El ejemplo más notorio es el de la teoría gravitatoria de Einstein frente a las teorías rivales provenientes de la física de partículas. La gravitación relativista equipara el comportamiento de los objetos sometidos a esta fuerza con el movimiento de cuerpos sobre una superficie curva; por el contrario, la alternativa se plantea partiendo del caso plano y añadiendo términos —las perturbaciones—, que asemejan el movimiento de los cuerpos al que tendrían sobre una superficie curva. Lo cierto es que actuando así no se consiguen recuperar las conclusiones genuinas de la relatividad general, sino resultados numéricos apro-

---

85   Denominado así en honor al matemático británico Brook Taylor (1685-1731).

ximadamente parecidos[86]. Así ocurre porque cada teoría científica, especialmente si es de tan elevado rango como la relatividad general, implica una visión general de la naturaleza del mundo, algo que no puede replicarse mediante aproximaciones numéricas.

Esta es una de las razones —dicho sea de paso— por la que la teoría inductiva de Ray Solomonoff (1926-2009) no resuelve los problemas científicos y filosóficos que algunos creen. El problema de la inducción (véase el cap. 2) trata de justificar la validez de una ley universal formulada generalizando un número finito de casos. Como esta empresa es imposible, los inductivistas se conforman con estimar la «probabilidad» —sin que quede claro lo que quieren decir con este término— de que tales generalizaciones resulten ciertas. Para responder a esta cuestión, Solomonoff se basó en la hipotética posibilidad de simular la totalidad del universo mediante un programa informático suficientemente sofisticado (la postura denominada «computacionismo»). Cualquier fenómeno incluido en esa simulación sería reproducible mediante un algoritmo de complejidad medible según cierto criterio. La inducción de Solomonoff se apoya en esas premisas para establecer una distribución de probabilidad que otorga mayor peso a los algoritmos menos complejos, capaces de reproducir las observaciones que constituyen nuestro conocimiento empírico del mundo material.

Nacida en el seno de la inteligencia artificial y el aprendizaje maquinal (*machine learning*), este planteamiento flaquea porque resulta dudosa la posibilidad de simular el universo entero. Además, semejante enfoque implica la falacia positivista que identifica las teorías científicas con una mera codificación de datos empíricos, en este caso expresables en forma algorítmica. Muy al contrario, los grandes avances científicos proceden contrastando hipótesis originales que no son producto de un algoritmo alguno ni reducibles a programas informáticos. Nótese que hemos comenzado hablando de las perturbaciones en el cálculo aproximado de soluciones para problemas complejos, y hemos acabado abordando el problema de la inducción desde el punto de vista de la complejidad algorítmica. Ahí tenemos la prueba de que la teoría y la práctica se conectan por vericuetos de lo más intrincados.

---

86 De hecho, existe una ambigüedad ineludible al obtener el llamado tensor de energía-momento lineal (Bičák & Schmidt, 2016).

Tras las discusiones precedentes, ya estamos en posición de comparar la idea que popularmente se tiene acerca de la comprobación de las teorías científicas con la práctica real que conecta los enunciados teóricos y los datos empíricos. Debido a la gran cantidad de mitos y de tópicos legendarios que circulan entre el público no siempre bien informado, suele suponerse que a partir de una teoría se realizan unas predicciones, las cuales se confrontan directamente con los hechos observables; si se confirman, tanto mejor para ellas, y si no, se corrigen o desechan hasta dar con la respuesta buscada. Podemos esquematizar esta visión como sigue, llamando T a la teoría, P a las predicciones y D a los datos experimentales:

Tan sencilla imagen, no obstante, dista mucho de la práctica real en la que se ven involucrados los investigadores cuando se disponen a verificar los retazos teóricos que constituyen la base de sus trabajos. Para exponerlo con sencillez y claridad, tomemos el caso de la mecánica celeste y el estudio de las trayectorias de los cuerpos astronómicos que con ella pueden calcularse. El marco teórico del que partimos viene dado por la conjunción de la mecánica clásica y la ley newtoniana de la gravitación universal (si prescindimos, como en la mayoría de los casos, de los refinamientos relativistas), que ahora conformarán lo que antes denominamos T. Pero T es demasiado general para nuestros propósitos, de modo que necesitamos restringirlo añadiendo una serie de hipótesis auxiliares, H, que concreten el sistema de interés. En el caso de nuestro ejemplo se trata del sistema solar, donde tales hipótesis auxiliares nos permiten considerar los planetas como si toda su masa estuviese concentrada en un punto sin volumen, y como si estuviesen únicamente gobernados por la gravedad del Sol, sin fuerzas de atracción entre ellos. Gracias a ello, construimos un modelo M del sistema solar, una idealización matemática del sistema material que investigamos, simplificada y por ello manejable.

Con este modelo no basta, pues también necesitamos disponer de los indicadores convenientes, I, que señalen aquellas propiedades medibles cuyos valores habrán de confrontarse después con la experiencia. Como sabemos de las discusiones precedentes, tales indicadores vendrán sugeridos total o parcialmente por la propia teoría de la que surge el modelo con el que operamos. En el ejemplo de la mecánica celeste, indicadores obvios serían las posiciones de los astros tal como son pronosticadas por el cálculo de sus trayectorias de acuerdo con las leyes newtonianas del movimiento y de la gravitación. La conjunción del modelo teórico y de los indicadores apropiados nos proporcionará un conjunto de predicciones, *P*, sobre el sistema concreto que escogimos de entre todos los posibles para la aplicación de la teoría.

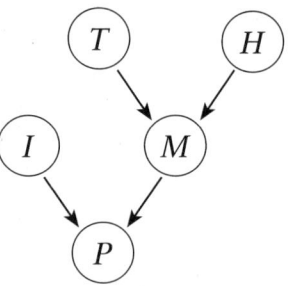

Desde el lado empírico del problema, el aparato de medición, *A*, que emplearemos para contrastar las predicciones teóricas, funciona a su vez en virtud de fenómenos naturales descritos por sus propias teorías, *T'*. Un telescopio capaz de suministrarnos las observaciones necesarias para poner a prueba las predicciones de la mecánica celeste ha de obedecer las leyes de la óptica, las cuales consideramos aproximadamente ciertas, pues de lo contrario cualquier observación carecería de sentido. El proceso de medición con ese aparato, sustentado por un armazón teórico conveniente, se realiza siempre sobre un sistema material concreto con unas condiciones específicas (razón por la cual, ya se dijo antes, no existen teorías universales de la medición) y tras ello se obtiene una serie de datos empíricos, *D*.

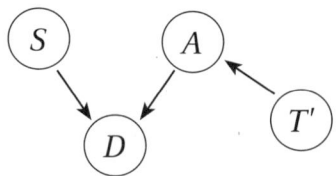

Ahora bien, los datos en bruto no resultan significativos si previamente no son sometidos a un análisis estadístico, E, que nos informe de su fiabilidad, sesgos inadvertidos, posibles fuentes de error, etc. Ese análisis se hace imprescindible cuando se manejan ingentes cantidades de datos, como sucedió en el Gran Colisionador de Ginebra, perteneciente al Centro Europeo de Investigaciones Nucleares (CERN), durante la búsqueda y descubrimiento de la partícula elemental llamada bosón de Higgs. La acumulación de datos puede llegar a ser tan abrumadora que sin el correspondiente estudio estadístico resulte imposible saber a dónde nos ha conducido el trabajo experimental. La mecánica celeste —algo menos farragosa que la física de partículas elementales— también precisa de un análisis estadístico que descarte errores sistemáticos, imprecisiones fortuitas y aclare el conjunto de datos más fiables dentro del total de las observaciones. Una vez hecho esto, tendremos unos resultados concretos, R.

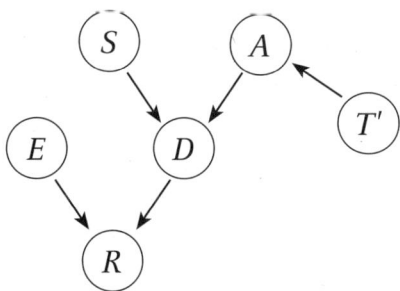

Finalmente, ya en el último paso del proceso, la comparación entre los resultados empíricos, R, y las predicciones teóricas, P, arrojarán la conclusión C de la puesta a prueba realizada. La serie de experimentos de colisión bajo los auspicios de un organismo internacional CERN de Ginebra, una vez cribados e interpretados, condujo al anuncio en julio de 2012 del descubrimiento del bosón de Higgs. Esto no significa que los datos sobre los que se basaba tal proclamación hubiesen sido obtenidos en los días previos. La masa de información que se obtiene en uno de esos grandes proyectos de investigación es de tal magnitud que se tardan meses, e incluso a veces años, en extraer de ella conclusiones sólidas acerca del objetivo de la investigación. En definitiva, el esquema de un trabajo de investigación científica realista se representa como un diagrama ramificado similar al de abajo.

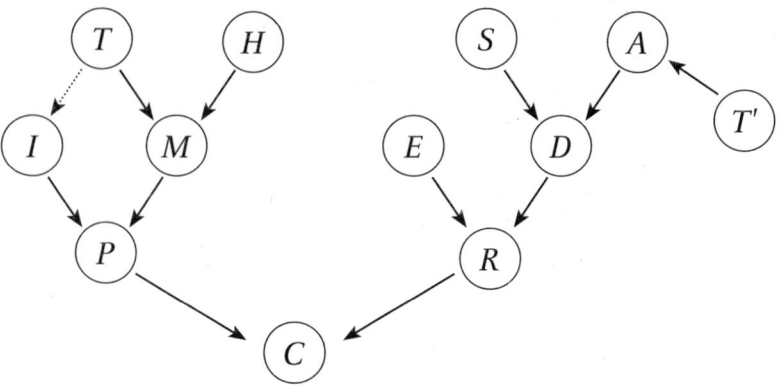

Salta a la vista la diferencia entre este esquema y el presentado al comienzo del epígrafe donde, desde un planteamiento más ingenuo, se concebía la evaluación de teorías científicas como un sencillo proceso de apenas dos pasos. La realidad —como siempre— suele ser mucho más sutil y matizada. Entre todo este ramaje conceptual pueden esconderse multitud de motivos para la discusión, de los cuales han aflorado cuestionamientos muy diversos de la investigación científica tal como hoy la conocemos. Si los resultados experimentales no coinciden con las predicciones teóricas, bien podría ser porque la teoría inicial fuese inadecuada o también cabría pensar que alguna de las múltiples etapas intermedias causa la discrepancia. Tal vez las hipótesis H son incorrectas, el modelo M defectuoso o los indicadores I inadecuados. Quizás sea la teoría T' la que falla, provocando que el aparato A no actúe como esperamos o que el análisis estadístico E contenga errores.

Naturalmente, por la concordancia de cada etapa con las demás y por la sagacidad profesional de los investigadores, las fuentes de error más significativas se van eliminando paulatinamente hasta que se influencia en los resultados se torna despreciable. Sin embargo, el hecho mismo de reconocer el carácter tan polifacético de la investigación científica real no puede sino infundirnos un considerable respeto por la ciencia en general, que siempre progresa a despecho de los numerosos obstáculos a superar, y por los individuos en particular que, con sus desvelos personales no siempre bien recompensados, empujan los límites del conocimiento humano siempre un poco más allá.

4. EL CAMBIO EN LA CIENCIA

La mejora del conocimiento, o al menos la aspiración de lograrla, es el sello distintivo de la ciencia. Sin embargo, desde finales del siglo XX un poderoso movimiento intelectual caracterizado por un escepticismo radical, casi nihilista, puso de moda la negación del propio concepto de progreso científico. No cabe hablar de avance porque las modificaciones en la visión científica de la naturaleza no siguen un curso determinado; se dan al albur de las ocurrencias de los investigadores, sin más objetivo que resolver los problemas que se les presentan en parcelas muy reducidas de la realidad. Así pues, no podemos esperar que un revoltijo de soluciones particulares —por abstractas que resulten a veces— engendre una unidad armoniosa, evolucionando en una dirección reconocible. Algunos filósofos con buena formación científica han llegado incluso a proponer la metáfora de un péndulo oscilando caóticamente para representar los cambios en las teorías científicas.

El aspecto más asombroso de tales críticas reside precisamente en que hayan sido respaldadas por algunos autores a los que se les supone una familiaridad notable con la práctica científica real. Porque nadie que haya participado en el trabajo cotidiano de los especialistas de cualquier área, y más aún si se disfruta de conocimientos solventes sobre historia de la ciencia, puede sostener seriamente semejantes puntos de vista. Negar que a lo largo de los años se han propuesto ideas esencialmente nuevas para explicar los procesos naturales, y que una vez confirmadas se ha tratado de extender al máximo la exactitud de sus aplicaciones, equivale a cerrar los ojos a la evidencia dejándose llevar por ofuscaciones personales o velados prejuicios.

Como tantas otras, esta actitud profundamente irracionalista tuvo su predecesora en los umbrales entre los siglos XIX y XX. Causa perplejidad constatar la aparición de una corriente anticientífica —uno

Pierre Duhem.

Henri Poincaré.

de cuyos más notables exponentes fue el escritor ruso Lev Tolstoi— en las postrimerías del siglo que había visto nacer las geometrías no euclídeas, la sistematización de los elementos químicos (y el desarrollo vertiginoso de la industria química), la evolución darwinista, la genética mendeliana, la termodinámica clásica, las mecánicas post-newtonianas (hamiltoniana, estadística y de los medios continuos) y, muy especialmente, la electrodinámica de Maxwell, con su secuela de aplicaciones técnicas (electrificación urbana e industrial, radiocomunicaciones, telégrafos, espectroscopía, etc.).

Con todo, el debate que vino a llamarse «la bancarrota de la ciencia», tuvo lugar en algunas revistas culturales francesas y traslucía el malestar de algunos intelectuales con las transformaciones que en el modo de vida tradicional había impuesto el industrialismo y los progresos técnicos derivados de la investigación científica[87]. Los críticos, entonces como ahora, ponían el acento en el carácter efímero de las teorías científicas, continuamente reemplazadas por otras más refinadas. En su opinión, estas sustituciones revelaban el engaño implícito en todas las explicaciones ofrecidas por los científicos, incapaces de alcanzar la médula última de la realidad.

La respuesta de la comunidad científica fue abanderada por dos figuras tan relevantes como Pierre Duhem (1861-1916) y Henri Poincaré (1854-1912). Estos dos gigantes del pensamiento señalaron que, cuando se dan nuevos descubrimientos y las teorías cambian, se altera también, efectivamente, la concepción del mundo que construimos sobre ese armazón teórico. Pero a pesar de ello, existe una continuidad sustancial entre teorías sucesoras porque se conservan las relaciones objetivas —matemáticamente expresables— entre las cosas y los fenómenos que pueblan el mundo real. Y es tal preservación de las relaciones objetivas la que nos desvela la estructura profunda de la naturaleza[88].

Esa defensa de la continuidad en el cambio científico no debe confundirse con la concepción acumulativa del progreso de la ciencia, según la cual el conocimiento crece en una sucesión de capas, como los estratos geológicos en un terreno, aumentando su complejidad y alcance de manera gradual, pero siempre apoyándose en los logros precedentes. Durante la mayor parte del siglo XVIII, ese aparentaba

---

87 Paul (1968).
88 Mizrahi (2016).

ser el cuadro que mejor describía el desarrollo de la mecánica de Newton. Tomada como ideal al que todas las demás ciencias debían aspirar, la teoría newtoniana del movimiento parecía necesitar tan solo precisiones y refinamientos en el cálculo de las soluciones a una gran variedad de problemas concretos que de ningún modo presentaban un desafío de fondo a su marco conceptual. Más tarde, el nacimiento de nuevas ramas de la física y la maduración de otras ciencias naturales evidenciaron la estrechez del corsé newtoniano a la hora de abarcar la diversidad de fenómenos naturales.

Donde sí suele funcionar muy bien la explicación acumulativa es en el avance de la matemática, tal vez por su desconexión fundamental de la necesidad de contrastación empírica. Las teorías matemáticas, e incluso campos de investigación enteros, pueden abrirse o completarse sin suponer una merma de nuestra confianza en el resto de la matemática. La aparición de las geometrías no euclídeas en el siglo XIX no perjudicó la solidez de la geometría euclídea tradicional, salvo si consideramos como debilitamiento el argumento de consistencia mutua: si la geometría euclídea se halla libre de contradicciones internas también lo estarán las geometrías no euclídeas, y viceversa. La conmoción provocada por estas nuevas geometrías se debió en realidad a nuestra injustificada fe de que solo la geometría euclídea podía ser aplicada en un nivel fundamental al universo físico. La relatividad general de Einstein nos enseñó cuán equivocados estábamos al respecto.

Tras trescientos años de discusiones sobre las cantidades infinitesimales, y una vez que los trabajos de Cauchy y Weierstrass las habían expulsado del análisis matemático en el siglo XIX, volvieron a entrar de la mano del germano-americano Abraham Robinson (1918-1972). El «análisis atípico» (*nonstandard analysis*) de Robinson ofrecía una rigurosa caracterización lógica de los infinitésimos y obtenía los mismos resultados que el cálculo tradicional con un método tan original como novedoso. Por supuesto, a nadie se le ocurrió sugerir que la labor de Robinson desacreditaba la obra de los analistas clásicos desde Newton y Leibniz en adelante.

Otro ejemplo de gran revulsivo en la matemática viene de la mano de la dinámica no lineal, una de cuyas ramificaciones alcanzó enorme popularidad bajo la denominación de «teoría del caos». Entendida como una extensión de la teoría de ecuaciones diferenciales, en su sentido matemático, la dinámica no lineal estudia la evolución de un sistema cualquiera, en abstracto, dependiendo de los datos iniciales con los que alimentamos las ecuaciones. Se comprueba teóricamente que para ser capaces de predecir el comportamiento del sistema tras un cierto periodo de tiempo finito, necesitaríamos datos iniciales con una precisión infinita.

Como hemos visto, la mejora de nuestros conocimientos sobre las ecuaciones que gobiernan los sistemas no lineales tampoco ocasionó una disminución de la utilidad y el interés de los sistemas lineales. En matemáticas, el crecimiento teórico nunca se produce en detrimento de las teorías ya existentes. Todas las teorías autoconsistentes son bienvenidas, coexisten pacíficamente con otras que se ocupan de áreas antagónicas y pueden desarrollarse incluso en colaboración. Obviamente, la presunta «bancarrota científica» no encuentra su sitio en el reino de las matemáticas.

LA REVOLUCIÓN CIENTÍFICA DE LOS SIGLOS XVI-XVII

Si hemos de identificar un hito fundamental en la historia del pensamiento desde que existe la humanidad moderna, no cabe duda de que sería la denominada Revolución Científica acaecida entre los siglos XVI y XVII, aproximadamente el periodo que va desde la vida de Nicolás Copérnico (1473-1543) hasta la de Isaac Newton (1643-1727). Por mucho que duela a ciertos historiadores, y aunque nos expongamos a las típicas acusaciones de etnocentrismo cultural, lo cierto es que el surgimiento de la ciencia como hoy la conocemos tuvo lugar en Europa, desde el Renacimiento tardío hasta el amanecer del Barroco, sin que exista parangón posible en cualquier otro lugar del mundo.

La mayoría de los textos divulgativos presentan esta revulsión en nuestro modo de contemplar la realidad como el brusco desvío de una tendencia previa perfectamente uniforme y sostenida, pero no hay tal. Las raíces intelectuales de la Antigüedad clásica, pese a la enorme influencia de que gozaron en los siglos posteriores, fueron cuestionadas casi desde su mismo origen. Juan Filópono (490-566) y Jean Buridán (1300-1358) desafiaron la doctrina aristotélica del movimiento, mientras el grupo de matemáticos de Oxford, conocidos como los calculadores del Merton College, especulaban sobre los movimientos constates y acelerados. Estas especulaciones se verían finalmente superadas por la obra del italiano Galileo Galilei (1564-1642), quien abrió el paso a la cinemática moderna.

Galileo se ocupó exclusivamente de la descripción matemática de los movimientos terrestres, cuando ya el modelo heliocéntrico del sistema solar se oponía abiertamente al geocentrismo del astrónomo alejandrino Ptolomeo (s. II d. C.). El modelo geocéntrico, construido como combinación de unos movimientos circulares (epiciclos) dentro de otros, llegó a ser tan abstruso que el monje polaco Nicolás Copérnico resolvió sustituirlo en el siglo XVI por otro —con menos epiciclos— situando al Sol en el centro del sistema. Copérnico contaba con el ilustre antecedente del griego Aristarco de Samos (s. III a. C., aproximadamente), también defensor de la visión heliocéntrica de nuestro sistema solar. Bajo esa concepción, el alemán Johannes Kepler (1571-1630) acumuló una serie de observaciones astronómicas antes de formular sus tres leyes del movimiento de los planetas alrededor del Sol.

La unificación de los movimientos terrestres y celestes se debió al genio de Isaac Newton, quien publicó en 1687 los *Principios Matemáticos de Filosofía Natural* (en latín original, *Philosophiæ Naturalis Principia Mathematica*) como réplica a las teorías físicas del francés René Descartes (1596-1650). En los *Principia* newtonianos se exponían las tres leyes de la mecánica clásica, que en esencia permanecieron vigentes hasta el siglo XX, junto a la famosísima ley de la gravitación universal. Newton también publicó un tratado sobre la óptica física (*Opticks*, 1704), así como decisivas aportaciones a lo que ahora denominamos cálculo infinitesimal.

Isaac Newton.

Con todo, la Revolución Científica no se limitó al terreno de la física y las matemáticas, pese a los decisivos progresos que en ellas se dieron. El español Miguel Servet (1510-1553) descubrió la circulación menor; el inglés William Harvey (1578-1657) la circulación mayor, y Robert Boyle (1627-1691) proponía una «filosofía mecánica» basada en la concepción atómica de la materia. En el ámbito de la instrumentación no cabe olvidar el telescopio de Han Lippershey (1570-1619); los microscopios de Zachrias Janssen (1583-1638) y Antonie van Leeuwenhoek (1632-1723), o la bomba de vacío de Otto von Guericke (1602-1686). Todos estos artilugios proporcionarían un impulso decisivo a las investigaciones de sus contemporáneos, profundizando el abismo que comenzaba a separarlos de los saberes de la Antigüedad.

Casi cualquier libro divulgativo sobre historia de la ciencia que escojamos al azar, nos presentará un relato de tintes heroicos en el que un puñado de estudiosos adelantados a su tiempo rompió abruptamente con la tradición intelectual y pagó las consecuencias enfrentándose a los poderes establecidos de la época. Como suele ocurrir en estos casos, la realidad dista mucho de la ensoñación de la época, que da forma a la imagen popular sobre el nacimiento de la ciencia moderna. No cabe duda de que el juicio eclesiástico al que fue sometido Galileo dejó bien claros los límites que la ortodoxia religiosa imponía al avance del conocimiento en la Europa mediterránea. Este ejemplo atemorizó a Descartes —entre otros autores— animándolo a exiliarse a la más tolerante Holanda para publicar sus escritos, ante el peligro de ser tomado por un peligroso hereje.

Sin embargo, la oposición alentada contra la ciencia naciente por los sectores más reaccionarios de la sociedad, no podía ocultar el despliegue de un proceso lento, gradual y continuado, que a largo plazo ningún tipo de resistencia podría detener. Son esos elementos de continuidad con el estilo intelectual previo los que tienden a difuminarse en las exposiciones populares del tema, quizás a fin de acentuar las figuras históricas de los científicos protagonistas como bravos paladines de un pensamiento radicalmente nuevo. Pero la ruptura entre tradición y renovación no resultó tan cruda, ni la sustitución de ideas se dio con tanta celeridad; al fin y al cabo, nadie construye un imponente entramado intelectual partiendo de cero. Por ello los participantes en lo que hoy llamamos Revolución Científica nunca se vieron a sí mismos como revolucionarios, sino más bien como depuradores de un saber venerable que el paso del tiempo había ido colmando con errores y malentendidos. Ciertamente, se abordaron cuestiones nuevas e interesantes, pero otras consistieron en la reedición de problemas antiguos contemplados desde una perspectiva diferente. Y, aunque ahora nos parezca extraño, fue precisamente esa mezcla de novedad con antigüedad lo que confirió su ímpetu característico a la Revolución Científica.

No todos los que pasan por precursores de la ciencia moderna lo fueron realmente, como demuestra el caso del célebre artista italiano Leonardo Da Vinci (1452-1519). Pintor, escultor, ingeniero y —hasta cierto punto— naturalista, no cabe duda de que Leonardo encarna el prototipo de sabio renacentista dotado de numerosos y versátiles talentos admirados por sus contemporáneos. Ahora bien, su maravillosa destreza en tantas artes no lo convierte automáticamente en un científico adelantado a su tiempo, como una cierta escuela de autores ha querido presentarlo. No fundó el método experimental, ya que no hay constancia de que realizara experimento alguno digno de ese nombre. Muchos de sus diseños mecánicos, más que geniales atisbos del futuro, eran quimeras de imposible construcción o «ensoñaciones mecánicas», en palabras del propio Leonardo.

Por desgracia, no dominaba más relaciones matemáticas que las lineales (proporciones directas o «reglas de tres»), magro bagaje con el cual no se podía llegar muy lejos. Si bien es cierto que carecía de conocimientos matemáticos que le permitiesen generalizar hipótesis, también lo es que nunca formuló hipótesis claramente discernibles. Y este era uno de los puntos débiles de Leonardo, pues adolecía de un pensamiento abstracto bien estructurado, herramienta imprescindible para penetrar los secretos de la naturaleza. Por esa misma razón no comprendió cabalmente la repercusiones de algunos problemas que abordó, aunque difícilmente hubiese podido resolverlos.

Pero, con todas estas carencias, tampoco sería justo olvidar que la fama de Leonardo sí posee unos cimientos reales, aunque dirigidos por otras vías. Mostraba un extraordinario poder de observación, percatándose de detalles que otros individuos pasaban por alto. Por ejemplo, él fue el primero en deducir la existencia de lo que hoy llamamos «fibra neutra» en la flexión de una viga. Su talento pictórico le ayudaba a representar gráficamente los fenómenos naturales con una minuciosidad desconocida hasta la invención de la fotografía. Solía intuir bien el sentido de los problemas físicos, aunque casi nunca estuviese en condiciones de dar una respuesta. Y lo que no podemos negar a Leonardo es su habilidad dialéctica; sus cuadernos están repletos de observaciones y comentarios ingeniosos que revelan a la vez una gran sagacidad y una total falta de organización sistemática.

Los verdaderos protagonistas de la Revolución Científica sí se mostraron mucho más organizados y sistemáticos en sus razonamientos y experimentos, todo ello sin desligarse por entero de la tradición previa. Copérnico —como se ha dicho— conservó buena parte de los epiciclos de la vieja astronomía geocéntrica en su nuevo modelo heliocéntrico. Tampoco fue totalmente original en la decisión de situar al Sol como cuerpo alrededor del cual giran los planetas, pues ya antes lo habían conjeturado autores clásicos del calibre de Aristarco, Heráclides, Filolao, Ecfanto, Hiceta de Siracusa o Marciano Capella. Además, todo parece indicar que el monje polaco se sirvió de teoremas matemáticos deducidos por matemáticos musulmanes (El «par de Tusi» y el «lema de Urdi») sin reconocerlo por temor a las acusaciones de impiedad.

Galileo, otro de los campeones de la Revolución Científica, no conocía más que la geometría de Euclides y su teoría de las proporciones, que se hallan muy lejos de las fracciones modernas. Tampoco contaba con procedimientos muy precisos para la medición de distancias y duraciones, dado el nivel técnico de la época. Por esa razón, las pulcras ecuaciones del movimiento que se atribuyen a Galileo en casi todos los textos de educación secundaria, tienen bien poco que ver con lo que realmente escribió el sabio italiano. Más aún, Galileo consideraba circulares los movimientos inerciales, media la velocidad en «grados» —al estilo medieval— y escribió su libro en defensa de la astronomía copernicana (*Diálogo sobre los dos máximos sistemas del mundo*) como una discusión racional entre caballeros educados, exactamente como en los textos del Medioevo.

También Newton escribió sus *Principia* siguiendo el canon establecido diecinueve siglos antes por los escritos de Euclides sobre geometría. Es por eso que el tratado de física del genio inglés nos parece hoy tan anticuado y abstruso, formado por una sucesión de postulados o lemas a los que siguen las correspondientes demostraciones y corolarios. A esta circunstancia ha de añadirse que Newton legó más bien un proyecto de investigación, habida cuenta de que carecía de los métodos matemáticos necesarios para resolver las ecuaciones que planteaba. Aunque resulte paradójico, el verdadero armazón de la mecánica newtoniana fue alzado por los estudiosos del siglo XVIII (los «geómetras» del Barroco, fundamentalmente Euler y la familia Bernoulli), que desarrollaron las técnicas matemáticas que a Newton le faltaron.

En suma, la Revolución Científica no fue obra de un día, como cabe suponer. La que podría considerarse la transformación intelectual más

Thomas S. Kuhn siendo entrevistado en noviembre de 1989
en su oficina del MIT [Skúli Sigurdsson].

profunda en la historia humana, alteró el modo de entender la realidad, reutilizando gran cantidad de materiales previos y añadiendo otros nuevos. Pero el cambio no fue abrupto ni se dio en un vacío previo. El desarrollo del pensamiento científico moderno, en definitiva, surgió de un proceso gradual y muy prolongado, mediante una variopinta mezcla de rupturas y deudas con el pasado cultural de la humanidad.

LAS «REVOLUCIONES CIENTÍFICAS» DE KUHN

La noción de un cambio continuo, o casi, mediante la acumulación de nuevos descubrimientos que irían ampliando y refinando el conocimiento científico admitido quedó en entredicho tras la obra del estadounidense Thomas Samuel Kuhn (1922-1996), físico, filósofo e historiador de la ciencia. En 1962 publicó su texto emblemático, *La estructura de las revoluciones científicas*, en el que ofrecía su visión del modo en el que evoluciona la ciencia[89]. El pensamiento de Kuhn —como el de otros autores de igual renombre— sufrió variadas contorsiones a lo largo de su vida, de modo que a menudo resulta difícil saber si estamos criticando un aspecto de sus opiniones que cambió con el tiempo en alguna medida.

Su libro más famoso introdujo el concepto de «revolución científica», que le proporcionó la reputación de filósofo e historiador de la física —no del todo merecida— que disfrutó hasta el final de sus días. Algún tiempo después, Kuhn comentó que se había inspirado en el vuelco que debieron sufrir los filósofos naturales de la Revolución Científica cuando abandonaron la concepción aristotélica del mundo y abrazaron la newtoniana. Y no le faltaba razón al poner el acento en la necesidad de un cambio en lo que hemos llamado en capítulos anteriores la cosmovisión científica del mundo. La transición desde el pensamiento premoderno al propiamente científico, desde los años de Galileo y Newton en adelante, supuso en multitud de aspectos una ruptura radical con la manera de entender la realidad hasta entonces dominante. Kuhn señaló ese punto con acierto, pero se extravió al examinar el modo en que dicho cambio tuvo lugar.

---

89   Kuhn (2006).

El otro concepto capital en la obra de este autor también alcanzó notable celebridad bajo el nombre de «paradigma», aunque luego lo refinó en ciertos detalles y pasó a denominarlo «matriz disciplinar». Para Kuhn, un paradigma es el marco de pensamiento que acota la labor de los científicos en una determinada época, abarcando desde la cosmovisión subyacente hasta los valores éticos que animan su actividad; los objetivos de la investigación, y los métodos empleados en ella. Al sumergirnos este paradigma ganamos una perspectiva concreta de la realidad que delimita los medios y los fines del trabajo científico, a cambio de cegar cualquier otro punto de vista ajeno al paradigma en que estamos inmersos. El avance de la ciencia ocurre cuando un paradigma es reemplazado por otro, un proceso que esbozaremos ahora.

Durante el periodo histórico en el que impera un cierto paradigma, tenemos lo que Kuhn denomina «ciencia normal». Los científicos investigan dentro de las fronteras intelectuales establecidas, tratando de incluir el máximo número posible de fenómenos dentro del paradigma que a la sazón predomina. Cada éxito explicativo robustece el paradigma aceptado en ese momento y aumenta la confianza de los científicos en él, hasta que aparece una anomalía para la cual no hay respuesta. En un primer momento, los investigadores tratan de buscar la solución dentro del paradigma establecido adaptando y matizando sus postulados básicos, pero cuando ni siquiera así se consigue resolver el problema, nos encontramos ante una anomalía insalvable, aquella que no se puede corregir sin abandonar el paradigma reinante.

Entramos en ese momento en lo que Kuhn llamó el periodo de «ciencia revolucionaria», porque ahora comienza una competencia entre diversos paradigmas para encontrar una respuesta a la anomalía insalvable. En un momento dado, una de las escuelas en liza consigue imponer su paradigma sobre los demás en virtud de su más fina capacidad persuasiva o por su mayor influencia social. Kuhn no desdeña la posibilidad de que uno de los paradigmas ofrezca predicciones más ajustadas a los datos empíricos que sus rivales, pero no considera decisivo ese aspecto, ya que, al fin y al cabo, es el propio paradigma el que dicta qué datos experimentales podemos considerar válidos y cuáles no. Para este autor ocurre más bien un cambio de mentalidad global, una revulsión completa de nuestros puntos de vista en el curso de la cual la previa concepción general del universo queda completamente trastocada; de ahí el nombre de «revolución científica». Esta revolución nos traslada —por así decirlo— a un mundo distinto, ya que el mismo universo contemplado con nuevos ojos se consideraría otro.

El ejemplo típico, que suele aducirse, para ilustrar un caso de revolución científica vendría de la transición desde el cosmos antiguo al universo newtoniano. Cuando la astronomía de Ptolomeo y la física de Aristóteles se revelaron incapaces de ofrecer explicaciones cabales sobre las trayectorias de los astros, la caída libre por efecto de la gravedad o la mecánica de las colisiones, tales carencias se convirtieron de hecho en anomalías insalvables. A consecuencia de ello, dos nuevas escuelas de pensamiento entraron en pugna: la física de Descartes y la de Newton. El triunfo de esta última determinó una alteración radical de las ideas científicas sobre el universo, instaurándose así un nuevo paradigma que perduraría hasta que dos nuevas revoluciones, la relativista y la cuántica, expusiesen las deficiencias de la física newtoniana en el macromundo y el micromundo, respectivamente.

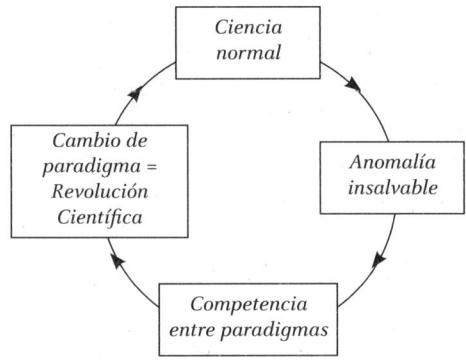

Esquema del modelo de revolución científica de Thomas Kuhn

Este divorcio radical entre estas dos visiones de la realidad, la antigua y la moderna, es lo que alienta a Kuhn a sostener que los conceptos de ambas son «inconmensurables» entre sí. La noción de inconmensurabilidad es otra de las claves de la teoría sobre los cambios científicos revolucionarios de este autor. Que dos conceptos sean inconmensurables significa aquí que no pueden compararse toda vez que pertenecen a concepciones del mundo completamente dispares. Kuhn pone el ejemplo de la masa[90] en la mecánica newtoniana y en la mecá-

---

90 Y, por cierto, demuestra con su ejemplo que no entendió realmente la equivalencia masa-energía en la relatividad especial.

nica relativista; en su opinión, el mismo nombre designa conceptos diferentes en el seno de teorías tan alejadas entre sí que no cabe establecer la menor conexión significativa entre ellas. En consecuencia, tampoco cabe señalar que una sea más correcta que la otra, pues todo depende del marco intelectual —es decir, el paradigma— en el que las incluyamos. Por la pendiente de este subjetivismo fundamentalista es como el pensamiento de Kuhn se desliza hacia el irracionalismo.

Tras su triunfo, el nuevo paradigma se asienta como la nueva ortodoxia a la que todos deben acogerse. Comienza así otro periodo de ciencia normal en el que los científicos volverán a trabajar para fortalecer el nuevo paradigma hasta que aparezca la siguiente anomalía insalvable, con la cual el ciclo de sustitución comenzará otra vez. En cada caso la correspondiente revolución científica reviste —a juicio de Kuhn— las características de una conversión religiosa, donde los argumentos racionales juegan un papel muy reducido. Esta minimización del juicio racional en la sustitución de teorías, junto con su idea de la inconmensurabilidad, fueron los dos flancos que mayores grietas vieron abrirse en el edificio de las revoluciones científicas.

No era original la idea de que la competencia entre escuelas de pensamiento juega un papel primordial en el progreso científico, así como las dificultades que puede causar el apego de los expertos a sus propias creaciones teóricas. El físico y filósofo Ludwig Boltzman (1844-1906), con gran agudeza, ya había puesto en guardia a sus colegas sobre ello[91]:

> *Llama la atención, ante todo, que tenga lugar de una forma menos continua de lo que cabría esperar, estando, por el contrario, lleno de discontinuidades y que, al menos aparentemente, no siga el camino lógico más corto. Ciertos métodos arrojan a menudo, incluso hoy, los más bellos resultados y a veces se creyó que el desarrollo indefinido de la ciencia sería cuestión solo de su aplicación constante. Sin embargo, dichos métodos se muestran agotados en un momento dado y se intenta encontrar otros, aunque sean disparatados. Se produce entonces una lucha entre los seguidores de los métodos antiguos y los de los nuevos. El punto de vista de los primeros será calificado por los segundos como pasado de moda y superado, mientras que por su parte los primeros considerarán los nuevos métodos como los corruptores de la genuina ciencia clásica.*

---

91   Boltzmann (1986), pp. 144-135.

Aunque —como ya se ha comentado— Kuhn fue flexibilizando su postura y ampliando la noción de paradigma para hacerla menos vulnerable a las críticas, nunca dejó de adherirse a la controvertida idea de la inconmensurabilidad entre teorías. A su parecer, cuando sustituimos una teoría T_a por otra T_b, cambian completamente nuestros supuestos básicos sobre las cosas existentes, lo que a su vez conduce a una modificación en el significado de sus términos e imposibilita cualquier comparación entre T_a y T_b. Sin embargo, pese a las firmes reivindicaciones de Kuhn, no resulta obvia en absoluto la imposibilidad de comparar teorías con distintas suposiciones ontológicas, especialmente cuando se puede comprobar —como suele suceder— hasta dónde tales teorías quedan corroboradas por la experiencia.

Tampoco es cierto que los conceptos de dos teorías rivales nunca sean interdefinibles; o, en otras palabras, sí cabe formular las ideas de una teoría en el lenguaje de su rival, de modo que la comparación sea posible. A comienzos del siglo XX, el matemático francés Élie Cartan (1869-1951) reformuló la gravedad newtoniana dentro del espacio-tiempo de la relatividad general de Einstein. Así llegó a la denominada teoría de Newton-Cartan, poniendo claramente de manifiesto las similitudes y las diferencias estructurales entre ambas teorías, lo que a su vez invalidaba —varias décadas antes de su aparición— la inconmensurabilidad de Kuhn. De hecho, se suele hablar actualmente de «vínculos interteóricos», para referirse a ciertas relaciones entre los modelos posibles de distintas teorías. Estos vínculos interteóricos pueden darse entre leyes o entre conceptos, pero en todo caso ilustran muy bien la posibilidad real de comparar las teorías que enlazan.

Para colmo, nunca se demostró verdaderamente la inexistencia de términos que conservasen su significado y fuesen por ello neutrales —al menos hasta cierto punto— con respecto al cambio de teorías. Ejemplos históricos bien conocidos también desmentían a Kuhn: Max Planck (1858-1947) se basó en el modelo del oscilador del alemán Heinrich Hertz (1857-1894) y en la estadística microscópica del austriaco Ludwig Boltzmann (1844-1906) para deducir su fórmula cuántica del cuerpo negro[92]. No es menos cierto que, pese a su disparidad,

---

92 El «cuerpo negro» es un objeto ideal que absorbe absolutamente toda la radiación que recibe y luego la reemite con una distribución de frecuencias que depende de su temperatura. Curiosamente, Kuhn escribió un magnífico relato de este episodio histórico, en el que no se comportó de acuerdo con el subjetivismo que él mismo propugnaba. El veredicto de su narración, obviamente, recogía el éxito de la teoría cuántica y la insuficiencia de la física clásica. Véase Kuhn (1980).

varios paradigmas pueden coexistir con muy buenos resultados. La mayoría de las teorías mecánicas (estadística, de los medios continuos, celeste y de los cuerpos ordinarios) y la electrodinámica usan todavía el espacio y el tiempo clásico con la geometría de Euclides, pero la teoría cuántica de campos emplea el espacio-tiempo llano de Minkowski y la cosmología utiliza el espacio-tiempo curvo de la relatividad general.

Entonces, ¿cuál fue la razón de la tremenda popularidad alcanzada por el punto de vista de Kuhn? En primer lugar, sus escritos insistían sobre el papel de las influencias sociales en el avance de la ciencia de un modo mucho más vivo y polémico, incluso irreverente, que su compatriota, el sociólogo Robert Merton[93]. Al mismo tiempo, la subjetividad individual y el relativismo en las valoraciones, que las revoluciones científicas parecían realzar, conectaron de inmediato con el ambiente contestatario y contracultural de Occidente en la década de 1960, que culminaría en las revueltas francesas de mayo del 68. En ese ambiente de protesta y agitación, la imagen casi violenta de las revoluciones científicas encajaba a la perfección. Tanto es así que alguno de sus seguidores llegó bastante más allá que el propio Kuhn.

LOS IRRACIONALISTAS

El filósofo austriaco Paul Feyerabend (1924-1994) fue el más prominente defensor del llamado «anarquismo metodológico», a cuya luz la ciencia sería una aventura intelectual sin reglas fijas ni cánones definidos. De ese carácter esencialmente anárquico, Feyerabend concluye que los procedimientos de los científicos no son el único ni el mejor camino en la búsqueda del conocimiento. Sobre esa base aflora su opinión acerca del conocimiento científico —sistematizado en leyes y teorías— como una ideología en pie de igualdad con otras (la religión, la magia y la mitología, etc.). La enseñanza de las ciencias se convierte, desde este punto de vista, en una forma de adoctrinamiento, menos coercitiva que otras, porque no violenta tanto nuestra conciencia, pero adoctrinamiento al fin y al cabo.

---

93 Véase al respecto el capítulo 14.

Paul K. Feyerabend [Paul K. Feyerabend Foundación].

Feyerabend bebe de las fuentes de intelectuales como Kuhn, como revela su énfasis en el valor enteramente relativo de las diferentes modalidades de conocimiento, y su insistencia en el papel del entorno social, cuya presión nos obliga a reprobar o asimilar ideas que no deberíamos juzgar mejores o peores que otras. Peor aún, ese ferviente anarquismo metodológico le lleva a negar la existencia autónoma del mundo material. En opinión de Feyerabend, todas las cosas que creemos reales «*son proyecciones y en consecuencia están atadas a la teoría, la ideología y la cultura que las postula y proyecta*[94]». En ningún momento se nos explica por qué deberíamos admitir una afirmación tan extravagante; tal vez Feyerabend piensa que su palabra ha de bastarnos. Es más, tampoco menciona que cualquier proyección necesita de una pantalla sobre la cual desplegarse, o en otras palabras, incluso para proyectar nuestras creaciones ideológicas y culturales precisamos de un mundo externo que actúe como soporte de tales proyecciones. Por ello, lo que Feyerabend nos presenta no es una teoría original del conocimiento, sino una metáfora muy inadecuada sobre el conocimiento.

---

94 Feyerabend (1990), p. 147, cursivas en el original.

Popular en la década de 1970, la postura iconoclasta de Feyerabend evolucionó con el tiempo aunque sin modificarse en lo sustancial. Innecesario es decir que sus tesis no le granjearon el aprecio mayoritario de la comunidad científica. Peor aún fue su deriva hacia posiciones cada vez más irracionalistas, consecuencia de afirmar que «todo vale» en la búsqueda del conocimiento. Otra cuestión es qué entendía exactamente Feyerabend por «conocimiento», uno de los muchos escollos que determinaron la extinción de su escuela de pensamiento. A comienzos del siglo XXI prácticamente nadie suscribe sus tesis filosóficas sobre el desarrollo de la ciencia, las cuales solo aportaron ruido y confusión a un debate de capital importancia.

En su afirmación de que los individuos—o, mejor aún, la sociedad— construyen la realidad que les circunda, Feyerabend no estaba solo. Los sociólogos de la corriente «textualista», en el último cuarto del siglo XX, venían a decir algo muy semejante. A su parecer, todo cuanto ocurre posee un significado que debemos interpretar, tal como sucede con un texto. Ese significado se asigna a cada hecho dependiendo de la correlación de fuerzas sociales en un cierto momento histórico; los grupos más poderosos acabarán imponiendo su visión de las cosas, su «relato». Aplicando esas ideas a la ciencia, los textualistas concluyen que los objetos y fenómenos estudiados por los científicos resultan ser realmente construcciones sociales, sin existencia independiente de los instrumentos que los miden o de las mentes que razonan sobre ellos.

El más conocido caso del textualismo en acción fue recogido en un libro de 1970 en el que el francés Bruno Latour y el inglés Steve Woolgar estudian el trabajo de los científicos en un laboratorio de neuroendocrinología del Instituto Salk (EE. UU.), como si fuesen antropólogos analizando la cultura de una tribu de aborígenes incivilizados[95]. Ni Latour ni su acompañante tenían la menor idea sobre bioquímica, biología molecular o acerca de los métodos de trabajo en un laboratorio experimental, lo que no fue obstáculo para que registrasen cuidadosamente todo cuanto veían, y extrajesen de ello unas conclusiones —supuestamente revolucionarias— que publicaron en un libro, *La vida en el laboratorio. La construcción de los hechos científicos*[96].

---

95 Típicamente Latour y Woolgar (1986), aunque otros varios autores sostuvieron las mismas posiciones disparatadas.

96 Latour & Woolgar (1988). El tema se prolonga, con el mismo infortunio, en Latour (1992).

Ignorantes del verdadero trabajo científico, estos dos autores dictaminaron que la investigación científica está viciada por decisiones subjetivas (en realidad, estimaciones basadas en la experiencia profesional que ellos no entendían). Por tanto, los objetos de estudio científico —electrones, bacterias o galaxias— se construyen conceptualmente, sin que haya motivo para esperar que tengan una contrapartida real. Más aún, la propia noción de realidad es en sí misma una construcción social, y el cambio de las teorías científicas se consigue tras repetidas negociaciones, presiones y transacciones sociales de todo tipo.

Latour y Woolgar también se maravillaron al descubrir que, con gran frecuencia, un experimento típico no proporciona resultados concluyentes, lo que obliga a los expertos a seleccionar los datos considerados relevantes. En esa discriminación atisbaron ocultas fuerzas sociales que moldean la subjetividad de los investigadores, razón más que suficiente —decían ellos— para mermar nuestra confianza en la objetividad del conocimiento científico. Por lo visto, nadie había hablado a ambos filósofos sobre la dispersión de los datos experimentales y su control estadístico, ni tampoco acerca de la significación estadística de los resultados o de los errores experimentales (sistemáticos y eventuales).

Peor aún, Latour y Woolgar concedieron una importancia crucial a los conflictos de intereses entre los miembros del laboratorio que aspiraban a mejorar su posición en la jerarquía profesional. Este aspecto, aun siendo cierto, no aclara cómo podría un científico incrementar su prestigio y ascender en la escala social de la profesión falseando los resultados de sus investigaciones, especialmente cuando esas investigaciones serían reproducidas en otros laboratorios y suelen originar aplicaciones prácticas que los técnicos evalúan sin cesar.

La conclusión de estos dos colegas fue que la ciencia, lejos de procurar un conocimiento objetivo del mundo real tan preciso como quepa alcanzarlo en cada momento, se asemeja más bien a un sistema de creencias y prácticas culturales, no mejor que cualquier otra tradición cultural. En definitiva, Latour y Woolgar obtuvieron las delirantes conclusiones que cabe esperar de autores, eruditos en otros campos, completamente indoctos en la materia de la que hablan. Esa ignorancia pagada de sí misma, tan corriente en los posmodernos, compartida implícitamente por un gran sector del público, determinó que un libro plagado de insensateces pase por ser —incluso hoy en no pocos círculos intelectuales— un gran hallazgo sobre la sociología de la ciencia.

Más aún, Latour, haciendo gala de una olímpica ignorancia sobre física, se permitió escribir algunos años después un artículo en el que enmendaba la plana al propio Einstein[97]. A su juicio, Einstein no entendió cabalmente los fundamentos de la relatividad especial, y por ello no la expuso con acierto en el texto que el sociólogo francés discute en el artículo. Bien al contrario, Latour acude con las herramientas de la lingüística y la sociología para sacarnos a todos del malentendido (y también a Einstein retrospectivamente). Huelga decir que el artículo tan solo probó la estrechez del entendimiento de Latour y la cortedad de miras del posmodernismo como doctrina filosófica.

A menudo parece que los irracionalistas tan solo buscan una coartada para elevarse por encima de ciencias sobre cuyo contenido ignoran todo. Sin duda, es mucho más gratificante escribir con aires de superioridad desde la cómoda butaca de un despacho-biblioteca, que bucear en la física y las matemáticas de la relatividad o estudiar neuroendocrinología y desempeñar la dura tarea diaria de un laboratorio de investigación. Y aun así, esta clase de autores recibe galardones, reconocimientos y canonjías académicas, aun cuando sigan mancillando la reputación de la ciencia con sus palabras y la de la filosofía con sus actos.

REFUTACIÓN Y VERIFICACIÓN

El ataque asalto anticientífico llevado a cabo por los irracionalistas de toda laya —que en cierta medida aún perdura— fue tan grosero y descarado que, como contrapartida, comenzaron a ganar peso las posturas más racionalistas cuyo objetivo era encontrar un criterio de demarcación que permitiese distinguir con claridad las propuestas científicas de las puras fantasmagorías. Entre las filas de estos autores destacaba el filósofo británico de origen austriaco Karl Raimund Popper (1902-1994), que puso de moda el «refutacionismo» o «falsacionismo». En su libro *Conjeturas y refutaciones*, publicado originalmente en 1963 (un año después del texto señero de Kuhn), Popper considera que las teorías científicas nunca pueden alcanzar el grado de certeza de la matemática pura, pues la ciencia depende de la corro-

---

97 Latour (1988). Véase la magnífica crítica de ese artículo en Huth (1998), por ejemplo.

boración empírica para ser aceptable. Ahora bien, el mundo real nos abruma con una variedad de casos potencialmente infinita en los que deberíamos poner a prueba nuestras teorías. Tal pretensión de verificabilidad absoluta resulta obviamente inalcanzable; es imposible confrontar una teoría con todos y cada uno de los fenómenos naturales que la involucran para saber si se cumplen, o no, sus predicciones.

La alternativa, a juicio de Popper, está muy clara: el científico no debe esforzarse en verificar sus teorías, sino en rebatirlas, empeño del que surge el término «refutacionismo», dada la importancia concedida a la posibilidad de refutación. Desde este punto de vista, un argumento teórico o un proyecto de investigación se considerarían científicos si, y solo si, cabe la posibilidad de que al ser puestos a prueba algún tipo de experiencia real los desmienta. Cuando proponemos una hipótesis o una teoría que, en ningún caso podrían ser rebatidas mediante observaciones o experimentos, nos situamos automáticamente fuera del terreno científico.

Un ejemplo cercano de este dilema se halla en la evolución de las ideas sobre el origen de las enfermedades. En el Occidente renacentista aún convivían dos explicaciones: la orgánica, que atribuía las enfermedades a problemas materiales en el cuerpo humano (mucho después se irían perfilando sus diversas clases), y la sobrenatural, relacionada con la intervención de espíritus, duendes y demonios. Cuando conjeturamos que un dolor de estómago se debe a una úlcera, semejante afirmación es, en principio, contrastable; podríamos averiguar si esa úlcera existe o no. Sin embargo, si creemos que el dolor proviene de un hechizo, no habrá manera de probar la falsedad de esta creencia, pues siempre cabrá responder que la voluntad del hechicero —no el tratamiento médico— decide si mejoramos o empeoramos.

Un punto importante a destacar en el pensamiento de Popper es que la posibilidad de ser rebatida confiere carácter científico a una teoría, pero no garantiza su veracidad en absoluto. Incluso aunque esa teoría se vea confirmada en multitud de ocasiones, la tarea del científico consistiría en buscar y diseñar nuevas situaciones experimentales que puedan desafiar su validez. Y en el momento en que la observación contradice fehacientemente una teoría, por exitosa que se haya demostrado hasta entonces, llega el momento de buscar una propuesta mejor, una conjetura más poderosa y abarcadora, capaz de explicar lo que la teoría refutada no puede y abrirnos camino hacia nuevas predicciones.

Karl Popper [Wikimedia Commons].

El criterio de Popper sobre la cientificidad de las conjeturas arraigó rápidamente en la conciencia de los investigadores, y hoy día es un lugar común en la metodología de la ciencia. Con todo, la solidez del refutacionismo también mostró algunas grietas que su autor no había previsto. La principal de ellas provenía de la denominada tesis de Duhem-Quine[98], según la cual resultaría imposible poner a prueba una hipótesis aislada, dado que su control empírico siempre implicaría presuponer la validez de otras hipótesis y teorías, necesarias para realizar la observación o el experimento. Por ejemplo, si la predicción de la trayectoria de un objeto celeste difiere de las posiciones observadas mediante un telescopio, siempre podremos alegar que no es nuestra teoría la que falla y atribuir la discrepancia a un repertorio de otros factores: el diseño defectuoso de la lente del telescopio; un fenómeno óptico desconocido en el espacio sideral; la perturbación de los rayos de luz al atravesar la atmósfera, o la inopinada atracción de otros cuerpos astronómicos sobre el objeto de observación.

---

98   En recuerdo al físico francés Pierre Duhem (1861-1916) y al filósofo de la lógica estadounidense Willard O. v. Quine (1908-2000).

Esta objeción hizo las delicias de los convencionalistas al permitirles creer que la confirmación o refutación de una teoría científica se reducía a una mera decisión arbitraria de los investigadores. Aunque cuando los ánimos se serenan, la situación se contempla con otros matices y la amenaza contra la objetividad científica no es tal. La tesis de Duhem-Quine nos dice, con todo acierto, que los experimentos están guiados por las teorías y que ningún fragmento teórico puede contrastarse de forma completamente separada del resto. Pero estas precisiones no suponen en modo alguno que el conocimiento científico se convierta en algo tan convencional como la indumentaria exigida en determinados eventos sociales.

En realidad, los metodólogos saben muy bien que cualquier contrastación empírica pone a prueba no hipótesis individuales, sino sistemas de hipótesis, algunos de ellos tan elaborados que los denominamos teorías. Y, a su vez, estas redes de conjeturas no se aceptan o rechazan por una sola contrastación, sino después de haber sido confrontadas con una colección de problemas cuya explicación debe ofrecernos. La mecánica de Newton, por ejemplo, explica muy satisfactoriamente desde la trayectoria de las balas de cañón y la caída de las manzanas, hasta las órbitas planetarias y la trayectoria de los cometas. Sostener que tales aciertos son fruto de la casualidad porque la verdadera explicación se halla en el retoque convencional de hipótesis subsidiarias —distintas, además, en cada caso— quedaría más allá de cualquier discusión racional.

LOS PROGRAMAS DE INVESTIGACIÓN DE LAKATOS

El economista, matemático y filósofo de la ciencia Imre Lakatos (1922-1974) tuvo la gran fortuna de sobrevivir a la ocupación sucesiva de su Hungría natal por nazis y soviéticos. Huyó en 1956 a Reino Unido, donde se unió a los seguidores de Popper, aunque no tardó en desencantarse de la filosofía de su maestro, lo que le animó a escoger su propia senda. Lakatos sabía que, pese a sus imperfecciones, el refutacionismo de Popper arañaba el verdadero corazón del problema, confiriendo solidez a sus críticas contra las revoluciones científicas y los cambios inconmensurables. Por otra parte, también Kuhn tenía razón al señalar la importancia del componente social en el progreso de las ciencias, un punto al que se había concedido escasa atención hasta ese momento. Lakatos, por tanto, trató de aunar los méritos de ambos enfoques en lo que denominó «programas de investigación», el instrumento idóneo —a su juicio— para describir el avance del conocimiento científico como un proceso ordenado, y no como un acontecimiento meramente azaroso o irracional[99].

Tal como son concebidos por Lakatos, los programas de investigación se estructuran sobre un núcleo central, compuesto por el conjunto de teorías y enunciados básicos que otorgan sentido al resto de los elementos. No podemos modificar ese núcleo central sin alterar la misma médula intelectual del programa, que desde ese momento perdería su identidad y pasaría a ser otro distinto. A su alrededor se encuentra una colección de hipótesis subsidiaria, actuando como una coraza protectora en torno al núcleo del programa. En caso de que fallen las predicciones teóricas surgidas del núcleo central, serán las hipótesis subsidiarias las que se modifiquen en primera instancia, sin necesidad de remodelar el núcleo central y desfigurar el programa.

A continuación tenemos lo que se llama «heurística positiva», es decir, las líneas de maestras que guían el desarrollo del programa: selección de problemas que merecen ser planteados: técnicas experimentales utilizables; recursos obtenidos de otros campos de investigación, e incluso patrones de estética intelectual usuales en la práctica científica, como la simplicidad y la simetría. Por último, en un anillo exterior se sitúan las influencias de tipo social que condicionan las investigaciones científicas. El espectro de factores es igualmente amplio: existencia de una sólida comunidad científica profesionalizada; disponibilidad presupuestaria; relaciones financieras con las administraciones públicas o las entidades privadas (fundaciones, empresas); aplicaciones técnicas de posibles descubrimientos; legalidad de las líneas de investigación[100], o el apoyo de la opinión pública, entre otros.

Tomemos como ejemplo de programa científico, bastante exitoso, la cosmología moderna. El núcleo teórico del estudio moderno del universo se halla constituido por la relatividad general de Einstein, a la cual rodean hipótesis auxiliares como la constancia espacio-tem-

---

99 Lakatos (1983, 2002). El más célebre libro de Feyerabend (2003) se concibió en un principio como un debate con Lakatos, aunque finalmente el plan no pudo realizarse por el fallecimiento del gran pensador húngaro.

100 Piénsese en asuntos tan controvertidos como la modificación genética de embriones humanos, la modificación de conducta mediante psicofármacos o cirugía cerebral, la gestación subrogada o la biotecnología aplicada a plantas y animales.

Imre Lakatos [Wikimedia Commons].

poral de las leyes relativistas, así como la distribución uniforme de la materia a escala cósmica. Al toparnos con discrepancias entre las predicciones y las observaciones, como el caso de las velocidades de rotación de las galaxias espirales, nuestra reacción inmediata no es modificar la teoría gravitatoria de Einstein —extraordinariamente sólida, en sentido empírico y conceptual— sino conjeturar que existe una gran cantidad de materia no incluida en los cálculos porque no emite luz («materia oscura»).

La heurística positiva de la cosmología relativista apunta al cálculo del ritmo de expansión del universo en función de su densidad, a la vez que señala como problemas relevantes la determinación de esa misma densidad, de la edad del universo y de su curvatura espacio-temporal a fin de estimar la evolución futura del cosmos. En este nivel, la cosmología moderna también se sirve de los avances en física de partículas para explicar la estabilidad de las estrellas o el propio origen del universo. Por el contrario, la hipótesis antes mencionada, acerca de la constancia de las leyes del núcleo teórico, excluirá en este programa la investigación de posibles variaciones con el tiempo en el valor de la velocidad de la luz o de la constante de la gravitación universal. Y por último, en el círculo externo ubicaríamos circunstancias como la infravaloración de este programa de investigación durante la primera mitad del siglo xx (la relatividad general era una teoría matemáticamente muy compleja y, a la vez, se carecía del instrumental adecuado para explorar el espacio profundo) o las negociaciones políticas involucradas en la financiación de grandes proyectos como el detector de ondas gravitatorias.

El filósofo y físico británico Alan Chalmers complementó el trabajo de Lakatos añadiendo el concepto de «grado de fertilidad» a sus programas de investigación[101]. Chalmers utiliza esa expresión para referirse a las oportunidades objetivas de desarrollo que ofrece un cierto programa de investigación. Ningún astrónomo actual perdería su tiempo en un proyecto basado, digamos, sobre el modelo geocéntrico del universo, cuyo grado de fertilidad actual es directamente nulo. No obstante, a lo largo del siglo XX surgieron diferentes cosmologías que rivalizaron con la de Einstein, todas las cuales se estrellaron contra los datos observacionales y fueron abandonadas[102]. ¿Por qué no se mantuvieron, teniendo en cuenta que era posible modificar las hipótesis subsidiarias y dejar intacto el núcleo central de esos programas cosmológicos? La respuesta de Chalmers es que con cada desmentido observacional que iban acumulando, su grado de fertilidad disminuía. Cada vez había que retocar o añadir más y más hipótesis auxiliares, lastrando con ello las posibilidades reales de desarrollo hasta que finalmente quedaron relegadas al olvido y etiquetadas como construcciones teóricas fallidas.

Curiosamente, algo así cabría decir del empeño por unificar las fuerzas fundamentales de la naturaleza por medio de las teorías de supercuerdas o de sus vástagos teóricos. Desde que dieron sus primeros pasos en la década de 1960 hasta comienzos del siglo XXI, la comunidad de teóricos dedicados a este empeño creció espectacularmente sin resultados verdaderamente decisivos. Las propuestas de los especialistas crecían en complejidad (membranas multidimensionales, simetrías cada vez más abstractas) a cambio de avances más bien endebles[103]. Todo indica que medio siglo después de su nacimiento, el programa de investigación basado en la supercuerdas y sus generalizaciones se ha convertido en un proyecto degenerativo, un callejón sin salida que se mantiene vivo por la sencilla razón de que no existe todavía una alternativa viable a la que pueda dirigir sus esfuerzos el colectivo de científicos que tanto tiempo y recursos invirtió en ella.

---

101 Chalmers (2008).
102 Alemañ (2016), cap. 10.
103 Alemán (2011), cap. 22.

El gran filósofo y matemático Bertrand Russell (1872-1970) reflexionaba en su libro *La Perspectiva Científica* sobre el carácter abstracto del conocimiento científico. ¿Qué clase de conocimiento —se preguntaba Russell— nos ofrece la ciencia fundamental? Las propiedades del mundo real que interesan al científico nada tienen de subjetivas; son características objetivas, y por ello mucho más abstractas, que provocan un sentimiento de incomodidad en mucha gente. Lo que desagrada a estas personas es la disparidad entre el mundo tal como lo percibimos a través de nuestros sentidos (texturas, colores, sonidos, etc.) y la versión del mismo que nos ofrece la ciencia, rebosante de símbolos, cálculos y abstracciones. Ahora bien, la potencia de la explicación científica surge precisamente al dejar de lado las cualidades que nos transmiten nuestras sensaciones para concentrarnos en la estructura del mundo material, una estructura que buscamos con ayuda de conceptos específicos y herramientas matemáticas[104]:

> *Tomad, por ejemplo, lo que hay de común entre un disco de gramófono y la música que produce; las dos cosas comparten ciertas propiedades estructurales, que pueden ser expresadas en términos abstractos; pero no comparten ninguna propiedad que sea perceptible por los sentidos. En virtud de su similaridad estructural, el uno puede producir la otra. Análogamente, un mundo físico que comparta la estructura de nuestro mundo sensible puede producirlo, aunque no se le parezca en nada más que en la estructura. Por eso, a lo mejor, solo podemos conocer respecto al mundo físico propiedades como las que tienen en común el disco de gramófono y la música.*

Veamos un poco más de cerca lo que Russell quiere decir cuando habla de estructuras. En lógica y matemáticas, una estructura es una sucesión finita de conjuntos de objetos $\langle D_1,..., D_m \rangle$ junto con relaciones definidas entre ellos $\langle R_1,..., R_n \rangle$; en definitiva, una estructura $E \equiv \langle D_1,..., D_m, R_1,..., R_n \rangle$. En el caso más sencillo tendremos un solo conjunto y una sola relación, $\langle D, R \rangle$. Entonces diremos que dos estructuras $\langle D,$

---

104 Russell (1986), p. 69.

R⟩ y ⟨*D'*, *R'*⟩ son iguales —isomorfas[105], dirían los matemáticos— si existe entre *D* y *D'* una correspondencia biunívoca (cada elemento de *D* se conecta con uno solo de los elementos de *D'*, y viceversa) de modo que dos elementos de *D* conectados por la relación *R* se corresponden con otros dos elementos de *D'* conectados por la relación *R'*.

El ejemplo de Russell sobre la música y el disco gramofónico se interpreta desde este punto de vista, señalando que dos notas musicales consecutivas en la melodía reproducida se corresponderán con dos posiciones consecutivas de la aguja del gramófono sobre el surco del disco. Las posiciones sobre el surco del disco podrían tomarse como los elementos de *D*, por ejemplo, las notas musicales los de *D'*, la proximidad espacial sería la relación *R* y la proximidad cronológica la relación *R'*.

Habida cuenta de las consideraciones precedentes sobre el concepto de estructura, conviene realizar ahora dos importantes puntualizaciones. En primer lugar, hay múltiples maneras de establecer los conjuntos *D* y las relaciones *R* entre ellos. En consecuencia, tampoco cabe decir que la realidad física posea una estructura única; diferentes estructuras representarán con mayor o menor fidelidad distintos aspectos de la misma realidad, sin que pueda decirse que una es más verdadera que la otra. Un territorio cualquiera es susceptible de ser estudiado desde la perspectiva de la topografía, la geología, la climatología o la ecología, por ejemplo. En los cuatro casos es el mismo terreno, examinado de modos diversos, pero igualmente legítimos. La estratificación geológica de una región no es más verdadera que su configuración topográfica o que sus características climáticas y biológicas. La naturaleza del mundo resulta enormemente rica y plural, y así debe considerarse.

En segundo lugar, reconocer el pluralismo estructural de la realidad no significa admitir un relativismo sin freno. Existen multitud de estructuras asimilables al mundo real, pero no todas las estructuras son válidas ni igualmente aplicables a nuestro universo. Sigue habiendo —y, por desgracia, seguirá habiendo— hipótesis incorrectas, teorías falsas y conclusiones absurdas. La tarea del científico, por tanto, conlleva desbrozar el camino de la investigación de la maleza que lo rodea.

---

105 Específicamente, tenemos una biyección,
  $f: D \to D|\ \forall\ \langle x, y \rangle \in D,\ \exists\ \langle x' = f(x),\ y' = f(y) \rangle \in D'\ ;\ xRy \to f(x)R'f(y).$

Con el mismo propósito de Russell, el filósofo austriaco Otto Neurath (1882-1945) subrayó el abismo entre el mundo sensible y el mundo abstracto de la ciencia teórica, mediante una de las más atractivas metáforas propuestas al respecto. Neurath compara a los científicos con marineros que deben reconstruir continuamente su barco en alta mar, sin jamás atracar en un puerto seguro, ya que todos los enunciados científicos —teóricos y empíricos— son inseguros y revisables. Avanzando un poco más en la metáfora, podríamos vernos como pescadores que echan sus redes en el océano y las modifican o remiendan a partir de las capturas obtenidas. Algunas redes serán usadas más a menudo, otras lo serán menos o se destinarán a otros cometidos, pero nunca se destruyen.

Nuestras teorías son las redes intelectuales con las que pretendemos indagar parte de las estructuras de la realidad; las enmendamos cuando vemos que aparecen agujeros (alterando hipótesis auxiliares) y en ocasiones decidimos usar otras nuevas (cambiando completamente de teoría), aunque las guardamos para utilizarlas de nuevo cuando lo creamos conveniente. Esa es la razón, por ejemplo, de que sigamos empleando la mecánica de Newton incluso en el cálculo de la trayectoria de las naves que llegaron a la Luna, pese a saber que fue superada hace muchos años por otras teorías físicas más profundas y abarcadoras.

Otto Neurath [Wikimedia Commons].

Esa dependencia del contexto intelectual es justamente el ingrediente que faltaba en los programas de investigación de Lakatos-Chalmers. Sin duda, la fertilidad o la posibilidad de desarrollo es un elemento clave a la hora de tomar la decisión de abandonar o proseguir un programa de investigación; pero, sin delimitar las direcciones de su desarrollo, resulta difícil estimar exactamente a qué se refiere ese grado de fertilidad. Es aquí cuando la metáfora del barco de Neurath nos recuerda la importancia de aclarar el contexto de los desarrollos de un cierto programa de investigación, o de la teoría que constituye su núcleo. Todos sabemos que la mecánica newtoniana, digamos, fue superada por la teoría cuántica y por la relatividad de Einstein, lo que no significa —como antes se apuntó—, que las ecuaciones de Newton hayan dejado de aplicarse a diario y en situaciones muy relevantes. Es más, la mecánica clásica disfrutó de notables desarrollos durante el siglo XX en campos tan variados como la dinámica no lineal, los sistemas caóticos y autoorganizativos, la teoría de la elasticidad, la mecánica de fluidos y los flujos de sólidos granulares.

Sintetizando en extremo, podríamos reunir nuestras perspectivas sobre la naturaleza de las teorías científicas a lo largo de tres grandes líneas de pensamiento florecidas en el siglo XX. La primera de ellas, predominante hasta finales de la década de 1960, se denominó «concepción heredada o sintáctica», y contemplaba las teorías científicas como sistemas axiomáticos empíricamente interpretados. Es decir, una teoría científica es un sistema hipotético-deductivo en el cual partimos de unas premisas y deducimos lógicamente unas consecuencias, en general con una expresión matemática. Además, la teoría cuenta con unas hipótesis semánticas que nos permiten interpretar sus enunciados como afirmaciones referidas al mundo material o, dicho de otro modo, nos proporcionan los referentes materiales de la teoría (objetos, individuos, sociedades, etc.).

En la defensa de esta concepción se distinguieron autores ya clásicos como Carnap, Reichenbach, Popper, Hempel, Nagel y otros. Especialmente famoso —como se ha visto— fue Popper debido a su exigencia de refutabilidad. Y tenía razón al insistir en ello, pues una teoría puede generar un infinito número de enunciados si se enriquece con las oportunas condiciones particulares. Por ese motivo, nunca podremos demostrar la absoluta adecuación de una teoría científica a la realidad, aunque sí se demostraría su incorrección con un solo caso que la infringiese.

A continuación prevaleció la «concepción historicista», cuyo principal paladín —también se vio antes— fue Kuhn, que puso en tela de juicio la propia racionalidad del cambio científico, al situar bajo los focos la gran variedad de presiones sociales y sesgos culturales susceptibles de influir en la comunidad científica. Esta concepción de las teorías científicas, como paradigmas sometidos al devenir histórico de las sociedades en las que nacen, dejó su impronta en las obras de muy variados autores como, por ejemplo, Feyerabend, Hanson, Toulmin y el último periodo de Lakatos.

A comienzos de la década de 1980 se extendió entre los especialistas un nuevo enfoque, llamado «concepción semántica», sobre las teorías científicas, que hacía hincapié en su significado más que en la forma lingüística concreta de expresarlas. Dentro de la familia de las concepciones semánticas, alcanzó gran éxito la corriente estructuralista, que identificaba las teorías con estructuras en el sentido matemático más abstracto del término. Figuras destacadas de estos planteamientos fueron Suppes, Giere, Van Fraassen, Mosterín, Torretti, Sneed, Stegmüller, Moulines y Balzer.

Las batallas dialécticas entre estas escuelas han sido numerosas a lo largo de los años. No obstante, una consideración desapasionada del asunto debería inclinarnos a admitir que todas ellas aportan su grano de arena a la solución del interrogante sobre lo que es realmente una teoría científica. Porque las teorías son, sin duda, proyectos de investigación que cobran sentido en un marco histórico y cultural, en la misma medida en que son sistemas axiomáticos —desde un punto de vista formal— representados mediante estructuras matemáticas que deben interpretarse físicamente para contrastarlas con la realidad del mundo material en el que residimos. Las teorías son eso y mucho más que, a buen seguro, los estudiosos del futuro se encargarán de revelar.

UNA MIRADA A LA TRASTIENDA

A despecho de los autores que se empeñan en cegarse ante las evidencias, resulta difícil negar el progreso objetivamente real del conocimiento científico, al menos desde el siglo XVI en adelante. Las teorías cambian, se desmienten, se confirman y, en una espléndida paradoja, más interrogantes surgen ante nosotros a medida que nuestro conocimiento se expande. ¿Cómo ha evolucionado la ontología científica según se afinaba nuestra imagen de la naturaleza? Ya vimos que una cosa era inseparable de sus propiedades, porque tales propiedades son el modo de existir de las cosas, y denominamos «suceso» al cambio en el estado de una cosa. Las propiedades de las cosas pueden ser intrínsecas (como la carga eléctrica, que solo depende del objeto que la posee) o relacionales (como la posición o la velocidad[106]) si dependen de alguna clase de referencia externa.

Cualquier objeto al que podamos referirnos en un lenguaje sin contradicciones se llamará «individuo», en los cuales diferenciaremos dos clases. En primer lugar, tenemos los individuos particulares y concretos, o «cosas», que a su vez pueden ser de dos tipos: cosas básicas o «sustancias» si son elementales (carecen de estructura interna, como los electrones, y cosas complejas o sistemas, como un átomo, una célula o una industria. Todas las cosas básicas complejas pertenecen al ámbito de la materia, es decir, al mundo real.

En segundo lugar, tenemos los conceptos, que son ficciones (es decir, inmateriales). Los conceptos pueden ser formales, si están bien definidos y construidos dentro de un sistema de reglas autoconsistentes (como sucede en la lógica y las matemáticas), o informales, como el concepto del amor, la amistad, la justicia o cualquier otro que podamos formular en el lenguaje ordinario. Formales o informales, los conceptos forman el ámbito de lo inmaterial o irreal.

Sabemos que el problema del cambio obsesionó a los pensadores Jónicos —y también a los budistas—, la primera escuela filosófica digna de ese nombre; ahora bien, ¿qué era lo que cambiaba? Anaximandro (siglo VI a. C.) habló de una sustancia primigenia, imperceptible, ilimitada y caótica como origen y destino de todas las cosas, pero su propuesta no alcanzó gran popularidad. Aristóteles adoptó la propuesta de Empédocles y defendió que todo lo existente estaba compuesto en proporciones variables por agua, fuego, tierra y aire. El atomismo antiguo, tradicionalmente atribuido a Demócrito y Leucipo, prefería considerar que la materia se hallaba compuesta por partículas microscópicas e indivisibles —los átomos— en incesante movimiento.

Al contrario que los átomos, los cuatro elementos aristotélicos podían dividirse indefinidamente sin perder su identidad, lo que equi-

---

106 En el caso de los fotones, la velocidad resulta ser una propiedad intrínseca porque es la constante universal c, independiente de cualquier sistema de referencia externo.

valía a afirmar que la materia era continua, sin que en ella hubiese componentes básicos. En consecuencia, la ontología de los antiguos filósofos precientíficos admitía la existencia de cosas, a la vez que distinguía entre dos modalidades: la materia continua y la discontinua (los átomos). Sorprendentemente, esta visión del problema se mantendría durante más de dos mil años y reverbera todavía hoy en los debates sobre los constituyentes elementales de la materia.

Ya en el siglo XIX, la noción de «campo» llegó para hacerse un hueco en la ontología del mundo físico. Los campos de fuerzas parecieron al principio una mera analogía imaginaria destinada a describir de forma más compacta las interacciones entre los cuerpos materiales de siempre, aunque pronto se comprobó que la propia coherencia de las leyes naturales exigía otorgar realidad física a este nuevo actor en el escenario del universo. La equivalencia entre masa y energía de Einstein, así como su descubrimiento de que la luz puede propagarse en el vacío —y, por tanto, no es la vibración de un medio material, como el sonido—, aconsejó reconocer que los campos electromagnéticos y, en general, todos los campos de fuerza ampliaban el concepto tradicional de materia.

El siguiente paso se dio en microfísica con la introducción de los «campos cuánticos», una peculiar reinvención del campo físico usual que incorporaba buena parte de las extravagantes propiedades de las partículas subatómicas. Tales partículas se consideraban ahora como excitaciones —estados altamente energéticos— de los campos cuánticos, los cuales pasaban a ser los ingredientes fundamentales de la realidad. Ya se abrace el llamado «modelo standard», con su elenco de partículas elementales (leptones, quarks, etc.), o las teorías de supercuerdas, en ambos casos se cree que tratamos con objetos verdaderamente elementales —es decir, carentes de estructura interna— y representados por sus correspondientes campos cuánticos.

Bajo toda esta ebullición intelectual, tan atractiva como desconcertante, sigue latiendo una misma ontología de «cosas» (partículas, campos) cuyas propiedades cambian a medida que sustituimos unas teorías por otras. Solo durante el siglo XX se ensayó una ontología basada en «procesos» como rival de la anterior[107]. Esa fue la tentativa de británico Alfred North Whitehead (1861-1947) y algunos de los trabajos ini-

---

107 John Dupré es uno de los más destacados defensores de esta posición, con ilustres precedentes en Leibniz, Fichte, Hegel o Nietzsche.

ciales de su discípulo Bertrand Russell. En ambos casos el intento no llegó a buen puerto, en gran medida a causa de la insuficiencia de los conocimientos de su época. Hoy, no obstante, se sigue indagando por ese mismo camino con expectativas cuando menos prometedoras[108].

La ontología de procesos —como expresa su propio nombre— considera que los sillares fundamentales de la realidad son las series de cambios (los «sucesos») que acontecen en todas las cosas, los llamados «sucesos». Es decir, los objetos serían agrupaciones de sucesos, y los sucesos serían las piezas que componen los procesos. Esas sucesiones de cambios que llamamos «procesos», más que los objetos en sí mismos, se convierten en el ingrediente básico con el que construir una imagen racional del universo. El carácter dinámico del mundo material parece ineludible si definimos un objeto material como aquello que posee energía y, por ende, experimenta cambios de algún tipo[109].

¿Son los procesos irradiaciones de las cosas o llamamos cosas a las intersecciones de los procesos?

Ahora bien, cuando lo pensamos con un poco de cuidado, fácilmente se ve que la ontología de objetos y la de procesos (o sucesos) no se hallan tan alejadas entre sí. Si todos los objetos materiales cambian en algún sentido —es decir, todos están sometidos a algún tipo de proceso— y nada está completamente aislado en el universo, la conclusión es que todo está siempre sujeto a algún proceso de interacción. En consecuencia, sería equivalente considerar que las cosas son los nodos de una red de interacciones que abarca todo cuanto existe, o que las interacciones surgen a partir de las cosas debido a sus interacciones mutuas. Se trata de dos puntos de vista ampliamente complementarios que no tienen por qué verse confrontados.

---

108 Para la ontología basada en objetos, véase Bunge (1977) o su versión española en editorial Gedisa. Sobre la ontología de procesos puede consultarse Romero (2016).
109 Bunge (2006), pp. 33-35.

¿REFUTADAS O ARRUMBADAS?

Todos sabemos que las teorías de Einstein sobrepasaron las de Newton, pero al estudiar el vuelo de un misil sobre la superficie terrestre no necesitamos en absoluto las sofisticaciones de la relatividad general. Esto no nos convierte en instrumentalistas filosóficos; cuando necesitamos recurrir a ella, utilizamos la física newtoniana con plena consciencia de su derrota ante otras teorías posteriores que la superaron. Por eso han de matizarse las afirmaciones al respecto de los filósofos estructuralistas[110]:

> *Los físicos, economistas, etc. no desarrollan teorías cualesquiera, sino precisamente las teorías de las estructuras que ellos creen ver realizadas en los sistemas físicos, económicos, etc., con los que se enfrentan. Pero una cosa es que ellos crean que esos sistemas son modelos de aquellas teorías y otra es que lo sean de verdad. Si descubren que no lo son, pierden todo interés por la correspondiente estructura y cambian de teoría modificando la anterior en el sentido que más les parezca ofrecer esperanzas de ser realizadas en el sistema estudiado. Con ello la teoría no ha quedado refutada, sino solo arrinconada.*

En realidad, ocurre que las teorías quedan arrinconadas precisamente porque han sido ya refutadas. Su refutación proviene del hecho de haberse mostrado incapaces de explicar correctamente ciertos fenómenos de la naturaleza o de la sociedad que teorías ulteriores justificaron con arreglo a otras hipótesis más certeras. Como se ha mencionado en el apartado precedente, las teorías científicas son entidades polifacéticas, en parte lingüísticas y en parte extralingüísticas, con un componente social ineludible, aunque de peso variable. En esta visión ampliada, la estructura matemática de una teoría —si se halla libre de contradicciones— jamás podrá ser desmentida en su carácter puramente formal. Pero aquella parte de la teoría que depende de los referentes materiales del mundo real, sin duda se verá afectada por el juicio de la experiencia. Todo ello sin desmerecer la influencia que los diversos contextos sociales y las corrientes culturales en boga puedan

---

110 Mosterín (1981), p. 62.

ejercer sobre el desarrollo de las investigaciones científicas en una u otra dirección.

> *Así pues, la ciencia es realista en el sentido de que intenta representar la estructura de la realidad, y ha hecho un progreso constante en cuanto que ha tenido éxito al hacerlo con un grado de precisión cada vez más alto. Las teorías científicas del pasado fueron exitosas en sus predicciones en la medida en que, al menos aproximadamente, captaban la estructura de la realidad (de modo que este éxito no es un milagro inexplicado), lo que evita un problema importante con el antirrealismo. Por otra parte, mientras que la ciencia progresa firmemente al refinar constantemente las estructuras atribuidas a la realidad, son a menudo reemplazadas las representaciones que acompañan dichas estructuras (el éter elástico, el espacio como receptáculo de objetos e independiente de ellos). Hay cambios en las representaciones, pero un refinamiento constante de la estructura matemática, de modo que los términos «realismo no representativo» y «realismo estructural» tienen ambos una justificación[111].*

Ahora bien, no es únicamente la estructura matemática lo que se refina, porque las teorías físicas no son tan solo estructuras matemáticas; más bien son construcciones lógicas de alto nivel a las que se dota de una interpretación física sin la cual carecerían de sentido. Tal interpretación nos indica la clase de referencia, el conjunto de cosas reales de las que se ocupa la teoría, así como el significado de las relaciones entre ellas. Y es crucial resaltar que el refinamiento esencial no concierne a los métodos matemáticos, aunque también pueda ocurrir, sino a la interpretación teórica. La teoría de campos enriqueció nuestra visión del cosmos al introducir una nueva entidad física, el campo de fuerzas, desconocida en la era newtoniana. Más tarde llegarían los campos cuánticos y otra serie de conceptos que cambiarían radicalmente nuestra visión de los entes físicos. Al fin y al cabo, así es como progresa la ciencia.

A algunos autores puede parecerles insatisfactoria la metáfora del científico como pescador con red, aunque resulta más acertada que la del recolector de hechos —al estilo del positivismo clásico— como

---

111 Chalmers (2008), pp. 214-215.

un coleccionista captura insectos con su cazamariposas para luego compendiarlos en leyes inductivas. Tampoco parece aceptable concebir hoy día al científico como un pintor que se limita a captar con la mayor fidelidad posible la imagen de la naturaleza en el lienzo de sus teorías, porque las representaciones científicas de la naturaleza siempre son simbólicas, no icónicas. Por último, tenemos la imagen del científico como un escultor o arquitecto, que toma los elementos que la realidad le ofrece a través de los datos experimentales y construye con ellos algo que no necesita guardar la menor relación con la realidad, salvo su concordancia con los hechos comprobados. Esta es la idea de los constructivistas clásicos, con un sentido desesperanzadoramente estrecho del realismo y siempre ofuscados con la importancia esencial de manipular cosas más que comprender el mundo.

Todas estas alegorías encierran una pizca de verdad y a la vez contienen numerosos defectos, como cabe esperar de cualquier figura retórica. Tal vez la mejor metáfora sería de tipo comunal, pues comunitaria es, sin duda, la investigación científica. Por eso no estará de más remozar un tanto la parábola naval de Neurath. Los científicos constituyen una comunidad consciente de que, pese a las rencillas y vanidades personales en liza, su éxito depende de su cohesión interna, como la tripulación de cualquier buque. Los tripulantes de esa nave tienen encomendada la misión de trazar un mapa simbólico —no pictórico— del fondo marino, para lo cual capturan animales marinos con sus redes, escuchan con hidrófonos y registran imágenes con un sonar; es decir, se sirven de cualquier medio de exploración disponible. Desconocen la profundidad a la que se halla el fondo, su relieve y composición, o los seres vivos que lo habitan. Pero con los datos que obtienen rediseñan los aparatos en uso mientras los utilizan y, en ocasiones, modifican las condiciones de su entorno para indagar posibles alteraciones en las criaturas que capturan o en los materiales que sus sondas recogen.

Con todo ello confeccionan mapas que afinan y reajustan progresivamente, aun cuando cada uno de ellos represente tan solo un aspecto parcial de la riquísima diversidad del océano que se abre ante ellos, inmenso e indómito. Porque precisamente estos investigadores saben que quizás nunca lleguen a conquistar todos sus secretos —más bien tienen la seguridad de que nunca lo lograrán—, pero no por ello se rinden ni flaquean en su empresa. Elaboran y reelaboran sus mapas convencidos de que el mar existe y se encuentra abierto a la exploración, aunque sepan que los mapas los construyen ellos con los elementos que van recogiendo.

En suma, las teorías científicas, en forma más elevada, son sistemas hipotético-deductivos que representan propiedades estructurales del mundo real, con capacidad para generar un número potencialmente infinito de enunciados aplicables a una infinidad de situaciones concretas. Además de la cosmovisión científica mencionada en capítulos anteriores, cada teoría comporta su propia cosmovisión particular, su propia perspectiva de la realidad, por decirlo así. El contraste empírico de nuestras teorías y de los programas de investigación que las abrazan sirve para acotar sus rangos de validez. Según el grado de confirmación que dichas teorías reciban, las adoptaremos como las mejores disponibles en ese momento y consideraremos sus antecesoras como aproximaciones, a menudo excelentes. Desechando aquellas propuestas que se demuestren plenamente erróneas (como la astronomía geocéntrica), tendremos al final una jerarquía de teorías parcialmente verdaderas, lo que no debe asombrarnos, pues todo progreso en el conocimiento científico es siempre parcial, imperfecto y provisional.

5. LOS SILLARES DEL CONOCIMIENTO

Las discusiones sobre la existencia o no de un método científico válido en todo tiempo y lugar han persistido hasta nuestros días, casi desde que en el siglo XIX los primeros autores comenzaron a reflexionar sobre el conocimiento científico considerado en sí mismo. Y no es una controversia con visos de finalizar definitivamente, pues gran parte del debate gira en torno a las diversas interpretaciones de aquello que entendemos por ciencia y lo que entendemos por método. ¿Existe un método universal de aplicación en todas las ciencias o cada ciencia particular cuenta con un procedimiento específico para adquirir conocimientos?

Los argumentos aportados a lo largo de los capítulos precedentes respaldan con firmeza la opinión de que sí cabe hablar legítimamente de un método cuyos rasgos básicos serían comunes a todas las ciencias. No obstante, esta conclusión nos confronta con un nuevo interrogante, acaso más formidable todavía: ¿de dónde procede la universalidad del método científico? Tal vez provenga sencillamente de un hecho tan obvio como que el sistema nervioso funciona esencialmente igual en todos los seres humanos.

Nuestros órganos sensoriales, y el cerebro que procesa la información de ellos recibida, actúan con las mismas pautas en todas las personas, lo que hace menos sorprendente que confluyamos todos en una misma imagen del mundo. Por eso a veces resulta tan osado como oportuno detenerse unos momentos para preguntarse si nuestra manera de captar la realidad es la única posible. Y aquí nos topamos con una formidable encrucijada; por una parte, tenemos las ciencias de la naturaleza, interesadas en las regularidades objetivas del mundo material, y, por otra, encontramos las ciencias formales —lógica y matemática— que estructuran el razonamiento deductivo. La distinción clave reside en el carácter necesario que otorgamos a las ciencias formales frente a la contingencia de las ciencias naturales.

El escritor británico Gilbert Keith Chesterton (1874-1936) exponía la cuestión con gran claridad en su ensayo *La Lógica del País de las Hadas*, donde comparaba las verdades de la aritmética, válidas en todos los mundos posibles, con las de la física, cuya validez no parece tan absoluta[112]:

> *Hablaban como si el hecho de que los árboles diesen frutos fuese igual de* necesario *que el que dos árboles más un árbol sumaran tres. Pero no es cierto. [...] Uno no puede* imaginarse *que dos y uno no sean tres; pero es de lo más sencillo suponer que los árboles no den frutos; [...] En nuestros cuentos de hadas hemos mantenido siempre esta clara distinción entre la ciencia de las relaciones mentales, en la que realmente hay leyes, y la de los hechos físicos en la que estas no existen y solo hay misteriosas repeticiones. Creemos en los milagros materiales, pero no en las imposibilidades mentales. No nos cabe duda de que una planta de habichuelas creció y creció hasta llegar al cielo; pero esto no turba en absoluto nuestras convicciones en relación con la cuestión filosófica de cuántas alubias suman cinco.*

Ya que la lógica se incluiría en lo que Chesterton denomina «ciencia de las relaciones mentales», podríamos preguntarnos por el tipo de razonamiento de seres inteligentes que tuviesen otro tipo de mente. En ese caso, ciertamente, resultaría muy difícil definir qué entendemos por mente y por inteligencia, aunque eso quizá hace que el desafío revista mayor interés ¿Cuál sería la estructura de la argumentación deductiva en criaturas que percibiesen el mundo natural mediante sentidos completamente distintos de los nuestros? Si esa clase de seres desarrollarían el mismo tipo de razonamiento formal que los humanos, sigue siendo un asunto pendiente de aclaración[113]:

> *Una cuestión que debe quedar abierta es la de si el marco conceptual categorial del realismo cotidiano es el único esquema posible para describir y comprender la naturaleza en sus aspec-*

---

112 Chesterton (1986), p. 107; «necesario» e «imaginarse» destacadas en el original.
113 Ziman (1981), p. 183.

tos físicos. El predominio de la lógica bivalente [...] en la estruc-
tura profunda gramatical de todas las lenguas naturales es muy
conveniente para cuestiones prácticas, pero parece que no está
prescrita de modo absoluto. Es una cuestión interesante si una
comunidad de medusas inteligentes [...], viviendo en condicio-
nes en las que objetos independientemente invariantes y fuerte-
mente definidos no fueran familiares, desarrollaría necesaria-
mente una lengua basada en los mismos principios lógicos.

Aun admitiendo que las percepciones de estos hipotéticos alientí-
genas fuesen muy diferentes de las humanas, siempre deberían cumplir el requisito de reflejar la configuración del mundo tal como es en
realidad. De lo contrario, esa especie se hallaría en desventaja frente a
las exigencias del entorno en la lucha por la supervivencia, y tamaña
falta de adaptación desembocaría finalmente en su extinción[114]. Es
decir, cualquier aparato sensorial, por exótico que se nos antoje, debe
propiciar percepciones que reproduzcan con una mínima fidelidad
la estructura del mundo real. Mientras hablemos de criaturas materiales, y no de dioses o espíritus, los esfuerzos por sobrevivir solo se
verán recompensados si pueden captar de algún modo los rasgos básicos de la naturaleza. Y esos rasgos básicos, esas propiedades objetivas
del universo, tal vez constituyan el mínimo denominador común de
cualquier tipo de ciencia, humana o extraterrestre.

Así lo creen los epistemólogos evolutivos, convencidos de que
las presiones selectivas sufridas por los seres vivos en el curso de
millones de años de evolución desarrollaron una serie de mecanismos de reacción ante los estímulos del medio —el «aparato raciomorfo»—, precursores del pensamiento racional humano. En la base
de esta perspectiva se encuentra[115] «la tesis de que nuestra capacidad cognoscitiva consciente es la más reciente superestructura edifi-
cada sobre un continuo de procesos cognoscitivos, que es tan antiguo
como la vida en este planeta». Dentro de ese aparato raciomorfo se
situarían los rudimentos del razonamiento causal, inductivo, analó-
gico y deductivo. En definitiva, la conclusión es la misma: la racionalidad humana se ha modelado evolutivamente en concordancia con
las características objetivas del mundo real. A consecuencia de ella,

---

114 Replicar que esos alienígenas podrían ser inmortales y omniscientes nos llevaría al terreno de
   lo sobrenatural, cerrando el paso a cualquier discusión viable.
115 Riedl (1983), p. 12.

aunque imperfecto, nuestro equipaje intelectual y sensorial no puede estar completamente equivocado cuando nos informa de las propiedades de todo cuanto existe a nuestro alrededor.

Kant fue el más célebre filósofo que abordó este problema, aunque desde una dirección muy distinta, ciertamente. En su opinión, la mente humana obtenía conocimiento sobre la realidad, contemplando los datos de los sentidos a través de unas «formas de la sensibilidad», como el espacio y el tiempo. Estas categorías operaban al modo de unos anteojos en un individuo miope, formando una imagen coherente donde de otro modo solo habría un confuso revoltijo de datos sensoriales sin orden ni concierto. Kant no podía explicar el origen de estas categorías, sin las cuales el conocimiento humano no podía constituirse, pues se mostraba reacio a recurrir a instancias sobrenaturales. Hoy, por el contrario, podemos atribuir ese método a la evolución de nuestra especie, que nos dotó de un bagaje sensorial e intelectual cuyas prestaciones superaron ampliamente las necesidades iniciales que lo originaron.

Aun así, todavía cabe preguntarse hasta qué punto somos siervos de la visión del mundo que nos proporciona nuestros sentidos y nuestro intelecto, tal como han sido ambos moldeados por la evolución biológica en este planeta. La respuesta parece ser que precisamente al hacernos conscientes de esa limitación, estamos dando el primer paso para superarla tanto como resulte posible. Nuestros ojos solo nos permiten ver una porción muy estrecha del espectro electromagnético porque la fisiología humana evolucionó sin necesidad de más. Pero nuestra capacidad intelectual —también fruto de la evolución biológica— nos ha facultado para descubrir el resto de las frecuencias electromagnéticas que pasan desapercibidas a la vista. Afortunadamente, nuestro pensamiento —la habilidad para teorizar y descubrir— excede con mucho los límites de nuestra percepción[116]:

> *Y así como no es posible cambiar de aparato neurosensorial, aunque queramos, pues es innato y nos viene dado (como a todas las especies animales), por nuestra clave genética, sí que es posible cambiar de lenguaje, de marco conceptual, de simbolismo. El lenguaje es convencional; está en nuestra mano cambiarlo, adoptando otras convenciones. Pero nuestro aparato neurosensorial no es convencional, está dado por la naturaleza.*

---

116 Mosterín (1987), p. 109.

Admitiendo que nuestro intelecto ha ido adquiriendo las características que de hecho posee como respuesta, directa o indirecta, a las exigencias que nos impone la realidad material, ¿cuáles serían esos rasgos objetivos del mundo real que nuestra mente evolucionada puede captar? La historia de la investigación científica, aunque breve en comparación con la existencia de la humanidad, podría ofreceros algunas pistas. Un ligero repaso a los logros científicos de los últimos siglos arroja algo de luz sobre los que parecen ser principios constitutivos de la naturaleza. Veamos a continuación algunos de ellos.

LEYES DE CONSERVACIÓN Y SIMETRÍAS

El filósofo griego Parménides de Elea advertía a sus contemporáneos, allá por el siglo v a. C., que la verdadera realidad se escondía bajo las apariencias de un flujo siempre cambiante de acontecimientos, como también hicieron los Vedanta en la India. Las continuas alteraciones, intrascendentes o decisivas, que todos experimentamos cada día no son más que un trampantojo tras el cual se oculta la genuina naturaleza de las cosas, inmutable, perfecta y permanente. Este pensador inauguró, así pues, la tradición intelectual que identifica el cambio como algo ilusorio, concediendo a la constancia el rango de auténtica realidad.
Años después de Parménides, el también griego Demócrito (siglos v-iv a. C.) dio una forma algo más concreta a esta idea al sostener que los átomos, constituyentes microscópicos de la materia, eran indivisibles, eternos e indestructibles. Los átomos de Demócrito, obviamente, poco tenían que ver con los que describe la moderna teoría atómica, pero la semilla de la inmutabilidad había quedado sembrada en el nivel más profundo de nuestra visión del mundo.
El nacimiento de la ciencia moderna heredó y refinó el legado de la Antigüedad, como en tantas otras ocasiones, en forma de las llamadas leyes de conservación. En el siglo xvi, se atribuye al francés René Descartes (1596-1650) la primera versión de lo que hoy conocemos como ley de conservación del momento lineal —el producto de la masa por la velocidad de un objeto— mientras que el holandés Christian Huygens (1629-1695) fue el primer proponente de una formulación rudimentaria de la conservación de la energía, o «fuerza viva» como se decía entonces. Algo más tarde se constataría la conservación del momento ciné-

tico o angular, cantidad relacionada con el cambio de orientación de un cuerpo en movimiento con respecto a un punto fijo.

Durante el siglo XVIII irrumpirían en el escenario científico leyes de conservación para la masa. Su origen estriba en los incipientes estudios sobre química llevados a cabo por Antoine-Laurent de Lavoisier (1743-1794) —guillotinado durante la Revolución francesa— y el ruso Mijaíl Vasílievich Lomonósov (1711-1765). El siglo XIX vio la llegada de la ley de conservación de la carga eléctrica y los perfiles definitivos de la conservación de la energía. Esta última ley, que casi todo el mundo es capaz de recitar («La energía no se crea ni se destruye, solo se transforma»), se asentó definitivamente sobre los trabajos del inglés James Prescott Joule (1818-1889), el alemán Hermann Helmholtz (1821-1894) y su compatriota Julius von Mayer (1814-1878).

Ya en el siglo XX se incluirían en el repertorio de leyes de conservación algunas otras surgidas de las entrañas de la física nuclear y de partículas elementales. No obstante, quizás el resultado más sorprendente de este siglo en este terreno se debió a la matemática alemana Emmy Noether (1882-1935), quien protagonizó la hazaña intelectual de probar matemáticamente la conexión existente entre las leyes de conservación y las simetrías fundamentales de la naturaleza o, mejor dicho, las simetrías existentes en ciertas representaciones matemáticas de la naturaleza consideradas fundamentales[117].

Más allá de su papel estético como armonía entre proporciones, la simetría de un sistema se caracteriza por la constancia de ciertas relaciones entre sus componentes cuando se realizan determinadas transformaciones sobre ellos. Estamos rodeados de innumerables exponentes de simetrías en nuestra vida cotidiana. Una peonza, por ejemplo, manifiesta en su propia figura el hecho de poseer simetría rotacional con respecto al eje vertical que atraviesa sus dos extremos. Cuando la peonza gira un ángulo cualquiera sobre ese eje, su figura resulta indistinguible de la inicial. Una esfera, en cambio, posee infinitos ejes de simetría que pasan por su centro; la rotación sobre cualquiera de ellos deja la esfera con el mismo aspecto que tenía.

Un espejo nos devuelve la imagen que refleja invirtiendo los lados derecho e izquierdo, y en algunos casos en los que la figura no tiene marcas distintivas —como una rosquilla perfectamente lisa— esa imagen especular muestra simetría bilateral, pues al intercambiar los lados

---

117 Alemañ (2011), cap.13.

opuestos la figura permanece inalterada. El cuerpo humano presente una simetría bilateral solo aproximada, aunque suficiente en la mayoría de los casos para constituir un buen ejemplo de esta clase de simetría.

En general, si aplicamos una transformación f a un sistema S que posee una propiedad p, existirá simetría si el sistema transformado S^* sigue exhibiendo la propiedad p; simbólicamente $fS[p] \rightarrow S^*[p]$. Así, la transformación que supone reflejar en un espejo (esa sería f en este caso) una rosquilla lisa (el sistema S) manifestará simetría bilateral si se conserva la indistinguibilidad de las mitades derecha e izquierda (propiedad p) en la imagen especular (sistema S^*).

Por simplicidad, el hallazgo de Noether puede ilustrarse mediante tres de las principales leyes de conservación: energía, momento lineal y momento angular. La homogeneidad del tiempo, que implica la equivalencia física de todos los instantes, permite probar que en los sistemas físicos se conserva una magnitud directamente identificable con la energía. La homogeneidad del espacio es otro modo de decir que todos los puntos del espacio resultan físicamente equivalentes, de lo cual se deduce la conservación del momento lineal. Y de la isotropía del espacio —no existen direcciones espaciales físicamente privilegiadas— cabe deducir la conservación del momento angular.

Emmy Noether.

Nos faltan simetrías que rigen la conservación de otras cantidades físicas, pero son demasiado abstractas para explicarlas con sencillez. Hasta donde aquí estamos interesados, nos basta saber que la conexión entre las simetrías a las leyes de conservación existe como uno de los vínculos más enigmáticos y profundos de la física del siglo XX.

Sin embargo, aun respetando escrupulosamente las leyes de conservación, podrían darse situaciones físicas extravagantes. Imaginemos que una silla de nuestro comedor desaparece de una esquina y aparece al poco en la esquina opuesta. La ley de conservación de la materia se ha cumplido, sin duda, porque la cantidad total de materia dentro de la habitación no ha cambiado entre el momento justo anterior a la desaparición y el inmediatamente posterior a la reaparición. Pero al mismo tiempo nos embarga la convicción de que algo así jamás tiene lugar. Entonces, ¿qué componente falta en nuestro razonamiento?

Lo que nos falta son las ecuaciones de continuidad, que son las expresiones matemáticas diseñadas para impedir ese tipo de sucesos mágicos. Estas ecuaciones se denominan «de continuidad» —el nombre dice mucho— porque obliga a todo proceso físico a ocurrir como una sucesión continua de pasos, sin discontinuidades abruptas[118]. Estas ecuaciones se sirven del arsenal matemático proporcionado por el cálculo diferencial, con el objetivo de asegurarnos que, durante el curso de los acontecimientos que describen el desplazamiento de la silla, siempre podremos aislar una etapa cualquiera en una región del espacio-tiempo tan pequeña como queramos y en ella se cumplirá la ley de conservación que consideramos. Por tanto, al final de todo el proceso —hemos movido la silla, por ejemplo, de una esquina a otra— la materia se ha conservado tanto globalmente (entre el instante inicial y el final) como localmente (en cada uno de los puntos del espacio y los instantes del tiempo).

Las ecuaciones de continuidad, dejando a un lado la forma concreta de los operadores matemáticos empleados en ellas, vienen a decirnos que en una región del espacio tan pequeña como se quiera —infinitesimal, suele decirse— y un periodo de tiempo también arbitrariamente breve, todo lo que entra menos todo lo que sale es igual a todo lo que contiene. Acaso parezca una verdad trivial, pero es en los detalles donde se esconde la labor más intrincada, porque a menudo

---

118 No ocurre así en las mediciones cuánticas, en las cuales sí se dan tales discontinuidades, aunque con ellas no se infringe ley de conservación alguna.

estas afirmaciones tan obvias resultan bastante difíciles de formular matemáticamente. Pese a ello, disfrutamos de un crecido número de ecuaciones de continuidad: para los fluidos que entran y salen por tuberías de un contenedor, para la carga eléctrica, la masa, la energía e, incluso, la densidad de probabilidad (en la física cuántica).

En ocasiones, parte de lo que ha entrado en la región considerada se transforma siguiendo ciertas reglas de cambio, circunstancia que la ecuación de continuidad ha de tomar en cuenta. Así sucede en un reactor químico, donde entran sustancias reactivas para producir una reacción química de la que luego se extraerán los productos deseados y algunos desechos. No obstante, aunque se reordene a nivel molecular, la cantidad de materia sigue preservándose. Análogamente ocurre en ecología con la tasa de acumulación de biomasa vegetal por cada unidad de superficie, dependiente de la proporción de luz radiante absorbida para realizar la fotosíntesis. Esta proporcionalidad entre la radiación solar y la biomasa generada se recoge en la ecuación de Monteith, que puede considerarse como una importante ecuación de conservación para los ecosistemas[119].

ESPACIOS DE ESTADOS Y ECUACIONES DE EVOLUCIÓN

Contra el parecer del filósofo griego Parménides sobre la genuina naturaleza inmutable de la realidad, el también griego Heráclito de Efeso (540-480 a. C.) se alzó declarando que la verdadera esencia de las cosas residía en el cambio incesante. Si Parménides afirmaba que el cambio es apariencia y la verdadera realidad permanece inalterable, Heráclito consideraba que lo aparente era la inmutabilidad, mientras la auténtica naturaleza de las cosas se halla en transición continua de un estado a otro. Pocas veces encontraremos pensadores tan opuestos, aunque justo es reconocer que la tradición intelectual de Occidente debe mucho a ambos. De Parménides heredamos el afán de buscar leyes de conservación, en tanto Heráclito nos legó una visión más centrada en la importancia de describir correctamente los cambios del mundo natural.

---

119 Monteith (1972).

No cabe duda de que tales cambios existen y suelen ser de relevancia indudable. El hidrógeno del Sol se convierte sin descanso en helio a través de reacciones nucleares que mantienen brillando nuestra estrella, la radiación solar así creada permite la fotosíntesis en las plantas de nuestro planeta generando parte de los alimentos que después se transformarán químicamente en nuestro aparato digestivo. Conforme transcurre el tiempo, los objetos se deterioran, nosotros envejecemos —algunos ganan sabiduría mientras tanto— y nuestra vida discurre a lo largo de una cadena de acontecimientos que jamás se detiene.

Por ello cobra tanta importancia la necesidad de contar con herramientas teóricas que nos permitan comprender los procesos de cambio en la naturaleza. Comencemos por caracterizar el estado de un sistema, una cosa cualquiera, mediante una serie de propiedades —no necesariamente todas— que nos interese considerar en un momento dado. Así, el estado de una bola de billar rodando sobre una mesa vendría dado por sus coordenadas de posición en cada instante con respecto a una de las esquinas del mueble; si deseamos examinar su movimiento con eso nos basta. Al estudiar el núcleo del Sol posiblemente estaremos más interesados en conocer la presión, la temperatura, la densidad, la velocidad de las reacciones nucleares y la cantidad de radiación emitida. Un ecosistema con un tamaño fijo concretaría su estado determinando el número de especies que lo ocupan, las relaciones tróficas entre ellos y su variación con el tiempo. O incluso una sociedad puede caracterizar su estado escogiendo adecuadamente las variables descriptivas, como la composición demográfica, la estructura de clases sociales, la estratificación cultural y la organización política.

El punto clave estriba en reconocer que siempre nos es dado estudiar un sistema eligiendo algunas de sus propiedades y observando su variación con el tiempo. Los cambios en tales propiedades definen un nuevo estado del sistema, y si reunimos en un conjunto ordenado todos los posibles estados que dicho sistema puede experimentar tendremos lo que suele llamarse un «espacio de estados». Obviamente, por los comentarios precedentes sabemos que para un mismo sistema cabe definir distintos espacios de estados según aquello que tratemos de estudiar[120]. Si solo nos interesa el movimiento de una estrella en torno al centro galáctico, escogeremos un espacio de estados compuestos por sus distintas posiciones, velocidades y las fuerzas que

---

120 Un tratamiento más riguroso se da en Bunge (2006), p. 395 y ss.

sobre ella actúan. Pero si trabajamos sobre su composición interna en función del tiempo, serán otras variables diferentes las que tendremos que escoger y distinto será también el espacio de estados que construiremos con ellas.

Otro detalle que debe mencionarse concierne a la posible multi-dimensionalidad del espacio de estados. Una partícula solitaria en movimiento queda bien descrita mediante sus tres coordenadas de posición, pero si incluimos los tres componentes de la velocidad a lo largo de cada uno de esos ejes, aumentaremos a seis el número total de dimensiones de ese espacio de estados. Y para un número n de partículas el espacio de estados habría de tener $6n$ dimensiones, puesto que cada partícula por sí misma tendría derecho a las seis variables antes mencionadas.

El estado de la caldera de una locomotora de vapor podría describirse mediante su temperatura, presión, masa de carbón añadida cada minuto y volumen de gases expulsado en ese mismo lapso, lo que suma cuatro variables. Por tanto, el espacio de estados de la caldera —el conjunto de todos los posibles grupos de valores de esas variables— será 4-dimensional. Otro espacio de estados podría construirse a partir de las variables fisiológicas de un paciente, tomando en cuenta todos los valores posibles de su presión arterial, composición sanguínea, índice de masa corporal, temperatura y otras muchas. En este caso los límites de este espacio de estados quedan establecidos por aquellos valores inalcanzables. Un ser humano no puede llegar a los quinientos kilos, por ejemplo, ni sobrevivir con su organismo a una temperatura de 5 °C.

Uniendo los puntos representativos de cada estado ocupado por el sistema —una caldera, un grupo de partículas o cualquier otro— tendríamos una curva de evolución, es decir, una expresión gráfica de los cambios que ese sistema experimenta como la sucesión de estados por los que va pasando en distintos instantes del tiempo. Pero las curvas de evolución no se agotan en un papel puramente descriptivo; también pueden ser prescriptivas y gobernar el comportamiento de aquello que representan. Este último caso —el más interesante— ocurre cuando conocemos las ecuaciones que rigen un sistema cualquiera. Entonces, esas ecuaciones de evolución determinarán en cierto modo la forma de la curva figurativa del sistema en su espacio de estados.

Imaginemos el movimiento de la Tierra, bajo la atracción gravitatoria del Sol, obedeciendo las ecuaciones dinámicas de Newton. Ese podría ser un caso claro en que se conocen las ecuaciones de evolu-

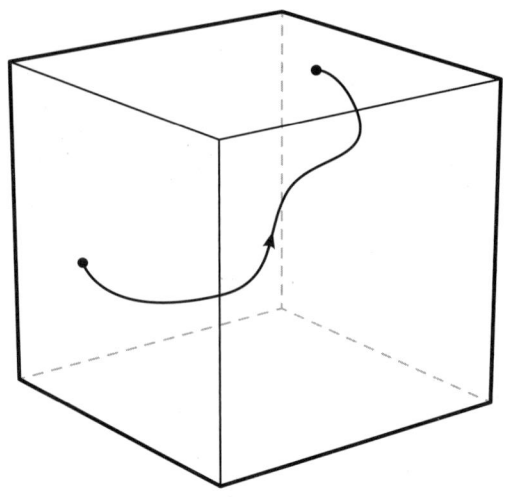

Trayectoria de evolución de un sistema en un espacio de estados

ción, dadas por las leyes newtonianas del movimiento y la fuerza de la gravedad solar. Si nos limitamos a las tres dimensiones espaciales, tendríamos simplemente la trayectoria geométrica del planeta con respecto a nuestra estrella, pero podríamos afinar un poco más y considerar las componentes de su velocidad, con lo cual habríamos de añadir tres dimensiones más. Nada nos impide ambicionar un tratamiento más exhaustivo, lo que se lograría añadiendo las pequeñas oscilaciones del eje de rotación de la Tierra en torno al plano de la órbita, así como las del propio plano de la órbita en relación con el plano ecuatorial del Sol, y así sucesivamente.

Todo ello iría enriqueciendo paulatinamente nuestra descripción del movimiento planetario, a la vez que aumentaría el grado de complejidad del espacio de estados necesario para su representación. Las complicaciones se acrecientan —como antes se comentó— al abordar un sistema con numerosos componentes, lo que ocurre al imaginar el enjambre de moléculas entrechocando incesantemente que forman un gas. La construcción de un espacio de estados para casos como ese, aunque posible en teoría, resulta inasequible en la práctica por la abrumadora avalancha de cálculos que habríamos de afrontar, de modo que se recurre a otros planteamientos, igual de rigurosos, pero más accesibles.

Las trayectorias de evolución en un espacio de estados aún nos reservan algunas sorpresas de insospechadas repercusiones, pero para adentrarnos en ellas antes habremos de dedicar unos breves comentarios, sin excesivo rigor, al concepto de función. Cuando existe una relación matemáticamente bien definida entre dos variables de tal modo que una depende de la otra, digamos y de x, decimos que y es función de x; simbólicamente escrito, $y = f(x)$.

Estas funciones suelen ser susceptibles de representarse gráficamente como curvas muy similares a las trayectorias de evolución que hemos venido considerando. Y también muy a menudo esas gráficas poseen puntos con características especiales denominados «puntos estacionarios», básicamente los máximos, mínimos y puntos de inflexión. Estos últimos se refieren a los puntos en los que cambia la curvatura de la gráfica representativa de la función. Cuando aplicamos una cierta operación matemática —llamémosla «diferenciación»— a la función en el entorno de esos puntos, el resultado que se obtiene es cero, lo que precisamente identifica tales valores estacionarios. Simbólicamente de nuevo, escribiremos $\delta f = 0$.

De izquierda a derecha, máximo, mínimo y punto de inflexión

Con las variables que constituyen el espacio de estados se puede construir una función —«funcional» sería el nombre correcto— con unidades de la magnitud denominada «acción» (energía por tiempo). Para nuestra perplejidad, al aplicar a este funcional la misma operación que se anula en los puntos estacionarios e imponer que se dé también un resultado nulo, automáticamente surgen las ecuaciones de evolución que gobiernan el sistema cuya trayectoria seguimos en el espacio de fases. Parece asombroso, pero la naturaleza muestra una preferencia especial por las trayectorias con un funcional de acción que permanece estacionario[121].

---

121 Alemañ (2014), cap. 7.

El método matemático desarrollado para ocuparse de estas situaciones se denominó «cálculo variacional» por una razón muy sencilla: se partía de una idea consistente en tomar el punto inicial y final de un sistema en el espacio de estados (es decir, su estado inicial y el final) y escoger de entre todas las curvas que los unieran aquella que cumpliese el requisito de acción estacionaria. De un modo tan sofisticado resultaba posible recuperar por otro camino los enunciados de la mecánica clásica, del electromagnetismo y de la moderna teoría cuántica en su mayor parte.

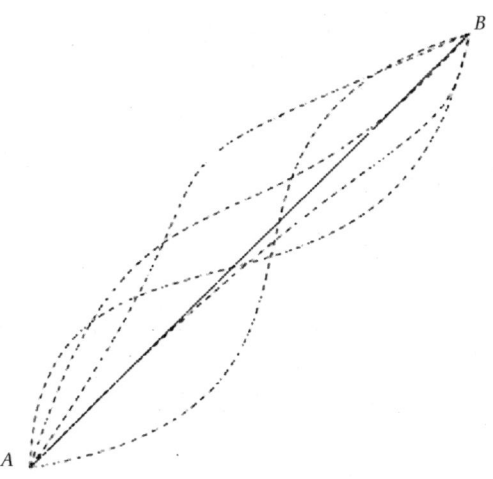

Algunas de las posibles variaciones de las de trayectorias entre dos puntos

Semejante estrategia contaba con precedentes ilustres, pues ya Heron de Alejandría (siglo i d. C.) había sugerido que la luz siempre se transmite por el camino más corto entre dos puntos, a lo que Pierre Fermat (1601-1665) replicó que en realidad escoge la trayectoria de tiempo mínimo. Ya en el siglo xviii, el matemático germano-suizo Leonhard Euler (1701-1783) introdujo por vez primera el cálculo de variaciones para asegurar el valor estacionario de la acción, como habían propuesto previamente el alemán Leibniz y el francés Maupertuis.

Sin embargo, fue el italo-francés Joseph Louis Lagrange (1736-1813) el autor de los mayores progresos en el cálculo de variaciones. Demostró que un funcional de acción f, construido con las variables del correspondiente espacio de estados, proporcionará un valor estacionario siempre y cuando satisfaga un juego de ecuaciones matemáticas conocidas como ecuaciones de Euler-Lagrange o, sencillamente, de Lagrange. Así lo expuso en su monumental tratado *Mecánica Analítica* (1788), donde aparece el funcional típico L que a partir de entonces se llamó «lagrangiano» en su honor.

Durante el siglo xix el ámbito de los métodos variacionales no se mantuvo ocioso, gracias a los esfuerzos del insigne físico-matemático irlandés William Rowan Hamilton (1805-1865). De su talento surgió en 1834 un nuevo abanico de ecuaciones equivalentes a las de Lagrange, aunque más sencillas, en las que insertando un nuevo funcional de las variables del sistema (el «hamiltoniano», H) se alcanzaban las mismas conclusiones que con el planteamiento lagrangiano. Las variables escogidas en las ecuaciones de Hamilton no son las coordenadas de posición y las velocidades de todas las partículas, sino sus coordenadas y sus impulsos o momentos lineales (el producto de la masa por la velocidad). Además, cuando el hamiltoniano no depende explícitamente del tiempo se identifica con la energía total del sistema considerado, cosa que no sucedía con el lagrangiano.

En ambos formalismos se necesita recurrir a espacios abstractos multidimensionales. El espacio de configuraciones de Lagrange consta de $3n$ dimensiones, pues tres son las coordenadas espaciales para cada una de las n partículas —en general— del sistema. A su vez, el «espacio fásico» de Hamilton viene dado por $6n$ dimensiones, (el tiempo se considera aparte) para n partículas: $3n$ coordenadas de posición (x, y, z) más las $3n$ componentes asociadas de la velocidad (v_x, v_y, v_z) para cada una de las partículas participantes. Como de costumbre, la evolución de un sistema físico con el transcurso del tiempo suele expresarse en estos espacios abstractos mediante una curva cuyos puntos simbolizan la serie de estados que va ocupando el sistema en instantes sucesivos.

CAOS Y AUTOORGANIZACIÓN

La mecánica clásica suele tomarse como ejemplo de ciencia bien desarrollada tanto por su sólido andamiaje matemático como por su frondosa historia, plena de ocurrencias geniales y estrategias exitosas. Su prosperidad pareció alcanzar la cima debido precisamente a los métodos de Lagrange y Hamilton, con triunfos tan arrolladores que todo el mundo dio por descontado —sin pruebas reales— que la solución de cualquier problema mecánico era calculable, o bien de manera exacta, o bien con un margen fijo de precisión para todo tiempo *t*, mediante un número finito de operaciones independiente de *t*.

El fin de esta confortable ilusión llegó hacia finales del siglo XIX, cuando se demostró que el llamado «problema de los tres cuerpos» carecía de solución exacta. Se denomina tradicionalmente de tal modo el problema de calcular la trayectoria de tres o más cuerpos, cada uno de los cuales se mueve bajo los efectos de la fuerza gravitatoria ejercida por todos los demás. Fue entonces cuando se constató que no existe fórmula matemática alguna que suministre la solución de ese problema para cualquier instante *t*. El número de operaciones matemáticas necesario para hallar una solución con un margen de error determinado tras un intervalo concreto de tiempo se hace mayor que dicho intervalo. La resolución de esta clase de problemas deviene inasequible, y los sistemas en los que aparecen derivan hacia un comportamiento irregular, caótico y completamente impredecible.

Esta fue, en esencia, la afirmación contenida en el tratado *Los nuevos métodos de la mecánica celeste*, del matemático y físico francés Jules Henri Poincaré (1854-1912). En ese texto, Poincaré enunciaba algo muy semejante a lo que hoy se conoce en la teoría del caos como «sensibilidad infinita a las condiciones iniciales»: una alteración arbitrariamente pequeña de las condiciones iniciales (posiciones y velocidades) de un sistema físico provocará variaciones desbocadas en su evolución futura, cerrando el paso a toda predicción fiable de su comportamiento[122]. Como cambios minúsculos en los datos iniciales no conducen a cambios igualmente diminutos en los resultados finales, la única manera de predecir con exactitud el comportamiento dinámico de uno de estos sistemas consistiría en determinar sus condiciones de partida con una precisión infinita, algo manifiestamente inaccesible.

Las advertencias de Poincaré al respecto pasaron desapercibidas para la comunidad científica hasta que fueron redescubiertas por el meteorólogo estadounidense Edward Lorenz en 1963. Investigando cómo cambiaba la evolución del clima sobre una cierta región al modificar ligeramente las condiciones de partida, Lorenz advirtió que ligerísimas alteraciones en las condiciones iniciales generaban

---

122 Coles (2006).

resultados impredeciblemente distintos en sus modelos climáticos[123]. A él se debe la célebre observación según la cual, debido a esta sensibilidad infinita a las condiciones iniciales, el aleteo de una mariposa en Brasil puede ocasionar un tornado en Texas, fenómeno popularizado con el vistoso nombre de «efecto mariposa».

El comportamiento impredecible de los que posteriormente se denominaron sistemas caóticos se debe a su peculiar carácter no lineal, es decir, en la estructura matemática de estos fenómenos los resultados finales no guardan proporcionalidad con los datos iniciales[124]. No siempre las relaciones matemáticas no lineales implican comportamientos caóticos, pero sí es cierto que, recíprocamente, todas las conductas caóticas se asocian con una pauta no lineal.

Un objeto geométrico que ayudaría a describir los sistemas caóticos surgió del fértil intelecto del matemático francés Benoit Mandelbrot (1924-2010), quien denominó «fractal» a su descubrimiento. Las figuras fractales poseen autosimilaridad, es decir, la misma estructura se repite cualquiera que sea la escala en la que se contemple[125]. La estructura fractal aparece en la disposición de los enjambres de asteroides y cometas, así como en la configuración global de las nubes interestelares, las galaxias y los cúmulos de galaxias. La geometría fractal de Mandelbrot ayudó muy notablemente a visualizar y comprender los fenómenos caóticos, generando figuras que por su notable atractivo difundieron la teoría del caos entre muy amplias audiencias. El caos determinista se concibe, en definitiva, como un comportamiento recurrente, aperiódico, gobernado por ecuaciones deterministas no lineales con sensibilidad infinita a las condiciones iniciales.

La mayoría de los fenómenos en torno a nosotros son tan débilmente no lineales que se los puede manejar como si fuesen lineales sin apenas error discernible. Por fortuna, para elaborar sus teorías, los pioneros de la ciencia moderna dirigieron su atención hacia fenómenos que, por aproximarse estrechamente a una conducta lineal, admiten predicciones de soberbia exactitud. Gracias a tan venturosa circunstancia, la dinámica no lineal y la teoría del caos solo fueron descubiertas en el siglo xx.

Suele unirse la teoría del caos con la idea del desorden más completo, aunque a menudo tengan lugar fenómenos de autoorganiza-

---

123 Lorenz (1963, 1979).
124 Gleick (1987), traducido como Caos: La creación de una ciencia (Seix Barral, Barcelona, 1988).
125 Mandelbrot (1982).

Benoit Mandelbrot [IBM].

ción gracias a las mismas propiedades de no linealidad que en otras situaciones originan el caos. Basta con que un sistema que exhiba esa no linealidad apropiada se halle acoplado con una fuente de energía externa, a expensas de la cual pueda reorganizarse aumentando y manteniendo su complejidad. Tal es el caso de una peculiar clase de ondas —los «solitones»— capaces de recorrer considerables distancias sin dispersarse. Los solitones son en realidad grupos o «empaquetamientos» de ondas en los que los efectos dispersivos y los no lineales se compensan, evitando de este modo la disgregación del conjunto a lo largo de dilatados periodos de tiempo. El primer solitón del que tenemos noticia fue avistado en 1834 en las aguas del canal Unión, cerca de Edimburgo, por el joven ingeniero escocés John Scott Russell durante un paseo campestre.

A principios del siglo XX, el francés Henri Bénard (1874-1939) descubrió que, calentando por debajo un recipiente con un líquido viscoso, como el aceite de silicona, se producen unos movimientos de convección que remueven el fluido. Estos movimientos dan paso súbitamente a un motivo geométrico en forma de panal formado por celdas o rodillos hexagonales, llamados células de Bénard. Parecido comportamiento exhibe la reacción química apellidada «de Belousov-Zhabotinsky», con sus rítmicas oscilaciones de color y forma. La reacción se produce mezclando ácido malónico, sales de bromo, ácido sulfúrico e iones de cerio en las concentraciones correctas a la temperatura adecuada para obtener hermosas figuras espirales y una alternancia periódica entre el color azul y el rojo.

A comienzos de la década de 1970, el matemático francés René Thom (1923-2002) generalizó un planteamiento topológico con el que pretendía explicar, entre otras cosas, el comportamiento global de los sistemas dinámicos no lineales. Mediante plegamientos y torceduras de la propia estructura del espacio de fases, advirtió que era posible comparar las propiedades que ocasionan transiciones abruptas y repentinas en el estado de un sistema. Thom las denominó «catástrofes», dando con ello nombre a su formalismo[126], y comprobó que bajo condiciones muy generales cualquier transición brusca era clasificable dentro de una serie de siete catástrofes elementales. Acogida con entusiasmo en sus comienzos, como una especie de receta universal para describir todo tipo de cambios abruptos, la teoría de catástrofes fue revelándose con el paso del tiempo como poco más que un instrumento para la obtención de modelos abstractos semi-cualitativos, muy lejos de las expectativas revolucionarias que parecía contener.

La autoorganización pronto dio las mismas pruebas de omnipresencia que su compañero en la no linealidad, el caos[127]. A través de procesos no lineales se pudo justificar la existencia en la naturaleza de estructuras tan complejas y duraderas en el tiempo como las turbulencias atmosféricas responsables de la gran mancha roja de Júpiter; el comportamiento colectivo de los fotones en un láser o de los electrones en un semiconductor; las ondas de choque en un fluido viscoso, o la dinámica de las manchas en el Sol. Tampoco la biología se libró de la visita de la no linealidad, que dio motivos para estudiar desde otras perspectivas el plegamiento espontáneo de las proteínas y del ADN; la transmisión en paralelo de señales eléctricas en las redes neuronales, e, incluso, el propio origen químico de la vida en nuestro planeta[128].

En la última década del siglo XX la investigación sobre sistemas no lineales se había expandido tanto que condujo a la fundación de un nuevo organismo de investigación, el Instituto de Santa Fe (Nuevo Méjico). Allí se trabajaba sobre conceptos tan novedosos como la «autoorganización crítica» de Per Bak, físico danés emigrado a Estados Unidos en la década de 1970. Su idea se explica a través de la imagen de un montón de arena que crece conforme añadimos más, hasta un momento —un punto crítico— en el cual un solo grano de arena extra

---

126 Thom (1975).
127 Keller (2008).
128 Gregersen (2003).

puede provocar una avalancha. A juicio de Bak, fenómenos similares a este —como una quiebra bursátil, la extinción de las especies o los terremotos— podrían llegar a entenderse matemáticamente, aunque eso no signifique necesariamente que lleguen a dominarse[129].

COMPLEJIDAD E INFORMACIÓN

Uno de los tópicos más discutidos en el Instituto de Santa Fe, y las numerosas instituciones similares surgidas con posterioridad, es el de la complejidad, cuyo aspecto engañosamente intuitivo oculta sus afiladas aristas. Todos creemos saber lo que es un tema complejo, en oposición a un asunto sencillo; ahora bien, cuando tratamos de formalizar esa diferencia comienzan a aparecer dificultades y sutilezas con las que no contábamos. Los sistemas complejos son aquellos cuyos modelos teóricos resultan intrínsecamente difíciles de construir debido al gran número de componentes que interactúan entre sí o al carácter enrevesado de dichas interacciones[130].

Pensemos en la variedad de sistemas complejos que nos rodean: el clima global de la Tierra; un ecosistema; el desenvolvimiento de los organismos vivos en su entorno; organizaciones sociales y económicas (una ciudad populosa); las redes eléctricas comerciales, o el funcionamiento del cerebro humano. Todos estos sistemas poseen propiedades distintivas que los dotan de su complejidad característica, como no linealidad, autoorganización espontánea, adaptaciones interactivas al entorno, equilibrios dinámicos o bucles de retroalimentación, entre muchas otras. Debido a la enorme variedad de estos sistemas, muy a menudo se utiliza la teoría matemática de redes para representarlos, donde los nodos y los vínculos de la red representan respectivamente los componentes del sistema y las interacciones entre ellos.

Así, el estudio de la complejidad suele enfocarse en la investigación del modo en que las relaciones entre las partes de un sistema dan lugar a su comportamiento colectivo, así como la manera en que dicho sistema interactúa con su entorno. Tómese, por ejemplo, el caso de una célula viva, un sistema complejo cuyo funcionamiento interno

---

129 Bak (1972).
130 Badii & Oikiti (1997), Morowitz (2002), Bertuglia & Vaio (2005), Mainzer (2005), Calude (2007).

y relaciones con el exterior todavía encierran múltiples incógnitas. Pero el interés de la ciencia de la complejidad —empresa interdisciplinar por excelencia— no se limita a la biología, pues su versatilidad alcanza campos tan dispares como la física estadística, dinámica no lineal, antropología, meteorología, sociología, economía, psicología y ciencia de la computación.

El bielorruso Aleksandr Bogdánov (1873-1928) albergó intuiciones notablemente sagaces sobre este campo, cuya importancia y variedad conformaban de hecho una nueva disciplina que él denominó «tectología». Esta nueva ciencia debía ocuparse de contemplar las ciencias en su totalidad —materiales o formales, naturales o sociales— como sistemas de relaciones, y dilucidar las pautas universales que todas ellas tienen en común. Su autor, por tanto, se convirtió en un adelantado de la teoría general de sistemas[131], formulada tiempo después por el austriaco Ludwig von Bertalanffy (1901-1972). Lamentablemente, la militancia marxista de Bogdánov le condujo a un acerbo enfrentamiento con el propio Lenin. A consecuencia de ello, las autoridades soviéticas silenciaron durante décadas la obra de este médico, filósofo, economista y político, cuya originalidad solo durante la década de 1970 comenzó a redescubrirse en Occidente[132].

Cabe destacar la importancia de los trabajos sobre complejidad computacional, dirigidos a la clasificación de los problemas computacionales, dependiendo de la cantidad de recursos —básicamente, tiempo y capacidad de almacenamiento de datos— necesarios para resolver un cierto problema de cálculo[133]. Un problema computacional es aquel que, en principio, puede resolverse mediante la aplicación de una serie ordenada de operaciones matemáticas (un algoritmo). Se dice entonces que un problema computacional es inherentemente complejo si para resolverlo se requiere una gran cantidad de recursos con independencia del algoritmo empleado.

Aunque pudiese parecer lo contrario, en muchos aspectos el estudio de la complejidad se halla en el extremo opuesto de las investigaciones sobre la conducta caótica[134]. La noción de complejidad nos lleva a preguntarnos sobre el modo en que un extenso conjunto de intrincadas relaciones puede generar una pauta de comportamiento colec-

131 Bertalanffy (1968).
132 White (2018).
133 Homer & Selman (2011).
134 Cillers (1998).

tivo relativamente sencilla de detectar. Por el contrario, el caos determinista surge como resultado de un número relativamente pequeño de interacciones no lineales que imposibilitan toda predicción futura.

Otra distinción esencial entre caos y complejidad estriba en la importancia de la evolución anterior del sistema[135]. Los fenómenos caóticos no dependen de la trayectoria del sistema en el espacio de estados, ya que su ingreso en el régimen caótico puede darse de muy diversas formas. Los sistemas complejos, por otro lado, evolucionan en la frontera entre el equilibrio y el caos a partir de una serie previa de sucesos irreversibles e inesperados, lo que el físico y premio nobel Murray Gell-Mann denominó «una acumulación de accidentes congelados». En ese sentido, los sistemas caóticos podían considerarse un subconjunto de los sistemas complejos distinguidos por esa independencia con respecto a su historia previa.

Una de las principales relaciones de los sistemas complejos con el exterior viene dada por el intercambio de información, tomando esta expresión en un sentido amplio. Es por ello que existen fuertes lazos entre los estudiosos de la complejidad y los especialistas en la teoría matemática de la información. Esta última aborda el tratamiento probabilista de los conceptos, parámetros y reglas que rigen la transmisión de señales a través de un canal cualquiera de comunicación, teniendo en cuenta las posibles fuentes de ruido que distorsionan el mensaje principal. La forma moderna de este campo de investigación fue establecida a mediados del siglo XX por el estadounidense Claude Shannon (1916-2001) con gran éxito[136]. Desde entonces se ha convertido en una poderosa rama de la matemática aplicada, combinándose con otras áreas del conocimiento como la estadística, termodinámica, biología, ingeniería, neurología y ciencias de la computación.

Desafortunadamente, tanto la palabra «información», que da nombre a la teoría, como otro de los conceptos claves de esta disciplina llamado «entropía» se utilizaban previamente en otros contextos muy distintos, de forma que las connotaciones engañosas resultan difíciles de erradicar. Los ecos del concepto de entropía termodinámica —una propiedad enteramente objetiva— resuenan aquí ligados al concepto de información, cuyo origen es psicológico y, por tanto, de índole subjetiva. Estas confusiones sobre conceptos dispares etiquetados de igual manera

---

135 Gell-Mann (1995), Buchanan (2000).
136 Shannon (1948).

Claude Shannon [Wikimedia Commons].

—una suerte de espejismo semántico— ha propiciado doctrinas delirantes, como la que afirma que las unidades fundamentales del mundo físico no son materiales, sino bits, datos binarios de información.

Esa era la opinión del físico estadounidense John Archibald Wheeler —quien la resumió con la pegadiza frase *It from bit*—, el serbio Vlatko Vedral y el matemático estadounidense nacionalizado argentino Gregory Chaitin. Sus disertaciones parecen olvidar que no puede haber información, en sentido estricto, sin un individuo consciente que la codifique y emita, para que otro —igualmente consciente— la reciba y la interprete de acuerdo con un código compartido. En otras palabras, no puede haber verdadera información sin seres materiales habilitados para comunicarse e intercambiarla. Por tanto, y contra la postura de Wheeler al respecto, lo que ocurre en realidad podría sintetizarse mejor como *Bit from it*, siempre y necesariamente.

PROPIEDADES EMERGENTES

Como hemos visto, la teoría de los sistemas complejos se propone dilucidar las relaciones que vinculan sus constituyentes en diversas escalas y circunstancias. En tales casos, a partir de las múltiples interacciones entre las partes del sistema, suelen darse propiedades nuevas que no existían en sus componentes por separado[137]. Se habla entonces de propiedades «emergentes», una poderosa novedad conceptual que suele resumirse con frecuencia mediante la conocida frase «El todo es mayor que la suma de sus partes».

Esta idea posee un rancio abolengo que puede remontarse al menos hasta la obra de Aristóteles, quien afirmaba que el todo era más que la suma de sus partes. El polímata británico John Stuart Mill (1806-1873), mucho tiempo después, distinguió en la naturaleza entre leyes homopáticas, en las que se cumplía que el efecto conjunto de varias causas equivale a la combinación de los efectos de cada causa separada, y las leyes heteropáticas, en las que el aserto anterior no se cumple[138]. En el primer tercio del siglo XX el emergentismo experimentó sucesivamente su auge y declive de la mano de autores como Charles Dunbar Broad (1887-1971), a cuyo parecer las propiedades emergentes de un sistema no pueden ser deducidas exclusivamente a partir del conocimiento más completo posible de las propiedades de sus componentes, ya tomados aisladamente o integrados en otros sistemas[139]. Durante el último tercio de ese mismo siglo, sin embargo, la visión emergentista resurgió en un formato bastante más sofisticado, con ayuda de la teoría de la complejidad y los nuevos conocimientos sobre sistemas no lineales[140].

La emergencia de características y propiedades, por tanto, posee importantes implicaciones en las ciencias naturales como las sociales. La viscosidad, digamos, nos proporciona un ejemplo sencillo de propiedad emergente en la física. Los átomos y las moléculas carecen de esa característica; no tiene sentido decir que un átomo de oxígeno o una molécula de ácido graso son más o menos viscosos. Sin embargo, resulta del todo pertinente preguntarse por la viscosidad de un gas formado por átomos de oxígeno o la de un volumen que contenga miríadas de moléculas de un ácido graso. Propiedades físicas tan típicas como la viscosidad, la elasticidad o la conductividad solo cobran sentido cuando se aplican globalmente a un material, pues sus constituyentes básicos carecen de ellas.

La biología también presenta sus propios fenómenos emergentes, quizás en mayor número que la física. La evolución —por citar el

---

137 El término «propiedad emergente» fue acuñado por el filósofo británico George Henry Lewes (1817-1878).
138 Mill (1843).
139 Broad (1925).
140 Bunge (1977), Teller (1992), Baas (1994), Bechtel & Richardson (1993), Crutchfield (1994), Baas & Emmeche (1997), Emmeche et al (1997), Collier & Muller (1998), Kim (1999), Stephan (1999).

ejemplo más obvio— es una propiedad que atañe a los grupos de individuos, no a los especímenes individuales. Los animales y las plantas, considerados en sí mismos, no evolucionan más allá del envejecimiento natural; son las especies en su conjunto las que experimentan el proceso evolutivo. Otro ejemplo interesante viene de la homeostasis, el equilibrio dinámico por el cual un organismo vivo mantiene sus variables fisiológicas dentro de ciertos límites compatibles con su subsistencia. Nadie hablaría de la homeostasis de un ácido nucleico o de una proteína, pero sí se estudia esa propiedad en niveles de organización que van desde una célula a un ecosistema.

Propiedades emergentes pueden hallarse asimismo en las ciencias sociales. Cuando nos preocupamos por la superpoblación, estamos refiriendo nuestra inquietud a una característica que no se aplica a los miembros particulares de una comunidad. Solo del grupo humano global, en su relación con el entorno, puede decirse que acaso sufra un problema de superpoblación. Del mismo modo sucede con otros rasgos sociológicos, como el índice de criminalidad o la estructura jerárquica de las organizaciones sociales que determina la distribución interna de poder (la famosa «ley de hierro de las oligarquías» de Michels[141]).

En la interpretación de los fenómenos emergentes se distingue[142] un sentido «fuerte» y otro «débil». Este último se daría cuando los estados macroscópicos pueden deducirse —aunque sin total precisión— de la microdinámica del sistema y de las condiciones externas, mediante simulaciones informáticas tremendamente complejas pero factibles en teoría. Así sucedería con la viscosidad, presentada como ejemplo al principio de este apartado.

No obstante, para el planteamiento «fuerte», las propiedades emergentes son rasgos sistémicos de estructuras complejas gobernadas por leyes irreducibles a las del nivel de organización inferior por razones conceptuales. Las pautas y regularidades de los organismos biológicos, digamos, no pueden ser caracterizadas meramente por los conceptos y la dinámica de la física subyacente, aunque resulte indiscutible que todos los seres vivos se hallan constituidos por partículas materiales que han de obedecer en último término las leyes físicas[143].

---

141 Véase el capítulo 9.
142 Chalmers (2006).
143 Bunge (2014). Algunos criterios para distinguir propiedades emergentes de las que no lo son se recogen en Wimsatt (2008).

Otros ejemplos de emergencia en sentido fuerte provendrían de la aparición de la vida a partir de la materia inanimada; el surgimiento de la mente sobre la base de la actividad neuronal, o la evolución de las especies por selección natural[144]. El caso de los rasgos evolutivos considerados como características emergentes sugirió introducir el concepto de «causalidad descendente» (*downward causation*), aplicable cuando las propiedades emergentes tienen facultades causales que influyen sobre las propiedades o procesos de nivel inferior[145].

Afirmar que una propiedad es emergente equivale a admitir su carácter de novedad genuina, sin suponer que resulta sencillamente de la reorganización de elementos preexistentes. Así entendido, el emergentismo puede resumirse en cuatro postulados[146], el primero de los cuales declara que algunas de las propiedades de todo sistema son emergentes. Para evitar la acusación de ser impredecibles e inexplicables, se añade el segundo postulado según el cual toda propiedad emergente puede explicarse en términos de las propiedades de sus componentes y de los acoplamientos entre estos, o de la interacción entre contenidos, estructura, mecanismos y entorno.

El enunciado anterior parece habernos devuelto al reduccionismo tradicional, inconveniente solventado con la adición de los dos últimos postulados: «Todas las cosas pertenecen a algún orden o nivel de organización» y «Cualquier cosa compleja que pertenece a un cierto nivel de organización se ha configurado a partir de elementos del nivel precedente». Con estas cuatro premisas retenemos lo mejor del reduccionismo, sin convertirnos en reduccionistas radicales.

Con respecto al emergentismo, en el ya mencionado Instituto de Santa Fe, sobresale la obra de uno de sus fundadores, Philip Anderson (1923-2020), cuyas investigaciones acerca de los superconductores lo hicieron merecedor de un premio nobel en 1977. Desde su punto de vista, existe jerarquía dentro del orden que exhibe la naturaleza, según la cual cada nivel en que se organiza el mundo —especialmente el biológico— resulta hasta cierto punto independiente del orden que rige los niveles superiores e inferiores[147]. Otro modo de decirlo sería sostener que las propiedades emergentes de un sistema dependen de las propiedades de sus componentes, aunque no se reduzcan meramente a ellas.

---

144 Gould (2004).
145 Campbell (1974), Bickhard (2000).
146 Bunge (1977), pp. 503-504.
147 Anderson (1972). Recogido también en Horgan (1996), pp. 209-210.

Philip Warren Anderson [Wikimedia Commons].

Debido a esa independencia parcial, en cada etapa de nuestro avance en el conocimiento científico se revela la necesidad de generalizaciones, leyes y nociones enteramente nuevas. En otras palabras, la psicología no es una biología aplicada ni cabe reducir la biología a química-física aplicada. Así pues, una de las mejores enseñanzas que podemos extraer de los fenómenos emergentes nos advierte a permanecer en guardia contra la tentación de pensar que cuando poseemos un buen principio general en un nivel podemos hacer que funcione en el resto.

Una concepción así choca frontalmente con posturas como la sostenida por el renombrado físico estadounidense Steven Weinberg, cuya oposición a considerar los aspectos filosóficos de la empresa científica tuvimos ocasión de comentar en la introducción de esta obra. En el mismo libro[148] donde expone ese punto de vista, Weinberg vierte sus opiniones en defensa del reduccionismo con apasionada elocuencia y sin perder su elegante cortesía habitual. Comienza reconociendo que propugnar el reduccionismo implica admitir que unas parcelas del conocimiento son más fundamentales que otras, en el sentido de una mayor cercanía a explicaciones más profundas y abarcadoras. Pero también se apresura a subrayar —con gran gentileza— que semejante apreciación no supone desdeñar unas ramas científicas frente a otras.

---

148 Weinberg (1994). Pese a no profundizar demasiado en el tema sugerido por el título, este libro es, sin embargo, una verdadera mina de temas para la polémica.

Weinberg acierta por entero cuando dice[149] que «La actitud reduccionista proporciona un filtro que ahorra a los científicos de todos los campos una pérdida de su tiempo en ideas que no son dignas de ser seguidas», aunque deja al descubierto un flanco mucho más debatible cuando afirma[150]:

> *Para terminar está la cuestión de la emergencia: ¿es cierto que existen realmente nuevos tipos de leyes que gobiernan los sistemas complejos? Sí, por supuesto, en el sentido en que los distintos niveles de experiencia apelan a descripciones y análisis en términos diferentes. Esto mismo es tan cierto para la química como para el caos. Pero ¿nuevos tipos de leyes fundamentales? [...] Lo mismo es cierto para la emergencia del caos. El progreso excitante que se ha hecho en los últimos años en esta área no ha tomado forma solamente a partir de la observación de sistemas caóticos y la formulación de leyes empíricas que los describen; más importante aún ha sido la deducción de las leyes matemáticas que gobiernan el caos a partir de las leyes físicas microscópicas que gobiernan los sistemas que se hacen caóticos.*

La objeción de Weinberg radica en el divorcio que él cree percibir entre las leyes subyacentes en el micronivel y las leyes emergentes en niveles superiores de organización. Con ello, el físico estadounidense revela su confusión entre el emergentismo y el holismo (o «globalismo»), pues en el segundo —y no en el primero— es donde se da la desconexión de niveles explicativos que Weinberg critica con razón. Un reduccionista ortodoxo convendría en que se debe buscar una explicación última y definitiva de la realidad mediante un solo tipo de constituyente básico del mundo material, una sola ley de composición entre esos constituyentes y una sola clase de relaciones entre ellos y sus agregados de orden superior. El holista, muy al contrario, arguye que solo las agregaciones de nivel superior tienen importancia, pues las leyes que de ellos se deducen son las verdaderamente fundamentales y carecen de toda conexión con las propiedades de los constituyentes básicos[151].

---

149 Ibid., p. 58.
150 Ibid., p. 57, la palabra «fundamentales» destacada en el original.
151 En rigor, el holista es un reduccionista ascendente o macrorreduccionista, frente al microrreduccionismo del fisicalista.

A diferencia de las dos opiniones anteriores, situadas en extremos opuestos, la perspectiva emergentista, aunque coincide con los reduccionistas en la existencia de elementos básicos en el micronivel físico y con el holista en la realidad de leyes fundamentales de nivel superior, considera que la materia se organiza en niveles caracterizados por propiedades específicas no reducibles totalmente a los niveles inferiores. He ahí el punto clave: el emergentismo destaca a la vez el carácter fundamental de las leyes de niveles superiores (pues no son totalmente deducibles de las leyes en el micronivel) y el anclaje de esas leyes en las propiedades de los constituyentes básicos de los que afloran (dado que dependen en parte de ellos para surgir).

REDES DE TEORÍAS Y CIENCIAS MIXTAS

Las hipótesis científicas —ya lo sabemos— no se ponen a prueba aisladamente, sino dentro del entramado conceptual de una teoría y sometidas a las limitaciones técnicas de cada época histórica. Análogamente, ocurre con las propias teorías, que no se yuxtaponen unas a otras, cerradas sobre sí mismas, como canicas en un muestrario. Muy al contrario, también las teorías veraces forman entre ellas una urdimbre que se extiende por más de un campo de conocimientos. De hecho, cuando más adelante discutamos las creencias pseudocientíficas (cap. 10), señalaremos que esa interconexión constituye uno de los signos distintivos de la ciencia genuina.

Estas redes de teorías[152] suelen contener un núcleo central con principios-guía, enunciados abiertos en los que participan conceptos[153] muy generales capaces de concretarse en múltiples situaciones específicas. Las líneas de aplicación —otro elemento de la red— dictan la cantidad de posibles concreciones del núcleo en teorías particulares. A su vez, la verificación o refutación de tales teorías particulares determinará la fertilidad de la red de teorías de la que procedan.

Tal vez el ejemplo más sencillo se encuentre en la red teórica de la mecánica clásica, que en realidad configura algo más parecido a una superred, por su extensión y ramificaciones, si consideramos «clá-

---

152 Moulines (1982).
153 O mejor «conceptores» (conceptos de conceptos), como dirían los expertos en lógica.

sico» todo aquello que no sea «cuántico». En su núcleo fundamental hallaríamos una forma muy genérica de la segunda ley newtoniana del movimiento, que relaciona la aplicación de fuerzas con ciertos cambios de estado de la materia (aceleraciones, deformaciones, etc.). Añadiendo requisitos específicos llegaríamos a la mecánica de partículas usual, la mecánica de medios continuos, fluidos, elasticidad, sólido rígido e incluso a la mecánica relativista.

Otra notabilísima red de teorías se teje en torno al núcleo proporcionado por la evolución neodarwinista, que opera a nivel poblacional mediante una combinación de alteraciones genéticas y selección natural. Enriqueciendo el núcleo básico del neodarwinismo con las especificaciones pertinentes, obtendremos las diversas teorías particulares de evolución de las especies concretas que nos ocupen, pues cada una de ellas experimentará un proceso particular de cambio y adaptación a su entorno. Y podríamos seguir ofreciendo ejemplos similares en otras áreas de las ciencias sociales y naturales.

No obstante, ni siquiera las redes teóricas permanecen drásticamente separadas entre sí. Cuando alguno de los principios constituyentes del núcleo de una red es también compartido con el núcleo de otra —como sucede con frecuencia— se tienden puentes entre disci-

Las teorías científicas se relacionan entre sí como los nodos de una red.

plinas antes disjuntas, es decir, aparece la el solapamiento entre disciplinas[154] o «interdisciplinariedad». De ordinario, suele entenderse por interdisciplinaria la colaboración entre distintas disciplinas para un proyecto de investigación concreto, no tanto el hecho de que en cierta medida compartan conceptos y objetivos.

Afinando mucho más, algunos autores distinguen entre multidisciplinariedad, crucedisciplinariedad y transdisciplinariedad[155]. Un trabajo multidisciplinar es sencillamente el que aborda un mismo problema desde el punto de vista de diferentes disciplinas, cada una de ellas independiente de las demás. El planteamiento crucedisciplinario (*crossdisciplinary*) da un paso más y abarca los intercambios de información entre distintas disciplinas capaces de modificar las perspectivas usuales en ellas. Y la transdisciplinariedad se refiere al desarrollo de marcos conceptuales que combinen o sinteticen las visiones generales de diversas disciplinas. El aspecto más interesante se encierra en este último significado, ya que de él nace la posibilidad de existencia de ciencias mixtas, algunas de las cuales mencionaremos a continuación.

La biofísica y la bioquímica quizás se cuenten entre las ciencias híbridas más conocidas. Ambas toman los conocimientos biológicos disponibles y los contemplan a la luz de los conceptos y métodos imperantes respectivamente en la física y la química. Gracias a la biofísica podemos estudiar el cuerpo de los seres vivos como si fuese un sistema mecánico, eléctrico y óptico, sometido a los mismos requerimientos que cualquiera de esos dispositivos. Sabremos cuál es la máxima altura posible de un árbol dependiendo de la gravedad, la presión osmótica en sus hojas y la geometría de sus tubos de conducción interna. Trataremos la resistencia a la fractura en los huesos de los animales en virtud de la mecánica del sólido rígido y podremos calcular la agudeza visual considerando sus ojos como una clase especial de lentes ajustables. Por su parte, la bioquímica estudiará los procesos biológicos en un nivel molecular, explicando cómo se ensamblan y estabilizan los componentes del ADN o el mecanismo que permite al hierro de la hemoglobina capta el oxígeno inspirado para llevarlo a las células, donde propiciará una serie de reacciones de oxidación indispensables para la vida.

---

154 Klein (2001), Açeşme et al (2016).
155 Miller (2010).

En estrecho paralelismo con el caso anterior, tenemos la geofísica y la geoquímica. La primera de ellas nos proporciona información tan valiosa como el origen del campo magnético terrestre que, entre otras cosas, nos protege del viento solar y hace posible la vida en la Tierra. Las investigaciones geoquímicas, a su vez, dilucidan la composición de los diferentes estratos rocosos en áreas geográficas localizadas o en el conjunto de nuestro planeta. Más exótica aún es la heliosismografía, que analiza las turbulencias de la superficie solar como si de terremotos se tratara.

Algunas ciencias mixtas trasladan los métodos de un campo de investigación a otro, lo que puede ser tan fructuoso como la bioinformática, dedicada al almacenamiento y análisis de datos experimentales en busca de patrones que permitan predecir propiedades y comportamientos de los seres vivos. La cibernética opera de igual modo, inspirándose en la respuesta de los organismos ante los estímulos del entorno para imitar los procesos de regulación automática y aplicarlos a sistemas eléctricos o mecánicos.

Pero quizás las fusiones más llamativas son aquellas que se producen en la encrucijada entre las ciencias naturales y las sociales. La propia psicología podría contemplarse como el feliz resultado de cruzar una ciencia natural, la neurología, con una ciencia social, la sociología. Así se explica que haya especialidades más proclives a uno u otro progenitor, por lo que tenemos la psicología fisiológica, apuntando hacia el ámbito neurológico, y la psicología colectiva, orientada hacia el estudio de los grupos sociales. La neurolingüística constituye un caso todavía más claro, ya que su mismo nombre indica su origen en el ensamblaje entre la neurociencia y la lingüística, con el propósito de averiguar los mecanismos cerebrales que explican la comprensión y el uso del lenguaje en el ser humano.

La pujanza de la interdisciplinariedad a lo largo del último tercio del siglo xx no dejó de inquietar a algunos sectores profesionales, quienes consideraban que la excesiva porosidad entre especialidades podría acabar diluyendo su valor intrínseco[156]. Además, la combinación descuidada o poco rigurosa de áreas de trabajo por el mero afán de crear temas novedosos —a juicio de estos autores— daría lugar a pseudo-disciplinas mostrencas de escaso valor intelectual. Así parece ocurrir con el llamado «modelo gravitatorio del comercio

---

156 Jacobs (2014).

internacional», un cálculo que remeda la ley newtoniana de la gravitación universal estipulando que el flujo comercial entre dos países es directamente proporcional al producto de sus tamaños económicos (medidos por el PIB) e inversamente proporcional a la distancia que los separa[157]. Al margen de los éxitos aparentes que pueda conseguir torturando convenientemente los conceptos y las cifras, este modelo —por llamarlo así— no pasa de ser una triste parodia de la genuina ecuación gravitatoria de Newton.

Pese a todo, una de las ciencias intermedias que más popularidad alcanzó en el umbral entre los siglos XX y XXI fue la «econofísica», vástago del supuesto mestizaje entre los problemas de la economía y las formulaciones matemáticas de la física teórica. Con demasiada frecuencia, la pretendida econofísica no pasa de ser la aplicación a ciertos modelos económicos de los métodos matemáticos empleados en el tratamiento de sistemas complejos cualesquiera. No hay correspondencia entre conceptos básicos ni se comparten referentes materiales, de modo que la impresión de solapamiento viene creada tan solo por el condominio de técnicas de cálculo, inicialmente trasvasadas de la física a la economía.

Contemplado de ese modo, más bien deberíamos pensar en una penetración en la economía de formulaciones ensayadas primero en la física, ya que los sistemas físicos fueron los primeros casos de complejidad abordados por las ciencias naturales. Cierto. Algunos modelos, inspirados en transiciones de fase y rupturas espontáneas de simetrías, se ciñen muy bien a la distribución real de riqueza en los países estudiados, desvelando al mismo tiempo que el aumento de desigualdad —y la inestabilidad asociada— resulta inherente a un sistema capitalista puro sin mecanismos de redistribución[158].

También se han desarrollado descripciones de los sistemas económicos que pretenden aunar las reglas termodinámicas sobre la gestión de la energía con el análisis económico de costes sobre dicha gestión[159], sin perder de vista las repercusiones ecológicas, lo que se ha dado en llamar «termoeconomía». Habida cuenta de que todos los procesos materiales —interesen a las ciencias sociales o a las naturales— comportan necesariamente intercambios de energía, no cabe duda sobre la importancia de incluir consideraciones termodinámi-

---

157 Isard (1954).
158 Volveremos sobre ello en el capítulo 9.
159 Demirel (2014), cap. 5.

cas, aunque esto podría ser también un punto débil, ya que resultaría, por ese mismo hecho, un planteamiento quizás demasiado general e inespecífico.

Parafraseando al ya mencionado Weinberg, es cierto que diferentes asuntos pueden revestir gran interés cuando se observan desde distintos puntos de vista. Pero no es menos cierto que un mismo asunto, formulado en distintos términos, puede iluminar importantes verdades antes imperceptibles o convertirse en una abstrusa banalidad aderezada con abundantes matemáticas. A las teorías, como a las personas, el tiempo también acabará poniéndolas en su sitio.

6. ENTRE DOS INFINITOS

Toda división en el cuerpo del conocimiento científico es arbitraria hasta cierto punto, pues somos nosotros quienes creamos tales clasificaciones como herramientas para ordenar y comprender el incesante flujo de los acontecimientos. Aun así, también es cierto que podemos fijar nuestra atención en rasgos objetivos del conocimiento para catalogarlo según un determinado criterio. En ese sentido, uno de los menos arbitrarios es el que diferencia entre ciencias sociales y naturales, para distinguir a continuación en estas últimas entre la materia inanimada y los seres vivos. Comenzaremos nuestra andadura tratando de establecer, a lo largo del camino, una suerte de canon científico que, junto con una sucinta revisión de temas que un individuo científicamente culto debería al menos conocer, también recogería los textos descollantes —clásicos algunos, otros no tanto—, en cuyas páginas sería aconsejable bucear. Y nuestro periplo se iniciará en las ciencias físico-matemáticas, aquellas que se ocupan con gran éxito de la materia inerte, empleando herramientas matemáticas que liberan al pensamiento humano de sus propios, y con frecuencia inadvertidos, prejuicios. Serán estas las ciencias que nos transporten desde lo infinitesimalmente diminuto hasta la inconcebible infinitud del universo.

Los primeros humanos modernos, todavía cazadores-recolectores, se hallaban rodeados en su vida diaria de tantos peligros y dificultades que poco podían alcanzar más allá de la mera supervivencia. Y, no obstante, entre esas pocas actividades colaterales no dejaron de cultivar el arte y los rudimentos de lo que hoy llamaríamos ciencia, demostrando que ambos aspectos son consustanciales al espíritu humano incluso en sus etapas más primitivas. Junto a las bien conocidas obras de arte rupestre, encontramos muescas en huesos equiparables a un tosco sistema de numeración o recuento, así como una inquietud esencial por los ciclos de la naturaleza —observables, sobre todo, en los repetitivos cambios del cielo nocturno—, que rubricaron para nuestra perplejidad en la perfección de sus monumentos megalíticos.

Aunando la necesidad humana de comprender el mundo y el deseo de protegerse de sus azares, nacieron las primeras creencias mágicas y religiosas. En torno a la figura del sacerdote, hechicero o chamán se celebraban los rituales que otorgaban a la tribu su identidad; de ahí la importancia política de la cual han gozado, en cualquier momento histórico, quienes guardan las llaves del conocimiento (o lo que pasa por ser conocimiento). Conforme las civilizaciones se desarrollaban convirtiéndose en sedentarias gracias a la agricultura y la ganadería, también las exigencias de conocimiento se fueron sofisticando, y así surgió el pensamiento filosófico a orillas del mar Egeo a finales del siglo VI en el calendario occidental.

La filosofía griega y, en general, la del Occidente europeo mostró desde el principio una diferencia crucial con sus contrapartidas en Extremo Oriente. Lo que popularmente se conoce como «filosofía oriental» comprendía en realidad una serie de máximas éticas sustentadas sobre una visión mística y trascendente de la realidad —a menudo abiertamente religiosa—, que casa mal con la visión racionalista occidental. Tal vez por ello las filosofías de China e India se preocuparon más por la formación espiritual y ciudadana, mientras el pensamiento griego se preguntaba por el origen de todas las cosas, las causas de sus cambios y los límites de la razón humana[160].

Recogiendo la tradición pitagórica de veneración por las relaciones matemáticas, Platón (427-347 a. C.) sostuvo que la realidad material es tan solo el pálido reflejo de un mundo abstracto de ideas inmutables y perfectas, entre las cuales sobresalían los valores morales y los conceptos matemáticos. En su libro *Timeo*, Platón, además de exponer sus ideas sobre el mundo y la humanidad, muestra su admiración por el orden de la naturaleza, un orden que ha de ser en esencia matemático[161]. El también griego Euclides de Alejandría, que vivió entre los siglos VI y III a. C., presentó un resumen de las matemáticas (esencialmente geometría y aritmética) de su época en el texto clásico *Elementos*, que se utilizaría sin apenas modificaciones en la ense-

---

160 Aunque no siempre, como demuestra, lo que podríamos considerar una crítica del budismo acerca de las sustancias, la orientación racionalista del texto budista Kalama Sutta o algunas discusiones ontológicas de autores chinos.
161 Duhem (1908), Cohen & Drabkin (1958).

ñanza académica durante casi dos mil años[162]. Por desgracia, con la excepción de figuras como Arquímedes (287-212) y su célebre *Sobre los cuerpos flotantes*, los griegos aplicaron muy escasamente las matemáticas al estudio de la naturaleza, lo que acabó por extinguir el progreso de su ciencia[163].

El mejor alumno de Platón, Aristóteles (384-322 a. C.), prefirió interrogarse por las causas del cambio en el mundo material y por las modalidades del razonamiento lógico. De su curiosidad y sabiduría —ambas inconmensurables— surgieron tres obras clásicas de la filosofía natural (*Física, Del Cielo* y *De la Generación y la Corrupción*) y otra de la lógica argumentativa (*Órganon*, con seis tomos), que hoy disfrutamos gracias a la recopilación realizada por sus discípulos[164]. Los escritos aristotélicos sobre física contienen abundantes desaciertos que muchos divulgadores utilizan para ensalzar la ciencia moderna por comparación, sin advertir la injusticia de semejante proceder. Aristóteles cometió gruesos errores sobre las fuerzas, los movimientos y los fenómenos celestes, pero el balance global de su obra solo puede interpretarse como un avance espectacular en el conocimiento humano que —con todas sus equivocaciones— sentó las bases para futuros descubrimientos más firmes y duraderos.

Tras la caída del Imperio romano occidental, la Edad Media acarreó tantos inconvenientes para la filosofía de la naturaleza, que su progreso, si bien no se detuvo por completo, se vio profundamente entorpecido por las turbulencias políticas, las penurias materiales y el integrismo religioso. Esta relativa pausa intelectual finalizó con el Renacimiento[165], que contempló la recuperación de los textos clásicos grecorromanos —a través de sus traducciones medievales en árabe— y una serie de descubrimientos geográficos, como el de América, que revolucionarían la mentalidad de la época. Entonces es cuando irrumpe el sabio italiano Galileo Galilei (1564-1642) con una nueva visión de la filosofía de la naturaleza, de la cual él no fue el único portador pero sí quizás el más destacado.

La innovación de Galileo consistió en cambiar la actitud pasiva de contemplación de la naturaleza, típica de los antiguos griegos, por

---

162 Euclides (1991-1996).
163 Arquímedes (543, 1544). Para discutir el cénit y el ocaso de la ciencia griega, véase Sambursky (2009, 2011).
164 Aristóteles (1982, 1995).
165 Mínguez (2006).

una disposición activa que se propone intervenir sobre el funcionamiento del mundo natural para interrogarlo y así revelar sus verdades ocultas. Sin librarse por completo de la tradición medieval, este sabio italiano supo combinar la experimentación con la idealización matemática de los fenómenos, creando de hecho lo que hoy entendemos por método científico. Así quedó escrito en dos de sus más famosas obras, *Diálogo sobre los dos máximos sistemas del mundo* y *Discurso sobre dos nuevas ciencias*, aunque cualquier libro de Galileo es a la vez una delicia literaria y una joya cultural[166]. Cometió errores y hubo de enfrentarse a la intolerancia eclesiástica de su época, pero su relevo intelectual fue tomado por uno de los mayores genios de todos los tiempos, el inglés Isaac Newton (1643-1727).

Newton puso los cimientos de la teoría matemática de los movimientos físicos, la mecánica, además de formular la ley de la gravitación universal y demostrar la descomposición de la luz blanca en los colores del arcoíris. De los dos primeros asuntos se ocupó en el clásico *Principios Matemáticos de la Filosofía Natural*, y en *Óptica* del tercero[167]. Sus logros en matemáticas no quedaron atrás, ya que fue —junto con el alemán Leibniz— uno de los creadores del cálculo infinitesimal, una poderosísima herramienta formal sin la que sería difícil concebir la ciencia moderna. Sin embargo, el genio inglés carecía de las técnicas matemáticas que le permitirían abordar la mayoría de problemas físicos interesantes. Por eso la física newtoniana fue realmente consolidada por los sucesores de Newton (los llamados «geómetras del Barroco») durante el siglo XVIII, entre quienes destacaron Leonhard Euler (1707-1783) y la familia Bernoulli de matemáticos suizos. Tras ellos, los trabajos de Lagrange[168] y Hamilton —comentados en el capítulo anterior— dieron paso a la mecánica analítica.

Durante el siglo XIX arraigó la mecánica de medios continuos de la mano del francés Augustin Louis Cauchy (1789-1857), lo que permitía tratar de modo unificado desde los fluidos a los sólidos elásticos[169]. También a Cauchy se debe el mérito, compartido con el alemán Karl Weierstrass (1815-1897), de haber aclarado definitivamente los fundamentos matemáticos del cálculo infinitesimal mediante el concepto de «límite». Los matemáticos decimonónicos descubrieron las geo-

---

166 Galileo (1632, 1638, 1976, 1981, 1995), Galileo-Kepler (1990).
167 Newton (1718, 1726, 1729, 1736), Newton & Leibniz (2006).
168 Lagrange (1788).
169 Cauchy (1821).

metrías no euclídeas —en las que se cumple una forma modificada del teorema de Pitágoras—; realizaron avances cruciales en álgebra y geometría diferencial, e, incluso, el alemán Georg Cantor (1845-1918) llegó a clasificar diferentes tipos de conjuntos infinitos para perplejidad de sus contemporáneos[170]. De hecho, Cantor fue el creador, junto con su compatriota Richard Dedekind (1831-1916) de la teoría de conjuntos, piedra angular de la matemática moderna.

LAS CONVULSIONES DEL SIGLO XX

La mecánica traspasó el umbral del siglo XX con las primeras dudas sobre su propia solidez. Seguía presente el antiguo problema de encontrar un sistema de referencia absoluto, uno con respecto al cual las leyes de la física se expresaran de manera privilegiada, pues solo con respecto a ellos parecían tener sentido las leyes de Newton[171]. No obstante, todos los esfuerzos experimentales por hallar un referencial distinguido fracasaron irremediablemente, lo cual fue comprendido cuando el alemán Albert Einstein (1879-1955) publicó en 1905 su teoría la de la relatividad especial, en un primer artículo con el inocente título *Sobre la electrodinámica de los cuerpos en movimiento*[172]. Esta teoría dio un vuelco a una visión del mundo físico como no había ocurrido desde Newton. Por la relatividad especial sabemos que todos los movimientos no acelerados, o inerciales, son equivalentes e indistinguibles del reposo. El universo se concibe ahora como un entramado de espacio y tiempo, el espacio-tiempo, cuya peculiar geometría explica que las longitudes y las duraciones de los fenómenos dependan del sistema de referencia escogido.

Einstein nos enseñó asimismo que la serie de nuestras posiciones en cada instante forman una trayectoria de evolución en el espacio-tiempo, llamada «línea de universo». En consecuencia, todas las cosas serían en realidad rebanadas de esas líneas de universo que las limitaciones de nuestros sentidos nos impiden percibir. El transcurso del tiempo sería una pura ilusión psicológica, ya que desde una perspec-

---

170 Dauben (1989).
171 Alemañ (2016).
172 Einstein (1905a, 1950).

tiva espacio-temporal el tiempo mismo no puede fluir; ¿con respecto a qué definiríamos la «velocidad» a la que fluye el tiempo? Más sorprendente aún, de todo ello se deduce que la masa y la energía —propiedades antes consideradas fundamentales pero distintas— resultarían plenamente equivalentes. De ahí surge la famosísima ecuación de equivalencia masa-energía de Einstein que, para desconsuelo del genio alemán, tuvo su manifestación más dramática en la invención de la bomba atómica.

La física de altas energías no solo engendró armas de horripilante poder destructivo; también nos permitió explorar las profundidades de la materia en busca de sus últimos y definitivos componentes. En las primeras décadas del siglo XX aún se creía que los átomos se asemejaban a un sistema solar en miniatura, donde minúsculos electrones con carga eléctrica negativa giraban en torno a un núcleo formado por protones, cargados positivamente, y neutrones sin carga. Esa plácida sencillez pronto se desvaneció para dejar paso a un confuso tropel de partículas elementales cada vez más exóticas[173]. Afortunadamente, entre 1970 y 1973 el llamado Modelo Standard organizó las partículas elementales en una secuencia ordenada que se completó en 2012 con la confirmación experimental del bosón de Higgs, importante protagonista en el mecanismo que dota de masa al resto de partículas elementales.

Las primeras décadas del siglo XXI seguían considerando unas pocas clases de partículas (quarks, electrones, fotones y neutrinos) como los constituyentes fundamentales de toda la materia existente en el universo. Pero asimismo se suponía que todos ellos eran la manifestación de unas entidades aún más profundas —en ambos sentidos, conceptual y medible— de naturaleza controvertida. Tal vez fuesen «supercuerdas», filamentos unidimensionales cuyos diferentes modos de vibración identificamos nosotros como distintas partículas elementales vibraciones. O quizás fuesen «p-branas», algo semejante a membranas multidimensionales, donde el parámetro p indica el número de dimensiones de ese espacio-tiempo ampliado, algunas de las cuales permanecen enrolladas a nivel ultramicroscópico de forma que no podemos detectarlas directamente.

Debe señalarse que las supercuerdas o las p-branas no conforman verdaderas teorías, sino más bien formulaciones matemáti-

---

173 Alemañ (2011).

cas enormemente complejas solo al alcance de las mentes más brillantes (como el estadounidense Edward Witten o el argentino Juan Maldacena), aproximaciones de una teoría fundamental cuyos auténticos perfiles nadie conoce. Y sobra decir que carece todavía de cualquier confirmación experimental[174]. El cuadro de la situación quedó todavía más enrevesado tras las dos primeras décadas del siglo xx, cuando arreciaron las anomalías en el comportamiento de unas partículas elementales llamadas muones, lo que anunciaba la posibilidad de fenómenos desconocidos y tal vez una solución para el llamado «problema de la naturalidad»: el hecho peculiar de que las partículas elementales se reparten en escalas de energía extremadamente alejadas unas de otras.

Para mayor complicación, desde comienzos del siglo xx se constató que el proceloso mundo subatómico se hallaba gobernado por un tipo especial de leyes físicas aparentemente en las antípodas de la física macroscópica. Esta nueva física se apellidó «cuántica», porque uno de sus principales rasgos estribaba en la discontinuidad con que describía las interacciones entre la materia y la energía. La luz, por ejemplo, se componía de unidades discretas de energía llamadas fotones; las frecuencias de vibración de los átomos solo adoptaban valores discontinuos, y así en muchos otros casos[175].

Una de las circunstancias más llamativas de la física cuántica residía en el hecho de que privaba a la materia sub-microscópica de características que siempre se nos habían antojado esenciales para el mismo concepto de objeto material. Las partículas cuánticas, o «cuantones», carecen de posición o tamaño, y en su lugar exhiben distribuciones de probabilidad contenidas en una función —la «función de onda» o «función de estado»—, cuya verdadera interpretación física es todavía motivo de encendidos debates. Como el concepto de posición no se aplica a los cuantones, tampoco podemos definir para ellos una velocidad, lo que despoja de rigor la expresión «mecánica cuántica» utilizada a menudo para nombrar esta teoría, pues no hay verdadera mecánica sin posiciones y velocidades.

Existe de hecho unas relaciones matemáticas, las desigualdades de Heisenberg, según las cuales cuanto más se comporta el cuantón como un corpúsculo —con una posición bien definida— a mayor es

---

174 Smolin (2007).
175 Einstein (1905b), Gillespie (1976), Kuhn (1980), Selleri (1986), Sánchez (2001).

la indefinición de su velocidad; y viceversa, cuanto más se asimile su conducta a la de una onda —con una velocidad bien definida— mayor es la indefinición de su posición. Tales extravagancias reavivaron las polémicas sobre la existencia o inexistencia de los microobjetos cuánticos, cuando ningún dispositivo experimental los obliga a comportarse clásicamente. No obstante —como se comentó en el primer capítulo— solo una interpretación realista y objetiva de la teoría resulta coherente con los presupuestos básicos de la ciencia.

Otro de los emblemas de esta extraña física consiste en que los cuantones suelen presentarse en una mezcla de estados con diversos valores de una propiedad, digamos la energía, en lo que se denomina «superposición cuántica». Y no se trata de culpar a nuestra ignorancia, porque ocurre que los cuantones en una de estas superposiciones carecen de un valor definido para la energía, como tampoco tienen definido su tamaño, posición o velocidad. Solo tras medirlo, el cuantón entra en un estado clásico, con un valor bien definido de esa propiedad. El físico austriaco Erwin Schroedinger (1887-1961) puso de relieve, mediante la célebre metáfora del gato en una caja, que carecemos de un criterio claro que delimite donde comienza en el mundo cuántico y acaba el clásico, con todas las confusiones que ello conlleva.

Albert Einstein [Wikimedia Commons].

La situación empeoraba si la superposición involucraba no uno sino dos cuantones, pues cualquier alteración en las propiedades de uno de ellos afectaba a su pareja independientemente de la distancia. Este fenómeno, que los cuánticos denominan «entrelazamiento» (*entanglement*), horrorizaba a Einstein, quien lo consideraba una acción fantasmal que devaluaba la teoría cuántica. Sin embargo, el físico John Bell (1928-1990) planteó una nueva serie de desigualdades matemáticas que se podían contrastar experimentalmente para decidir si Einstein estaba en lo cierto. El veredicto de los hechos fue desfavorable al sabio alemán; el entrelazamiento era un fenómeno físico genuino que confirmaba las predicciones cuánticas[176].

Las tentativas de unificar la física cuántica con la relatividad especial de Einstein tuvieron lugar a mediados del siglo xx con éxito desigual. La electrodinámica cuántica tan solo lo consigue en cierto sentido, al precio de inundarse de valores infinitos en muchas de sus predicciones. Y los procedimientos para eliminarlos —las técnicas de renormalización— ofrecen una legitimidad matemática más que dudosa, aun cuando resulten efectivos en la práctica. Tal vez por ello algunos autores piensan que estamos bordeando los límites de las facultades racionales humanas, para opinar lo cual se basan en los famosos teoremas de incompletitud del checo Kurt Gödel (1908-1978).

En 1931 Gödel demostró que en ciertos sistemas aritméticos, con un número finito de axiomas, aparecían inevitablemente proposiciones indecidibles[177] cuya verdad o falsedad no podían ser probadas sin aumentar el número de axiomas. Pero añadiendo nuevos axiomas, aunque llegásemos a probar una proposición indemostrable, aparecerían otras nuevas que no podrían ser demostradas, a no ser que siguiésemos añadiendo más axiomas, y así indefinidamente.

Este prodigioso hallazgo cercenó de un plumazo el programa logicista, que pretendía reducir las matemáticas a la lógica, pero dejó en pie la controversia entre formalistas (quienes sostienen que las operaciones matemáticas son sencillamente manipulaciones simbólicas) y constructivistas o intuicionistas[178] (que solo admiten la realidad de un ente matemático cuando se puede probar la posibilidad de cons-

---

176 Einstein et al (1935), Bell (1964), Aspect et al (1982).
177 Davis (2004). El descubrimiento de Gödel recuerda al trilema de Agripa sobre regresión infinita.
178 En realidad, intuicionismo y constructivismo no son idénticos, pero a efectos de lo que aquí nos interesa, ambos rechazan la posibilidad de probar indirectamente la existencia de un objeto matemático tan solo refutando su inexistencia.

truirlo). El intuicionismo, pujante en el primer tercio del siglo XX, se agotó en sí mismo por su infertilidad y falta de expectativas. Por el contrario, el matemático alemán David Hilbert (1862-1945), uno de los principales defensores del formalismo, presentó en 1900 una lista de veintitrés problemas[179], cuya solución marcaría gran parte del camino de la matemática durante el siglo XX.

El último cuarto del siglo XX fue testigo del florecimiento de una nueva rama de las matemáticas llamada teoría de catástrofes, cuya promesa de explicar los cambios evolutivos no se realizó. Su autor, el matemático francés René Thom (1923-2002) pretendía dar cuenta de todas las transiciones abruptas —o catástrofes, en su colorido lenguaje— susceptibles de ocurrir en la naturaleza[180]. Sin embargo, la obra de Thom pronto se reveló como una teoría puramente descriptiva, capaz de generar multitud de modelos inespecíficos aplicables a otros tantos fenómenos, aunque sin ofrecer verdaderas explicaciones de los mismos.

Otro hito matemático de ese mismo siglo vino dado por la invención del «análisis atípico» (*non-standard analysis*), una generalización del cálculo infinitesimal ordinario que incluye un nuevo tipo de números[181], los «hiperreales». En aritmética, el británico Andrew Wiles logró demostrar el teorema propuesto como conjetura en 1637 por el francés Pierre de Fermat (1601-1665), ganándose con ello un puesto de honor en la historia de la matemática[182]. Un privilegio semejante alcanzó el ruso Grigori Perelman al demostrar en 2003 la conjetura de Poincaré sobre ciertas propiedades topológicas de una esfera 4-dimensional[183]. Sigue sin disponerse, sin embargo, de una prueba para la hipótesis de Riemann sobre la distribución de los números primos en la serie de los números naturales, uno de los problemas abiertos más destacados de las matemáticas.

Y también continúan, como cabía esperar, las discusiones sobre los fundamentos de la matemática. Aparecieron nuevas lógicas, es decir, nuevos sistemas deductivos con reglas distintas para la inferencia de unas proposiciones a partir de otras[184]. La teoría de conjuntos fue desafiada a mediados del siglo XX por un planteamiento más

---

179 Gray (2006).
180 Thom (1975), Woodcock & Davis (1986).
181 Dauben (1995).
182 Singh (2010).
183 O'Shea (2008).
184 Nidditch (1995).

general recogido en la «teoría de categorías», sin que ello suponga un abandono definitivo de la visión conjuntista. En la perspectiva de los conjuntos se basó el grupo de matemáticos franceses denominados como «colectivo Bourbaki» para emprender una ambiciosa reconstrucción de toda la matemática sobre bases más claras y rigurosas[185]. El impacto del grupo Bourbaki en la enseñanza de todos los niveles ha sido incuestionable y su labor, afortunadamente, aún prosigue.

ELECTRICIDAD, LUZ Y ENERGÍA

Hasta los albores del siglo xix la mecánica y la óptica se situaban entre las ciencias formales, en pie de igualdad con la geometría, el álgebra y la aritmética. La física, entendida como ciencia natural, se ocupaba del calor, la electricidad y los fenómenos que hoy abarca la química. No es de extrañar, pues, que uno de los primeros tratados de óptica se atribuya a Euclides, el gran recopilador de la matemática de la Antigüedad. Dado que a escala macroscópica los rayos de luz se aproximan muy bien mediante líneas que obedecen las reglas de la geometría ordinaria, la óptica geométrica de Euclides encajó a la perfección entre los saberes de la época, dejando para los filósofos de la naturaleza decidir si la visión se daba gracias a unos efluvios emitidos por los ojos del observador o porque los objetos emiten y reflejan luz que llega al observador. El gran físico árabe Alhacen (965-1040), o Alhazen, analizando la fisiología del ojo humano, sostuvo que vemos porque la luz llega a nuestros ojos y realizó importantes avances en óptica geométrica e instrumental[186].

La necesidad militar y comercial de ver cuanto más lejos fuese posible, en la tierra y en el mar, con la ayuda de aparatos dotados de cristales pulidos, también se remonta a tiempos muy lejanos, pues se decía que el emperador romano Nerón trataba de corregir su miopía mirando a través de una gema tallada al efecto. En el Museo Británico se exhibe un curioso objeto conocido como la lente de Layard o de Nínive, una pieza tallada y pulida de cristal de cuarzo con forma plano-convexa, del mismo tamaño que el cristal de unas gafas actua-

---

185 Bourbaki (1976).
186 Taton (1988).

les. Esta lente, que parece diseñada para corregir un cierto tipo de astigmatismo, fue encontrada en el palacio de la antigua capital asiria de Nimrud por el arqueólogo británico Henry Layard, y se piensa que debió pertenecer a Sargón II en el siglo VII a. C.

Con todo, el siglo XVI fue testigo de la revolución provocada por la invención de los primeros telescopios. Como tantas otras veces, son muchos los candidatos al reconocimiento de haber sido los artífices de este invento, aunque históricamente el mérito parece distribuirse, en torno a 1608, entre los holandeses Hans Lippershey y Zacharias Janssen, y el español Juan Roget. Casi simultáneamente, Janssen y el también holandés Anton van Leeuwenhoek crearon un artilugio capaz de aumentar el tamaño aparente de objetos diminutos, dando inicio a la era de la microscopía[187].

En aquellos momentos los telescopios funcionaban dentro de sus limitaciones, si bien nadie sabía realmente por qué, pues se carecía de una teoría óptica que justificase su eficacia. El matemático y físico Johannes Kepler (1571-1630) aportó el primer razonamiento al respecto, aplicando la óptica geométrica a la interacción con el material de las lentes, como dejó escrito en su texto *Dióptrica* (1611). La desviación de la luz al pasar de un medio a otro con distinta densidad atrajo la atención de René Descartes y del neerlandés Willebrord Snell van Royen (1580-1626), el último de los cuales fue quien finalmente dio su apellido a la conocida ley de refracción. Ya en el siglo XIX el gran matemático alemán Carl Friedrich Gauss (1777-1855) saldó la controversia con su ecuación del constructor de lentes[188], aclarando en el plano teórico el funcionamiento de telescopios y microscopios.

La genialidad de Gauss dejó su huella en territorios tan dispares como la matemática pura, astronomía, mecánica celeste, óptica, electricidad y magnetismo. Los imanes naturales, como el mineral magnetita, no habían pasado desapercibidos a los sabios de la Antigüedad, quienes carecían de una explicación racional para sus poderes de atracción y repulsión. Pero tales poderes existían, lo que inclinó al inglés William Gilbert (1544-1603) a considerar el magnetismo la fuerza responsable del movimiento de los astros en el libro *De Magnete*, publicado tres años antes de su fallecimiento. Hasta ese momento apenas nadie había relacionado las influencias magnéticas

---

187 Mason (1988).
188 Dunnington (2004).

con los rayos en las tempestades, sobrecogedoras manifestaciones del poder de la electricidad.

Parece que fue el inglés Henry Cavendish (1731-1810) quien primero estudió las fuerzas entre cargas eléctricas. Sin embargo, el hecho de que nunca publicase sus hallazgos determinó que el descubrimiento de las fuerzas electrostáticas se adjudicase al francés Charles-Augustin de Coulomb (1736-1806). El danés Hans Oersted (1777-1851) demostró la conexión entre los fenómenos eléctricos y los magnéticos[189], pero fue el inglés Michael Faraday (1791-1867) quien, en el curso de sus estudios sobre el magnetismo, dio con una clave de capital importancia para toda la física[190].

Faraday introdujo el concepto de «campo de fuerzas», una cierta región del espacio a cada uno de cuyos puntos se asigna un valor de algún tipo de fuerza o, en general, de cualquier magnitud física. Dar forma matemática a este concepto fue el empeño del escocés James Clerk Maxwell (1831-1879), cuyas ecuaciones del electromagnetismo son uno de los pilares de la ciencia física[191]. De tales ecuaciones, recogidas en su obra magna *Treatise on Electricity and Magnetism* (1873), se deduce que la luz es una onda electromagnética, como el alemán Heinrich Hertz comprobó experimentalmente en 1886.

Junto con los campos de fuerzas, el siglo XIX también asistió al nacimiento de otro de los conceptos físicos cardinales, la energía. Superada la noción de «fuerza viva» de los sabios dieciochescos, Hermann von Helmholtz (1821-1894) y Julius Robert Mayer (1814-1878) adoptaron el nombre de «energía» para esta magnitud que pronto cobró un papel central en todos los planteamientos físicos. La irrupción de la máquina de vapor durante la Revolución Industrial proporcionó un empuje decisivo a los estudios sobre la conversión e intercambio de energía a través de la naciente ciencia termodinámica[192]. El francés Sadi Carnot (1796-1832) en *Reflexiones sobre la potencia motriz del fuego*, publicado en 1824, puso las bases de la ley de la entropía, magnitud relacionada con pérdida de capacidad de la energía para realizar trabajo útil. James Prescott Joule demostró que las transferencias de calor podían realizar un trabajo mecánico,

---

189 Whittaker (1953). Este monumental tratado, un clásico de su género, no oculta el prejuicio de su autor contra Einstein, al que no reconoce como verdadero artífice de la relatividad especial.
190 Berkson (1985).
191 Maxwell (1873).
192 Harman (1990).

mientras Benjamin Thompson, conde Rumford (1753-1814), refutaba la idea del calor como un fluido invisible, el «calórico», pasando de un cuerpo a otro.

Ahora bien, si el calor no era un fluido cuya acumulación en un objeto se manifestaba en el ascenso de su temperatura, ¿qué podía ser? El austriaco Ludwig Boltzman (1844-1906) y el ya mencionado James Maxwell, seguidos algo más tarde por el estadounidense Josiah Willard Gibbs (1839-1903), buscaron su origen en las vibraciones de los componentes microscópicos de la materia[193]. Las potentes formulaciones matemáticas debidas a estos autores dieron origen a la mecánica estadística y acabaron por derrotar a los energetistas —encabezados por el francés Pierre Duhem y el alemán Wilhelm Ostwald—, contrarios a admitir los átomos como algo más que abstracciones útiles. Desde entonces se entiende que la entropía es la manifestación macroscópica del desorden de los componentes microscópicos de un sistema material.

DE LA TIERRA AL UNIVERSO

Se ha perdido entre las brumas del más remoto pasado el momento en que los primeros humanos alzaron su vista hacia el cielo para admirar y temer el majestuoso espectáculo que se desplegaba ante ellos. Las antiguas culturas observaron los ritmos del firmamento con finalidades a la vez espirituales y mundanas. Se creía que la bóveda celeste era la morada de los dioses, nada menos que la importancia del ciclo de las estaciones para las siembras y las cosechas de las que dependía la vida de la comunidad. Los antiguos dieron nombres míticos a las aparentes agrupaciones de puntos luminosos, las constelaciones, que su imaginación artística creaba a partir de su perspectiva como observadores. Esos grupos de luminarias celestes —estrellas como nuestro Sol, pero mucho más lejanas— serían durante siglos la única referencia de los viajeros que franqueaban los límites conocidos de la tierra y los océanos. Otros puntos luminosos se movían con más rapidez siguiendo trayectorias erráticas, por lo que recibieron el nombre griego de planetas («vagabundos»).

---

193 Gibbs (1902), Planck (1945), Pauli (1973), Truesdell & Bharatha (1977), Müller & Weiss (2005), Cercignani (2006), Müller (2007), Needham (2011).

El sabio alejandrino Claudio Ptolomeo (siglo II d. C.) presentó la primera doctrina astronómica completa que situaba nuestro planeta en el centro del universo, con el resto de planetas y el Sol girando a su alrededor[194]. Empeñado en describir todas las órbitas como combinaciones de circunferencias, el sistema geocéntrico de Ptolomeo resultaba inmensamente complicado, aunque a falta de otro mejor y respaldado por la autoridad de la Iglesia de Roma, se mantuvo en vigor hasta que a comienzos del Renacimiento el astrónomo germano-polaco Nicolás Copérnico (de 1473-1543), propuso situar al Sol en el centro[195]. A pesar de los anatemas iniciales, el heliocentrismo se abrió paso, debilitando a la vez la fortaleza de otras creencias, como la necesaria circularidad de las órbitas.

El alemán Johannes Kepler (1571-1630) promulgó sus tres leyes mediante las cuales se establecía el carácter elíptico de las órbitas de los planetas en torno al Sol, leyes que posteriormente quedaron subsumidas en la gran síntesis newtoniana a través de la ley de la gravitación universal. La mecánica celeste, inaugurada por Newton, se vio consolidada gracias a los esfuerzos del matemático, físico y astrónomo francés Pierre Simon de Laplace (1749-1827), autor de los cinco volúmenes de *Traité de Mécanique Céleste*[196], publicados entre 1799 y 1825. Ya en el siglo XX, a la disputa sobre la estabilidad indefinida del sistema solar se añadió la publicación del teorema KAM[197], el cual sigue siendo terreno fértil para nuevos hallazgos y controversias.

La física de Newton, unida a los avances técnicos en la observación telescópica, permitió aumentar el número de planetas integrantes del sistema solar, más allá de los cinco que se podían detectar a ojo desnudo (Venus, Marte, Mercurio, Júpiter y Saturno). A ellos se sumaron Urano, Neptuno y transitoriamente Plutón[198]. Los planetas del sistema solar se formaron a partir de un disco de gas y polvo —

---

194 Ese es el contenido de su magno tratado astronómico Almagesto, recopilado en manuscritos árabes, cuya única traducción latina se debe a Gerardo de Cremona en el siglo XII. Véase el vol. I de Rioja & Ordoñez (2004) o Sambursky (2009), entre otros.

195 Dieciocho siglos antes, el griego Aristarco de Samos también había propuesto un modelo astronómico heliocéntrico, junto con estimaciones bastante aproximadas del tamaño de algunos objetos celestes.

196 Incluido en Laplace (1898).

197 El teorema de Kolmogórov–Arnold–Moser (KAM) enumera las condiciones que permiten la persistencia de movimientos casi periódicos en un amplio abanico de sistemas dinámicos. Véase una interesante introducción a este asunto en Peterson (1995).

198 Descubierto en 1930 por el estadounidense Clyde Tombaugh, fue considerado el noveno planeta hasta que en 2006 la Unión Astronómica Internacional modificó la definición de planeta y apeó a Plutón de ese honor.

disco protoplanetario— que rodeaba el Sol en los primeros millones de años después del nacimiento de nuestra estrella, sin que todavía se hayan aclarado a plena satisfacción los mecanismos mediante los cuales esos granos de polvo microscópicos se convirtieron en planetas. El «modelo de Niza» sugiere que poco después de su nacimiento, los cuatro planetas gigantes del sistema solar (Júpiter, Saturno, Urano y Neptuno) no se encontraban en sus órbitas actuales, sino más cercanos entre sí[199]. Esta configuración resultó ser inestable y en algún momento desembocó en un desplazamiento de sus órbitas, lo que hoy se conoce como «migración planetaria».

En el primer año del siglo XIX el italiano Giussepe Piazzi (1746-1826) descubrió el planetoide Ceres entre Marte y Júpiter, iniciando con ello el estudio de lo que luego se llamó el cinturón de asteroides. Pero no era esta la única región ocupada por los restos de la formación del sistema solar. En 1951 el holandés Gerard Kuiper (1905-1973) aventuró la existencia de un cinturón de material cometario, más allá de Neptuno, remanente de los primeros tiempos de nuestro sistema estelar, hipótesis confirmada finalmente a comienzos de la década de 1990. Mucho más lejos, a un año-luz del Sol, se encuentra la nube de Oort (o de Öpik-Oort), un fabuloso enjambre de cometas de largo periodo cuya existencia fue conjeturada por el estonio Ernst Öpik (1948-1981) y el holandés Jan Hendrik Oort (1900-1992).

La física estelar también conoció tiempos de esplendor en cuanto las técnicas espectroscópicas permitieron analizar las frecuencias de la radiación que emitían para identificar el tipo de materiales de los que estaban formadas y sus cambios con el tiempo. Así surgió a comienzos del siglo XX el diagrama de Hertzsprung-Russell (o diagrama H-R) que relacionaba el brillo de una estrella con su temperatura y permitía inferir su edad. Sorprendentemente, hasta el comienzo de la década de 1920 no se admitió de manera general la existencia de galaxias, colosales racimos de estrellas que forman a su vez cúmulos y supercúmulos de galaxias, estructurando el universo como una jerarquía de niveles.

Relacionado con la luminosidad estelar se hallaba el método de medición de distancias basado en el efecto Doppler, que conecta la longitud de onda de la radiación que recibe un observador desde una

---

199 El «modelo de Niza», publicado en 2005 por los investigadores Morbidelli, Tsiganis, Gomes y Levison, fue desarrollado mientras trabajan en el Observatorio de Niza, de donde adoptó su nombre. Sobre esa cuestión y otras anejas, véanse Morbidelli (2002), Jones (2007) o Seargent (2016).

fuente emisora con el movimiento relativo entre ambos. Aplicando esa técnica a un gran número de galaxias, el abogado y astrónomo estadounidense Edwin Hubble constató que todas ellas se alejaban de la nuestra. Ante semejante perplejidad solo cabían dos explicaciones: o bien nuestra galaxia —la Vía Láctea— ocupaba por algún motivo el centro del que huían todas las galaxias, o bien el universo se estaba expandiendo uniformemente en todas direcciones y esa huida aparente se debía a efecto de nuestra perspectiva particular.

La física newtoniana no tenía lugar para este asombroso fenómeno, pero la teoría gravitatoria de Einstein, la relatividad general, lo acomodaba sin dificultades a causa de su peculiar concepción de la gravedad. Para Einstein la gravedad no era una fuerza a distancia, sino el nombre que tradicionalmente hemos otorgado a la curvatura del espacio-tiempo, curvatura que se expresa en la desviación de las trayectorias —mejor dicho, las líneas de universo— de los cuerpos en su seno[200]. Si el espacio-tiempo de la relatividad especial era terso, suave y perfectamente llano, el de la relatividad general se caracteriza por una curvatura cuyo origen reside en la presencia de masas y energías. Es decir, los cuerpos físicos provocan a su alrededor una deformación del espacio-tiempo proporcional a su contenido de masa-energía, deformación que otros objetos moviéndose en torno suyo experimentarán como lo que tradicionalmente denominábamos atracción gravitatoria[201].

Desde este punto de vista, la expansión del universo podía interpretarse no como la fuga de todas las galaxias sobre un fondo espacio-temporal inerte, sino como expansión del propio espacio-tiempo entre los cúmulos de galaxias. Recurriendo a la célebre y eficaz metáfora del bizcocho con pasas, los cúmulos galácticos serían como las pasas que se separan unas de otras cuando la masa del bizcocho horneado se hincha; al igual que las pasas no se mueven sobre el bizcocho, tampoco los cúmulos se desplazan realmente sobre el espacio, sino que este los separa al expandirse. Esta imagen tan sugestiva plantea de inmediato dos problemas, pues habremos de explicar cómo encaja esto con el origen y el fin del universo. Sobre su destino final parece haber menos dudas desde que en 1998 se confirmase que

---

200 Einstein (1915), Pais (1984), Alemañ (2016).
201 Acerca de la relatividad general, no deben dejarse de mencionar los textos clásicos Einstein (1985), Weinberg (1972, 1980) y Misner et al (1973), junto a otros como Rindler (1977), Ohanian & Ruffini (1994) o Wald (2010), entre otros.

la expansión cosmológica en lugar de detenerse se está acelerando, lo que significa que en un tiempo extraordinariamente remoto todas las estrellas se apagaran y la materia se diluirá para siempre engullida por un gélido e infinito vacío.

Por desesperanzador que nos resulte, ese fenómeno apasiona a los cosmólogos a causa del misterio de su origen: ¿se debe la expansión acelerada a una enigmática energía oscura que permea todo el universo, o se trata de un rasgo ignorado de la propia curvatura espacio-temporal al que se ha dado el nombre de constante cosmológica? No parece que el universo posea suficiente contenido de masa-energía para frenar su expansión, ni siquiera incluyendo estimaciones de la posible cantidad de «materia oscura», de naturaleza desconocida, que presuntamente circunda las galaxias. Aunque no emite luz —de ahí el nombre— su existencia se dedujo de las velocidades anómalas de rotación de las estrellas en las galaxias espirales.

El origen del universo comporta un enigma todavía mayor que su final, puesto que se desdobla en otras dos incógnitas. Por una parte, los debates giran en torno al dilema de identificar el origen del cosmos en un estado inicial indefinido[202] o con una sucesión infinita de etapas previas y posteriores a la nuestra (universo cíclico). Por otro lado, nadie sabe cómo solucionar la contradicción aparente que encierra el hecho de que el universo entrase en la existencia con un estallido inimaginablemente poderoso, la «Gran Explosión» (*Big Bang* en inglés) y a la vez que ese estado inicial hubiese de considerarse en cierto sentido extremadamente ordenado, pues de lo contrario la ley de crecimiento de la entropía —que determina la transición espontánea del orden al desorden— no regiría tan incontestablemente como lo hace[203].

La aparente uniformidad a gran escala del universo visible en cualquier dirección en la que observemos carece de una explicación sencilla si no añadimos algún mecanismo suplementario que la explique. Así lo hicieron en 1981, independientemente uno de otro, el estadounidense Alan Guth y el ruso Andrei Linde. La idea consiste en admitir que una fracción de segundo tras el *Big Bang* se produjo una expansión hiperacelerada que «alisó» —por decirlo así— las irregu-

---

202 No es correcto hablar de singularidad, como a menudo se hace, ya que este es un indicador teórico, sin contrapartida física real, de que la teoría empleada ha excedido su rango de aplicabilidad.
203 Sobre todas estas incógnitas y muchas otras relacionadas, pueden consultarse Penrose (2006, 2017).

laridades provocadas por la gran explosión originaria del universo. El modo de corroborar esta hipótesis tan atrevida no puede ser más que rastrear alguna huella de tal expansión en el cosmos actual, por ejemplo en la estructura de la radiación cósmica de fondo. Así pareció ocurrir en 2014 cuando se creyó haber detectado un tipo particular de polarización de las ondas electromagnéticas que componen esa radiación de fondo. Por desgracia, un análisis más fino de los datos acabó demostrando que se trataba de un error.

Otras predicciones de la relatividad general que incomodaron al propio Einstein, los agujeros negros y las ondas gravitatorias, se vieron confirmadas experimentalmente en las primeras décadas del siglo XXI. Particularmente llamativo es el concepto de agujero negro, un pozo gravitacional con infinito poder de succión, cuyas características fueron estudiadas por los británicos Stephen Hawking y Roger Penrose (este último galardonado en 2020 con el Premio Nobel de Física), lo que les procuró una inmensa popularidad entre el público general. Ahora bien, sigue sin esclarecerse la auténtica constitución del interior de un agujero negro —su singularidad— y la posibilidad de conectar dos de ellos para construir un «agujero de gusano», una especie de túnel cósmico que permitiría viajar más rápido que la luz, algo que permanece en el baúl de las quimeras que, no obstante, alimenta con gran provecho la literatura y cine fantástico.

Objetos tan exóticos como los agujeros negros han promovido algunas de las discusiones más interesantes de la física teórica entre los siglos XX y XXI. La paradoja de la información enfrentó a Stephen Hawking con muchos de sus colegas al respecto del destino de la información física —un concepto también controvertido—, contenida en un cuerpo material que cae en un agujero negro: ¿se pierde para siempre o se conserva de algún modo desconocido? En 2004 Hawking admitió, tras un razonamiento alambicado, que la información se preservaba, aunque no todos los participantes en el debate se mostraron convencidos.

El propio Hawking propuso la existencia de unas emisiones de partículas en el borde externo del agujero negro —el «horizonte de sucesos»—, radiaciones que recibieron el nombre del científico inglés. De hecho, ese horizonte de sucesos supone una envoltura que vela la observación de la singularidad interior al agujero negro. La inexistencia de agujeros negros sin horizonte de sucesos («singularidades desnudas») constituye lo que se dio en llamar «hipótesis de la censura cósmica». El intento de incluir los agujeros negros en el marco de las teorías de supercuerda gestó asimismo la «conjetura holográfica», que afirma la posibilidad de reproducir toda la información contenido en un cierto volumen espacial, recogiendo tan solo la información codificada sobre su superficie. Si al discutido concepto de «información» añadimos que esta hipótesis incluye además la discontinuidad del espacio, comprenderemos las reticencias con las que muchos autores la contemplan.

Cuando Hawking falleció en 2018, ni él ni nadie había logrado realizar el sueño de una teoría unificada que reuniese las cuatro fuerzas fundamentales hoy conocidas: electromagnetismo, gravedad, fuerza nuclear fuerte y fuerza nuclear débil. La unificación del electromagnetismo y la fuerza nuclear débil en la teoría electro-débil les granjeó el Premio Nobel de Física en 1979 a sus autores Steven Weinberg, Abdus Salam y Sheldon Glashow. No obstante, esta teoría no llegaba a unificar estas dos fuerzas en el mismo sentido en que Maxwell había unificado electricidad y magnetismo. La cuestión se enrarecía todavía más en el intento de unir a ellas la fuerza nuclear fuerte, para lo cual se recurría a una presunta propiedad de las partículas elementales, la supersimetría, que implicaba la existencia de toda una catarata de nuevas partículas compañeras de las ya conocidas. Tras más de cuarenta años de búsqueda, nadie ha dado siquiera con la menor pista que corrobore la supersimetría.

La unificación se vuelve un empeño aparentemente imposible cuando desplazamos nuestra atención a la gravedad. La relatividad general —nuestra mejor teoría gravitatoria en la actualidad— se asienta en bases conceptuales (las suposiciones sobre la naturaleza básica del universo) y formales (las herramientas matemáticas empleadas) tan radicalmente enfrentadas a las de la física cuántica que unificarlas parece una misión condenada al fracaso. Recordemos que la gravitación de Einstein identifica la fuerza gravitatoria con la curvatura del espacio-tiempo, mientras los físicos cuánticos se empeñan en explicarla como un intercambio de partículas cuánticas, los gravitones, descritas al modo usual mediante operadores matemáticos en un espacio abstracto sin relación directa con el espacio físico.

Más allá de las teorías de supercuerdas —todos los indicios sugieren la futilidad de la empresa—, en el primer tercio del siglo XXI, el camino más prometedor parece ser el estudio llevado a cabo por Lucien Hardy[204] y sus colegas sobre las repercusiones de la borrosi-

---

204 Hardy (2020).

dad cuántica en las relaciones de causa y efecto a nivel ultramicroscópico, relaciones que —según la relatividad general— contienen inevitablemente ingredientes espacio-temporales. Sin arredrarse por la magnitud del desafío, desde los tiempos de Einstein, una legión de teóricos del máximo nivel intelectual se ha entregado a esta tarea con indesmayable entusiasmo. Y pese a sus denodados esfuerzos, lamentable es reconocer que el éxito no les ha sonreído todavía[205].

Hasta ahora, sobre los constituyentes últimos de la realidad, solo podemos decir que parecen ser campos cuánticos de diversos tipos desplegándose en el espacio-tiempo. No sabemos aun si esa variedad de campos cuánticos podrá reducirse a una solo en alguna teoría de campo unificado. E incluso si así sucediera, todavía tendríamos las dudas concernientes al espacio-tiempo como ente físico: ¿surge de las interacciones entre los campos cuánticos o, por el contrario, tales campos son una manifestación de propiedades hoy desconocidas del espacio-tiempo? La primera opinión se denomina «relacionalismo», sostenida por numerosos filósofos y científicos, desde Leibniz a Bunge. La segunda posibilidad recibe el nombre de «supersustantivalismo», y fue defendida por Descartes, William Clifford, Einstein y John Wheeler. Tal vez la respuesta final —si algún día la obtenemos— consista en que tanto la materia como el espacio-tiempo afloran a partir de elementos más primitivos desde un nivel subyacente, que en la actualidad no es totalmente desconocido.

QUÍMICA

Ya en el siglo v a. C. el griego Empédocles declaró que todas las cosas tenían su origen en cuatro «raíces» de la existencia. Estos cuatro elementos, como fueron denominados después por Aristóteles, habían sido propuestos previamente por otros tantos pensadores: el agua por Tales de Mileto, el fuego por Heráclito, el aire por Anaxímenes y la tierra por Jenófanes. Curiosamente, la tradición china habla de cinco etapas o transformaciones de la materia, siempre dentro de una

---

205 Para un relato extenso y detallado de estos avatares a lo largo del siglo xx y comienzos del xxi, véase Alemañ (2011).

visión dinámica de la naturaleza, que serían: madera, agua, fuego, tierra y metal (o mineral).

Demócrito y Leucipo (siglos v-iv a. C.), primeros atomistas de los que se tiene noticia[206], se opusieron a la doctrina de los cuatro elementos afirmando que la materia se halla compuesta de partículas indivisibles e indestructibles en perpetuo movimiento, los átomos («sin partes», en griego). El atomismo asoma en la famosa obra del romano Lucrecio, *De Rerum Natura*, aunque tales ideas —comúnmente asociadas con el ateísmo— fueron proscritas por las autoridades y acusados sus seguidores de impiedad, si bien ambos autores griegos postularon la existencia de dioses desconocidos.

Sin suscribir un ideario específico sobre la constitución de la materia, las creencias esotéricas de la magia alquímica arraigaron en numerosas culturas de Oriente y Occidente durante más de dos mil años. La alquimia, una forma de espiritualidad mistérica, pretendía perfeccionar las almas de sus practicantes transmutando a la vez la materia, de donde surgieron leyendas tan populares como la de la piedra filosofal —capaz de convertir el plomo en oro—, el disolvente universal o el elixir de la eterna juventud. Los alquimistas, obviamente, no lograron sus objetivos, aunque por el camino descubrieron diversas sustancias químicas de interés, mientras creaban en sus talleres una gran variedad de utensilios que luego se demostrarían muy provechosos para la química científica[207].

Tan añejas supersticiones comenzaron a resquebrajarse tras la Revolución Científica en los siglos xvi y xvii, que dirigió la mirada de los filósofos naturales hacia las explicaciones mecánicas y la concepción corpuscular de la materia. En 1661 el inglés Robert Boyle (1627-1691) publicó una demoledora refutación de las tesis alquimistas en *The Sceptical Chymist*[208] (*El químico escéptico*), abogando por el mecanicismo y el atomismo como las sendas genuinas para la comprensión científica de la materia. Su empeño encontró un digno continuador en el francés Antoine-Laurent de Lavoisier (1743-1794), con justicia considerado uno de los artífices de la consolidación de la química como ciencia moderna[209].

---

206 Taton (1988).
207 Read (1995), Moran (2005).
208 En inglés actual se escribiría The Skeptical Chemist. Véanse Boyle (1661), Birch (1772), Boyle (1985), Hunter (1994), Anstey (2000, 2002) y Principe (2000).
209 Lavoisier (1789), Lavoisier et al (1787), Lavoisier et al (1789), Donovan (1996), Poirier (1998).

Lavoisier desechó definitivamente la doctrina de los cuatro elementos en su *Tratado elemental de química* (1789), donde define de modo operativo un elemento químico como aquella sustancia que no ha podido ser descompuesta mediante ningún método conocido. También rechazó la idea del «flogisto», un fluido invisible supuestamente responsable de las combustiones y oxidaciones, atribuyendo sus efectos a la acción del oxígeno. Además de introducir una nueva nomenclatura para los elementos químicos, Lavoisier destacó los aspectos cuantitativos de su ciencia, insistiendo en la importancia de pesar exactamente las sustancias antes y después de una reacción química para constatar así la ley de conservación de las masas reaccionantes[210].

El desarrollo de la química en el siglo xix adquirió un ritmo vertiginoso. En Italia, Amedeo Avogadro (1776-1856) introdujo en los cálculos el concepto de mol, unidad natural para medir las cantidades de materia transformadas en una reacción química. El ruso Dimitri Ivanovich Mendeleiev (1834-1907) y el alemán Julius Lothar Meyer (1830-1895) propusieron independientemente sendas versiones rudimentarias de lo que hoy conocemos como tabla periódica de los elementos, una ordenación sistemática de los elementos químicos conocidos de acuerdo con sus características y propiedades[211]. El ordenamiento original se basaba en las masas atómicas, criterio posteriormente sustituido por el número de protones (número atómico) del núcleo atómico de cada elemento, de acuerdo con los trabajos del suizo Alfred Werner (1866-1919) y del austro-británico Friedrich Adolf Paneth (1887-1958).

También en el siglo xix se asentaron los cimientos del concepto de equilibrio químico, en virtud de las investigaciones de los noruegos Cato Maximilian Guldberg (1836-1902) y Peter Waage (1833-1900). La entonces llamada «ley de acción de masas» determina la estabilización de las concentraciones de todas las sustancias participantes en una reacción química reversible (ocurren simultáneamente una cierta trasformación molecular y la contraria), cuando se estabiliza a temperatura constante y dichas concentraciones ya no cambian con el tiempo. La descripción dinámica de estos equilibrios fue perfeccionada más tarde por el neerlandés Jacobus Henricus Van't Hoff (1852-1911).

---

210 Ley descubierta independientemente por el sabio ruso Mijaíl Lomonósov (1711-1765).
211 Brock (1998) y Aldersey-Williams (2011).

El esfuerzo por hacer del equilibrio químico algo más intuitivo, junto con el peso de la tradición y el escaso sentido crítico de muchos textos educativos, permitió que desde 1884 se perpetuase la enseñanza del mal llamado «principio de Le Châtelier», en realidad un pseudo-principio. Henry-Louis Le Châtelier (1850-1936), químico e ingeniero francés admirador de la mecánica newtoniana, pretendía formular para el equilibrio químico una versión del principio de acción y reacción. Sin embargo, el enunciado que finalmente publicó —aunque al comienzo concitase numerosas adhesiones, sobre todo entre sus compatriotas— no pasa de ser, en el mejor de los casos, ambiguo, impreciso y parcial. El verdadero criterio para predecir las variaciones de un equilibrio químico radica en los cálculos de Van't Hoff, complementados con los trabajos sobre termodinámica química de J. W. Gibbs.

La industria decimonónica se benefició ampliamente de los adelantos en las diversas ramas de la química, si bien tal situación no era nueva en absoluto. Desde la más remota antigüedad la metalurgia había sido considerada a la vez una profesión y un arte casi mítico, como demuestran los dioses herreros de distintas culturas (Hefesto, Vulcano, Weyland, Svarog, Ptah). La importancia militar del dominio de los metales no ofrecía duda alguna; los dorios —por ejemplo— invadieron Grecia en torno al 1200 a. C. provistos de armas fabricadas con hierro, contra las que poco podían hacer las armas de bronce de los autóctonos. Tampoco faltan otros muchos exponentes de la importancia práctica, militar o comercial de las operaciones químicas: la fabricación del vidrio[212] y el jabón; el refinamiento del oro u otros metales preciosos; la obtención de pólvora y cemento; la elaboración de porcelana, ungüentos y jarabes... Y la lista podría proseguir[213].

El peso económico de la industria química creció durante el siglo XX, abarcando extremos tan opuestos como la fabricación de toda clase de medicamentos (analgésicos, antibióticos, etc.), por un lado, y la producción de armas químicas (los gases venenosos de la Primera Guerra Mundial o los defoliantes de la guerra de Vietnam), por otro. El concepto de grupo funcional —región especialmente reactiva de una molécula— en química orgánica se proyectó en el diseño y síntesis de multitud de nuevos productos basados en las cadenas de carbono. Entre ellos sobresalieron los polímeros, cuyas múltiples moda-

212 Rasmussen (2012).
213 Lowe (2016).

lidades (polietileno, metacrilato, poliuretano, etc.) inundaron los mercados desplegando todas sus utilidades a precios muy asequibles.

La síntesis química de la urea realizada por Wöhler en 1828 (como se dijo en el capítulo 4) resquebrajó la doctrina vitalista de entonces, popular entre algunos estudiosos, dando paso a la bioquímica como ciencia plenamente asentada sobre hechos materiales sin el menor asomo de cualidades mágicas o misteriosas[214]. Entre los siglos XIX y XX, el químico alemán Emil Fischer (1852-1919) jugó un papel decisivo en la demostración de que las proteínas estaban compuestas por aminoácidos[215]. Décadas después de los trabajos de Fischer, la síntesis de proteínas se había convertido en una tarea rutinaria de los laboratorios bioquímicos gracias a métodos como el del premio nobel Robert Merrifiel (1921-2006).

Y no solo de las proteínas; en 1960 el químico estadounidense Robert Woodward (1917-1979) realizó la síntesis artificial de la clorofila, molécula aislada a partir de muestras vegetales en 1817 por los químicos franceses Pierre Pelletier (1788-1842) y Joseph Caventou (1795-1877). Dado que a la clorofila, pigmento responsable del color verde de las plantas, se debe la fotosíntesis que toma dióxido de carbono del aire y devuelve oxígeno, cabe imaginar la importancia de esa molécula para la vida aerobia en nuestro planeta.

Del feliz cruce entre la química y la física, también en el siglo XX, nació una nueva disciplina, la química cuántica, destinada a procurar la explicación de las estructuras moleculares en términos de las propiedades cuánticas de los átomos y los electrones que las configuran[216]. Así, han podido justificarse comportamientos que desbordaban los cauces de la química tradicional, como la hibridación de orbitales atómicos, la deslocalización de electrones de enlace en anillos orgánicos (fenómeno denominado «aromaticidad») y tantos otros.

Con ayuda de potentes computadores los químicos cuánticos calculan la estabilidad de estructuras, ya catalogadas o aún por sintetizar, un poderoso acicate para el diseño efectivo —por ejemplo— de nuevos fármacos. Pero no solo medicamentos; el último tercio del siglo XX contempló el florecimiento de la llamada química supramolecular. Esta novedosa extensión de la química se propone investigar

---

214 Aunque el vitalismo todavía resistió por un tiempo. Véase Anaya (2021).
215 Sobre la historia de la identificación de la estructura de las proteínas y su posterior síntesis química, véase Ivanov & Shamin (1985).
216 Gavroglu & Simões (2012).

las interacciones entre moléculas y las propiedades de los agregados que tales interacciones pueden crear, imitando a menudo la complejidad y versatilidad de las biomoléculas. Un hito de estos estudios tuvo lugar cuando Charles Pedersen, en la década de 1960, logró sintetizar las moléculas conocidas como «éteres-corona». Sus logros inspiraron a investigadores como Donald Cram, Jean-Marie Lehn y Fritz Vögtel, quienes fueron premiados con el Nobel de Química en 1987.

Traspasado el dintel del siglo XXI, todas las áreas de la química siguen desarrollándose con envidiable pujanza. Respaldada por los modernos métodos de análisis instrumental (espectroscopía, resonancia de espín electrónico, resonancia magnética nuclear) y especialmente por potentes programas informáticos de simulación, los químicos del tercer milenio de nuestra era tienen ante sí un panorama de caminos por explorar en la determinación de todas las formas de la materia. Sin olvidar la rica fauna de moléculas que vagan por el espacio sideral, cuyo estudio mediante técnicas espectrofotométricas ha engendrado una nueva y prometedora especialidad, la astroquímica, cosmoquímica[217] o química espacial.

CIENCIAS DE LA TIERRA

Según el consenso actual entre los especialistas, nuestro planeta adquirió su configuración actual tras colisionar con Theia, un cuerpo astronómico del tamaño aproximado de Marte. Tan fabuloso impacto provocó la formación de la Luna y determinó la inclinación del eje de rotación de nuestro planeta, así como la distribución de materiales entre la Tierra y su satélite. De ese modo, el tercer planeta del sistema solar, y el único habitado que conocemos, se convirtió en un objeto de estudio por derecho propio de un conjunto de ciencias interesadas en su estructura y evolución.

La geografía, por ejemplo, se ocupó de localizar los accidentes del terreno y reflejarlos ordenadamente sobre el papel para confeccionar los primeros mapas. Antaño, como hogaño, la importancia política y económica de poseer buenos mapas —en especial, si nuestros veci-

---

217 McSween & Huss (2010).

nos no los tienen— resulta difícil de exagerar. Y para ello se hacía indispensable un buen dominio de las matemáticas, lo que explica que la mayoría de los grandes astrónomos de la Antigüedad ejerciesen también como geógrafos. Así ocurrió con Ptolomeo, autor no solo del más famoso modelo astronómico geocéntrico, sino también de los ocho tomos de su tratado *Geografía*.

Con las sucesivas mejoras en las técnicas cartográficas se constató que cuanta más superficie terrestre pretendía representar un cierto mapa, más se distorsionan las distancias en algunas de sus partes. La razón de tan molesta peculiaridad estriba en la imposibilidad matemática de trasladar con absoluta fidelidad las relaciones métricas de una superficie curva (nuestro planeta) a otra que no lo es (la superficie del mapa). Para regiones de pequeño tamaño, donde la curvatura de la Tierra es poco apreciable, apenas existe distorsión. Pero con un mapamundi, digamos, la inevitable deformación dependerá del método escogido para elaborarlo; en resumen, no existen los mapas perfectos[218]. Durante el Renacimiento alcanzó gran popularidad la proyección de Mercator, un método de representación cartográfica utilizado por el geógrafo Gerardus Mercator (1512-1594). Sus mapas reproducían con bastante exactitud las distancias cercanas al ecuador, a cambio de una distorsión muy considerable cerca de los polos.

Los viajes de exploración, al menos desde el Renacimiento hasta el siglo XXI, constituyeron la piedra angular de los saberes geográficos, ya que proporcionaban un conocimiento directo de los mares y países que completarían las zonas en blanco de los mapas[219]. Sin desmerecer el precedente de Marco Polo —cuyas crónicas no tenían un propósito geográfico—, no cabe duda de que el mayor hito en la historia de tales exploraciones fue la llegada al continente americano de la expedición de Colón en 1492, ensanchando las dimensiones de un mundo que Magallanes y Elcano circunvalaron casi tres décadas después[220]. El navegante inglés James Cook (1728-1779) descubrió Australia en el siglo XVIII, aunque hubo de esperarse a 1820 para que dos expediciones —una rusa y otra británica— registraran oficialmente el descubrimiento de la Antártida[221].

---

218 Ibáñez (2011), Riffenburgh (2014).
219 Pletcher (2010).
220 Insua (2019).
221 Riffenburgh (2017).

Jorge Juan y Santacilia [Museo Nacional de El Prado].

Financiada por el ilustrado monarca español Carlos III, la expedición Malaspina, entre 1789 y 1794, recorrió las costas de América desde Buenos Aires a Alaska, así como importantes islas del Pacífico (Filipinas, Marianas, Vavao, Nueva Zelanda y Australia), recolectando datos en abundancia sobre historia natural, cartografía, etnografía, astronomía, hidrografía y medicina, además de informaciones sobre la situación política, económica y social de aquellos lugares[222]. También en el siglo XVIII tuvo lugar la expedición de Jorge Juan (1713-1773) a la ciudad ecuatoriana de Quito para medir la forma de la Tierra, mientras en las mismas fechas otra expedición encabezada por el francés Maupertuis se dirigía a Laponia con el mismo fin. Comparando posteriormente los datos de ambos equipos, se concluyó que, en efecto, de acuerdo con las predicciones newtonianas, nuestro planeta tiene la forma de un geoide de revolución, es decir, una esfera achatada por los polos.

---

222 Líter et al (1996).

Quizás el siglo XIX fue el más célebre por el número y el calibre de sus expediciones geográficas, espoleadas por los afanes imperialistas de las potencias europeas, especialmente Reino Unido. En la exploración del interior de África, durante ese periodo, destacan el descubrimiento de las fuentes de los ríos más caudalosos, como el Nilo[223], el Congo y el Níger. Afortunadamente, algunas expediciones decimonónicas se hallaban inspiradas por puros motivos científicos, como la protagonizada por el eminente explorador y naturalista alemán Alexander von Humboldt (1769-1859) por gran parte de la América española[224]. La ingente cantidad de datos geográficos, zoológicos, botánicos, geológicos y climatológicos de las tierras atravesadas se plasmó en torno a 1826 en una colección de treinta tomos titulada *Viaje a las regiones equinocciales del Nuevo Continente*. Años más tarde, por encargo del zar Nicolás I, Humboldt exploraría las regiones siberianas de Rusia, desde los Urales hasta las fronteras con China.

La corbeta británica Challenger, entre diciembre de 1872 y mayo de 1876, realizó la primera campaña sistemática de mediciones del suelo oceánico por todo el globo. En el curso de sus investigaciones halló el punto más bajo de la corteza terrestre, la sima Challenger, en el Pacífico, al sur de la fosa de las Marianas, con casi once kilómetros de profundidad. Solo en 1960 se dispuso de los avances técnicos necesarios para que el batiscafo Trieste, patrocinado por la Armada estadounidense, descendiera hasta el fondo de ese abismo dirigido por el oceanógrafo suizo Jacques Piccard (1922-2008). A su vez, el punto más elevado del planeta, oficialmente el monte Everest, en la cordillera del Himalaya entre China y Nepal, fue coronado en 1953 por Edmund Hillary y el sherpa Tienzing Norgay.

El polo norte geográfico permaneció inaccesible, cobrándose multitud de vidas de exploradores a lo largo de los años, hasta que en 1909 el estadounidense Robert Peary declaró haberlo alcanzado. Inicialmente tenido por verdadero, la afirmación de Peary es hoy ampliamente rechazada por historiadores y geógrafos, quienes ponen en duda su testimonio y subrayan la ausencia de pruebas válidas al respecto[225]. De hecho, el primer hombre en poner el pie sobre el Polo

223 El inglés Speke atribuyó correctamente el origen del Nilo Blanco en el lago Victoria (entre Uganda, Tanzania y Kenia), pero fue el jesuita español Pedro Páez quien encontró en 1618 las fuentes del Nilo Azul en el lago Tana (Etiopía). Sobre las exploraciones decimonónicas, especialmente del interior africano, véase Fleming (2003).

224 Meyer-Abich (1988).

225 Fleming (2007), Riffenburgh (2009).

Norte, de cuya llegada se tiene evidencia indiscutible, fue el capitán ruso Alexander Kuznetsov, al mando de una expedición soviética que aterrizó allí en 1948. El Polo Sur, mucho menos controvertido, fue conquistado en 1911 por el equipo noruego de Roald Amundsen (1872-1928). Y, ciertamente, si la incluimos como exploración geográfica en sentido amplio, no cabe olvidar la llegada en 1969 del hombre a la Luna, único cuerpo astronómico fuera de la Tierra hollado por las pisadas humanas.

Muchos de los exploradores y aventureros que surcaron mares y continentes incógnitos volvían a sus lugares de origen con minerales y algunas extrañas rocas con forma de huesos o de raros animales. Hasta el siglo XIX no se admitió que los fósiles eran en realidad restos de flora y fauna petrificados desde tiempos inmemoriales. Tomar conciencia de los periodos antiquísimos de los que procedían aquellos seres fosilizados abrió nuevas perspectivas a los naturalistas sobre la edad de nuestro planeta, y logró que la geología cobrase conciencia de su propia envergadura científica.

Cualquiera podía contemplar en riscos y acantilados los diferentes estratos del terreno, tanto más antiguos cuanto mayor fuese la profundidad de su ubicación, como exponía Nicolás Steno al publicar en 1669 los principios básicos de la estratigrafía. La formación de las rocas enfrentó en el siglo XVIII a neptunistas, partidarios de la sedimentación por efecto del agua, y vulcanistas (o plutonistas) defensores de su origen volcánico[226]. Abraham Werner (1749-1817), uno de los principales neptunistas, se vio confrontado con James Hutton (1728-1779), quien además de vulcanista propugnaba también la doctrina uniformista, según la cual los procesos geológicos eran lentos y continuos, como escribió en *Teoría de la Tierra con Pruebas e Ilustraciones* (1785). Esta opinión alentó una nueva polémica, porque a ella se opusieron los catastrofistas, encabezados por el francés Georges Cuvier (1769-1832).

La discusión histórica se saldó con el triunfo nominal del uniformismo, refrendado en la magna obra del inglés Charles Lyell (1797-1875), *Principios de Geología*, un auténtico clásico de la literatura científica[227]. La datación radiactiva de las rocas, ya en pleno siglo XX, atribuyó a la Tierra una edad de unos 4500 millones de años. Actualmente, sabemos que los procesos geológicos transcurren a dife-

---

226 Pelayo (1991), O'Hara (2018).
227 Lyell (1830).

rentes velocidades, si bien son muy escasos los cambios —generalmente catastróficos— que se producen de súbito.

Ya en el siglo XX, la sismografía y otros métodos geofísicos permitieron dilucidar la estructura estratificada de la propia Tierra. Rodeada por una delgada capa rocosa, la corteza, la mayor parte del volumen terrestre lo ocupan un inmenso océano de óxidos metálicos semifluidos, el manto +y el núcleo, formado por hierro y níquel. La rotación de la Tierra agita los materiales metálicos de su núcleo, creando el campo magnético que envuelve nuestro planeta a modo de coraza protectora frente las dañinas radiaciones del espacio exterior. Mediante un mecanismo con muchos detalles aún por esclarecer, nuestro envoltorio geomagnético sufre inversiones con una periodicidad que puede abarcar cientos de miles de años.

Esta inversión de los polos magnéticos (el norte pasa a ser sur y viceversa) altera la configuración interna de algunos minerales susceptibles de percibirlo. Y fue gracias a esta impronta geomagnética sobre los minerales como se pudo demostrar el movimiento del inmenso mosaico en el que se organiza la corteza terrestre, dividida en colosales placas («placas tectónicas») desplazándose incesantemente en una lentísima danza impulsada por las corrientes del manto. La tectónica de placas se alzó así como la versión moderna de la antigua deriva continental[228], hipótesis defendida —sin éxito en su época— por el alemán Alfred Wegener (1880-1930). No fue el primero, pues ya Al-biruni (973 - 1048) conjeturó que la India fue antes un mar. Ibn Sina (981-1037), o Avicena, propuso explicaciones físicas para el origen de montañas y seísmos, tal como Shen-Kuo (1031-1095) dedujo que las tierras emergidas se habían formado a partir de la erosión y sedimentación causadas por los océanos. Abraham Ortellius, asimismo, vislumbró en 1596 la deriva continental comparando los perfiles costeros de África y Sudamérica.

Al hablar de la estructura en capas de nuestro mundo, solemos obviar la atmósfera —al menos tan importante como las otras tres— debido a su carácter gaseoso. La atmósfera es la delgada capa de gases que envuelve la superficie terrestre, bajo la influencia de la radiación solar[229]. Sus turbulencias, ritmos y ciclos a largo plazo conforman el clima de nuestro planeta. Por el contrario, llamamos «tiempo atmos-

---

228 Hallam (1994).
229 Asimov (1986a).

férico» a las condiciones meteorológicas de un determinado lugar en el momento actual, no en una escala temporal amplia o indefinida, en cuyo caso estaríamos hablando del clima.

Aristóteles escribió el primer tratado meteorológico con ese nombre, *Meteorológica*, en el siglo IV a. C. para describir y explicar variados fenómenos observables en la atmósfera. Sin embargo, la meteorología científica aún tardó un buen número de siglos en germinar, pues hemos de trasladarnos al año 1735 para leer las primeras explicaciones físicas de la circulación de los vientos, empeño que prosiguió William Ferrel en 1856. Unos años antes, en 1835, Gaspard-Gustave Coriolis estimó que la rotación terrestre ocasionaría sobre los gases atmosféricos pequeñas fuerzas dependientes de la velocidad en cada punto del fluido, lo que desempeñaría un papel nada desdeñable en el régimen de vientos del planeta.

El croata Milutin Milankovic (1879-1958) propugnó en 1920 la existencia de ciclos climáticos a muy largo plazo, ligados a las variaciones seculares del eje de rotación terrestre[230]. Los llamados «ciclos de Milankovic» justificaban así los indicios recogidos en 1840 por el geólogo Louis Agassiz (1807-1873) acerca de eras glaciales, periodos en los que el descenso global de las temperaturas permitió que la mayor parte de la superficie terrestre quedase cubierta bajo gruesas capas de hielo.

Tan solo en la era Cuaternaria —desde hace alrededor de un millón de años— los registros geológicos indican que ha habido al menos cuatro grandes glaciaciones, con sus correspondientes épocas intermedias, los periodos interglaciales, con una temperatura algo más agradable, pero más breves que los episodios de frío intenso. Estos cuatro periodos más recientes recibieron los nombres de otros tantos ríos alpinos: Günz, Mindel, Riss y Würm. La última de ellas, la glaciación Würm, tuvo su inicio en un periodo que se extiende entre 115 000 y 80 000 años atrás, para finalizar hace unos 12.000 años, coincidiendo con el origen de la civilización humana tal como la conocemos.

También en la segunda década del siglo XX, Lewis Fry Richardson intentó aplicar a la atmósfera la física de fluidos para predecir el tiempo en diversas regiones del globo, pero los cálculos resultaron de tamaña envergadura que las predicciones perdieron toda utilidad. Sin dejarse amedrentar por ello, poco después de la obra de Richardson, Vilhelm Bjerknes, Carl Gustav Rossby, Tor Bergeron y Jacob Bjerknes

---

230 Milankovic (1930, 1941).

presentaron los primeros modelos generales de flujo atmosférico[231]. De todos modos, los cálculos seguían siendo tan prolijos que solo la aparición de los modernos computadores electrónicos permitió realizar predicciones en un tiempo razonable. Con todo y ello, la revelación en la segunda mitad del siglo xx del carácter caótico de la dinámica atmosférica vino a añadir otra limitación a una tarea de por sí muy esforzada, como es la predicción meteorológica.

231 Harper (2008).

7. LAS CIENCIAS DE LA VIDA

Pocas diferencias tan palmarias hay como las que separan a los seres vivos de la materia inerte. Los humanos primitivos distinguían muy bien las plantas y animales, capaces de crecer y multiplicarse como ellos mismos, de las piedras y los huesos en los que tallaban. De esa distinción, cuando afectaba a los propios miembros de una tribu, nacieron los ritos funerarios y las primeras religiones animistas. Con el paso del tiempo, como siempre ocurre, algunos individuos de temperamento inquisitivo se preguntaron por la posibilidad de agrupar a los seres vivientes en diversas categorías, quizás con la esperanza de encontrar algún patrón inteligible que les revelase siquiera un adarme del secreto de la vida. Así fue como los filósofos de la naturaleza comenzaron a interesarse por los animales y las plantas, más allá de su mero valor nutritivo.

Quien podría considerarse el primer naturalista fue ni más ni menos que Aristóteles, con uno de sus monumentales tratados que recogía la práctica totalidad del saber de su época al respecto. A lo largo de varios volúmenes, el gran filósofo griego se ocupaba del movimiento, generación, conducta y anatomía de los animales entonces conocidos[232]. Además de una primitiva catalogación en géneros máximos, géneros y especies —según su sangre fuese roja o no—, Aristóteles elabora el primer texto de anatomía comparada de la historia, con especial atención a las deducciones sugeridas por las analogías de forma, y especialmente de función, entre las partes de animales diferentes que desempeñan actividades similares. Así concluye que la naturaleza suministra con más abundancia ciertos órganos

---

232 Aristóteles (1992, 1994, 2000), Balme (1987), González (2004). Véase también la famosa revisión crítica de Pellegrin (1982).

a los animales que más los usan y, por tanto, en el mundo natural «nada se hace en vano ni superfluamente».

Mentor de Alejandro Magno, Aristóteles pidió al conquistador macedonio que le trajese un ejemplar de todos los animales desconocidos en Grecia que encontrase durante sus campañas militares. Fue el filósofo griego quien primero se percató de que el delfín y la ballena eran mamíferos, y no peces, como mucha gente sigue creyendo hoy día erróneamente. Tan sagaces fueron sus observaciones que el inventario de animales de Aristóteles resulta superior en muchos aspectos al del estudioso romano Plinio el Viejo, cuatrocientos años posterior al griego. Este rigor se veía compensado por la enorme cantidad de seres mitológicos cuya existencia se reputaba real, ya fuese en el entorno de Grecia o en tierras muy remotas, como la India. Homero, Calímaco y Aristófanes creían en los centauros —mitad hombre, mitad caballo—, cuyo carácter violento y lujurioso hacía imposible su convivencia con los humanos. Lucrecio y Pausanias consideraban desmesuradas exageraciones estos relatos, mientras Estrabón y Luciano de Samosata las tachaban directamente de burdas mentiras.

La zoología medieval abunda en animalarios y herbarios, libros de descripciones en los que mezclaban especies auténticas con otras que guardaban una muy lejana relación con la realidad[233]. Entre estas recopilaciones destacaban los bestiarios —algunos muy notables por la calidad de sus ilustraciones—, poblados por seres fantásticos, como unicornios, sirenas, hidras, dragones, mantícoras (cuerpo de león, cara humana y cola de escorpión), basiliscos (mitad serpiente y mitad gallo), grifos (mezcla de león y águila), blemios (hombres sin cabeza con la cara en el vientre), monopodos (con un único y gigantesco pie) y cinocéfalos (con cabeza de perro), entre muchas otras quimeras. Una excepción entre estas fabulaciones se encuentra en el erudito germano Alberto Magno, quien en el siglo XIII escribió *De animalibus*, mostrando un encomiable esfuerzo de rigor, prudencia y objetividad en su descripción de más de quinientos animales, sin utilizarlos para alegorías o moralejas.

---

233 Véase, por ejemplo, *El Fisiólogo. Bestiario medieval* (Barcelona: Obelisco, 2000).

Los primeros pasos de las ciencias biológicas se dirigieron indistintamente a la búsqueda de un conocimiento que atesorar, como un uso para sanar las dolencias que nos atribulaban. Es decir, no había separación entre la ciencia (biología) y la técnica de ella derivada (medicina). En esa corriente se inscribe el famosísimo texto *De Materia Médica*, del grecorromano Dioscórides (siglo i), médico militar en los ejércitos de Nerón. La obra, muy popular durante la Edad Media y el Renacimiento, reunía descripciones y usos terapéuticos de no menos de seiscientos vegetales, noventa minerales y algunos otros extractos de origen animal, erigiéndose así en precursora de la moderna farmacopea.

También la medicina tradicional china acumulaba un extenso conocimiento sobre plantas medicinales, aunque su concepción de la salud y la enfermedad se hallaba muy alejada del canon occidental. Sin abandonar del todo la apelación a dioses y demonios, tanto en India como en China el saber tradicional atribuía la enfermedad a un desequilibrio en el flujo de sutiles energías espirituales que recorrían el cuerpo del hombre. Parecidas opiniones sostenía el médico griego Hipócrates de Cos (460-370 a. C.), a cuyo juicio la enfermedad aparece por los desarreglos en el equilibrio entre cuatro fluidos (sangre, bilis negra, bilis amarilla y flema) o «humores» del cuerpo humano[234]. En nuestro propio organismo se encontraría la potencialidad para la autocuración, de modo que el tratamiento hipocrático consistía en poco más que ayudarlo mediante reposo y relajación.

Galeno, médico grecorromano del siglo i, redujo los cuatro humores de Hipócrates a tres «espíritus» (*spiritus*, traducción latina del griego *pneuma*), natural, vital y animal, que no eran algo contrapuesto a la materia sino más bien una forma de materia sutilísima que recorría los conductos internos del cuerpo poniendo en marcha sus órganos. Esta concepción del ser humano como una especie de máquina neumática, junto a otros errores anatómicos, enquistó en la mentalidad europea durante un milenio, debido al veto que la cultura de la época imponía sobre la disección de cadáveres.

---

234 De ahí proviene la expresión popular referida al «mal humor», pues según las ideas hipocráticas nuestro enojo se debe al nocivo predominio de uno de tales humores.

Más cercanos a la práctica moderna, los eruditos musulmanes no desdeñaron las disecciones de animales muertos o de restos humanos para aprender más sobre la fisiología interna y las enfermedades que podían afectarla. Abu Marwan ibn Zuhr, o Avenzoar, fue el primer cirujano experimental conocido, quien en el siglo XIII ya realizaba autopsias e intervenciones quirúrgicas, algunas de ellas previamente ensayadas en animales. Pero el gran talento de su época fue el persa Ibn Siná (980-1037) —Avicena en su versión latinizada—, cuya gigantesca obra filosófica incluyó la descripción, diagnóstico, prevención y tratamiento de numerosas enfermedades cuando en el Occidente cristiano todavía eran desconocidas o se trataban solo con plegarias. Su libro *El Canon de la Medicina* —o *Canon de Avicena*— merece sin duda situarse entre las obras clásicas de la historia de la ciencia.

En Europa, entre los siglos XV y XVI comenzaba a superarse el temor a la prohibición de realizar disecciones, lo que fue aprovechado por el genio universal Leonardo da Vinci para plasmar en sus espléndidos dibujos la anatomía interna del cuerpo humano. Por desgracia, Leonardo carecía de la formación académica que sí disfrutaba el belga Andrés Vesalio (1514-1564), verdadero fundador de la anatomía moderna. Su tratado *De humani corporis fabrica*, publicado en 1543, inició la reforma definitiva del conocimiento anatómico del hombre, y asentó definitivamente la respetabilidad de las disecciones clínicas. Entre los siglos XVI y XVII la circulación de la sangre se ve definitivamente aclarada gracias a los trabajos del inglés William Harvey (1578-1657) y el español Miguel Servet (1509-1553).

El suizo Paracelso (1493-1541) constituyó algo semejante a una figura de transición entre la antigüedad y la modernidad en las artes terapéuticas. Su adhesión a la astrología y al misticismo alquimista revela una concepción arcaica de los métodos curativos. Pero al mismo tiempo criticó con dureza los errores de antigüedad y el dogmatismo de quienes los seguían sin cuestionarlos jamás. Paracelso también fue defensor de la «yatroquímica», el empleo de sustancias químicas convenientemente escogidas para sanar a los enfermos. En concreto, su famosa aserción «*Dosis sola facit venenum*» («Solo la dosis hace el veneno») llama la atención sobre la importancia de las cantidades en los efectos fisiológicos de una sustancia, convirtiéndolo en un tosco precursor de la toxicología.

A partir del siglo XVIII, la fisiología, la anatomía y sus aplicaciones médicas ya solo conocieron un avance imparable hasta que en el siglo XX métodos no invasivos como los rayos X, la ecografía, la RMN (resonancia magnética nuclear), la RSE (resonancia de spin electrónico) o el TAC (tomografía axial computerizada) se han convertido en compañeros inseparables de los diagnósticos y tratamientos de todo tipo.

DONDE LA VISTA NO ALCANZA

Si la invención del telescopio supuso un vigoroso revulsivo para la física, al ampliar la cantidad y calidad de las observaciones disponibles e incluso revelar fenómenos antes insospechados, no menos cabe decir sobre la fabricación de los primeros microscopios para la biología. Cuando el pañero holandés Anton Leeuwenhoek (1632-1723) dirigió su mirada hacia aquellos diminutos seres que su recién construido microscopio permitía contemplar por primera vez en la historia, apenas podía imaginar que todo un mundo nuevo se abría ante él, un reino invisible que dejaría atónitos a los investigadores que siguieron sus pasos. Uno de los primeros fue el científico inglés —y rival de Newton— Robert Hooke (1635-1703), autor de *Micrographia*, un curioso libro editado en 1665 por la Regia Sociedad (Royal Society) de Londres, con la intención de regalarlo al monarca y fascinarlo con su contenido[235]. El libro, ilustrado con dibujos de los objetos, plantas y animales que Hooke había observado con el microscopio que él mismo se construyó, alcanzó gran popularidad y un elevado número de ventas.

La *Micrographia* de Hooke contiene la primera mención de la palabra «célula» (que en latín significa «celdilla») en un contexto biológico. Se le ocurrió al científico inglés cuando examinaba corcho con su microscopio, pues la unidad básica que se repetía para formar la estructura le recordó la uniformidad de las celdas de un panal de abejas. Hacia 1830 el naturalista inglés Robert Brown (1773-1858), estudiando al microscopio células de orquídea, advirtió la presencia de una región interior bien diferenciada del resto a la que denominó «núcleo». Poco tardó Brown en comprobar que todas las células vegetales tenían esa misma estructura. La cuestión, entonces, era desvelar su cometido. Cuatro décadas después de Brown, el médico y biólogo suizo Friedrich Miescher (1844-1895) aisló del núcleo de las células unas moléculas

235 Hooke (1995).

ricas en fosfatos —que hoy denominamos ADN, o ácido desoxirribonu-cleico—, sin estar del todo seguro acerca de su finalidad.

Mientras tanto, se consolidaba uno de los tres pilares fundamen-tales de la biología (junto con la evolución y la estructura helicoidal del ADN), como era la teoría celular. En 1837, la reunión en Berlín de dos colegas, Theodor Schwan (1810-1882) y Matthias Schleiden (1804-1881), concluyó afirmando que todos los seres vivos, animales y plan-tas, estaban compuestos de células. La célula adquiriría así el rango de unidad fundamental y autosuficiente de la vida, aunque estos dos investigadores fallaron estrepitosamente al aventurar su reproduc-ción. Schwan y Schleiden creyeron que las células crecían espontá-neamente a partir de un diminuto fragmento de materia inanimada, de manera análoga a la estructura cristalina de un mineral. No era cierto, pero su falsedad había de probarse y también debía ofrecerse un mecanismo alternativo.

A desmentir el crecimiento cristalino de las células se dedicaron los esfuerzos del germano-polaco Robert Remak (1815-1865), también judío, lo que le enfrentó a los prejuicios raciales de su época. Reducido por ello a realizar sus trabajos en una polvorienta buhardilla, Remak estudio embriones de pollo y huevos de rana para demostrar que todas las células vivas procedían de otras células previamente exis-tentes. Las células progenitoras crecían y se dividían, dando lugar a las descendientes en una cadena sin fin[236].

Uno de los colegas de Remak, el reputado fisiólogo alemán Rudolf Virchow (1821-1902), venció su inicial escepticismo y publicó ese des-cubrimiento capital como si fuese suyo en 1885, adornándolo con una contundente sentencia en latín: «Omni cellula e cellula» («Toda célula [nace] de una célula»). Dado que Virchow era un respetable profesor de fisiología y gozaba de los parabienes de la alta sociedad alemana, la mayoría de los libros de texto siguen mencionándolo errónea e injusta-mente como autor de la hipótesis de la reproducción celular isogénica.

Al mismo paso que avanzaba la teoría celular, también aumen-taba el conocimiento científico sobre el núcleo. El embriólogo alemán Theodore Boveri (1862-1915) utilizó por primera vez la palabra «gen» para referirse a los factores hereditarios aparentemente localizados en los cromosomas, estructuras alargadas en forma de bastoncillos que el núcleo encerraba en su interior. El hallazgo de Boveri —la teoría cro-

---

236 Albarracín (1992).

mosómica de la herencia— adquirió su verdadera dimensión cuando años después se puso de relieve que los cromosomas estaban formados por moléculas de ADN. Todas las piezas parecían encajar: el ADN constituye los cromosomas, piezas esenciales en el núcleo, el cual es, a su vez, es el centro de control de todo el funcionamiento celular.

Quedaban en pie, sin embargo, intrigantes cuestiones acerca de la diferenciación celular. Si todas las células de un ser vivo, cuando nace, poseen los mismos cromosomas y estos portan los planes de construcción del nuevo ser, ¿cómo se explica que unas células se conviertan en tejido muscular, otras en hueso, otras en nervios, etc.?

Una parte de este enigma comenzó a disiparse en la década de 1980, gracias a los esfuerzos del grupo de investigación del suizo Walter Gehring (1939-2014). Tomando moscas de la fruta como especímenes de prueba en el laboratorio, Gehring y sus colaboradores demostraron que todos sus genes estaban controlados por unos interruptores genéticos, o «genes homeóticos», que controlan la actividad de otros genes. El hecho de que esos mismos genes homeóticos se encontrasen, de un modo u otro, en todos los seres vivos respaldó la idea de que todos los organismos poseen un antepasado común.

La composición celular de la sangre comenzó a desvelarse desde los mismos orígenes de la microscopía, pues los glóbulos rojos —eritrocitos— fueron observados por el propio Leeuwenhoek, si bien se debe al italiano Marcello Malpighi (1628-1694) la primera descripción rigurosa de estos corpúsculos que transportan el oxígeno hasta las células. Los diferentes grupos sanguíneos (ocasionados por las distintas moléculas situadas en la superficie de los eritrocitos) fueron clasificados gracias al austriaco Karl Landsteiner (1868-1943), salvando con ello innumerables vidas al evitar transfusiones inapropiadas.

Los glóbulos blancos, responsables de la defensa fisiológica de nuestro organismo contra los gérmenes invasores, fueron caracterizados por el alemán Paul Ehrlich (1854-1915). En ellos se sintetizan los anticuerpos, las macromoléculas cuya misión consiste en abordar y destruir los microbios patógenos que nos atacan. Las plaquetas, encargadas de restañar nuestras heridas a nivel microscópico impidiendo hemorragias mortales, fueron reconocidas por el anatomista alemán Friederich Arnold (1803-1890) a mediados del siglo XIX.

Más sencillos que las células con núcleo son los microbios sin él, principalmente las bacterias. Esta palabra, derivada del griego «bastoncillo» (βακτηριον), fue introducida en el año 1828 por el gran biólogo alemán Christian Ehrenberg (1795-1876). No obstante, a su colega Ferdinand Cohn (1828-1898) se debe la primera clasificación taxonómica de las bacterias, motivo por el cual se le tiene por fundador de la microbiología. A los esfuerzos de Cohn se unieron pronto dos gigantes de la ciencia como el francés Louis Pasteur (1822-1895) y el alemán Robert Koch (1843-1910).

A Koch corresponde el mérito de haber confirmado el origen microbiano de las enfermedades infecciosas. El biólogo alemán consiguió demostrar que cada una de esas dolencias se debía a la acción de un tipo concreto de microbio patógeno. En concreto, la fama de Koch se cimentó principalmente en la identificación del microorganismo responsable de la tuberculosis —o tisis—, la bacteria *Mycobacterium tuberculosis*.

Por su parte, entre los muchos logros de Pasteur destaca la refutación experimental de la creencia en la generación espontánea, según la cual los seres vivos, en ciertas condiciones, podían surgir por sí mismos de la materia inerte. Esta equivocada suposición ya había sido desmentida en parte por los trabajos experimentales de los italianos Francesco Redi (1626-1697) y Lazzaro Spallanzani (1729-1799), pero sería Pasteur quien acabaría definitivamente con ella[237]. Además de un nuevo método para la conservación de alimentos controlando la temperatura —la «pasteurización»—, el célebre científico francés también elaboró vacunas contra varias enfermedades (carbunco, cólera aviar, rabia) inoculando en el organismo humano gérmenes previamente debilitados.

La siguiente generación de microbiólogos contó entre sus filas con investigadores tan brillantes como Martinus Beijerinck (1851-1931), descubridor del virus del mosaico de tabaco —el primero conocido— y fundador de la virología. Los virus no se consideran seres vivos debido a su falta de autonomía metabólica: para reproducirse necesitan invadir una célula y servirse de la maquinaria molecular de esta, ya que ellos carecen de los medios necesarios para esa finalidad. Los

---

237 Esto no impidió reconocer en el siglo xx que la materia viva había surgido a partir de la no viva por procesos químicos especiales millones de años atrás.

virus, en realidad, son poco más que filamentos de ácidos nucleicos encapsulados por un envoltorio de proteínas.

Además de su potencial infeccioso, es muy probable que los virus jugasen un papel en la evolución de las especies —incluyendo la humana—, a causa de su capacidad para intercambiar material genético con los organismos que colonizan. Esa misma aptitud los convierte en herramientas muy poderosas en la lucha contra las bacterias o las células tumorales, tras una previa reprogramación genética para que ataquen solo las dianas biológicas que nosotros decidamos. Así opera el prometedor campo de la viroterapia.

El ruso Sergéi Winogradsky (1856-1953) fue pionero en la investigación de los ciclos biogeoquímicos, especialmente en relación con las bacterias del nitrógeno que aportan compuestos esenciales para el crecimiento de las plantas. La columna de Winogradsky —un montaje de simplicidad casi casera— permite contemplar las fascinantes relaciones ecológicas entre microbios con una sencillez que la ha convertido en un instrumento común para la enseñanza de la microbiología en todos los niveles.

El combate contra las enfermedades infecciosas, tan antiguo como la propia humanidad, dejó de coleccionar derrotas en el siglo XIX, cuando el inglés Joseph Lister (1827-1912) convenció a la comunidad médica de la importancia de la asepsia en la cirugía y, en general, en cualquier intervención sanitaria. La esterilización de los materiales quirúrgicos antes de las operaciones salvó innumerables vidas y avaló el origen microbiano de las infecciones. El descubrimiento accidental del primer antibiótico —la penicilina—, llevado a cabo por el escocés Alexander Fleming (1881-1955), supuso un paso de gigante en esta lucha.

En 1928, Fleming se percató de que en un cultivo bacteriano contaminado casualmente por el hongo *Penicillium notatum*, los microorganismos habían sido destruidos por una sustancia segregada de forma natural por ese mismo hongo. El científico escocés denominó penicilina a esa inesperada sustancia y no tardó en comprender la trascendental importancia de sus posibles aplicaciones curativas. No obstante, se necesitaron casi diez años y un equipo de varios químicos especializados para aislar, purificar y producir la penicilina en cantidades suficientes para ser clínicamente útil. Había comenzado la era de los compuestos bioquímicos destructores de bacterias, los antibióticos.

Los años posteriores fueron testigos de una desbordante actividad de la industria farmacéutica, afanándose por crear más y mejores antibióticos, hasta un punto en que su uso comenzó a ser abusivo. Los microbiólogos alertaron sobre la posibilidad de que tales excesos favorecieran la proliferación de bacterias resistentes a los antibióticos en boga, obligándonos a una carrera sin fin entre la capacidad adaptativa de las bacterias para resistir los antibióticos y nuestro ingenio para diseñar otros nuevos. No cabe duda de que si perdiesen su efectividad los antibióticos ahora conocidos, correríamos el riesgo de sufrir graves epidemias, como en épocas pasadas de triste recuerdo. Una de las más famosas y terribles, conocida como «peste negra», asoló Europa en el siglo xiv, con una mortalidad estimada en el 90 %. La bacteria responsable *Yersinia pestis* se transmitía por la picadura de los piojos de las ratas, pero entonces ese dato se ignoraba por completo.

También los virus pueden causar verdaderos estragos, como la gripe de 1918 —causante de unos cincuenta millones de muertos en todo el mundo— o el coronavirus sars-cov-2, que partió de China en 2019 y no tardó en convertirse en una auténtica pandemia. Invulnerables a los antibióticos por su distinta composición molecular, los virus solo pueden ser combatidos mediante vacunas o reforzando el sistema inmunitario del organismo afectado. Las mejores expectativas nos anuncian un futuro en el que la biología molecular nos proporcionará dardos bioquímicos suficientemente sofisticados para acabar con estos letales e invisibles adversarios.

Los virus suelen ser de tamaño considerablemente menor que las bacterias, lo que explica que su existencia pasase desapercibida para los primeros microbiólogos hasta el desarrollo del microscopio electrónico. Con todo, no puede olvidarse el caso excepcional del mimivirus, tan grande como una bacteria y dotado de un genoma también de tamaño bacteriano. El hecho de que los mimivirus se muestren capaces de sintetizar algunas biomoléculas inusuales en el resto de los virus reavivó los debates sobre las fronteras de la vida y, sobre todo, en qué lado de la demarcación situar estos seres.

En el último cuarto del siglo xx se descubrió que algunas dolencias neurodegenerativas que se propagaban de una manera muy semejante a las enfermedades infecciosas estaban causadas en realidad por proteínas llamadas priones. Estas proteínas presentan un plegamiento tridimensional anómalo con la capacidad de inducir a otras proteínas a sufrir el mismo tipo de plegamientos, en un proceso autosostenido hasta ocasionar graves daños en el organismo donde ha penetrado. La enfermedad más célebre, tristemente relacionada con los priones, es la encefalopatía espongiforme o «enfermedad de las vacas locas», que ataca el sistema nervioso central causando estragos en animales y humanos.

Cuanto más avanzaban sus investigaciones, más evidente resultaba para los microbiólogos que los organismos microscópicos jugaban un papel decisivo —y a menudo insustituible— en la vida de los animales y las plantas. Un hecho tal ponía en tela de juicio el propio concepto de individuo en biología, ya que podríamos preguntarnos hasta qué punto un animal o un vegetal es independiente de las bacterias que lo colonizan si no puede vivir sin ellas. Por eso algunos especialistas sugieren que en realidad los organismos considerados hasta ahora como entes individuales —incluyendo al ser humano— deberían contemplarse con mayor propiedad como ecosistemas o comunidades biológicas, formadas por el individuo tradicional y las poblaciones bacterianas que porta en su interior. Los pulgones, por ejemplo, dependen tanto de sus bacterias intestinales para alimentarse como nosotros mismos, debido a la simbiosis (relación de beneficio mutuo) que se da entre ambas partes. Sin embargo, es precisamente esa estrecha simbiosis la que pone en cuestión nuestras ideas comunes sobre la individualidad biológica.

El conjunto de microorganismos que habitan el cuerpo humano se denomina microbiota, cuya masa alcanza los dos kilos en un adulto de características normales. Lejos de tomarse por invasores, los componentes de la microbiota suelen ser indispensables para la vida, o al menos para el óptimo desempeño de las funciones biológicas del individuo que lo contiene. El sistema digestivo, el inmunitario o, incluso, la defensa contra gérmenes patógenos sobre la piel perderían gran parte de su eficacia —o se verían completamente inhabilitados— en ausencia de nuestros compañeros microscópicos.

Más aún, en las últimas décadas se ha ido confirmando una conexión, antes insospechada, entre la flora intestinal y el sistema nervioso central. Ahora sabemos que de algún modo nuestras funciones cerebrales influyen y se ven influidas por la microbiota. A esta sorpresa han acompañado otras, como la existencia de tres tipos diferentes de microbios intestinales, los enterotipos, independientes de la edad, sexo, raza o hábitos de los individuos analizados. Nadie sabe todavía por qué solo hay tres enterotipos —y estos tres en concreto—, ni por qué resultan tan independientes de los rasgos particulares de sus portadores.

Otra de las piezas fundamentales en el mundo de la fisiología se aclaró en el siglo xx con el descubrimiento y caracterización de las hormonas. El nombre colectivo de estas sustancias, segregadas por glándulas de muy diversos organismos animales, deriva de la voz griega que significa «yo estímulo o excito». Y en efecto esa es la función de las hormonas: activar o desactivar determinados procesos biológicos determinantes de fenómenos tan dispares como el crecimiento corporal, la maduración sexual, la composición de la sangre, la respuesta inmunitaria o el control del apetito y el peso.

La mayoría de ellas (testosterona, estradiol, cortisol, oxitocina, adrenalina, insulina, somatotropina, etc.) son de secreción interna —es decir, producidas por glándulas del propio organismo—, y a ese grupo se suponía que pertenecían todas hasta el descubrimiento de la leptina. Esa hormona en particular tiene su origen en los adipocitos, las células responsables de almacenar la grasa como reserva energética del organismo para posibles necesidades futuras. Por eso, cuanto más grasa acumulamos, mayor debería ser la concentración de la leptina en nuestra sangre, refrenando así nuestro apetito. Y cuando este mecanismo falla, la aparición de obesidad se hace más que probable, con todos los problemas que ello acarrea.

DEL FIJISMO A LA EVOLUCIÓN

Antes incluso de que la biología se constituyese como ciencia, el origen de los seres vivos —y en particular de la humanidad— ocupaba un lugar destacado en las discusiones de los estudiosos de todas las épocas. Para el filósofo Anaximandro, en el siglo VI a. C., el hombre hubo de surgir por transformación a partir de peces ancestrales, los cuales brotaron del limo calentado por los rayos del sol. Anaximandro nos ofrecía así la primera explicación materialista del origen de la vida, dispensada de cualquier intervención sobrenatural. Lógicamente, las ideas de este filósofo griego no pueden ser calificadas de evolucionistas en el sentido moderno, por lo que con mayor propiedad deberían llamarse «transformacionistas».

No obstante, dada la dificultad de proponer en aquellos tiempos un mecanismo plausible para esa transformación —y no digamos para el nacimiento de la vida— esta opinión nunca llegó a ser mayoritaria y acabó derrotada por la concepción fijista que consideraba inalteradas las características de los seres vivos desde el mismo origen de los tiempos. A su juicio, creadas por un ser inteligente (Dios) o una instancia impersonal (Naturaleza) los seres vivos habían permanecido siempre iguales en sus rasgos básicos, salvo algunas variaciones particulares sin relevancia general.

Pero las buenas ideas nunca mueren del todo y acaban reapareciendo en circunstancias muy diversas. Así fue como el gran erudito árabe apodado Al-Jahid (الجاحظ, traducible como el Sabio) propuso, entre los siglos VIII-IX, una explicación del surgimiento de las especies vivas mucho más cercana al evolucionismo actual de lo que hubiese cabido esperar de su época[238]. La omnipotencia divina —nos asegura este autor— puede crear las especies vivas que tenga por conveniente y permitir su transformación de acuerdo con las leyes que la propia divinidad ha impuesto sobre el mundo natural. Una de tales leyes instaura la necesidad de un equilibrio en la naturaleza, que se alcanza a través de la competencia entre unos animales y otros para sobrevivir.

Inmersos en esa lucha por la supervivencia —prosigue Al Jahid—, los animales migran hacia nuevos parajes donde han de adaptarse a nuevos competidores, alimentos y climas, lo que a su vez determina el uso o desuso de sus órganos y la posibilidad de cambio entre generaciones. De una sola tacada, este sabio árabe concilia sus creencias religiosas con una mezcla de efectos naturales muy semejantes a lo que después serían las visiones lamarckista y darwinista de la evolución de los seres vivos. Teniendo en cuenta que vivió mil años antes de Darwin, no podemos menos que descubrirnos ante la agudeza intelectual de Al-Jahid.

Mucho tiempo después, cuando la edad de oro de la cultura musulmana tan solo persistía en el recuerdo, el transformismo biológico volvió a ganar adeptos en el occidente europeo, aunque el terreno hubo de prepararse paulatinamente para que la semilla evolucionista germinase[239]. Algunos científicos eminentes, aunque nunca se declararon abiertamente partidarios del cambio en las especies, sí realizaron aportaciones que desbrozaban el camino hacia el evolucionismo. El naturalista francés Geoffroy Saint-Hilaire (1772-1844) defendió con ardor la existencia de una unidad subyacente en las estructuras anatómicas de todos los animales, vivos y extintos, que se expresaba en la correspondencia entre órganos en individuos de distintas especies. Esta universalidad de las reglas estructurales que gobiernan la ana-

---

238 Todavía hoy sigue siendo difícil encontrar referencias sobre este erudito árabe en Occidente, incluso en la literatura especializada. Véase Peters (1968).
239 Álvarez (1991).

tomía de los organismos invitaba a pensar en algún tipo de filiación entre las especies y en un posible origen común.

La rotundidad de Saint-Hilaire le arrastró a una intensa polémica con el más descollante especialista en anatomía comparada de su época, Georges Cuvier (a quien tuvimos ya ocasión de conocer como resuelto partidario del catastrofismo geológico en el capítulo anterior). Cuvier no creía que la organización anatómica de los animales obedeciese pautas tan universales como aseveraba su colega. No obstante, sí admitía que los seres vivos constituyen sistemas integrados, cada una de cuyas partes opera en armonía con el resto y todas en conjunto adaptadas al entorno. Por ello no cabía excluir que una alteración en el medio ambiente ocasionase modificaciones correlativas en la estructura de los organismos que la sufriesen dando lugar a nuevas especies[240].

El francés Georges-Louis Leclerc de Buffon (1707-1788) fue uno de esos sabios polifacéticos que comenzó encaminándose a una ciencia para acabar realizando sus mejores aportaciones en otros campos. Interesado inicialmente en las matemáticas, la buena posición de su familia le permitió dedicarse poco después al estudio de la naturaleza desde el aventajado puesto de superintendente del Jardín del Rey. Por su propia cuenta realizó experimentos de enfriamiento con bolas de diversos materiales para calcular la antigüedad de la Tierra, suponiendo que en sus primeros instantes había sido una esfera incandescente y obtuvo una estimación de 75 000 años (aunque en escritos privados aventura que pudiera ser diez millones de años).

Sin embargo, su obra maestra fue *Historia Natural*, cuyos tres primeros volúmenes se vieron publicados en 1749. Se trataba de una majestuosa recopilación de todas las descripciones de animales, plantas y tipos humanos conocidos en su momento histórico, aderezados con hipótesis sobre la formación de nuestro planeta. En sentido estricto, Buffon no profesaba el credo transformista, pues creyó que la esterilidad de los híbridos surgidos del cruce entre ejemplares de dos especies demostraba la imposibilidad de que unas especies se transformasen en otras.

Sin embargo, el erudito francés siembra con su obra una colección de ideas que años después germinarían en la moderna evolución biológica. Buffon opinaba que la similitud anatómica y fisiológica entre

---

240 De ahí que no esté del todo claro el grado de adhesión de Cuvier a un fijismo estricto. Véase Velázquez (2021).

ciertas especies sugiere una unidad de origen, un tipo básico del cual surgieron los organismos actuales por «degeneración». El naturalista francés empleaba esta palabra con el significado de adaptación a la disparidad de ambientes que los seres vivos ocupan.

Este razonamiento aproximó a Buffon al concepto moderno de especie, por lo que él fue quien primero exigió que, además de características morfológicas similares, los individuos de una misma especie tuviesen descendencia fértil. A partir de entonces la definición de especie no solo se basaría en la posesión de rasgos comunes, sino también en un linaje compartido, una idea que resultaría clave en el modelo evolucionismo.

La clasificación de los seres vivos planteada por Buffon se funda en las analogías entre el organismo en su totalidad, considerado como una unidad funcional[241]. Este punto de vista lo enfrentó con el otro gran clasificador del siglo XVIII, el sueco Carl Linneo (1707-1778). Decididamente fijista, Linneo introdujo la nomenclatura binomial, designando cada especie mediante la doble referencia al género y a la especie. El lobo, por ejemplo, se calificaría como *Canis lupus* (género: *Canis*, especie: *lupus*) mientras el perro sería *Canis familiaris* (el mismo género y distinta especie).

Considerado el padre de la taxonomía, Linneo agrupó los géneros en familias, las familias en clases, las clases en tipos (*phyla*, plural de *phylum*) y los tipos en reinos. No obstante, sus críticos —encabezados por Buffon— le recriminaban que para su clasificación hubiese empleado criterios superficiales, imprecisos y responsables de reunir en un mismo grupo animales manifiestamente distintos entre sí.

El pensamiento biológico europeo, especialmente en Francia, bullía con multitud de ideas que implicaban la transmutación de unas especies en otras, entre las postrimerías del siglo XVIII y los primeros compases del XIX. El más notable de los transformistas franceses fue Jean-Baptiste Monet de Lamarck (1744-1829), cuya teoría sobre la evolución de los seres vivos suele usarse como contrapunto para ilustrar las tesis darwinistas.

Lamarck hilvanó una teoría completa del origen y desarrollo de la vida, tan detallada como permitían los conocimientos de su época, adoptando una perspectiva enteramente materialista. Desde su punto de vista, la vida se originó por la acción de ciertos fluidos impon-

---

241 De Pedro (1999).

derables e inconstreñibles (calórico, electricidad, magnetismo) sobre la materia inanimada. Las partículas microscópicas de estos materiales experimentaron una «excitación vital», una suerte de agitación opuesta a la atracción gravitatoria, que las llevó a organizarse en estructuras cada vez más complejas.

Este crecimiento progresivo de la complejidad en los organismos constituye una de las leyes básicas de la evolución lamarckiana. Mediante el principio de complejidad creciente, la naturaleza por sí misma da lugar a la serie de especies vivas que han ido habitando nuestro mundo, sin necesidad de intervenciones externas.

El segundo punto básico del lamarckismo sostiene que los hábitos de los individuos cambian para adaptarse a las exigencias del entorno (escasez de alimentos, cambios climáticos, nuevos depredadores, competencia por el apareamiento), lo que conduce a un mayor uso o desuso de ciertos órganos. El tercer postulado de esta teoría afirmaba la transmisión a los descendientes de esas alteraciones fisiológicas, o «herencia de los caracteres adquiridos», tras largos periodos de sufrir esas presiones ambientales.

Curiosamente, este tercer punto sobre la herencia de caracteres adquiridos, que siempre se identifica con el lamarckismo, es el que era considerado menos original y propio de su teoría por el científico francés. Otros autores habían formulado la misma conjetura antes de Lamarck y lo seguirían haciendo después. El propio Darwin admitió esa hipótesis como una de las posibles fuentes de variabilidad de la descendencia[242], aunque el biólogo alemán August Weismann (1834-1914) demostró años más tarde que solo las variaciones que afectan a las células reproductoras —y no al resto de los tipos celulares del organismo— se transmiten de una generación a la siguiente.

El último gran sistematizador de la naturaleza en la época preevolucionista fue, sin duda, el alemán Alexander von Humboldt (ya mencionado en el capítulo anterior). Geólogo, explorador, naturalista, cartógrafo y geógrafo, su figura cierra el periodo histórico de los grandes compendios de historia natural, esos tratados monumentales con vocación universal de abarcarlo todo en todos los campos del saber de su tiempo[243]. Tras regresar de su viaje de cinco años por la América espa-

---

242 Darwin pensaba que tal vez desde los diversos órganos del cuerpo animal se desprendían unas partículas, o «gémulas», que viajaban por el torrente sanguíneo hasta los órganos reproductores, y allí influían en los rasgos hereditarios de la siguiente generación.
243 Wulf (2016).

ñola, Humboldt pasó treinta años elaborando la profusión de datos allí recogidos. Fruto de ese esfuerzo titánico vio la luz en 1845 el primer volumen de su obra magna, *Cosmos*, en la que pretendía dar cuenta de todos los conocimientos alcanzados por las ciencias sobre la humanidad, la naturaleza, el planeta Tierra y el universo que lo envuelve[244].

El gran mérito de Humboldt no reside solo en la osadía de sus exploraciones, la variedad y extensión de las disciplinas que abordó o la minuciosidad de sus mediciones. Su genialidad sobresalió en el hecho de que fue el primer sistemista del mundo natural que concibió la materia inanimada y la vida en todas sus formas —humana, animal y vegetal— como una red de elementos interconectados, donde las modificaciones de alguna de sus partes afectarían ineluctablemente al resto. A veces se le reputa por ello a Humboldt como un adelantado de la ecología, en el sentido del estudio científico de los ecosistemas[245].

Pero la sabiduría de Humboldt alcanzó mucho más que eso: fue un visionario que, en una cegadora epifanía, tuvo el privilegio de contemplar la realidad material como un conjunto ordenado, una totalidad organizada de cuyo equilibrio dependería el futuro de la humanidad. A juzgar por los hechos posteriores, no parece que hayamos aprendido la lección que nos legó el gran Humboldt.

LA ERA DE DARWIN

La que, con toda justicia, se conocería en el futuro como la revolución darwinista en las ciencias de la vida, comenzó de con una inocente casualidad cuando el naturalista inglés Charles Darwin (1809-1882) consiguió un puesto entre los pasajeros del buque de su majestad Beagle, para un viaje cartográfico que se extendió de 1831 a 1836 a lo largo y ancho del globo. Tamaña aventura contribuyó a decantar definitivamente unas ideas que Darwin llevaba madurando largo tiempo, en especial tras su visita a las islas Galápagos, en el océano Pacífico, donde constató la exquisita adaptación de las aves a los distintos entornos que ocupaban.

---

244 Humboldt (2011).
245 El gran pionero de la ciencia ecológica en España fue el científico barcelonés Ramón Margalef (1919-2004), internacionalmente famoso por los modelos matemáticos que utilizó para describir los ecosistemas.

Su abuelo, Erasmus Darwin (1731-1802), se contaba entre quienes duda-
ban de la inmutabilidad de las especies. Médico y naturalista, escribió
libros sobre botánica y zoología en algunos de los cuales sugería tan-
gencialmente que las especies tienen conexiones genealógicas entre
sí, que los animales pueden cambiar en respuesta a las alteraciones
ambientales y que su progenie puede heredar estos cambios.

Convencido de que la lentitud y uniformidad atribuida por Lyell a
los cambios geológicos se aplicaba también a las adaptaciones de los
seres vivos, Charles Darwin necesitaba pergeñar un mecanismo que
originase tales adaptaciones, sin actuaciones externas como las de los
ganaderos que seleccionan en sus granjas los cruces más fructíferos
para mejorar la calidad de los animales en las generaciones consecutivas. La inspiración final acudió a él durante la lectura de *Ensayo sobre
la población,* obra del erudito —también británico— Thomas Maltus
(1766-1834). Allí leyó las descarnadas palabras de su compatriota sobre
los terribles efectos de un crecimiento demográfico superior a la capacidad del territorio para alimentar a la población que lo habita[246]:

> *Un hombre que nace en un mundo ya ocupado, si sus padres
> no pueden alimentarlo y si la sociedad no necesita su trabajo, no
> tiene ningún derecho a reclamar ni la más pequeña porción de
> alimento (de hecho, ese hombre sobra). En el gran banquete de la
> Naturaleza no se le ha reservado ningún cubierto. La naturaleza
> le ordena irse y no tarda mucho en cumplir su amenaza.*

De inmediato a Darwin le invadió la convicción de que en la naturaleza salvaje, ese desequilibrio entre el tamaño de la población y los
recursos naturales del hábitat era el responsable de un inevitable conflicto entre los individuos, arrastrados por la necesidad de sobrevivir, para disputarse los escasos medios de subsistencia a su alcance.
En esa despiadada competencia solo triunfarían los especímenes
más dotados para procurarse el sustento, los cuales transmitirán a
su descendencia esas mejores aptitudes. Con independencia de posibles catástrofes naturales que determinasen su extinción, las especies
cambian con el tiempo conforme las pequeñas alteraciones que presentan los descendientes con respecto a sus progenitores se someten
al inapelable juicio de la lucha por la existencia antes mencionada.

---

246 Citado en Pressat (1989), p. 16.

Poco a poco, a través de dilatadísimos periodos de tiempo, la naturaleza va filtrando aquellas variaciones congénitas que aparecen aleatoriamente en las sucesivas generaciones, en una suerte de selección natural, hasta que los especímenes llegan a diferenciarse tanto de sus lejanos antepasados que constituyen una especie distinta. Esta es la esencia de la teoría darwiniana de la evolución, en parte también descubierta independientemente por el biólogo inglés Alfred Russel Wallace (1823-1913). El propio concepto de selección natural no se mantuvo ajeno a la polémica —y en buena medida aún sigue envuelto en ella—, como muestran algunos comentarios de su autor en ediciones posteriores de su obra seminal[247]:

> *Varios autores han entendido mal o puesto reparos al término selección natural. Algunos hasta han imaginado que la selección natural produce la variabilidad, siendo así que implica solamente la conservación de las variedades que aparecen y son beneficiosas al ser en sus condiciones de vida. [...] En el sentido literal de la palabra, indudablemente, selección natural es una expresión falsa; pero ¿quién pondrá nunca reparos a los químicos que hablan de las afinidades electivas de los diferentes elementos? [...] Se ha dicho que yo hablo de la selección natural como de una potencia activa o divinidad; pero ¿quién hace cargos a un autor que habla de la atracción de la gravedad como si regulase los movimientos de los planetas? Todos sabemos lo que se entiende e implican tales expresiones metafóricas, que son casi necesarias para la brevedad. Del mismo modo, además, es difícil evitar el personificar la palabra Naturaleza; pero por Naturaleza quiero decir solo la acción y el resultado totales de muchas leyes naturales, y por leyes, la sucesión de hechos, en cuanto son conocidos con seguridad por nosotros. Familiarizándose un poco, estas objeciones tan superficiales quedarán olvidadas.*

La publicación de *El Origen de las Especies* en 1859 provocó el consiguiente revuelo en la puritana sociedad británica de mediados del siglo XIX. Para las mentes más conservadoras de la era victoriana, la evolución darwinista no solo abonaba el terreno para un ateísmo sin ambages, sino que además emparentaba al ser humano con bestias salvajes

---

247 Darwin (1920), p. 114.

Charles Darwin.

sin el menor atisbo de pudor y modales. En efecto, Darwin había mencionado en el *Origen* que la humanidad, por analogía con el resto de los animales, también debía proceder de especies ancestrales menos evolucionadas, en alguna de cuyas etapas sería indistinguible de los simios.

Este razonamiento, ampliado en el *Origen del Hombre* (1871), ocasionó un escándalo mayúsculo en los círculos más tradicionales, aunque paradójicamente la controversia difundió aún más las tesis de Darwin. Con ayuda de científicos tan capacitados para la polémica como Thomas Henry Huxley (1825-1895), el evolucionismo darwinista fue venciendo la resistencia de sus oponentes —principalmente clérigos rigoristas—, hasta convertirse en el paradigma central de la biología moderna. Pero antes de ello hubo de recorrerse un largo y accidentado camino.

Darwin ignoraba cuáles eran los mecanismos microscópicos causantes de la descendencia con modificación, como él solía denominarla. Esos pequeños cambios fortuitos en los descendientes constituían el escenario sobre el que operaba la selección natural permitiendo la evolución de las especies, de modo que una de las claves de la teoría darwiniana permanecía en la penumbra. Y aunque nadie lo esperaba, el remedio para aquel contratiempo se gestó en el pequeño huerto de un monasterio agustino de la pequeña ciudad centroeuropea de Brno.

Allí el sacerdote Gregor Mendel (1822-1844) estudió la transmisión de ciertos caracteres hereditarios en los guisantes fácilmente observables, como piel lisa o rugosa. Su trabajo pionero se sumió en el olvido hasta ser rescatado a principios del siglo XX por un grupo de investigadores que habían llegado a las mismas conclusiones y tuvieron la honestidad de reconocer la primacía de aquel anónimo sacerdote Agustino. Tiempo después, los factores hereditarios que él estudió se denominaron genes, y las reglas de su paso entre generaciones, leyes de Mendel. Había nacido la ciencia genética[248].

El botánico y genetista Hugo de Vries (1848-1935), uno de los redescubridores del trabajo de Mendel, propuso que las alteraciones en los genes —las mutaciones— podían ser las responsables de la descendencia con variación referidas por Darwin. A su vez, el genetista norteamericano Thomas Hunt Morgan (1866-1945) corroboró que los genes se encuentran en los cromosomas, esas grandes moléculas presentes en el núcleo celular. Y hubo de esperarse hasta 1953 para que los británicos James Watson y Francis Crick publicasen el primer modelo correcto sobre la estructura en doble hélice del ácido desoxirribonucleico (ADN), el tipo molecular que compone los cromosomas. El relato de este descubrimiento, recogido años después por Watson en su conocido libro *La Doble Hélice* (1968), revela que su comportamiento a la hora de compartir datos con sus colegas no fue todo lo escrupuloso que las normas de la ética profesional —entonces y ahora— aconsejarían[249].

---

248 Gomis (1991).
249 Watson (2011).

Las investigaciones sobre la aparición del ser humano moderno a partir de sus ancestros menos evolucionados demuestran cómo en numerosas ocasiones, al incorporar nuevas piezas, el rompecabezas inicial se revela bastante más intrincado de lo que parecía. La visión evolucionista acabó imponiéndose entre los paleontólogos, pues era la única con suficiente poder explicativo para dar sentido a los hallazgos fósiles en un cuadro histórico coherente, aunque no exento de lagunas. Precisamente a rellenar esas lagunas en los distintos cursos evolutivos de las especies se dedicaron los investigadores que, desde la época de Darwin en adelante, recorrieron el mundo excavando en busca de fósiles y restos de herramientas primitivas. La fosilización es un proceso geoquímico complejo e infrecuente, por lo que no es de extrañar la escasez de estos materiales y el incalculable valor científico que poseen.

Hace veinte millones de años el *Proconsul*, de rasgos acusadamente simiescos, correteaba sobre la superficie de la Tierra hasta la aparición del *Ramapithecus*, seis millones de años después, con características más evolucionadas. Hace tan solo unos cuatro millones de años aparecen en África los *Australopithecus* (literalmente «simios del sur»), con una capacidad craneal de unos 500 cm^3, usuario —no fabricante— de pequeñas herramientas primitivas, como huesos y guijarros. Existe todavía controversia acerca de las especies de este grupo (*africanus, afarensis, sediba...*) pues algunas de las que antes se consideraban australopitecinas ahora se incluyen en un género posterior, *Paranthropus* (hace unos 2,5 millones de años), con sus respectivas especies (*aethiopicus, boisei, robustus*). Estas discusiones —y muchas otras semejantes— demuestran que la evolución humana, lejos de un encadenamiento lineal y bien ordenado, se nos revela como un abigarrado ramaje cuyos caminos se entrecruzan y desvían, proyectándose en direcciones insospechadas.

El *Homo habilis* (hace 2,3 millones de años) se identificó inicialmente con el *Australopithecus africanus*, aunque más tarde se le reconoció entidad propia. Este «hombre hábil», con sus 800 cm^3 de volumen intracraneal, fue quizás el primer antepasado nuestro que elaboró sus propias herramientas, descantillando unas piedras con otras para desprender lascas y obtener un perfil cortante. Sin embargo, hallazgos posteriores sugirieron la necesidad de escindirlo en una nueva especie, denominada *Homo rudolfensis*; como en casos análogos, la polémica continúa.

El primero de nuestros lejanos parientes en caminar erguido, hace algo menos de dos millones de años, recibió por ello la denominación de *Homo erectus*. Con alrededor de 1000 cm^3 de cavidad craneana, tenía extremidades muy similares a las actuales, lo que le permitía fabricar sencillas hachas de mano y otros utensilios, hacer fuego y cazar animales grandes. Su expansión por África, Europa y Asia ha causado intensas polémicas concernientes al momento en que se diversificó en otras especies. En su mayoría, los especialistas concuerdan en admitir que el *Homo ergaster* tuvo su origen en África, emigró hacia Asia, dando lugar al *Homo erectus* propiamente dicho, y también se extendió por Europa, donde surgieron el *Homo heidelbergensis* y el *Homo antecessor*.

Tampoco están libres de controversias las últimas etapas del camino que condujo a los humanos modernos, supuestamente iniciado en el *Homo heidelbergensis*, del cual surgirían las dos ramas principales: el *Homo neanderthalensis* («hombre de Neandertal») y el *Homo sapiens* («hombre de Cro-Magnon»), este último ya indistinguible del humano moderno. Nuestros primos neandertales tuvieron la mala suerte de que sus primeros fósiles descubiertos de su especie correspondiesen a individuos con graves dolencias y defectos físicos. Esta desafortunada casualidad hizo suponer equivocadamente a los paleontólogos que el neandertal era poco más que un hombre-mono grotesco y brutal. Pero nada más lejos de la realidad.

De complexión recia y facciones duras, los neandertales poseían un volumen cerebral equiparable o superior al del humano moderno (entre 1200 y 2000 cm^3), con habilidad suficiente para elaborar armas de piedra, puntas de hueso y costillas aguzadas. Podían vivir tanto en cuevas como en toscos refugios de madera y pieles. Enterraban a sus muertos y los rodeaban de utensilios y ofrendas vegetales, por lo que no es descabellado suponer que experimentasen inquietudes artísticas y religiosas.

Aunque se extinguieron definitivamente hace unos 45.000 años por causas no bien determinadas (luchas o asimilación por los humanos modernos, epidemias, desaparición de su hábitat), ya no parece haber duda de que produjeron cruzamientos entre los neandertales y los cromañones, de modo que los humanos actuales en Asia, Europa y América portan aproximadamente el 2 % del genoma de los neandertales. Esto demuestra, por una parte, que las dos especies se cruzaron después de que los *Homo sapiens* abandonara el continente africano, y, por otro lado, que la separación entre especies próximas no siempre es tan completa que impida totalmente el cruzamiento fértil entre ellas.

Los primeros compases del siglo XXI regalaron a la paleontología una sucesión de hallazgos tan inesperados como fascinantes, añadiendo más interrogantes al ya intrincado árbol genealógico de la especie humana. En 2004 se descubrió, en la isla indonesia de Flores, un nuevo tipo de homínido, el *Homo floresiensis*, extinguido hace 50.000 años, de características tan inusuales que al principio suscitó dudas sobre su veracidad[250]. Con un metro de estatura y apenas 400 cm³ de capacidad craneal, el «hombre de Flores» parecía demasiado pequeño —en especial su cerebro— para haber desarrollado las armas y herramientas de que disponía. Sin embargo, todo parece indicar que se trata de una especie dentro del género *Homo* como las demás, cuyo enanismo pudo haber sido provocado por su aislamiento en una isla.

La familia humana se complicó aún más cuando se efectuó el análisis genético de unos restos óseos hallados en las siberianas cuevas de Denísova[251]. Los resultados señalaron que otra especie se separó hace unos 700 000 años de la línea evolutiva de los neandertales y cromañones, con los cuales, no obstante, se mezcló en algunos periodos históricos, pues se han encontrados rastros genéticos del *Homo denisovensis* en humanos modernos procedentes de Asia y Oceanía. De hecho, las difusas lindes entre el sudeste asiático y Oceanía parecen ser un vivero de sorpresas para antropólogos y paleogenetistas, como demuestra la posibilidad de que otra especie humana existiese en la isla filipina de Luzón, el *Homo luzonensis*[252].

Acarreando todavía más confusión, en 2021 se publicaron los descubrimientos de dos nuevas especies emparentadas con el hombre: el *Homo longi* y el «hombre de Nesher Ramla». El primero de ellos habitó la región china de Harbin hace unos 146.000 años, y parece ser una subespecie del género *Homo* más cercana al humano moderno que los neandertales. Por su parte, los fósiles de Nesher Ramla, en Israel, tienen unos 130 000 años de antigüedad, con una combinación de características que los sitúa en una etapa evolutiva entre el *Homo erectus* y los neandertales. Por si todo ello fuese poco, en 2017 se publicaron unos estudios sobre la morfología dental del *Graepithecus*

250 Brown et al (2004).
251 Krause et al (2010).
252 Détroit et al (2019).

freybergi —fósil hallado en Grecia—, que parecían sugerir la separación de la rama evolutiva de los homínidos y de los chimpancés, no en África, sino en el sur de los Balcanes. A falta de pruebas mucho más contundentes, esta posibilidad sigue acogiéndose con prudente escepticismo[253].

Sea como fuere, no cabe duda de que la expansión del humano moderno por todo el planeta tuvo su origen en el continente africano. Asumiendo la hipótesis más aceptada actualmente, el *Homo sapiens* surgió en torno al valle del Rift, en la región oriental de África, hace unos 300 000 años. Su primera expedición al exterior le llevó a bordear la península arábiga, la India y Malasia hasta llegar a Australia, hace no menos de 50 000 años. Otras migraciones posteriores a través del Cáucaso le permitieron acceder a las estepas de Asia central. Una vez allí unos grupos humanos se desplazaron hacia el oeste hasta llegar a Europa, mientras otros se movían hacia Oriente, donde alcanzaron China y las llanuras de Siberia.

Aprovechando un periodo de retroceso de los hielos durante la última glaciación, las poblaciones siberianas cruzaron al continente americano por la región de Beringia —entonces transitable caminando—, hace al menos 15 500 años. No obstante, los estudios sobre la llegada de los primeros humanos a América constituyen un campo de trabajo en continua ebullición, ya que parecen haber existido diferentes rutas migratorias desde Europa y Asia que retrotraerían la fecha del primer acceso del *Homo sapiens* a las Américas a fechas muy anteriores.

Las diferencias entre los cromañones y los humanos de la actualidad son básicamente culturales. Las adaptaciones a los diversos ambientes que la humanidad ha ido encontrando a medida que se expandió por los cinco continentes justifican las peculiaridades de cada grupo —que antes se denominaban «razas»— en cuanto a estatura media, rasgos faciales, pigmentación de la piel, tipo de cabello, etc. Aun así, desde cualquier punto de vista que se desee adoptar (genético, fisiológico, antropológico), la unidad esencial de la especie humana se alza como una realidad incuestionable que solo el más ciego fanatismo puede poner en tela de juicio.

---

253 La mayoría de los paleontólogos opina, por el momento, que la forma de las raíces dentales es un indicio demasiado endeble para reconfigurar todo el curso evolutivo de la humanidad, y prefieren considerar al *Graecopithecus* como una variante del *Oreopithecus*, un simio arcaico sin relación directa con la genealogía humana.

La fusión de la genética mendeliana, la estadística de poblaciones y la selección natural no dijo —ni mucho menos— la última palabra sobre la evolución de los seres vivos. La teoría neodarwinista de la evolución, desarrollada entre los años treinta y cuarenta del siglo XX, afloró gracias a los avances en la misma dirección de cuatro grandes biólogos: Theodosius Dobzhansky (1900-1975), Ernst Mayr (1904-2005), George Simpson (1902-1984) y George Stebbins, Jr. (1906-2000). Estos cuatro paladines de la evolución vieron sus trabajos complementados con las aportaciones de Ronald Fisher (1890-1962), John Haldane (1892-1964), Sewall Wright (1889-1988) y Julian Huxley (1887-1975).

Esta convergencia de áreas de la biología en torno al eje central del evolucionismo se denominó también «concepción heredada» o «teoría sintética de la evolución». Su ideario básico reconciliaba la discontinuidad en las alteraciones del material hereditario —las mutaciones en los genes individuales— con la continuidad gradual que supuestamente regía la evolución de las especies en virtud de la selección natural. La clave de esta integración se hallaba en fijarse, no tanto en las características particulares —el fenotipo— de los especímenes concretos, sino en la composición genética —el genotipo— de una población en promedio.

Cuanto más numerosa fuese tal población, mayor fiabilidad ofrecerían las técnicas estadísticas que nos permiten examinar la variación a lo largo del tiempo de dicha composición genética. Y, de hecho, el cambio con el tiempo de la distribución estadística de los diversos genes en el genoma de una o varias poblaciones de una misma especie es el sello distintivo de la evolución.

Los indiscutibles éxitos de esta síntesis evolutiva dejaron algunos interrogantes abiertos que otros autores intentaron responder en las décadas posteriores. El primer desafío de importancia a la ortodoxia neodarwinista provino de Motoo Kimura (1924-1994), un especialista japonés en genética poblacional, que en 1968 publicó la teoría neutralista de la evolución molecular[254]. Al estudiar el cambio con el tiempo del genoma promedio de diversas biopoblaciones, Kimura advirtió que la gran mayoría de las mutaciones resultaban neutras en términos de la selección natural: ni aumentaban ni disminuían las oportu-

---

254 Kimura (1968, 1983).

nidades del portador para sobrevivir y reproducirse. Simplemente se daban fluctuaciones estadísticas que pasaban de unas generaciones a otras y que podían quedar fijadas debido a su neutralidad evolutiva.

Acogidas al inicio con reticencias, las ideas de Kimura acabaron ganándose el asentimiento general, especialmente cuando otros investigadores llegaron a conclusiones semejantes. Tiempo después, su compatriota, la genetista Tomoko Ohta distinguió las mutaciones casi neutrales, es decir, ni deletéreas ni completamente neutrales. Ohta propuso su teoría de la evolución casi neutral a partir de tales consideraciones, enriqueciendo aún más el panorama teórico de la evolución a nivel molecular.

La siguiente mella en el baluarte neodarwinista se debió fundamentalmente a las agudas matizaciones del paleontólogo estadounidense Stephen Jay Gould (1941-2002) sobre el cambio evolutivo. Como todos los críticos que intentaban expandir la teoría evolutiva más allá de los límites ortodoxos, Gould no cuestionaba la veracidad esencial de las tesis de Darwin; tan solo se preguntaba cuál era su rango de aplicación y qué otros fenómenos participaban en el mismo proceso.

De su pluma nació el controvertido concepto del «equilibrio puntuado», según el cual la mayor parte del tiempo las especies existían en un estado de equilibrio con el entorno sin apenas alteraciones[255]. Estos largos periodos de estabilidad se veían ocasionalmente interrumpidos por cambios episódicos y relativamente rápidos durante un breve intervalo. La pugna entre esta visión y el gradualismo neodarwinista —abanderado de transformaciones lentas y continuas— acabó prácticamente en tablas, pues a menudo la disputa giraba en torno a lo que debía considerarse un intervalo «breve» de tiempo[256]. Actualmente se acepta que en una misma especie, o en varias, pueden darse ritmos evolutivos diferentes, de modo que el núcleo de la discusión se difumina.

Bastante más acertada fue la crítica que Gould dirigió hacia el adaptacionismo neodarwinista, entendido como la tendencia a explicar todas y cada una de las características de un ser vivo como fruto de algún proceso de adaptación al entorno. Gould replicó que no necesariamente tuvo que ser siempre así; algunos caracteres podrían ser

---

255 Eldredge & Gould (1972).
256 Una transformación considerada lenta por un biólogo o un antropólogo —y, por tanto, prueba de una evolución continua— puede parecer muy rápida —y por ello discontinua— a un paleontólogo o a un geólogo que manejen escalas cronológicas mucho más dilatadas.

consecuencia tan solo de las limitaciones estructurales, consecuencia de combinar otros rasgos que sí son adaptativos. Cabría explicar la morfología nasal humana, por ejemplo, con toda clase de argumentos sobre las ventajas que nos concede esa forma concreta. Pero en realidad podría ser tan solo el resultado de la reorganización de los huesos faciales cuando aumentó el volumen craneal durante el curso de la encefalización que desembocó en el humano moderno.

Gould y su colega Richard Lewontin escribieron en 1979 un famoso artículo titulado «Las enjutas de San Marcos y el paradigma planglossiano: una crítica del programa adaptacionista», en el que desarrollaban sus ideas[257]. La crítica de estos dos biólogos fue glosada después por muchos autores y resulta difícil negar la fuerza de sus argumentos[258]:

> *Gould y Lewontin han conseguido insinuar una explicación para muchas estructuras orgánicas, sin tener que recurrir al argumento favorable a la selección natural de que todo carácter, todo rasgo ha sido seleccionado específicamente. Su explicación no niega la existencia de la selección, de la función o de la adaptación, se limita a desplazar el interés de manera que se puedan contemplar los caracteres en conjunto, no de uno en uno.*

A partir de la década de 1980 —si no antes— se popularizó un punto de vista sustentado en las nuevas teorías sobre sistemas complejos, interacciones no lineales, caos y autoorganización. El biólogo y matemático canadiense Brian Goodwin (1931-2009) y el biólogo teórico estadounidense Stuart Alan Kauffman son dos buenos exponentes de este nuevo planteamiento.

Kauffman se propuso comprender el orden biológico —es decir, la organización estructural y fisiológica de los seres vivos— desde una perspectiva emergentista, descubriendo leyes generales que gobiernen los procesos generales de autoorganización, desde la aparición de la vida hasta el ecosistema global de nuestro planeta en la actualidad. Por su parte, Goodwin fue uno de los especialistas que se esforzaron en convencer a sus colegas de la existencia de restricciones dinámi-

---

257 Gould & Lewontin (1979).
258 Leith (1986), p. 46.

cas de origen físico-químico que limitan las posibles recombinaciones entre las piezas del genoma[259].

Desde este punto de vista, no todas las variaciones son posibles y gracias a ello la selección natural no se pierde filtrando cambios evolutivos potencialmente infinitos. Una de las más importantes fuentes de restricciones para dicha variabilidad proviene del desarrollo embrionario. No todos los cambios son posibles en ese proceso, por cuanto el desarrollo de los embriones obedece planes estructurales y fisiológicos bastante rígidos, que limitan considerablemente el repertorio de alteraciones admisibles —es decir, que darán lugar a un individuo viable—. De ahí la importancia que adquirió en los estudios evolutivos, desde el último cuarto del siglo xx en adelante, la biología evolutiva del desarrollo (*evolutionary developmental biology*) o *evo-devo*, a la que estos asuntos conciernen directamente.

El comportamiento de los seres vivos es incomprensible sin tener en cuenta el entorno, y este hecho aparentemente tan obvio dio pie a un nuevo refinamiento teórico denominado «evolución de nicho». La idea resulta sencilla y poderosa: los organismos se desenvuelven en un medio ambiente que, a su vez, se ve afectado por la presencia de tales organismos. Las actividades biológicas de una especie en un cierto entorno modifican las condiciones físicas de su entorno de modo que esa modificación provocará presiones selectivas distintas sobre dicha especie, lo cual redundará en el futuro en un curso evolutivo diferente del que hubiesen recorrido en un entorno de características fijas. En otras palabras, existe una interacción entre las especies y el medio ambiente en la que ambas partes se ven decisivamente alteradas a lo largo del tiempo, lo que se expresa diciendo que los seres vivos contribuyen en cierta medida a crear su propio nicho ecológico influyendo de esa forma en su propia evolución.

A comienzos del siglo xxi ya se habían acumulado pruebas incuestionables de la existencia de un nuevo mecanismo regulador del genoma, basado en la compactación de ciertas regiones de los cromosomas, de manera que sus genes no pudiesen sintetizar las correspondientes proteínas. Dado que el genoma como tal no sufría alteraciones, este mecanismo se denominó «epigenético», abriendo la puerta a todo un nuevo campo de investigación, puesto que este nuevo meca-

---

259 Lamentablemente, algunos de los escritos de Goodwin se dejaron arrastrar por las especulaciones semimísticas, que difícilmente podríamos calificar como científicas, de Rupert Sheldrake, como se mencionará en el capítulo 13.

nismo de regulación génica podía contribuir a la evolución de nuevas especies activando o desactivando ciertos interruptores genéticos, que alterasen la forma o las funciones de los seres vivos durante su desarrollo.

La sorpresa de los investigadores fue mayúscula cuando constataron que las modificaciones epigenéticas respondían a las influencias del ambiente, pues la alimentación, tensión (*stress*) fisiológica, temperatura o los agentes químicos del entorno tenían la capacidad de inducir la compactación de algunas partes de los cromosomas, con la correspondiente alteración de su funcionamiento. Por si ello fuese poco, los cambios epigenéticos se heredan bajo condiciones poco conocidas todavía. Ambas propiedades rescataron del olvido la posibilidad de algo semejante al «neolamarckismo», donde el fenotipo de los individuos se transformaría debido a una interacción con el ambiente más compleja de lo que Lamarck llegó a imaginar.

¿QUÉ ES LA VIDA?

Eso mismo se preguntó el gran físico Erwin Schrödinger en un pequeño libro con el mismo título, publicado en 1944, cuya popularidad creció rápidamente tanto entre los expertos como entre el público en general[260]. Schrödinger se planteaba en aquella obra cómo conciliar la estabilidad de la herencia genética, necesaria para la continuidad de las especies, con la posibilidad de que se den mutaciones de acuerdo con los requisitos de la evolución. A su juicio, la solución de este dilema residía en los cambios cuánticos, discontinuos y repentinos, que pueden ocurrir en el material genético. Tales cambios sucederían con escasa frecuencia y de modo aleatorio, con el resultado de alterar la estructura de las moléculas de la herencia. En una etapa posterior, la selección natural se encargaría de preservar las mutaciones beneficiosas para el individuo que las portase.

Cuando Schrödinger escribió su libro, aún no se conocía la molécula responsable de la herencia genética. Esto suponía un gran inconveniente, pero al físico austriaco no le cabía duda de que debía tra-

260 Schrödinger (1985).

tarse en todo caso de una estructura periódica de algún tipo, tal vez una agrupación de proteínas. Por esas mismas fechas el matemático John von Neumann conjeturó los pasos elementales que debía seguir cualquier organismo autoreplicativo, natural o artificial. El hecho de que ambas conjeturas se confirmasen más tarde en la estructura y el mecanismo de replicación del ADN constituye un nuevo tributo a la sagacidad de ambos científicos.

No obstante, la pregunta sigue desafiándonos: ¿qué es realmente la vida?, ¿cuáles son sus características distintivas? Estos interrogantes resultan tan buidos que no deberíamos extrañarnos al comprobar que existen tantas respuestas como autores los han enfrentado, aunque parece existir acuerdo sobre los requerimientos mínimos que debe cumplir un ser vivo para ser considerado como tal.

Un sistema físicamente separado de su entorno por fronteras materiales bien definidas tiene todos los títulos para ser considerado vivo si posee una serie de características, como un metabolismo reconocible, capacidad reproductiva, transmisión de herencia genética y pertenencia a una línea evolutiva. Importa mucho subrayar que el organismo vivo, para ser tomado como tal, debe poseer simultáneamente todas estas características, y no solo unas pocas, porque muchos sistemas inanimados presentan algunas de ellas y ningún observador sensato los consideraría vivos. Cuando cristalizan, muchos minerales crecen de un modo muy similar al desarrollo de los organismos biológicos.

Los virus, asimismo, se reproducen vertiginosamente, y sin duda evolucionaron a partir de entidades previas, pero al no poseer metabolismo propio no se incluyen en el muestrario de la vida. Stuart Kauffman entiende la vida como un fenómeno que surge y se mantiene lindando entre el caos y el orden, en perpetua lucha, por una parte, contra las fuerzas que pretenden desorganizarla, arrastrándola una caótica destrucción, y, por otra, contra la mortal paralización que implicaría un ordenamiento demasiado rígido.

Comoquiera que se defina, la vida hubo de originarse, en tiempos lejanísimos a escala humana, mediante procesos distintos a los propiamente biológicos. Esto nos enfrenta a una aparente paradoja, pues nos obliga a buscar la explicación de una biogénesis abiótica, el origen de la vida sin vida previa. Así se plantearon la cuestión a comienzos del siglo XX dos destacados científicos que coincidieron en sus conclusiones, aunque ambos vivieron en mitades del mundo políticamente enfrentadas. Tanto el ruso Oparin como el británico Haldane propusieron los primeros mecanismos plausibles para la formación de sencillas moléculas biológicas a partir de la materia existente en las más tempranas eras de nuestro planeta.

Hoy día conocemos muchos más detalles sobre la química prebiótica y los posibles escenarios en los que la vida pudo surgir, pero los trabajos de Oparin y Haldane siguen brillando con la luz imperecedera de los grandes pioneros. En ellos se inspiraron los famosos experimentos de Miller y Urey. La Universidad de Chicago fue el escenario en 1953 de la experiencia realizada por Stanley Miller (1930-2007) y Harold Urey (1893-1981) con una mezcla de amoniaco, agua, hidrógeno y metano. A tal combinación de sustancias aplicaron descargas eléctricas en un ambiente semejante al que se supone existía en la atmósfera de la Tierra primitiva. El resultado del experimento fue un revoltijo de moléculas orgánicas, algunas de las cuales eran aminoácidos esenciales para la vida y compuestos precursores de los ácidos nucléicos[261].

La hipótesis de que ciertas moléculas biológicas, o sus precursoras, llegaron desde el espacio exterior se ha presentado en distintas versiones durante la historia reciente de la ciencia. Desde la panspermia de Svante Arrhenius —que imaginaba microorganismos completos viajando de un planeta a otro— hasta la posibilidad, mucho más plausible, de que la caída de meteoritos sobre la Tierra hubiese aportado a nuestro mundo pequeñas cadenas de átomos que al correr del tiempo darían paso a las genuinas biomoléculas.

Los ejemplos más conocidos de ello son, sin duda, el meteorito Murchison y el ALH890001. El primero de ellos —una condrita carbonácea— cayó en la localidad australiana de Murchison, en 1969, portando gran cantidad de moléculas orgánicas en su interior, entre ellas numerosos aminoácidos constituidos fuera de nuestro planeta. Por su lado, el meteorito de Allen Hills (ALH8890001) se supone desgajado de la superficie marciana por otro impacto cósmico hace unos 3900 millones de años, tiempo tras el cual cayó en la Antártida hace unos pocos milenios. Descubierto en 1984 saltó a la fama en 1996 cuando se hizo pública la existencia en su interior de un microfósil semejante a una supuesta bacteria marciana. Los expertos todavía no se han puesto de acuerdo, ni siquiera hoy, sobre la verdadera naturaleza de esa extraña estructura microscópica.

---

261 Alemañ (2021).

Sin descartar la conexión astrobiológica, la humanidad se ha preocupado de buscar vida en otros planetas en cuanto el progreso técnico la puso en disposición de hacerlo. Ya fuese mediante la emisión o rastreo de mensajes mediante ondas electromagnéticas (radioastronomía) o enviando naves no tripuladas a los astros más próximos, como la sonda Viking a Marte, seguida décadas más tarde por la Mars Global Surveyor. Lamentablemente, hasta el momento ninguna de esas misiones ha tenido éxito en el descubrimiento de vida extraterrestre.

La escuela de la vida artificial trata de esclarecer los diversos caminos evolutivos asequibles para los seres vivos de este u otros planetas mediante simulaciones computarizadas, libres de las engorrosas operaciones de laboratorio. El intento de imitar las funciones biológicas mediante componentes electrónicos (versión moderna del «hombre-máquina» cartesiano) no ha conducido más que a confirmar las virtudes evolutivas de los sistemas con replicación y mutación bajo la presión selectiva del ambiente. Pero esto ya se sabía gracias a los biólogos evolucionistas mucho antes de las simulaciones informáticas.

El premio nobel alemán Max Delbrück (1906-1981), en la década de 1940, decidió expresar la capacidad autoorganizativa de los seres vivos introduciendo el término «neguentropia», como una suerte de entropía negativa que aumenta la complejidad interna de los biosistemas al precio de acrecentar mucho más la entropía del entorno. Por desgracia, algunos autores insertaron más tarde la neguentropia en la teoría de la información, reinterpretándola como el contenido informativo que almacenan los seres vivos en su estructura. Sin embargo, la información es una noción psicológica y encaja mal con una visión naturalista objetiva de la biología. Por ello, el verdadero camino para explicar el complejo ordenamiento de los organismos vivos pasa por la termodinámica del desequilibrio, una rama de la física en la que sobresalió Ilya Prigogine.

La falacia de identificar los procesos biológicos con intercambios de información queda bien patente con el ejemplo de un termostato. Este mecanismo estabiliza la temperatura de un lugar oponiéndose a los cambios térmicos del entorno. Como nos enseñó Norberto Wiener (1894-1964), uno de los padres de la cibernética, no es que el termostato sepa que la temperatura sube o baja para reaccionar a la contra. Ocurre más bien que su diseño provoca una respuesta reactiva que mantiene la temperatura cerca de un valor determinado gracias a un proceso de realimentación (*feedback*) basado en los cambios ambientales a su alrededor.

LA BIOLOGÍA COMO CIENCIA

Contemplar la biología a la luz de los principios de la cibernética también contribuye a debilitar el pensamiento finalista, que tanto ha dañado la objetividad en las ciencias de la vida. Con una larga tradición a sus espaldas, el finalismo considera que todas las funciones biológicas se hallan orientadas a un objetivo predeterminado, como si la naturaleza tuviese una serie de propósitos conscientes que satisfacer. Pero los propósitos conscientes implican una consciencia que los albergue, y parece difícil atribuir conciencia, ya sea a la naturaleza en su conjunto o tan solo a las reacciones bioquímicas en el interior de una célula.

Dignificado con el nombre de «teleología», el finalismo se fue desinflando a medida que los investigadores revelaban el carácter puramente mecanístico de los procesos biológicos. Ante tal contratiempo, sus defensores optaron por una estrategia de probada eficacia en el comercio: ofrecer el mismo producto con un nombre nuevo. Si antes el finalismo se cobijaba bajo el vocablo «teleología», ahora pasa a llamarse «teleonomia». Con un nombre u otro, la concepción finalista del mundo permanece incólume. Aristóteles cometió el mismo error al extender el comportamiento intencional a todos los fenómenos naturales, creencia satirizada en el siglo XVI por el famoso humanista francés François Rabelais.

El lenguaje de estilo finalista resulta muy común en biología, a la vez por su concisión y su comodidad. Como los humanos sí abrigamos multitud de propósitos, nos parece verosímil, y por tanto aceptable, la posibilidad de que en algún sentido la naturaleza también los tenga. Pero se trata tan solo de una analogía basada en la familiaridad con las conductas intencionales, de ningún modo justificada más allá del ámbito humano. No tenemos ojos para ver ni oídos para oír, pues ocurre al contrario: ya que la evolución nos dotó de órganos sensoriales, como consecuencia de ello podemos ver y oír.

En ocasiones es cierto que una mirada finalista a los interrogantes biológicos puede orientarnos en la investigación, al fin y al cabo, las funciones de los seres vivos se prestan a ser analizadas como diseños planificados. Pero esa táctica puramente pragmática nada tiene que ver con el empeño de explicar los procesos biológicos mediante argumentos finalistas. Las metáforas evocadoras no encierran peligro alguno siempre que no las tomemos demasiado al pie de la letra. Cuando las permitimos desbordar el marco de una elemental prudencia, nos encontramos con desmesuras como las surgidas a la sombra de la mal llamada «hipótesis Gaia», en homenaje a la diosa griega de la tierra.

En 1979 James Lovelock propuso una visión entre poética y holista del ecosistema terrestre en su conjunto, que sedujo a una gran parte del público por su fuerza inspiradora, aunque no alcanzase a ser una hipótesis científica en sentido estricto[262]. Lovelock denominó hipótesis Gaia a la equiparación puramente metafórica entre el ecosistema global de nuestro planeta y el funcionamiento de un organismo vivo. En ambos casos —decía Lovelock— existen mecanismos para compensar los desequilibrios surgidos a lo largo del tiempo, de modo que las condiciones que permiten la vida disfruten de una notable estabilidad. De ahí a creer que la Tierra es también un ser vivo, ampliando a conveniencia la noción de vida, solo había un pequeño trecho que los admiradores de Gaia no dudaron en franquear.

Obviamente, la Tierra no es un ser vivo, ni el conjunto de todos los seres vivos es un ser vivo en sí mismo, al igual que el conjunto de todos los televisores no es, él mismo, un televisor. Se trata de la típica falacia de composición tan desencaminada como la «hipótesis Medea», presentada tres décadas después por Peter Ward, para declarar —en contra de Lovelock— que la proliferación de la vida sobre nuestro planeta provocará su propia destrucción en una suerte de autoextinción global.

No necesitamos recurrir a diseños intencionados para entender el origen de tantas y tantas propiedades asombrosas que los seres vivos despliegan ante nosotros sin cesar. De capítulos anteriores sabemos que existen propiedades emergentes, relacionadas estrechamente con los miembros de un sistema, pero no deducible de ellos cuando se examinan individualmente. Los genes son moléculas, sin duda, sometidas a las leyes químicas usuales, pero desempeñan funciones que escapan al puro ámbito de los fenómenos químicos. Es decir, la biología ni es una ciencia enteramente autónoma —como parecía suponer Ernst Mayr—, ni resulta reducible por completo a la química en virtud de las propiedades emergentes de los biosistemas.

Dentro de su dominio específico, la biología cuenta con sus propias leyes, condición necesaria e indispensable de cualquier ciencia[263]. Merece la pena esbozar algunas de ellas, ya que no son tan

262 Lovelock (1979).
263 «La ontogenia recapitula la filogenia», una pretendida ley debida al naturalista alemán Ernst Haeckel (1834-1919), según la cual el embrión de un individuo pasa por fases similares a las

conocidas como algunas leyes físicas sobre el movimiento, la energía o la electricidad. Para muestra podríamos mencionar las siguientes:

— TODA CÉLULA CONTEMPORÁNEA PROCEDE DE UNA CÉLULA PRECE-DENTE, excepto en el origen de la vida. En efecto, este principio rige en todo momento de la historia de nuestro mundo salvo en la biogénesis inicial, cuyos mecanismos siguen envueltos en la polémica. Y es presumible que sea una ley obedecida incluso por la vida foránea, más allá de la Tierra, cualquiera que sea la forma en que se presente.

— LA VELOCIDAD DE CRECIMIENTO DE UN ORGANISMO GUARDA UNA RELACIÓN DE PROPORCIONALIDAD DIRECTA CON SU VELOCIDAD DE SÍNTESIS DE PROTEÍNAS. Todo cuanto sabemos sobre la bioquímica en nuestro planeta nos indica que así ocurre, pues se trata de un rasgo esencial del metabolismo de los biosistemas terrestres. Extremo distinto sería un organismo vivo basado en moléculas diferentes de las proteínas, teóricamente posible, aunque de momento la ausencia de pruebas nos obligue a permanecer a la expectativa.

— ESPECIES DIFERENTES REQUIEREN NICHOS ECOLÓGICOS DIFEREN-TES. Aquí no debemos confundir hábitat (territorio en el que vive una determinada especie de organismos) con «nicho» (conjunto de recursos que permite la supervivencia de una especie en un cierto hábitat). Es por ello que distintas especies pueden compartir un mismo entorno geográfico siempre y cuando sus modos de vida se adapten a los recursos locales.

— TODA POBLACIÓN COEVOLUCIONA CON OTRAS POBLACIONES DE ESPECIES DISTINTAS, como es lógico por la interconexión entre todos los componentes de un ecosistema. Y no solo eso, sino que también altera el entorno en cierto grado, contribuyendo a crear las condiciones que influirán en su curso evolutivo futuro, como vimos en un apartado anterior al hablar de «evolución por construcción de nicho».

— EL TEOREMA FUNDAMENTAL DE FISHER SOBRE SELECCIÓN NATU-RAL. Este enunciado afirma que, en promedio, el incremento de la aptitud (número de descendientes estadísticamente espe-

---

distintas etapas evolutivas de su especie, no resultó confirmada con el tiempo (López, 1992; Gould, 2010).

rables) de un organismo dado en cualquier momento, atribuible a la selección natural, modifica la frecuencia genética de la población a la que pertenece y equivale a la varianza genética de la aptitud en ese momento[264]. Una generalización de este resultado fue recogida en la conocida ecuación de Price[265].

— LA LEY DE HARDY-WEINBERG PARA EL EQUILIBRIO EN GENÉTICA DE POBLACIONES nos dice que la recombinación aleatoria de genes correspondiente tan solo a la herencia mendeliana ordinaria no altera la composición genética global de una población y, por tanto, no es por sí misma un factor de cambio evolutivo. Debido al matemático inglés Geoffrey Harold Hardy (1877-1947) y al médico alemán Wilhelm Weinberg (1862-1937), este teorema se aplica a poblaciones idealizadas de tamaño infinito, donde hay apareamiento sexual totalmente al azar entre individuos diploides (con cromosomas emparejados), en completa ausencia de mutaciones, migraciones o selección natural.

— LA ECUACIÓN FUNDAMENTAL DE LA TEORÍA NEUTRALISTA DE LA EVOLUCIÓN MOLECULAR iguala el ritmo de sustituciones en el genoma por mutaciones en cada unidad de tiempo, K, con el ritmo de mutación en cada gameto (célula sexual con la mitad de cromosomas que una célula ordinaria) y en cada unidad de tiempo (una generación), μ_o. Es decir, para los evolucionistas del neutralismo molecular ocurre que $K = \mu_o$. Y lo cierto es que las medidas empíricas de las velocidades de mutación confirman el neutralismo molecular.

— LA ECUACIÓN DE LOTKA-VOLTERRA gobierna las fluctuaciones en el número de individuos de dos poblaciones, los depredadores y las presas, expresando con ello la mutua dependencia de ambas funciones en la dinámica de un ecosistema. Se trata de un sistema de dos ecuaciones diferenciales de primer orden no lineales propuestas independientemente por el estadounidense Alfred J. Lotka (1880-1949) en 1925 y Vito Volterra (1860-1940) en 1926.

— LA ECUACIÓN CINÉTICA DE MICHAELIS-MENTEN describe la velocidad de una gran variedad de reacciones en las que participa

---

264 Edwards (1994).
265 El físico-químico y genetista de poblaciones estadounidense George R. Price (1922-1975) también aplicó, junto con J. Maynard-Smith, la teoría matemática de juegos a la evolución de las especies.

una molécula a transformar —el sustrato— y un enzima, otra molécula que interviene en la reacción tan solo acelerándola, pero sin transformarse ella misma. Esta ecuación fue propuesta en 1912 por el alemán Leonor Michaelis (1875-1949) y la canadiense Maude Menten (1879-1960).

BIOLOGÍA TEÓRICA

Dado que la física es la más añeja de las ciencias naturales, y por ello la que mayor madurez muestra en sus procedimientos, no debería sorprendernos si otras ciencias más jóvenes se proponen imitarla en sus métodos a fin de lograr un rigor semejante. Esta aspiración a lo que podríamos llamar una «biología teórica», en parangón con la física teórica, dio sus primeros pasos firmes con la obra del británico Joseph Henry Woodger (1894-1981), cuyas ideas ejercieron una importante aunque inadvertida influencia en biología y filosofía[266].

Con unos comienzos netamente experimentales en su carrera como embriólogo y citólogo, Woodger no tardó en sentirse intrigado por los interrogantes que rodeaban los fundamentos conceptuales de la biología. Y se sumergió en ellos con tanto empeño y profundidad que en 1929 publicó un estudio de quinientas páginas al respecto, titulado *Principios Biológicos: Un estudio Crítico*. En él se nos presenta la biología de la época como una ciencia descorazonadoramente fragmentada, pletórica de hechos bien constatados, pero sin principios unificadores que aplicar sobre ellos. A lo largo de sus páginas, Woodger creía identificar seis antítesis centrales que —a su juicio— impedían construir un campo de investigación unificado para biología: mecanicismo/vitalismo, estructura/función, organismo/entorno, mente/cuerpo, causalidad/teleología y preformacionismo/epigénesis.

Ocho años después apareció su clásico tratado *El Método axiomático en Biología*, que aún hoy se lee con provecho como la más ambiciosa tentativa hasta la fecha de reformular los enunciados de las ciencias biológicas (especialmente genética, embriología y taxonomía), utilizando las herramientas de la lógica simbólica y la mate-

---

266 Woodger (1929, 1937). Para una reconsideración actual de su obra, véase Nicholson & Gawne (2014).

mática pura. Uno de los conceptos más importantes introducidos por Woodger era el de «jerarquía», entendido como una relación asimétrica de un elemento con varios otros. Mediante esta idea podían establecerse niveles de organización que abarcaban desde las especies a los individuos, las células y los genes.

Woodger siempre pensó que el concepto de organismo, como sistema jerárquico integrado, encerraba la clave para la unificación de la embriología y la genética, y tal vez para el conjunto de la biología. Desde su punto de vista, las propiedades de las partes de un organismo no resultan enteramente comprensibles si no se ponen en relación con ese organismo en su conjunto, entendido como una unidad funcional surgida del compromiso evolutivo entre las necesidades de supervivencia y las restricciones impuestas por las leyes naturales. Es más, dado que los seres vivos cambian con el tiempo, la jerarquía interna de sus estructuras y funciones también se modifica con las etapas del desarrollo. En este punto residía una de las principales críticas de Woodger hacia los genetistas que, concentrados exclusivamente en la dotación genética de los embriones, desatendían por completo la importancia de los cambios acaecidos en un organismo durante el proceso de desarrollo.

Más que por sus aportaciones al formalismo abstracto en los fundamentos de la biología —aún pendientes de valorar en su justa medida—, a Woodger se le recuerda actualmente como fundador del Club de la Biología Teórica, cuando esa rama de la ciencia apenas existía con tal denominación. Asimismo, fue él quien introdujo la noción de Bauplan («plan de diseño corporal» o «arquetipo») en la comunidad profesional de biólogos angloparlantes, lo que designa un sistema de relaciones anatómicas que reflejan la unidad de organización entre diferentes grupos taxonómicos. A partir de esos arquetipos pueden deducirse, hasta cierto punto, las conexiones genealógicas (ascendencia o descendencia) entre diversos grupos de organismos.

Esos arquetipos corporales jugaron un papel central en la obra del naturalista austriaco Rupert Riedl (1925-2005), quien contribuyó muy señaladamente al cambio de perspectiva que la teoría evolucionista experimentó en el último cuarto del siglo XX. Sus primeras investigaciones sobre zoología marina en el Mediteráneo le despertaron un vivo interés acerca de los aspectos morfológicos en la evolución de los seres vivos. En la década de 1960 imperaba en la comunidad de biólogos un cierto fundamentalismo neodarwinista que pretendía explicar todos los fenómenos evolutivos a partir de la genética de poblaciones y la posterior selección natural. La convicción reinante era que cabía justificar la macroevolución (en grupos taxonómicos mayores que las especies) sin más que extender a niveles superiores los mecanismos conocidos para la microevolución.

Riedl desafió esta creencia en su obra seminal *El orden en los organismos vivos*, que constituía una reivindicación en toda regla de aquellos factores causales, no directamente relacionados con el genoma, cuya importancia crucial en la evolución de los seres vivientes había sido menospreciada hasta entonces[267]. Ocurría que la integración funcional del individuo como un todo durante su desarrollo desde la etapa embrionaria imponía ciertas restricciones al cambio evolutivo, a las que Riedl denominó «condiciones sistémicas». En cualquier momento dado de la historia y para cualquier especie en particular, las posibilidades de cambio adaptativo vienen limitadas por las interdependencias funcionales y estructurales del organismo heredadas de sus ancestros evolutivos[268]. Tales interdependencias, sin duda, pueden tener su origen en adaptaciones previas filtradas por la selección natural.

Ahora bien, con el paso del tiempo esas características se convierten en rasgos intrínsecos de la organización del arquetipo corporal —el Bauplan— de esa especie y se muestran insensibles a las presiones adaptativas que ejerce el medio ambiente, hasta tal punto que si los cambios del entorno son muy severos la especie se extingue. Así entendidos, los arquetipos de las diferentes clases de organismos actúan a modo de trinquetes evolutivos, es decir, características que una vez establecidas impiden revertir el proceso que las engendró. Por ello, Riedl decía que los rasgos fenotípicos de un individuo poseen diferente «carga» (*burden*, en inglés) evolutiva, dado que de modificarse, no todos afectarían de la misma manera al organismo. Aquella característica que más alteraría el funcionamiento de un individuo si se modificase es la que posee mayor carga evolutiva, presentará más resistencia al cambio y pasará a formar parte del arquetipo de esa especie.

Otra de las magnas aportaciones de Riedl a la visión moderna de la evolución fue el concepto de «evolutividad» (*evolvavility* en inglés), que afirma la elevada eficacia del cambio aleatorio (mutación y recombinación sometida a la selección natural) para optimi-

267 Riedl (1975).
268 Schwenk & Wagner (2003), Wagner & Laubichler (2004).

zar el funcionamiento de sistemas complejos (seres vivos), siempre y cuando este proceso conduzca a resultados satisfactorios (organismos viables) con una probabilidad suficientemente alta[269]. Riedl opinaba que la cuestión de la evolutividad giraba en torno a las restricciones antes mencionadas. En su opinión, la capacidad de evolucionar de un organismo se vería estorbada por un exceso de posibilidades de cambio adaptativo, y era ese problema el que resolvían las restricciones encauzando las variaciones naturales en las direcciones en las que será más probable tener éxito al buscar un fenotipo mejor.

Desde este punto de vista, las restricciones, o «condiciones sistémicas», en lugar de constreñir la evolución adaptativa, constituyen más bien una condición necesaria para que la adaptación por selección natural opere provechosamente. Así pues, la idea de evolutividad junto con la de carga evolutiva —en relación con los arquetipos estructurales— supusieron dos aportaciones capitales de Riedl a la renovada visión de la teoría evolucionista, que poco después surgiría con el nombre de Biología Evolutiva del Desarrollo o *Evo-Devo*[270].

LA LARGA SOMBRA DE LA EVOLUCIÓN

Las ramas tradicionales de la biología se reparten entre el área experimental (investigación de campo y de laboratorio), sistemática (clasificación de los seres vivos), organísmica (estudio global del organismo como un todo), genética (molecular y de poblaciones), ecológica y evolutiva. Tanto la genética como la evolución absorbieron casi toda la actividad de estos profesionales entre finales del siglo XX y comienzos del XXI, en detrimento del resto de los campos de la biología. De hecho, el paradigma evolutivo consiguió permear tan profundamente la mentalidad moderna que algunas frases relacionadas con él se han convertido en parte de la cultura popular, como «la supervivencia del más apto».

---

269 De hecho, el teorema de Ningún Almuerzo Gratuito (No Free Lunch) nos asegura que no hay una solución general para el problema de la evolutividad, porque nunca podremos garantizar de antemano las probabilidades deseadas, pues dependen de las condiciones ecológicas específicas de la evolución darwiniana en cada caso (Wolpert & Macready, 1997).
270 Bonner (1982).

Originalmente fraguada en los escritos del filósofo inglés Herbert Spencer (1820-1903), esta expresión pronto se reconvirtió en «el triunfo de los más fuertes» para ser utilizada como justificación intelectual del nazi-fascismo rampante en la Europa de entreguerras. Pero sin necesidad de llegar a tan siniestros extremos, la frase de Spencer se empleó como arma arrojadiza en el debate sobre el carácter científico de la propia teoría evolutiva. Así lo entendió Karl Popper cuando afirmó que el evolucionismo, más que una propuesta científica, era un proyecto metafísico de interpretación de la realidad. Toda la cuestión giraba —en opinión de Popper— alrededor del significado de esas palabras: si afirmamos que «solo sobreviven los más aptos», dando por sentado que los más aptos son precisamente aquellos que sobreviven, la premisa básica de la evolución queda completamente desprovista de significado, convirtiéndose en una mera tautología.

Sin embargo, la evolución biológica no es un castillo de arena construido sobre una inútil perogrullada por la sencilla razón de que no existe esa presunta definición circular entre términos como «supervivencia» y «aptitud». Tradicionalmente, los biólogos evolutivos han denominado «aptitud» (*fitness*, en inglés) al grado de fertilidad de un individuo, es decir, al número de descendientes que de hecho ese individuo logra procrear, contribuyendo con ello al acervo genético de la población a la que pertenece.

Quizás deberíamos afirmar que los individuos más aptos son aquellos que más contribuyen a la composición genética de las poblaciones a las que pertenecen, lo que a su vez condicionará decisivamente la evolución futura de tales grupos. Y así ocurre porque en biología el individuo es la unidad de desarrollo, mientras la población es la unidad de cambio evolutivo. Se trata de una distinción crucial, cuyo olvido acarrea un alud de confusiones innecesarias.

Buen exponente de la solidez de la biología evolutiva es su probada capacidad de ofrecer explicaciones y predicciones luego refrendadas por los hechos. Los experimentos de laboratorio sobre efectos selectivos, ya con moscas de la fruta (*Drosophila melanogaster*) o con bacterias, arrojan resultados enteramente coincidentes con los pronósticos del darwinismo. Los biólogos evolucionistas también realizan rutinariamente retrodicciones exitosas, cuando deducen la existencia de eslabones todavía desconocidos —pero descubiertos después— en las cadenas evolutivas. La confianza de estos científicos en la veracidad de las leyes del cambio biológico (la dinámica evolutiva) se ha visto justificada siempre que las técnicas de investigación han permitido un mejor rastreo de nuestro lejano pasado. Tampoco debemos perder de vista el tipo de teoría que manejamos al hablar de la evolución, porque ese es un factor clave para comprender la extrema complejidad del asunto. La biología evolutiva es una de esas teorías hipergenerales —como la teoría general de campos en física— a la que han de incorporarse condiciones particulares para obtener teorías concretas.

Pongamos el caso de las plantas, para el cual necesitaríamos tomar la teoría de la evolución en su formato más amplio y restringirla a los vegetales, cuyos requisitos fisiológicos y ecológicos son distintos de los típicos en el reino animal. A continuación, deberíamos especificar algo más sobre el tipo específico de plantas en las que estamos interesados (con semillas o sin ellas, con o sin flores, etc.), delimitando con ello una subteoría evolutiva más concreta. Finalmente, si atendemos tan solo a un hábitat determinado, realizando las oportunas simplificaciones, obtendremos un modelo de la teoría evolutiva particular aplicable a la especie que estudiamos.

La taxonomía sufrió un vuelco radical empujada por los vientos evolucionistas que comenzaron a soplar con fuerza gracias a la obra de Darwin. Desde ese momento no solo bastaba conocer las similitudes morfológicas y funcionales entre los organismos para clasificarlos de modo coherente; también se hizo imperativo esclarecer sus relaciones de parentesco evolutivo, esto es, el grado de proximidad entre las ramas evolutivas a las que pertenecen diferentes seres vivos. Así nació la biología sistemática, que absorbió a la taxonomía ampliándola con una dimensión evolutiva de la que antes carecía[271]. Julian Huxley publicó en 1940 su texto fundacional *The New Systematics*, fuente de inspiración para las aportaciones posteriores de Ernst Mayr y George Simpson.

Una forma de extremismo biológico se agazapa en la afirmación de que los verdaderos protagonistas de la evolución son los genes, más allá de las poblaciones y las especies. Esta defensa de un reduccionismo radical fue encabezada, con gran éxito popular, por el naturalista británico Richard Dawkins a través de su famoso libro *El Gen Egoísta*, que ha conocido ya un crecido número de ediciones, con secuelas incluidas[272]. La tesis de Dawkins se sustenta en una visión genocéntrica de la biología, donde todos los fenómenos vitales se explican a

271 González (1998).
272 Dawkins (1985).

partir de la competencia entre los genes para propagarse a lo largo del tiempo. Los organismos portadores, desde esta perspectiva, no pasarían de ser meros receptáculos de los genes que luchan por transmitirse, en el mayor número posible, de una generación a la siguiente.

La prosa ágil y a menudo provocativa de Dawkins aumenta el atractivo de un libro tan ameno, ilustrativo y bien escrito como *El Gen Egoísta*, uno de los hitos en la ciencia divulgativa del siglo xx. Por ello es de lamentar que su fundamento se halle en una interpretación sobredimensionada del papel de la genética en el mundo biológico. El punto de vista esgrimido por Dawkins, en el fondo, no es más que la actualización del desenfadado apotegma del filósofo inglés Samuel Butler (1835-1902) según el cual «una gallina es el medio del que se vale un huevo para fabricar otro huevo».

El genocentrismo, la doctrina según la cual los genes lo determinan todo, carece de base tanto teórica como práctica, por muy ingeniosos y entretenidos que sean los argumentos expuestos por Dawkins en sus libros. Es verdad que los genes revisten una importancia crucial para el desarrollo y propagación de la vida en nuestro planeta, pero no lo es menos que sin el resto de la maquinaria celular el genoma nos serviría de muy poco. Los genes y su entorno celular forman un biosistema cuyas piezas se hallan tan finamente ensambladas entre sí que cada una de ellas por separado pierde todo su valor.

El ejemplo de los mamíferos resulta harto significativo por cuanto el desarrollo de cada individuo es fruto de la combinación de su bagaje genético y las influencias ambientales, tanto intrauterinas (epigenética, presencia hormonal, etc.) como extrauterinas (educación, entorno social, experiencias particulares, etc.). En nuestro caso concreto, los seres humanos somos producto, en parte, de nuestra propia actividad; ni estamos sometidos a una rígida programación genética que prescribe nuestros actos —como las abejas o las hormigas—, ni somos pura arcilla que se pueda modelar a gusto y conveniencia de nuestros educadores. Pero esto ya forma parte de otra historia, que se verá en el siguiente capítulo.

8. CEREBROS Y MENTES

Del cerebro humano se ha dicho, sin duda con razón, que constituye en sí mismo un universo (mental) dentro de otro universo (físico). Y lo cierto es que resulta difícil evadir la perplejidad que suscita en nosotros ese órgano de kilo y medio de masa, en forma de nuez, con aspecto sonrosado y textura gelatinosa. Un aspecto tan poco impresionante, sin embargo, encubre la sede de todas nuestras ilusiones, esperanzas y temores. Todas las ideas, emociones y sentimientos que hemos tenido y tendremos a lo largo de nuestras vidas resultarían imposibles en ausencia de este órgano, a la vez inquietantemente frágil e inconcebiblemente poderoso. Del estudio de este órgano y su relación con el pensamiento en sentido amplio se ocupan las neurociencias. Y, si bien pertenecen en puridad al reino de la biología, la importancia de las neurociencias es tal que sin duda merecen un capítulo propio.

No siempre se tuvo constancia del vínculo entre el cerebro como objeto físico y la trama de pensamientos que llamamos mente. Los egipcios creían, por ejemplo, que mediante la sangre los pensamientos circulaban hasta la boca, donde se expresaban mediante palabras. A su vez, la conciencia humana se asoció muy pronto con algún tipo de cualidad especial, más allá del presunto hálito vital que distinguía a los seres vivos de los inertes, a la que se denominó «ánima» o «alma». Se suponía que el alma sobrevivía a la muerte del cuerpo físico y transitaba hacia un nivel superior de la realidad desde el cual quizás regresase al mundo terrenal en sucesivas reencarnaciones.

Estas creencias animistas aparecieron con rapidez en las primeras etapas de la especie humana, como han podido constatar los antropólogos a través de los restos arqueológicos que delatan ritos funerarios vinculados a un más allá, así como en las costumbres de los pueblos más primitivos que aún mantienen escasos contactos con la civilización. Los antiguos filósofos griegos no fueron ajenos a esta cuestión y tanto Platón —que considera el cuerpo la vestidura del alma— como Aristóteles —a quien se atribuye la metáfora del alma como el timonel pilotando su navío— se pronunciaron en este sentido[273].

También aparecieron las opiniones contrarias, como demostraron los atomistas griegos, defensores de un materialismo ateo que tiznó su reputación con acusaciones no muy justas de impiedad. No obstante, en el Occidente medieval la creencia en un alma inmortal no solo resultaba reconfortante y consoladora, sino que también mantenía a salvo de las condenas por herejía y la muerte en la hoguera[274]. Los autores del Medioevo que abordaron el problema del alma, como el obispo de Paris Guillermo de Auvergne (1180/90-1249), se basaron en las traducciones al latín de las obras originalmente escritas en hebreo, árabe y griego. Descollante entre todas ellas es la serie de tratados de Aristóteles: *De anima*, *De Sensu et Sensibili* y *De Memoria et Reminiscentia*. Los dos últimos pertenecían a una colección de seis pequeños tomos sobre el mundo natural, *Parva Naturalia*, dos de los cuales se referían a los sueños y a las profecías que cabía obtener de ellos. Aristóteles admitía la distinción platónica entre cuerpos y almas aunque, a diferencia de su maestro, negaba la existencia de almas sin cuerpos a los que estuviesen unidas. O dicho de otro modo, en la filosofía aristotélica el alma no es inmortal[275].

Los puntos de vista sobre el alma —entonces todavía sinónima de «mente»— delineados por Aristóteles, conformarían el marco intelectual en el que los sabios musulmanes abordaron la cuestión. Influida también por las diversas variantes del platonismo alejandrino, entre los siglos IX y XII del calendario occidental floreció una abundante literatura sobre el tema, gracias a talentos como los de Al-Kindi, Al-Razi, Al-Farabi, Avicena y Averrores. En concreto, Avicena —o Ibn Sina— propuso en su *Libro de las orientaciones y de las advertencias*

---

273 En un pasaje del texto *De natura hominis* de Nemesio de Emesa (considerado de Gregorio de Nisa en el Medioevo) aparece la metáfora del vestido con referencia a Platón. La analogía del piloto y la nave se contiene en el libro aristotélico, *De anima*. Y ambas fueron adjudicadas erróneamente a Platón por Tomás de Aquino muchos siglos después. Véase mansión (1953).

274 En China el dualismo cuerpo-alma no predominó en el pensamiento filosófico hasta la llegada del budismo durante el periodo Han, en el siglo III d. C. (Mina, 2019). Además, el budismo rechaza la supervivencia del ego porque también niega su existencia. Los puntos de vista al respecto de las culturas babilonia, egipcia, china e india se abordan con brillantez en la monumental obra de Alonso (2018).

275 Los teólogos medievales de la cristiandad, en particular Tomás de Aquino (1225-1274), discrepaban absolutamente de Aristóteles en este punto y dedicaron grandes esfuerzos a las correspondientes réplicas.

(siglo x d. C.) el argumento del «hombre volante», por el cual un individuo suspendido en al aire sin contacto con cosa alguna, privado de toda visión o audición, sería capaz, no obstante, de percibir su propio ser y constatar su existencia. Con ello, el sabio musulmán pretendía demostrar que, en último término, la autoconsciencia de los seres humanos no dependía de las percepciones exteriores[276]:

> *Si imaginas tu mismo ser, habiendo sido creado desde el comienzo con un intelecto y una disposición sanos, y si se supone que, en resumidas cuentas, forma parte de tal posición y disposición que sus partes no sean vistas ni sus miembros se toquen, sino que, al contrario, estén separados y suspendidos durante un cierto instante en el aire libre, tú lo encontrarías no dándote cuenta de nada excepto de la certeza de su ser.*

Más de seiscientos años después de que Avicena escribiese esas líneas, el filósofo francés René Descartes (1596-1650) vino a ofrecer una argumentación muy similar con su famosísimo «Pienso, luego existo». Descartes sentó las bases del racionalismo del siglo xvii y de los posteriores, convirtiendo la mente humana en uno de sus principales desvelos. A este filósofo se debe la suposición de que todos poseemos ciertas ideas innatas —es decir, independientes de la experiencia— que forman nuestro equipaje intelectual de manera congénita. A esta tesis se opuso con firmeza el inglés John Locke (1632-1704), a cuyo juicio la mente humana, en sus etapas iniciales tras el nacimiento de un individuo, equivalía a una tabla rasa, una página en blanco sobre la cual nuestras experiencias trazarían las líneas maestras de nuestra personalidad.

Las doctrinas cartesianas iban bastante más allá de las ideas innatas, pues recuperaban el tradicional dualismo cuerpo-mente para asegurar que los cuerpos, como objetos materiales que son, se hallan enteramente sometidos a las leyes físicas, mientras la mente o el alma actúa con total libertad. La manera de conciliar estas dos situaciones tan opuestas consiste en postular —como hizo Descartes— una suerte de «armonía preestablecida», por la cual Dios dispone que los deseos de nuestras mentes coincidan siempre con los movimientos

---

276 Avicena (1960-1968), vol. II, pp. 343 y ss.

que la física determina para nuestros cuerpos[277]. La metáfora cartesiana del «hombre-máquina» vino así a completar la imagen del universo newtoniano como un mecanismo de relojería, abonando el terreno para los irracionalistas que no tardarían en acusar a la ciencia de deshumanizar el mundo.

Interesado también en la anatomía humana, Descartes situó en la glándula pineal del cerebro el centro de control desde el cual el alma gobernaba el cuerpo, siempre de acuerdo con la armonía preestablecida. El hombre-máquina cartesiano se revelaba en realidad como un mecanismo sometido a influencias fantasmales —o, más bien, inmateriales—, como sugirió el filósofo británico Gilbert Ryle (1900-1976) con su archifamosa frase «El espíritu en la máquina» («*The ghost in the machine*»). En palabras del propio Descartes[278]:

> *Pero, examinando la cosa con cuidado, me parece haber reconocido con evidencia que la parte del cuerpo en la que el alma ejerce inmediatamente sus funciones no es de ningún modo el corazón, ni tampoco todo el cerebro, sino solamente su parte más interna, que es cierta glándula muy pequeña, situada en el centro de su sustancia y suspendida de tal manera por encima del conducto por donde los espíritus de sus cavidades anteriores se comunican con los de la posterior, que los menores movimientos que se producen en ella influyen mucho para cambiar el curso de esos espíritus; y, recíprocamente, que los menores cambios que acontecen en el curso de los espíritus influyen mucho para cambiar los movimientos de esta glándula.*

El cerebro, pese a lo que ahora nos pueda parecer, tardó en alcanzar el rango privilegiado del que goza entre los órganos del cuerpo humano, aun cuando D'Holbach, Lametrie y Schopenhauer lo consideraron un órgano fundamental. Aristóteles creía que su principal función era aliviar el calor corporal y refrescar el torrente sanguíneo. Sin embargo, doscientos años antes, el médico y filósofo pitagórico Alcmeón de Crotona (siglo VI a. C.) había afirmado —con mucho mayor acierto— que todos los fenómenos mentales son procesos cerebrales. Nadie sabe qué inspiró a Alcmeón esta hipótesis,

---

277 Descartes es ambiguo al respecto. En sus obras no publicadas mientras vivió, se aleja del espiritualismo previo y prefigura el materialismo mecanicista posterior.
278 Descartes (1997), p. 103.

aunque resulta muy verosímil pensar que su profesión médica le permitió comprobar cómo ciertas lesiones cerebrales provocaban deficiencias en las facultades mentales de sus pacientes. Las opiniones de Alcmeón pasaron a la escuela de Hipócrates, en la isla de Cos, y más tarde al romano Galeno (s. ii-ii d. C.), en agudo contraste con una gran mayoría de filósofos que, orillando los datos empíricos ofrecidos por la práctica médica, se alinearon con los teólogos —de buen grado o por la fuerza— durante la Edad Media.

La Revolución Científica de los siglos xvi-xvii y la Ilustración en el siglo xviii propiciaron visiones del problema antes consideradas heréticas. Así, filósofos como Claude Helvetius (1715-1771) o el barón de Holbach (1723-1789) retomaron la identificación de los médicos griegos entre mente y cerebro. La prohibición regia de sus libros obligó a estos autores a publicarlos en Holanda, desde donde eran introducidos en Francia con gran éxito comercial. Tras la Revolución francesa, el médico Philippe Pinel (1725-1846) solicitó, y consiguió, que se dispensase un trato más humanitario a los enfermos mentales, pues si su dolencia se debía a un problema cerebral no había motivos para tratarlos de distinto modo a cualquier otro enfermo.

Los tumultuosos años que precedieron la convulsión revolucionaria en Francia contemplaron el nacimiento de la electrofisiología gracias a la obra de Luigi Galvani (1737-1798) en diálogo crítico con su compatriota Alessandro Volta (1745-1827). Galvani permitió esclarecer la naturaleza eléctrica de los impulsos nerviosos[279], como corroboró en torno a 1850 la escuela alemana de electrofisiólogos, dirigida por Emil du Boys-Reymond (1818-1896). Ya en la tercera década del siglo xx, en Cambridge, el británico Alan Hodgkin (1914-1998) aclaró definitivamente el mecanismo de transmisión de los impulsos eléctricos a través de las neuronas, dando lugar al llamado «modelo Hodgkin-Huxley» sobre el potencial de acción neuronal.

Por si a alguien le quedaba alguna duda sobre la estrecha relación entre la mente y el cerebro, el caso del estadounidense Phineas Cage (1823-1860) vino a disiparla definitivamente. Cage trabajaba en una empresa de tendidos ferroviarios donde sufrió un accidente en el que una viga metálica le atravesó parte del cerebro, entrando por una de las cuencas oculares y saliendo por la parte posterior del cráneo. Sorprendentemente, el afectado sobrevivió al accidente con las facul-

---

279 Galvani (1791, 1953).

tades intelectuales intactas, aunque su personalidad se había trastocado por completo; de ser un empleado escrupuloso y fiable, paso a convertirse en un libertino irresponsable. Para asombro de la sociedad victoriana, las virtudes morales que tanto apreciaba parecían inextricablemente ligadas a la blanda y viscosa materia encefálica.

LOS DOS RUMBOS DE LA PSICOLOGÍA

A caballo entre los siglos XIX y XX, pudo apreciarse con absoluta claridad la escisión entre dos formas de entender el estudio de la mente, es decir, la psicología[280]. Por un lado se consolida la rama científica, heredera del aprecio por los datos empíricos generalmente ofrecidos por casos clínicos, que se originó en los médicos de la Antigüedad. Y, por otra parte, prosiguen aquellos que indagan en los procesos mentales mediante alegorías, simbolismos e interpretaciones basadas en mitos literarios, inclinación alguna hacia las aportaciones de las ciencias naturales. Esta última corriente, que podríamos llamar «discursiva» o «especulativa», consiguió gran número de seguidores a lo largo del siglo XX, ya que no exigía rigor metodológico ni conocimientos científicos de tipo alguno.

Fueron investigadores alemanes quienes sentaron las bases de la psicología científica durante el siglo XIX, como área de estudio independiente de la filosofía. Ernst Weber (1795-1878) y Gustav Fechner (1801-1887) habían comenzado a investigar la intrincada relación entre estímulos físicos, sensaciones fisiológicas y percepciones psicológicas. Por su parte, el gran polímata Hermann von Helmholtz (1821-1894), médico, físico y filósofo —uno de los introductores del moderno concepto de energía en física— insistió en la unidad fundamental del cuerpo y la mente, buscando la base material de esta última en el cerebro[281].

En 1879 Wilhelm Wundt (1832-1920), uno de los discípulos de Helmholtz, inauguró el primer laboratorio[282] de psicología experi-

---

280 El vocablo procede de las voces griegas Psiqué (Ψυχή), diosa mitológica del alma, y Lógos (Λόγος), estudio o conocimiento riguroso de algo.
281 Mandler (2007) y Hergenhahn (2013).
282 El filósofo y psicólogo estadounidense William James (1842-1910) abrió un gabinete de demostraciones en 1875, pero tan solo como muestrario de fenómenos psicológicos.

mental del mundo en Lepizig. Nueve años después, el médico español y premio nobel Santiago Ramón y Cajal (1852-1934) publicó sus descubrimientos sobre la conexión discontinua entre neuronas —la sinapsis— como clave para entender la configuración del sistema nervioso y por ende del cerebro[283]. En suma, en el último cuarto del siglo XIX se acumulaban las posibilidades de contemplar los fenómenos mentales sobre la base material proporcionada por la neurofisiología.

En el otro extremo, el campeón de la psicología discursiva fue el médico vienés Sigmund Freud (1856-1939), quien se fue desplazando hacia posiciones cada vez menos científicas en la construcción de lo que él llamó el psicoanálisis. A su juicio, la mayoría de los problemas psicológicos —si no todos— tenían su origen en las inhibiciones sexuales inculcadas por la educación convencional. La teoría freudiana de la mente sostiene la existencia de tres niveles: el *Ello*, turbulenta efervescencia de los deseos, ansias e impulsos primarios contenidos en el inconsciente; el *Superego* —o *Superyo*— estrato formado por las normas morales, convenciones sociales y códigos de conducta en general; y el *Ego* —o simplemente, *Yo*— en el papel de mediador, destinado a buscar el mejor compromiso posible entre la satisfacción de nuestros impulsos ocultos y las restricciones impuestas por la realidad cotidiana. Cuando tal compromiso no se alcanza —arguye Freud— aparece la neurosis.

A fin de superar estos desórdenes, el psicoanálisis ensayó diferentes procedimientos, desde la hipnosis —invalidada por las asiduas fabulaciones del paciente— hasta la libre asociación en la que el individuo divaga a su gusto con el propósito de desenterrar conflictos reprimidos. Más adelante se adoptó la costumbre de que el psicoanalista tratase de entrever, a través de las palabras del paciente, las causas del problema psicológico que lo aquejaba. Ahora bien, la reina de las técnicas psicoanalíticas era, sin duda, la interpretación de los sueños[284]. Con este método Freud esperaba acceder al inconsciente sin apenas obstáculos, ya que al dormir las barreras psicológicas se debilitan y los impulsos por ellas reprimidos pueden manifestarse con mayor claridad.

---

283 Ramón y Cajal (2006, 2008).
284 Freud (2013). La obra con este mismo título se publicó en noviembre de 1899, pero la fecha impresa correspondía a 1900, seguramente para sugerir que las ideas allí contenidas pertenecían al nuevo siglo. Parece que nadie advirtió a Freud que el siglo XX comenzaba en 1901.

El avance de las neurociencias durante el siglo xx desembocó en una refutación general de las ideas freudianas. La división de la mente en tres categorías —Ello, Ego y Superego— carece de toda correlación con cualquier región encefálica. Este hecho no hubiese inquietado a Freud, quien opinaba que el psicoanálisis carecía de toda relación con las neurociencias, sin comprender que ese drástico aislamiento estrangulaba cualquier posibilidad de convertirlo en una ciencia genuina. Es curioso que en un principio Freud acariciase la posibilidad de engarzar su concepción de la mente con los sólidos resultados de la fisiología, como dejó plasmado en un manuscrito[285] que nunca vio la luz en vida de su autor. Aunque, por desgracia, semejante aspiración le abandonó con rapidez, el libro comenzaba con una declaración de intenciones realmente encomiable: «La finalidad de este proyecto es la de estructurar una psicología que sea una ciencia natural; es decir, representar los procesos psíquicos como estados cuantitativamente determinados de partículas materiales especificables, dando así a esos procesos un carácter concreto e inequívoco».

Nociones tan típicamente psicoanalíticas como el llamado «complejo de Edipo» resultan irrefutables por principio: si se manifiestan de alguna manera, su existencia se considera probada, y de no manifestarse, entonces simplemente se afirma que se hallan reprimidas. El recurso a la «represión» actúa en el psicoanálisis como un escudo permanente contra todo intento de comprobación experimental, sin importar que una entidad siempre oculta sea a todos los efectos indistinguible de algo inexistente.

Prácticamente todos sus conceptos y principios —etiquetados con nombres mitológicos o de resonancias metafóricas para acrecentar su fuerza evocadora— fueron establecidos por el propio Freud a partir del contacto con sus pacientes, casi todos ellos de clase media en la Viena de finales del siglo xix. Por supuesto, no tuvo el menor interés a lo largo de su vida en reconsiderar tales invenciones, aplicando los avances acaecidos en estadística, muestras poblacionales o antropología comparada, y menos aún la neurofisiología.

Hoy sabemos que los sueños constituyen un mecanismo psicofisiológico mucho más rico de lo que Freud suponía. Lejos de limitarse a una mera transposición desfigurada de deseos ocultos, los sueños parecen

---

285 Apareció póstumamente en 1950 con el título *Proyecto de una psicología científica* (Freud, 2012).

servir a diversos propósitos[286]: reconstrucción imaginativa de estrategias conductuales basadas en la experiencia, reacondicionamiento de la actividad neuronal, manifestación de pensamientos inconscientes de todo tipo o el mantenimiento de una actividad basal mínima.

Una de las pocas conjeturas freudianas que ha sobrevivido al paso del tiempo es la referida al pensamiento inconsciente, aunque tampoco era realmente novedosa cuando el creador del psicoanálisis la formuló. No solo el filósofo británico David Hume (1711-1776) había especulado acerca del inconsciente, también los ya mencionados Helmholtz y Wundt lo habían hecho. Es más, en los años estudiantiles de Freud se popularizó el libro *La filosofía del inconsciente* (1870), del pensador alemán Eduard von Hartmann (1842-1906), donde se trataba de delimitar la existencia y características de tan ignota región de nuestra mente[287]. El problema de Von Hartmann y de quienes abordaron posteriormente la cuestión radica en la dificultad de perfilar el concepto de inconsciente sin haber caracterizado previamente las fronteras de la conciencia, línea de investigación hoy impulsada por la neuropsicología[288].

Estudios estadísticos clásicos sobre el psicoanálisis no demostraron una eficacia superior —por ejemplo, remisión sin recaídas— al de otras psicoterapias[289]. Un comité de investigación de la Asociación Psicoanalítica Internacional publicó en 2002 una revisión que reunía más de cincuenta estudios sobre los resultados y la efectividad del psicoanálisis hasta 1998. Pero ninguno de tales estudios incluía las psicoterapias conductuales o cognitivo-conductuales. La mayoría se limitaban a comparar el psicoanálisis con la psicoterapia psicoanalítica u otros tratamientos derivados del propio psicoanálisis. Y ni aun así fue capaz de probar en estos estudios una superioridad terapéutica significativa frente a los resultados de otras prácticas, especialmente porque carecía de grupos de control.

El psicoanálisis freudiano ganó un gran predicamento en sus inicios porque se ocupaba por primera vez de las emociones y no de las percepciones o el raciocinio, como habían hecho los filósofos y psicólogos hasta ese momento. Ahora sabemos que las emociones están

---

286 Winson (1986), Sánchez (2017).
287 Antes de Von Hartmann, Schopenhauer también se explayó sobre el inconsciente, y muchos de esos materiales fueron empleados por Freud.
288 Wickens (2014).
289 Eysenck & Wilson (1980).

reguladas cerebralmente por el sistema límbico, que a su vez interactúa estrechamente con el neocórtex influyendo en nuestros juicios racionales. Por eso, conocer las funciones del encéfalo —contra la
postura freudiana— reviste la mayor importancia si se desea entender de veras los desórdenes psicológicos[290].

La rígida intransigencia que Freud mostró ante la menor muestra de discrepancia, no tardaría en provocar la escisión de sus seguidores en diversas escuelas psicológicas. Las más notables de ellas
fueron encabezadas respectivamente por el suizo Carl Gustav Jung
(1875-1961) y el austriaco Alfred Adler (1870-1937). Jung sostenía que
en la mente humana anidaban otros fenómenos, incluso más importantes que la represión sexual, que él interpretó como símbolos —o
«arquetipos»— representativos de las tendencias básicas del espíritu
humano y compartidos por todos los individuos sin importar su origen cultural. Adler, por su parte, se mostraba partidario de enfocar
los problemas psicológicos a través del carácter del paciente y del contraste entre sus anhelos y sus circunstancias reales. A él debemos,
por ejemplo, conceptos hoy tan conocidos como el de «complejo de
inferioridad/superioridad».

Todas estas corrientes de psicología discursiva, pese a sus respectivas diferencias, se hallan presididas por la convicción dualista de
que la mente y la materia constituyen parcelas de la realidad inexorablemente contrapuestas. Curiosamente, esta tesis se encuentra no
solo en filósofos idealistas, sino en otros autores que se tenían así mismos por férreos materialistas. Tal es el caso de Lenin, en su famoso
e interesante libro *Materialismo y empiriocriticismo* (1909), publicado
durante su batalla interna contra otros rivales en el partido bolchevi-
que[291]. Lanzando una rotunda censura contra el positivismo, Lenin
dejó escrito en esas páginas que si lo material y lo mental no se con-
frontaran irremediablemente, tampoco se daría la oposición existente
entre la filosofía materialista y la idealista. Una afirmación tan increí-
blemente ingenua, vertida por un autor que —al menos en su práctica política— de ingenuo tenía bien poco, nos lleva a considerar el
siempre candente debate sobre dualismo o monismo en la relación
mente-materia.

---

290 Alonso (2017).
291 Lenin (1975). De hecho, el dualismo cerebro-psique propuesto en esa obra se mantuvo como
   filosofía oficial de la mente en la Unión Soviética hasta la caída del régimen comunista al final
   de 1991.

Dando por sentada la estrecha relación existente entre la mente y el cerebro, se hace imperativo preguntarnos qué tipo de relación es esa. Y en el agitado caudal de propuestas al respecto se han distinguido tradicionalmente dos cauces principales: el dualismo y el monismo. El dualismo psicofísico admite que lo mental y lo material son categorías disjuntas que pueden, o no, interactuar entre sí. Por el contrario, el monismo prefiere considerar la existencia de una única fuente de la que brotan tanto los fenómenos mentales como los materiales, que puede ser la materia, la mente u otra diferente. Esbocemos brevemente a continuación los rasgos de algunas de ellas.

El dualismo interaccionista es el que se refleja con nitidez en los escritos de Descartes y en los de madurez de Freud, por ejemplo, aunque nunca quedó aclarado el tipo de interacción que se daba entre la mente y el cuerpo. Este escollo no impidió a insignes dualistas volver a la carga muchos años después, como el premio nobel sir John Eccles (1903-1997), que entre las décadas de 1980 y 1990 concedió ese honor al Área Motora Suplementaria (AMS). Eccles atribuía a la mente la capacidad de operar «telequinésicamente» sobre las neuronas cerebrales[292]. Sobra decir que semejante propuesta no encontró eco entre sus colegas neurofisiólogos.

El dualismo paralelista, o paralelismo, niega el problema de la interacción al considerar que las secuencias de estados mentales se corresponden —se disponen «en paralelo»— con secuencias de estados físicos, pero sin relación causal, y menos aún de identidad, entre ellas. Esta era la opinión de Leibniz, suscrita por el joven Freud. Por el contrario, el animismo —o mentalismo— se inspira en una visión idealista de corte platónico, por cuanto sostiene que la mente oficia como timonel del cuerpo, mientras sobre ella solo pueden influir la divinidad (y tal vez los brujos). A través de las páginas de su famoso libro *The self and its brain* (1977), Popper y Eccles oscilan entre el interaccionismo y el animismo apenas sin advertirlo[293].

---

292 Eccles (1986, 1990, 1992). La telequinesis es una presunta facultad parapsicológica que permitiría mover objetos mediante el simple deseo mentalmente formulado de hacerlo, sin contacto físico alguno.
293 Popper & Eccles (1993).

Impulsado por los arrolladores avances de la informática y la computación, una nueva forma de dualismo llamada informacionismo alcanzó gran predicamento en las últimas décadas del siglo xx. El dualismo informacionista descansa sobre la doble equiparación cerebro-circuitos (*hardware*) y mente-programas (*software*) tomada del mundo informático. Detrás de todo ello se esconde la convicción de que los fenómenos mentales no son más que flujos de información, pero no información entendida como interpretación de señales físicas de acuerdo con un código (cosa que todos hacemos al ver un semáforo), sino información pura en sí misma, independientemente del medio material empleado para transmitirla, si es que tal cosa tiene algún sentido.

Esta creencia comporta implicaciones sorprendentes que no pasaron desapercibidas para sus defensores. Si la mente es tan solo otro nombre para el procesamiento de información, aunque se deja sin perfilar netamente el concepto de «información», cualquier sistema capaz de tal desempeño poseería alguna clase de mente. Las computadoras, sin ir más lejos, poseerían facultades mentales —de cálculo, sobre todo— muy superiores a las humanas. El estadounidense Hilary Putnam (1926-2016), matemático y filósofo pragmatista, expresó esta tesis con meridiana claridad en su conocida frase: «Podríamos estar hechos de queso suizo y no importaría».

Es decir, el sustrato material resulta irrelevante para la posesión de facultades mentales; tanto da una computadora con microcircuitos, un cerebro de neuronas o una figura de plastilina. La mente, en consecuencia, sería algo inmaterial, un conjunto de programas de computación o, idealmente, una «máquina de Turing» manifestándose en el cerebro[294]. Esta fue la posición adoptada con matices por Daniel Dennett, Jerry Fodor y, durante un tiempo, por Noam Chomsky.

Cualquier forma de dualismo implica admitir que un ente inmaterial —la mente— juega un papel básico en el conocimiento científico de un aspecto del mundo natural —como el funcionamiento del cerebro—, lo que convertiría a la psicología en una disciplina atípica den-

---

294 Volveremos sobre este concepto en el capítulo 12. Por ahora bástenos saber que una máquina de Turing es un computador idealmente simplificado que puede llevar a cabo todas las tareas habituales de computación. La analogía falla, sin embargo, porque la máquina de Turing dispone de un repertorio numerable de estados, mientras que un fotón o un electrón libre puede ocupar uno entre una infinidad no numerable de estados. Por tanto, si una máquina de Turing no puede representar un ente físico tan sencillo como un fotón o un electrón libre, menos aún podría lograrlo con un cerebro.

tro del conjunto de las ciencias. Ninguna otra ciencia, natural o social, se ocupa de algo que no sean sistemas materiales concretos, más o menos complejos (electrones, gases, células, grupos sociales, etc.), con la excepción de la matemática y la lógica, que por ello se denominan ciencias formales. Semejante anomalía en los fenómenos psicológicos resulta muy difícil de aceptar para quienes creen en la unidad del conocimiento y buscan una visión unitaria del universo que habitamos, de no haber pruebas abrumadoras a su favor.

Esa visión unitaria encuentra su asiento natural en las doctrinas monistas, que niegan un carácter definitivo a la distinción mente-materia. Para los monistas solo hay que remitirse a un elemento básico como sustrato de la realidad, ya sea material, mental u otra cosa. En ese sentido, parece lógico que haya solo tres tipos de monismo dependiendo del fundamento escogido: idealista, materialista y neutral. Para el primero de ellos, el monismo idealista, lo mental adquiere primacía sobre los aspectos materiales de la realidad, que vendrían a ser un deslucido subproducto de su genuina autenticidad de las ideas.

Ilustres precedentes de este monismo han sido —en diversos grados— Platón, Berkeley, Hegel y Heisenberg. Sorprendentemente, el monismo idealista halla cobijo en la actualidad entre los físicos que malinterpretan los resultados experimentales de la teoría cuántica, como David Mermin. Los idealistas cuánticos parecen decirnos que si el mundo material no se comporta como dicta la física clásica, debemos admitir sin más su índole ilusoria. No hay tal; los experimentos cuánticos nos demuestran —y no es poca cosa— que la realidad material que nos rodea presenta unas propiedades y una conducta mucho más extravagantes de lo que nunca imaginamos.

Tampoco nos explican estos idealistas de nuevo cuño qué mentes generan esas ideas a las que ellos atribuyen el carácter de realidad última: ¿serán las mentes de todos los físicos cuánticos inclinados al idealismo o solo algunas de ellas?, ¿o serán las mentes de todos los humanos, crean o no en el monismo idealista? Tal vez deberíamos aceptar como fuente de la aparente realidad material las mentes de todos los humanos —y quizás también alienígenas inteligentes— pasados, presentes y futuros, pues el tiempo, como el espacio y la materia, podría ser también una ilusión. Paso a paso nos veríamos conducidos a sumergirnos en una forma remozada del antiguo mito hindú en el cual la realidad mundana y todo cuanto en ella se contiene resulta ser tan solo un sueño Brahma, el dios durmiente.

El monismo materialista, bien al contrario, aboga por la materia como realidad última que debe subsumir los fenómenos mentales sin considerarlos algo distinto y separado de ella. Los estados mentales, así pues, no serían más que productos emergentes de ciertas actividades neuronales, generalmente muy complejas, a los que asignamos un nombre específico porque, debido a sus peculiares propiedades, los percibimos desde nuestro interior como constitutivos de aquello que tradicionalmente llamamos «mente» (conciencia, recuerdos, sentimientos, etc.). En otras palabras, la mente sería el conjunto de fenómenos emergentes que se dan debido al funcionamiento de ciertos colectivos neuronales en los sistemas nerviosos de los vertebrados superiores, entre los cuales el humano sería el más sofisticado.

Además de tomar la materia como categoría fundamental de la realidad, el monismo materialista se apoya en otra hipótesis denominada «identidad psiconeural», cuya formulación más simple nos dice que todo proceso psicológico es idéntico a algún proceso neuronal. La afirmación recíproca no se defiende, ya que en las neuronas hay actividades puramente biológicas (irrigación sanguínea, metabolismo, síntesis de neurotransmisores, etc.) que no parecen corresponder a fenómeno psicológico alguno. En cualquiera de sus versiones, más primitivas o más modernas, el monismo materialista ha contado con eminentes sostenedores: Epicuro, Hipócrates, Aristóteles, Demócrito, Lucrecio, Hobbes, Priestly, La Mettrie, Helvetius, Diderot, d'Holbach, Marx, Darwin, Quine y Bunge[295], entre muchos otros.

El monismo neutral —tercero en discordia— destaca que conocemos tan poco la naturaleza íntima de la materia como la sustancia de nuestra propia mente. A la vez, no cabe explicar la conciencia como el resultado emergente del complejísimo sistema neuronal que conforma nuestro cerebro, porque la autotransparencia típica de la conciencia es un fenómeno cualitativamente distinto, de modo radical, del resto de las propiedades físicas, emergentes o no. Por lo demás, el monismo asume la identidad psiconeural de los materialistas y acoge todas las ventajas del enfoque psicobiológico.

Podemos decir que un electrón, por ejemplo, posee una carga eléctrica, una masa, un número leptónico y otras propiedades físicas. Sin embargo, ese conocimiento nada nos aclara sobre qué es «aquello» que porta todas esas propiedades. Por otro lado, la mente contiene —si

---

295 Bunge (1988), Bunge & Ardila (1988).

puede hablarse así— experiencias directas e incomunicables, los *qualia*, de todo lo que cada uno de nosotros percibe. Las cualidades intrínsecas de las percepciones de cada individuo («ver un color», «escuchar un sonido») son exclusivamente suyas y no pueden compararse, por su propia e irreductible subjetividad, con las de ningún otro.

Esta doble limitación interna en las posibilidades objetivas de la materia y la mente llevó a una serie de autores (principalmente William James, Ernst Mach y Bertrand Russell) a proponer que ambas categorías surgen a consecuencia de las distintas perspectivas con que contemplamos, o el diferente modo en que organizamos, unos elementos básicos de la realidad que serían nuestros en sí mismos. La discusión que se extendió a lo largo del siglo xx, y aún perdura, gira en torno a la identidad de tales elementos neutrales. Sensaciones, percepciones, experiencias puras, sucesos espacio-temporales han sido algunos de los candidatos propuestos, sin que alguno de ellos haya logrado arraigar definitivamente entre los defensores de esta doctrina[296]. No es de extrañar, pues, que existan numerosas versiones del monismo neutral y que su debate avive los debates sobre la conexión mente-materia durante mucho tiempo más en el futuro.

TENDENCIAS EN EL SIGLO XX

Si bien el psicoanálisis freudiano y sus muchas derivaciones pueden considerarse doctrinas originadas en el siglo xix que eclosionaron a partir de 1900, la psicología gestaltista, la conductista y la informaticista, o informacionista, constituyeron corrientes principales en el siglo xx. Todas ellas elogiaron de palabra el espíritu científico, pero no lo practicaron de modo consecuente y por ello quedaron finalmente desacopladas de las neurociencias. No obstante, como sucede con el psicoanálisis, los psicólogos defensores de terapias y métodos no plenamente científicos muestran una tenaz resistencia a la desaparición, cobijándose en el siempre amenazante reducto de nuestra irracionalidad.

La escuela gestaltista en psicología nació y medró durante el periodo de entreguerras de la mano de autores como Max Wertheimer

---

296 Ahmed (1989), Banks, (2014), Alter & Yujin (2015).

(1880-1943), Wolfgang Köhler (1887-1967), Kurt Koffka (1886-1941) y Kurt Lewin (1890-1947). La palabra alemana Gestalt, según el contexto, admite tres acepciones distintas: «totalidad», «configuración» e incluso «propiedad global». Su tesis principal es que los seres humanos percibimos las cosas como totalidades estructuradas, cuyas propiedades van más allá de lo que obtendríamos al combinar las percepciones de sus distintos componentes por separado. Aquí encontramos de nuevo el manido lema de que «el todo trasciende la suma de sus partes».

Los psicólogos gestaltistas concedieron primacía a la experiencia subjetiva, emplearon la introspección como método fundamental, rechazando cualquier tipo de análisis, y abrazaron con entusiasmo el dualismo psicofísico. Las propiedades globales o colectivas, debido a la cuales se afirmaba que el todo es más que la suma de sus partes, se consideraban imposibles de explicar en términos de los componentes del colectivo. Eran un hecho inanalizable y como tal habían de tomarse, una opinión esencialmente incompatible con la noción de propiedad emergente que ya se discutió con amplitud en el capítulo 5.

El trabajo experimental llevado a cabo desde los tiempos del gestaltismo acabó matizando y desmintiendo sus postulados fundacionales. No es cierto que la percepción sea instantánea, como sostenían estos autores, sino que emplea un tiempo muy breve (alrededor de una décima de segundo) pero no nulo. Tampoco se demostró que siempre percibamos los objetos como totalidades unitarias cuyos rasgos se analizan después o no se analizan. Parece cierto que algunas figuras, como los triángulos, constituyen una unidad de percepción, aunque en la mayoría de los casos no ocurre así. Más bien se diría que sucede lo contrario: la percepción consciente de un todo viene precedida por el análisis inconsciente de sus componentes. Esta prioridad tiene su base neurofisiológica en el hecho de que el sistema visual y el auditivo actúan como analizadores que procesan secuencialmente las señales que los alcanzan. Tal procesamiento involucra la activación secuencial de distintos tipos celulares, algunos de los cuales reúnen y sintetizan los rasgos captados y descompuestos en una etapa anterior.

Mientras la psicología de la Gestalt florecía en Europa, al otro lado del Atlántico germinaba una escuela de pensamiento completamente opuesta, el conductismo, recelosa de la teorización hasta un punto tal que decidió enfocar todos sus esfuerzos al registro de datos experimentales, es decir, a la conducta observable de los individuos. Con Burrhus Frederic Skinner (1904-1990) y John Broadus Watson (1878-1958) como abanderados de este movimiento, los conductistas abordaron el comportamiento humano recurriendo a los denominados modelos de «caja negra» que, por las razones expuestas en el capítulo 2, no pasan de ser pseudoexplicaciones. La expresión «caja negra» pretende destacar el hecho de que se renuncia desde el principio a la búsqueda de un mecanismo explicativo del proceso estudiado. En lugar de ello, hemos de contentarnos con un esquema que relaciona los datos de entrada —los estímulos presentados al sujeto experimental, en este caso— con los resultados finales —el comportamiento perceptible del individuo—, sin preocuparnos de lo que ocurra entre tales instancias.

Datos iniciales   **CAJA NEGRA**   *Resultados obtenidos*

Modelo de «caja negra» para un proceso cualquiera.

El procedimiento de la «caja negra» no ofrece explicaciones genuinas, ya que no busca establecer mecanismos que justifiquen los resultados, sino simples correlaciones entre unos datos (*inputs*) y unos resultados (*outputs*). Un procedimiento semejante puede mostrarse necesario, e incluso inevitable, en las primeras etapas del desarrollo de una ciencia, cuando no se dispone del bagaje necesario para articular verdaderas explicaciones, pero jamás alcanzaría a sustituir la investigación de mecanismos. Este paupérrimo utillaje teórico no podía llegar demasiado lejos y, efectivamente, el conductismo acabó agotándose en sí mismo, tanto por sus propias limitaciones como debido a la irrupción de nuevas modas científicas. Una de ellas fue el informacionismo, impulsado por el auge de la microelectrónica y la informática.

Los computadores necesitaban para funcionar los correspondientes programas informáticos, y no tardó en parangonarse el cerebro con el computador y la mente con el programa informático. Tan sugerente analogía arrastró a numerosos incautos que no se percataron de las dramáticas diferencias existentes en ambos casos. La circuitería de un computador dista mucho de comportarse como un sistema nervioso, que es un ente vivo dinámico y reactivo a los estímulos que recibe o que él mismo genera. Los cables y microprocesadores, por el contrario, permanecen siempre —o eso deseamos— con la misma arquitectura estructural impuesta por el ingeniero que los diseñó.

Por otra parte, no cabe equiparar la mente a un programa informático toda vez que resulta vano el intento de identificar todo proceso cognitivo con un cálculo simbólico en el que la información se manipula siguiendo reglas bien definidas (algoritmos). Sabemos con certeza que las motivaciones, expectativas y emociones influyen tanto como el manejo racional de la información —y a menudo mucho más— en el comportamiento de los seres humanos. Y ello, paradójicamente, sin olvidar que el término «información» carece de una definición precisa en manos de los psicólogos informacionistas.

EL ESTUDIO CIENTÍFICO DEL CEREBRO

Librepensador, antropólogo, higienista y filántropo, además de médico, cirujano y fisiólogo, el francés Paul Broca (1824-1880) pasó a la historia gracias al descubrimiento que realizó en la segunda mitad del siglo xix sobre anatomía cerebral. Estudiando los cerebros de pacientes con afasia (disfuncionalidad en el habla, la lectura o la escritura), especialmente sus disecciones *post mortem*, este científico francés llegó a la conclusión de que este problema se debía a algún tipo de lesión en la corteza prefrontal inferior del hemisferio izquierdo, región que desde entonces lleva su nombre, el «área de Broca».

Alrededor de una década más tarde, el psiquiatra y neurólogo alemán Carl Wernicke (1848-1905) distinguió entre la afasia motora (dificultad para hablar o escribir), estudiada por Broca, de la afasia sensorial (incapacidad de entender mensajes hablados o escritos), cuyo origen se hallaba en el deterioro de otra región encefálica situada en el lóbulo temporal, conocida hoy como «área de Wernicke». Estos descubrimientos reforzaron la convicción de que las funciones mentales residían en zonas concretas del cerebro —el «localizacionismo»—, lo que solo es parcialmente cierto. Hoy sabemos que muchas de tales funciones, aunque se relacionen principalmente con alguna región encefálica, dependen también, en mayor o menor grado, de actividades distribuidas por el resto del cerebro.

Sugerido ya por el romano Galeno, el localizacionismo había visto manchado su reputación como hipótesis científica debido a las desmesuras de la frenología[297], pseudociencia muy popular a comienzos del siglo XIX. Los frenólogos decían ser capaces de predecir el carácter y las tendencias criminales de los individuos, estudiando minuciosamente la morfología de sus cráneos. Sin posibilidad de decapitar a sus pacientes, la técnica consistía en palpar minuciosamente sus cabezas para detectar protuberancias y contornos de cualquier tipo en la caja craneana. A partir de ello detectaban supuestamente las áreas del cerebro más desarrolladas, y deducían la personalidad de cada sujeto.

Las patrañas frenológicas entorpecieron el avance de la neuropsicología, si bien mucho más dañina fue la influencia de doctrinas como el psicoanálisis freudiano y sus muchas derivaciones. Durante varias décadas, el estudio científico del cerebro pasó a un segundo plano, hasta que fue reavivado gracias a la obra del canadiense Donald Hebb (1904-1985), científico de vasta cultura, profesor de la Universidad McGill y pionero de lo que hoy conocemos como biopsicología, la psicología fundada sobre bases biológicas. Para este científico resultaba evidente que la exploración de la mente humana debía sustentarse sobre un profundo conocimiento del sistema nervioso, en términos del cual habían de interpretarse percepciones, emociones, pensamientos y recuerdos.

Ya desde su época de estudiante, a Hebb le habían atraído las investigaciones experimentales de los estímulos condicionados, llevadas a cabo por Pavlov, que él explicó desde un nivel microscópico como un reforzamiento selectivo de ciertas sinapsis ante la repetición de un determinado estímulo. También a Hebb correspondió el mérito de confirmar una hipótesis sugerida sesenta años antes por los italianos Eugenio Tanzi (1856-1934) y Ernesto Lugaro (1870-1940), que recibió el aplauso entusiasta de Cajal. Tanzi y Lugaro suponían que el cerebro, o al menos la corteza cerebral, se organizaba en grupos de neuronas interconectadas con el fin de realizar una función conjunta. Hebb recuperó esta misma idea con el nombre de «agrupaciones o colectivos neuronales» («*neuronal ensembles*»[298]), añadiendo carácter dinámico

---

297 Principalmente promovida por Franz Joseph Gall (1758-1828) en Alemania y Francia, George Combe (1788-1858) en Gran Bretaña, Mariano Cubí (1801-1875) en España y Cesare Lombroso (1835-1909) en Italia.

298 En español, «*ensemble*» podría traducirse como «junta» o «ayuntamiento» en el sentido original de la palabra, referido a una agrupación de cosas o personas. Pero seguramente será preferible evitar algunas connotaciones inconvenientemente jocosas de la expresión «ayuntamiento neuronal».

a la idea, pues las agrupaciones neuronales pueden cambiar de componentes y reorganizarse según las necesidades del momento.

Además de sus trabajos en el ámbito de las neuronas, Hebb también llevó a cabo otros experimentos con sus estudiantes acerca de aspectos de la conducta humana, tratando de arrojar luz empíricamente sobre cuestiones debatidas durante mucho tiempo de modo puramente dogmático. Comprobó, por ejemplo, que las personas no son naturalmente perezosas —como no pocos economistas lamentan—, ofreciendo una abultada suma de dinero[299] a voluntarios a cambio de que no realizasen actividad alguna: ni leer, ni caminar, ni conversar. Al cabo de un par de días sus alumnos renunciaron a la paga, tan buena como era, porque no soportaban la inactividad. La gente, en verdad, se muestra activa y prefiere hacer algo —en lo posible, cosas útiles— antes que nada, incluso cuando hacer nada implica una recompensa monetaria.

En otra de sus famosas experiencias, Hebb puso a prueba la tesis conductista de que toda la vida mental no es más que una serie de reacciones a estímulos exteriores. Para ello tomó a unos sujetos y los aisló sensorialmente de forma tan completa como pudo: cubrió sus ojos y oídos; impidió el tacto con manoplas, y los introdujo en una habitación insonorizada sin iluminación. Esta privación sensorial casi exhaustiva no detuvo la actividad mental de los voluntarios, tan solo la desordenó provocando alucinaciones. Experimentos como este demostraron que el cerebro presenta siempre una actividad mínima, y si carece de estímulos externos que procesar se inventa los suyos propios en forma de alucinaciones.

Hebb publicó en 1949 su obra más influyente, *La organización del comportamiento*, cuyo subtítulo —*Una teoría neuropsicológica*— indicaba bien a las claras cuál era la intención del autor[300]. Lejos del conductismo en boga, el científico canadiense defendía una lectura puramente fisiológica de la psicología del comportamiento a través del funcionamiento del sistema nervioso. Entre sus páginas se exponía la hipótesis de Hebb sobre la aparición de ideas novedosas en la mente humana. A su juicio, tal acontecimiento acaecía cuando varias neuronas intercambiaban señales simultáneamente, de manera en algún aspecto distinta de su actividad anterior. Todavía sabemos muy poco con absoluta segu-

299 Veinte dólares diarios representaban una auténtica fortuna en la década de 1930.
300 Hebb (1949). Véase también una opinión al respecto en Webster (2005).

ridad sobre la formación de ideas, si bien nadie duda de que la sugerencia de Hebb será uno de los faros que ilumine los caminos futuros.

Colega de Hebb en la Universidad McGill fue el también famoso neurocirujano Wilder Penfield (1891-1976), quien aprovechó algunas de sus operaciones para aplicar pequeñas corrientes eléctricas sobre la corteza cerebral de pacientes a quienes se había administrado anestesia local de modo que estuviesen conscientes durante la intervención. Penfield constató que, dependiendo de la zona en que aplicase la corriente, los sujetos experimentaban una sensación olfativa (un aroma, por ejemplo), visual, auditiva o táctil. Este resultado convenció al científico canadiense de que los estímulos ambientales captados por nuestros órganos sensoriales (las sensaciones) se convertían en percepciones conscientes bajo el control de diversas regiones cerebrales, según la sensación de que se tratase.

La neuropsicóloga Brenda Milner, de la misma universidad que Hebb y Penfield, impulsó de manera decisiva los avances en su campo a lo largo de la segunda mitad del siglo xx. Caracterizó las redes neuronales dedicadas a la memoria y la cognición; descubrió los efectos sobre la memoria de lesiones en el lóbulo temporal medial; y distinguió entre la memoria episódica (recuerdo de hechos y datos) y la memoria procedimental (retención de habilidades motoras), asociadas a sistemas neuronales diferentes, sin olvidar sus estudios sobre la lateralización de las funciones cognitivas en el cerebro humano. Así mismo, Milner fue pionera en las investigaciones sobre el grado de reorganización funcional que experimenta el cerebro tras sufrir alguna lesión que afecte sus funciones.

Otra figura eminente del mundo neurológico fue la italiana Rita Levi-Montalcini (1909-2012), premio nobel y senadora vitalicia de la República italiana. Esta excepcional personalidad de la ciencia trabajó en condiciones extremadamente difíciles mientras se escondía del régimen fascista italiano y de sus aliados nazis, precaución más que aconsejable dada su ascendencia judía. En tan precarias circunstancias, Levi-Montalcini sentó las bases para, años más tarde, el logro extraordinario de detectar el primer factor neurotrófico conocido. El «factor de crecimiento nervioso» es una proteína que permite el desarrollo de los nervios en la etapa fetal y dirige otros procesos de inervación en la fase adulta, cuya importancia no cabe minimizar.

Los cambios en las dendritas y las terminaciones nerviosas de las neuronas parecían jugar un papel esencial en los procesos de fijación de los recuerdos, a juzgar por los trabajos del premio nobel austriaco

Eric Kandel. De sus investigaciones se desprende que la memoria de corto plazo —conserva los recuerdos durante un breve lapso— tan solo modifica las ramificaciones ya existentes en las conexiones entre neuronas. Por el contrario, la memoria a largo plazo, que fija un recuerdo del pasado lejano, implica la aparición de nuevas ramificaciones a través de un proceso que involucra al propio ADN neuronal, que se activa para ordenar la formación de estas nuevas estructuras.

Sin embargo, quedaba una cuestión pendiente para cerrar el círculo de investigaciones iniciado por Galvani al identificar los impulsos nerviosos con señales eléctricas. Toda vez que Ramón y Cajal había descubierto la discontinuidad entre neuronas, llamada «sinapsis» por el neurofisiólogo británico —también premio nobel— Charles Sherrington (1857-1952), se hacía inevitable preguntarse por el modo de comunicación entre las neuronas a través de la sinapsis. ¿Era algún tipo de invisible chispa eléctrica, sustancias químicas o qué otra cosa?

La respuesta comenzó a perfilarse en 1921, cuando el fisiólogo alemán, galardonado con el nobel Otto Loewi (1873-1961) demostró que en un determinado circuito nervioso las sinapsis se franqueaban gracias a una sustancia química, la acetilcolina, segregada por una neurona para comunicarse con la adyacente. Hoy conocemos muchos otros ejemplos de estas sustancias (serotonina, dopamina, endorfinas, glutamato, ácido gamma-aminobutírico, etc.), llamadas neurotransmisores, lo que confirma la idea —también adelantada por Cajal— de que las interacciones neuronales ocurren por la intervención de intermediarios químicos. Solo unos pocos tipos neuronales carecen de sinapsis, de modo que la continuidad del tejido permite la intercomunicación mediante señales eléctricas, mecanismo conjeturado erróneamente para todo el sistema nervioso por el italiano Camilo Golggi (1843-1926).

DE LA CARTOGRAFÍA CEREBRAL AL CONECTOMA

El triunfo del paradigma evolucionista en las ciencias de la vida trajo al centro de la palestra la cuestión del origen de las facultades intelectuales humanas y del órgano que las porta, nuestro cerebro. Parecía lógico suponer que el sistema nervioso había evolucionado a la par que el resto del organismo, pero ello planteaba el problema del aparente exceso de habilidades cognitivas. Para sobrevivir en mitad de la naturaleza —como nuestros más lejanos antepasados— no necesitamos la capacidad de resolver ecuaciones diferenciales o elaborar puntillosas teorías metafísicas, y sin embargo la poseemos (al menos, algunos la poseen).

¿A qué se debe, entonces, el sorprendente superávit humano en cuanto a facultades mentales? La evolución no se muestra más pródiga de lo necesario, pero eso tampoco implica que resulte cicatera. Si un cierto cableado neuronal nos ofrece buenas posibilidades de supervivencia, se conservará y expandirá con mayores probabilidades que otro menos eficiente. Y si esa red neuronal, a consecuencia de su propia estructura, posee propiedades suplementarias que se traducen en una pericia intelectual superior, pues tanto mejor para el organismo que cuente con ellas.

En este caso estamos ante un claro ejemplo de fenómeno emergente: las facultades superiores de la mente humana (inteligencia abstracta, creatividad, sensibilidad artística, etc.) parecen ser resultados emergentes de la propia complejidad de nuestro cerebro. ¿Y cuál es la configuración cerebral de los humanos, hasta el punto en que hemos llegado a conocerla?

Las proposiciones al respecto, más o menos acertadas, no faltaron ya desde el siglo XIX. John Hughlings Jackson (1835-1911) fue un neurólogo inglés que dedicó una gran parte de sus investigaciones a la organización evolutiva del sistema nervioso, para el que propuso tres niveles: un nivel inferior, un nivel medio y un nivel superior. El nivel inferior, correspondiente a la médula espinal, controlaría los movimientos corporales en su forma menos compleja. El nivel medio consistiría en la llamada área motora de la corteza y los niveles motores superiores se localizarían en el área prefrontal.

En la década de 1960, el estadounidense Paul MacLean (1913-2007) publicó el modelo «triúnico», que interpretaba la estructura cerebral como una acumulación de estratos sucesivos desde el más remoto pasado, cada uno de ellos relacionados con un periodo evolutivo de nuestra especie[301]. Para MacLean en el nivel más profundo se encontraría el complejo R o «cerebro reptiliano», un conjunto de estructuras supuestamente comunes en humanos y reptiles que serían responsa-

---

301 Kral & MacLean (1973), MacLean (1990), Gardner & Cory (2002).

bles de instintos de supervivencia tan básicos como la búsqueda de alimentos, reproducción sexual y lucha por un territorio.

Justo por encima del complejo R, en la siguiente capa, tendríamos el sistema límbico —expresión inventada por MacLean, que aún se utiliza en otro sentido— o «cerebro emocional». Esta parte se encargaría de la gestión de las emociones y los sentimientos, de un modo que solo se encontraría en los mamíferos. Finalmente, en la última capa, la corteza cerebral, residirían las facultades superiores que nos distinguen como seres humanos del resto del reino animal.

A medida que las neurociencias avanzaban, el modelo triúnico (de tres cerebros en uno, por decirlo así) fue quedando obsoleto. Todo indica que las diversas áreas y estructuras en el cerebro humano adulto ya existían de forma rudimentaria en los cerebros primitivos de nuestros ancestros, que evolucionaron de manera global, como un todo, y no mediante una superposición de capas aparecidas en orden ascendente. Los cambios evolutivos que modifican la arquitectura neuronal no pueden preservarse si tienen lugar de manera aislada, sin concordar con la configuración general del cerebro. En general, las funciones mentales del cerebro humano parecen hallarse parcialmente localizadas en ciertas regiones, pero no tan completamente como sostenían los frenólogos. Aunque una zona cerebral se ocupe preferentemente de una cierta capacidad mental, necesita el apoyo de otras partes del cerebro para operar con eficacia. De modo que el cerebro humano se asemeja a una red de módulos con diversos grados de interconexión, bastante más que a una fábrica compartimentada en secciones especializadas que apenas necesitan comunicación mutua.

Partiendo de este nuevo punto de vista se ha podido elaborar finalmente un mapa general de las principales regiones cerebrales, aun a riesgo de que futuros descubrimientos puedan modificar algunos detalles importantes o añadir nuevas demarcaciones todavía ignoradas. Comenzado desde el exterior, la corteza o córtex recubre externamente el resto del cerebro con sus característicos pliegues y rugosidades, acogiendo las facultades mentales superiores típicas del ser humano. El conjunto del cerebro se halla dividido en dos hemisferios casi simétricos —como las dos partes de una nuez—, compuestos por varios lóbulos (frontal, parietal, occipital, temporal) relacionados con diversas actividades mentales. El lóbulo frontal, por ejemplo, se ocupa del raciocinio, el pensamiento abstracto y la planificación de nuestras acciones.

La realización de movimientos relativamente complejos (escribir, hablar, gesticular, etc.) con sorprendente soltura se debe a los ganglios basales, situados por debajo de la corteza cerebral y distribuidos de forma simétrica bajo cada uno de los hemisferios cerebrales. Tan importante como ellos resulta el sistema límbico, responsable de regular la memoria, las emociones y las respuestas corporales asociadas con ellos. Con límites difusos, pues se intercala con muchas estructuras encefálicas, parece indiscutible la dependencia mutua entre el sistema límbico y la racionalidad del neocórtex (la parte más moderna de la corteza cerebral), ninguna de las cuales puede desenvolverse plenamente sin la otra. Paradójicamente, ni cabe razonar sin emociones ni existen sentimientos imposibles de racionalizar. La virtud —y la dificultad— se halla, como siempre, en lograr un compromiso entre ambos extremos.

Relacionada con la memoria emocional y el componente emotivo de los aprendizajes, la amígdala cerebral es una estructura que aparece duplicada con un ejemplar en cada hemisferio. Análogamente sucede con el hipocampo, encargado del almacenamiento y la recuperación de recuerdos, el aprendizaje y los movimientos en el espacio tridimensional. El tálamo es el nodo que integra en un primer momento toda la información que nos llega a través de los sentidos, excepto el olfato, que opera a través del bulbo olfatorio de cada hemisferio cerebral. Ubicado debajo del tálamo, el hipotálamo supervisa los parámetros fisiológicos esenciales (temperatura, composición sanguínea, ritmo respiratorio, etc.) controlando la secreción de hormonas.

El tronco encefálico o tallo cerebral se conecta directamente con la médula espinal para garantizar el mantenimiento de funciones tan vitales como la respiración involuntaria o el ritmo cardíaco. Por su parte, la misión del cerebelo —denominado así por su similitud morfológica con un cerebro en miniatura— involucra la regulación y control de movimientos complejos que requieren una cierta coordinación, así como el mantenimiento del equilibrio cuando estamos erguidos o caminamos.

La cartografía cerebral, iniciada a principios del siglo xx por Korbinian Brodmann y el matrimonio de Cécile y Oskar Vogt, adquirió una nueva dimensión con la irrupción del concepto de conectoma[302], el mapa de las conexiones neuronales y su evolución diná-

---

302 Sporns et al (2005), Seung (2012).

mica a través del tiempo en respuesta a toda clase de estímulos. Por su envergadura formidable, el empeño abrumaría al investigador más resuelto, si advertimos que el cerebro humano contiene en promedio unas 10^{10} neuronas[303], las cuales establecen entre ellas al menos 10^{14} conexiones sinápticas. A estas obnubilantes cantidades habría que añadir la dinámica de tales conexiones, cambiantes con el tiempo debido a multitud de factores internos y externos.

La plasticidad neuronal, de hecho, se nos presenta como una de las más fascinantes propiedades de nuestras células nerviosas, aun cuando añade mayor complejidad al intento de establecer el mapa de su conectividad. En este contexto llamamos «plasticidad» a la aptitud de las neuronas para modificar su morfología, creando nuevas conexiones entre ellas en función de las condiciones del entorno. La neuroplasticidad no solo manifiesta una de las más claras diferencias del sistema nervioso con el cableado de una computadora, sino que además abre también la posibilidad de mitigar el deterioro neuronal con la generación de nuevas células nerviosas («neuroreparación»), algo tenido por imposible durante buena parte de la historia de la neurología[304].

Ante tales obstáculos se comprende que solo se haya logrado un mapa del conectoma de un organismo tan sencillo como el gusano *Caenorhabditis elegans*[305]. Pese al desafío que supone trazar el conectoma humano, no cabe duda que de lograrlo desentrañaríamos una de las claves de nuestra identidad como seres pensantes. De tal convicción surgió el Proyecto Conectoma Humano de los Institutos Nacionales de Salud (NHI) de los Estados Unidos, para construir un mapa de las redes neurales del cerebro humano adulto y sano. Los datos hasta ahora recopilados se hallan libremente disponibles para el público en el ciberportal Open Connectome Project[306] (Proyecto Conectoma Abierto).

---

303 Diez veces más que el número de nucleótidos (unidades moleculares básicas del ADN) que forman nuestro genoma.
304 Que sepamos hasta ahora, nuestro encéfalo sí es capaz de generar nuevas neuronas, aunque lo hace solo en determinadas zonas y las células allí producidas no pueden migrar a otras regiones (Nàcher 2017; Sanchez 2017).
305 White et al (1996), Varshney et al (2011).
306 https://web.archive.org/web/20110418195922/http:/openconnectomeproject.org/

Tan importante se ha juzgado siempre la consciencia de uno mismo que Descartes la adoptó como una verdad clara y distinta, una premisa indudable de cualquier razonamiento ulterior que le permitía recobrar la confianza en la realidad del mundo externo. Su «Pienso, luego existo» («*Cogito ergo sum*») se recuerda como una de las frases más célebres de la historia intelectual de la humanidad. Lo que no suele recordarse tan a menudo es que más de seis siglos antes el sabio persa Ibn Siná —latinizado como Avicena— había dejado escrito sustancialmente el mismo argumento con la denominación de «hombre volante». Allí se decía que un hombre suspendido en el aire, perfectamente aislado, sin ver ni oír y sin contacto alguno con cualquier otra cosa, no albergará dudas, sin embargo, de que existe y percibirá su propio ser[307]:

> *Si imaginas tu mismo ser, habiendo sido creado desde el comienzo con un intelecto y una disposición sanos, y si se supone que, en resumidas cuentas, forma parte de tal posición y disposición que sus partes no sean vistas ni sus miembros se toquen, sino que, al contrario, estén separados y suspendidos durante un cierto instante en el aire libre, tú lo encontrarías no dándote cuenta de nada excepto de la certeza de su ser.*

No todos los investigadores suscribirían la idea de que nuestra identidad, nuestra autoconciencia, o lo que llamaríamos nuestro «yo», surja de las complejidades del conectoma. Hay quienes se decantan más bien por atribuir ese mérito a algún centro cerebral que sintetice todas nuestras sensaciones y pensamientos para tejer la consciencia, ese escenario privilegiado en el que somos a la vez actores y espectadores de nuestra propia existencia. Durante los últimos años de su vida el célebre biólogo Francis Crick, codescubridor de la estructura del ADN, mantuvo la opinión de que el timón de la conciencia residía en el claustro, un área reducida y bien conectada, en las profundidades del encéfalo, cuyas funciones no se conocen todavía por entero[308].

También ese es el convencimiento del germano-estadounidense Christof Koch, quien juzga muy probable que en el claustro ocurra

---

307 Avicena (1960-68), vol. II, pp. 343-346. San Agustín dijo también algo parecido.
308 Crick & Koch (1990, 1998, 2003, 2005).

la integración de los diversos procesos mentales desarrollados en distintos lugares del cerebro para dar lugar a esa doble ventana al mundo exterior e interior que llamamos consciencia. Y ello suscita una nueva pregunta: si la consciencia pudo evolucionar en nuestros remotos antepasados con el fin de ayudarlos a percibir los peligros del entorno, ¿qué utilidad, pues, tendría para un individuo la autoconsciencia, el apercibimiento de sí mismo?

Carecemos de una respuesta clara al respecto, ya que tal vez se traten de aspectos inseparables de un mismo fenómeno; quizás no puede haber consciencia externa sin la correspondiente consciencia interna[309]. Otra posibilidad no desdeñable sugeriría que la autoconsciencia posibilita el control de las emociones y los actos impulsivos con una eficiencia susceptible de aumentar con el adiestramiento, pero aún es pronto para pronunciarse definitivamente sobre el particular.

El papel exterior de la consciencia, por otro lado, se desempeña en una doble vertiente a través de las denominadas percepciones implícita y explícita. La percepción explícita reúne todo aquello de lo que efectivamente nos damos cuenta mientras ocurre, mientras la implícita recoge sucesos que captamos sin plena consciencia de ello dando lugar a un procesamiento superficial de la información, sin detalles ni contenidos significativos o complejos. A su vez, las doctrinas psicoanalíticas sobre el inconsciente chocan frontalmente con los resultados de la ciencia actual. Contra la tesis freudiana de que el inconsciente constituye un mundo aparte con reglas propias, la investigación científica de la mente revela una sola trama psicológica capaz de operar de modo consciente o inconsciente, según la ocasión, aunque con las mismas pautas básicas en ambos casos[310]. En efecto, seamos o no conscientes de habernos propuesto alcanzar un objetivo, actuamos de forma muy parecida en ambas situaciones, lo que demuestra que el inconsciente —lejos de ser un baluarte asediado que pugna por romper el cerco del yo consciente— actúa persiguiendo nuestro mayor beneficio en todos los instantes de la vida.

También algunos animales parecen disfrutar de cierto tipo de consciencia, si bien nos vemos limitados en nuestras indagaciones por la imposibilidad de comunicarnos verbalmente con ellos. No sería descartable, incluso, que algunos animales solo tuviesen lo que

---

309 Metzinger (2000), Rothh & Wullimann (2000).
310 Bargh et al (2012), Huang & Bargh (2014). Las operaciones inconscientes son automáticas y actúan en paralelo, a diferencia de la cognición consciente, que es secuencial.

nosotros denominamos percepción y cognición a nivel inconsciente. Tenemos entonces que recurrir a pruebas de atención similares a las superadas por un humano, así como a técnicas de neuroimagen para comprobar si las áreas cerebrales activas en tales casos son análogas a las nuestras. Trabajando con primates (chimpancés, gorilas y orangutanes), los resultados sugieren que poseen algún grado de consciencia, aunque resulta difícil calibrar cuál. El problema adquiere una sutileza mucho mayor cuando nos las vemos con mamíferos marinos como ballenas y delfines[311] —que se desenvuelven en un entorno radicalmente distinto al nuestro— o se enturbia al tratar con aves, algunas de las cuales exhiben —o imitan— comportamientos en apariencia inteligentes (cuervos, papagayos). Los anfibios, reptiles y peces presentan obstáculos prácticamente insuperables, al igual que ocurre con invertebrados con tan buena reputación como los cefalópodos.

Este camino erizado de escollos nos lleva a preguntarnos por los requisitos mínimos que debe cumplir un organismo al que consideremos dotado de consciencia[312]. Y esos requisitos parecen ser cinco:

1. *Procesamiento de la información sensorial.* Nuestro cerebro filtra y elabora los estímulos procedentes de los órganos sensoriales, permitiéndonos confeccionar una imagen coherente del mundo en el que vivimos y, a la postre, de nosotros mismos. Por ello, un mínimo sentido de la posición en el espacio y el tiempo parecen ser consustanciales a la posesión de consciencia.

2. *Aptitud de representación.* Debido a esta facultad podemos imaginar, recordar y representar internamente imágenes de objetos y situaciones que hemos vivido en el pasado, o que sencillamente nos han sido referidas sin que necesariamente las hayamos experimentado nosotros mismos. Así, la capacidad de representación preserva una continuidad entre nuestras experiencias pasadas, presentes y posiblemente futuras.

3. *Atención dirigida.* Nuestros órganos sensoriales no se limitan a recibir pasivamente cualquier estímulo del entorno. Bien al contrario, somos nosotros los que decidimos a qué objetos o sucesos deseamos dirigir nuestra atención entre la miríada de

---

311 Estos mamíferos marinos parecen poseer los rudimentos de conceptos como «grupo», «lealtad» o «identidad individual», pero los experimentos que así lo sugieren resultan enormemente controvertidos.

312 Aleksander (2000), Cotterill (2000).

posibilidades que nos rodean. Esas decisiones se hallan gobernadas a su vez por nuestras representaciones internas del mundo exterior, de modo que se establece un permanente circuito de interacción entre las facetas externa e interna de nuestro mundo.

4. *Planificación.* Las representaciones mentales de la realidad externa nos permiten crear escenarios simulados en los que ensayar los múltiples cursos de acción a nuestro alcance. De ese modo tenemos la posibilidad de analizar y sopesar las opciones de que disponemos, teniendo siempre en cuenta la falibilidad de nuestras previsiones.

5. *Valoraciones.* Nuestros recuerdos no se acumulan en un depósito inerte como una suerte de material estático. Cuando grabamos algo en nuestra memoria, siempre lo asociamos con una valoración cualitativa que después nos ayudará a tomar decisiones en casos que consideremos semejantes al recordado. Esa es la estructura psicológica fundamental de las motivaciones que nos impulsan a tomar unas decisiones y no otras.

El libre albedrío, otra de las notas distintivas de la identidad humana, era considerado una mera ilusión por el neurólogo Benjamin Libett (1916-2007), cuyos experimentos mostraron que ciertas actividades del neocórtex, que consideramos voliciones libres, se originan en realidad en las profundidades del encéfalo. Esto significaría que los actos conscientes atribuidos a nuestra libre voluntad se deberían en definitiva a complejos mecanismos inconscientes (una conclusión desaprobada por Dennett). Tal vez ocurra así, pero no resulta evidente por qué tal conclusión debe conducirnos a juzgar el libre albedrío una pura ficción. La libertad humana se preserva mientras no exista una coacción definida que la quebrante, y por ello solo muy forzadamente cabría interpretar que un proceso mental espontáneo en nuestro cerebro está coaccionándonos a nosotros mismos.

Una de las claves de este problema reside en que raramente se define con claridad aquello que entendemos por libre albedrío. Una de las definiciones más claras y útiles fue la proporcionada por Donald Hebb, pionero de la moderna neurociencia cognitiva. A su juicio, una decisión o un acto es libre si no está determinado exclusivamente por estímulos ambientales. En la medida en que los estímulos externos no se imponen a los impulsos generados en nuestro cerebro, debemos aceptar la realidad del libre albedrío y la responsabilidad moral que conlleva. Una siniestra consecuencia de ello es la posibilidad de eliminar el libre albedrío de un individuo mediante la extirpación de la corteza prefrontal (lobotomía), aunque también podemos encauzarlo y refinarlo a través de la educación, reforzando las tendencias altruistas y refrenando las inclinaciones antisociales.

Paradójicamente, los admirables procesos de las neurociencias en el siglo XX provocaron una reacción opuesta en una reducida, pero resuelta minoría de profesionales en cuya opinión se había exagerado la importancia del cerebro en el estudio de las facultades mentales humanas (orillando, curiosamente, el problema de la mente animal). Este pequeño grupo de heterodoxos acusó a la neuropsicología de haber cometido el pecado de «cerebro-centrismo», esto es, suponer que el cerebro dirige nuestra personalidad y comportamiento. Muy al contrario, en su opinión[313]:

> [...] *no es el cerebro el que percibe (sino todo un organismo situado en un medio), [...]. El poder del cerebro no está en crear esto y lo otro, ni tampoco en percibir el mundo, sino en mediar lo que los organismos necesitan hacer para vivir, en función de las exigencias, posibilidades y constricciones del medio. La plasticidad cerebral sugiere esta potencia y potencialidad para mediar (que no crear ni causar) las conductas y formas de vida de las personas. La plasticidad cerebral muestra que el cerebro puede ser tanto o más variable dependiente, y por más señas dependiente de la conducta y de la cultura, que variable independiente que causara y creara las actividades y asuntos humanos [...]. En todo caso, el cerebro forma parte de una orquestación biocultural a lo largo del desarrollo, al hilo de los contextos culturales, las formas de vida y las circunstancias personales momento a momento.*

En cierto sentido es verdad que percibe el organismo como tal y no solo el cerebro, pero se trata de una obviedad. El cerebro forma parte indisociable del organismo humano y precisa de los órganos senso-

---

313 Pérez (2012). Este catedrático de psicología ovetense pertenece a la escuela filosófica del materialismo bueniano, caracterizada por la profusa utilización de términos como «mito» y «fundamentalismo» para referirse a las tesis que desaprueban. Sobre este mismo tema, véase también Pérez (2011).

riales para captar los estímulos externos que ha de procesar[314]. No es descabellado admitir que nuestro cuerpo otorga un carácter específico a la relación entre el cerebro y el ambiente.

Sin embargo, en el cerebro y solo allí residen los procesos que son la cuna de nuestra vida mental, no en las uñas o los pulmones. Negar el papel especial del cerebro supone volver la espalda a una de las más palmarias evidencias constatadas por todos los especialistas, desde los antiguos médicos griegos hasta los neurocientíficos actuales.

No menos sorprendente resulta la afirmación de que el cerebro ni crea ni inventa, sino que intermedia entre el ambiente externo y las necesidades del individuo. Este esquema, aparentemente, deja fuera una de las principales aptitudes humanas, como es la imaginación creadora, la originalidad inventiva y, en suma, la generación de ideas e hipótesis que articulen tanto el pensamiento como la acción. El ajuste del organismo a las condiciones ambientales no justifica el florecimiento de formas intelectuales tan elevadas como la ciencia y la filosofía, extremo este que siempre ha incomodado a los ambientalistas.

Consecuentes con su postura ambientalista, la tesis más polémica de estos psicoheterodoxos afirmaba que los trastornos del sistema nervioso deberían considerarse no la causa sino el efecto de desórdenes mentales mayoritariamente causados por el entorno. Y todo ello a la sombra de los intereses comerciales de las compañías farmacéuticas, siempre propensas a fomentar en la población la creencia de que es necesario medicarse ante cualquier malestar consumiendo una cantidad creciente de fármacos.

Asuntos tan poliédricos como este, precisamente por sus múltiples facetas, se prestan a ofrecer argumentos parcialmente válidos a todos los bandos en cualquier polémica que susciten. Si bien no cabe discutir la existencia de enfermedades psiquiátricas de origen interno que aparecen incluso en las circunstancias sociales más favorables, tampoco es objetable la realidad de otras dolencias ocasionadas por las presiones sociales y culturales que un individuo puede sufrir (el síndrome postraumático de los veteranos de guerra, por ejemplo). Problemas emocionales que se resolverían con un cambio de hábitos o una alteración de la forma de vida se despachan administrando medicamentos que mitigan los síntomas sin abordar las verdaderas causas.

---

314 Kiverstein & Miller (2015).

La duplicidad moral de las empresas farmacéuticas juega asimismo un papel muy relevante: por una parte, la búsqueda del beneficio espolea las investigaciones sobre nuevas medicinas, aunque a la vez ese mismo afán las empuja a incentivar un consumo no siempre equilibrado de los fármacos que ellas mismas producen. Todos estos aspectos, tan multiformes e intrincados, deberían invitarnos a una ponderación sosegada y racional de los problemas psiquiátricos, sin desatender sus diversos vértices fisiológicos, genéticos, sociales y culturales.

LA MENTE HUMANA EN ACCIÓN

Al afrontar la titánica tarea de bosquejar el funcionamiento de la mente humana, debemos tener siempre presente que nuestro cerebro opera de un modo que cabe considerar en unas ocasiones excelente y en otras chapucero. Este contraste se debe a que, lejos de haber sido diseñado con las mañas de un ingeniero, su origen se encuentra en el aluvión de presiones adaptativas que nuestros antepasados hubieron de superar durante el largo y tortuoso camino de la evolución. De ahí que sus habilidades —a veces extraordinarias y a veces no tanto— nacieran fruto de todas esas fuerzas en conflicto.

Admitiéndolo así, resulta más sencillo justificar peculiaridades como la duplicidad de velocidades que exhibe nuestra mente a la hora de gobernar los asuntos cotidianos. Cuando nos las vemos con una cuestión compleja o importante, la mente humana recurre a lo que podríamos llamar «pensamiento pausado», porque entiende que debe actuarse sin precipitación y tras un análisis cuidadoso. Pero este modo tan reflexivo consume gran cantidad de energía, y no sería ventajoso emplearlo de continuo. Por esa razón, al ocuparnos de actividades rutinarias o de escasa relevancia, la mente se confía a un cierto nivel de automatismo, en el que la atención consciente se relaja y actuamos mediante pautas ya aprendidas que operan de forma subconsciente.

Un claro ejemplo de esta dualidad se encuentra en el caso de un conductor que conduce un automóvil a lo largo de una calle bien conocida. Se trata de una acción que involucra destrezas ya consolidadas, cuya puesta en práctica suele ser casi automática. Nuestro cerebro, en tales circunstancias, revierte al estado de pensamiento rápido —por llamarlo así— en el que no prestamos tanta atención a los detalles como al cuadro general de la situación. Ahora bien, si de súbito una pelota irrumpe en el campo visual del conductor, su mente activará al instante el modo lento para actuar con total consciencia fuera de los patrones rutinarios ya aprendidos. Frenar en seco será la última acción automática que nuestra mente realizará antes de pasar al estado de alerta consciente para evitar un atropello.

El vernos envueltos en una pelea ocurre al revés: no tenemos tiempo de meditar cada uno de nuestros movimientos cuando debemos defendernos de un atacante, de modo que la mente activa el timón automático confiando en que las técnicas de defensa aprendidas —si es que aprendimos alguna— resulten eficaces. Solo cuando pasa el peligro recobramos un ritmo más calmado en nuestros pensamientos y podemos pararnos a reflexionar sobre lo sucedido. La estrategia de automatizar movimientos que no requieren una atención meticulosa o que deben ejecutarse con celeridad minimiza el gasto energético, pero no desvela las claves de aquello que confiere a la mente humana sus rasgos distintivos.

¿Qué es lo que hace de la mente humana un tesoro tan espléndido? Para muchos autores semejante cuestión equivale a plantearse qué es lo que nos hace genuinamente humanos. Como cabe suponer, a lo largo de la historia han sido muchas las respuestas formuladas ante tal interrogante y, si bien ninguna ha saldado por completo la discusión, todas ellas contienen bastante más que un adarme de verdad. Veamos un resumen de las propuestas que han suscitado un mayor acuerdo entre los expertos:

— *Curiosidad creativa.* La mente humana necesita estar siempre ocupada y —como sabemos ya— cuando carece de estímulos externos engendra alucinaciones. La curiosidad es una de las vías más típicamente humanas en las que esa necesidad se manifiesta, esa pulsión inquisitiva que nos arrastra en pos de un mejor y más amplio conocimiento de la realidad, incluyéndonos a nosotros mismos. Pero este impulso no se detiene ahí, sino que además esa curiosidad nos inspira ideas nuevas, soluciones ingeniosas a una inmensa variedad de problemas con los que el mundo nos desafía a diario. Ninguna otra especie viva reacciona ante los retos con la flexibilidad intelectual y la capacidad de corregir los propios errores, aprendiendo de ellos, que muestran los humanos. La creatividad nace de una curiosidad cualificada y se convierte en una necesidad en sí misma[315]. Los niños dibujan garabatos o modelan figuras de barro, los adultos elaboran obras de arte o inventan nuevos artilugios, porque todos necesitamos crear algo para expresar la llama esencial que ilumina nuestro interior, empujándonos a proyectarnos hacia el universo exterior.

— *Hipersociabilidad.* Los humanos somos seres gregarios, como ya advirtió el viejo Aristóteles cuando proclamó que el hombre era un *zoon politikón,* que suele traducirse por «animal político», aunque en su contexto se refiere más bien a «cívico» o «perteneciente a una ciudad», en el sentido de afiliación a una comunidad de iguales. Las personas necesitan vivir en comunidad para aumentar sus posibilidades de supervivencia en un entorno hostil y para desarrollar al máximo sus aptitudes individuales. Y esa es la clave que nos distingue de otras especies animales: somos más que sociales, hipersociales, toda vez que la mayoría de nuestras facultades intelectuales solo se desarrollan plenamente en interacción con otras personas[316]. Más aún, nuestra capacidad de transmitir una herencia cultural duradera a las generaciones futuras, tal como nosotros recibimos el legado de nuestros predecesores para ampliarlo y mejorarlo, refuerzan los lazos de la humanidad consigo misma más allá de las barreras del tiempo.

— *Abstracción.* Posiblemente la característica más importante de todas, nuestra capacidad para el pensamiento abstracto se halla sin duda en la raíz de múltiples facultades que consideramos consustanciales a la naturaleza humana. De ella surge nuestra disposición a prever y planificar el futuro; de representarnos mentalmente aquello que no está presente ante nosotros; de construir pensamientos coherentes; de generalizar y teorizar; de inferir lo no percibido a partir de lo percibido, y de confeccionar lenguajes con un nivel ilimitado de complejidad. Especialmente notorias en su cualidad abstracta son dos particularidades de la mente humana: la autorreferencia y la

---

315 Russell (1950) lo llama instinto de constructividad (constructiveness instinct) en el primer capítulo «El Principio del Crecimiento» («The Principle of Growth»), de un libro publicado en mitad de la I Guerra Mundial, que intentaba analizar sus causas psicológicas y sociales para prevenir otra conflagración semejante.
316 Martín-Loeches (2017).

hipótesis de la alteridad mental. El pensamiento humano es autorreferente —podemos reflexionar sobre nuestras propias reflexiones— con un grado de recursividad indefinidamente alto. Es decir, podemos pensar que estamos pensando que estamos pensando... como en una sucesión interminable de muñecas rusas, unas encajadas dentro de otras. Además de esta singular posibilidad, tenemos la hipótesis de la alteridad mental (impropiamente denominada «teoría de la mente» en muchos libros), es decir, la conjetura que todos admitimos implícitamente según la cual los demás seres humanos poseen una mente similar a la nuestra, lo cual fundamenta el concepto de solidaridad («ponerse en el lugar del otro») y permite entender la conducta ajena e incluso anticiparla en cierta medida.

Si por moralidad entendemos el conjunto de normas que ordenan la convivencia en las comunidades humanas, en su génesis parece haber algún componente innato vinculado a la hipótesis de la alteridad mental. En diversas investigaciones experimentales llevadas a cabo a comienzos del siglo XX se constató que los bebés entre seis y diez meses atribuían cierto carácter humano a figuras geométricas (cuadrados, círculos, triángulos) dibujadas con pequeños ojos, en concordancia con la hipótesis de la alteridad mental, esta vez aplicada a una simple caricatura. Más aún, estos bebés demostraban rechazo por los personajes que obstaculizaban a los otros, a la vez que simpatizaban con los más colaboradores. En otras palabras, niños de muy tierna edad atribuyen intenciones —y en cierto sentido «mentes»— a dibujos geométricos con rasgos humanos mínimos (un par de ojos), y no solo eso, pues también evalúan moralmente sus acciones en términos aparentes de bondad y maldad, según se muestren prosociales o antisociales[317].

Los mecanismos psicológicos que con el paso de las eras se han fijado en la mente humana han de tener su origen en las vicisitudes evolutivas de nuestra especie. De ahí la importancia de afrontar con seriedad una nueva rama de la psicología interesada en rastrear en el marco de la evolución los procesos que dieron lugar a los perfiles mentales básicos de la humanidad, empresa en la cual se embarcó la psicología evolucionista. El objetivo consistía en explorar las posi-

317 Hamlin et al (2007), Carruthers et al (2008), Hamlin et al (2011).

bilidades de explicar diversos rasgos de nuestra mente como adaptaciones evolutivas propiciadas por la evolución en respuesta a las necesidades impuestas por el medio ambiente a nuestros antepasados lejanos o cercanos.

Pese a declarar unas pretensiones aparentemente tan inocuas, casi de inmediato estalló la polémica en torno a su legitimidad por dos motivos principales. Uno de ellos apareció al trasladar al terreno psicológico la controversia iniciada en el neodarwinismo por autores como Stephen Jay Gould acerca de la distinción entre caracteres adaptativos y no adaptativos. En la psicología se reprodujo el mismo debate, pues resulta difícil aquilatar los procesos mentales directamente surgidos como respuesta a un desafío medioambiental de aquellos que advienen como subproductos o efectos colaterales de los genuinos rasgos adaptativos. El otro motivo, más sutil y siniestro, descansaba en una confusión de categorías, según la cual quien afirmase que una cierta característica biológica era congénita se convertía en sospechoso de presentar como inevitables lo que bien podrían ser meras injusticias de origen social, económico o cultural. Resurgía aquí el viejo enfrentamiento entre innatistas y ambientalistas, aunque esta vez con el abrumador peso del activismo social y las políticas públicas en contra del innatismo.

El propio Gould había criticado la hipocresía de estos encubrimientos en su obra *La falsa medida del hombre*, un clásico de la divulgación científica[318]. Lo que el científico estadounidense no pudo imaginar es que la balanza se desequilibraría en el sentido opuesto, erizando de escollos el camino de los investigadores que pretendiesen profundizar en los rasgos invariables de la naturaleza humana. Así, se acusó a la psicología evolucionista de pontificar que los problemas adaptativos de la humanidad prehistórica aportan claves decisivas para inferir el diseño de la mente humana —y en especial de elementos tan distintivos como el lenguaje—, cuando apenas disponemos de un conocimiento mínimo sobre tales problemas y, menos aún, sabemos cuál era la psicología inicial de nuestros ancestros sobre la que operaba la evolución. También se les critica por sugerir, sin pruebas suficientes, que la mentalidad de nuestra especie apenas ha cambiado en sus trazos básicos desde la prehistoria, en una retahíla de vituperios que suele desembocar en discusiones bizantinas, como la de deci-

---

318 Gould (1986).

dir si el comportamiento dispar de hombres y mujeres cuando sienten celos en su vida de pareja se debe a dos mecanismos psicológicos o a uno solo que actúa de dos modos diferentes[319].

Cuando menos resulta inquietante constatar que la mayoría de estas objeciones podrían levantarse igualmente contra las conjeturas de la biología evolucionista tradicional y no se hace así, o al menos no se actúa con la misma dureza de criterios. Y tampoco puede eludirse la intuición de que, si bien muchas de sus afirmaciones necesitan pulirse desplegando mejores evidencias, la psicología evolucionista encierra un núcleo de verdades de la máxima relevancia a la espera de ser expuestas. Aptitudes universales como la de inferir las emociones ajenas; discernír amigos de enemigos; identificar y preferir parejas reproductivas saludables (inversión parental), y cooperar con el prójimo acreditan méritos suficientes para tomar en serio la posibilidad de que se trate de patrones adaptativos fijados por la evolución en la naturaleza humana.

INTELIGENCIA, MEMORIA Y EMOCIONES

Aunque coloquialmente suelen tomarse como sinónimos, los psicólogos distinguen entre personalidad, temperamento y carácter. La personalidad vendría a designar el entramado de patrones emocionales, cognitivos y conductuales que caracterizan a un individuo concreto. A su vez, la personalidad se conformaría por la combinación de una base biológica, el temperamento y una serie de rasgos forjados bajo la influencia del entorno, a la que llamamos carácter. El debate concerniente a la proporción en la que participan estos dos componentes ha resonado con fuerza desde los orígenes mismos de la psicología científica.

Tal sucede al considerar la noción de inteligencia y los factores que determinan su desarrollo. Apenas cabe encontrar dos especialistas que concuerden plenamente en una definición de inteligencia. Por adoptar alguna, diremos en términos extremadamente generales que inteligencia es la facultad mental que nos otorga el poder de razo-

---

319 Detractores, en cierto modo, de la psicología evolucionista serían Panksepp & Panksepp (2000), Kaplan (2002) o Richardson (2007). Y a su favor se contarían Segerstråle & Olofsdotter (2000), Alcock (2001), Barkow (2006) y Confer et al (2010), entre otros.

nar, planificar, resolver problemas, crear abstracciones, comprender ideas complejas, adquirir conocimientos con eficacia y aprender de la experiencia. A principios del siglo xx, Binet desarrolló en Francia una batería de pruebas y una escala de edad mental a fin de detectar a los alumnos que necesitaban refuerzo escolar. Más tarde, el catedrático de la Universidad de Stanford, Lewis Terman, modificó estas pruebas, creando el difundido test de Stanford-Binet. Hoy en día el cociente intelectual —no «coeficiente»— se considera una indicación del rendimiento de un individuo con respecto al conjunto de la población a la que pertenece, sin tener en cuenta franjas de edad como antaño.

El psicólogo inglés Charles Edward Spearman (1863-1945) realizó un cuidadoso análisis de datos estadísticos a comienzos del siglo xx, fruto de los cuales propuso su teoría bifactorial. A juicio de Spearman la inteligencia humana se compone de un factor g, responsable de la inteligencia general, y de una serie de factores s, asociados a las habilidades intelectuales necesarias para tareas específicas. La vaguedad en la definición de estos factores llevó al estadounidense Howard Gardner a establecer su teoría de las inteligencias múltiples.

Gardner opina que nuestra inteligencia se compone en realidad de una multiplicidad de aptitudes o «inteligencias» relativamente autónomas: verbal-lingüística, lógico-matemática, musical, interpersonal, intrapersonal, naturalista, corporal-cinestésica y emocional (esta última compuesta a su vez por la motivación, empatía, habilidades sociales, autoconsciencia y autorregulación). Sin embargo, las evidencias acumuladas no respaldan la independencia mutua que Gardner atribuye a sus diferentes clases de inteligencia, razón por la cual las investigaciones actuales tienden a favorecer un modelo jerárquico en el que la inteligencia se estructura en niveles que organizan los factores cognitivos[320].

Una memoria potente, aunque siempre beneficiosa, no necesariamente implica una gran inteligencia, habida cuenta de las diversas clases de memoria a las que podemos referirnos. Tampoco en este punto hay unanimidad entre los expertos, pero cabe hablar de algunos tipos concretos de memoria, como la semántica (sobre el significado de palabras e ideas), operativa (realización de procedimientos

---

320 Hay una gran variedad de estos modelos, como los debidos a Vernon, Burt, Gustaffson, Guttman, Carroll, Cattell y Horn.

aprendidos), ejecutiva (a corto plazo) y consolidada (a largo plazo). Interesa subrayar aquí que incluso la memoria a largo plazo es una característica dinámica, pues el recuerdo se reconstruye cada vez que se rememora y se guarda la última versión del mismo.

La imbricación de las emociones con lo que tradicionalmente se ha venido considerando la inteligencia dirigió la atención de no pocos investigadores hacia los aspectos emocionales de nuestra mente[321]. Parece contrastada la existencia de cierto número de emociones básicas de rango universal, a partir de las cuales se construirían por combinación el resto de emociones complejas del ser humano. No hay acuerdo general sobre cuáles serían esas emociones básicas, aunque podemos esbozar algunos de ellos: ira, alegría, tristeza, sorpresa, vergüenza y miedo.

Estrechamente relacionado con los afectos se halla el estudio neuropsicológico del sentimiento amoroso, uno de los más poderosos motores de la conducta humana[322]. En este campo también parece haber tres fases: un primer impulso de atracción (en el que participan la corteza cingulada anterior, otras regiones subcorticales y el hipotálamo), la etapa de amor romántico (interviene el núcleo caudado, área tegmental ventral, ínsula, corteza cingulada anterior y el hipocampo) y finalmente —en el mejor de los casos— el apego afectivo (principalmente mediado por el hipotálamo).

Ahora bien, no necesitamos llegar al enamoramiento para compadecernos del sufrimiento ajeno y sentirlo en cierta medida como propio. Esta virtud, que está en la base de nuestra supersociabilidad, tiene su fundamento fisiológico en las denominadas «neuronas-espejo», descubiertas fortuitamente en 1996 por el italiano Giacomo Rizzolatti[323]. Estas neuronas, detectadas por primera vez en monos macacos, no solo se activan cuando el individuo realiza una acción, sino que también lo hacen cuando este ve a un congénere realizarla. La empatía y la imitación se explican ahora en virtud de estas peculiares neuronas que reflejan —por así decirlo— en nuestro interior las actuaciones de los demás. Las mujeres poseen en promedio mayor cantidad de neuronas-espejo, con una actividad más intensa que en el caso de los hombres.

---

321 Ramón (2017).
322 Fisher (2005).
323 Costa & Obeso (2017).

¿ESTÁ EL SEXO EN EL CEREBRO?

Junto con la selección natural, Darwin otorgó la máxima importancia a la selección sexual como un mecanismo evolutivo de la mayor relevancia[324]. Por selección sexual se entiende el efecto por el cual ciertas características de las criaturas que se reproducen sexualmente, resultan de la competencia entre individuos de un mismo sexo —machos, en general— por aparearse con los del sexo opuesto y de la selección por parte de uno de los sexos —usualmente las hembras— de individuos del otro sexo. Entre los mamíferos y las aves suele ocurrir que las hembras eligen a los machos con los que aparearse en virtud de rasgos indicativos de su aptitud para sobrevivir y engendrar una prole de alta calidad biológica. Con el paso de las generaciones, esas características favorecidas por la selección sexual se extienden en la población y las especies se tornan sexualmente dimórficas (la morfología de los individuos se diferencia según el sexo).

El dimorfismo sexual, lejos de limitarse al aspecto corporal, alcanza también al encéfalo[325]. De ahí las ligeras aunque significativas diferencias entre los cerebros de hombres y mujeres, los cuales presentan distinta densidad neuronal en ciertas áreas. Las conexiones interneuronales se intensifican en los hombres dentro de cada hemisferio y en las mujeres entre ambos hemisferios cerebrales. Además, frente al mayor peso del cerebro masculino, el femenino envejece más despacio y tiene una mayor densidad de interconexión en el cuerpo calloso.

Indudablemente, el dimorfismo encefálico ha de guardar alguna relación con el hecho de que, en promedio, la mujer parece capaz de realizar más tareas intelectuales simultáneamente; identificar emociones ajenas con más precisión; mayores habilidades lingüísticas; una memoria más afinada, y un estilo de resolución de problemas centrado en el proceso. En contraste, el hombre suele concentrarse más en una sola tarea mental; ser menos empático; disfrutar de una mejor orientación espacial; mostrar más agresividad y competitividad, y un estilo resolutivo de problemas enfocado hacia el objetivo.

En concordancia con ello, la conducta de hombres y mujeres también exhibe diferencias perceptibles y estadísticamente mensu-

---

324 Darwin (1926).
325 El artículo pionero en estas investigaciones es el de Swaab & Fliers (1985).

rables[326]. Las mujeres suelen sentir preferencia hacia hombres de mayor nivel social; son más propensas a evitar el riesgo y el daño físico; ofrecen menos muestras de estar interesadas en dominar y alcanzar posiciones jerárquicas, y tienden a preferir simulacros de seres vivos —muñecas, animales de peluche— en juegos infantiles. Por el contrario, el hombre suele inclinarse a valorar más el atractivo físico (salvo en relaciones duraderas); aceptar una mayor propensión al riesgo; a practicar deportes violentos; a subordinar su vida privada a su actividad profesional, y a preferir juguetes que imitan vehículos, autos, aviones y armas o manipulación de objetos en general.

Si nos proponemos ahondar en la naturaleza psiconeural de la sexualidad humana será conveniente definir tres pares de términos que se confunden con enorme frecuencia y acaban mezclados con toda clase de prejuicios ideológicos, enturbiando una cuestión que no debería suscitar enconos tan ardorosos. Llamamos «sexo» o «sexualidad» al conjunto de características biológicas que permite diferenciar a los dos tipos de sujetos que intervienen en la reproducción; en este sentido, su origen es totalmente natural. Ahora bien, recibe el nombre de «género» la serie de rasgos psicológicos y conductuales que en cada sociedad se consideran propios de hombres o de mujeres; por ello su fuente es parcialmente cultural.

Limitándonos ahora a la vertiente biológica, cabe distinguir principalmente entre el sexo genético y el cerebral. El sexo genético, dado por el par cromosómico XX o XY, es el causante del dimorfismo sexual y origina el sexo cerebral en combinación con la acción de las hormonas presentes en el útero durante el desarrollo del embrión. También puede hablarse del sexo somático, si además de los cromosomas incluimos los caracteres sexuales primarios y secundarios visibles en el cuerpo. El sexo cerebral se refiere de modo específico a los rasgos encefálicos, especialmente en torno a la amígdala, responsables de las características psicofisiológicas de cada sexo. Tales características serían básicamente afinidad sexual y autopercepción sexual.

La afinidad sexual define si sentimos atracción por personas de nuestro mismo sexo (homosexualidad) o del contrario (heterosexualidad). Nada tiene esto que ver con la autopercepción sexual, es decir, la identidad sexual de una persona tal como es percibida por ella misma, que puede coincidir (cissexualidad) o no (transsexualidad),

326 Buss (1989), Buss & Scmitt (1993).

con el sexo genético. Al margen de todo ello se encuentra la inter-sexualidad, un trastorno del desarrollo sexual que puede obedecer a múltiples causas hormonales o genéticas, desde una activación gené-tica anómala hasta la insensibilidad a la acción hormonal típica.

La base biológica de la diversidad en la conducta sexual de los humanos puede rastrearse hasta los primeros meses de existencia en el útero materno. En esos momentos, el feto se halla expuesto a un entorno hormonal —la cantidad de testosterona, en particular— cuya composición decidirá ciertas características sexuales de modo irreversible; dicho de otro modo, el resultado no puede revertirse por reemplazamiento hormonal. Y este es un punto crucial, ya exis-ten indicios sólidos de que la activación hormonal prevalece sobre la carga puramente genética que cada persona reciba al ser engen-drada[327]. En concreto, las niñas con dos cromosomas x expuestas a elevados niveles de andrógenos prenatalmente, se comportan como varones. Los individuos con cromosomas xy cuyos receptores hor-monales son insensibles a los andrógenos, cuando nacen presentan el aspecto físico y el comportamiento típico de una mujer.

Si admitimos que el dimorfismo sexual en el cerebro humano cons-tituye la base de las diferencias entre masculinidad y feminidad, no debería sorprendernos que el núcleo intertejido del hipotálamo ante-rior y el núcleo supraquiasmático hipotalámico sean distintos en homo-sexuales y heterosexuales. Acaso debido a esas diferencias, parece exis-tir una banda continua de estados de orientación sexual, desde los enteramente heterosexuales a los homosexuales exclusivos pasando por los bisexuales, basada en una cierta predisposición genética que se desarrollará en un sentido u otro dependiendo de las influencias ambientales. Por cuanto no necesitan ayuda especializada para condu-cir sus vidas si no se les persigue, no resulta procedente sugerir que los homosexuales sufran un trastorno mental o de otro tipo. Caso distinto es el de la disforia de sexo, debida al rechazo de sí mismo que sufre un individuo ante al desajuste entre su sexo genético y su sexo cerebral. Desafortunadamente, las agresivas terapias hoy disponibles (esencial-mente cirugía y tratamiento hormonal) no son tan eficaces como desea-ríamos y a menudo provocan secuelas irreversibles.

---

327 LeVay (1991), Friedman & Downey (1993), Hines (2005), Savic & Aryer (2011).

A estas alturas de la discusión, debería haber quedado patente el rango de la psicología como ciencia mixta de índole biosocial, dado que para fructificar necesita la conjunción entre las investigaciones neurocientíficas y las concernientes a las relaciones del ser humano con sus semejantes. Esto nos conduce a la cuestión de si existen leyes genuinamente psicológicas, o las que se tienen por tales más bien estarían pendientes de ser reducidas a corolarios de la neurofisiología. Desde una perspectiva emergentista, no hay duda de que los fenómenos mentales deben considerarse en alguna manera propiedades emergentes de un sistema tan complejo como el encéfalo humano, y en ese sentido no serían completamente reducibles a leyes biológicas. El carácter autónomo de la psicología queda, por tanto, garantizada, al menos en la misma medida en que cualquier otra ciencia también debe respetar las leyes fundamentales de la física.

Los psicólogos israelíes Daniel Kahneman y Amos Tversky introdujeron en 1972 la noción de «sesgos cognitivos», distorsiones en nuestra percepción de la realidad que operan a modo de atajos mentales, acortando el tiempo de respuesta en situaciones complejas en las que generalmente resulta ventajoso sacrificar la exactitud en beneficio de la inmediatez[328]. Su origen se entendería como un rasgo adaptativo surgido durante la evolución humana para decidir rápidamente cómo actuar en situaciones en las que una respuesta inmediata puede ser más valiosa para la supervivencia que un análisis detallado. Los sesgos cognitivos, alejándonos de las predicciones de la teoría de la elección racional, demuestran que los patrones de pensamiento difieren profundamente de la desapasionada objetividad de una máquina lógica.

Pero si bien tales sesgos cognitivos se contemplan como estorbos que desvían nuestros juicios de una perfecta racionalidad ideal, lo cierto es que más bien constituyen ventanas privilegiadas hacia el funcionamiento real de nuestra mente. Y aunque los psicólogos no se ponen de acuerdo en su número total, los mejor estudiados (sesgo retrospectivo, de confirmación, de autoservicio, de falso consenso, de anclaje, de rutina, de aversión a la pérdida, etc.) parecen cumplir la doble función de minimizar el tiempo de respuesta en determinadas

---

328 Kahneman & Tversky (1972).

situaciones y a la vez reforzar nuestro sentido de autoafirmación[329]. Pues, al fin y al cabo, la estabilidad psíquica de un ser humano parece depender del triple convencimiento de valer para alguien (necesidades afectivas), valer para algo (necesidades creativas) y valer algo (necesidad de autoafirmación).

Contando con los progresos del conocimiento acumulados desde el nacimiento de la psicofisiología, la influencia sobre nuestra mente, de acontecimientos externos —desde la palabra de un psicoterapeuta hasta cualquier choque emocional— ya no reviste tintes enigmáticos. Para entenderlo mejor nos apoyaremos en los siguientes enunciados:

1. *Teoría causal de la percepción*, según la cual percibimos los objetos a nuestro alrededor porque entre ellos y nosotros se establecen procesos de transmisión de señales (visuales, auditivas, táctiles, olfativas o gustativas) que son, en suma, cadenas de causas y efectos sometidas a las leyes físicas.

2. *Hipótesis del monismo psiconeural*, que sostiene la identidad entre ciertos estados fisiológicos del encéfalo y sus correspondientes estados psíquicos. La mente sería así la otra cara de las continuas interacciones entre redes neuronales de conectividad cambiante, cuya dinámica no comprendemos por entero todavía.

A continuación, tomaremos el conjunto de estados fisiológicos del sistema nervioso central, representado por la letra griega φ, para identificar algunos de ellos con estados mentales, denotados como ψ. Es decir, mientras cualquier estado φ puede estar vinculado con cualquier otro φ', solo un subconjunto φ^* de ellos puede identificarse con lo que llamamos estados mentales, $\varphi^* = \psi$.

A su vez esos estados, tanto fisiológicos como mentales, se organizan en sistemas y subsistemas más o menos interconectados, creando una jerarquía de niveles de diversa complejidad que genera el inabarcable mundo interior de nuestra mente. Los estímulos del entorno llegan intermediados por los órganos sensoriales y se reconfiguran a partir de nuestros recuerdos, expectativas y en general todo el sustrato de experiencias previas, hasta pasar a integrarse en nuestros pensamientos.

---

329 La autoafirmación se distingue del autoconocimiento, que pretende ser objetivo, y de la autoestima, que incluiría el respeto por la propia dignidad.

Aun cuando es mucho todavía lo que queda por descubrir, ahora cabe un mejor entendimiento de posibles trastornos psicológicos sin daño cerebral visible, sin necesidad de apelar a una mente intangible. Cuando una serie de estímulos visuales —vemos algo— o auditivos —escuchamos algo— llegan a nuestro cerebro, se reconstruyen según procesos que aún no entendemos del todo. No obstante, sí sabemos que cuando esas nuevas experiencias colisionan de algún modo con nuestros deseos, impulsos o creencias consolidadas se produce un conflicto de tipo psicológico que muy verosímilmente se expresará como un cambio en la conectividad de ciertas regiones neuronales, circunstancia indetectable en la época de Freud y aun hoy día apreciable con dificultades mayúsculas.

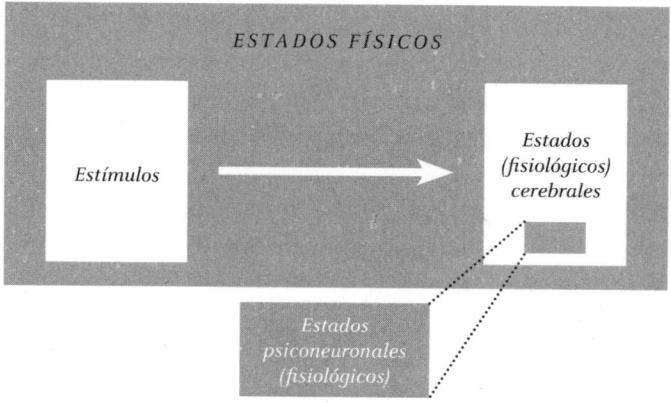

Esquema de la influencia de los estímulos externos sobre la psique. Obviamente la interacción también puede darse en sentido opuesto, aunque no aparezca en esta representación.

El tratamiento más eficaz parece ser una mezcla de fármacos y terapias que actúen remodelando el ajuste entre la experiencia conflictiva y el marco mental en el que ha de encajar, lo que materialmente se traduce en una dinámica de reconexiones sinápticas aún por esclarecer. Tal objetivo puede lograrse recalibrando el valor de dicha experiencia y del entramado psicológico en el que debe insertarse (nuestras creencias, valores, anhelos, proyectos, etc.), ya sea mediante técnicas conversacionales o bien modificando pautas de conducta, en ambos casos para ayudarnos a reelaborar nuestros antiguos puntos de vista.

Sin embargo, sabemos muy bien que los humanos somos seres sociales; más aún, somos radicalmente hipersociales, hasta el punto de que nuestra trayectoria vital, como individuos y como especie, no se entendería sin las comunidades organizadas en cuyo seno vivimos. En ellas encontramos nuestro sustento, construimos nuestra visión del mundo y damos rienda suelta a nuestra creatividad científica o artística. Por todo eso, y puesto que los humanos solo aparentan serlo plenamente en sociedad, hora es ya de sumergirnos en las ciencias que se ocupan de la dimensión social de nuestra especie. Y así lo haremos en los siguientes capítulos.

9. HUMANISMO Y CIENCIA

Los saberes que debía adquirir una persona pretendidamente culta fueron creciendo, aunque muy lentamente al principio, al compás de la expansión que el conocimiento humano experimentó con el paso del tiempo. En la Grecia clásica no muchas familias podían permitirse sufragar la estancia de alguno de sus vástagos en las escuelas filosóficas más reputadas de la época. El ingreso en alguna de tales escuelas —con la Academia platónica a la cabeza— comportaba no solo estudiar diversas disciplinas intelectuales, sino además sumergirse en un completo y distintivo estilo de vida.

El programa medieval de estudios, para aquellos que pudiesen o quisiesen cursarlo, se concretaba en dos nombres latinos, *Trivium* y *Quadrivium*, que pretendían enlazar con la tradición grecorromana. El *Trivium* («tres vías», en latín) reunía gramática, dialéctica y retórica, en tanto el *Quadrivium* («cuatro vías») incluía aritmética, astronomía, geometría y música. Como vemos, ya en la Alta Edad Media se empezaba a distinguir entre las materias lingüísticas, en el *Trivium*, y las relacionadas con números o cálculos, en el *Quadrivium*. Esta dicotomía, al correr de los siglos, daría paso a la separación entre las enseñanzas científicas y las artísticas. Ambas palabras —ciencias y artes— han ido mudando su acepción con el tiempo, ya que hoy día la primera se identifica casi exclusivamente con las ciencias naturales, a las que se añaden la matemática, y la segunda nos remite a un enorme abanico de profesionales: literatos actores, músicos, pintores, bailarines, dibujantes, escultores, arquitectos, fotógrafos, cineastas, etc.

El Renacimiento, dejando atrás el yugo teológico entonces imperante, desplazó su atención desde los asuntos divinos a los humanos. Nació así la noción de «humanidades» en el seno de un movimiento cultural entregado a la recuperación de los clásicos grecolatinos, a menudo gracias a la labor de conservación realizada por los eruditos musulmanes. Ya en el siglo XVIII el francés Condorcet hablaba de «ciencias morales» para referirse a lo que hoy consideraríamos una mezcla rudimentaria de psicología y politología. Pero el término «humanidades" había hecho fortuna y prevalecería, especialmente en el mundo anglosajón, quizás con el uso alternativo de «ciencias humanas» en la Europa continental.

La racionalidad científica que en el siglo XIX comenzó a filtrarse en las humanidades, o al menos en una cierta manera de aproximarse a ellas, se vio pronto combatida con firmeza desde el frente irracionalista. Así lo hizo el filósofo alemán Wilhelm Dilthey (1833-1911), quien defendía la existencia de un abismo insalvable entre las ciencias de la naturaleza y las «ciencias del espíritu», como él las denominaba[330]. A juicio de Dilthey, las virtualidades del espíritu humano, inaprehensible e inescrutable, nunca serían explicadas por las ciencias naturales, y quedarían perpetuamente como un dominio aislado.

La Revolución Industrial devolvió a la palestra la vieja disputa entre las labores artísticas y los trabajos mecánicos. Naturalmente, las clases altas miraban con sospecha, no exenta de desdén, el avance del industrialismo y los cambios sociales que comportaba este nuevo modo de producción. Para esas élites aristocráticas el estudio de los clásicos se convirtió en el último refugio cultural en el que salvaguardar su herido orgullo de casta declinante, mientras otros insistían en los beneficios que las útiles técnicas derivadas del conocimiento científico podían aportar al bienestar humano. Así se entiende mejor la polémica al respecto entre Coleridge y Bentham, si se contempla como un enfrentamiento entre el punto de vista romántico y el utilitario.

En Francia había madurado la costumbre de recurrir a los centros públicos de educación superior, las *Grandes Écoles*, para reclutar en ellos a quienes ocuparían los más encumbrados puestos de la administración nacional y la vida pública. La mayoría de los altos funcionarios, así como no pocos financieros e industriales de primera fila, se habían graduado en la inmensamente prestigiosa *École Polytechnique* con el título de ingeniería. Al otro lado del Rhin, la no menos reputada *Technische Hochschule* elevó el rango social de la educación científica y proporcionó al recién nacido imperio alemán los técnicos y gerentes cualificados imprescindibles para una potencia industrial que rivalizaba con —y en algunos casos superaba— la Gran de Bretaña.

---

330 Dilthey (1980). Véase también Foucault (1999).

Precisamente en la recién nacida Alemania, durante el último cuarto del siglo XIX, el fisiólogo Emil Du Bois-Reymond abogaba por una reforma educativa embebida en la cosmovisión científica, marcando las distancias con el proyecto de Wilhelm von Humboldt, que equiparaba los aspectos humanísticos y científicos. Esta diferencia de opiniones promovió una sucesión de polémicas entre quienes apoyaban una mayor preponderancia de las ciencias en los planes de enseñanza, como Rudolf Virchow y Ernst Mach, frente a los partidarios de una educación más tradicional, como Theodor Mommsen. Era tan solo un anticipo de los vendavales que esa misma cuestión desataría en dos continentes a lo largo de más de un siglo.

EL CHOQUE DE LAS DOS CULTURAS

La disparidad entre el temperamento científico y el espíritu de las humanidades condujo a visiones del mundo marcadamente contrapuestas e, incluso, a veces, casi irreconciliables. Este conflicto incruento permaneció larvado durante largo tiempo bajo el típico manto de silenciosa cortesía que envuelve lo que todos saben y nadie comenta. Algunas efusiones ocasionales, sin embargo, sacudieron el apacible optimismo decimonónico sobre el progreso del saber. Así sucedió con la pugna dialéctica entre dos de los grandes campeones intelectuales de la Inglaterra victoriana, el famoso científico evolucionista Thomas Henry Huxley (1825-1895), gran polemista partidario de Darwin, y Matthew Arnold (1822-1888), poeta, teólogo, ensayista y crítico literario.

Estos dos titanes del pensamiento nunca dejaron de profesarse un sincero respeto mutuo por encima de sus diferencias —que, bien mirado, ni fueron tantas ni tan graves—, y, en todo momento, supieron compaginar la firmeza de sus opiniones con una exquisita cordialidad en la forma de expresarlas, lo cual no siempre debió de resultar sencillo, especialmente para alguien tan temperamental como Huxley. Pues a él correspondió desafiar a los defensores de la educación clásica, al afirmar que la ciencia formaba parte integral de la cultura con tanto derecho como cualquiera de las artes tradicionales. El estudio de las ciencias —adujo Huxley— brinda a sus practicantes un entrenamiento mental riguroso, a la vez que se revela como una contribución indispensable a la prosperidad de la nación británica. Por ello, oponerse a una educación científica en pie de igualdad con las enseñanzas clásicas, de corte artístico y literario, no solo resultaba una injusticia, sino también una inconveniencia para el interés general.

Huxley pronunció su alegato en la conferencia inaugural que fue invitado a dar durante la apertura en 1880 del Mason College en Birmingham, una institución creada en el corazón industrial de la Gran Bretaña, con el propósito declarado de suministrar una adecuada formación científica a quienes pretendiesen dedicarse profesionalmente a la manufactura o al comercio. La respuesta de Matthew Arnold llegó dos años después en la Conferencia Rede, celebrada anualmente en la Casa Senatorial de la Universidad de Cambridge. Arnold recondujo la polémica para demostrar que las ciencias y las artes no se hallaban tan alejadas, ya que, a su juicio, los estudios literarios bien entendidos también debían abarcar la literatura científica. No obstante, por debajo de estas muestras de afabilidad, la posición de Arnold permanecía inconmovible en su íntima convicción de que las ciencias naturales sin duda producirían especialistas de valor práctico indiscutible, pero nunca nos obsequiarían con la genuina «educación» de la cual la literatura —especialmente de la Antigüedad— era un ingrediente insoslayable.

La exquisitez de modales con que se desarrolló la controversia amortiguó los ecos de la controversia, cuyos ecos no salieron del círculo de los caballeros elegantes que podían permitirse estar al tanto de la cuestión. Cada estudioso siguió por sus propios derroteros y la calma volvió al mundo académico. Esa quietud se quebró a mediados del siglo xx cuando una conferencia del científico y novelista inglés Charles Percy Snow (1905-1980) volvió a dejar constancia, ante el mundo, de la divergencia entre la mentalidad científica y la humanística. Por ironía del destino, fue en la Conferencia Rede de 1059 donde Snow reavivó la controversia entre Huxley y Arnold, aunque esta vez sin las buenas maneras de sus antecesores.

Snow llamó la atención de su público sobre la existencia de dos mundos intelectuales aparentemente antagónicos, el científico y el literario, que él etiquetó como «las dos culturas». Su mutua separación se agrandaba velozmente debido al vertiginoso progreso técnico que vivía el mundo desarrollado —en parte impulsado por la rivalidad entre los Estados Unidos y la Unión Soviética— y al desinterés que los hombres de letras parecían mostrar por el conocimiento científico. Además de señalar el vínculo entre la calidad de la enseñanza científica y la división entre países pobres y ricos, Snow subrayó en su alocución los problemas inherentes a las decisiones sobre el uso de la tecnología, tomadas por políticos y administradores científicamente indoctos en grado sumo.

Más que la incomprensión era el desdén de los presuntamente cultos lo que molestaba a Snow, quien opinaba que debían ser ellos los que también reflexionasen sobre sus propias carencias[331]:

> *Un buen número de veces me he hallado presente en reuniones de gente que, según los patrones de la cultura tradicional, se tenían por ampliamente educados y que habían estado expresando con considerable deleite su incredulidad sobre el analfabetismo de los científicos. Una o dos veces he sido provocado y he preguntado a la concurrencia cuántos de ellos podían describir la Segunda Ley de la Termodinámica. La reacción fue gélida: la respuesta asimismo negativa. Sin embargo, yo estaba preguntando algo sobre el equivalente científico de: «¿Ha leído usted una obra de Shakespeare?».*

La conferencia de Snow pronto adquirió una popularidad comparable a la pronunciada por Churchill el 5 de marzo de 1946, en el Westminster College de Fulton (Missouri). En ambas se anunciaba la asechanza de un peligro colectivo —una forma de tiranía en la de Chruchill y una modalidad de escisión cultural en la de Snow—, y, en ambos casos, la esencia del mensaje se consiguió encerrar en una expresión corta y brillante («telón de acero» y «dos culturas»), que de inmediato hicieron fortuna en la opinión pública.

Desgraciadamente la réplica recibida por Snow no guardó la caballerosidad que había envuelto la respuesta de Arnold a Huxley. Francis Raymond Leavis (1895-1978), uno de los más influyentes críticos literarios de habla inglesa en su época, pronunció otra conferencia en 1962, también en Cambridge, en la que atacó despiadadamente la figura de Snow con rudas alusiones que, por debajo del barniz retórico, se hallaban muy cerca del insulto personal. Leavis denigró el estilo literario de su contrincante; le descalificó como persona competente para abordar ese debate cultural, y juzgó la cuestión como una mera campaña de publicidad del estamento científico. Como en epi-

---

331 Snow (1961), pp. 15-16.

sodios anteriores, el paso del tiempo acabó por enfriar los rescoldos de la polémica hasta la siguiente batalla de esta contienda intermitente, librada a finales del siglo xx. Se trató, una vez más, del regreso de la Contrailustración, un reavivamiento del irracionalismo engalanado con los ropajes de un movimiento liberador de las conciencias, que recibió el nombre de posmodernismo. Comenzó en la década de 1960 como una saludable mirada crítica sobre los grandes paradigmas ideológicos de los siglos anteriores, pero pronto derivó hacia un oscurantismo de nuevo cuño.

El principal distintivo de los posmodernistas reside en su desconfianza hacia la racionalidad científica y hacia los sistemas de pensamiento, actitud comprensible en quienes niegan la existencia de verdades objetivas y reivindican la fragmentación de todo. En su opinión, la verdad de cualquier enunciado es relativa al individuo que la juzga, por lo que ninguna afirmación debe ser considerada más verdadera que otra. La realidad deja de ser el criterio de verdad para nuestras creencias sobre el mundo y su lugar lo ocupa la libre subjetividad de cada cual. Cuando alguien intenta convencernos de que nos pleguemos a la realidad de los hechos objetivos —dicen los posmodernistas— sin duda es porque pretende dominarnos y oprimirnos con disimulo. Puede no parecerlo a primera vista, pero en este ideario se oculta la semilla del más crudo dogmatismo y una insultante coartada para la más supina ignorancia.

LAS GUERRAS DE LA CIENCIA Y EL ESCÁNDALO SOKAL

La polémica estalló en los ambientes académicos estadounidenses durante la década de 1990 bajo la denominación[332] de las «guerras de la ciencia». Cuando el posmodernismo se batía en retirada como descripción fidedigna de la realidad histórica, sus adeptos recalaron en las facultades de ciencias sociales —especialmente en las de sociología— de numerosos campus estadounidenses. La cabeza de puente que facilitó este desembarco había sido desplegada tres décadas antes

---

332 En inglés Science Wars, juego de palabras con el nombre en inglés de la conocida obra cinematográfica Star Wars o La Guerra de las galaxias, en español. Un interesante y completo relato de estos sucesos se halla en Gieryn (1999).

por la obra de Thomas Kuhn acerca de las revoluciones científicas. Como sabemos, Kuhn rebajó notablemente el papel de la racionalidad en los cambios científicos, mucho más influidos —en su opinión— por fuerzas sociales y culturales. Esta visión del quehacer científico preparó un excelente caldo de cultivo para las visiones subjetivistas de la ciencia, encuadradas a la perfección en la línea ideológica del posmodernismo, que negaba la existencia de verdades objetivas a las que apelar en última instancia con independencia de nuestras inclinaciones personales.

Había nacido la concepción de la ciencia como una construcción social, entendiendo esa construcción como un capricho de los poderosos, una estratagema inventada por las élites sociales con la intención de oprimir al resto de la población. Esta perspectiva se puso de manifiesto cuando el posmodernismo más militante se aupó a la cima de ciertos sectores en el campo de la sociología, a través de los cuales logró infiltrarse en los llamados Estudios sobre la Ciencia o también Sociología del Conocimiento Científico. El ala más radical de este movimiento afirmaba, por ejemplo, que el conocimiento científico no es una representación más o menos fiel de la realidad, sino una convención tan arbitraria como el código de vestimentas en la antigua corte imperial de China[333].

La ciencia, como toda actividad humana, puede beneficiarse de un análisis multidisciplinar de su funcionamiento. Examinar el conocimiento científico desde facetas tan diversas como la psicológica, histórica, antropológica, sociológica, filosófica o cualquier otra, no solo resulta conveniente, sino también necesario, e incluso imprescindible. Cuestión muy distinta es que tales estudios pretendan, más o menos explícitamente, reemplazar las categorías fundamentales del conocimiento científico por una suerte de brumoso relativismo ontológico y epistemológico, en los que cualquier cosa y su contraria tiene cabida en pie de igualdad. Como la psicología, la historia, la sociología o la antropología —por citar algunas— no avalan semejante tentativa, estos autores se vieron obligados a retorcer sus propias disciplinas hasta obligarlas a encajar en el troquel del subjetivismo posmodernista. El conflicto estaba servido.

---

333 En esencia, esa es la línea de pensamiento defendida por sociólogos como Bloor (1998) o Bloor & Edge (2000).

El filósofo estadounidense Jerome Ravetz abrió en cierto modo las hostilidades con la publicación en 1971 de su libro *El conocimiento científico y sus problemas sociales*, que pronto alcanzó popularidad entre sus propios correligionarios[334]. El irracionalismo implícito en anarquismo metodológico de Feyerabend contribuyó a crear un ambiente propicio para la aparición de, por ejemplo, *La Ciencia como Poder: Discurso e Ideología en la Sociedad Moderna*, publicada en 1988 por el sociólogo neoyorquino Stanley Aronowitz[335]. Quien recorra sus páginas descubrirá con perplejidad que las desigualdades de Heisenberg se emplean para apuntalar una falaz interpretación subjetivista del conocimiento científico, a partir de la cual Aronowitz concluye que la ciencia no es más que un yugo degradante al servicio del dominio capitalista de las conciencias.

Este sociólogo fue uno de los fundadores de la revista *Social Text*, de manifiesta tendencia posmodernista, cuyos artículos repetían una y otra vez el mantra de la inexistencia de hechos objetivos. Sin ellos resultaba muy asequible equiparar cualquier área de conocimiento —sociedad, naturaleza, historia— a un relato, a un texto literario susceptible de crítica y desmenuzamiento bajo la lupa ideológica de estos autores. Así, en lugar de enfrentarse a los hechos de la tozuda realidad tal cual se nos presentan, el crítico posmodernista se siente libre para explorar su simbolismo y reinterpretarlos subjetivamente, es decir, «deconstruirlos». No solo la democracia formal y el imperio de la ley, sino también los métodos y descubrimientos de las ciencias consolidadas, se revelan como argucias ideológicas diseñadas para robustecer la opresión social y económica que sustenta los privilegios de los poderosos. La hermenéutica y el subjetivismo triunfan así sobre la objetividad y el racionalismo.

Tan enrarecido llegó a estar la atmósfera académica, que en 1994 el biólogo Paul Gross y el matemático Norman Levitt dieron un paso al frente con su libro *Superstición Superior: La Izquierda Académica y sus Querellas con la Ciencia*, un auténtico manifiesto contra[336] «el relativismo de los constructivistas sociales, el escepticismo ile-

---

334 Ravetz (1971). A este autor se debe la fundación de la que él ha rotulado como «ciencia posnormal», en la que se democratiza la condición de experto (todos podemos ser expertos sin necesidad de cualificación), se concede rango de «hechos» a los que nunca serían admitidos como tales en la investigación tradicional y se confunde la complejidad de un asunto con la aceptación de múltiples puntos de vista sobre el mismo.

335 Aranowitz (1988).

336 Gross & Leavitt (1994), p. 252.

trado de los posmodernistas, el incipiente lysenkoísmo de las críticas feministas, el milenarismo de los ambientalistas y el chovinismo racial de los afrocentristas». La réplica de los aludidos no se hizo esperar y se fundó básicamente en dos argumentos: ambos investigadores idealizaban groseramente el método científico y el conocimiento de él derivado; además, sus estridencias solo reflejaban la necesidad de la comunidad científica de resituarse profesionalmente cuando el final de la Guerra Fría amenazaba con reducir las inversiones gubernamentales en ciencia y tecnología.

Curiosamente, a ninguno de estos presuntos «estudiosos de la ciencia» —que nada sabían de la ciencia real— se les ocurrió pensar que quizás eran ellos los que pretendían labrarse un nicho académico propio, propósito que conducía al choque directo con aquellos profesionales cuyo campo de conocimiento les disputaban. Los estudios sobre la ciencia, en la práctica, se situaban a sí mismos en un peldaño superior desde el cual se concedían el derecho a juzgar los patrones de racionalidad científica, prescindiendo de cualquier consideración sobre los suyos propios. No deberían reprobar, pues, que los científicos soliviantados reaccionen esgrimiendo en su defensa la falta de solvencia intelectual de sus contrincantes. Porque, nos guste o no, resulta imposible abordar una discusión seria sobre la racionalidad, abdicando de la razón misma; es decir, el debate racionalista solo puede iniciarse intramuros de la propia racionalidad, como un edificio que solo puede remozarse trabajando desde el interior.

El relevo de Gross y Leavitt fue tomado por su compatriota, el físico Alan Sokal, que tuvo la osadía de utilizar uno de los recursos más poderoso y corrosivos disponibles en una polémica, la ironía bien justificada, para dispensar a los posmodernos una buena dosis de su propia medicina. En 1996 Sokal envió a la revista *Social Text* un pseudoartículo titulado «Trascendiendo las fronteras: Hacia una hermenéutica transformadora de la gravedad cuántica», plagado de afirmaciones absurdas en la jerga pomposa y hueca típica del posmodernismo[337]. El escrito se aderezaba, además, con las oportunas menciones de grandes figuras de la física (Heisenberg) y la epistemología (Kuhn), con el fin de otorgar una apariencia de respetabilidad a la generosa catarata de sinsentidos que contenía.

---

337 Sokal (1996), quien declaró después que la idea de esta impostura acudió a él mientras se encontraba sentado en el inodoro de su domicilio.

Alan Sokal [Fundación Ramón Areces].

El falso artículo de Sokal, que denigraba afrentosamente la objetividad del conocimiento científico, fue publicado en *Social Text* y, cuando Sokal reveló que se trataba de un engaño, fueron las élites posmodernistas las que se sintieron ultrajadas. El que vino a llamarse «escándalo Sokal» dio inicio a una serie de agrias polémicas, ecos de las cuales llegaron a importantes diarios de información general como *The New York Time* y *Le Monde*. Los anticientíficos posmodernos habían visto completamente expuesta su indigencia intelectual y ahora necesitaban alguna excusa para cubrir esa desnudez. Y —¡cómo no!— decidieron responder cargando contra el autor.

Desviando la atención del foco principal, se acusó a Sokal de haber organizado aquella parodia por puro afán de protagonismo y para conseguir un mayor brillo entre sus colegas. Asimismo, se le recriminó que no hubiese entendido ni respetado los matices argumentales de las tesis posmodernistas que criticaba. Ni una sola palabra sobre la categoría académica y ética de una revista, emblemática en su campo, que aplaudía como una alhaja, lo que no era sino mercancía averiada de la peor especie[338].

Junto con su colega belga Jean Bricmont, Sokal publicó un famoso libro explicando la génesis de la burla y las consecuencias que tuvo posteriormente en la forma de congresos, reacciones particulares y

---

338 Se intentó contrapesar la estrategia de Sokal aireando el caso de los hermanos Bogdanov, dos gemelos franceses que en 2002 publicaron unos artículos sobre física teórica de dudosa consistencia. Pero aunque tales trabajos careciesen de valor, la dificultad de evaluarlos residía en la complejidad de la materia tratada (cosmología cuántica) y no en la deliberada oscuridad de la prosa vertida sobre asuntos mucho menos intrincados.

discusiones públicas[339]. Se dieron varios intentos de reconciliación de los bandos en conflicto, como la conferencia celebrada en 1997 en la Academia de Ciencias de Nueva York, llamada «The Flight from Science and Reason», o el «Taller por la Paz de Southampton», ese mismo año, cuyos frutos fueron sendos libros recogiendo las intervenciones de los ponentes. Sin embargo, poco o nada se consiguió con respecto al acercamiento de posturas tan alejadas[340].

Tanto a Sokal como Gross y Levitt fueron acusados de silenciar los aspectos sociales de la ciencia (enfrentamientos por la financiación de proyectos, luchas por el poder dentro de la comunidad científica, consecuencias de las aplicaciones técnicas de la ciencia pura) para concentrarse exclusivamente en los detalles del método científico y en la calidad superior del conocimiento así obtenido. Y es verdad que en un principio estos críticos del posmodernismo no se ocuparon de esos detalles como sí lo hicieron otros autores posteriormente. Pero su omisión estaba justificada porque se percataron de que las cuestiones sociológicas eran punta de lanza de un ataque de mucha mayor envergadura, que pretendía socavar nuestra confianza en la racionalidad y objetividad de la ciencia en su conjunto. En tales circunstancias resultaba plenamente justificada la decisión de concentrar todos sus esfuerzos en la defensa del método científico y del cuerpo de conocimientos que nos ha proporcionado.

Con el pretexto de ocuparse de repercusiones sociales hasta entonces inadvertidas —lo que, en parte, podía ser cierto—, los críticos posmodernos iniciaron una campaña general contra la ciencia como fuente de conocimiento respetable. El método habitualmente utilizado en los escritos posmodernistas tuvo su origen en el siglo IV a. C., en la escuela de sofistas de Megara. Eubúlides de Mileto, maestro de Demóstones, inventó un artificio retórico que recibió el nombre de «sorites»[341] («apilamiento», «amontonamiento»). El procedimiento consistía en encadenar una serie de enunciados de modo que el predicado de uno sirviese como sujeto del siguiente, y obrando con habilidad se pueden lograr las conclusiones más peregrinas[342].

---

339 Sokal & Bricmont (1999). El asunto recibió una revisión en Hacking (1999), Brown J. (2004) y Sokal (2008).
340 Gross et al. (1997) y Labinger & Collins (2001).
341 La voz griega original, σριτης, significaba «montículo» y apuntaba a las paradojas que podían darse a causa de la vaguedad en los predicados de las oraciones encadenadas en el silogismo.
342 Laercio (2007), p. 405, aunque se duda si la autoría del sorites corresponde realmente a Eubúlides.

El sorites es la herramienta favorita de los posmodernos que creen argumentar sobre algo mediante silogismos. Y proceden, por ejemplo, del siguiente modo: «La investigación científica produce avances técnicos», «Los avances técnicos de la ciencia suelen emplearse en la industria armamentística» y «La industria de armamentos provoca las guerras que tanto sufrimiento acarrean a la humanidad»; por tanto, «La ciencia provoca las calamidades bélicas que padece la humanidad». Bastaría denunciar la falsedad de alguna de estas afirmaciones para que todo el entramado colapsase, pero la ceguera ideológica de autores y lectores posmodernistas —con frecuencia autoimpuesta— ya se encarga de que no ocurra así.

Uno de los autores que más atinadamente sugirió una posible superación de estas divergencias fue el filósofo danés Bent Flyvbjerg[343]. Su obra de 2001, *Haciendo que la ciencia social importe*, distinguía las ciencias naturales de las sociales, acentuando el hecho de que estas últimas incluyen en sus fundamentos la discusión de valores e intereses de los individuos que componen los grupos sociales. Esta diferencia separaría de forma muy notable, aunque solo en parte, los métodos y objetivos de ambas familias científicas.

LA IMAGEN POPULAR DEL CIENTÍFICO

Además de aplicar el método científico al estudio de la sociedad en general, y particularmente a la propia comunidad profesional de los científicos, no siempre nos detenemos a pensar sobre el concepto que la ciudadanía de los países más desarrollados suele formarse sobre las personas que dedican su vida a la investigación científica. Tal vez parezca una trivialidad, pero lo cierto es que la imagen del científico puede repercutir en el desarrollo de las respectivas sociedades que los albergan. Fue de hecho en el siglo XIX cuando adquirieron una indiscutible relevancia social en el marco de la Revolución Industrial con la aparición de la máquina de vapor, el motor de combustión interna y el generador eléctrico.

---

343 Flyvbjerg (2012).

El público decimonónico se acostumbró a ver al científico como una mezcla de sabio, inventor, ingeniero y, en ocasiones, hasta de sanador. Sin embargo, no siempre quienes influían en las labores técnicas de gobierno eran realmente «científicos» en sentido estricto, como demuestra el caso del Porfiriato en México. El dictador mexicano Porfirio Díaz (1830-1915) en los últimos años de su mandato se apoyó en un grupo de intelectuales, empresarios y tecnócratas, inspirados en el modelo centralista del Estado francés. Como en su mayoría estos hombres admiraban el positivismo de Comte, entonces muy en boga en la filosofía de la ciencia, popularmente se les adjudicó el sobrenombre colectivo de «los científicos». También en los países democráticos los gobiernos apelaron al conocimiento científico para tomar sus decisiones, especialmente a partir de la Primera Guerra Mundial, cuando el poder destructivo de las armas modernas puso de manifiesto la verdadera dimensión de sus horrores.

Pero el temor a las consecuencias indeseadas de un mal uso de los descubrimientos científicos se remontaba bastante atrás. Quizás el hito fundacional de esta tradición reticente se halle en la celebérrima novela *Frankenstein* (1818) de la autora inglesa Mary Shelley (1797-1851). El archiconocido argumento de la obra —auténtico origen de la ciencia-ficción moderna— despliega una magistral admonición contra los afanes de omnipotencia del ser humano fortalecidos al amparo del progreso científico. Curiosamente, el mismo año del nacimiento de esta escritora, Goethe publicó su poema *El aprendiz de brujo*, que también ponía en guardia contra el uso irreflexivo de poderes cuyas consecuencias ni podemos prever ni, llegado el caso, controlar.

Mary Shelley [Wikimedia Commons].

El doctor Frankenstein inauguró el elenco de personajes literarios cuyo empeño en desvelar los secretos de la naturaleza obedecía a propósitos no siempre desinteresados, aunque en este caso los tintes siniestros de su figura se diluyen en el trágico final de la historia. Trágico también es el perfil del capitán Nemo, verdadero protagonista de *Veinte mil leguas de viaje submarino* (1869), una de las novelas más famosas del no menos clásico autor de anticipación científica, el francés Jules Verne (1828-1905). Nemo, horrorizado por la violencia que los seres humanos ejercen unos sobre otros (singularmente debido al esclavismo y al imperialismo colonialista), decide hacer su hogar en los fondos oceánicos, gracias al dominio que sobre esos abismos le confería su flamante sumergible, el Nautilus. El mar y los vehículos para surcarlo vuelven a presidir el tema de *Una ciudad flotante* (1871), donde los protagonistas viajan en un gran navío transoceánico que anticipa los inmensos buques que unirían los cinco continentes en el siglo posterior.

El puro anhelo de aventura se funde con el ansia de conocimientos en la obra de Verne, al menos en su primera época, como demuestra la conocidísima novela *De la Tierra a la Luna* (1865). Las aventuras de estos caballeros decimonónicos, que dan la vuelta a la Luna en el interior de una bala de cañón acondicionada como nave espacial, rivalizan en lirismo y emoción con la historia real del Apolo XI, que sí permitió poner pie por primera vez en nuestro satélite. Sin embargo, los miembros del Gun Club que había auspiciado el viaje a la Luna, vuelven años después en *El secreto de Maston* (1889), con el propósito de modificar el eje de rotación de la Tierra mediante una colosal explosión para que la mejora del clima en los polos los haga cultivables, sin reparar demasiado en la catastrófica modificación que sufrirían otras latitudes.

La utilización perversa del poder ofrecido por la técnica científica se manifiesta con absoluta nitidez en sus dos novelas, *Robur, el Conquistador* (1886) y *Dueño del mundo* (1904), cuyos títulos resultan bastante esclarecedores. Central es aquí la figura del científico desquiciado que pretende, con sus avanzados conocimientos, gobernarnos a todos, supuestamente por nuestro propio bien. Una vez más regresamos a la confusión entre supremacía intelectual y superioridad moral; quien posee la primera no necesariamente goza de la segunda, lo que suele inclinar a tales déspotas ilustrados a imponernos su sentido de la justicia.

Jules Verne y Herbert George Wells [Wikimedia Commons].

Ya sin rodeos, en *Ante la bandera* (1896), Verne aborda directamente el peligro del creciente poder que las armas científicamente diseñadas van adquiriendo en una infernal carrera, algo que la energía nuclear hizo terriblemente real durante el siglo xx. *Los quinientos millones de la Begún* (1879) nos confronta con la amenaza del «complejo militar-industrial» en palabras del presidente norteamericano Eisenhower. Para el novelista francés, la confluencia de intereses entre la organización industrial a gran escala y el espíritu belicista acarrearía los mayores desastres a la humanidad en tiempo de guerra y aplastaría la libertad de conciencia en tiempo de paz. Y aunque en esta novela reverberan los ecos del resentimiento francés por la derrota ante Prusia en la guerra de 1870, las predicciones de Verne volvieron a materializarse para desgracia de todos varias décadas más tarde.

La minería de asteroides, con objetivos pacíficos, se prefigura en *La caza del meteoro* (1908), donde ya se habla de aprovechar los materiales constituyentes de los pequeños cuerpos del sistema solar. No hemos llegado aún a conseguirlo, pero estamos en camino. También lejos nos queda todavía conseguir la invisibilidad física de los sujetos cuya posibilidad se apunta en *El secreto de Wilhelm Storitz* (1910). No obstante, muchos de los progresos materiales en la vida cotidiana que describe Verne en su obra póstuma *París en el siglo XX* (1994) sí han llegado a verificarse, e, incluso, a superarse en nuestra época.

Con un acento político y social bastante más visible, el británico Herbert George Wells (1866-1946) recogió el testigo entregado por Verne al término de su vida. El gran autor francés manifestó en alguna ocasión su desagrado por la escasa atención que Wells dispensaba a la fundamentación científica de sus historias, un aspecto al que este nunca concedió una especial relevancia. Para Wells —y en esto coincidía con la opinión actual— la importancia de la literatura de ciencia ficción estribaba, no en verter una catarata de datos precisos y detalles técnicos sobre los lectores, sino en su capacidad de explorar las consecuencias personales y colectivas de hipotéticos avances científicos susceptibles de acaecer en un futuro más o menos cercano. Su ideario socialista y pacifista sin duda influyó en la adopción de este punto de vista, por lo que no debe extrañarnos que en su novela *La máquina del tiempo* (1895) una posibilidad tan fantástica como el viaje en el tiempo se tome como excusa para presentar críticamente el conflicto entre clases sociales, reflejado en la lucha entre opresores y oprimidos de una degenerada humanidad futura.

El hombre invisible (1897) retoma el diabólico atractivo —ya tratado por Verne— de la impunidad que nos otorgaría actuar sin ser vistos, advirtiéndonos que se trocaría en una maldición si la invisibilidad escapase a nuestro control y nos condenase a la soledad de un perpetuo y desgarrador anonimato. Poco antes Wells había publicado *La isla del doctor Moreau* (1896), donde se recupera también la figura del científico megalómano que, a modo de perverso dios enloquecido, pretende intercambiar la naturaleza de humanos y animales a su antojo. Siempre vigilante de los límites éticos a los que debían someterse las aplicaciones de la ciencia y la técnica, Wells también dudó que estas, por sí solas, bastasen para mejorar la condición moral del hombre. Así se constata en *El durmiente despierta* (1899), que nos traslada a una sociedad distópica en la que una élite acaudalada y poderosa disfruta entregándose a sus vicios y caprichos, mientras la gran masa de la población permanece ignorante, embrutecida y fácilmente manipulable.

El arquetipo del sabio maligno se deslizó todavía más hacia la ficción popular de aventuras gracias al escritor inglés Arthur Henry Sarsfield Ward (1883-1959), que firmaba sus obras como Sax Rohmer, creador del villano literario Fu-Manchú en 1913. Este personaje siniestro, enemigo de la civilización occidental y genio del mal (triplemente doctorado en Filosofía, Medicina y Derecho), simbolizaba el temor de algunos políticos occidentales —el káiser Guillermo II, entre ellos— de que la superpoblada China llegase algún día a inundar y dominar la comparativamente minúscula Europa. Por fortuna, para combatir a los infames de novela, por inteligentes que fuesen, también contábamos con héroes capaces de darle la réplica. Quizás el más famoso en la década de 1930 fue Flash Gordon, surgido de la imaginación del estadounidense Alex Raymond (1909-1956).

En las aventuras de Flash Gordon, adversario implacable de un tirano alienígena que pretende apoderarse de nuestro planeta, advertimos ya una estructura argumental que se repetirá hasta la saciedad en multitud de otras obras. El héroe resplandece encarnado en un joven apuesto y musculoso de rasgos caucásicos —cuando no abiertamente anglosajones— acompañado de dos personajes secundarios: una muchacha igualmente agraciada, que suele ser pareja sentimental del protagonista, y un hombre generalmente maduro y bastante menos garboso, que encarna al científico cuya inteligencia complementará el coraje del protagonista principal. La formulación del científico como contrapunto cómico —casi ridículo— del protagonista heroico reaparece en no pocas historietas gráficas (cómic o tebeo) a lo largo del siglo XX.

El profesor Tornasol (Professeur Tryphon Tournesol, en francés original) desempeña ese papel en las aventuras de *Tin tin*, creación del belga Hergé. El pato Donald y Mickey Mouse, de la Compañía Disney, se ven acompañados por el excéntrico inventor Ungenio Tarconi (Gyro Gearloose, en el original inglés, y Giro Sintornillos o Ciro Peraloca, en Hispanoamérica). En España, entre los personajes de la serie *Mortadelo y Filemón*, hito internacional del inolvidable Ibáñez, ocupa un lugar destacado el descacharrante profesor Bacterio. Y la colección infantil *Pumby*, del también español Sanchis, cuenta con el polifacético profesor Chivete para que el protagonista salga con bien de sus múltiples trances. La contrapartida cinematográfica de ello no resulta difícil de hallar: piénsese en Q, proveedor de fantásticos artilugios para el agente 007, James Bond; o el doctor Emmett Lathrop Brown (apodado Doc), personaje imprescindible de la trilogía *Regreso al futuro*. En todos estos casos, y en muchos otros, el esquema argumental reitera un mismo mensaje: el científico es un individuo inteligente y bienintencionado, pero también ensimismado, socialmente torpe y no muy apuesto.

Como tantas otras cosas, sin embargo, la situación cambió radicalmente con el recrudecimiento de la Guerra Fría entre Estados Unidos y la Unión Soviética a mediados del siglo XX. La cultura occidental, pilotada por la industria estadounidense, precisaba de iconos populares que ensalzaran los esfuerzos científicos y tecnológicos con el fin de superar a los rivales del mundo comunista. Y en esta misión iban a triunfar los autores de un género hasta entonces desdeñado: las historias gráficas de superhéroes. Tras el éxito de *Superman* (1938), la empresa Detective Comics lanzó la serie de *Batman* (1939), protagonizada por Bruce Wayne, un multimillonario que combate el mal espoleado por sus traumas familiares. Si Superman es un alienígena amable cuyos poderes nacen de la diferencia entre su planeta y el nuestro, Batman depende solo de su ingenio y de los artefactos ultramodernos que él mismo diseña. De hecho, en las presentaciones más modernas de este personaje, a Bruce Wayne se le adjudica una titulación en bioquímica.

Ahora bien, a partir de 1960 fue la compañía Marvel la que sin duda alguna se enseñoreó de este escenario popular. Stan Lee y Jack Kirby —junto con otros muchos colaboradores— crearon durante varias décadas un formidable muestrario de superhéroes que acabaron constituyendo un auténtico panteón mitológico por derecho propio. Curiosamente, el origen de los superpoderes de sus protagonistas fue evolucionando conforme se sucedían las novedades científicas: el científico Bruce Banner se convierte en Hulk (la Masa, en España) cuando intenta salvar a un muchacho de una explosión de rayos gamma y él mismo recibe el impacto; Peter Parker adquiere los poderes de Spiderman al sufrir la picadura accidental de una araña radiactiva escapada de un laboratorio; los Cuatro Fantásticos sobrepasan las capacidades humanas tras recibir una lluvia de rayos cósmicos durante un vuelo espacial; y Daredevil (en español Dan Defensor) consigue un sentido «de radar» después de perder la vista en un accidente en el que se derrama sobre sus ojos la consabida sustancia radiactiva. A finales de los años 90, no obstante, las versiones actualizadas de todos estos personajes deberán sus habilidades extraordinarias a la ingeniería genética más que a las radiaciones nucleares, entonces no tan bien consideradas.

Asimismo, se opera una transformación interesante en la imagen de los científicos que este imaginario mundo de aventuras nos ofrece. Los investigadores e inventores pasan a ser ahora individuos de buena presencia que reúnen en sí mismos —aunque en diversas proporciones— el arrojo del héroe, la sagacidad del sabio y la desinteresada bondad de un filántropo. Reed Richards, líder de los Cuatro Fantásticos, aúna su indiscutible inteligencia con una educación refinada y un porte elegante que contrasta con algunos de sus compañeros. Por otro lado, no cabe olvidar a Tony Stark, (trasunto del inventor y empresario Howard Hughes), el Hombre de Hierro o Iron man, por la armadura hipersofisticada que se enfunda para combatir a sus poderosos adversarios. Stark se perfila como un sibarita mujeriego, auténtica estrella de la vida social, que ha hecho fortuna gracias a sus industrias de modernos armamentos transistorizados. Más adelante, cuando la industria armamentística pierda su buena reputación, este personaje se convertirá en convencido pacifista, e incluso caeré en el alcoholismo durante un aciago periodo de su ficticia existencia.

Justo es reconocer que todos estos estereotipos han convivido con figuras reales provenientes del mundo de la ciencia que también alcanzaron el rango de símbolos culturales. Quizás la más conocida de estas imágenes sea la de Einstein en su senectud, epítome del sabio bondadoso y entrañable. Pero también tenemos a Marie Curie, abanderando la incorporación de las mujeres a la investigación científica en tiempos tan duros como los años anteriores a la Primera Guerra Mundial. Y a finales del siglo xx brilló con luz propia el físico Stephen Hawking, más simpático para el gran público por su lucha contra su enfermedad degenerativa que por las teorías cosmológicas que defendía. Así, entre la realidad y la ficción se van trenzando los mimbres de la percepción que la mayoría social comparte sobre la comunidad científica, con los inevitables vaivenes que el flujo y reflujo de las sucesivas marejadas culturales que zarandean nuestro mundo.

¿POR QUÉ EN OCCIDENTE?

Preguntarse por las razones que han llevado al florecimiento original de la ciencia y la filosofía en el continente europeo, y no en otras latitudes, se ha considerado durante las últimas décadas como una actividad de riesgo. Ese riesgo consistía en que la persona que se planteara la cuestión se viera tachada de racista, xenófoba o eurocentrista. No cabe duda de que las respuestas ofrecidas desde el siglo xix y buena parte del xx lastraron una consideración objetiva y desapasionada del asunto. Preguntado al respecto, no cabe dudar lo que un caballero culto de la Inglaterra victoriana hubiese contestado: la ciencia y la filosofía nacieron en Occidente porque los blancos —especialmente los británicos— son intrínsecamente más capaces que el resto de los pueblos del mundo. Tan arrogante respuesta nos parece hoy inaceptable por supremacista y estrecha de miras, pero sirvió durante muchas décadas para despachar el asunto sin más.

Afortunadamente, autores como Marvin Harris o Jared Diamond se han preocupado de proponernos respuestas sobre el desarrollo de las civilizaciones y sus grandes creaciones culturales —como la ciencia y la filosofía— basadas en evidencias materiales, más que en prejuicios morales. De ellos y muchos otros investigadores semejantes se desprende que las diferentes civilizaciones se desarrollan en interacción constante con el medio ambiente, en el cual la geografía, el clima, los recursos naturales y la relación con otras comunidades humanas van modelando sus diversas manifestaciones culturales. Entre ellas destaca la forma de organización política que cada pueblo adopta, basada en mezcla de tradiciones y pragmatismo, que conforma su peculiar visión del mundo. Así se explica que en el siglo v a. C. el griego Herodoto —considerado «padre de la historiografía»— estableciese un canon sobre la distinción cultural entre lo que hoy denominamos Oriente y Occidente, diferenciando entre la mentalidad griega y la persa[344]:

> *Este Oriente, tal como lo conocía Herodoto [...], estaba habitado por gran número de pueblos diversos [...]. Y pese a su número y variedad todos parecían tener algo en común, algo que los diferenciaba de los pueblos de Europa, de Occidente. [...] eran, por encima de todo lo demás, sumisos y serviles. Vivían intimidados por sus gobernantes, a los que no consideraban simples hombres como ellos, sino dioses. Para los griegos, Occidente era [...] el borde exterior del mundo [...]. También habitaban esa región pueblos diversos, y frecuentemente divididos, pero que tenían todos algo en común: amaban la libertad por encima de la vida y vivían bajo el imperio de la ley, no de los hombres, y aun menos de los dioses.*

---

344 Pagden (2011), pp. 12-13. Habría que matizar esta dicotomía quizás excesivamente marcada entre Oriente y Occidente, tema apasionante sobre el cual existe abundante bibliografía.

Así pues, esa idiosincrasia oriental, como la describe Herodoto a través de los persas, no resulta ser el caldo de cultivo idóneo para el pensamiento filosófico y científico, solo susceptibles de florecer donde exista una mínima posibilidad para ejercer la independencia de criterio y el cuestionamiento de las afirmaciones tan solo basadas en la autoridad. Cuenta un relato apócrifo que un griego al que recomendaron dedicar sacrificios a Poseidón antes de hacerse a la mar, señalándole los casos de quienes habían regresado sanos y salvos por haber realizado la ofrenda, respondió que para estar seguro de ello necesitaba comparar la lista de quienes habían naufragado aun habiendo cumplido el ritual, quienes habían naufragado sin haberlo cumplido, quienes obedeciendo el rito habían vuelto bien y quienes habían regresado sin contratiempos y sin haber ofrecido sacrificios antes. Parece difícil suponer que esta clase de razonamientos hubiesen sido tolerados en sociedades gobernadas por autócratas divinizados, suspicaces ante el menor atisbo de pensamiento crítico en sus súbditos.

Con ello y todo no podemos dejar de asombrarnos por la extraordinaria persistencia que han probado tener —especialmente en el mundo occidental— tanto las cuestiones debatidas primero por filósofos y luego por científicos, como la misma empresa de exploración racional de la naturaleza. Algo de luz sobre el particular arroja el magno tratado del sociólogo estadounidense Randall Collins, *La Sociología de las Filosofías*, cuyo subtítulo es igualmente sustancioso: *Una teoría global del cambio intelectual*. El libro de Collins investiga la dinámica de enfrentamientos y alianzas que ha existido a lo largo de la historia en la trama de relaciones personales e institucionales que ha configurado las comunidades de filósofos casi desde su mismo origen[345]. Y es interesante constatar cómo la misma dinámica puede aplicarse a la comunidad científica —compuesta a su vez por una constelación de subconjuntos y especialidades—, particularmente desde el siglo XVIII en adelante, como prueba evidente de la interpenetración de ambas disciplinas.

Estas comunidades, profesionales o no, constituyen un magnífico ejemplo de redes de pensamiento que se mantienen estables durante larguísimos periodos de tiempo pese a los debates y conflictos que puedan darse en sus contenidos. Collins, en un esfuerzo verdaderamente titánico, abarca veinticinco siglos recorriendo no solo la filoso-

---

345 Collins (2002).

fía occidental sino también las tradiciones filosóficas de Oriente (India, China, Japón y el mundo árabe). A lo largo de esta vastísima travesía pretende encontrar pistas sobre las características que han permitido mantener vivas casi las mismas controversias durante más de dos mil años. Y lo más curioso es que, pese a manejar dimensiones geográficas y cronológicas de una escala intimidante, Collins opera fundamentalmente sirviéndose de herramientas microsociológicas. Así ocurre porque Collins sigue la estela de George Herbert Mead (1863-1931) y Erving Goffman (1922-1982), impulsores de los estudios sociológicos en microniveles, referidos a pequeños pero influyentes grupos de individuos.

Sobre la base de estos y otros autores, Collins destaca la importancia primordial de los rituales de interacción social, esa serie de actos codificados que todos desempeñamos de forma protocolaria para aceptar a los demás y ser aceptado por ellos. La tesis central de este sociólogo es que los rituales de interacción que dieron forma a las primeras comunidades de pensadores tantos siglos atrás se han mantenido admirablemente estables, al menos en cuanto a su estructura básica: discusiones y debates cara a cara, intercambios epistolares, textos académicos, reuniones y congresos, conferencias y lecciones magistrales, etc. Este conjunto de rituales de interacción social —por utilizar las palabras de Collins— conformaron el armazón cultural que preservó durante miles de años un cierto tipo de vínculos entre muy diversos grupos de pensadores. Más aún, los problemas y cuestiones de los que se ocuparon estos intelectuales también exhiben una sorprendente continuidad, lo que tal vez nos sugiera algo sobre el estrato más profundo de la mente humana.

Con ello se desmiente que los conceptos y debates filosóficos de más calado puedan concebirse como productos caprichosos de las modas culturales en cada civilización, según defendería el ala radical de los constructivistas sociales. Sin menospreciar la importancia de las influencias sociales en la forma concreta que adopta una determinada expresión cultural, tampoco debemos olvidar que procesos históricos tan amplios y profundos como la búsqueda de una comprensión racional del mundo poseen una dinámica interna característica sometida a sus propias cadenas causales. Collins no pone en duda que las ideas surjan en los cerebros de personas individuales, si bien insiste en la importancia del entorno social —esas redes de comunicación interpersonal— para proporcionar la semilla que fructificará en los intelectos individuales.

Sobre la diversidad de escuelas de pensamiento, Collins aventura que, en un mismo entorno geográfico y un mismo periodo histórico, nunca suelen coexistir menos de tres ni más de seis. Menos de tres corrientes distintas a la vez privarían al debate filosófico de la vivacidad que otorga el contraste de pareceres, que en definitiva es lo que hace avanzar el conocimiento humano. Y más de seis impedirían que los principales autores de cada escuela tejiesen las alianzas y coaliciones necesarias para dar alguna clase de continuidad a sus propias ideas. También Collins señala un aspecto del asunto que parece bastante intuitivo. Los pensadores más influyentes en cada época histórica son aquellos que mantienen vínculos más estrechos con los autores descollantes de la generación anterior y, a su vez, los que más probablemente ofrecerán a la posteridad discípulos de renombre.

Estas redes de conocimiento y comunicación colectiva cristalizaron con el tiempo en un abanico de estilos de pensamiento —en palabras del historiador A. C. Crombie— o de razonamiento científico —como prefería decir el filósofo Ian Hacking—. Los seis estilos de pensamiento propuestos por Crombie, que surgen de modo continuo unos de otros, serían los siguientes[346]:

1. El método axiomático, que postula premisas y deriva consecuencias de ellas, típico de las matemáticas.
2. Las conjeturas sobre de relaciones complejas entre magnitudes observables y la posterior medida experimental de las mismas.
3. La elaboración hipotética de modelos por analogía.
4. El ordenamiento taxonómico de elementos aparentemente diversos mediante catalogaciones y escalas comparativas.
5. El análisis estadístico de regularidades dentro de una población, comparado con el mismo estudio en otras poblaciones similares.
6. La derivación histórica de un proceso o «desarrollo genético».

A diferencia de Crombie, Hacking no cree que esos modos de operar nazcan necesariamente unos de otros con continuidad. A su juicio, predomina la discontinuidad, ya que cada uno de ellos se origina y desarrolla con independencia de los otros. No obstante, también admite que el surgimiento de un estilo no implica la desaparición de

346 Crombie (1994).

otro u otros, ya que todos ellos son mutuamente compatibles y pueden coexistir. Hacking uso otras denominaciones para los estilos de pensamiento de Crombie, refundió algunas y añadió otra relacionada con el trabajo de laboratorio[347]. Su lista para los estilos de razonamiento científico vino a ser finalmente: (1º) matemático, (2º) experimental, (3º) construcción de modelos hipotéticos, (4º) taxonómico, (5º) estadístico y (6º) histórico-genético.

Sin duda, cabría añadir muchos matices y observaciones, pero las sugerencias de Crombie y Hacking iluminan un gran trecho del camino que explora las modalidades de la racionalidad humana en peldaños tan refinados como los de la ciencia y la filosofía. Tipos de razonamiento que en ocasiones —no tantas como debieran— acaban filtrándose al ejercicio del pensamiento en nuestra vida diaria.

---

347 Hacking (1982, 1986, 1994, 1999, 2002, 2009, 2012).

10. UNA MIRADA CIENTÍFICA A LA SOCIEDAD

La tan célebre sentencia de Aristóteles sobre la ineludible dimensión social del ser humano, no por añeja y repetida, ha perdido siquiera un ápice de su vigencia. El gran filósofo griego la enunció señalando que somos animales comunitarios, criaturas que necesitan vivir en grupos, si bien él utilizó la expresión *zoon politikon*, traducible como «animal cívico». En la Grecia clásica, la ciudad —la *polis*— no se entendía solo como un enclave más o menos urbanizado, sino como sinónimo de comunidad civilizada. El carácter «político» o «cívico» constituye un ingrediente tan irrenunciable del hombre, que solo viviendo en contacto con nuestros semejantes podemos llegar a ser verdaderamente nosotros mismos. No cabe sorprenderse, entonces, de que haya surgido un amplio conjunto de disciplinas denominadas «ciencias sociales» que atienden estos aspectos tan distintivos de la existencia humana.

Ahora bien, no solo los humanos necesitan vivir formando grupos de individuos de la misma especie. Desde primates y elefantes hasta hormigas y abejas, pasando por leones, pingüinos y cetáceos, son muchos los animales que interactúan tan intensamente con sus congéneres que merecen calificarse de sociales, es decir, capaces de formar asociaciones estables entre ellos con beneficios para todos los miembros del grupo. La etología, la ciencia del comportamiento animal, se ocupa especialmente de las especies con tendencias sociales, puesto que la estructura de estos grupos y sus relaciones con otros despiertan el mayor interés entre los expertos.

Los estudios etológicos ganaron popularidad a partir de 1973, con el ilustre precedente del estonio Jakob Johann von Uexküll (1864-1944), cuando Konrad Lorenz (1903-1989), Karl R. von Frisch (1886-

1982) y Nikolaas Tinbergen (1907-1988) recibieron el premio nobel por sus estudios sobre el comportamiento animal. El más famoso de ellos, Lorenz, se dedicó a examinar en los gansos el fenómeno conocido como «impronta», por el cual un cierto estímulo provoca que el individuo adquiera unos determinados patrones de conducta en una etapa de su desarrollo[348]. Por su parte, Von Frisch estudió la vida social de las abejas y Tinbergen hizo lo propio con un tipo concreto de pez. Más célebres todavía llegaron a ser los trabajos de campo de las primatólogas Jane Goodall y Dian Fossey, esta última asesinada en Ruanda en 1985 por los cazadores furtivos de gorilas, a los que combatía firmemente.

Desde la obra del psicólogo estadounidense Abraham Maslow (1908-1970) hasta la del economista chileno Manfred Max-Neef (1932-2019) han sido muchos los trabajos dedicados a esclarecer las necesidades básicas —físicas y mentales— que toda persona ha de satisfacer para disfrutar de una vida plena y feliz[349]. Estableciendo una jerarquía entre ellas, Maslow hablaba de una pirámide de necesidades dispuestas en orden decreciente de urgencia vital: primero las necesidades fisiológicas ligadas a la supervivencia; luego la necesidad de sentirnos seguros; las necesidades sociales de afiliación o pertenencia a un grupo; la necesidad de aprecio o reconocimiento por parte de nuestros semejantes, y finalmente la necesidad de autorrealización individual.

Por el contrario, Max-Neef no consideró imprescindible establecer un ordenamiento como el de Maslow. Para él, sin orden de prelación, las necesidades humanas consisten en subsistencia, protección, afecto, entendimiento, participación, creación, ocio, identidad y libertad. A estas nueve necesidades se añade una décima, que Max-Neef prefería mantener separada, denominada «trascendencia» en un sentido muy amplio y poco definido (no necesariamente religioso).

En su opinión, no solo es falsa la supuesta correlación entre el grado de desarrollo económico de una comunidad y la felicidad relativa de sus miembros, sino que parece darse una relación inversa: a mayor nivel de consumo, suele aumentar la alienación y la soledad de los individuos. Y así lo formuló en su «hipótesis del umbral», sosteniendo que, a partir de determinado punto del desarrollo económico,

---

348 No se debe confundir esto con la impronta genética, que es la expresión diferencial de un gen dependiendo del progenitor del que se herede.
349 Maslow (1943), Max-Neef (1986).

la calidad de vida de los sujetos implicados comienza a disminuir en términos generales.

Todas las necesidades humanas exigen algún grado de compromiso social para satisfacerse con plenitud. Por eso parece lógico pensar que, en un estado de total aislamiento, el desarrollo de nuestras facultades se vería severamente perturbado, como sostenía el psicólogo bielorruso Lev Semiónovich Vygotski (1896-1934). Las múltiples leyendas de niños salvajes, criados entre animales silvestres en ausencia total de compañía humana, así lo atestiguan, aun cuando muchas de ellas se consideran poco creíbles o fraudes manifiestos.

No es necesario remontarnos a las aventuras de Rómulo y Remo, de dudosa fiabilidad, pues nos bastan algunos casos históricos más verosímiles, como el del muchacho francés Víctor de Aveyron[350], a finales del siglo XVIII. Aunque se baraja la posibilidad de que estos jóvenes sufrieran algún tipo de trastorno autista, tampoco cabe dudar que un aislamiento prolongado perjudicaría el desarrollo del lenguaje, la sociabilidad y el pensamiento abstracto.

Parecería que hay fases críticas en las que nuestras aptitudes mentales comienzan a desplegarse, si bien solo alcanzan una completa maduración cuando interactuamos con nuestros semejantes. No se ha aclarado todavía del todo cuáles son las estructuras neuronales que van activándose, pero la propia existencia de esas etapas inspiró al psicólogo suizo Jean Piaget (1896-1980) una de las más influyentes teorías sobre la aparición y consolidación de las facultades cognitivas infantiles durante el periodo de crecimiento. Piaget la llamó «epistemología genética» a fin de resaltar que trataba de ofrecer una explicación del modo en que al crecer va cambiando nuestro modo de relacionarnos con el mundo e interpretar los conocimientos que sobre él adquirimos[351].

Para este psicólogo suizo se dan cuatro periodos en todo niño humano cuyas facultades intelectuales se desarrollan con normalidad, durante los cuales avanza progresivamente hacia niveles más elevados de abstracción y obtiene por ello una imagen más sofisticada de la realidad. Estos cuatro periodos serían el sensorio-motriz, el preoperatorio, el de las operaciones formales y el de las operaciones concretas.

---

350 Harlan (1976), Shattuck (1981).
351 Piaget (1989).

Curiosamente, una de las principales críticas formuladas contra las ideas de Piaget censuró la escasa importancia concedida en su teoría a las interacciones sociales del sujeto, sin las cuales apenas cabe hablar de un verdadero desarrollo de nuestras habilidades cognitivas y emocionales. En efecto, los niños humanos no son investigadores solitarios que por sí mismos recorren una serie de peldaños hasta alcanzar un nivel de conocimiento casi científico y bien depurado. En cierto modo, y reivindicando con ello al viejo Aristóteles, necesitamos de los demás para ser nosotros mismos.

LA LINGÜÍSTICA COMO CIENCIA

El lenguaje humano goza de una flexibilidad y potencia sin parangón entre los sistemas comunicativos del resto de los animales, mérito que no escapó a la atención de los antiguos filósofos. Los gramáticos comenzaron por distinguir las formas lingüísticas correctas de las incorrectas mediante la estipulación de normas que delimitaban el buen uso de la lengua, seguidos por los filólogos, muy interesados en el origen de las palabras y la crítica de textos.

Más adelante se hizo evidente que existía la posibilidad de comparar las estructuras de diversos idiomas, lo que propició el nacimiento de la gramática comparativa o de la filología comparada. Ya en el siglo XIX los neogramáticos —principalmente alemanes— se caracterizaron por su devoción hacia los datos empíricos, concordando con la filosofía positivista entonces en boga, en un intento de encontrar leyes sobre el cambio lingüístico o sobre la fonética de las lenguas.

Sin embargo, fue a comienzos del siglo XX cuando la lingüística científica alcanzó su madurez gracias a la publicación de la obra del suizo Ferdinand de Saussure (1857-1913) a partir de los apuntes tomados por sus alumnos[352]. Saussure marcó una época en la medida en que sentó las bases del estructuralismo lingüístico, cuyo poderosísimo influjo se extendió a la antropología, la economía o la sociología. A él se debe, por ejemplo, la distinción entre significante (signo o símbolo), significado y las reglas convencionales de composición para

---

352 Saussure (1971). También puede consultarse Hjelmslev (1972).

formar el mensaje. Las ideas básicas del lingüista suizo pueden resumirse en cuatro puntos:

1. El lenguaje es un sistema de comunicación estructurado en el cual cada uno de sus elementos adquiere un valor en virtud de su relación con los demás (valor relacional de los componentes de un lenguaje).
2. El lenguaje humano es un caso específico entre las muchas formas posibles de comunicación simbólica, de modo que la lingüística sería un subconjunto de la semiótica.
3. El sistema abstracto que llamamos «lenguaje» se realiza en la especie humana como una construcción social denominada «lengua», de la cual solo es observable el uso particular que hace cada individuo, o «habla».
4. El estado de una lengua —objeto de estudio de la lingüística— en un momento histórico determinado (sincronía) puede estudiarse con relativa independencia de su evolución con el tiempo (diacronía), aun reconociendo la conexión entre ambas facetas.

Como suele suceder cuando un paradigma triunfa y arraiga en una comunidad profesional —y en esto no le faltaba razón a Kuhn—, el estructuralismo de Saussure dominó casi por completo el panorama de la lingüística durante la mitad del siglo XX, obstaculizando por su propio éxito el desarrollo de corrientes alternativas a este planteamiento. Uno de los autores que no se dejó arredrar fue el lingüista, filósofo, politólogo y activista estadounidense Noam Chomsky, cuyos puntos de vista llegarían a rivalizar con los de Saussure en importancia histórica[353]. Chomsky elaboró una nueva visión de la lingüística tan fértil y vigorosa que no tardó en conocer sus propias escisiones, en la forma de tendencias y escuelas que se apartaban ostensiblemente de la ortodoxia inicial.

Las divergencias llegaron a tal extremo que se produjeron verdaderas trifulcas entre sus partidarios, todo ello sin olvidar que las ideas del mismo Chomsky evolucionaban a la par y, al final, poco quedaba de sus presupuestos originales. A pesar de ello, cabe sintetizar la llamada «lingüística generativa» creada por este investigador en una serie de enunciados capitales, que podrían ser los siguientes:

---

353 Chomsky (1977, 1979, 1982, 1989, 1999a, 1999b).

I. El lenguaje es un fenómeno cerebral muy específico, razón por la cual la lingüística debe sustentarse sobre la neuropsicología.

II. La facultad humana del lenguaje depende de una predisposición mental expresada materialmente en la arquitectura neuronal de nuestro cerebro, responsable de lo que cabría denominar «gramática universal», referida a las bases comunes de todas las lenguas humanas.

III. Dicha facultad es de carácter eminentemente sintáctico (concierne a la forma de enlazar y estructurar jerárquicamente los elementos del lenguaje), opera con relativa independencia del resto de funciones mentales —aunque se relacione con ellas— y debe estudiarse en sí misma, más allá del uso que cada hablante haga de ella, mediante datos empíricos obtenidos por introspección y precisados con la mayor exactitud posible.

IV. El lenguaje es principalmente un sistema de representación de la realidad que de modo subsidiario sirve para comunicarnos, y el objetivo de la lingüística debe ser la búsqueda de los conceptos mínimos que permiten la existencia del lenguaje humano.

Incluso desde el más escueto sentido común, no puede negarse que Chomsky estaba en lo cierto cuando postulaba que alguna conexión debe haber entre la organización neuronal del cerebro humano y la posibilidad de aprender una lengua, aunque no fuese del tipo que él proponía. La alternativa nos conduciría a una suerte de animismo, en el cual el lenguaje sería una facultad sobrenatural desligada del encéfalo humano, algo rotundamente insostenible en todos los aspectos.

Sin embargo, la estrechez que algunos de sus seguidores percibieron en el ideario de Chomsky les impulsó a seguir sus propios caminos lingüísticos, bien apartados del maestro fundador. Así nacieron la sociolingüística, la pragmática, la gramática funcional o la lingüística cognitiva, entre muchas otras escuelas derivadas. En su mayoría, estas corrientes de pensamiento se caracterizan por su insistencia en la necesidad primordial de estudiar el uso del lenguaje por encima de cualquier otra consideración. Los aspectos sociales de tal uso, por tanto, adquieren una especial relevancia, primando la comunicación sobre la representación, así como el reconocimiento del carácter esencialmente vago e impreciso de cualquier lenguaje natural.

Aparte de las disputas entre partidarios de una u otra teoría, también hubo autores que realizaron aportaciones individuales a la lingüística científica. Por ejemplo, Kenneth Lee Pike (1912-2000), en

Estados Unidos, puso en circulación los términos *emic* y *etic*. Con ellos pretendía distinguir entre el punto de vista subjetivo de quien utiliza una lengua como usuario (*emic*) y de quien la investiga objetivamente situándose como un observador externo (*etic*). Mucho más controvertida resulta la «biosemiótica», voz sugerida por el alemán Thure von Uexküll (1908-2004) para calificar su intento de extender el estudio de las formas de comunicación mediante signos más allá de la especie humana. Por desgracia, algunos entusiastas de esta idea acaban afirmando que cualquier interacción de un organismo con su medio ambiente es un tipo de comunicación interpretada, confundiendo los términos y oscureciendo el debate.

Por ahora el humano es el único lenguaje natural conocido que comunica entre sí a seres inteligentes con capacidad para formar conceptos abstractos sobre el mundo circundante y sobre sí mismos. Eso nos deja una pregunta en el aire: ¿modelan nuestra mente las diferentes lenguas, de modo que cada idioma —por así decirlo— forja una visión del mundo distinta? Durante un tiempo la idea de que la lengua utilizada para expresarnos determina nuestra visión de la realidad alcanzó un gran predicamento, especialmente —cómo no— entre los posmodernistas.

La ligadura inseparable entre lenguaje y pensamiento, si bien ya fue avanzada por Wilhelm Humboldt (1767-1835), suele presentarse como la hipótesis de Sapir-Whorf, en honor a los estadounidenses Edward Sapir (1884-1939) y su alumno Benjamin Lee Whorf (1897-1941). En su versión más estricta —que hoy nadie suscribe—, esta hipótesis mantiene que la lengua hablada por un individuo determina su concepción del mundo (determinismo lingüístico). El propio Whorf describe esta opinión muy vívidamente en su obra más popular, *Lenguaje, Pensamiento y Realidad*, con las siguientes palabras[354]:

> [...] *el sistema lingüístico de base (en otras palabras, la gramática) de cada lengua no es meramente un instrumento reproductor para proferir nuestras ideas, sino más bien es en sí mismo el moldeador de ideas, el programa y la guía para la actividad mental del individuo, para el análisis de sus impresiones,* [...]. *Diseccionamos la naturaleza a lo largo de las líneas*

---

354 Whorf (1956), pp. 212-214. En la estela de esta idea se difundió el bulo de que los inuits (esquimales) poseían un vocabulario numerosísimo para describir las diversas clases de nieve, lo cual es falso, como demostró Geoffrey Keith Pullum en un famoso y mordaz libro (Pullum, 1991).

tendidas por nuestras lenguas maternas. [...]. Este hecho es muy significativo para la ciencia moderna, ya que significa que ningún individuo es libre de describir la naturaleza con absoluta imparcialidad, sino que está constreñido por ciertos modos de interpretación [...]. Nos vemos así introducidos en un nuevo principio de relatividad, el cual establece que todos los observadores no son conducidos por la misma evidencia física a la misma imagen del universo, a menos que sus sustratos lingüísticos sean similares, [...].

Multitud de estudios empíricos han desmentido rotundamente esta hipótesis, al menos cuando se formula en sus términos más rígidos. No es cierto que nuestras lenguas maternas nos conduzcan necesariamente a percibir el mundo de modo distinto al hablante de otro idioma, más allá de las particularidades fisiológicas o psicológicas de cada individuo. Pero esas mismas investigaciones sí han demostrado que las diferencias lingüísticas pueden resaltar ciertas características del entorno o influir en la velocidad con que realizamos algunas tareas cognitivas. Por ejemplo, los Mundurukú de la Amazonía, cuya lengua no posee palabras para los números a partir del cinco, tienen más dificultades en efectuar operaciones aritméticas que los hablantes de lenguas con nombres para todos los números posibles[355].

Años de investigación han confirmado que las lenguas humanas comparten una serie de rasgos definitorios —que no poseen las comunicaciones entre otros animales—, uno de los cuales es la posibilidad de combinar sus unidades básicas para formar una cantidad potencialmente infinita de enunciados. También la existencia de palabras sin significado propio, cuya función es básicamente estructural («y», «o», «que», «pero»...), distingue nuestro lenguaje del atribuido a otras especies animales. Algo tan intuitivo como el referirnos a una persona u objeto ausentes en ese momento —la deixis— escapa a las posibilidades de nuestros parientes primates. Porque nosotros —y no ellos— podemos representar una relación establecida por nuestra mente, sin que haya un correlato material de la misma ante nosotros.

---

355 Pica et al (2004). Esto no significa que los Mundurukú no puedan comprender y dominar los numerales superiores si se empeñan en ello. Tan solo destaca que la existencia de nombres para los números en un idioma proporciona a sus hablantes un apoyo cognitivo del que carece el hablante de una lengua sin ellos.

Y no solo son esos los fundamentos comunes a todas las lenguas humanas, pues otra propiedad básica resulta ser la ambigüedad de significado[356], uno de los obstáculos que más ha entorpecido a lógicos y filósofos en su intento de categorizar nítidamente la realidad a través del lenguaje. Sin embargo, lo cierto es que, lejos de constituir un estorbo inútil, la vaguedad en el significado de las palabras nos permite construir clases y conjuntos de objetos o experiencias con una flexibilidad capaz de adaptarse al cambiante flujo de la realidad que nos envuelve.

¿HACIA DÓNDE VA LA HISTORIA?

La palabra «historia», en la antigua Grecia, no tenía el mismo significado que hoy día le concedemos. Entonces se entendía por historia una descripción de hechos particulares sobre algo, que podía incluir —o no— un relato de sus cambios a través del tiempo, la denominada «crónica». Ese catálogo de especificidades solía recoger datos geográficos, climatológicos, zoológicos, mineralógicos y botánicos de un territorio. Teníamos en ese caso una «historia natural», como expresaba el título de la obra clásica del romano Plinio el Viejo, en el siglo I d. C. El punto crucial era que la historia abarcaba todo un muestrario de hechos contingentes, es decir, que ocurrieron de un modo concreto, pero podían haber sido de otro modo. Y ya que, según Aristóteles, la ciencia solo se ocupa de lo general, nada parecía más alejado del ámbito científico que la historia.

Pese a ello, y quizás porque la comprensión humana se construye sobre patrones, no faltaron autores desde la antigüedad empeñados en hallar pautas y regularidades en el curso de los acontecimientos históricos. Así fue como el griego Hesíodo (s. VII a. C.), en *Los Trabajos y los Días*, nos regaló una clasificación de la historia en cinco periodos: la Edad de Oro, Plata, Bronce, la de los Héroes y la del Hierro. Cada una de estas épocas mostraría un declive mayor que la precedente, de modo que para Hesíodo la historia estaba gobernada por una ley de decadencia. Platón redujo esos periodos a dos, la edad de

---

356 Rosch (1973).

Cronos y la de Zeus, mientras el romano Ovidio (s. I a. C.) los deja en cuatro, Edad de Oro, Plata, Bronce y Hierro. En todas estas clasificaciones el paso de una etapa a la siguiente oscurece más y más el brillo de la vida, tiñendo de pesimismo la historia entera de la humanidad.

La implantación del Cristianismo en el Occidente europeo devolvió una suerte de optimismo esencial a la visión de la historia, que a partir de entonces se entendió como un largo y tortuoso camino de vuelta al paraíso del que Dios nos había arrojado en el inicio de los tiempos por nuestra iniquidad. En un sentido profundo, la historia vuelve a ser progresiva y lineal, a diferencia de los asirios —por ejemplo—, quienes, inspirados en el ciclo de las estaciones, consideraban que el tiempo era una rueda en giro perpetuo. Ya bien entrado el siglo XVI el francés Jean Bodin distinguía tres estadios, correspondientes a la historia de los pueblos orientales, de los pueblos mediterráneos y de los pueblos septentrionales.

Inspirándose en Herodoto y Varrón, Giambattista Vico (1668-1744) prefería hablar de una edad de los dioses, una de los héroes y otra de los humanos. Por su parte, a Marie-Jean-Antoine-Nicolas de Caritat, marqués de Condorcet (1743-1794), le bastaba con asegurar que la Revolución francesa era la línea divisoria entre el pasado y el «glorioso futuro» que los revolucionarios preconizaban. Afinando algo más, Johann Gottfried Herder (1744-1803) dividió la historia en cinco épocas, Immanuel Kant (1724-1804), en nueve, y Georg Wilhelm Hegel (1770-1831), en cuatro.

El más influyente de todos ellos, en definitiva, resultó ser Hegel, no de manera directa sino indirecta, pues muchas de sus ideas alimentaron la obra del economista y filósofo alemán Karl Heinrich Marx (1818-1883). Durante la segunda mitad del siglo XX, hasta un tercio de la humanidad llegó a vivir bajo regímenes que se decían inspirados en las doctrinas elaboradas por el pensador junto con su amigo Friedrich Engels (1820-1895). Tomando la creencia hegeliana en la lucha de los pueblos como motor de la historia, Marx la transmutó en lucha de clases sociales, concepto definido por la posición de cada individuo en el sistema económico. Las clases dominantes en cada periodo histórico explotan a las clases dominadas, apropiándose de gran parte del valor de su trabajo. A consecuencia de ello, los explotados acaban por rebelarse y derrocar a sus opresores para, a su vez, comenzar la explotación de una nueva clase subalterna.

En el *Manifiesto Comunista* (1848), Marx y Engels dejaron escrito que «La historia de todas las sociedades que han existido hasta nuestros días es la historia de las luchas de clases». En la visión marxista, la estructura de una sociedad viene determinada básicamente por el modo de producción de los bienes materiales, de modo que las etapas históricas se definen atendiendo a quienes son los propietarios de los medios de producción de tales bienes: el comunismo primitivo de las primeras tribus humanas, el esclavismo, el feudalismo y finalmente el capitalismo. En la última fase surge una división taxativa entre los propietarios de los medios de producción (industrias, recursos financieros, etc.), la llamada clase capitalista y el proletariado, compuesto por quienes solo poseen su fuerza de trabajo para ponerla al servicio de los capitalistas.

Algunos de los escritos en los que Marx exhibe un determinismo histórico más inflexible señalan que la lucha de clases —capitalistas contra proletarios— desembocará en la ascensión al poder del proletariado, a través de una revolución que subvertirá el orden político, social y económico de la vida moderna. Como paso previo, los proletarios alcanzarán plena consciencia de su injusta situación en el sistema económico capitalista, es decir, adquirirán «conciencia de clase». Tras el triunfo revolucionario advendrá una etapa de organización colectivista, el socialismo, previa al comunismo, en el cual el Estado y sus instituciones se disolverán por inoperantes, ya que la propiedad de todo será de todos y para todos. La desaparición de las clases sociales en la etapa comunista culminará definitivamente con la sucesión de las grandes fases de la historia universal.

Hay algo en esta visión del decurso histórico que resulta a la vez conmovedor y ridículo; conmovedor por la sobrecogedora grandeza de una visión que abarca la historia entera de la humanidad en una ordenada sucesión de épocas, cada una de las cuales lleva en sí el germen de la siguiente; y ridículo por la ingenuidad que rezuma esa aparente convicción, casi infantil, de que al final el triunfo del bien está asegurado por fuerzas impersonales, que guían la historia en beneficio del género humano. El relato marxista se construye mediante datos verídicos tomados de las ciencias sociales de la época, mezclados con especulaciones obtenidas a partir de unas presuntas leyes predictivas que gobiernan la historia, leyes que —si existen— nadie ha conseguido desvelar hasta ahora.

El hecho histórico cierto es que la revolución comunista triunfó en Rusia en 1917 y en China en 1949, dos países a la sazón pobres, industrialmente atrasados y con una abrumadora mayoría de campesinos; justo las condiciones en las que Marx había supuesto que el movimiento revolucionario nunca vencería. La coerción oficial impuesta sobre toda la población en los regímenes marxistas, bajo la excusa de proteger la revolución triunfante, lejos de constituir una «dictadura del proletariado», se convirtió en una tiranía monstruosa que esclavizó y masacró a millones de personas en nombre de un paraíso comunista situado siempre en un futuro sin mayores garantías que la fe de sus propagandistas.

Tal vez por ello, un grupo de filósofos analíticos denominados «grupo de septiembre» se dedicaron durante la década de 1980 a rescatar los elementos más aprovechables de la doctrina marxista, expurgándola de conceptos y categorías imposibles de contrastar empíricamente. Este grupo estaba formado por Gerald Cohen, Jon Elster, Eric Olin Wright, John Roemer y Philippe van Parijs, entre otros. Entre todos ellos articularon un proyecto de investigación dirigido a aquilatar un marxismo sin requilorios. Pese a sus diversos puntos de vista, todos ellos aplicaron un pensamiento claro y preciso a las cuestiones centrales de la ideología marxista, escribiendo con la misma transparencia para un público no especializado, sin renunciar a una crítica rigurosa de la sociedad capitalista.

Una de sus críticas más interesantes cuestiona la suposición —desarrollada por Engels en obras como el *Anti-Dühring* o *Dialéctica de la Naturaleza*— según la cual todo cambio surge de la lucha entre categorías opuestas. De este enunciado se sigue claramente que la sociedad evoluciona gracias a la lucha de clases, los dominados contra los dominantes. Pero un somero repaso de los mecanismos cooperativos que han moldeado la historia evolutiva de la especie humana nos muestra que las cosas no son como defendían Marx y Engels. No solo los conflictos promueven alteraciones duraderas en el orden social; también los procesos de cooperación colectiva originan cambios de la mayor trascendencia, aunque suelen ser más lentos y graduales. Acaso esta insistencia en el conflicto como causa principal de los cambios haya cegado a la izquierda marxista revolucionaria ante la posibilidad de cambios importantes sustentados sobre la negociación, las reivindicaciones persuasivas y el activismo pacífico, sin necesidad de violencia revolucionaria.

Curiosamente, el concepto de clase social en el marxismo se define en términos económicos, lo que resulta hasta cierto punto paradójico. En este sentido, el historiador y sociólogo alemán Max Weber (1864-1920) nos obsequió con una visión más amplia del problema, en buena medida porque vivió en una fase más desarrollada del capitalismo. A su juicio, la posición de un individuo en el sistema económico —criterio típicamente marxista— no basta para explicar la riqueza y complejidad de las relaciones sociales, para lo cual ha de añadirse otros dos componentes, como son el prestigio y el poder. Junto con las clases en su sentido marxista, la sociedad se estratifica asimismo en estamentos y facciones, según se trate de la distribución de poder social, basado en el prestigio, o político, dependiente del control de las instituciones.

Con estas tres coordenadas en juego —clase, estamento y facción—, Weber atenúa la importancia primordial que Marx concedió a la lucha de clases y separa netamente la esfera económica, social y política, en concordancia con su defensa del individualismo metodológico. Son las acciones individuales las que deben recibir la atención del investigador por encima de las actuaciones colectivas. De hecho, Weber siempre se vio a sí mismo como historiador más que como sociólogo. Por eso resulta peculiar que tradicionalmente se le haya considerado uno de los padres de la sociología moderna, materia en la que entró a fin de combatir las ideas colectivistas que se abrían paso gracias al empuje intelectual del que entonces gozaba el marxismo.

La divergencia de sus opiniones con respecto a las tesis marxistas le granjeó el dramático apelativo —un tanto exagerado— de «anti-Marx». Weber no pensaba que las clases sociales tuviesen sentido en el mundo anterior al capitalismo, y, mientras Marx anunciaba que la lucha de clases aumentaría con el avance del capitalismo, él pronosticaba la atenuación del conflicto. Además de las discrepancias con Marx sobre la importancia relativa del individuo y la colectividad, Weber también concedía una posición preeminente a las convicciones espirituales en el desarrollo de los acontecimientos históricos, convicciones que para Marx solo encubrían los abusos de las clases dominantes.

No debemos olvidar que el trabajo que mayor popularidad proporcionó a Weber tenía por título *La ética protestante y el espíritu del capitalismo*, publicado en 1905. El contenido de este libro intentaba enlazar la mentalidad que había favorecido el surgimiento del capitalismo (emprendedora, librecambista, competitiva y crematística), con las virtudes morales (individualismo, sobriedad, pragmatismo y ensalzamiento del lucro honesto) presuntamente asociadas —según Weber— con las creencias religiosas del cristianismo protestante.

Cuando un autor concluye que su sistema económico preferido se ve reforzado por las creencias espirituales profesadas por ese mismo autor, no parece que estemos ante el mejor ejemplo de imparcialidad. Un análisis de los argumentos de Weber, por cierto, revela sesgos y carencias que dejan poco lugar a dudas sobre la influencia de sus querencias personales en este famosísimo trabajo sobre protestantismo y capitalismo[357].

La historiografía misma, tanto como la propia labor de los historiadores, atravesó su particular revolución intelectual a comienzos del siglo XX por obra de la llamada «escuela de los Annales». Fundada por los franceses Lucien Febvre (1878-1956) y Marc Bloch (1886-1944), este grupo de profesionales traba de dar un nuevo enfoque a los estudios históricos desplazando la atención desde los acontecimientos protagonizados por individuos concretos, por importantes que fueren (gobernantes, guerreros, descubridores, etc.), al análisis de las estructuras sociales, los procesos económicos, la evolución de las instituciones y la influencia de las condiciones materiales de vida de los pueblos.

Estos planteamientos se publicaron por primera vez en la revista francesa *Annales d'histoire économique et sociale*, después titulada *Annales. Economies, sociétés, civilisations* y, finalmente, *Annales. Histoire, Sciences Sociales*, en 1994. Los miembros de esta escuela tuvieron sumo cuidado en distinguir el hecho histórico como tal de las posibles interpretaciones que cabía atribuirle, imprescindibles la mayoría de las veces para otorgarle algún sentido. Este punto es el que permitía hablar de «reconstrucción histórica», más allá de una mera descripción o narración de eventos pretéritos. Profundizando en ese rumbo estructuralista —más bien «holista»— destaca la poderosa figura humana y científica de Fernand Braudel (1902-1985), que introdujo la visión geopolítica en la historia, así como la idea de distintos

---

357 Véase siquiera la breve revisión al respecto de Roca (2019). Los mismos errores, como la omisión de los tres siglos del imperio español, aparecen en Escohotado (2008-2016), autor que repite sustancialmente las tesis básicas de Weber sobre el capitalismo de modo enteramente acrítico.

ritmos de evolución para diferentes procesos históricos, en los cuales quedaba reducido al mínimo el papel de los individuos concretos[358].

El esfuerzo por descubrir patrones explicativos más poderosos en los estudios históricos condujo, a mediados del siglo xx, al surgimiento de la «cliometría», un nuevo enfoque pretendidamente más objetivo basado en modelos matemáticos cuantitativos y métodos de econometría estadística. Los autores más destacados de esta escuela historiográfica —Jonathan Hughes, Stanley Reiter, Robert Fogel, Douglass North— introdujeron el uso de tablas de datos, curvas de tendencias y registros estadísticos. También pusieron de moda los escenarios contrafácticos, es decir, la consideración de lo que podría haber ocurrido de haberse modificado una de las variables del análisis manteniendo constantes las demás (planteamiento cuestionado posteriormente por su discutible fiabilidad).

Karl Popper, en su libro de 1957 *La miseria del historicismo*, lanzó sus más duras andanadas contra quienes creían posible el «descubrimiento de los 'ritmos' o los 'modelos', de las 'leyes' o las 'tendencias', que yacen bajo la evolución de la historia»[359]. Se situaba así en el extremo opuesto de Comte y los positivistas decimonónicos, quienes perseguían para las ciencias sociales el mismo grado de exactitud que exhibía la física de su tiempo. Sin embargo, ni es razonable para la historia predicciones como las de la física, ni parece sensato rechazar de plano la existencia de patrones de cambio más o menos estables que conduzcan a pronósticos de «grano grueso», esto es, para grandes grupos humanos en largos periodos de tiempo.

Algunas de las tendencias que Popper denostaba son fácilmente corroborables y la mayoría de los historiadores se sirven de ellas para explicar determinados procesos de su especialidad. En general, es cierto que las innovaciones sociales o técnicas crean grupos sociales nuevos relacionados con ellas. El surgimiento de las religiones organizadas y las labores agropecuarias dieron lugar a las castas sacerdotales y a los campesinos, respectivamente, lo que a su vez ocasionó fenómenos como el sedentarismo, la urbanización y las sociedades estratificadas.

---

358 Braudel (1970, 1984, 1987, 1994). Véase como complemento Iggers (1997) y Burke (1999).
359 Popper (1973), p. 17. Afortunadamente, el gran Isaac Asimov (1919-1992) desoyó las represiones de Popper y escribió entre 1942 y 1992 casi dos decenas de novelas fantásticas en su famosa serie La Fundación, en las que aparece una disciplina —la «psicohistoria»— capaz de predecir matemáticamente el futuro político y social de un imperio galáctico.

También ocurre que las instituciones tienden a ser conservadoras y resistentes a los cambios sociales, ya que fueron diseñadas en tiempos anteriores a los problemas que deben afrontar. La estabilidad que se supone a las instituciones sociales —que son la columna vertebral de una sociedad organizada— se consigue al precio de una rigidez estructural que dificulta su adaptación a los cambios de cualquier tipo. Estos son solo algunos ejemplos de la posibilidad de hallar regularidades en el decurso histórico que, si bien nunca nos proporcionarán la seguridad de una predicción matemática, al menos nos permiten vislumbrar líneas maestras en los avatares de la especie humana.

Maurice Mandelbaum (1908-1987), bien al contrario, creía en la posibilidad de un conocimiento objetivo de los procesos históricos. A él se debe la noción de «falacia de auto-excepción», mediante la cual atacó a los partidarios del relativismo. Ciertamente, si los historiógrafos relativistas son consecuentes con sus propios razonamientos, no pueden defenderse apelando a la solidez de sus argumentos, porque estos estarían sometidos, a su vez, a la misma objeción que los relativistas alzan contra sus adversarios. Las ideas de Mandelbaum influyeron posteriormente en muchos otros seguidores del realismo filosófico, como Roy Bhaskar (1944-2014).

La historia de la ciencia, como subdisciplina académica, se consolidó ya en el siglo XX gracias a figuras como el químico y matemático de origen belga George Alfred Leon Sarton (1884-1956), fundador de *Isis*, la primera publicación dedicada íntegramente a este tema. A esta corriente pronto se unieron muchos filósofos, historiadores e incluso científicos profesionales, todos ellos de gran prestigio, como Derek John de Solla Price (1922-1983), Paolo Rossi (1923-2012), Bernard Cohen (1914-2003), Alexandre Koyré (1892-1964), René Taton, (1915-2004), Charles Bernard Schmitt (1933-1986), David C. Lindberg (1935-2015), Alistair Cameron Crombie (1915-1996), Pedro Laín Entralgo (1908-2001) y José María López Piñero (1933-2010).

ANTROPOLOGÍA, LA CIENCIA DE LA HUMANIDAD

Si el nombre de una ciencia da la medida de sus aspiraciones, pocas hallaremos tan ambiciosas como la antropología, cuyo nombre proviene de la fusión de los términos «conocimiento» (*logos*, en griego) y «humano» (*anthropos*). Así, la antropología habría de indagar todas las manifestaciones de la naturaleza humana, ya sean biológicas, como su evolución a partir de otras especies, o culturales, como las formas de organización social, entre muchas otras. De ahí que exista una gran cantidad de ramas de la antropología (lingüística, cultural, evolucionista, etnográfica, económica, genética, etc.) cuyas conclusiones no siempre son tan concordantes entre sí como cabría esperar.

Parece haber sido el explorador francés François Auguste Péron (1775-1810) el primero en haber utilizado por escrito la palabra «antropología» en un trabajo sobre los nativos de Tasmania, durante su estancia en tierras australes. No obstante, todas las historias naturales elaboradas desde los tiempos de los antiguos griegos pueden considerarse en buena parte como obras antropológicas, por cuanto se ocupan, entre otras cosas, de las condiciones materiales de un territorio y de las particularidades de los grupos humanos que viven en él. La consolidación del paradigma evolucionista a finales del siglo XIX supuso un poderoso incentivo para la profesionalización de la antropología, cuyos análisis se vieron sustentados por una teoría tan potente como la darwinista. Los avances en arqueología, paleontología, etnografía e incluso en historia y lingüística contribuyeron a elevar esta ciencia al rango que merecía, dotándola de rigor, seriedad y una imprescindible amplitud de miras.

Lewis Henry Morgan (1818-1881) y Franz Boas (1858-1942) fueron dos de los grandes impulsores de la antropología moderna en los Estados Unidos. Morgan estudió inicialmente las relaciones de parentesco y las formas de gobierno en diversos pueblos de nativos norteamericanos. Trasponiendo sus resultados al conjunto de la humanidad, propuso la existencia de dos sistemas de parentesco, cinco tipos de familia y tres etapas en el progreso cultural (salvajismo, barbarie y civilización). Por su parte, Boas se enfrentó abiertamente con las tendencias racistas, pujantes en su época, de ciertas escuelas antropológicas que pretendían el aval de la biología evolutiva para sus disparatadas afirmaciones. También se distinguió por su firme defensa del particularismo histórico, contrario a suponer la existencia de leyes generales de la naturaleza humana, mediante las cuales extraer conclusiones válidas para todas las épocas y lugares.

Sin embargo, el que quizás fuese el antropólogo más reputado e influyente entre los siglos XIX y XX —en parte debido a su admirable longevidad— nació en las frías y hermosas tierras escocesas, cuyas brumas otoñales invitan a creer en toda clase de magias legendarias.

Sir James George Frazer (1854-1941) analizó los aspectos sobrenaturales presentes en el folklore de diversas partes del mundo, cotejando datos tomados por otros sobre el terreno, y decidió que la evolución cultural de todos los pueblos atraviesa tres fases: mágica, religiosa y científica. Su distinción entre el pensamiento mágico y religioso ha sido fuente de polémica desde que la introdujo, sin que ello haya perjudicado la envergadura del resto de sus obras, la más famosa de las cuales se tituló *La Rama Dorada* (1890).

La tercera edición de este trabajo, comenzada a publicar en 1906, constaba de doce volúmenes más uno compendiado en 1922. A lo largo de este tratado monumental[360], Frazer trazaba las similitudes entre las mitologías de muy distintos grupos humanos, hilvanando así un conjunto de ritos y creencias que —en su opinión— habían modelado las diferentes civilizaciones humanas con unos cimientos comunes. Siguiendo al antropólogo escocés, cabría distinguir entre mitos relacionados con mensajes de la divinidad, otros sobre los ciclos de muerte y renacimiento o acerca de luchas por el poder, entre muchos otros tipos.

Una clase completamente distinta de antropólogo quedó encarnada en la figura de Bronisław Kasper Malinowski (1884-1942), muy preocupado por la importancia del trabajo de campo y de la observación participativa del investigador. El buen antropólogo, además de sumergirse en las culturas foráneas, tenía que aprender a pensar como los sujetos a los que examinaba. En su opinión, ver el mundo a través de los ojos de individuos con otras tradiciones, creencias y valores era parte insustituible de las tareas antropológicas[361].

Dentro de la antropología social, a Malinowski se le concede el mérito de haber iniciado la corriente denominada «funcionalismo psicológico». Inspirado por William James, este pensamiento asume que la función de la cultura consiste en satisfacer las necesidades de los individuos particulares más que los requerimientos de la sociedad en su conjunto. A su juicio, cuando se cubren las necesidades de las personas individuales que componen la sociedad, la totalidad del grupo social queda satisfecho. Con ese toque de ingenuidad, por

---

360 Frazer (1890). Para profundizar en la obra de este autor es aconsejable consultar al menos a Ackerman (1987, 2002) y Fraser (1990).

361 Malinowski (1913, 1922, 1926a, 1926b, 1927, 1944, 1948, 1962).

tanto, Malinowski adoptó una postura individualista[362] en sus indagaciones antropológicas, muy lejos del funcionalismo estructuralista que otorgaba primacía a las estructuras sociales.

Por el contrario, el antropólogo franco-belga Claude Lévi-Strauss (1908-2009) fue un convencido defensor del estructuralismo, punto de vista difundido por el gran antropólogo inglés Alfred Reginald Radcliffe-Brown (1881-1955). La noción de estructura que Levi-Strauss adoptó en sus investigaciones no poseía la riqueza y profundidad de las empleadas en ciencias como la física o las matemáticas, lo que limitó el alcance de sus conclusiones. Para este antropólogo, las estructuras de parentesco no se definen por la genealogía de los individuos, sino más bien por el régimen de alianzas establecido entre diversos linajes a través de matrimonios y emparejamientos mutuos[363].

Muy polémica fue también su afirmación de que la mentalidad primitiva de los hombres del Neolítico operaba con categorías intelectuales equiparables a las utilizadas por la ciencia moderna, de modo que cabía hablar en cierto sentido de una «ciencia prehistórica». Asimismo, Levi-Strauss se ocupó de analizar las mitologías en busca de unidades básicas —los «mitemas»— comunes a todos los mitos y leyendas de las culturas ancestrales. Esta tentativa se encontró con severas objeciones desde el flanco del materialismo cultural, empeñado en explicar los rasgos culturales a partir de las condiciones materiales de la vida humana en sus diferentes épocas y lugares.

El antropólogo estadounidense Marvin Harris (1927-2001), reconocido como la principal figura del materialismo cultural, desplegó toda clase de esfuerzos a lo largo de su vida para proporcionar una sólida base a la antropología, tanto empírica como teórica, compatible con el resto de las ciencias sociales y naturales. El materialismo cultural de Harris se apoyaba en disciplinas tan variadas como la economía, la demografía, la ecología o la biología evolucionista, con el fin de obtener una visión lo más amplia posible de los fenómenos culturales[364]. Así explicó en términos económicos y sociales —escasez de pastos, perdida de riqueza— la exclusión de algunos animales en la dieta por sanción religiosa, como las vacas en el hinduismo o el cerdo en el islam.

---

362 Asimismo, Malinowski suscribía las tesis psicoanalíticas de Freud, aunque discrepaba del carácter universal de complejos como el de Edipo.

363 Levi-Strauss (1963, 1969). Véase también Hénaff (1998), Doja (2008, 2010) y Wilcken (2011).

364 Harris (1987, 1997a, 1997b, 1998, 2004, 2005a, 2005b) y Sanderson (2007).

Diametralmente opuesta a mentalidades como la de Harris se halla la obra del estadounidense Clifford James Geertz (1926-2006), quien entiende la cultura como una trama de símbolos y signos creados por el hombre para codificar sus orientaciones ante la vida. Para Geertz, el antropólogo no debe buscar pautas ni leyes, sino la comprensión de significados, a menudo mediante una intuición especial que solo puede surgir cuando nos sumergimos como un miembro más en la comunidad bajo estudio. Naturalmente, Geertz y los demás defensores de esta tendencia idealista en antropología no aportaron apenas conocimientos nuevos o valiosos[365], aunque sí ganaron gran popularidad porque sus trabajos de campo están tan agradablemente escritos —como los de Levi-Strauss—, que se leen con el mismo deleite que una buena novela de aventuras.

Los hallazgos antropológicos se han visto ocasionalmente envueltos en debates con un marcado cariz político, cuando las costumbres de pueblos ajenos a la cultura occidental se han adoptado como patrón de comparaciones más que controvertidas. Uno de los casos más célebres tuvo lugar en torno a los trabajos de la estadounidense Margaret Mead[366], acerca de los nativos de la isla polinésica de Samoa, en 1925. La liberalidad de las costumbres sexuales de los samoanos previas al matrimonio y las peculiaridades de los ritos de paso a la edad adulta incitaron a Mead a condenar la mentalidad represiva de la sociedad de su época, lo que a su vez le llevó a cosechar duras críticas desde los sectores más conservadores de la misma.

Pero en 1983 un antropólogo neozelandés, Derek Freeman, reprobó las investigaciones de Mead con inusitada ferocidad[367]. Freeman la acusó de haber sido poco rigurosa en sus conclusiones y haberse dejado engañar por las fabulaciones de los samoanos, cuya lengua la antropóloga no dominaba. Mead ya había fallecido en aquellas fechas, pero su labor encontró muy pronto múltiples defensores que se enzarzaron con Freeman en una batalla de réplicas y contrarréplicas en las que se mezclaron innecesariamente las presuntas inclinaciones políticas de ambos bandos.

---

365 Esta reserva debe modularse, ya que algunos análisis de Geertz tienen la importancia de criticar, al analizar sistemas culturales, las tendencias reduccionistas del economicismo, biologicismo y similares.
366 Mead (2004).
367 Freeman (1983).

En definitiva, cuesta hacerse una idea cabal del resultado de la discusión, aunque tal vez ni las críticas de Freeman estaban plenamente justificadas ni los métodos de Mead tenían la solidez que ella y —sobre todo— sus seguidores consideraban. Si alguna lección cabe extraer de este lamentable episodio es que convertir un tema antropológico en motivo de enfrentamiento con tintes políticos suele reportar muy escasos beneficios a todos los contendientes.

SOCIOLOGÍA: VIVIR EN COMUNIDAD

Se ha adjudicado al francés Emmanuel Joseph Sieyès (1748-1836) el mérito de haber acuñado el término «sociología» para referirse al estudio de la vida del hombre en relación con sus semejantes. Sin embargo, el neologismo triunfó gracias a los escritos de su compatriota Auguste Comte (1798-1857), quien lo usaba como sinónimo de la expresión «física social», también empleada por Adolphe Quetelet (1796-1874). Estos primeros sociólogos de la modernidad oficiaban más como moralistas que como científicos sociales, pues también pretendían instruir a sus congéneres sobre el mejor modo de organizar sus vidas en sociedad, juzgando moralmente los medios y los fines dispuestos para ello. Tal fue el caso de Henri de Saint-Simon (1760-1825), que llegó a hablar de una «fisiología social» análoga a la fisiología humana, que ocasionalmente el médico debe sanar.

Junto con Marx y Weber, se considera hoy a Émile Durkheim (1858-1917) y a Vilfredo Pareto (1848-1923) los otros dos fundadores de la sociología moderna. Durkheim no solo creó la primera revista de sociología (L'Année Sociologique), sino que realizó las primeras investigaciones —formulando hipótesis y contrastando datos— que distinguieron esta ciencia naciente de la psicología y la filosofía política. A su parecer, la sociología era la ciencia de las instituciones que debía estudiarse mediante análisis estadísticos y razonamiento lógico; es decir, mediante teorización y verificación, como cualquier otra ciencia. Suya es, por ejemplo, la noción de «conciencia colectiva», el conjunto de creencias compartidas que actúa como elemento cohesivo aglutinando a los miembros de una sociedad.

Pareto, no obstante, llegó al terreno sociológico desde la economía política para realizar tres famosas aportaciones: la irracionalidad de las decisiones individuales, la circulación de las élites y la regla 80-20. El principio de Pareto describe un fenómeno estadístico por el cual, cuando los individuos de una población contribuyen conjuntamente a provocar un efecto colectivo, la fracción más pequeña (en torno al 20 %) produce la mayor parte de dicho efecto y, a su vez, a la mayoría de la población (un 80 %) se debe la menor contribución. Por ejemplo, Pareto estimaba que en la sociedad de su tiempo el 20 % de la población acaparaba el 80 % del poder y la riqueza, en términos aproximados, mientras que tales términos se invertían para el resto de los individuos.

Otra tesis interesante de Pareto afirmaba que las acciones de los sujetos sociales se ven guiadas por el deseo de encubrir con un velo de racionalidad aparente los impulsos irreflexivos y resortes emocionales que se hallan en la base de nuestro comportamiento. Más aún, este intelectual italiano también discrepó de la visión marxista del cambio social, pues en su opinión no eran las clases sociales oprimidas las que derrocaban a la élite dominante en cada época para dar comienzo a un nuevo periodo histórico. Lo que de verdad sucedía —a juicio de Pareto— es que unas élites resultaban sustituidas por otras («circulación de las élites») en un juego de poder al que la gran masa de la población asistía como mera espectadora o desempeñando el papel de peón.

Como ocurrió con otras ciencias sociales a lo largo de la historia, en cuanto la sociología se constituyó como disciplina independiente, quedó envuelta en intensas polémicas sobre su genuino objeto de estudio y las relaciones que cabía establecer con otros campos de investigación. Tradicionalmente la respuesta a estas preguntas —con un amplísimo repertorio de matices— provino de dos grandes escuelas de pensamiento: el individualismo y el globalismo. Con el tiempo se constató que ambas posiciones fracasaban en su intento de satisfacer los requerimientos científicos de la sociología, pero mientras tanto contribuyeron a polarizar la opinión de los profesionales en dos posiciones antagónicas nítidamente definidas.

El *individualismo* sostiene que la sociedad no es más que un agregado de individuos, de modo que basta conocer las propiedades y comportamientos de tales individuos para explicar cualquier proceso social. No habría propiedades específicas de los grupos sociales, entendidas como algo distinto de las propiedades de sus miembros, lo que justifica que el científico social deba atenerse únicamente al estudio de la conducta de los individuos particulares.

Por ejemplo, John Stuart Mill propugnaba que el objetivo de las ciencias sociales había de ser la búsqueda de las leyes que gobiernan la conducta de los individuos cuando estos se agrupan, caracterizándolos por sus rasgos psicológicos[368]. Gabriel Tarde matizó esta opinión basándose en una analogía con las afinidades químicas, pues a su juicio las explicaciones sociales debían elaborarse a partir de las interacciones de origen psicológico entre individuos. Esas interacciones podían ser de imitación o de innovación, provocando un efecto análogo a las atracciones y repulsiones entre reactivos químicos[369].

Explícitamente o no, los individualistas presuponen una serie de tesis ontológicas que son: (1º) la sociedad es básicamente una colección de individuos; (2º) como las totalidades sociales son puras abstracciones, deben evitarse los términos colectivos; (3º) esas totalidades abstractas carecen de propiedades globales no deducibles de las propiedades de sus componentes; (4º) en consecuencia, la sociedad como un todo no puede actuar de modo efectivo sobre sus componentes, pues de hecho ocurre lo contrario.

Los acompañantes metodológicos, o gnoseológicos, del individualismo se siguen de las tesis precedentes: (1º) El estudio de la sociedad equivale meramente al análisis de los individuos que la componen; (2º) la explicación última de los procesos sociales ha de ofrecerse en términos de conductas individuales; (3º) las hipótesis en ciencias sociales se ponen a prueba observando el comportamiento de individuos particulares.

Todas estas premisas tienen la virtud de poner énfasis en que los seres humanos son, en última instancia, los componentes básicos de cualquier sociedad. Desde este punto de vista, el individuo sí puede actuar sobre otros individuos, lo que a la postre influirá sobre la sociedad —que de hecho se identifica con la suma de todos sus componentes— pero no a la inversa. Y es lógico, ya que no puede darse una interacción real entre abstracciones y cosas concretas.

Si las aseveraciones de los individualistas fuesen ciertas, la economía, la sociología o la politología —entre otras ciencias sociales— carecerían de objeto. No tendría sentido hablar, digamos, de estructura familiar o de economía de empresas, ya que no existirían las familias o las empresas más allá de la simple enumeración de sus

368 Mill (1843).
369 Tarde (1890, 1898, 1901).

393

miembros. Manejamos habitualmente conceptos que perderían todo significado al separarse de su origen social, como ocurre con la inestabilidad política. Cuando un politólogo utiliza esa expresión, es obvio que la inestabilidad mencionada no se refiere a los individuos que componen la sociedad de la que habla.

El globalismo, u *holismo*, se sitúa en las antípodas del individualismo para plantear que el individuo es tan solo una pieza anónima de una maquinaria social, solo comprensible cabalmente cuando se contempla en su totalidad. El holismo concibe la sociedad como una totalidad orgánica en la cual el todo actúa decisivamente sobre cada una de las partes que lo componen, es decir, los individuos. Sus tesis ontológicas, opuestas a las del individualismo, son: (1º) la sociedad es una totalidad que trasciende a los individuos particulares que la componen; (2º) la sociedad posee propiedades globales inanalizables en términos de sus componentes; y (3º) el individuo influye sobre la sociedad —si es que lo hace— mucho más débilmente que la sociedad sobre el individuo.

La escuela alemana del siglo xix, encabezada por Hegel, destacó en esta inversión del vínculo entre el individuo y la sociedad. En lugar de admitir al individuo como elemento primario, estos autores pusieron el acento en la primacía de la sociedad, de la cual los individuos son meros subproductos. Extraídos del seno social, los individuos quedarían privados incluso de autoconciencia[370]. El discurso hegeliano sobre la sociedad recogía así las elucubraciones místicas del poeta romántico alemán Höldering, sobre un «alma del mundo» que daría sentido a todo cuanto existe.

Con independencia de sus defectos intelectuales, el globalismo tuvo la desgracia de verse asociado en la primera parte del siglo xx con las doctrinas políticas totalitarias que, mediante la deificación del Estado, buscaban encuadrar a toda la población bajo la férrea disciplina de un ideario político único. En ese contexto, la individualidad de cada sujeto se disuelve en el cuerpo colectivo de la nación, encarnado de forma incontestable por sus líderes carismáticos. Un personaje tan siniestro como el dictador italiano Benito Mussolini lo expresaba con su habitual histrionismo[371]:

---

370 Hegel (1807).
371 Gillette (2014), p. 39.

La nación no es simplemente la suma de individuos vivos, ni el instrumento de partidos para sus propios fines, sino un organismo compuesto por la serie infinita de generaciones de las cuales los individuos son solo elementos transitorios; es la síntesis suprema de todos los valores materiales e inmateriales de la raza.

También la metodología holista se refleja contraria a la del individualismo: (1º) el genuino estudio de la sociedad ha de ser global, referido al macronivel, porque el micronivel no existe o es irrelevante; (2º) los hechos sociales deben explicarse en términos de entes supraindividuales; y (3º) las hipótesis de las ciencias sociales o bien son incontrastables, o bien, lo son únicamente mediante datos globales. El holismo, en definitiva, resume sus postulados suponiendo —como Aristóteles o Marx— que el todo precede a las partes[372].

Durkheim fue otro gran autor alineado con la corriente holista, a cuyo juicio los hechos sociales, autónomos en sí mismos, pueden constreñir y afectar las acciones de los individuos de un modo que no se da recíprocamente. Sin embargo, en paralelo con los defectos del individualismo, tampoco los holistas consiguen eludir conceptos que les son ajenos, como los intereses de los individuos. Por ejemplo, cuando Marx habla de los intereses de los capitalistas, queda claro que se refiere a individuos concretos que se distinguen de los demás por su nivel superior de riqueza. De ahí que los afluentes profundos de este debate siguiesen discurriendo a lo largo del siglo XX y traspasaran, con disfraces más o menos efectivos, los umbrales del tercer milenio de nuestra era[373].

LA SOCIEDAD COMO SISTEMA

Frente a la división creada por estas dos grandes corrientes de pensamiento, en el último tercio del siglo XX surgió una tercera opción que pretendía recoger los mejores frutos de ambas tradiciones, el denominado *sistemismo.* Los sistemistas afirman que la sociedad debería

---

372 Aristóteles (1941), L. I, Cap. 2, 1253a.
373 O'Neill (1973), Udehn (2001), List & Spiekermann (2013), Zahle & Collin (2014).

entenderse como un sistema formado a su vez por subsistemas que se solapan parcialmente en determinados aspectos[374]. Los sistemas vendrían definidos por grupos de individuos vinculados entre sí por relaciones específicas muy diversas (económicas, familiares, jerárquicas, etc.). En este enfoque sí tienen cabida las propiedades emergentes, típicamente originadas por las interacciones entre los componentes del sistema, aun cuando tales componentes no las posean ellos mismos de forma individual.

La inmensa mayoría de los científicos sociales, aunque se pronuncien en otro sentido, de hecho actúan en la práctica como sistemistas, pues estudian individuos en tanto componentes de sistemas sociales, o estudian sociedades considerando las interacciones mutuas de los individuos que las componen. Al analizar —supongamos— las clases sociales en un determinado país, emplearemos conceptos como la distribución de ingresos entre una cota máxima y otra mínima, el nivel educativo, las afinidades políticas, el grado de participación comunitaria y cualesquiera otras propiedades o conductas que estimemos oportunas. Es decir, tomamos variables individuales[375] y constituimos con ellas propiedades colectivas que definen agrupaciones sociales.

El estadounidense Talcott Parsons (1902-1979) es considerado, con justicia, una de las más influyentes figuras en la sociología de su país, y por extensión en el resto del mundo. Parsons hablaba de la sociedad como un sistema, pero lo hacía de un modo más cercano al holismo antes comentado, que a una genuina perspectiva sistemista. Políticamente muy conservador, en su opinión uno de los valores centrales de cualquier sociedad era la cohesión interna, la estabilidad de sus instituciones y, en definitiva, la ausencia de cambios, si bien admitía la necesidad de los cambios sociales propiciados por los avances técnicos. Un planteamiento tal conduce casi indefectiblemente a posiciones reaccionarias, con la condena de cualquier tipo de disensión interna que amenace la uniformidad social. Sin duda, el clima de enfrentamiento con la Unión Soviética pesó en las ideas de Parsons, quien nos brinda un espléndido ejemplo de un sociólogo notablemente influido él mismo por el ambiente cultural en el que se desenvuelve.

---

374 Bunge (1999, 2000a, 2000b), James (2004), Wan (2011).
375 Por ejemplo, solo cabe hablar propiamente de la educación de personas, no de grupos.

El alemán Niklas Luhmann (1927-1998) también empleaba profusamente la palabra «sistema» en sus escritos, aunque nunca pasó de ser un completo charlatán, motivo por el que acaso haya gozado de tan considerable popularidad. Este autor sostenía que en el análisis sociológico los individuos carecen de importancia frente a la información que se intercambian entre ellos. La información en sí misma constituye el verdadero objeto de estudio de la sociología, que debe ocuparse de las redes por las cuales se transmite en una comunidad determinada. Sin embargo, los nodos de esas redes —los individuos— no importan, lo que nos deja ante una sociedad vacía, una «sociedad sin socios», es decir, un sistema inexistente. Luhman nunca encontró pauta social alguna, jamás explicó fenómenos sociales ni realizó la menor contribución positiva al conocimiento sociológico.

Para determinar si un individuo pertenece, o no, a un cierto grupo social, necesitamos haber definido de antemano dicho grupo. Por ello, un individualista estricto, que rechaza la noción de sistema social, encontrará graves dificultades para explicar por qué las personas se comportan de modo tan distinto en una familia, digamos, y en una empresa. El científico que desee realmente explicar las acciones sociales de los individuos no puede eludir la necesidad de incluir el entorno colectivo —el medio social, en suma— en el que se desenvuelven los sujetos investigados. Y a su vez, cada grupo social ha de caracterizarse en términos de los individuos que lo componen, así como de las actividades o funciones específicas de sus componentes.

Dado que se trata del concepto central del sistemismo, la cuestión ahora es cómo caracterizar un sistema social. Al igual que en los sistemas físicos, químicos o biológicos, el modo más sencillo de hacerlo consiste en determinar su composición (C), estructura (E), entorno (S) y mecanismo (M). Tendremos así el que podríamos llamar modelo CESM [376], puesto que identifica un sistema social con el cuarteto ‹C, E, S, M›. La composición C de un sistema cualquiera viene dada por la totalidad de sus miembros, definidos mediante algún criterio previo de pertenencia. Formado por todo lo que no pertenece al sistema, el entorno S influye sobre él en aquellas partes donde establece algún tipo de conexión con el sistema.

El mecanismo M se refiere a la serie de procesos que permiten desempeñar al sistema sus funciones. Como cabe suponer, cada sistema

---

376 Bunge (1979).

involucrará diferentes mecanismos dependiendo de las funciones que los caractericen. Las funciones sociales de una escuela, una empresa o un partido político son claramente distintas, y diferentes serán los mecanismos por medio de los cuales se realicen. La mecánica de funcionamiento de una empresa —pongamos por caso— abarcaría los procesos materiales de obtención del artículo que se comercializa, la distribución del producto y la gestión administrativa (publicidad, compraventa, salarios, permisos legales, impuestos, etc.).

El concepto de estructura exige detenernos un tanto más. Tomemos una propiedad cualquier P_1 que pueda ser poseída por algún elemento de C, y establezcamos una relación de equivalencia entre todos los elementos de C que de hecho la posean. Con ello estamos realizando una partición de C en un subconjunto A_1 cuyos miembros se caracterizan por la posesión de P_1. El criterio escogido puede ser cualquiera que el científico social estime conveniente para los fines de su investigación: edad, nacionalidad, sexo, ideología, profesión, estado civil, titulación académica... Es decir, para cada propiedad P_i elegida como criterio de selección, obtendremos un agrupamiento distinto de los miembros de C expresado por la partición A_i, entre cuyos miembros se establecen unas relaciones basadas en P_i. Entonces, llamaremos estructura E de C a la familia de todas las particiones $\{A_1, A_2, A_3, ..., A_n\}$.

Conviene destacar el carácter convencional, que no subjetivo, de la estructura de un sistema cualquiera así concebida. El científico social elige las propiedades objeto de estudio en cada caso particular, delimitando con ello la estructura de su interés, pero no las inventa, ni elimina el resto de relaciones objetivamente existentes entre los miembros del sistema No creamos la estructura de parentesco en un cierto sistema social cuando decidimos estudiarla, ni con ello desaparecen las afinidades políticas o las distinciones profesionales entre los miembros del grupo. Aunque nos fijemos tan solo en una cierta estructura de C, el progresivo enriquecimiento de E sigue siendo posible si ampliamos el alcance de la investigación.

Hay asimismo multitud de criterios para catalogar las propiedades de los componentes de cualquier sistema, algunos de los cuales pueden resultar de interés para nuestro caso. Una propiedad intrínseca tan solo depende del individuo que la posee, a diferencia de las propiedades relacionales, que son función de las relaciones del individuo con su entorno (en el cual se incluye la interacción con otros individuos). La edad, digamos, sería una propiedad intrínseca de cada persona, aunque la mayoría de edad legal vendría dada por el ordenamiento jurídico del lugar donde la persona habite.

Una propiedad genérica pertenece a todos los miembros de un grupo, como la edad —mencionada antes— que nos sirve para medir el tiempo transcurrido desde el nacimiento de una persona. Pero cuando nos referimos al valor específico de esa edad para una persona concreta (la edad t del individuo x), estamos tratando con una propiedad individual puesto que atañe a un solo individuo. Las propiedades sistémicas o emergentes, por el contrario, pertenecen al sistema en su conjunto, aunque no a cada uno de sus miembros por separado. La estabilidad política, la cohesión social o el equilibrio económico son propiedades emergentes de diferentes subsistemas de la sociedad en su conjunto; ningún individuo aislado posee alguna de esas propiedades y, sin embargo, resultan características muy relevantes de la dinámica social.

Por último, nos encontramos con el concepto de nivel de organización como el conjunto de todos los sistemas de un mismo tipo. Podemos así hablar del nivel biológico, como la colección de todos los sistemas biológicos de una parcela de la realidad en la que fijamos nuestra atención, del mismo modo que cabe abordar el nivel físico, social, químico, etc. En realidad existe un orden jerárquico entre tales niveles, ya que el nivel social descansa sobre el nivel biológico —los componentes de una sociedad han de estar vivos—, el cual depende del nivel químico y, a su vez, este se apoya en el nivel físico fundamental.

FENÓMENOS Y LEYES SOCIALES

El enfoque sistémico aplicado a las ciencias sociales nos permite analizar fenómenos peculiares a los que, de otro modo, resultaría bastante menos sencillo encontrar explicación. Uno de ellos es la denominada «espiral del silencio», por la politóloga alemana Elisabeth Noelle-Neumann (1916-2010), que dio nombre primero a un artículo y después a un libro enteramente dedicado a la cuestión[377]. En estos trabajos la investigadora alemana pone de relieve un asunto capital

377 Noelle-Neumann (1974, 1995).

en las relaciones sociales que a menudo pasa desapercibido, como es la evolución de la opinión pública y sus repercusiones sobre la opinión individual de temas de interés colectivo.

Todos creemos opinar con libertad tras haber seleccionado las informaciones que consideramos supuestamente imparciales y objetivas. Y todos sabemos también que existe una gran diversidad de opiniones en el seno de las sociedades modernas, aunque cada uno de nosotros tienda a pensar que la nuestra es la mayoritaria porque —cómo no— goza de los más sólidos fundamentos. Noelle-Neumann acercó la lupa sociológica a tales suposiciones y descubrió que la realidad suele ser bien distinta. El instinto gregario de los seres humanos, su deseo de pertenencia a una comunidad de semejantes, resulta ser uno de los impulsos primarios que gobiernan la formación de nuestras opiniones, operando en todo momento aunque escape a nuestra atención. Por ello tendemos a elaborar nuestras opiniones en el molde de lo que creemos el parecer mayoritario de nuestro entorno.

El modelo de comportamiento propuesto por Noelle-Neumann sugiere que los individuos detectan, conscientemente o no, cuáles son las opiniones mayoritarias a su alrededor sobre los asuntos más controvertidos, y adaptan su propio pensamiento a ese clima social. El temor a verse rechazados por el grupo y quedar aislados —una eventualidad terrible para nuestros primitivos ancestros— opera tan profundamente en nuestro interior que nos conduce, en general, a un cierto conformismo colectivo en el que la opinión percibida como dominante se impone por el simple desistimiento de muchos de los que podrían oponerse a ella. Así aparece la espiral del silencio: cuanta más gente aparenta someterse a la opinión mayoritaria, mayor coraje requerirá alzar la voz en su contra.

Sin embargo, no ha de perderse toda esperanza de cambio, pues siempre encontraremos un núcleo duro de personas suficientemente concienciadas y valerosas como para resistir los embates de una opinión pública convertida en tirano invisible. Este reducto disidente acaso vaya ganando adeptos poco a poco hasta que se alcance una «masa crítica» —un cierto número de sujetos difícil de estimar— dentro de la sociedad, que permite cambiar el estado de opinión general o, al menos, abrir sendas más cómodas para la discrepancia. El proceso puede continuar hasta que la opinión antes minoritaria se hace mayoritaria, aplastando cualquier alternativa, y el ciclo vuelve a comenzar.

No cabe duda de la importancia del análisis de Noelle-Neumann en una sociedad completamente aherrojada por las llamadas «campañas de sensibilización», auténticas embestidas propagandísticas a través de los medios de comunicación de masas. Esos planes de concienciación son promovidos por gobiernos y empresas —a menudo de consumo—– con el fin de deslizar el estado de opinión social en la dirección de sus intereses, no siempre coincidentes con el interés general. Y no debemos pensar que, en épocas en las que los medios de comunicación social no eran tan poderosos como hoy, la espiral del silencio se enroscaba con menor virulencia. Bástenos pensar en la persecución de presuntos comunistas llevada a cabo tras la Segunda Guerra Mundial en los Estados Unidos o la búsqueda y ajusticiamiento de acusados de brujería por las autoridades medievales, y podrían mencionarse ejemplos mucho más recientes debidos a quienes califican de «delito de odio» cualquier opinión que difiera de la suya.

El politólogo y sociólogo alemán Robert Michels (1876-1936) también descubrió una regularidad que, a juzgar por los hechos históricos, parece casi tan inexorable como una ley física. Alumno de Max Weber, Michels alcanzó la fama entre sus colegas en 1911 gracias a un libro dedicado al funcionamiento de los partidos políticos en las democracias occidentales, donde aparecía su conocidísima «ley de hierro de las oligarquías», que ha traspasado con creces los límites de la política[378]. Esta ley sostiene que en cualquier organización social —política o de otro tipo— que supera un cierto tamaño tiende inevitablemente a engendrar en su seno una oligarquía que acaba desnaturalizando sus objetivos fundacionales.

Cuando una organización crece en dimensiones, su complejidad aumenta y aparece la necesidad de contar con individuos capaces de gestionar esa complejidad. Entonces resulta ineludible que esos gestores vayan constituyendo una élite dirigente que se esforzará en justificar sus prerrogativas especiales, insistiendo en el dilema entre eficacia de gestión (rapidez en las decisiones, cohesión interna, burocracia profesionalizada, etc.) y democracia interna. Como ese dilema es absolutamente real, poco cuesta a esa nueva oligarquía convencer a los miembros de la organización que deben delegar sus poderes en ellos y posponer la realización de sus ideales.

---

378 Michels (2008). La expresión «de hierro» se refiere a la inflexibilidad atribuida a este enunciado.

A favor de los oligarcas juega la propensión colectiva a dejarse conducir por dirigentes carismáticos, que se sirven de la impericia de las masas para resolver problemas complejos y de la inclinación humana al culto a la personalidad de los caudillos. Por eso Michels creía que el parlamentarismo estaba condenado en cualquier caso a convertirse en un régimen de alternancia de oligarquías, en la que el pueblo no desempeñaría otro papel que el de elegir entre unas u otras (y ello suponiendo que su elección fuese verdaderamente libre). Aunque consideraba la democracia un mal menor, Michels se aproximó a los regímenes fascistas de Italia y Alemania hacia el final de su vida, sin que llegase a contemplar las desastrosas consecuencias de ambas dictaduras.

A finales del siglo XIX, los filósofos neokantianos sostuvieron que las ciencias sociales eran de tipo ideográfico, es decir, se limitaban a describir hechos concretos glosando sus particularidades, a diferencia de las ciencias naturales, que eran nomotéticas, dado que formulaban leyes para explicar y predecir fenómenos. Los neokantianos parecían olvidar que en las ciencias naturales la única manera de obtener leyes consiste en estudiar los hechos particulares y plantear hipótesis que contengan generalizaciones de las regularidades constatadas. Del mismo modo, en las ciencias sociales también se opera con regularidades semejantes a las del mundo natural, habida cuenta de que cada vez que intentamos explicar un hecho social suponemos la validez de las generalizaciones en las que nos apoyamos.

La diferencia relevante entre las leyes naturales y las sociales no reside tan solo en que las últimas se hallen mucho menos desarrolladas que las primeras; también ocurre que al conjeturar pautas en los fenómenos sociales hemos de tener en cuenta los juicios de valor que a ellos asignamos y las reglas de conducta convencionalmente establecidas para vivir en sociedad. Veámoslo más claramente con el ejemplo de una hipotética escuela muy prestigiosa a la que aspiran a acudir la mayoría de los estudiantes del entorno:

— Dato: *La gran reputación del colegio x sobre la calidad de sus enseñanzas.*
— Juicio de valor: *Es preferible recibir una enseñanza de calidad.*
— Hipótesis: *El prestigio de x es fiable como indicador de su calidad educativa.*
— Regla: *Deben cumplirse ciertos requisitos para ingresar en una escuela.*

— Ley general: *El prestigio es un factor importante en las conductas sociales.*

— Ley particular: *La buena reputación resulta atractiva para el público y suele ampliar el número de candidatos al ingreso en una institución académica.*

Como vemos, en este ejemplo tan simplificado, se da la conjunción entre un dato, un juicio de valor, una hipótesis indicadora y dos pautas sociales que aspiran al estatuto de leyes, una general y otra particular. El hecho que se da por sentado, y constituye el dato inicial, es el prestigio de una cierta institución educativa, para acceder a la cual han de cumplirse determinadas normas convencionales. Por hipótesis, se considera que la buena reputación es un indicador de la calidad de la enseñanza allí impartida. Y como un juicio de valor considera deseable una educación de calidad, tenemos un enunciado particular que señala la preferencia mayoritaria de los individuos por los centros educativos con buena reputación. A su vez, este enunciado puede tomarse como aplicación particular de un principio más general, concerniente a la importancia que los sujetos conceden al prestigio en el momento de decidir sobre alguna cuestión.

Existen múltiples generalizaciones empíricas que cabe extraer del análisis de los datos sociológicos recogidos en muy diversas comunidades y épocas. Por ejemplo, la tasa de natalidad en una población suele ser directamente proporcional a la mortalidad infantil promedio e inversamente proporcional al nivel de ingresos de los individuos. Los fenómenos de superpoblación tienden a ocasionar casos de infanticidio o procesos de control de la natalidad. O también se constata que el rápido aumento de la población en una comunidad presiona sobre los recursos naturales de los que esta se nutre y puede provocar periodos de escasez que desemboquen en conflictos políticos.

Hay muchas otras pautas sociales detectables, entre las que mencionaremos solo algunas. Las sociedades con economías de subsistencia son en su mayoría igualitarias, mientras que aquellas con excedentes se hallan estratificadas (distribución no uniforme del poder). Toda innovación tecnológica que altera el modo de producción de los bienes afecta también a la movilidad social. La industrialización acelera la transición a la vida urbana, lo que a su vez tiende a sustituir la familia extensa por un tipo de familia nuclear. Estas son algunas de las regularidades objetivas que los científicos sociales utilizan tácitamente, con independencia de que en su mayoría se presenten como enunciados cualitativos, a menudo bastante difíciles de cuantificar.

La pregunta que siempre ha sobrevolado las ciencias sociales desde su mismo nacimiento nos convoca a explicar por qué no parece posible obtener para esta clase de fenómenos leyes con el mismo grado de fiabilidad que en física o química. En otras palabras, ¿a qué se debe la tan ostensible distinción entre ciencias sociales y naturales? El filósofo estadounidense John Searle avanza una interesante posibilidad señalando que la cisura entre ambos territorios se debe al componente ineludiblemente mental —o, si se quiere, psicológico— de los hechos sociales[379]:

> *Un rasgo esencial es este: para un buen número de fenómenos sociales y psicológicos el concepto que nombra el fenómeno es, él mismo, un constituyente del fenómeno. Para que algo cuente como una ceremonia de matrimonio, o un sindicato, o una propiedad, o dinero, o incluso una guerra o revolución, la gente incluida en esas actividades tiene que tener ciertos pensamientos apropiados. Así, por ejemplo, tienen que pensar que eso es lo que es. [...] Pero no hay nada parecido en las ciencias biológicas y físicas. Algo puede ser un árbol o una planta, o alguna persona puede tener tuberculosis incluso si nadie piensa: «He aquí un árbol, una planta o un caso de tuberculosis», e incluso si nadie piensa sobre ello en absoluto. Pero muchos de los términos que describen los fenómenos sociales tienen que entrar en su constitución. Y esto tiene el resultado de que tales términos tienen un género peculiar de autorreferencialidad.*

Es cierto que existe un elemento de autorreferencia en los fenómenos sociales inexistente en los fenómenos naturales, toda vez que la sociedad está compuesta por individuos a los que se supone conscientes de sus propios actos. La intencionalidad y los juicios éticos a ella asociados, componentes básicos tanto de la sociología como de la psicología, carecen de contrapartida en las ciencias de la naturaleza, lo que otorga una especial consideración a las ciencias sociales. Pero cabe dudar, por ejemplo, de que realmente necesitemos tener pensamientos apropiados para que un fenómeno social se considere como tal. Un

---

379 Searle (1990), p. 89.

hombre que se casa con una desconocida durante una borrachera en Las Vegas suma a su resaca el estupor de ese matrimonio inesperado.

Hay contratos fraudulentos, cargos desempeñados irresponsablemente y muchos otros actos sociales en los cuales los individuos pueden, o no, ser conscientes de la naturaleza y alcance de la actividad en la que participan. Los enfurecidos parisinos que asaltaron la Bastilla el 14 de julio de 1784 muy probablemente no eran conscientes en ese momento de que aquella acción acarrearía el fin de la monarquía francesa y la sociedad estamental, el imperio napoleónico y una guerra continental que sacudiría los cimientos institucionales de la política europea en el siglo xix. Sin duda no se imaginaban que estaban participando en una revolución histórica, y, sin embargo, así lo hicieron.

Searle va un paso más allá, subrayando con acierto que no hay límites para la realización material de ciertos fenómenos sociales, como la institución del dinero, por ejemplo. A lo largo de la historia el dinero se ha ido concretando en objetos tan diversos como conchas de moluscos, joyas, monedas, papel impreso o cualquier otra forma que adopte en el futuro. Searle ve en esto un obstáculo insalvable para el establecimiento de leyes sociológicas cuando debería ocurrir al contrario. Precisamente porque el dinero opera del mismo modo con independencia de la forma física en que se presente, deberíamos sospechar de la existencia de pautas objetivas similares a las leyes típicas en otras ciencias.

De hecho así sucede también en la física; un sistema oscilante puede materializarse de muy diversas formas (un péndulo, un muelle, una onda electromagnética, una onda elástica, etc.) y de ello no se sigue que sea imposible estipular las leyes del movimiento oscilatorio. Searle tiene razón cuando afirma que la faceta social de un fenómeno está determinada, en parte, por las actitudes que mostramos hacia él, pero se equivoca cuando considera imprescindible una conexión sistemática entre las propiedades físicas y los rasgos sociales (o psicológicos) de un fenómeno. Incluso aunque resultase imposible perfilar leyes psicológicas de alguna clase —algo que está muy lejos de ser evidente— nos queda el aspecto sistémico de las relaciones sociales. Los grupos sociales son sistemas de elevada complejidad que obedecerán las leyes generales de cualquier sistema complejo, lo que no es poca cosa.

Dado por descontado que han de invertirse mayores esfuerzos en su búsqueda y delimitación, la existencia de leyes sociales no se ve impedida por las objeciones de Searle. Serán, sin duda, enunciados muy distintos a los de la mecánica newtoniana, y es posible que guarden una mayor semejanza con la mecánica estadística. En ambos casos, si bien no podemos conocer el comportamiento individual de un elemento del sistema, sí cabe determinar rasgos generales de la conducta del sistema como un todo. Y si eso se logra, no mucho más puede exigirse a una ciencia social.

LA REALIDAD COMO CONSTRUCCIÓN SOCIAL

El filósofo griego Epícteto (55-135), famoso entre los estoicos, ya había advertido que la mayoría de nuestras tribulaciones no se derivan de los sucesos que nos ocurren, sino de nuestras reacciones ante ellos. Con semejante admonición pretendía subrayar que los acontecimientos de nuestras vidas suelen ser susceptibles de muy diversas interpretaciones. Casi dieciocho siglos después, el sociólogo estadounidense William Thomas (1863-1947) puso al día el lema de Epícteto en un famoso enunciado, indebidamente ennoblecido con el nombre de «teorema» (pues no se deducía lógicamente de ningún axioma previo). El enunciado de Thomas venía a decir que cuando la gente considera real una determinada situación —lo sea de veras o no—, sus consecuencias resultan las mismas que si fuera ciertamente así[380].

Thomas trabajaba con muchachos conflictivos y se percató de que unas expectativas desfavorables sobre la conducta de un sujeto propiciaban que su comportamiento fuese de hecho peor que si se partía de unas previsiones más halagüeñas. Análogamente ocurre, digamos, cuando una persona se convence de que sus amistades la tratan desconsideradamente y no cesa de quejarse sobre ello. Aunque no suceda realmente así, sus amigos, hartos de lamentos sobre desaires imaginarios, acabaran por volverle la espalda, dando certidumbre a sus sospechas. Este ejemplo constituía un caso de lo que suele llamarse «profecía autocumplida»: pronosticamos un acontecimiento y nuestra conducta ulterior configura las condiciones para que ese acaecimiento verdaderamente tenga lugar y nuestro pronóstico se cumpla.

---

380 Thomas (1928), pp. 571-572. Véase también Thomas (1967).

El ejemplo recogido por Thomas en su libro difiere de las profecías autocumplidas, por cuanto presenta el caso de dos fuerzas militares combatiendo en una isla remota sin saber que sus respectivas naciones ya han acordado cesar las hostilidades. Aquí nos las vemos con un caso obvio de información deficiente, pues de saber que la guerra había finalizado, los soldados de ambos bandos en la isla no hubiesen proseguido la lucha. Así pues, parece evidente que la proyección de nuestras creencias e impresiones subjetivas sobre la realidad externa influye decisivamente sobre nuestra conducta práctica. Esta conclusión se halla muy lejos de la falacia habitual, repetida en muchas lecciones de sociología, según la cual «la realidad es una construcción social». No solo los posmodernistas suscriben esa afirmación, de modo que merecerá la pena analizarla con sumo cuidado.

Decir que la realidad es una construcción social puede tener un significado u otro dependiendo de cómo interpretemos «realidad», «construcción» y, más concretamente, «construcción social». Por «realidad» solemos entender el conjunto de todas las cosas que existen materialmente y los cambios que en ellas acaecen. Las cosas y sus cambios existen materialmente, sin duda, pero el conjunto de todas ellas no. Cualquier conjunto es una creación conceptual de nuestra mente, por lo cual resulta del todo pertinente sostener que la realidad, como conjunto, no tiene existencia material. Desde luego que hay genuinas construcciones sociales: valores comunitarios; dioses de religiones y mitologías; el miedo estadounidense al comunismo en la segunda posguerra mundial; la supuesta obviedad de que el espectro político se puede dividir en izquierda/derecha; la percepción de enemigos y amigos políticos, etc. Multitud de elementos de los sistemas culturales desaparecerían sin los humanos, de lo que se deduce que provienen de una evidente construcción social.

Sin embargo, no parece que sea eso lo que pretenden afirmar los constructivistas acérrimos. Quienes alegan que la realidad se construye están equiparando implícitamente «construcción» con «invención». Y no es que pretendan convencernos de que la realidad material es una ilusión de nuestra mente, sino más bien que al considerar algo real estamos adoptando una decisión arbitraria, una convención social, como el uso de la corbata en el vestuario masculino o la falda en el femenino. La realidad sería entonces poco más que el fruto de un acuerdo social o, más propiamente, un «delirio colectivo».

Paradójicamente, la palabra delirio nos remite a distorsiones en nuestra percepción de la realidad. Por tanto, hay una realidad independiente de nosotros, cuya percepción se ha distorsionado, en contra de quienes opinan que todo es una fantasmagoría socialmente establecida. En este momento, la respuesta habitual es que no se duda de la existencia de las cosas materiales, sino de las verdades que afirmamos sobre ellas. Ya vimos en capítulos anteriores que para las ciencias formales (lógica y matemáticas) basta un criterio de verdad basado en la coherencia; los enunciados válidamente deducidos sin contradicciones internas son por ello mismo verdaderos.

Distinta es la exigencia de las ciencias naturales, donde el criterio de verdad se funda en la correspondencia con los hechos que los enunciados científicos tratan de representar. No cabe la menor duda de que somos falibles, podemos equivocarnos y de hecho nos equivocamos en el intento de contrastar nuestras hipótesis sobre el mundo natural. Pero reconocer que podemos equivocarnos no significa sostener que siempre nos equivocamos; tan poco razonable sería creer eso como convencernos de que siempre acertamos. En dosis excesivas, un rígido escepticismo resulta tan dañino como la más ingenua credulidad.

El conocimiento científico se construye en un sentido muy semejante al de la construcción de, por ejemplo, una cabaña. Talamos los troncos, cortamos algunas de sus partes para lograr la forma deseada y los ensamblamos para crear una estructura antes inexistente. No creamos la madera mediante un deseo de nuestra mente o una convención social; sencillamente la reconfiguramos y la dotamos de una organización que no poseía. Eso es construir: reorganizar los materiales de que disponemos para dotarlos de una estructura de la que carecían previamente. Construir el conocimiento científico significa, pues, tomar los datos empíricos —de nuestros sentidos o provenientes de instrumentos— y aplicar sobre ellos criterios de racionalidad que nos permitan componer ese armazón simbólico que llamamos teorías científicas.

Si nos paramos a pensarlo unos momentos veremos que la frase «la verdad es una construcción social» se presenta como la contrapartida actual de la vieja sentencia filosófica «la realidad es una ilusión de nuestros sentidos». En ambos casos se nos invita a admitir que la información obtenida del mundo exterior, ya sea en solitario o en compañía de otros, se reduce a un amasijo de espejismos y alucinaciones nada fiables. Por eso, declarar solemnemente que nuestros sentidos nos engañan se contempló a lo largo de los siglos como una afirmación sabia y profunda; pero, ¿realmente lo era?

Cuando tocamos una plancha de madera y una lámina de metal colocadas en la misma habitación, y por ello a la misma temperatura, el metal nos parece bastante más frío que la madera. ¿Debemos concluir, entonces, que nos engañamos al confiar en nuestros sentidos? Ciertamente no, porque la información sensorial nos transmite un hecho cierto: la sensación que nos produce el contacto con la madera difiere de la provocada por el metal. No obstante, como ambos se hallan a la misma temperatura, esa diferencia ha de atribuirse a alguna disparidad de propiedades entre esos dos materiales.

Una combinación de trabajo teórico y experimental desemboca en el concepto de «conductividad térmica», que explica no solo la diferencia de sensaciones al tocar esos dos objetos, sino multitud de otros fenómenos relacionados con el calor y la temperatura. Por consiguiente, no nos engañan los sentidos, sino aquellos que nos intentan convencer de que hay otra manera de acceder a la realidad que no pase por una intensa elaboración intelectual de los datos empíricos a nuestro alcance.

¿Qué significa, por fin, la «construcción social» del conocimiento? La pregunta es delicada por cuanto abarca un variadísimo abanico de posibilidades. Desde afirmar que ciertos hechos son una pura invención social, hasta el mero reconocimiento de que la ciencia la elaboran seres humanos en un determinado contexto histórico y cultural, las versiones del constructivismo sociológico son muchas y muy dispares. La más extrema resulta insostenible por lógicamente contradictoria: no todo puede estar socialmente construido porque entonces, quién construye al constructor sería una pregunta sin respuesta a menos que nos remitamos directamente a la divinidad y salgamos sin más del campo sociológico.

La alternativa supone reconocer que los científicos, como individuos concretos, no quedan al margen de las tendencias culturales, influencias políticas, presiones industriales, corrientes ideológicas, limitaciones presupuestarias, dependencias jerárquicas y otros muchos factores sociales que pueden condicionar sus investigaciones retardándolas, acelerándolas, dirigiéndolas hacia terrenos fértiles o a un punto muerto. Pero admitirlo así es sencillamente trivial y solo un supino ignorante podría negar esa clase de construcción social en la ciencia. Estos dos extremos se recogen en sendos libros que vienen a ilustrar ambos puntos de vista[381]. En *Construyendo los Quarks*,

---

381 Pickering (1999) y Hacking (1999).

Andrew Pickering narra una historia de la física de partículas cuyo acento marcadamente sociológico invita a pensar al lector —quizás sin desearlo el autor— que casi todo en la ciencia básica brota de convenciones sociales. Por el contrario, Ian Hacking, en *¿La construcción social de qué?*, revisa de manera crítica esta postura para ofrecernos una visión constructivista del constructivismo social plena de agudeza, ironía y sensatez.

Si los extremos están muy bien definidos, no sucede así en las franjas intermedias, algunas de las cuales se exponen en el texto de Hacking al tratar las dolencias psiquiátricas. En ellas se observa la diferencia existente entre su origen natural (una alteración genética, neurológica o bioquímica) y las proyecciones sociales que las envuelven (técnicas diagnósticas aplicables, consideraciones deontológicas, repercusiones laborales, respuesta familiar, valoración de la gravedad, etc.). Todo aquello que no pertenece a su base material puede incluirse en lo que denominaríamos la matriz social. Los fenómenos naturales y sociales —los hechos en bruto— no son creados por la matriz social, pero es esa matriz la que permite interpretarlos y plantear las preguntas que llevarán a su descubrimiento.

El papel desempeñado por la matriz social en los hallazgos científicos inspiró en algunos autores un escepticismo radical análogo al que los supuestos engaños de los sentidos despertaron en los filósofos clásicos. En lugar de nuestros sentidos lo que ahora nos engaña, es la matriz social en la que estamos inmersos, de lo cual se deduce —faltaría más— que no podemos confiar en la existencia de una realidad objetiva independiente de nosotros. Estos autores olvidan que la matriz social, lejos de introducir sesgos indeseables, nos proporciona el soporte imprescindible en el cual cultivar el conocimiento. Frente a la infinita variedad de fenómenos que nos rodean hemos de disponer de unos criterios de selección, si no queremos vernos arrastrados a un torbellino de caos e incongruencias. Esos criterios, proporcionados por la matriz social, deben basarse en la racionalidad y las capacidades técnicas de cada momento, no en tradiciones folklóricas, supersticiones o prejuicios ideológicos. Solo cuando la matriz social actúa irracionalmente (como en la Alemania nazi o la antigua Unión Soviética), el desarrollo científico se estanca o retrocede. De otro modo no es un estorbo sino un ingrediente esencial de la tarea científica, y quien lo lamente se comporta como un pájaro que deplora la resistencia del aire mientras vuela, sin pensar que en el vacío el vuelo resultaría imposible.

Los constructivistas insisten en que los criterios de decisión sobre aquello que consideramos conocimiento válido son fruto de una negociación social, un proceso histórico y contingente que delimita los supuestos de partida, los métodos de investigación, así como las normas que definen lo que es valioso estudiar y la forma de acreditar los resultados. Sin embargo, ya que los criterios de racionalidad científica se juzgan convencionales, ninguno de estos autores ha ofrecido jamás el menor contraejemplo de lo que hubiese sido un proceso histórico alternativo, con otras premisas, otros métodos y presumiblemente otros resultados, es decir, con «otra ciencia». Y más aún, tampoco se nos dice cómo hubiese encajado esa otra ciencia en un mundo cuyas características fundamentales conocemos con certeza. La respuesta de que, por otros caminos hubiésemos llegado sustancialmente a los mismos descubrimientos, relega al constructivismo social a la más inane trivialidad.

Salta a la vista en esta discusión, de nuevo, la decisiva importancia de las presuposiciones metafísicas de las perspectivas en conflicto. No es acertado sostener que el curso de la ciencia es inevitable, que el mundo tiene una estructura inherente y que el conocimiento se mantiene y acumula por causas internas relacionadas con la pura justificación racional. Y tampoco lo es proclamar que el curso de la ciencia es contingente; que siempre hay alternativas asequibles y fértiles en las encrucijadas históricas; que la estructura del mundo solo revela nuestra maña en la manipulación de la realidad, y que la verdad se determina por la pugna entre fuerzas sociales.

Si algo podemos aprender de la historia es precisamente que hay contratiempos, desastres históricos y peligros de toda índole que pueden hacernos regresar a épocas de barbarie. El avance del conocimiento no es inevitable ni lineal, y evitar los naufragios culturales depende tan solo de nuestro empeño. Pero eso no significa que, dadas las condiciones necesarias, el conocimiento no progrese en una misma dirección desde distintos puntos de partida. El cero nació entre los matemáticos indios y entre los mayas, tal como el teorema de Pitágoras antes que entre los griegos fue conocido también en la India. Aunque el entorno social difería notablemente, el resultado obtenido fue el mismo.

Por motivos análogos se engañan quienes crean que siempre hay ideas alternativas en cada bifurcación de la historia, desechadas por presiones sociales, que podían haber desembocado en otra ciencia. La teoría electromagnética de acción a distancia cayó ante la teoría de campos por su menor potencia explicativa, no por las influencias sociales circundantes. El lamarckismo cedió ante el darwinismo, la gravitación newtoniana ante la de Einstein y el fijismo geológico ante la tectónica de placas, porque se adaptaban peor que sus oponentes a una realidad objetiva de la que somos tributarios. Y no hay construcción social que pueda evitar eso.

Tienen razón los constructivistas cuando nos advierten que somos nosotros quienes ponemos las estructuras en el mundo físico, aunque no la tienen cuando atribuyen esas estructuras a un puro convencionalismo social. En el universo hay pautas y regularidades objetivas que captamos —siquiera de modo parcial y siempre mejorable—, proyectando sobre ellas las estructuras que crea nuestro intelecto para describirlas. Gracias a esas estructuras adquirimos una pequeña y pálida representación abstracta de la diversidad insondable de la realidad material. Esa diversidad no se deja atrapar por una sola estructura; necesitamos una gran variedad de ellas y, cuando alguna se muestra inservible, creamos otra que la reemplace con mayor provecho. La matriz social puede ayudarnos o entorpecernos en la búsqueda de ideas, conceptos y estructuras, pero, si lo pretendiese, no lograría velar por mucho tiempo el rostro de un impávido universo al que poco importan nuestras construcciones naturales o sociales.

SOCIOLOGÍA DE LA CIENCIA

Hasta este momento hemos tratado los esfuerzos por dotar de un carácter genuinamente científico a las ciencias sociales, pero ya es hora de ocuparnos de la comunidad científica como objeto de estudio sociológico en sí misma. En lugar de preguntarnos por el modo en que deberían desempeñar su papel las ciencias sociales para ser consideradas como tales, supondremos que ese carácter científico ya se ha adquirido y, por tanto, puede aplicarse a los propios investigadores tomados como colectivo profesional. Así pues, pasaremos de la «ciencia de la sociología» a la «sociología de la ciencia».

El hito principal en este campo durante el siglo XX fue establecido por los trabajos del estadounidense Robert King Merton (1910-2003), fundador y pionero en sociología de la ciencia. En la línea de Weber, Durkheim y Parsons —aunque marcando distancias con ellos—,

Merton comenzó interesándose por la influencia de la ética puritana en el progresivo afianzamiento de la actividad científica en el siglo XVII dentro de la sociedad británica[382]. Sin embargo, su más célebre aportación a la sociología de la ciencia consistió en exponer el ideal ético de los investigadores científicos, que por su carácter ideal acaso nunca se alcanzase enteramente, aunque no por ello debía dejar de perseguirse.

Las normas mertonianas de la comunidad científica[383] se condensan en el acrónimo en inglés CUDOS, cada una de cuyas letras representa una virtud básica altamente deseable para la investigación: comunalismo[384] (los hallazgos se ponen a disposición de la humanidad y sus autores reciben a cambio reconocimiento y estima), universalismo (los criterios de evaluación del valor de un descubrimiento han de ser independientes de la raza, sexo, nacionalidad o creencias de sus proponentes), desinterés (el principal objetivo de los científicos no es lucrarse con sus descubrimientos) y escepticismo organizado (*organized skepticism*, en inglés), mediante el cual todas las propuestas deben ser sometidas a escrutinio colectivo por parte de la comunidad científica.

Merton tuvo la infrecuente perspicacia de analizar hasta qué punto los científicos reales cumplen esa ética ideal que él mismo delimitó. Esta línea de trabajo prosiguió en años posteriores con obras tan famosas como *Traidores a la Verdad* (1982), en el que se estudiaba en qué medida los científicos individuales se hallan afectados por la retórica, los prejuicios o la propaganda, a la hora de orientar sus investigaciones[385]. Otros discípulos de Merton hallaron un conjunto de contra-reglas, abiertamente opuestas a las normas éticas mertonianas, que parecían inherentes a la práctica científica. Sin embargo, estos principios antimertonianos se combinaban con las reglas de Merton de modo que su efecto conjunto promovía los objetivos de la investigación científica[386]. Tenemos aquí un magnífico ejemplo de fenómeno sistémico, pues aunque determinados científicos individuales en su faceta profesional abriguen propósitos originariamente egoístas, los mecanismos de la comunidad científica entendida como

---

382 Merton (1938, 1939).
383 Merton (1973, 1976).
384 También «comunitarismo» o —poco usado por sus connotaciones políticas— «comunismo».
385 Broad & Wade (1982).
386 Mitroff (1974).

sistema social operan reconduciendo la actuación de estos individuos en beneficio del descubrimiento de la verdad.

A su sagacidad se debe la introducción del llamado «efecto San Mateo» o sencillamente «efecto Mateo». Mediante esta denominación metafórica, que nos remite a un pasaje de los Evangelios[387], se expone el hecho de que los científicos que atesoran más distinciones y nombramientos aumentan la probabilidad de recibir en el futuro nuevos galardones en un proceso autosostenido. Y bien al contrario, los profesionales menos condecorados, precisamente por mostrar menos brillo, ven reducidas sus posibilidades de alcanzar nuevos lauros.

El rango de un profesional dentro de la comunidad científica se eleva consiguiendo publicar trabajos en revistas prestigiosas y acumulando citas de tales publicaciones por parte de otros autores. Cuanto mayor sea el prestigio de quienes nos citan, más redundará en nuestro propio beneficio, aumentando nuestra reputación individual por el hecho de ser citados. La repercusión profesional de las citas se reconoció con la aparición de la «cienciometría», de la mano de Derek J. de Solla Price y Eugene Garfield. Esta denominación se aplica al análisis de las publicaciones de cada autor en función del campo de investigación y de las citas que recibe de otros colegas. La revista *Scientometrics* nació en 1978 para ocuparse precisamente de la publicación y difusión de estos trabajos.

La valoración cienciométrica de un investigador se suele realizar a partir de unos índices establecidos al efecto, entre los que destaca el parámetro h para indicar que un cierto autor posee h publicaciones que han sido citadas h veces por otros colegas. Esta clase de índices cienciométricos se utilizan rutinariamente para calificar a los candidatos que desean ver aprobados sus proyectos de investigación, mejor financiación para sus instalaciones o un puesto de nivel superior en la institución donde se adscriban. La relevancia de tales parámetros, a su vez, ha investido de un poder inmenso al conjunto de revistas científicas que se encargan de publicar los trabajos que compondrán el historial académico de cada investigador. Estas revistas han sido el blanco de numerosas críticas en las primeras décadas del siglo XXI por los posibles sesgos que puedan introducir en la selección de artículos.

---

387 «Porque a quienquiera que tenga se le dará más, y tendrá en abundancia; pero a quien no tenga, aun lo poco que tiene se le quitará». Mateo 13:12.

No se teme tanto que favorezcan unas corrientes intelectuales sobre otras —aunque en ocasiones tampoco debería descartarse—, como que impongan tasas y precios inasumibles por los equipos de investigación más modestos para publicar sus resultados, a la vez que priorizan el impacto publicitario de ciertas investigaciones sobre la calidad de las conclusiones[388]. Así ocurre que el mercado de publicaciones científicas profesionales (*Nature, Science, Proceedings of the National Academy of Sciences, Cell, Physical Review Letters,* etc.) se halla controlado de hecho por un reducido número de empresas editoriales, entre las que destacan Elsevier, Informa, Springer, MDPI, Wiley, EBSCO y Taylor & Francis. Si a esto añadimos que las empresas encargadas de calcular la influencia relativa (el «factor de impacto» en la jerga especializada) de cada revista en su campo específico, como Thomson Reuters, también han visto su imparcialidad cuestionada, el cuadro general de la situación se complica aún más.

Paralelamente a este desarrollo de la sociología científica, a lo largo del siglo XX germinó un movimiento que pretendía desenterrar las raíces materiales de la revolución científica. El objetivo consistía en preguntarse en qué medida el contexto social en su más amplia acepción (ideología, economía, técnicas e, incluso, el clima y el entorno geográfico) había jugado un papel en el desarrollo del conocimiento científico desde sus orígenes remotos hasta la actualidad. Esta visión dinámica de la historia de las ciencias mostraba numeroso puntos en común con la concepción materialista de la antropología defendida por Marvin Harris, de modo que no es de extrañar que sus primeros practicantes fuesen autores materialistas de tradición marxista. Uno de los primeros fue el físico, filósofo e historiador de la ciencia ruso Boris Mikhailovich Hessen (1893-1936), célebre por su pionero estudio del entorno social en el que surgió la física newtoniana[389]. Más adelante apareció la historia social de la ciencia del británico, y también marxista, John Desmond Bernal (1901-1971), con planteamientos muy estimables incluso hoy en día[390].

Pero ya en el último cuarto del siglo XX irrumpió con brío el llamado «giro sociológico», un nuevo rumbo que pretendía dar un paso

---

388 Véanse al respecto las críticas del nobel Randy Schekman en el diario británico *The Guardian*, expuestas en su artículo «How journals like Nature, Cell and Science are damaging science», del 9 de diciembre de 2013.

389 Hessen (1931). Véase un curioso intento de aplicar la clásica dialéctica marxista a la ciencia moderna en Woods & Grant (2008).

390 Bernal (1954).

más allá de las posiciones trazadas por Hessen, Bernal y otros autores de la misma línea. Los partidarios de este punto de vista afirmaban que la sociedad y la cultura no solo establecían las condiciones materiales en las que resultaba posible para los investigadores acceder al conocimiento científico, sino que también determinaba el contenido de ese conocimiento. Algunas figuras de este movimiento —como Barry Barnes y Ian Hacking— moderaron sus opiniones con el tiempo, pero el ala más radical consiguió imponer provisionalmente su hegemonía sobre gran parte de los departamentos de historia de la ciencia. Como sucedió con otras tendencias pseudocientíficas anteriores, las ciencias sociales también debieron enfrentarse a sus propios demonios familiares. Pero el relato de esa contienda, todavía en marcha, se albergará en otro capítulo de nuestra historia.

11. ECONOMÍA, POLÍTICA
Y DESARROLLO

Sin la menor duda, la ciencia social que más influye en nuestras vidas es la economía. A ella debemos prosperidad o ruina, opulencia o penurias, con el agravante de que muy pocos individuos ajenos al sanedrín de los expertos creen saber sobre qué versa esta materia. Pero lo cierto es que cualquier grupo humano mínimamente organizado necesita ordenar los medios materiales para la supervivencia de sus miembros; es decir, necesita alguna actividad económica. Porque esta ciencia social se ocupa de estudiar la producción y distribución de los bienes y servicios que las personas precisan para su vida en comunidad.

Las tribus de cazadores-recolectores o los primeros agricultores y ganaderos nos ofrecen ejemplos de economía de subsistencia, donde no hay excedentes en la producción de alimentos y suele existir una organización social igualitaria. Los excesos de producción generan acumulación de recursos y desigualdades económicas entre los individuos: aparecen las sociedades estratificadas en las cuales las castas superiores (realeza, sacerdotes, guerreros) concentran el poder y la riqueza. Superar la etapa de mera subsistencia abre la posibilidad de comerciar con otras comunidades, intercambiando productos que interesan a nuestros vecinos por aquellos que precisamos nosotros.

Cuando el comercio gana en sofisticación dejando atrás la simple fase del trueque surge la necesidad de una unidad de cambio cuyo valor, convencionalmente establecido, pueda intercambiarse por los artículos deseados en cada momento. Ese es el origen de lo que hoy denominamos «dinero». Ya sean conchas decoradas, piezas de metal troqueladas o pedazos de papel estampillados, el dinero pronto se convierte en un elemento indispensable en las economías de las pri-

417

meras sociedades urbanas[391]. La concentración de riqueza en manos de algunos individuos se tradujo, por tanto, en acumulación de cantidades crecientes de dinero que debían conservarse en algún lugar seguro. Los hogares no ofrecían tantas garantías como, por ejemplo, los almacenes de mercaderes —especialmente los orfebres—, habituados ya a custodiar mercancías muy valiosas de por sí.

Con los depósitos que ahora tenían estos comerciantes hicieron lo que mejor sabían: comerciaron con ellos prestándolos a cambio de una cantidad adicional, el interés, que venía a ser el precio de dicho préstamo. Los orfebres se transformaron así en cambistas[392]. Ese fue el embrión del negocio bancario actual, un elemento mollar —y no siempre socialmente beneficioso— en la economía del mundo moderno. Banqueros como los Medici y Piazzi, en Italia o los Fugger y los Welser, en Alemania, costearon las construcciones renacentistas, las guerras de religión en Europa, las rutas comerciales ultramarinas y la explotación del recién descubierto continente americano.

Los banqueros no tardaron en percatarse de la escasa probabilidad de que todos sus clientes acudiesen a la vez a retirar sus depósitos[393]. De esa feliz circunstancia dedujeron que podían conceder préstamos por un montante muy superior al total de los depósitos reales, confiando en que sus dueños nunca vendrían a recuperarlos todos al mismo tiempo. Se inauguró así la capacidad de los bancos de crear dinero de la nada —con autorización gubernamental— por el sencillo procedimiento de conceder créditos. Había nacido el dinero «crediticio o fiduciario» en un proceso tan simple como desconocido por la mayoría de las personas que experimentan sus consecuencias.

Imaginemos un banco x que tiene como reserva total la cantidad de 100 unidades monetarias (la moneda concreta es indiferente para los propósitos del ejemplo), depositados por el cliente A. Este cliente posee una tarjeta de pago, o cualquier otro medio electrónico, que le permite gastar hasta un máximo de 100. Pero como el banco x sabe que A muy raramente deseará recuperar sus 100 unidades en depósito de una vez, decide otorgar un crédito de, digamos, 50 unidades al

---

391 Una interesante y amena historia del dinero se encuentra en Galbraith (1983).
392 Sin olvidar el papel financiero desarrollado en la Edad Media por órdenes religiosas como los célebres Templarios.
393 Cuando así ocurre, en los momentos de crisis galopante, el efecto es desastroso y se habla de «pánico bancario».

cliente *B*. Ahora *B* tiene en *x* una cuenta por valor de 50 y recibe otra tarjeta para que gaste hasta un máximo de 50 unidades.

La capacidad conjunta de gasto de *A* y *B* es de 150 unidades, aunque sabemos que en el banco *x* solo hay depositadas realmente 100; así es como *x* ha creado dinero (50 unidades, aunque podría haber sido cualquier otra cantidad) sin más que realizar la anotación del crédito concedido. No ha habido, en el ejemplo anterior, acuñación de moneda o impresión de billetes, y sin embargo hay más dinero circulante que antes de conceder el crédito. Por eso es dinero, en la práctica, cualquier medio de pago o instrumento que permite realizar un gasto, reconocido como tal por los miembros de una comunidad. Por este camino el negocio bancario se expandiría —como habrá ocasión de constatar— con descocada osadía hasta límites socialmente peligrosos.

Nicolás de Oresme y Nicolás Copérnico en algún momento de sus lúcidas trayectorias se ocuparon de cuestiones monetarias con conclusiones del mismo tenor. Ambos anticiparon la que mucho después se conocería como ley de Gresham[394], en recuerdo del potentado inglés Thomas Gresham (1519-1571), según la cual «la moneda mala expulsa a la buena», o dicho de otro modo, los individuos tratan de desprenderse con más rapidez de la moneda menos valiosa, reteniendo la que consideran de mayor valor. El efecto final es que la moneda menos valiosa acaba circulando en cantidad superior a las demás[395].

EL AMANECER DE LA ECONOMÍA

Al pensador griego Jenofonte (aprox. 431-354 a. C.) se adjudica el mérito de haber utilizado la palabra «economía» en un contexto que anticipa el uso actual de ese término. Coetáneo de Platón y también discípulo de Sócrates, Jenofonte destacó como historiador y filósofo

---

394 Hablamos de dinero «malo» o «bueno» en relación con su valor según la cantidad circulante (con el incremento de precios —inflación— el dinero pierde poder adquisitivo y por tanto valor) o dependiendo de la cantidad de metal precioso con el que históricamente se acuñaban las monedas.

395 Cuando no hay decretos legales que obliguen a aceptar el dinero por su valor nominal, ocurre el fenómeno inverso y el público prefiere utilizar la moneda que considera de mayor valor relegando la otra, o ley de Thiers, por el político e historiador francés Louis Adolphe Thiers (1797-1877).

social, sin desdeñar la vida de acción, como demostró enrolándose con los mercenarios griegos que participaron en una de las guerras civiles de Persia. A su pluma se debe asimismo la obra *El Ecónomo* (*Oikonomikós*), que podríamos traducir como «el administrador de la hacienda», ya que esta obra mezcla algo de ética y sociología con finanzas domésticas, para explicarnos el modo más provechoso de conducir una explotación agrícola.

En su *Ciropedia*, Jenofonte se ocupa del problema del tamaño óptimo de una ciudad que permite a los administradores atender las necesidades de los habitantes. Ese tema es el que aborda en su libro *Ingresos. Orientaciones para la organización de la hacienda pública en Atenas.* Aristóteles, con su agudeza habitual, distinguió entre la economía propiamente dicha, concerniente a las labores necesarias para asegurar la supervivencia de los individuos, y la crematística, que recogía las actividades cuyo fin primordial era el enriquecimiento sin relación directa con la satisfacción de las necesidades humanas. Aunque la economía resultaba respetable, la crematística recibió una dura condena del filósofo griego, tanto como la de su continuador muchos siglos después, Santo Tomás de Aquino (1224-1274).

Para este eminente teólogo cristiano, el comercio podía ser aceptable como fuente de riqueza, siempre y cuando el lucro obtenido no fuese excesivo. Sin embargo, ni el santo italiano ni los intelectuales posteriores que se preocuparon por este asunto lograron esclarecer qué significaba un «enriquecimiento justo». En estos debates se atisban ya las discusiones sobre los conceptos de valor y precio que nos han acompañado hasta nuestros días, lo que prueba que no se trata de una cuestión sencilla[396]. Tradicionalmente las grandes religiones monoteístas han condenado los beneficios provenientes del préstamo con intereses, ya que se consideraba un enriquecimiento injustificado. Sin embargo, este anatema no impidió que se desarrollasen toda clase de doctrinas para excusar otros tipos de lucro.

Los metalistas pensaban que enriquecerse equivalía a poseer grandes cantidades de metales preciosos, oro y plata, en tanto los fisiócratas —como Quesnay, Mirabeau y Turgot— sostenían que solo la propiedad de la tierra confiere verdadera riqueza, pues solo de los cultivos y la ganadería cabe obtener los víveres indispensables para

---

396 Las discusiones sobre las nociones de valor y precio ya arreciaban en el Siglo de Oro español, como se recoge en De Molina (2011), Poncela (2015), Valdebenito (2016) y Naredo (2019), entre otros.

subsistir. La escuela de la llamada «aritmética social» proclamaba que la genuina fuente de riqueza se encontraba en el comercio entre los individuos y las naciones. Ese comercio, desligado de cualquier tipo de restricción o normativa estatal, se halla en el centro del ideario librecambista —abanderado por Gournay y Cobden—, según el cual los flujos de mercancías deben regirse únicamente por la eficiencia de las empresas de cada país en los diversos sectores en que compitan.

Contra esta opinión se situaban los mercantilistas —como Colbert, Bodin y List—, partidarios de la protección del comercio interior mediante aranceles aduaneros, subvenciones a empresas y controles de divisas. Pretendían con ello auspiciar economías nacionales fuertes capaces de competir con otros países en las mejores condiciones posibles. Los defensores del mercantilismo negaban la fe librecambista en las bondades de un comercio internacional sin restricciones, pues afirmaban que así tan solo se perpetuarían las desigualdades de partida con que cada país entraba en el concierto económico global. De hecho, en esa convicción yace el origen de una categoría, la «insubordinación fundante», de no poco interés en el análisis histórico de la soberanía económica de las naciones modernas.

Introducida por el argentino Marcelo Gullo, la tesis de la insubordinación fundante[397] sostiene que los países que lograron consolidar economías nacionales poderosas, alcanzaron su objetivo rompiendo las reglas del librecambismo, la ideología presuntamente hegemónica en los días de la revolución industrial y el imperialismo colonialista. Gran Bretaña —un caso paradigmático— respaldó vigorosamente las industrias propias y el comercio nacional hasta que, desde una posición ya dominante de gran potencia mundial, comenzó a predicar las bondades del libre comercio, precisamente para impedir que otras naciones competidoras alcanzasen una situación como la suya.

En mitad de esta marejada ideológica, los pensamientos de un caballero escocés consiguieron no solo mantenerse a flote, sino alzarse también como génesis de la economía clásica. Adam Smith (1723-1790), profesor de filosofía moral y amigo de David Hume[398], publicó en 1776 su celebérrima obra *La riqueza de las naciones*, en

---

397 Gullo (2021). Los argumentos de este autor desmienten la creencia en el mito del comercio libérrimo como fundamento de la riqueza y la felicidad universal, en la línea de Acemoglu (2009, 2012) y Escohotado (2008, 2013, 2016), entre otros.

398 De hecho, ambos son considerados parte del movimiento cultural conocido como «ilustración escocesa». En él participaron también, entre muchos otros, Joseph Black, James Burnett, Adam Ferguson, Francis Hutcheson, James Mill y Thomas Reid.

la cual, además de una firme defensa del librecambismo y de la conveniencia de que cada país se especializase en aquellos artículos que más ventajosamente pudiera fabricar, sentaba una serie de premisas para la entonces naciente disciplina de la economía política. En la mente de Adam Smith, el liberalismo económico venía inextricablemente unido a la libertad política y arraigaba en una ética de la concordia y una filosofía de la historia que muchos de sus comentaristas actuales suelen omitir.

Smith consideraba imprescindible la acumulación de recursos financieros y materiales —el llamado «capital»— como paso previo a la generación de riqueza, pues solo la juiciosa inversión de ese capital nos conduciría a un futuro próspero. Pero su amplia sabiduría moral[399] también le advertía de los peligros que entrañaba la creciente diferencia entre ricos y pobres, dramáticamente visible ya en su época. Un egoísmo desmedido resultaría tan nocivo para el progreso social como la absoluta falta de ambiciones personales; en el primer caso tendríamos un mundo de bribones y en el segundo un rebaño de corderos. De ahí que el filósofo escocés abogase por relaciones comerciales y laborales basadas en el beneficio mutuo, una visión bienintencionada que hoy puede antojársenos ingenuamente voluntarista.

Pertrechado con esta ética de los negocios que cualquier caballero hubiese suscrito sin dudarlo, Smith proclama su confianza en el mercado de libre competencia, la institución que —a su juicio— garantiza la más eficiente utilización de los recursos disponibles en la sociedad. La idea de «mercado», en su más amplia acepción, incluiría cualquier ámbito en el que se produzca una compra-venta o un intercambio de bienes y servicios libremente pactado entre los participantes. No importa si nos vemos ante el variopinto muestrario de un bazar oriental en el Medioevo; frente a las pulsantes pantallas de la actual Bolsa neoyorquina, o sumergidos en las transacciones virtuales del ciberespacio financiero.

Todos esos entornos, y una infinidad más, constituyen la realidad que Adam Smith capturó con el nombre de «mercados». En todos ellos se supone que impera la ley de la oferta y la demanda: cuanto menor sea la cantidad de un artículo y mayor el número de sus demandan-

---

399 No en vano uno de sus primeros tratados, publicado en 1759, se tituló Teoría de los sentimientos morales.

tes, más aumentará su precio. Por su propio interés los fabricantes se esforzarán por producir aquellos bienes que el consumidor solicite más, esmerándose asimismo en ofrecer la mayor calidad para superar a sus competidores. Ahí radica el origen de la famosísima observación de Smith sobre las ventajas de cruzar intereses mutuos[400]:

> *En virtualmente todas las demás especies animales, cada individuo, cuando alcanza la madurez, es completamente independiente y en su estado natural no necesita la asistencia de ninguna otra criatura viviente. El hombre, en cambio, está casi permanentemente necesitado de la ayuda de sus semejantes, y le resultará inútil esperarla exclusivamente de su benevolencia. Es más probable que la consiga si puede dirigir en su favor el propio interés de los demás, y mostrarles que el actuar según él demanda redundará en beneficio de ellos. Esto es lo que propone cualquiera que ofrece a otro un trato. Todo trato es: dame esto que deseo y obtendrás esto otro que deseas tú; y de esta manera conseguimos mutuamente la mayor parte de los bienes que necesitamos. No es la benevolencia del carnicero, el cervecero o el panadero lo que nos procura nuestra cena, sino el cuidado que ponen ellos en su propio beneficio. No nos dirigimos a su humanidad sino a su propio interés, y jamás les hablamos de nuestras necesidades sino de sus ventajas.*

Ese orden que espontáneamente surge de la interconexión entre los intereses de productores y consumidores es lo que Smith, con una metáfora que pasó a la historia, denominó «la mano invisible del mercado». Supiéralo o no, el filósofo escocés estaba proponiendo una explicación sistemista de la economía de su tiempo. Porque tal «mano invisible», de existir, sería una propiedad sistémica del mercado de libre competencia, una propiedad que no pertenece a los individuos por separado sino al sistema económico en su conjunto. Curiosamente, esta expresión aparece una sola vez en su libro sobre los sentimientos morales y otra única vez en *La riqueza de las naciones*[401]:

---

400 Smith (2019), p. 34.
401 Ibid., p. 346.

[...] y al orientar esa actividad de manera de producir un valor máximo él busca solo su propio beneficio, pero en este caso como en otros una mano invisible lo conduce a promover un objetivo que no entraba en sus propósitos. El que sea así no es necesariamente malo para la sociedad. Al perseguir su propio interés frecuentemente fomentará el de la sociedad mucho más eficazmente que si de hecho intentase fomentarlo. Nunca he visto muchas cosas buenas hechas por los que pretenden actuar en bien del pueblo.

En realidad, Smith retomaba en forma más erudita la moraleja ya expuesta por el pensador anglo-holandés Bernard de Mandeville (1670-1733) en *Fábula de las abejas: vicios privados, públicos beneficios* (1714), que granjeó a este autor fama de inmoral. Mandeville venía a decir a sus lectores que carece de sentido calificar las acciones humanas como virtuosas o reprobables, pues la mayoría de ellas se originan por el afán de los débiles de protegerse de los fuertes. El egoísmo así concebido resulta tan socialmente útil que una nación avanzada —Mandeville pensaba en la Inglaterra de su época— debe elegir entre la prosperidad material o la corrupción moral, dado que ambas son imposibles a la vez. La convicción de que el vicio, entendido como búsqueda del propio interés, es la condición indispensable de la prosperidad convirtió a Mandeville en un adelantado del liberalismo económico, aunque no siempre se le recuerda como tal.

Con el desarrollo de las ciencias sociales en el siglo xx, los herederos intelectuales de la obra de Smith, convencidos de la bondad y efectividad de un mercado enteramente libre, se esforzaron en fundamentar matemáticamente esta creencia. No fue fácil y, cuando en 1954 Arrow y Debreu presentaron su teorema del mercado perfectamente competitivo, recurrieron a tal cantidad de idealizaciones y simplificaciones que pareció necesario justificar la utilidad del enunciado. No importa que el mercado ideal no se verifique en la realidad —se proclamó—, porque cuanto más nos aproximemos a esas condiciones competitivas perfectas, más perfecta será también la eficacia del mercado[402]. Por desgracia para los dos, después otro teorema demos-

---

402 Arro & Debreu (1954). Un estado de perfecta eficiencia es aquel en el que todos los agentes económicos han alcanzado una máxima satisfacción y no se puede incrementar la satisfacción de alguien —con una nueva transacción, por ejemplo— sin disminuir la de otro («óptimo de Pareto»).

tró lo injustificado de tales esperanzas: no había la menor garantía de que un mercado aproximadamente competitivo fuese, de modo correlativo, aproximadamente eficiente. La reacción de los seguidores de Smith consistió simplemente en ignorar este nuevo teorema[403].

Los otros dos autores que, junto con Adam Smith, constituyeron la triada fundacional de la economía clásica fueron los también británicos[404] Thomas Malthus (1766-1834) y David Ricardo (1772-1823). Malthus —a quien encontramos ya como una de las inspiraciones de Darwin— se dispuso a aplicar a la vida social las inapelables consecuencias de la disputa que surge cuando hay menos recursos naturales que personas para consumirlos. A su parecer, la población humana siempre crecería a un ritmo superior a la capacidad del entorno natural para alimentarla[405]. El resultado de este desajuste impone necesariamente que la mayoría de los individuos deban vivir siempre al borde de la miseria cuando no inmersos del todo en ella.

Ricardo percibió con absoluta claridad las repercusiones de esta lóbrega conclusión sobre las reclamaciones salariales que los empleados presentaban a sus patrones. De recibir un salario por encima del nivel de la mera subsistencia, el ascenso de población que provocaría ese incremento del bienestar absorbería el aumento de riqueza, lo que empujaría a los asalariados a solicitar nuevas mejoras en una espiral interminable. Por consiguiente, Ricardo admitió como la cosa más natural del mundo que unos cuantos pudiesen vivir lujosamente mientras la inmensa mayoría tenía que resignarse sin remedio a una existencia calamitosa.

La obra de Smith, Malthus y Ricardo se vio pronto tamizada por otros autores, alguno de los cuales introdujo matices importantes. El francés Jean-Baptiste Say (1767-1832), con notable sagacidad, distinguió entre el capitalista y el empresario (o, como diríamos hoy, entre el propietario y el gerente), figuras que no necesariamente han de coincidir siempre. Pero su aportación más conocida es la «ley de los mercados» o «ley de Say», con frecuencia enunciada erróneamente diciendo que cualquier artículo producido creará su propia demanda.

En realidad, Say se refería al hecho de que los intercambios comerciales solo pueden realizarse si ambas partes han producido previa-

---

403 Lipsey & Lancaster (1956).
404 Malthus (1977, 1993) y Ricardo (2003). En Russell (1936) se encuentran semblanzas muy recomendables de estos dos personajes.
405 Esto es lo que Malthus (1993) llamó, con gran solemnidad, «ley de los rendimientos decrecientes».

mente bienes que sean de interés mutuo. Es decir, para demandar un artículo debemos estar en condiciones de ofertar otro (o bien su equivalente en dinero) por el que podamos intercambiarlo. Menos conocido es que esta ley fue formulada originalmente por el inglés James Mill (1773-1836), quien también relacionó la cantidad total de dinero circulante con los precios de las mercancías disponibles, y fue de los primeros en proponer que los países ganasen competitividad en el comercio internacional devaluando el tipo de cambio de su divisa.

Pero también hubo críticos. Uno de los análisis más precoces y afinados sobre los defectos del capitalismo decimonónico provino del francés Jean-Charles-Léonard Simonde de Sismondi (1773-1842), autor de una serie de tratados en los que advertía que la libre competencia preconizada por la escuela de Smith desembocaría en una desmesurada concentración de capital y en la depauperación de los trabajadores. La mano invisible del mercado, lejos de conducir a un equilibrio económico beneficioso para todos, provocaría desigualdades crecientes, turbulencias sociales y crisis.

Así, la obra de Adam Smith y sus seguidores confirió respetabilidad intelectual a un credo cuya esencia se hallaba condensada en el célebre lema «*Laissez faire, laissez passer*» («Dejad hacer, dejad pasar»), debido al francés Vincent de Gournay (1712-1759), contrario a la intervención gubernamental en la economía. En aquellos tiempos tal intervención suponía, en efecto, un engorro autocrático consistente en gravámenes y aranceles arbitrariamente impuestos por los monarcas para engrosar sus fortunas personales. Los liberales de antaño, en consecuencia, ligaron sus demandas de comercio irrestricto a reclamaciones de libertad política, o al menos de salvaguardas y garantías frente al poder abusivo de las monarquías absolutas. Sin embargo, con la llegada de regímenes democráticos que establecieron impuestos destinados a sufragar servicios públicos, el discurso de los liberales de hogaño se mantuvo inalterable, identificando cualquier regulación oficial con un atropello inadmisible de la libertad. Y así seguimos en la actualidad.

En amargo contraste con las prédicas del liberalismo económico, tan horripilantes llegaron a ser las condiciones de vida en las primeras factorías de la naciente Revolución Industrial —sobre todo en Inglaterra—, que no tardaron en multiplicarse los críticos que no solo señalaban las flaquezas del sistema sino también proponían reformarlo sustancialmente o incluso pulverizarlo hasta sus cimientos. Todos estos movimientos adoptaron como eje fundamental la solidaridad entre los miembros de las clases sociales más desfavorecidas, lo que justificó que recibiesen el nombre conjunto de «socialistas». El objetivo compartido por todos situaba los beneficios colectivos de la economía industrial por delante del lucro de cada individuo, aunque el modo de lograrlo no concitaba la misma unanimidad.

Los primeros socialistas dignos de ese nombre surgieron de las filas de filósofos radicales, como cabía esperar teniendo en cuenta que los obreros solían estar abrumados por el simple afán de la supervivencia diaria. Estos reformadores desplegaban un gran abanico de talantes y aspiraciones, aunque ninguno de ellos abriría un camino duradero en la senda del cambio social, ya en su época o en la posteridad. Ni siquiera lo logró el británico Thomas Hodgskin (1787-1869), defensor de un reformismo de inspiración sindicalista que nunca llegó a concretarse del todo.

Henri de Saint-Simon (1760-1825) era un medievalista obcecado, a cuyo juicio el progreso técnico deshumanizaba al hombre. Charles Fourier (1772-1837) y Robert Owen (1771-1858), convencidos cooperativistas, soñaban con un mundo convertido en una confederación de aldeas autosuficientes. Étienne Cabet (1788-1856) abominaba del dinero y la propiedad privada, proponía un comunismo democrático y pretendía imponer sus ideas sin violencia, predicando con el ejemplo. Pierre-Joseph Proudhon (1809-1865) y Louis-Auguste Blanqui (1805-1881), muy al contrario, eran socialistas revolucionarios, persuadidos de que el nuevo mundo que ellos anunciaban solo habría de llegar por la fuerza de las armas.

Quienes sí dejaron una huella indeleble en la historia, no solo del socialismo sino de toda la humanidad, fueron los alemanes Karl Marx y su amigo y compañero Friedrich Engels. Este dúo alumbró una filosofía materialista de la historia con tintes dialécticos heredados de Hegel, que pretendía desentrañar las claves de la evolución de la sociedad (como se vio en el capítulo anterior) y a la vez aportar la fórmula para la liberación integral el ser humano[406]. En el plano económico, Marx atribuyó el valor de un producto al tiempo de trabajo empleado en fabricarlo[407] y llamó «plusvalía» a la diferencia entre el valor de las horas trabajadas por un empleado y el salario que este recibe a cambio. La explotación ocurre porque el patrón se apropia alegremente de la plusvalía, cuando los empleados podrían organizar por sí mismos la producción de su industria prescindiendo del propietario.

Marx y Engels ennoblecieron sus teorías denominándolas «socialismo científico» en oposición a todos sus predecesores, a quienes tildaron de «socialistas utópicos». Ciertamente, la mayoría de los reformadores previos tan solo habían ofrecido una mezcla de ensoñaciones y fiascos como alternativa al capitalismo. Pero no es menos cierto que las pinceladas que estos autores nos brindan sobre el futuro mundo comunista tampoco parecen muy realistas. Cuando todos pudiésemos ejercer cualquier profesión que nos viniese en gana por el tiempo de nuestra elección, sin jerarquías estables, sin Estado y sin ninguna institución coercitiva, resulta difícil imaginar cómo se organizaría la provisión de artículos imprescindibles para la vida diaria.

No se nos dice cómo podría lograrse esto, aunque sí se dice que en la fase previa los planificadores estatales regularán el conjunto de la economía, detectando las necesidades, controlando la producción y asegurando su distribución. Para impedir cualquier conato de resistencia por su parte, la burguesía derrocada quedaría excluida de la participación política, en un régimen excepcional conocido como «dictadura del proletariado». La experiencia histórica reveló que con tales mimbres solo se podía trenzar un mastodóntico y despiadado despotismo, acaudillado por burócratas indolentes y militantes fanáticos, que solo podía ofrecer penuria para la mayoría —no para la casta dirigente— disfrazada de igualitarismo.

---

406 Marx (1867) y Marx & Engels (2021). Probablemente uno de los más profundos análisis filosóficos de Marx escrito en español se halla en Martínez (2018).

407 En concreto, el trabajo socialmente necesario para fabricar una mercancía se define como el promedio del tiempo que la mayoría de los productores de una sociedad determinada dedican a la elaboración de dicha mercancía con la tecnología disponible en ese momento. Nótese que Marx se refiere tan solo a los artículos comercializables, sustituibles por otros de su mismo tipo y producidos masivamente en una economía de libre concurrencia basada en la propiedad privada de los medios de producción. Sobre la contrastación empírica de esta tesis marxista véanse Shaikh (1984), Ochoa (1989) y Chilcote (1997), entre otros.

La instauración de regímenes inspirados en la doctrina marxista, primero en el antiguo Imperio ruso y después en toda Europa oriental, acicateó los debates sobre la posibilidad de que en un régimen colectivista produjese los bienes y servicios necesarios para satisfacer las necesidades de la población con la misma eficiencia que un sistema de libre mercado. Al fin y al cabo, si el equilibrio de los mercados (cuáles y cuántos bienes se producirían, quién los adquiriría y a cambio de qué) podía calcularse mediante un sistema de ecuaciones diferenciales —como había sugerido Vilfredo Pareto—, tanto cabía resolverlo en una sociedad capitalista como en una comunista. Así nació el llamado «debate sobre el cálculo económico en el socialismo».

La controversia nació a partir de un artículo publicado en 1920 por el economista austriaco de tendencia ultra-liberal Ludwig von Misses (1881-1973). Allí se argumentaba la imposibilidad de asignar eficientemente los recursos en una economía socialista, ya que la eliminación del mercado libre suprimía los mecanismos de formación de precios —oferta y demanda en un régimen de propiedad privada—, los cuales ofrecían la única base objetiva para un cálculo económico racional. Von Misses mantuvo su posición, con la ayuda de su alumno y compatriota Friedrich von Hayek (1899-1992), frente a la respuesta de otros renombrados economistas, como Oskar Lange (1904-1965) y Abba Lerner (1905-1982). Desde entonces sigue abierta la cuestión de hasta qué punto es posible combinar los mejores aspectos de ambos modelos económicos, con equidad económica sin merma de libertades políticas[408].

Merece la pena detenerse un tanto para contemplar las importantes similitudes —aunque a menudo inadvertidas— que existen entre las teorías de Smith y Marx. Ambos nos presentan un mundo idealizado en el que los individuos se comportan según patrones de conducta perfectamente definidos, dentro de un marco social que, si bien es imperfecto, tendería a la perfección ideal si obedeciésemos las pautas que ellos nos proponen. Para Smith, los hombres que cuidan tan solo de sus propios intereses con honestidad y rectitud conforman una sociedad donde el provecho individual redunda en la felicidad colectiva. En el extremo opuesto, Marx imagina un mundo sin escasez ni injusticias donde las personas, liberadas ya de cualquier opre-

---

408 Obviamente, este no es el caso de China, aunque sus mandatarios hablen de un «socialismo de mercado». La competencia empresarial se vigila estrechamente desde el único partido gobernante, que sofoca sin contemplaciones la menor disidencia interna o externa.

sión, darán rienda suelta a las mejores potencias de su espíritu, realizándose plenamente como seres humanos.

Ninguno de estos dos pensadores tomó en cuente, siquiera por un momento, las múltiples facetas y la casi inabarcable complejidad tanto de la mente como de la sociedad humana. No han faltado quienes han visto en la mano invisible de Smith una secularización de la divina providencia, y en la sociedad sin clases marxista un trasunto del paraíso terrenal que se promete a los justos tras la parusía. Repitiendo el error de Rosseau, Smith y Marx supusieron que el hombre era bueno por naturaleza y que esa bondad natural afloraría cuando venciese las coacciones externas. Nadie pareció prever que en todos los temperamentos anidan vicios intelectuales y morales (temor, envidia, conformismo, codicia, insensatez, afán de poder) que arruinarían de inmediato la reforma social mejor planeada, pues al fin y al cabo son las personas reales —no sus idealizaciones en la imaginación de un filósofo— las que han de empuñar el timón de los cambios sociales.

Tampoco advirtieron, en apariencia, que cualquier comunidad humana, desde una tribu primitiva hasta una nación industrializada, resulta demasiado poliédrica y multiforme para encajar sin contratiempos en los pulcros esquemas teóricos delineados en una oficina de planificación. Sin embargo, los seguidores de Smith y de Marx persisten en su creencia de que sus respectivas teorías son prácticamente perfectas en sí mismas. Y si fracasan al trasladarlas al mundo real, la responsabilidad recae sobre las personas que no han estado a la altura de las expectativas de estos dos grandes hombres. Cuando el capitalismo o el socialismo engendran alguna calamidad se debe, sin duda, a que sus recetas no se han aplicado con suficiente exactitud, excusa que perpetuamente protegerá a sus partidarios de cualquier crítica. Tristemente olvidan, o no quieren ver, que ningún sistema social merecerá aprobación si para funcionar adecuadamente exige de sus partícipes cualidades extraordinarias y condena de antemano a quienes no se corresponden con las figuraciones ideales de sus artífices.

CONTRARREVOLUCIÓN EN ECONOMÍA

Si Marx y Engels no hubiesen pinzado alguno de los nervios fundamentales de la economía, la política y la sociedad de su tiempo, su influencia se hubiese disipado como el humo en la tempestad. Sin embargo, no fue así porque pusieron al descubierto las monstruosidades reales que acarreaba el capitalismo desembridado de su época. El remedio propuesto no estuvo a la altura del diagnóstico y, por desgracia, durante mucho tiempo pareció que cualquier enmienda de las injusticas sociales pasaba necesariamente por la profetizada dictadura proletaria, lo que a su vez espantó —con razón— a muchos críticos racionales del sistema.

El siglo XIX frisaba su último tercio cuando los motores de combustión interna se adueñaron de la navegación comercial y de los transportes por ferrocarril, catapultando la industria y el comercio del mundo occidental hasta cotas de prosperidad antes desconocidas, mientras la electricidad se iba imponiendo como nueva forma de energía dominante en las empresas y los hogares. En ese contexto social crecen los sindicatos y asociaciones en defensa de los intereses de la clase obrera, cuyos miembros no se sienten realmente partícipes de la pujanza que ven a su alrededor y a cuyo aumento ellos contribuyen con su esfuerzo.

Las organizaciones revolucionarias se unen a las reclamaciones de los asalariados y auspician su lucha en todos los países capitalistas avanzados, apoyándose en la crítica marxista a la explotación derivada de la desigualdad en el reparto de la riqueza. Estas agitaciones en la base de la pirámide social suscitaron preocupación en la cúspide, donde pronto se comprendió la necesidad de una nueva teoría que explicase la desigualdad existente, y en cierto modo la justificase, para compensar el atractivo teórico del marxismo.

De considerar a Weber por sí solo el anti-Marx de la sociología, debe añadirse que en el plano económico la réplica al marxismo precisó de tres grandes figuras: William Stanley Jevons (1835-1882), Léon Walras (1834-1910) y Carl Menger (1840-1921). La obra de este trío titánico fue coronada años después por el británico Alfred Marshall (1842-1924), posiblemente el más brillante de los tres, que hacia 1890 sistematizó las tesis de sus predecesores en un edificio teórico hoy conocido como economía neoclásica[409]. A Marshall se debe la integración del pensamiento inaugurado por Jevons, Walras y Menger con las ideas de los clásicos Smith y Ricardo, en una síntesis teórica que pronto anidó en Inglaterra, ya entonces uno de los centros económicos del mundo occidental.

La escuela neoclásica dio lugar a numerosas ramificaciones y afluencias, según admitiesen estos o aquellos matices sobre la intervención pública en economía y otras sutilezas teóricas. Pero el lugar central en todas sus derivaciones se hallaba ocupado por la concepción marginalista de las relaciones económicas. Este enfoque da la espalda a los grupos sociales y solo considera a los individuos tomados separadamente, uno a uno. De esta forma, los efectos colectivos se consideran consecuencia de la agregación de las acciones individuales aisladas. El supuesto principal del análisis marginalista sostiene que los mercados, si no interfiere en ellos el Estado o alguna corporación suficientemente poderosa, tienden por sí mismos a un estado de competencia perfecta, donde ningún empresario o consumidor tiene poder por sí mismo para modificar los precios. En una competencia perfecta no existen los gremios, sindicatos, grupos de presión o la concertación de empresas, todo lo cual no se corresponde en absoluto con la realidad económica.

Para los marginalistas la sociedad no es un sistema de relaciones sino más bien una colección de «átomos sociales» —los individuos— cuyos vínculos, si bien relevantes en ocasiones, resultan esencialmente de importancia secundaria. Así, un grupo social es en realidad la suma de una serie de individuos independientes unos de otros; no existen las clases sociales, ni capitalista, ni terrateniente ni proletaria. La oferta de trabajo, por tanto, la realiza cada obrero individualmente, para quien los sindicatos y la legislación laboral no suponen más que estorbos en la búsqueda de su máximo beneficio personal.

El binomio «economía política» se sustituye tan solo por la palabra «economía» en el intento de alejar la política, en todas sus formas, del foco principal. De ese modo se excluyen del análisis los conflictos de intereses sociales y la explotación de unas clases por otras, objeto de estudio principal de los economistas clásicos y en especial para los socialistas. A finales del siglo XIX el recrudecimiento de las exigencias populares en las calles y en las fábricas favorece la expansión entre los

---

409 Marshall (2006).

estamentos dirigentes del marginalismo neoclásico, que pretenden contrarrestarlas dibujando una imagen idílica del mundo económico en plena armonía, sin oposición de intereses entre obreros y capitalistas.

En este contexto nació la noción del *homo economicus*, un individuo idealmente racional que siempre escoge de manera óptima, solo guiado por su interés personal, las necesidades a satisfacer de acuerdo con los recursos disponibles[410]. Y dado que el hombre se ha enfrentado en todas las épocas al dilema de necesidades ilimitadas y recursos escasos, la economía —en opinión de los marginalistas— puede aspirar al descubrimiento de leyes universales, tan válidas en todo tiempo y lugar como los enunciados de la física. La maniobra es harto habilidosa pues, al equipararse con las ciencias naturales, ya no podría atribuirse legítimamente a las leyes económicas elementos éticos o juicios de valor; se convertiría en leyes objetivas moralmente inatacables.

La piedra angular del edificio marginalista es la teoría subjetiva del valor, diametralmente opuesta a la visión clásica, que se basaba en el coste de producción o en el trabajo empleado en elaborar las mercancías[411]. De acuerdo con ella, el valor se determina en el momento de la compraventa, dependiendo de las circunstancias particulares de ese intercambio, a partir del juicio subjetivo del consumidor sobre la utilidad del artículo adquirido. Los marginalistas explican el comportamiento de los agentes económicos a través de los resortes psicológicos que motivan sus decisiones. Por eso insisten en que el problema medular de la economía consiste en cómo maximizar la satisfacción de las necesidades humanas —el «placer», en su terminología— con el mínimo esfuerzo posible. A eso es a lo que llaman «utilidad», un concepto tan frecuentemente empleado como mal definido.

Para los marginalistas nada hay objetivo en las mercancías que determinen su precio, presunción que les permite eludir las discusiones sobre la explotación de los asalariados y la distribución de la riqueza. El propio Adam Smith, no obstante, había desechado la posibilidad de relacionar el valor de una mercancía con su utilidad, puesto que —ponía como ejemplo— el agua es mucho más útil que los diamantes para nuestra supervivencia y pese a ello su precio es menor. A esto respondieron los marginalistas señalando que Smith había olvidado el papel de la escasez; las mercancías tienen un precio porque

---

410 Como ejemplo de esas idealizaciones, véase la famosa «caja de Edgeworth» para el cálculo de los intercambios comerciales (Edgeworth, 1881; Creedy, 1986).

411 Anticipada por el economista alemán Hermann Heinrich Gossen (1810-1858).

son útiles y están limitadas en cantidad. Más concretamente, sería la utilidad marginal la que determinaría el precio de un producto, es decir, la utilidad asociada a la última porción del producto que se consume y no la cantidad total consumida.

Siguiendo con el ejemplo anterior, para un individuo sediento el primer vaso de agua posee una gran utilidad porque le libra de la deshidratación, si bien el segundo vaso ya presenta una utilidad menor y menos aún el tercero o los sucesivos. La utilidad marginal va decreciendo hasta hacerse nula o incluso negativa, cuando beber más puede hacernos enfermar. En cambio, da igual que un diamante haya sido encontrado por casualidad o tras muchas horas de duro trabajo en una mina; su valor proviene de la utilidad marginal otorgada por los compradores, que suele ser alta debido a su escasez.

El pensamiento marginalista aduce que el trabajo, la tierra y el capital —los llamados «factores de producción»— se someten a las leyes de la oferta y la demanda exactamente igual que cualquier otro artículo en el mercado, considerando que sus precios (los salarios, las rentas y las ganancias, respectivamente) surgen de la oferta y la demanda que exista de ellos en cada momento. Por eso sostienen que es el mercado el que determina lo que cada sujeto en función de lo que este aporta a la producción.

La oferta y la demanda del factor trabajo, así pues, se igualarían a un determinado precio que sería el «salario de equilibrio», equiparable a lo que cada empleado aporta a la producción. La lucha de clases carece de sentido para los marginalistas porque, a su juicio, la distribución de ingresos en una sociedad se establece mediante mecanismos objetivos como los anteriores a través del mercado libre, el único sistema capaz de procurar la máxima satisfacción de los consumidores y las mayores ganancias para las empresas.

De ahí surge la insistencia de la escuela marginalista en evitar las interferencias del Estado y los sindicatos; sin tales estorbos el mercado alcanza el equilibrio, la oferta y la demanda se igualan y la distribución de ingreso es la más justa[412]. No hay razones para que exista el desempleo porque si se deja fluctuar libremente los salarios, siempre existirá un valor por el cual las empresas consideren rentable contratar más trabajadores. Por consiguiente, la culpabilidad del des-

---

412 Aparentemente, la evidencia objetiva apunta en la dirección opuesta, dado que una tasa elevada de sindicación entre los asalariados fomenta el crecimiento económico y eleva el nivel de empleo (Blanchflower & Bryson 2020).

empleo, de haberlo, recaería en las fuerzas que restringen la libertad del mercado, como la legislación laboral, los convenios colectivos y la obligatoriedad de un salario mínimo.

Como mínimo, podría decirse que el análisis económico del marginalismo neoclásico resulta poco realista cuando omite el flujo circular de riqueza en la economía moderna. Los salarios que los empleadores pagan a sus empleados constituyen en conjunto, el poder de compra que los consumidores utilizarán para adquirir los bienes y servicios existentes en el mercado[413]. De modo que deprimir los salarios implica deprimir también la demanda de los productos de las empresas, un detalle crucial que los marginalistas silencian. Incluso antes del crac del 29, economistas incómodos con el neoclasicismo de su disciplina, como Piero Sraffa (1898-1983), criticaron severamente la teoría marginalista de la formación de precios[414], evidenciando que la noción de utilidad, además de imprecisa, resultaba enteramente prescindible.

CAMINO A LA GRAN DEPRESIÓN

El triunfo del marginalismo neoclásico no logró oscurecer, afortunadamente, otras interesantes consideraciones en el plano macroeconómico. Una de ellas se debía a la pluma del economista inglés William Petty (1623-1687), matizada después por su compatriota Colin Clark (1905-1989). La llamada ley de Petty-Clark nos asegura que en tanto el progreso técnico reduzca los costes del transporte, el mercado de productos no agrícolas tenderá a ampliarse, desplazando mano de obra desde el sector primario al resto de actividades económicas. Esta ley justificaría el hecho empíricamente observado que correlaciona el desarrollo económico de un país con el crecimiento del sector industrial y, sobre todo, del área de servicios. La ley de Petty-Clark, a su vez, presupone el cumplimiento de otro enunciado de gran relevancia, la ley de Engel[415], según la cual un aumento en los ingresos de un indi-

---

413 Así lo condensó el famoso industrial estadounidense Henry Ford en su celebrada frase: «Pago buenos salarios a mis empleados para que así puedan comprar mis coches».

414 Sraffa (1960) y más recientemente Asimakopulos (1978, 1988a). Es también interesante recordar la controversia originada por Sraffa acerca de la medición del capital (Birner, 2002).

415 Debida al estadístico alemán Ernst Engel (1821-1896), sin relación con Friedrich Engels.

John Maynard Keynes [Wikimedia Commons].

viduo o una familia vendrá acompañado de una disminución en la proporción del gasto dedicado a la adquisición de alimentos.

El ruso Nikolai Kondratiev (1892-1938), por su parte, estudió las fluctuaciones a largo plazo —entre 48 y 60 años— de la economía capitalista a escala mundial. Su visión de ciclos con tres fases (crecimiento, estancamiento y recesión) no debió agradar al gobierno estalinista, pues tales predicciones parecían augurar al capitalismo una longevidad que ni Marx ni Lenin habían pronosticado. Tal vez por ello las autoridades soviéticas decidieron fusilarlo, tras ingresar a un campo siberiano de trabajos forzados, por supuestas actividades contrarrevolucionarias.

Las ideas de Kondratieff, no obstante, llegaron a ser conocidas en Occidente gracias al economista de origen austriaco Joseph Schumpeter (1883-1950), que las incorporó a su propio trabajo. Al contrario que todos sus predecesores, Schumpeter creía que la esencia del capitalismo residía en la inestabilidad dinámica de su evolución debida a las innovaciones introducidas por los emprendedores[416] (no necesariamente equivalentes a los «empresarios», como ahora se supone). El afán innovador tiende a apagarse conforme se alcanza un nivel de bienestar que dirige nuestra atención hacia otras metas más

---

416 Schumpeter (1927, 1934, 1942, 2010).

mundanas y la burocratización se apodera de las grandes organizaciones corporativas. De ahí surge la famosa predicción de Schumpeter según la cual el capitalismo podría morir a causa de su propio éxito.

El mundo capitalista de comienzos del siglo XX también tuvo críticos de ácida ironía, como el estadounidense Thorstein Veblen (1857-1929), economista, sociólogo y escritor de notable mordacidad[417]. Veblen reconocía el valor de la perspectiva marxista, aunque nunca la adoptó dogmáticamente y prefirió dividir la sociedad en una clase productiva y otra ociosa, donde esta última consume bienes superfluos por pura ostentación de su opulencia. Más influyente fueron sus opiniones precursoras de la corriente institucionalista, para la cual no cabe entender los procesos económicos sin considerar el conjunto de instituciones sociales (leyes, cultura, valores éticos, etc.) que configuran la vida real de los seres humanos.

La sarcástica reprobación de Veblen a la sociedad de su tiempo se vio justificada   cuando en 1929 comenzó una de las más graves depresiones económicas de la historia. El conocido como crac del 29 culminó la fiebre especulativa que se adueñó de las finanzas estadounidenses durante la década de 1920. Estamos especulando —en el sentido económico del término— cuando compramos algo con el único propósito de revenderlo porque esperamos un aumento de su precio, lo que generalmente sucede cuando mucha gente actúa igual y las compras generalizadas empujan los precios al alza en una «burbuja especulativa».

Los estadounidenses de la primera posguerra mundial mordieron el cebo del enriquecimiento fácil tendido por las instituciones financieras, y se lanzaron a especular en bolsa con participaciones en empresas de todo tipo. El resultado fue una situación que, si tal vez no cabe calificar de fraude piramidal, se asemejaba mucho. El hundimiento de la bolsa neoyorquina, en una economía inundada de productos financieros, arrastró a empresas y particulares provocando un colapso generalizado[418]. Parecía que, al fin y al cabo, los mercados no siempre tendían por sí solos al equilibrio, y la armonía social de los marginalistas era una vana quimera.

---

417 Veblen es uno de los autores a los que se adscribe a la llamada «economía evolucionista», en la que se admite que la racionalidad de los agentes es limitada y que los sistemas económicos no siempre evolucionan necesariamente hacia el equilibrio.
418 Galbraith (2000).

Fue entonces cuando surgió una de las figuras más descollantes en la economía del siglo XX, el barón John Maynard Keynes (1883-1946), matemático, estadístico, filósofo, escritor, bibliófilo, economista y fundador de la macroeconomía moderna[419]. Keynes comprendió que los mecanismos contemplados por la teoría neoclásica no necesariamente conducían, antes o después, a un equilibrio con pleno empleo. En efecto, en un individuo adinerado el porcentaje de riqueza ahorrada (magnitud denominada «propensión al ahorro») será mayor que el porcentaje dedicado a consumir («propensión al consumo»), razón por la cual una menor desigualdad en los ingresos fomenta una economía más dinámica. Podía ocurrir —y de hecho ocurría— que la situación se estabilizase con elevados índices de desempleo, si una concentración excesiva de riqueza en muy pocas manos frenaba la inversión productiva y retraía la demanda, lo que a su vez repercutiría en detrimento de la producción, con su estela de desempleo creciente y debilitamiento salarial.

La solución de esta diabólica espiral descendente hacia el empobrecimiento descansaba en una distribución más equilibrada de la riqueza, no por imperativos de justicia social sino más bien porque de otro modo el capitalismo colapsaría sin remedio, como parecía ser el caso durante la Gran Depresión de los años 30. Pero unos impuestos más equitativos no bastaban; en los momentos de contracción de la economía, el Estado debía endeudarse y gastar, ya que ningún otro agente económico se hallaba en disposición de hacerlo, y esa era la única vía para reactivar el empleo y los salarios. Como contrapartida de esta intervención amortiguadora en momentos de penuria, que acarrearía un déficit inevitable, el balance de las cuentas públicas debía compensarse en los tiempos de bonanza y así prepararse de nuevo para otro posible desplome.

Los Estados Unidos consiguieron dejar atrás los efectos de la Gran Depresión, no solo por la expansión del gasto público y la recomposición social de lo que se denominó «política del New Deal», introducida por el presidente Roosevelt, sino debido principalmente al enorme incremento de la inversión productiva que trajo consigo la Segunda Guerra Mundial. A punto de finalizar el conflicto, Keynes participó en la conferencia de Bretton Woods (EE. UU.), convocada para organizar las relaciones económicas internacionales tras la conflagración. Y lo cierto es que tras el conflicto bélico nadie pudo negar la influencia

419 Keynes (1998).

de Keynes sobre la manera de entender la macroeconomía. Tanto fue así que se instaló en la inmensa mayoría de las instituciones académicas un pensamiento económico que pretendía fundir las dos corrientes hasta entonces dominantes en la llamada «síntesis neoclásica-keynesiana» o neokeynesianismo, con economistas como con Robert Solow y Paul Samuelson a la cabeza, cuyo reinado —dígase lo que se quiera— se extiende hasta nuestros días.

DEL ESTADO DEL BIENESTAR A LA GLOBALIZACIÓN

Aunque Keynes publicó en 1936 su libro más famoso, *The General Theory of Employment, Interest and Money*, muchas de las ideas allí contenidas habían sido publicadas un poco antes, y serían mucho más desarrolladas después, por el casi desconocido economista polaco Michał Kalecki (1899-1970). Sin gran error histórico —y con mayor justicia intelectual— podríamos hablar de la teoría de Keynes-Kalecki[420] (o Kalecki-Keynes). Las ideas de ambos economistas encontraron un terreno bien abonado para arraigar en la Europa devastada tras la Segunda Guerra Mundial, donde el temor a una expansión de la influencia soviética[421], alentada por las estrecheces de la posguerra, convenció a los gobiernos occidentales de la necesidad de aplicar grandes programas de reactivación económica y de protección social.

Así nació el concepto de «estado del bienestar» (o «estado benefactor»), en referencia a la obligación legal que asumían los poderes públicos de garantizar unas condiciones de vida dignas para sus ciudadanos, redistribuyendo la riqueza nacional en beneficio de la población más humilde. El conocido como informe Beveridge (1942), un estudio sobre política social llevado a cabo en Gran Bretaña, convenció al nuevo gobierno laborista de Clement Attlee de la necesidad de tales reformas. La implantación de nuevas instituciones, como sistemas nacionales de salud y educación, subsidios de desempleo, pensiones de jubilación o viviendas de protección oficial, se extiende rápidamente por toda Europa occidental, especialmente en los países escandinavos.

---

420 Kalecki (1956, 1968, 1970, 1976, 1977, 1980).

421 Esa misma prevención contra posibles auges revolucionarios, y no la filantropía, impulsó los primeros beneficios sociales instaurados legalmente por Bismarck en Alemania y por los generales Primo de Rivera y Franco en España.

En este ambiente tan favorable se reavivaron doctrinas aletargadas durante décadas a causa del totalitarismo y la guerra, como el «ordoliberalismo», defendido desde la década de 1930 por un grupo de pensadores de la Universidad de Friburgo, encabezados por el economista Walter Eucken (1891-1950). Los ordoliberales coinciden en la mayoría de sus postulados con el ala más moderada de la socialdemocracia, por cuanto asigna al Estado un papel regulador y supervisor de la actividad económica, corrigiendo injusticias y equilibrado desigualdades, sin intervenciones masivas que distorsionen el libre mercado. Buscando un compromiso entre las libertades individuales y el bien común, el ordoliberalismo puso en circulación el término «estado social de mercado», que tanta popularidad alcanzó en Alemania en los tiempos del canciller Adenauer.

Conforme avanzaba el siglo XX, la sociedad y la economía incrementaban su complejidad, exigiendo una nueva mirada a sus viejos problemas. Así nacieron el poskeynesianismo y la Nueva Economía Keynesiana, en el intento de remozar las teorías de Keynes para adaptarlas a la competencia imperfecta de los mercados reales, al impacto económico de la tecnología y al crecimiento del comercio internacional. Entre los autores de la escuela poskeynesiana destacó la gran economista inglesa Joan Robinson (1903-1983), quien reconoció en *El Capital* de Marx indicios de las opiniones de Kalecki y Keynes sobre la importancia de la demanda en las crisis de acumulación capitalista[422].

Las limitaciones de los planteamientos entonces en boga se pusieron de relieve con gran dramatismo durante la sacudida internacional de 1973, cuando los principales países exportadores de petróleo —árabes en su mayoría— decidieron vengarse del apoyo occidental a Israel en la Guerra del Yom-Kippur, elevando drásticamente los precios del crudo, de lo cual se derivó una imparable sucesión de turbulencias en la economía mundial. Los modelos keynesianos no podían afrontar fácilmente este desafío, pues habían sido desarrollados para economías cerradas, con poca influencia del exterior y precios estables en las materias primas[423]. Deficiencias tan patentes ofrecían una oportunidad de revancha que los adversarios del keynesianismo, que no podían dejar de aprovechar, y así lo hicieron.

---

422 Robinson (1973). Véase también Asimakopulos (1988b, 1989) y Harcourt (2006).
423 Keynes, ciertamente, tuvo en cuenta la inflación en los precios ocasionada por el aumento de la demanda, pero no el debido al encarecimiento de los recursos naturales y las fuentes de energía (inflación de costes).

Los reajustes necesarios para afrontar la crisis energética, paradójicamente unidos a las primeras inquietudes ciudadanas sobre el deterioro medioambiental, dieron alas a la facción más conservadora de la política y la economía en el mundo occidental. Se culpó de las restricciones al derroche de recursos que implica el mantenimiento de las coberturas sociales del estado del bienestar, a la vez que se recrudecían las formas más descarnadas de individualismo egoísta, disfrazado groseramente como libertad y autorrealización. La responsabilidad de la pobreza se transfirió desde las estructuras sociales a los vicios particulares de los afectados (molicie, imprevisión, holgazanería, pereza, dilapidación), de modo que la indigencia ya no sería una lacra social, sino el justo castigo por la desidia de los afectados.

Los miembros de la Escuela Booth de negocios de la Universidad de Chicago, capitaneados por el economista —posteriormente galardonado con el nobel— Milton Friedman (1912-2006), decían tener la receta del éxito: desmantelamiento de cualquier control sobre el libre mercado capitalista, reducción del Estado a su mínima expresión para que no entorpeciese los negocios y la confianza plena en la regulación de la cantidad de dinero circulante[424] (monetarismo), para preservar la prosperidad de las economías nacionales. Comenzaba la era del neoliberalismo, un retorno a las vías originales del capitalismo descontrolado en el siglo XIX, pero en esta ocasión a escala mundial y con las ventajas de las modernas telecomunicaciones que permitían esa globalización.

El triunfo de políticos como Margaret Thatcher (1925-2013) en Gran Bretaña y Ronald Reagan (1911-2004) en Estados Unidos determinó el viraje del mundo hacia la globalización neoliberal en la década de 1980, fortalecido por el hundimiento del bloque soviético en 1991. El enriquecimiento rápido y fácil a través de la especulación bursátil se convirtió en el sello del éxito personal al que todo sujeto parecía aspirar. La economía se vio dominada por el sector financiero en desmedro de la economía productiva destinada a solventar las necesidades reales de los individuos corrientes. Una economía especulativa agigantada hasta dimensiones planetarias no podía sostenerse por siempre, como demostró la declaración de quiebra del banco Lehman-Brothers en 2008, que marcó el inicio de la gran recesión posterior.

---

424 Supuestamente bastaba con abaratar el precio del dinero (tasa de interés) para reanimar los negocios cuando su ritmo se frenaba, y aumentar dicho precio cuando la actividad económica se aceleraba demasiado, amenazando con desbocar la inflación.

La pandemia vírica desatada a finales de 2019 no ayudó a restañar los daños infligidos por la crisis económica, pero sí reveló la fragilidad geoestratégica de las democracias occidentales, enredadas con furibundo dogmatismo en estériles conflictos de identidad, frente a resueltas autocracias con objetivos bien definidos a largo plazo, como Rusia y China. El primer tercio del siglo XXI no se presenta muy halagüeño para los regímenes políticos basados en el respeto por las libertades individuales, lo que no impide que aparezcan nuevos planteamientos económicos, como la teoría monetaria moderna. Esta teoría se supone válida para países con soberanía monetaria, esto es, aquellos que pueden imprimir su propia moneda y controlar su valor con respecto a otras divisas extranjeras[425].

La idea básica gira en torno al concepto de dinero, que ya no se considera un artificio para facilitar los intercambios comerciales, sino una creación del Estado. Es la garantía del Estado, respaldada por el conjunto de la riqueza del país, la que otorga valor a su moneda y, ya que puede emitir tanta como necesiten sus finanzas, no cabe la posibilidad de quiebra estatal. Desde este punto de vista, no es que el Estado recaude mediante impuestos para luego acometer sus gastos, sino más bien al contrario: el gasto público anima los movimientos económicos de la sociedad, cuyo aumento de riqueza permite después la recaudación de impuestos. Los críticos subrayan la inflación que esta clase de políticas podrían provocar, y mientras tanto la polémica prosigue.

NEOLIBERALISMO Y CLASES SOCIALES

Nuevos tiempos exigen nuevos acuerdos, así que dejando atrás lo pactado en Bretton Woods en 1944, una nueva reunión internacional en la capital de Estados Unidos celebrada en 1989 alumbró el llamado consenso de Washington. Se trataba de puntualizar con claridad las políticas neoliberales que debían regir la globalización de la economía, con especial insistencia en los países periféricos (Iberoamérica junto con gran parte de Asia y África) endeudados hasta límites asfixiantes con las instituciones financieras del mundo desarrollado. De

---

425 Wray (2019) y Kelton (2021) pueden ser buenas introducciones a este asunto.

nuevo, las prescripciones no podían ser más nítidas: supresión de todas las barreras a la libre circulación de capitales; reducción del gasto público; desaparición de aranceles aduaneros; eliminación de cualquier intervención estatal en la economía; reducción de los derechos laborales de los empleados; disminución de impuestos; privatización de empresas públicas, y otras medidas de corte similar.

Bajo esta serie de mandamientos late la vieja convicción de que el Estado es siempre ineficaz, irracional y corrupto en la gestión económica, mientras que la empresa privada se muestra invariablemente eficaz, competente y servicial en obediencia a los consumidores. El consumo interno debe relegarse en beneficio de un modelo de crecimiento externo, es decir, orientado a las exportaciones. En consecuencia, los salarios de los empleados dejan de ser un componente esencial de la demanda que deben satisfacer los empleadores y por ello pueden deprimirse sin peligro para la marcha de las empresas. Como se argüía en el siglo XIX, cada nación debe especializarse en la producción de aquellos bienes que resulten más rentables para el comercio exterior, aceptando así su puesto en el concierto económico internacional

El neoliberalismo bebe de las fuentes de la escuela austriaca de economía, cuyos mejores exponentes son Von Mises (el auténtico fundador) y Von Hayek (su discípulo aventajado[426]). A su vez, estos autores no pueden ocultar su deuda intelectual con la versión más idealista y subjetivista de la filosofía clásica alemana, en particular de Kant, como veremos a continuación. El pensamiento económico austracista se construye sobre tres asertos erróneos: el individualismo (metodológico y, sobre todo, ontológico), la creencia en el orden espontáneo de los mercados y el apriorismo aplicado a la economía. La escuela austriaca consideraba que la economía era una ciencia independiente de la experiencia —a priori— como la matemática pura, y por ello podía prescindir de los estudios de campo; si la realidad económica no se adapta a sus preceptos teóricos, tanto peor para la realidad.

De los capítulos anteriores se desprende que el individualismo es una mala filosofía para el estudio de la sociedad, que se entiende mejor sistémicamente. En ese sentido, la estructura macroeconómica prima sobre el nivel microeconómico, al revés de lo que afirman los austracistas. No obstante, ni siquiera desde una perspectiva indivi-

---

426 Von Hayek (2011) y Von Mises (2011), aunque justo es decir que a lo largo de su vida Hayek se aproximó a la economía neoclásica mucho más que el resto de sus colegas austracistas.

dualista cabe justificar su fe en el orden espontáneo de los mercados, que son fenómenos sistémicos sin garantía alguna de orden o perfección[427]. Ese orden espontáneo —otra denominación para la «mano invisible» de Smith— no puede ser sino una propiedad emergente del segmento social que llamamos «mercado», y por tanto incompatible con las premisas básicas del individualismo riguroso, contrarias a las propiedades que no puedan predicarse de los miembros individuales de un colectivo.

Francamente se admite que las políticas neoliberales aumentan la desigualdad en el reparto de la riqueza, de inmediato se recurre a la metáfora del «goteo» o «derrame» (*trickle down*) para justificarlo: fomentando el enriquecimiento empresarial a corto plazo conseguiremos mayores inversiones a medio plazo, lo que conducirá a una sociedad más próspera a largo plazo[428]. La investigación empírica, sin embargo, arroja resultados abrumadoramente contrarios a tales expectativas. Debido a la imperfección de los mercados y al peso creciente de la economía especulativa en ellos, no se da una percolación de la riqueza desde las clases más acomodadas a las más necesitadas.

Así lo puso de manifiesto una nueva hornada de economistas críticos con el desarrollo del capitalismo entre los siglos XX y XXI, como Nouriel Rubini, Robert Reich, Joseph Stiglitz, Paul Krugman y Thomas Piketty. Aunque Stiglitz y Krugman recibieron el premio nobel, es el francés Piketty quien probablemente resulte más polémico a causa del impacto de sus publicaciones dirigidas al público general. Su especialidad consiste en el análisis histórico y estadístico de la distribución de la riqueza en las sociedades occidentales, como expone en su celebrada obra *El Capital en el Siglo XXI*, donde demuestra que los magnates de la economía global se enriquecen a un ritmo mucho mayor que el resto de la población[429]. Otros destacados investigadores sobre la inestabilidad financiera y las modalidades del empobrecimiento han sido también Hyman Minsky, Jeffrey Sachs, James Galbraith y Gunnar Myrdal.

No parece haber la menor sombra de duda acerca de la existencia de clases sociales, pese a la negativa de los neoliberales —y muy

---

427 Hampden-Turner & Trompenaars (1994), Dixon (2010), Spyridakis (2018).
428 El mecanismo se asemeja al de la parábola evangélica del pobre Lázaro, que se alimentaba de las migajas caídas de la opulenta mesa del rico Epulón (Lucas 16, 19-31). Así que cuanto más repleta esté la mesa de Epulón (las clases altas) más posibilidades tendrá Lázaro (las clases bajas) de recoger las sobras de tanta abundancia.
429 Piketty (2013, 2019, 2021).

especialmente ciertos teóricos de la escuela austriaca— a reconocerlas. El individualismo atomista constituye la versión más radical de este credo, y afirma que nada existe, sino los individuos particulares; cualquier fenómeno social puede y debe ser explicado a partir de las acciones meramente individuales[430]. En pocas ocasiones se proclamó con mayor rotundidad el credo del individualismo radical, como en las declaraciones de Margaret Thatcher, a la sazón primera ministra británica, a la revista *Woman's Own* [431]: «(...), no hay tal cosa como la sociedad. Hay hombres y mujeres individuales y hay familias».

Ningún defensor de la ontología individualista podría expresarlo con más nitidez, pero quizás sí con más coherencia. Negar la existencia de la sociedad como sistema equivaldría a reducir el cuarteto ‹C, E, S, M› al par ‹C, S›, en el mejor de los casos. Nos quedarían la colección desestructurada de individuos C y su entorno S, compuesto este último por nuestros vecinos (una relación puramente geográfica). Es cierto que la salvedad de admitir la existencia de familias permite asignar una estructura elemental a C —la familiar— aunque mal definida (¿hasta qué grado de parentesco?).

Afirmaciones tan patentemente falsas como esta no podían permanecer sin matizaciones, tarea que emprendieron los partidarios del individualismo institucionalista, una forma de sistemismo vergonzante que actúa como tal aunque se resiste a reconocerlo. Los institucionalistas admiten la insuficiencia del individualismo radical para explicar los fenómenos sociales, aceptando el importante papel de las instituciones y los grupos sociales en su evolución. Las clases sociales existen, si bien se reducen a dos[432] —no las que Marx señalaba— que serían la extractiva (los gobernantes) y la productiva (todos los demás).

El mundo ha cambiado notablemente desde los años de Marx, razón por la cual parece lógico que la concepción de las clases sociales se haya modificado al mismo paso. Hoy día entendemos que las clases sociales se caracterizan no solo por la posición en el sistema económico —y, por ende, la capacidad de sus miembros de acumular riqueza—, sino también por otros factores como los hábitos, la

---

430 Este es el extremo opuesto al marxismo estructuralista de, por ejemplo, Louis Althusser (1918-1990), para quien los individuos se hallan totalmente determinados por la estructura social.
431 Thatcher (1987).
432 Esa es la opinión de Hart (2019) en la estela de liberales franceses del siglo xix, como Augustin Thierry y Benjamin Constant de Rebecque.

cultura, los modales, los valores o los lazos interpersonales. Estudios estadísticos realizados en la segunda década del siglo XXI en Gran Bretaña[433] permitieron identificar la estructura fina de la pirámide social resuelta en una serie de subclases: (1º) élite, (2º) clase media asentada, (3º) clase media técnica, (4º) nuevos trabajadores afluentes, (5º) clase trabajadora tradicional, (6º) empleados en servicios emergentes y (7º) trabajadores precarios.

Cabe discutir la precisión y exhaustividad de esta taxonomía, pero no puede ponerse en duda que las clases sociales existan. Sostener que solo existen los individuos y no la sociedad equivale a declarar que no existen las personas, sino sus células; o incluso podríamos decir que solo existen las partículas elementales constituyentes de la materia y todo lo demás son entelequias sin sentido. El hecho de que la clase social sea un concepto no implica que sea arbitrario o carezca de referentes reales. Las especies biológicas o los elementos químicos, digamos, también se presentan como conjuntos definidos por la existencia de rasgos comunes entre individuos concretos, sin que eso las despoje de su carácter real y objetivo. Las clases sociales permiten explicar regularidades causales que afectan a sus miembros, como el surgimiento de organizaciones que defienden sus intereses, y los fenómenos emergentes de ellas derivados. Por eso, el concepto de clase social seguirá en un lugar prominente en el repertorio teórico de economistas, sociólogos y politólogos.

¿LEYES DE LA ECONOMÍA?

Como en el resto de las ciencias sociales, el debate sobre la posibilidad de que existan leyes económicas, en el mismo sentido en que hay regularidades objetivas en las ciencias naturales, se arrastra desde largo tiempo atrás y no parece tener visos de resolverse fácilmente. Todo indica que existen pautas objetivamente reconocibles en el funcionamiento de los sistemas económicos, aunque de índole distinta de las leyes de otros campos de investigación, como la física o la biología. Esto no debería resultar sorprendente, ya que los sistemas físicos, biológicos

---

433 Savage et al (2013).

y económicos exhiben muy notables diferencias, si bien todos ellos forman parte de un mismo mundo material cuyos patrones fundamentales deben obedecer. No tendría sentido, por ejemplo, postular leyes económicas que infringiesen la conservación de la masa o la energía.

Un requisito crucial para que un enunciado pueda considerarse candidato al rango de ley, además de su contrastación empírica, consiste en pertenecer a una teoría formulada con claridad. Así ocurre con la celebérrima ley de la oferta y la demanda, o la ley de Cobb-Douglas, que relaciona la producción con el progreso tecnológico, el volumen de capital y la cantidad de empleados. Todas ellas se verifican bajo determinadas condiciones, más o menos idealizadas, y dejan de cumplirse cuando tales condiciones no rigen. Este es un punto de la mayor importancia, como nos muestra el caso de la ley de rendimientos decrecientes, según la cual la producción aumenta con un ritmo decreciente a medida que se eleva la inversión. Las industrias informáticas y microelectrónicas aparentan un comportamiento opuesto: a mayor inversión mayor rendimiento[434] (por lo que a veces reciben el nombre de «negocios de rendimientos crecientes»). Pero es un espejismo que depende de la escala temporal a la que observamos el fenómeno. Antes o después también estas industrias alcanzarán un punto de saturación, aunque solo sea porque ninguna actividad puede proporcionar un rendimiento infinito.

En otros casos la experiencia refuta —o al menos restringe— la validez de un enunciado tenido por ley universal. La curva de Phillips indicaba gráficamente que un aumento del desempleo por disminución del crecimiento económico se traducía en una caída general de los costes económicos (precios y salarios). En resumen, se trata de una relación empírica que establece la proporcionalidad inversa entre el desempleo y la inflación. Sin embargo, en la segunda mitad de la década de 1060 aparecieron inequívocos indicios de que ambos contratiempos podían combinarse en lo que se denominó «estanflación», amalgamando las palabras «estancamiento» e «inflación». El aumento de costes de materias primas o fuentes de energía y la especulación bursátil suelen ser las causas de este aciago fenómeno.

Curiosamente, tanto los teóricos marxistas como los neoclásicos coincidieron en contemplar las leyes económicas como característi-

---

434 No debe confundirse esto con la descripción de tendencias, como la llamada ley de Moore («cada dos años se duplica el número de transistores en un microprocesador»), que expresan la marcha global de un determinado proceso en un cierto momento, sin comprometerse a más.

cas inmutables del mundo real, una convicción que intentaron arropar con ingentes cantidades de formalismo matemático, cuya pertinencia pocas veces resultaba obvia. El abuso del utillaje matemático en las modernas facultades de economía alcanzó tal envergadura, que el 12 de diciembre de 2017 un grupo de economistas críticos entre los que se contaban Steve Keen y Mariana Mazzucato expusieron en la prestigiosa *London School of Economics* un manifiesto en el que se reclamaba una reforma profunda de las teorías y enseñanzas en economía[435].

Ese día era el quinientos aniversario de las treinta y tres tesis de Lutero, y los organizadores pretendían dar a la protesta ese mismo aire rupturista. Sus demandas iban desde una mayor atención a las repercusiones medioambientales de las políticas económicas o la consideración de la complejidad de los mercados reales, hasta el anquilosamiento de las tesis neoclásicas, la excesiva preponderancia del capital financiero en la economía y la importancia de problemas como la desigualdad y la calidad de vida de los ciudadanos. Desgraciadamente, hasta el momento no parece que sus reclamaciones hayan tenido mucho éxito.

Desde luego, no todos los utillajes matemáticos son meras carcasas prescindibles. No pensaba así Wassily Leontief (1906-1999) cuando introdujo sus versátiles tablas *input-output*, anticipadas en parte por el fisiócrata francés François Quesnay (1694-1774) y por el propio Marx. El método viene a cuantificar las interdependencias entre las industrias de una misma región, mostrando que los gastos de una constituyen los ingresos de otra[436]. Tanto más podría decirse de la investigación operativa, que se sirve del análisis matemático para optimizar la distribución de recursos aplicables a la solución de un problema dado. Esta disciplina nació en el ámbito militar con el nombre de «análisis de operaciones», pues afrontaba desafíos como determinar el tamaño óptimo de un convoy marítimo para maximizar la carga transportada, minimizando a la vez el riesgo de ser atacados por el enemigo. El desarrollo del llamado algoritmo simplex para la programación lineal en 1947 desplegó todas sus posibilidades, cuando tres décadas después los primeros computadores electrónicos permitieron automatizar los cálculos.

---

435 Volveremos sobre teoría de los juegos (Neumann, Morgenstern, Nash) y el equilibrio general (Walras, Arrow, Debreu, Balasko) en el capítulo 13, al ocuparnos de las pseudociencias sociales. Véanse las críticas al respecto de Keen (2015), Mazzucato (2019, 2021) y Andre & Falk (2021), entre muchos otros.
436 Leontief (1986).

La búsqueda de analogías entre las ciencias naturales y las sociales siempre ha resultado una interesante fuente de inspiración. Por esta senda han surgido planteamientos tan inusuales como la termoeconomía[437], empeñada en construir modelos económicos en estrecha semejanza con los sistemas termodinámicos. Basándose en métodos de probada eficacia en la física estadística, los termoeconomistas intentan hallar contrapartidas económicas de los conceptos termodinámicos, especialmente en el área de la termodinámica del desequilibrio, como la entropía de información, por ejemplo. A su juicio, los sistemas económicos se comportan de modo muy similar a las estructuras disipativas de la termodinámica moderna. Por ello, el flujo de los bienes y servicios debe combinarse con balances de materia y energía para los ecosistemas que constituyen la base y el entorno natural de los procesos económicos.

Un camino paralelo siguieron los fundadores de la econofísica al servirse de los métodos estadísticos de la física para examinar el posible carácter caótico de las compraventas de acciones en bolsa, o la distribución de la renta en las sociedades occidentales industrializadas. Sorprendentemente, el análisis de los datos disponibles permitía identificar tan solo dos clases sociales, superior e inferior —por llamarlas así— o alternativamente, la clase ordinaria, donde se situaría el 97 % de la población, y la extraordinaria, con el 3 % restante[438]. En 2010, la mitad más pobre de toda la población mundial, unos 3500 millones de personas, poseía la misma riqueza que los 388 individuos más acaudalados del mundo. Y a principios de la segunda década del siglo XXI, el 50 % de la población estadounidense acumulaba el 10 % de la riqueza nacional en un palmario ejemplo de reparto desigual.

Hasta ahora se suponía que la desigualdad de riqueza se debía primordialmente a una disparidad de puntos de partida en la liza económica: quienes inician sus vidas con desventaja tenderán a empeorar y quienes nazcan en un entorno acomodado generalmente conservarán su elevada posición. Pero la econofísica nos cuenta una historia notablemente distinta que perfila dos tipos de evolución económica, una ordinaria para la clase inferior, que abarca a la inmensa mayoría de la población, y otra extraordinaria para la clase superior, la de los superadinerados. Los econofísicos las llaman respectivamente economía

437 Georgescu-Roegen (1971) y El-Sayed (2003).
438 Drăgulescu & Yakovenko (2001), Chakrabarti et al (2006), Tao et al (2019).

térmica y supratérmica, porque la distribución de la riqueza en la primera obedece a una curva de Maxwell-Boltzmann y, sin embargo, en la segunda sigue una curva exponencial creciente. La función de Maxwell-Boltzmann nos dice que en el 97 % de la población la riqueza se distribuye como la energía en el agua calentada cerca de la ebullición: hay pocas moléculas que tengan o mucha o muy poca energía (los muy ricos o muy pobres), mientras la gran mayoría posee un valor intermedio (la clase media tradicional). Esta sería una economía de tipo térmico.

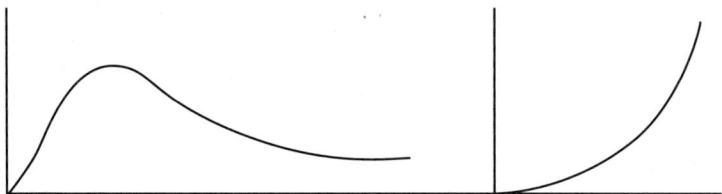

De derecha a izquierda, una curva de Maxwell-Boltzmann y una exponencial.

Ahora bien, para los individuos extremadamente ricos, pertenecientes al 3 % verdaderamente privilegiado, las reglas supratérmicas son muy diferentes. A ellos se aplica la estadística válida para las moléculas de agua con tanta energía que escapan del líquido convirtiéndose en vapor. En este caso, la distribución de Boltzmann se sustituye por una función exponencial, una curva que crece con gran rapidez sin límite teórico. A diferencia de la gran mayoría de la clase ordinaria que vive de su salario, los miembros de la clase superior no solo poseen una cantidad exorbitante de dinero, sino que también operan en un tipo de economía (financiera, especulativa) inaccesible para el ciudadano común, capaz de acelerar vertiginosamente sus ganancias.

La igualdad estricta parece ser superlativamente inestable, como demuestran modelos posteriores más refinados[439], en los que se tuvo en cuenta la acción de mecanismos redistributivos, las ventajas operativas de los más ricos (mejor asesoramiento, mayores oportunidades de inversión, mejores relaciones sociales, etc.) y la posibilidad de endeudamiento (riqueza negativa). Con ellos fue posible reducir la distribución de la renta nacional en EE. UU. desde 1988 a 2018, con un 0,33 % de error. La concentración de riqueza en unos pocos agentes económicos

<hr />

439 Devitt-Lee et al (2018), Li et al (2018).

al cabo de un tiempo se daba por igual en estos modelos, tanto si todos los intercambios se consideraban justos —tratando de maximizar el beneficio de ambas partes— como si se efectuaban al azar.

Las conclusiones del análisis econofísico parecen claras: un sistema económico que permita el libre comercio no preservará una igualdad perfecta, aunque parta de una situación tal; y para evitar la formación de una oligarquía absoluta (que concentraría todos los recursos) con el consiguiente colapso del sistema deben establecerse mecanismos correctores de la desigualdad inherente al sistema. Ambos resultados a la par suponen una magnífica lección para los fanáticos de un igualitarismo radical y para los adoradores del libre mercado. Cuestión muy otra, no obstante, es que los partidarios de esos dos extremos deseen darse por enterados.

ECONOMÍA, POLÍTICA Y LA «GRAN CIENCIA»

A mitad de camino entre las consideraciones económicas y políticas, trufada a menudo de intereses geopolíticos o empresariales, se encuentran los grandes proyectos de transformación nacional que pretenden dotar un país con infraestructuras suficientes que garanticen su prosperidad futura[440], especialmente si se pretende modernizar sus capacidades de generar conocimiento científico de calidad. Las ingentes inversiones que en cualquiera de estos casos resultan necesarias exigen que sus gestores tengan una idea suficientemente clara de aquello que quieren conseguir y, sobre todo, que compartan con sus compatriotas —o al menos con la élite dirigente— el tipo de sociedad que desean edificar.

El siglo xx fue testigo de dos proyectos de industrialización acelerada en dos países de envergadura descomunal, la Unión Soviética y China, que trataban de superar el secular atraso de esas naciones y su desventaja frente a las poderosas economías del Occidente capitalista. Entre las décadas de 1920 y 1930, los planificadores soviéticos actuaron con la solvencia profesional necesaria para alcanzar sus objetivos, aun a costa de los inenarrables sufrimientos padecidos por la pobla-

---

440 Véase al respecto el ya clásico texto de Kantórovich (1965).

ción. Bien al contrario, en China el llamado «Gran Salto Adelante» se vio envuelto en una mezcla de ingenuidad, ignorancia, incompetencia técnica y fanatismo ideológico que desembocó en la mayor hambruna de la historia de la humanidad[441], con un número indeterminado de muertes por inanición que podría oscilar entre quince y cincuenta y cinco millones de fallecidos.

Los proyectos nacionales de cariz científico-técnico más importantes en el pasado siglo se dieron ambos en Estados Unidos, uno dedicado a construir una bomba atómica antes que los nazis (Proyecto Manhattan) y el otro decidido a llegar a la Luna antes que sus rivales soviéticos (Proyecto Apolo). Ambos movilizaron una inmensa cantidad de recursos humanos y financieros que se justificaron en su momento por la necesidad de sobrepujar a un adversario temible; desaparecidos tales contrincantes, no parece sencillo volver a concentrar tal cantidad de fuerzas en un mismo objetivo.

La carrera espacial, no obstante, se planteó con acierto como un empeño colectivo que debía involucrar cuantos aspectos de la sociedad se estimase conveniente. Así nació la Ley de Educación para la Defensa Nacional, cuando el gobierno estadounidense sospechó que la deficiente calidad de las enseñanzas científicas y técnicas podían poner en peligro su predominio en esos campos. Este enfoque genuinamente sistémico del problema —así como la mayor cantidad de recursos disponibles para ello— determinó finalmente el triunfo de los norteamericanos. Esto nos lleva a la cuestión de las políticas de desarrollo de la ciencia llevadas a cabo a nivel nacional en diferentes países. Suele suponerse que las medidas políticas dirigidas a impulsar el conocimiento y los beneficios que este acarrearía para el conjunto de la población son ellas mismas también de carácter científico, es decir, se elaboran mediante criterios objetivos sobre la base de experiencias previas bien documentadas, con la mirada siempre puesta en la adecuación entre los recursos disponibles y los objetivos fijados.

Desgraciadamente no siempre es así. Muy a menudo los planes de inversión resultan cortos en dinero y en duración, puesto que los resultados palpables que los políticos necesitan exhibir ante sus electores aparecen——en el mejor de los casos— a largo plazo y carecen por ello de una utilidad electoralista. A la menor sacudida económica resulta tentadoramente fácil recortar las partidas presupuestarias que

---

441 Dikötter (2017).

alimentan la investigación científica —sobre todo la básica— sin despertar el descontento popular. Los gobiernos cambian y sus prioridades también, lo que dificulta mantener la continuidad que exigen las grandes líneas de desarrollo científico durante largos periodos de tiempo. E incluso con los presupuestos ya aprobados, la forma de ejecutarlos depende de la influencia relativa que posean los distintos grupos de investigación sobre los planificadores.

Si, por ejemplo, los bioquímicos muestran más capacidad de influir en los diseñadores presupuestarios que los físicos de partículas, téngase por seguro que los primeros se llevarán un trozo mayor del pastel financiero. De ese modo, el campo de investigación favorecido crecerá más que el resto y —recuérdese el efecto «San Mateo»— la mayor repercusión de sus trabajos justificará que se mantenga, o se aumente, el esfuerzo económico para sostenerlo así. De no entender que el desarrollo científico de una nación abarca multitud de aspectos sociales, desde la educación primaria hasta la tradición de emprendimiento industrial de sus habitantes, y que el crecimiento de las inversiones ha de ser equilibrado en todas las áreas —lo que no significa estricta igualdad de gastos—, poco se podrá avanzar por un camino a la vez fructífero y duradero.

Las colaboraciones internacionales ocupan un papel central en estos esfuerzos de progreso, aunque no son un asunto novedoso, como demuestra la medición del arco de meridiano en el siglo XVIII, que involucró a científicos de Francia, España y Suecia. Actualmente, a cambio de sufragar parte de los gastos y aportar personal especializado, el país se beneficia de las posibles aplicaciones de los descubrimientos, pero además mejora su reputación internacional y acrecienta las relaciones entre sus investigadores (o empresarios involucrados) y los de otros países participantes. Con ese fin se constituyen grandes organismos internacionales para la investigación científica, como la Agencia Espacial Europea (ESA, por sus siglas en inglés), conocida por sus diversas misiones a satélites y otros planetas de nuestro entorno, aunque menos por sus labores de monitorización de los ecosistemas terrestres, o el Centro Europeo de Investigaciones Nucleares (CERN), de gran popularidad gracias a descubrimiento del bosón de Higgs.

Estas actuaciones multilaterales conforman lo que se llama la «Gran Ciencia», término acuñado para referirse a aquellos proyectos demasiado onerosos para ser llevados a cabo por un solo país y que, por tanto, precisan del acuerdo de varias naciones. Buen exponente de ello lo encontramos en la Estación Espacial Internacional (ISS por sus sigas en inglés), cuya construcción involucró a cinco agencias espaciales: NASA (Estados Unidos), Roscosmos (Rusia), JAXA (Japón), ESA (Europa) y CSA (Canadá). Otros ejemplos de gran relevancia son el Proyecto Genoma humano, destinado a la secuenciación de nuestro ADN, o el Proyecto Cerebro Humano (Human Brain Project, HBP), que pretende simular las funciones cerebrales humanas mediante técnicas de supercomputación, muchas de ellas aún por desarrollar.

POLITOLOGÍA, LA CIENCIA DE LA CIUDADANÍA

Tomada en sentido literal, la politología parece referirse en exclusiva a los asuntos de la ciudad (*polis*, en griego) en oposición a los del campo (*agro*). Pero en realidad no es así, pues los politólogos —al menos aquellos con espíritu científico— pretenden estudiar la distribución y ejercicio del poder en las comunidades humanas por las mismas vías que el resto de las ciencias sociales. La politología, el estudio científico de la política, se funde con la ética y la moral, todavía más si cabe que la economía. Ejercer el poder en la sociedad, ¿quién y para qué? ¿Debe entregarse el ejercicio del poder a todos, a unos cuantos o solo a uno? Y en cualquier caso, ¿cómo hacerlo al mejor servicio del bien común?

Platón, en *La República*, imaginó una sociedad ideal gobernada por filósofos —esto es, por sabios— cuya inspiración en Esparta la adornó con ribetes un tanto militaristas. Desgraciadamente, desde Platón hasta hoy, un aluvión de lamentables ejemplos demuestran que el disfrute de grandes dotes intelectuales no garantiza la posesión de virtudes morales igualmente notables. Por eso el más sagaz puede ser a la vez el más granuja, y resulta obvio que una mente bien ordenada no basta para el buen gobernante. Aristóteles distinguió las formas de gobierno según el número de participantes y el modo —recto o desviado— en que se ejercían. El gobierno rectamente ejercido se llamaba monarquía si recaía sobre un solo individuo, aristocracia si eran unos pocos y república si concernía a todos. Como contrapartida, las modalidades torcidas de esas mismas formas de gobierno eran tiranía, oligarquía y democracia[442].

---

442 Aristóteles (1998), p. 219.

Puede llamarnos hoy la atención el hecho de que Aristóteles considerase la democracia una forma licenciosa de gobierno, aunque debería ser obvio para todos que nuestro concepto de democracia difiere ampliamente del sostenido por los antiguos griegos. Asimismo, es cierto que el filósofo griego admite muchas variantes del gobierno democrático —y de las demás modalidades— una de las cuales se identificaría con lo que el romano Polibio (s. ii a. C.) denominó oclocracia, o «poder de la turba», una tiranía ejercida por la mayoría. Más curiosa es la demarquía (también denominada «estococracia», «insaculación» o «lotocracia») en la cual se elige por sorteo —sin trampas, supongamos— a los gobernantes. Cuando esos gobernantes no solo son maléficos, sino que expanden la maldad como forma de ver el mundo en la sociedad que dominan, debemos acudir a la ponerología[443] («estudio del mal», *poneros* en griego), que mezcla psicopatología, sociología, historia y antropología en un campo acusadamente interdisciplinar.

Confucio (551-479 a. C.), humanista, filósofo y moralista, estableció uno de los cánones culturales básicos en la historia de China. A su juicio, el buen gobierno se lograba cuando el monarca —comisionado por las potencias celestiales para la protección del pueblo— instauraba una vida armoniosa y satisfactoria entre sus súbditos. El ideal de la buena política confuciana acariciaba el mantenimiento esmerado de la tradición, entendida como una pretérita edad de oro que debía recuperarse y proyectarse hacia el futuro[444]. Ese paternalismo autoritario también se asoma, al otro lado del globo, en la obra política del italiano Nicolás Maquiavelo (1469-1527), cuyo texto central *El Príncipe* se publicó cuatro años después de su muerte[445]. El maquiavelismo como doctrina política va mucho más allá de la simplificación recogida en la celebérrima frase «el fin justifica los medios», cierto es que a él se debe un concepto tan central en la política moderna como la razón de Estado, tras la cual se han cobijado tropelías sin cuento.

Dejando atrás los tiempos medievales, una serie de autores descollantes se preguntaron si la soberanía de la nación había de residir en el monarca o en el pueblo (que debería ejercerla a través de alguna asamblea representativa). En Inglaterra, Thomas Hobbes (1588-1679) buscó una solución de compromiso declarando que los súbditos ceden

---

443 Łobaczewski (2006).
444 Muy interesantes análisis de la política a la luz de la tradición confuciana se encuentran en Hsiao (1979), Metzger (2005), Angle (2009, 2012) y Zarrow (2021).
445 Maquiavelo (2010).

su soberanía al monarca para que les libre de los males derivados de un mundo sin orden ni autoridad[446]. Su compatriota John Locke (1532-1704) se inclinó más bien por una monarquía parlamentaria con una división de poderes algo diferente a la actual[447], modificada después por el francés Montesquieu (1689-1755) en la forma tripartita (legislativo, ejecutivo y judicial) que hoy nos resulta familiar. Por su parte, el ilustrado ginebrino Jean-Jacques Rousseau (1712-1778) emprende un camino diferente al considerar que la organización social es un invento de los poderosos para someter a los humildes, ya que el estado natural del hombre es de suyo inocente y bondadoso (el mítico ideal del «buen salvaje» corrompido por la sociedad). Sin embargo, la semilla del totalitarismo asoma tras quien pasa por ser uno de los profetas de la democracia, debido a la noción de «voluntad general» que Rousseau defiende. En palabras de uno de sus más lúcidos biógrafos[448]:

> *En un pueblo ideal existe únicamente una voluntad colectiva encaminada al bien común. Cada individuo, al asociarse con esa voluntad colectiva, aunque pierde su voluntad individual, gana una libertad sin límites y los mismos derechos que el resto de los individuos. Los partidos políticos son dañinos porque representan la voluntad particular y solo sirven para poner en peligro la voluntad colectiva. El estado de Rousseau, sin partidos políticos es la caricatura del estado totalitario. ¿Qué ocurre si un hombre se niega a aceptar la voluntad colectiva? Aquí Rousseau recurre a su educación calvinista y a un pasaje del Antiguo Testamento, donde Moisés pregunta a Jehová qué se debe hacer con un hombre al que se encontró recogiendo leña en sábado; Jehová contesta que «a ese hombre se le debe, sin duda, matar»". Esta es también la receta de Rousseau para castigar al individuo disidente, que no es más que un enemigo del Estado. Rara vez ha estado la libertad tan amenazada como lo está en este libro.*

Todas estas ideas crearon el caldo de cultivo necesario para las exitosas revueltas que minaron definitivamente el poder de los reyes absolutos. La guerra civil inglesa entre parlamentaristas y monárqui-

---

446 Hobbes (2009).

447 Locke (2014) distingue entre el poder legislativo, el ejecutivo y el federativo (encargado de las relaciones con países extranjeros).

448 De Beer (1985).

cos a mediados del siglo XVII, la independencia de las colonias británicas en Norteamérica (germen de los futuros Estados Unidos) en 1784 y la Revolución francesa un lustro después constituyeron hitos en el camino hacia organizaciones políticas de corte asambleario en el mundo occidental.

El conflicto interno en Inglaterra, tras unas vicisitudes que costaron la cabeza —en sentido literal— a Carlos II y dieron lugar a la dictadura de Cromwell, se asentó una monarquía parlamentaria en la cual las cámaras legislativas controlaban las acciones gubernamentales y así sigue hasta el presente. La Revolución francesa abolió la monarquía y ejecutó al monarca, acabó con la sociedad estamental —característica del antiguo régimen— y creó el concepto de ciudadanía (aunque restringido a los varones europeos).

Los norteamericanos al independizarse carecían de un rey al que guillotinar, así que les bastó promulgar un texto constitucional que proclamaba la igualdad y la libertad de sus ciudadanos (manteniendo la esclavitud de los negros). El poder ejecutivo en Estados Unidos se elegía independientemente del poder legislativo, mientras que en Francia se optó por un sistema en el que los miembros del ejecutivo —o al menos su presidente— eran escogidos por votación entre los miembros del legislativo, lo que en la práctica debilitaba la separación de poderes que había defendido Montesquieu[449].

---

449 García-Trevijano (2010).

12. TÉCNICAS Y TECNOLOGÍAS

«No existen las ciencias aplicadas; solo las aplicaciones de la ciencia». Esta frase, atribuida a Pasteur, condensa a la perfección el inextricable vínculo que él advertía entre la ciencia como búsqueda del conocimiento y las derivaciones prácticas que tal conocimiento podía encontrar. En su opinión, el conocimiento fundamental se halla en el origen de cualquier aplicación ulterior, de modo que sin ciencia básica no pueden existir aplicaciones prácticas de clase alguna. A decir verdad, el aspecto de la ciencia que más interesa al ciudadano común es el relacionado con los artificios surgidos a partir de cualquier descubrimiento científico para ayudarle a solventar los problemas de su vida diaria.

Un empirista nos diría que todas las ciencias brotan como reflexiones sobre técnicas previas nacidas del deseo humano de manipular el mundo en derredor. Es decir, primero se construyen las norias o los péndulos, y después vienen los físicos a explicar su funcionamiento mediante las leyes de la mecánica. Los manejos de los alquimistas dieron lugar a la química moderna, la economía apareció después del comercio y la observación metódica de los astros hizo aflorar la astronomía como ciencia propiamente dicha. Los ejemplos aducidos por el empirista a su favor podrían multiplicarse, pero si los analizamos comprobaríamos que todos ellos entrañan una confusión envuelta en un malentendido dentro de un error.

La confusión radica en el significado de la palabra «técnica». Ampliándolo tanto que abarque los saberes prácticos de los artesanos precientíficos, la afirmación del empirista se hace trivialmente verdadera. No cabe reflexionar sobre la realidad sin poseer dato alguno sobre el mundo natural; y si llamamos «técnica» a cualquier interacción humana con la naturaleza, resulta obvio —contra la opinión de Pasteur— que no puede haber ciencia sin una técnica que la sustente.

Ahora bien, parece más razonable separar el conocimiento pragmático, que los maestros transmiten a sus aprendices, de los métodos sistemáticos basados en principios generales más o menos nítidamente establecidos. La mera observación de la naturaleza, por tanto, no sería en este sentido una técnica, pese a enlazar con los primeros balbuceos de ciencias como la astronomía (contemplación de los astros) o la biología (observación de la vida salvaje).

El malentendido, a su vez, proviene de creer en la posibilidad de separar inequívocamente la faceta empírica de la teórica en la investigación racional del mundo. Siempre que observamos o manipulamos algo, albergamos necesariamente alguna idea sobre aquello que observamos o manipulamos. Nadie acapara datos ni desarrolla procedimientos sin tener una concepción general, acertada o no, de lo que está haciendo. Esto es algo que los empiristas olvidan con harta frecuencia. El alquimista abrigaba una cosmovisión de la realidad que daba soporte teórico a sus operaciones, y lo mismo sucedía con los observadores del cielo o los arquitectos y constructores. La ciencia moderna, si se quiere ver así, se sostiene sobre dos columnas insustituibles: la filosofía clásica y las tradiciones del trabajo artesanal, carenándose y pilotándose mutuamente para superar cualquier tempestad.

Finalmente, el error radica en que esa ligadura tan evidente entre teoría y práctica solo se da en etapas muy tempranas del desarrollo científico. Cuando las ciencias maduran y se enrevesan, ese lazo se difumina con gran rapidez. La física nuclear, la química cuántica o la sismología estelar, por ejemplo, no se desarrollaron para dar fundamento teórico a alguna técnica previa. Más bien al contrario, el análisis cristalográfico por difracción de rayos x, la cirugía láser o la ingeniería genética son casos de técnicas que vieron la luz en la estela de avances teóricos previos cuyo alcance y repercusiones aún disfrutamos hoy día.

Pero antes de entrar más a fondo en la cuestión, deberíamos comenzar distinguiendo el significado de los términos básicos, esto es, «técnica» y «tecnología». Originalmente, por técnica se entendía cualquier procedimiento más o menos reglado para realizar con éxito aceptable alguna actividad material. Así, por ejemplo, teníamos una técnica precientífica de construcción de buques que pasó luego a ser científica en manos de los ingenieros navales. La etiqueta de tecnología, por otro lado, se reservaba al estudio de las diferentes familias de técnicas con el ánimo que explica su efectividad sobre la base de principios científicos generales.

No obstante, con el correr de los años esos significados mutaron en el mundo anglosajón desde el cual se propagó al resto del mundo. Técnica y tecnología se utilizaron de modo intercambiable acarreando una confusión que algunos autores trataron de disipar, podríamos decir —siguiendo al filósofo español Miguel Ángel Quintanilla— que, más allá de una mera colección de artefactos, los sistemas técnicos están formados por seres materiales (artefactos y personas) algunas de cuyas interacciones se hallan intencionalmente orientadas para conseguir de forma eficiente un resultado que se considera valioso. Y dentro de las distintas familias de técnicas llamamos tecnologías a las que se basan en conocimientos científicos y generalmente han sido diseñadas con un propósito industrial o comercial[450].

Mario Bunge criticó acerbamente el empleo del neologismo «tecnociencia», nacido al calor de las visiones posmodernas de Latour, Woolgar y compañía, ya que en su opinión empañaba la distinción esencial entre verdad y eficacia, conceptos capitales de la ciencia y la técnica respectivamente[451]. La ciencia persigue aumentar nuestro conocimiento verdadero sobre la realidad, mientras que la técnica se dirige a ofrecernos los medios más convenientes para alcanzar una finalidad que, por algún motivo, deseamos conseguir y por ello la creemos valiosa. El valor de ese fin —no necesariamente su «utilidad»— lo establecemos nosotros mediante un criterio axiológico independiente de la ciencia y la técnica, cosa que con harta frecuencia se olvida.

La ciencia y la técnica se sostienen sobre valores y objetivos radicalmente distintos, pero en una sociedad avanzada tienden a confundirse, bien sea porque multitud de artilugios se presentan como aplicaciones directas de la ciencia básica, bien porque se necesita un extenso y complejo aparataje para el avance en la investigación fundamental, o bien porque muchas decisiones sobre política científica dependen de criterios económicos que difuminan la pretensión de ampliar el conocimiento puro. Como consecuencia de ello, el filósofo con poco entrenamiento científico propende a ver en esto un conglomerado en el que no cabe distinguir ciencia de técnica, y esto es un error.

---

450 Además de los clásicos sobre filosofía de la técnica, como Ortega (2014) y Paris (1973), resulta aleccionador comparar el tratamiento analítico sobre este asunto de Broncano (1995, 2000, 2009), Quintanilla (2017) y Mitcham (1989), con otro de corte más irracionalista bien visible en Heidegger (1997).

451 Bunge (2015), pp.79-86, por ejemplo.

DE LA HERRAMIENTA A LA MÁQUINA

Los hombres primitivos, en parte por azar y en parte por observación, pronto descubrieron que los pedernales de bordes afilados servían muy bien para defenderse de un enemigo, cazar animales y separar la carne de sus huesos antes de consumirla. Poco a poco se desarrollaron procedimientos repetidos en el tiempo —técnicas, si se quiere— para tallar las piedras del modo más conveniente. Esa es la razón de que dividamos la prehistoria humana dependiendo del método empleado para trabajar este rudimentario material: Paleolítico para las formas iniciales (desde 2,5 millones de años atrás hasta alrededor del 12 000 a. C.) y el Neolítico (del 6000 o 4000 a. C., según la zona geográfica, hasta el 3000-1900 a. C.), con un periodo intermedio de nombre controvertido (mesolítico, epipaleolítico, subneolítico). Tras la Edad de Piedra llegó la era de los metales, con etapas esta vez definidas por el tipo de metal dominante: la Edad del Cobre (3200-2200 a. C.), la Edad del Bronce (3300-1200 a. C.) y la Edad del Hierro (1200-800 a. C.), aunque esta cronología puede variar fuera del entorno europeo occidental.

Los metales se hermanaron con los aperos de labranza, dando lugar a hoces y arados, como también con equipamientos militares como espadas, lanzas, armaduras y escudos. Forzoso es reconocer que la guerra ha sido uno de los más poderosos acicates en el desarrollo técnico de la humanidad, y así se evidencia en este caso. A los arcos y ballestas sucedieron las armas de fuego en su intento de vencer las corazas enemigas, lo que a su vez espoleó la búsqueda de metales y aleaciones de mayor calidad. Se abrieron nuevas explotaciones mineras, rutas comerciales y talleres de herrería, con su aumento colateral de viajeros y mercancías, rivalidades políticas y disputas financieras. El aumento de las temperaturas en las fraguas nos dio acceso a las primeras partidas de acero, aleación de hierro y carbono que dio forma a grandes edificaciones, infraestructuras y maquinarias.

El dominio del fuego supuso el mayor avance técnico no mecánico en la historia —o quizás deberíamos decir prehistoria— de la humanidad. Este hallazgo abrió al *Homo erectus* (entre 1.000.000 y 300.000 años antes de nuestra era) posibilidades entonces tan insospechadas como iluminarse por las noches, combatir el frío y cocinar los alimentos. Obviamente, el mayor logro mecánico fue la invención de la rueda, no solo por la revolución que implicó para los transportes, sino también porque constituye una pieza insustituible en la inmensa mayoría de las máquinas ideadas con posterioridad.

Por «máquina» entendemos una combinación de elementos materiales (piezas), móviles o no, cuya acción conjunta emplea la energía que recibe para ejecutar una serie de operaciones que complementan o reemplazan la actividad humana. Tradicionalmente, los dispositivos denominados «máquinas simples» han sido seis: torno, tornillo, plano inclinado, cuña, polea y palanca. El nombre de los inventores de la rueda cayó en el olvido, contrariedad que le sucedió a Herón de Alejandría (siglo I d. C.), a quien se atribuye la invención de la leva. Resulta difícil exagerar la importancia de este mecanismo, responsable de la conversión mutua entre rotaciones y desplazamientos lineales.

La leva, formada por un vástago que se apoya en una pieza giratoria (rotor), opera de un modo muy sencillo: acompasado con el giro del rotor, el vástago oscila acercándose y alejándose. Puede parecer una trivialidad, pero fue la primera vez que alguien descubría una manera tan simple como eficaz de convertir una rotación en un movimiento rectilíneo, o viceversa. De este sistema obtuvo extraordinario provecho en la Edad Media el erudito, ingeniero y artista árabe Al Jazari[452]. Mediante una inteligente combinación de engranajes, palancas y bielas, Jazari diseñó un artilugio capaz de trasvasar agua desde un estanque a un depósito externo, de una forma totalmente mecanizada, dos siglos antes de que se igualase su logro en la Europa del siglo xv.

Los estudios del gran Arquímedes sobre palancas y poleas, junto a las contribuciones de Filón de Bizancio (siglo II a. C.) acerca de engranajes y molinos, permitieron el fulgurante desarrollo de la ingeniería civil y militar en el Imperio romano. Durante la construcción del Coliseo en el siglo I, por ejemplo, se elevaron bloques de más de dos toneladas a unos cincuenta metros de altura, una tarea en absoluto desdeñable incluso hoy día. Las máquinas de asedio medievales se beneficiaron de mecanismos semejantes en las catapultas, fundíbulos y ballestas, tanto como la elevación de murallas y fortificaciones, demostrando que podían emplearse para devastar los mismos principios empleados para edificar.

---

452 Se puede disfrutar la versión inglesa de este libro, escrito en el siglo XII del calendario occidental, en Al-Jazari (1973). Más sobre este asunto en Ceccarelli (2007).

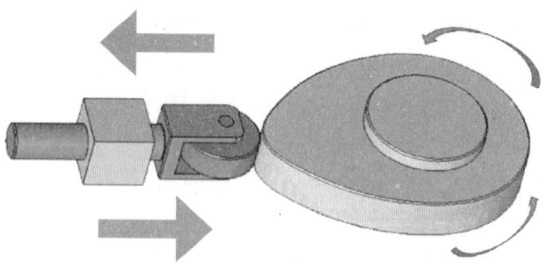

Funcionamiento de una leva horizontal de rotor elíptico.

No solo la arquitectura se benefició de la pericia de los antiguos ingenieros, pues también los astilleros precisaban de inventores y artesanos hábiles. La navegación, entonces, como ahora, constituía uno de los principales recursos para el intercambio de mercancías y noticias entre asentamientos humanos muy alejados, y la manufactura de embarcaciones no tardaba en aprovechar cualquier técnica de construcción en boga. El perfil de la quilla para minimizar la fricción, los materiales del casco y su resistencia a los esfuerzos, y el equilibrio en los buques teniendo en cuenta la distribución interna de sus cargas se convirtieron en temas prioritarios de los ingenieros navales.

Sin embargo, no todas las ideas aparentemente buenas sobre el papel acababan convirtiéndose en realidad. Muchas de ellas se topaban en la práctica con problemas que ningún bosquejo teórico había previsto y resultaban impracticables, al menos en su época. Tal fue el caso de la mayoría de los inventos de Leonardo Da Vinci, llamativos e incluso estéticos en sus bocetos, aunque apenas realistas en sus posibilidades de llevarse a la práctica. Él mismo los denominaba «ensoñaciones mecánicas», resaltando así que nada garantizaba su verosimilitud más allá de la poderosísima imaginación de su genial autor[453]. La mayoría de ellos presentaban o bien errores de diseño —Leonardo no era un ingeniero de la talla de, por ejemplo, Galileo— o bien no existían materiales con las prestaciones que el funcionamiento del artefacto hubiese exigido.

---

453 No obstante, los dibujos de Leonardo sobre engranajes, rodillos y cojinetes siguen exponiéndose en las escuelas de ingeniería como ejemplo a medio camino entre la técnica y el arte.

El siglo XIV contempló la popularización de los primeros mecanismos de relojería basados en un sistema interno de ruedas y pesos, capaz de mejorar las tradicionales clepsidras y relojes de sol. La imprenta de tipos móviles, creada por el alemán Johannes Gutenberg en 1440, supuso un hito en la historia de la cultura no bien ponderado en aquel momento. Los chinos habían inventado previamente ese mismo dispositivo con tipos fijos y móviles, aunque rara vez utilizaron estos últimos[454]. Por otro lado, los inventos ópticos sobrepasaron a los mecánicos en los umbrales del siglo XVI debido a la aparición de los primeros telescopios y microscopios, que abrieron respectivamente nuevos capítulos en la historia de la astronomía y la biología.

El alejandrino Ctesibio (siglo III a. C.), padre de la neumática, comprendió que el aire era una sustancia ponderable, comprimible y con densidad variable, lo cual le permitió inventar la primera bomba de agua con pistones y válvulas. Esta bomba de succión no fue reinventada en Europa hasta 1500 años después. En un peldaño superior, la primera bomba de vacío —capaz de extraer mecánicamente un gas de una cavidad cerrada— vio la luz pública en 1650 gracias el alemán Otto von Guericke (1602-1686), estimulado por el trabajo de los italianos Torricelli y Galileo. Poco después, los ingleses Boyle y Hooke mejoraron su diseño, brindando un decisivo impulso al estudio científico de los gases.

Hasta mediados del siglo XVII los telares, molinos y prensas seguían siendo accionados por el puro esfuerzo muscular —tracción animal o humana— o aprovechando fenómenos naturales, como el viento o el flujo del agua. Igualmente sucedía con los transportes dependientes de barcos y carruajes; no existía una fuente de energía autónoma, regular y fiable, a la que confiar el impulso de los vehículos. Es cierto que desde el siglo XV existían relojes de muelle, esto es, un artilugio capaz de funcionar en virtud de la energía elástica almacenada por la torsión de un resorte. Pero sus posibilidades de propulsión no iban más allá de los relojes, juguetes y pequeños cachivaches. Todo esto cambiaría para siempre con la revolución técnica de los motores, que transformaría radicalmente nuestra vida y nuestro mundo.

---

454 Los tipos móviles son moldes individuales e intercambiables de las letras del alfabeto, que debido a esa misma movilidad podían componer distintas planchas de impresión, dando lugar así a cuantos textos se deseasen. Véanse Tsuen-Hsuin & Needham (1985, pp. 158, 201), Hellinga (2007, pp. 207–220) o Briggs & Burke (2002, pp.15–23, 61–73), entre muchos otros.

A Herón de Alejandría debemos la *eolipia,* una bola de cobre que daba 1500 revoluciones en un minuto expulsando abrasadores chorros de vapor por dos boquillas acodadas dispuestas en puntos diametralmente opuestos de su superficie. Con este ilustre precedente fueron muchos los ingenieros e inventores que en los siglos sucesivos idearon dispositivos animados por la fuerza del vapor caliente, es decir, enlazando un fenómeno químico como la combustión con un movimiento mecánico aprovechable para gran variedad de cometidos. Jerónimo de Ayanz y Beaumont (1553-1613) ganó la primacía al patentar en 1606 una máquina térmica que impulsaba agua por una tubería gracias a la presión del vapor, casi sesenta años antes que el invento del inglés Edward Somerset (1601-1667). La máquina de Somerset fue perfeccionada en los trabajos de Thomas Savery (1650-1715) y Thomas Newcomen (1663-1729), hasta llegar al histórico diseño de James Watt (1736-1819).

En la versión de Watt, la máquina de vapor no solo encontró aplicaciones cruciales en la minería y las manufacturas, sino también en el transporte de mercancías y pasajeros. Así lo demostró el ingeniero estadounidense Robert Fulton (1765-1815), cuyo barco de vapor alcanzó rápidamente un gran éxito comercial. El mismo carbón que alimentaba las máquinas de Watt y Fulton ardía también en las calderas de las primeras locomotoras ferroviarias, como las creadas por los ingenieros británicos Richard Trevithick en 1804, William Hedley en 1813 y George Stephenson en 1821. Los ferrocarriles se extendieron sobre todo el orbe civilizado, así como en las colonias de los países occidentales, facilitando los intercambios comerciales, el desarrollo económico y la difusión de modas, noticias y costumbres[455].

En su papel de combustibles para motor, a comienzos del siglo XX la madera y el carbón cedieron el paso a carburantes de origen fósil, como el petróleo, el gas natural y sus múltiples derivados. Este hecho tuvo una enorme resonancia geoestratégica, pues a partir de entonces el control de las principales reservas petrolíferas del planeta sería

---

455 Y también repercutieron en aspectos militares. No cabe olvidar la influencia del transporte ferroviario de tropas durante las dos guerras mundiales que asolaron el siglo XX, o el hecho de que los británicos hubiesen de esperar a la construcción de un ferrocarril que llegase al sur de Sudán en 1898 para alzarse con la victoria en su guerra contra los derviches.

uno de los motivos principales de numerosos enfrentamientos bélicos. Nada descabellado si se piensa que sin estos combustibles ni las industrias ni los vehículos pueden funcionar. El motor de combustión interna, o motor de explosión, llegó al mundo de la técnica merced a los desvelos del alemán Nikolaus August Otto, en 1876, (para uso de gasolina) y de su compatriota Rudolf Diesel (para gasóleo), diecisiete años después. Las prestaciones de estos nuevos motores propiciaron la invención de pequeños vehículos de uso individual, que mejoraron la sencillez y comodidad de los viajeros, redefiniendo la organización social de forma drástica.

El mundo nunca fue el mismo tras la aparición de los automóviles y las motocicletas, con un precio asequible para gran parte del público. Grandes fortunas nacieron a la sombra de este nuevo negocio, como la de Henry Ford (1863-1947), uno de los mayores magnates industriales en la historia estadounidense. Ford consiguió abaratar costes de producción, dividiendo el proceso de montaje de sus vehículos en etapas sucesivas, cada una de ellas realizadas por operarios especializados. Creó así un estilo productivo que se conocería en adelante como «fordismo», idóneo para la fabricación a escala masiva de artículos cuya elaboración pudiese descomponerse en una serie de pasos bien definidos.

La aviación comercial también se benefició de estos avances tecnológicos, conectando los cinco continentes, abriendo nuevas rutas comerciales y permitiendo la exploración de lugares antes prácticamente inaccesibles . A instancias del acelerado progreso impuesto por la Segunda Guerra Mundial, los aviones pasaron de la impulsión por hélices al motor a reacción, momento a partir del cual los reactores se enseñorearon de los cielos para siempre. La industria aeroespacial creció al mismo compás que la aviación, aunque apuntaba todavía más alto en sentido literal. Un nuevo tipo de carburante para cohetes —propergol—, formado por diversas sustancias químicas, generalmente acompañadas de oxígeno líquido, llevó las primeras naves espaciales más allá de la estratosfera. La competencia geopolítica entre Estados Unidos y la Unión Soviética determinó que una serie de hitos jalonasen la segunda mitad del siglo xx en este campo: el primer satélite artificial, el ruso Sputnik-1, en 1957; el primer hombre en orbitar la Tierra, el ruso Yuri Gagarin, en 1961, y la llegada del estadounidense Neil Armstrong a la Luna, en 1969.

Junto con los motores de combustión interna, la electricidad fue la otra gran protagonista del nuevo mundo tecnológico que comenzó a florecer en el siglo XIX. Los italianos Galvani y Volta, a finales del siglo XVIII, habían dado con ciertas artimañas para almacenar electricidad en extraños receptáculos que los entendidos llamaron «pilas» y «baterías», pero todavía distaba mucho de estar clara la utilidad que podía mostrar esa nueva propiedad de la naturaleza. La más inmediata fue, sin duda, la iluminación. Gracias a la bombilla inventada por el estadounidense Thomas Alva Edison (1847-1931), los seres humanos se liberaron de la tiranía de los ciclos circadianos de luminosidad y oscuridad. En los hogares nadie tenía que acostarse o encender velas tras el crepúsculo, si deseaba hacer alguna otra cosa; las fábricas podían aumentar los turnos de trabajo al no depender de la luz solar, y las calles pudieron iluminarse sin el engorroso alumbrado de aceite o el —más peligroso— de gas.

Los trabajos de Faraday y sus sucesores sobre la conexión entre electricidad y magnetismo, así como acerca de la conversión de energía mecánica en eléctrica, abrieron un campo de aplicaciones tan extenso e intrincado que forman apretada hueste quienes deberían considerarse participantes en el desarrollo del primer motor eléctrico. Moritz Hermann von Jacobi (1801-1874), Antonio Pacinotti (1841-1912), Ányos Jedlik (1800-1895), Thomas Davenport (1800-1851), William Sturgeon (1783-1850), Frank Julian Sprague (1857-1934), Hippolyte Fontaine (1833-1910), Zénobe Gramme (1826-1901), Werner von Siemens (1816-1892), Galileo Ferraris (1847-1897), Nikola Tesla (1856-1943) y Mikhail Dolivo-Dobrovolsky (1862-1919) son algunos de los nombres que no deben faltar en esta saga de talentos cuyos réditos aún disfrutamos[456].

Mención aparte merece la controvertida personalidad del ya citado Tesla. Croata de nacimiento, muy pronto demostró tanta inclinación hacia la ingeniería como pericia para desarrollarla, si bien, por diversas circunstancias, no llegó a obtener el correspondiente título universitario. Buscando un mejor destino para su talento en 1884 emigró a Estados Unidos, donde trabajó en la empresa Edison que no tardó en abandonar descontento con la poca consideración que se le dispensaba. Con ayuda de socios inversores, Tesla fundó su propia compañía comercial y presentó numerosos inventos que le reportaron apreciables sumas de dinero, las cuales lamentablemente dilapidó

---

456 Según parece, el monje benedictino escocés Andrew Gordon (1712-1751) construyó un dispositivo electrostático en 1740 que oficiaba de motor en ciertos aspectos, aun antes que los primeros manejos de Benjamin Franklin al respecto. Véase McInally (2011), p. 115.

persiguiendo quimeras como la transmisión inalámbrica de energía eléctrica entre dos puntos cualesquiera del globo.

Tesla falleció en 1943 y sus peripecias personales fueron casi por completo olvidadas hasta la década de 1990, cuando renació el interés por su figura coincidiendo —quizás no del todo casualmente— con la independencia de su país, hasta entonces incluido en la ya extinta Yugoslavia. Se ensalzaron sus notabilísimas aportaciones a la ingeniería eléctrica, mientras se discutía si su personalidad neurótica y obsesiva guardaba alguna relación con su genial inventiva. Como ocurrió con Leonardo da Vinci años antes, hubo quien buceó en los escritos inéditos de Tesla esperando hallar toda suerte de intuiciones extraordinarias o invenciones futuristas a medio cocinar muy por delante de su tiempo. Un halo de misterio extravagante envolvió la obra del croata, silenciando convenientemente su oposición a la teoría atómica de la materia, su creencia en el éter y el rechazo hacia la relatividad de Einstein.

Las espinosas relaciones entre Tesla y el igualmente célebre Edison —un héroe popular por inventos como la bombilla o el fonógrafo— constituyen un perfecto ejemplo del ambiente ponzoñoso al que da lugar la colisión de egos descomunales en el seno de un mercado despiadadamente competitivo. Desde el principio, el ingeniero croata apostó por la superioridad comercial de la corriente alterna, en tanto Edison volcaba todos sus esfuerzos en hacer de la corriente continua un negocio boyante. La pugna por decidir el tipo de corriente que triunfaría en los usos domésticos e industriales dio lugar al conflicto personal y empresarial conocido como la «guerra de las corrientes». Para consternación de Edison, Tesla resultó vencedor en la contienda y la corriente alterna se adueñó de las actividades públicas y privadas dependientes de la electricidad.

Con antecedentes tan ilustres como los de los científicos alemanes Gauss y Weber —junto a muchos otros menos notorios—, los primeros aparatos de comunicación a distancia mediante señales transmitidas a lo largo de cables eléctricos, los telégrafos, alcanzaron en 1837 un funcionamiento aprovechable en las manos de los británicos William Crooke y Charles Wheatstone. Al otro lado del Atlántico, el estadounidense Samuel Morse no tardó en crear su propia versión del dispositivo que, con el código de señales que lleva su nombre, adquirió una enorme popularidad[457].

Tan novedoso como resultó el telégrafo en sus inicios, pronto se pusieron de relieve sus limitaciones. El tendido de cables telegráficos era caro y difícil, especialmente en montañas, desiertos y pantanos, sin olvidar el hecho de que no podía llegar a vehículos en movimiento, como barcos y ferrocarriles. Con una bobina especial de su invención, Tesla pensaba superar tales deficiencias mediante ondas de radio capaces de entablar una comunicación entre emisores y receptores, sin saber que la misma pretensión albergaba, con intenciones más comerciales que científicas, el italiano Guglielmo Marconi (1874-1937). La influyente familia del inventor italiano le proporcionó los contactos sociales necesarios para viajar a Londres en 1897 y entrevistarse con William Preece, ingeniero y representante del Gobierno británico, muy interesado en la aplicación de las radiocomunicaciones entre buques en alta mar.

Preece se convirtió con rapidez en un ardiente defensor de la obra de Marconi, hasta el punto de sonsacar a Tesla cierta información técnica que luego trasladó al italiano, facilitando decisivamente sus avances. Mientras Tesla se extraviaba en fantasías sobre ondas electromagnéticas atravesando el núcleo terrestre, Marconi conseguía el primer enlace mediante ondas de radio entre Gran Bretaña y Estados Unidos, franqueando los 3300 kilómetros de océano que separaban ambas naciones[458]. Marconi había ganado la partida a Tesla —aunque no siempre con limpieza— y el futuro de las radiocomunicaciones seguiría la senda marcada por el italiano.

La misma encarnizada rivalidad, también resuelta con métodos cuestionables, se manifestó en la carrera por la creación del teléfono entre el escocés Alexander Graham Bell (1847-1922) y el prolífico inventor estadounidense Elisha Gray (1835-1901). Además del proceso de conversión de las vibraciones sonoras en una señal eléctrica, ambos tuvieron la idea de transmitir una variedad de mensajes por el mismo

---

457 Más popular se hizo todavía cuando en 1904 el canadiense Frederick Creed acopló a la línea telegráfica una máquina que registraba el mensaje sobre una cinta perforada en código morse. Había nacido el teletipo.
458 En aquel momento nadie sabía que la ionosfera, la capa de átomos eléctricamente cargados que circunda nuestro planeta, actuaba como pantalla reflectora de las ondas electromagnéticas, permitiendo que estas cruzasen los océanos a pesar de la curvatura terrestre. Marconi se arriesgó ignorando este dato y la fortuna le sonrió.

juego de cables codificándolos en diferentes frecuencias[459]. Y aquí es donde interviene una de esas carambolas del destino que alteran la historia de una vez para siempre, pues resultó que Bell, como profesor de personas sordas, enseñaba a la hija de Gardiner Hubbard, un eminente abogado de Boston[460]. Hubbard simpatizó de inmediato con la personalidad de Bell y decidió apoyar firmemente sus proyectos.

Ignorante de las fuerzas que se disponían en su contra, Grey trató de patentar en 1876 un primitivo modelo de teléfono sin saber que Hubbard, a través del abogado Marcellus Bailey, había presionado al examinador de patentes Zenas Wilber —alcohólico, corrupto y endeudado—, cuyo medroso carácter no pudo resistir las maniobras de Hubbard. Gracias a ello, Bell se alza con el triunfo al obtener la primera patente de un aparato telefónico, pese a las posteriores disputas legales iniciadas por los socios de grey, que acabarían embarrancando en los tribunales estadounidenses sin resultados prácticos.

No solo se consiguió transmitir a distancia el sonido gracias a la telefonía, sino también las imágenes por medio de un nuevo aparato, la televisión. El mérito de su creación debe atribuirse al estadounidense Philo Taylor Farnsworth (1906-1971), quien diseñó la primera televisión totalmente electrónica[461], superando la versión electromecánica previa del escocés John Logie Baird. Al olor de un negocio millonario, las malas artes empresariales hicieron su aparición de nuevo, y el ingeniero Vladímir Zworykin fue contratado por la Radio Corporation of America (RCA) para que plagiase los modelos de Fansworth. Así ocurrió y el verdadero padre de la televisión quedó envuelto en un calvario de procesos judiciales hasta ver reconocida su autoría bastantes años después, aunque sin compensaciones económicas debido a la extinción de la patente.

Con menos alharacas, pero no menos utilidad, se desarrollaron las herramientas eléctricas y los electrodomésticos. Poco antes de la Primera Guerra Mundial, los estadounidenses Duncan Black y Alonzo Decker idearon un taladro eléctrico con gatillo (Black & Decker) que todavía es hoy sinónimo de calidad. En 1924 el también estadouni-

---

459 Muchos años después, tanto Italia como Estados Unidos reconocieron la prioridad del ingeniero italiano Antonio Meucci (1808-1889) en la creación del primer aparato telefónico digno de ese nombre. Inmigrante en Nueva York desde 1839, el laberinto de procesos judiciales sobre patentes y autorías levantado ante él por las grandes empresas norteamericanas de telefonía impidió a Meucci recibir el homenaje público que hubiese merecido.

460 Esta, y otras muchas crónicas de parejos avances técnicos, se recogen en John (2010).

461 Horvitz (2003).

dense Raymond DeWalt construye la primera sierra giratoria de brazo pivotante, revolucionando la industria de la madera y la carpintería. A la resuelta Josephine Cockrane debemos la invención del primer lavaplatos (primero mecánico y luego eléctrico) que utilizaba agua caliente a presión, en torno a 1893, y a Frederick Maytag la primera lavadora comercialmente viable, hacia 1910. Cinco años después, Alfred Mellowes generó el primer refrigerador eléctrico verdaderamente eficaz; la era de los electrodomésticos había llegado para quedarse.

MATERIALES Y RADIACIONES

Una de las múltiples etiquetas que cabe asignar al siglo XX subraya el hecho de que en esos cien años el estudio de las interacciones entre la materia y la radiación cobró una importancia mucho mayor, que acarreó unas consecuencias prácticas hasta entonces insospechadas. El que podríamos llamar «siglo de la materia y la radiación», apenas comenzado, nos obsequió con la teoría cuántica y la relatividad, esta última pertrechada con la archifamosa ecuación de Einstein sobre la equivalencia entre la masa y la energía. No es otro el origen de la primera reacción nuclear en cadena controlada por el hombre, que tuvo lugar el 2 de diciembre de 1942 bajo la dirección del físico italoamericano Enrico Fermi (1901-1954).

Más allá de su uso militar, tristemente famoso, la energía atómica ocupó velozmente una posición destacada en el repertorio de fuentes de energía para uso civil. Las centrales nucleares operan produciendo vapor de agua a gran presión a partir del calor desprendido en el corazón del reactor debido a la colisión de núcleos de uranio con un flujo de neutrones convenientemente regulado. El vapor de agua mueve unas turbinas que mediante potentes electroimanes generarán la energía eléctrica que la central nuclear ha de dispensar a la población. Naturalmente, esta fuente de energía sin contaminación atmosférica por humos de combustión encierra como contrapartida el peligro de accidentes y escapes de material radiactivo (Harrisburg en 1979, Chernobyl en 1986, Fukushima en 2011), así como el problema de la gestión de residuos cuya radiactividad puede resultar peligrosa durante miles de años.

La difusión de aparatos detectores de radiación, como el contador Geiger, nos auxilia en las tareas de prevención, pero el peligro no se conjurará definitivamente mientras las centrales de fisión nuclear (ruptura de núcleos atómicos) no sean sustituidas por otras basadas en reacciones de fusión (unión de dos núcleos para formar un tercero). La fusión nuclear es un proceso mucho más limpio que no genera, en principio, residuos radiactivos e igualmente energético, aunque por desgracia requiere temperaturas tan elevadas —como las del interior del Sol— que no resulta factible en la actualidad. La enorme potencia de los mayores campos magnéticos disponibles sí permite, al menos, impulsar los constituyentes subatómicos para que colisionen entre sí en los grandes aceleradores de partículas y escudriñar entre sus escombros la estructura íntima de la materia.

Radiaciones electromagnéticas menos peligrosas son las que se utilizan —por ejemplo— en el radar, instrumento que tanto favorece la seguridad en la navegación aérea, o en el horno de microondas, un subproducto tecnológico de las investigaciones en la mejora del propio radar. Las aplicaciones médicas de la radiación electromagnética quedaron patentes con el nacimiento de una técnica de diagnóstico llamada resonancia magnética nuclear (RMN). Mejorando un método previo del físico soviético Valdislav Ivanov, el estadounidense Paul Lauterbur y el británico sir Peter Mansfield (ambos galardonados con el nobel de medicina en 2003) desarrollaron una técnica para formar imágenes en dos y tres dimensiones aprovechando las pulsaciones que experimentan los protones del átomo de hidrógeno al someterlo a un campo magnético variable. La RMN inició su andadura como un procedimiento de análisis en física y química, pero después pasó a convertirse también en una insustituible prueba diagnóstica en multitud de especialidades clínicas.

Sin embargo, la radiación electromagnética más fascinante del siglo XX acaso sea la luz láser. La misma palabra láser es un acrónimo de la expresión inglesa «*light amplified by stimulated emission of radiation*» («luz amplificada por emisión estimulada de radiación»), que describe perfectamente su modo de producción, ya pronosticado por Einstein en 1917. El genio alemán predijo que los átomos de algunos materiales, al ser bañados por cierto tipo de radiación electromagnética, se verían estimulados ellos mismos a emitir un haz de radiación monocromática, coherente y de inusitada potencia. La realización práctica de esta idea se logró merced a los desvelos del físico estadounidense Theodore Harold Maiman (1927-2007), quien patentó

473

La holografía recrea la sensación visual de tridimensionalidad.

en 1960 el primer láser verdaderamente operativo de la historia. En las décadas posteriores, la luz láser se empleó en campos tan dispares como la investigación científica de vanguardia, el control de calidad industrial, la cirugía de alta precisión o el registró óptico de información (CD, DVD, holografías).

La técnica más desarrollada para el almacenamiento óptico de información es sin duda la holografía, que consiste en la grabación de imágenes visualmente tridimensionales sobre superficies planas. Este aparente portento se consigue iluminando un objeto con un haz de luz coherente[462] —generalmente un láser— al que llamamos «haz objeto», el cual se recoge a continuación sobre una placa especial en la que a la vez incide otro haz coherente —sin relación con el objeto— denominado «haz de referencia». Si el material de registro se ha elegido con acierto, la interferencia de ambos haces deja una huella a nivel molecular que después permite reconstruir la imagen tridimensional del objeto al iluminar la placa de nuevo pero solo con el haz de referencia. Sus numerosas aplicaciones abarcan desde detectores y monitores de altísima sensibilidad a la creación de memorias ópticas para el almacenamiento digital de datos con no menos elevada capacidad.

Entre las familias de materiales utilizadas en holografía, se encuentran los polímeros, grandes cadenas moleculares construidas engarzando repetidamente un eslabón básico. Las aplicaciones de los

---

462 Aquí la coherencia significa que todas las ondas que forman el haz vibran acompasadamente entre sí.

polímeros son numerosísimas, en especial aquellas en las que participan polímeros de tipo plástico, como demuestra la popularización de sus nombres, bien conocidos para el ciudadano medio: baquelita, poliuretano, poliestireno, cloruro de polivinilo (PVC), policarbonato, poliéster, metacrilato y, por encima de todos, el nailon o nilón (*nylon*, en inglés) debido a su importancia en la industria textil. El conocido como kevlar es uno de estos polímeros cuya popularidad se relaciona con una pasmosa combinación de ligereza y dureza, que lo convierte en candidato idóneo para chalecos antibalas y cascos militares.

Las fibras de carbono y de vidrio, asimismo, tan solo se desarrollaron plenamente en el siglo XX, ya que su fabricación exigía un nivel técnico antes inasequible. De los materiales compuestos, o composites, tenemos ejemplos tan cercanos como el adobe o el hormigón, aunque las resinas sintéticas de múltiples usos han ido ganando terreno a gran velocidad. Todo ello sin olvidar que a los materiales cerámicos clásicos (arcilla, loza) se han unido otros más modernos (carburos, nitruros, zirconia, vidia, etc.) de muy alto rendimiento en sus diversos cometidos. Tampoco las modernas telecomunicaciones habrían alcanzado el progreso del que gozan sin el concurso de la fibra óptica, filamentos de vidrio con un ancho similar al de un cabello humano, por los que pueden circular señales luminosas con poca atenuación y sin interferencias electromagnéticas.

La versatilidad de las interacciones entre la materia y la radiación queda bien de manifiesto en el caso de los metamateriales, compuestos artificialmente sintetizados con una geometría molecular que explica sus inusitadas propiedades. Por ejemplo, pueden resultar invisibles a ciertas frecuencias electromagnéticas, o invertir el comportamiento de la luz cuando los atraviesa (índice de refracción negativo), abriendo la posibilidad de obtener «hiperlentes», con una potencia focal superior a la esperable. No debemos confundir estos metamateriales con los llamados «materiales inteligentes», dotados con propiedades que pueden ser alteradas, bajo control reversible, aplicando un estímulo externo (acciones mecánicas o térmicas, cambios en la humedad o la acidez, humedad, activación de campos eléctricos o magnéticos).

Junto con las espumas metálicas de última generación o los biomateriales ultraligeros y extra-resistentes (como el *shrilk*), los superconductores se presentan como otro de esos materiales capaces de obrar prodigios, en este caso transmitir corrientes eléctricas sin pérdidas de energía. Por desgracia, nadie sabe hasta ahora cómo elaborar un material superconductor que conserve sus portentosas propiedades a temperatura ambiente, ya que suelen perderlas en cuanto superamos los doscientos grados bajo cero, un valor absolutamente inmanejable para todo propósito práctico. De conseguirse la superconductividad a temperatura ambiente, costaría poner límites a sus aplicaciones técnicas. No solo acabaríamos con el desperdicio de energía que acarrea la resistencia de los conductores ordinarios, sino que además optimizaríamos multitud de nuevos dispositivos, como el tren de levitación magnética (Maglev), cuyos potentes electroimanes podrían funcionar con un rendimiento mucho mayor.

No obstante, en el parnaso de la ciencia de los materiales, una de las cumbres más prominentes ha de otorgarse al grafeno, fabricado a partir de una sola capa de átomos de carbono cuya estructura geométrica corresponde al grafito (el tipo de material carbonáceo del que se obtienen las minas de los lápices). Pero su extrema delgadez no debería engañarnos, pues es doscientas veces más resistente que el acero, su conductividad térmica duplica la del diamante —el mejor conductor térmico conocido— y conduce la electricidad cien veces mejor que el cobre o que el silicio monocristalino de los semiconductores. La extensión del uso del grafeno permitirá crear pantallas flexibles, papel electrónico y ordenadores incorporados a la anatomía humana. Como vemos, los nuevos materiales conllevan cambios revolucionarios no solo en la técnica sino también en la economía y en la sociedad.

MICROELECTRÓNICA Y COMPUTACIÓN

El matemático británico Charles Babbage (1791-1871), meticuloso y cascarrabias a partes iguales, pasó a la historia por sus pioneros esfuerzos en el diseño de una calculadora mecánica que nunca llegó a construir. Babbage combinó las cavilaciones previas de Leibniz y Pascal sobre máquinas de cálculo con el novedoso telar del francés Joseph Marie Jacquard (1752-1834), en el cual unas tarjetas perforadas de cartón orquestaban las operaciones de las agujas y la lanzadera[463]. Su originalidad atrajo la atención de Ada Lovelace, matemática e hija

---

463 A su vez, Jacquard se inspiró en trabajos anteriores sobre telares programables llevados a cabo por sus compatriotas: Basile Bouchon (1725), Jean-Baptiste Falcon (1728) y Jacques Vaucanson (1740).

de lord Byron, quien se interesó por el caso hasta el punto de escribir varios programas para gobernar el funcionamiento de la máquina.

La empresa de Babbage fracasó porque ni los fundamentos teóricos ni los medios técnicos estaban todavía maduros para obtener todos los beneficios potenciales de su idea. Fue en 1936 cuando el genial matemático inglés Alan Turing (1912-1954) presentó el concepto del dispositivo ideal que lleva su nombre[464]. La «máquina de Turing» es el modelo idealizado de cualquier computadora, es decir, un sistema capaz de manipular símbolos siguiendo un conjunto predeterminado de reglas. Sobre las intuiciones de Turing, el estadounidense Alonzo Church (1903-1995) estableció las bases de la teoría de la computación, o informática, definiendo un algoritmo como una serie de instrucciones precisas cuya aplicación conduce unívocamente a la solución de un problema bien definido.

Ahora bien, para mecanizar la aplicación de cualquier algoritmo resultaba preciso traducir sus instrucciones al código binario[465], mucho más útil y manejable en los cálculos computacionales. Y con ese fin el camino más aconsejable no sería el utillaje mecánico, sino la electricidad, cuyo paso o interrupción representarían los dos estados posibles del código binario. Al principio se recurrió a las válvulas de vacío, unos tubos de vidrio con dos electrodos entre los cuales circulaba un flujo de electrones regulado por una rejilla intermedia que podía electrificarse convenientemente para controlar el paso de la corriente o amplificar la señal. Sin embargo, estas válvulas eran grandes, aparatosas y se rompían con facilidad al calentarse; era preciso hallar otra solución.

La solución llegó tras la Segunda Guerra Mundial, cuando a finales de la década de 1940, en los laboratorios Bell (New Jersey) de la empresa AT & T, se puso a punto el primer transistor —no sin rencillas por la autoría del invento— en el seno de un equipo formado por John Bardeen (1908-1991), Walter Brattain (1902-1987) y William Shockley (1910-1989), todos ellos galardonados con el premio nobel en 1956. El transistor, formado por tres capas de semiconductores, desempeñaba las mismas funciones que la válvula de vacío, pero con mucha mayor eficacia, de modo

---

464 Turing (1937), ya que el artículo fue publicado al año siguiente de su recepción por la revista. Más adelante aparecieron muchas otras variantes de este concepto que enriquecieron la investigación.
465 Llamamos código binario a la representación de cualquier cantidad mediante solo dos cifras (0 y 1) cuyo valor depende de la posición. Los números así escritos, ciertamente, poseen más guarismos que en la representación decimal.

que se impuso con rapidez en la industria electrónica y abrió paso a los primeros circuitos integrados (los chips o microchips).

La producción masiva de microcircuitos abarató los costes y permitió miniaturizar componentes, reduciendo el tamaño de las modernas computadoras muy por debajo del mastodóntico volumen de Colossus, que ocupaba toda una sala en el centro secreto de descodificación donde los británicos intentaban romper el cifrado de la máquina alemana Enigma, mientras el nazismo asolaba Europa. La oportunidad no podía pasar desapercibida para grandes visionarios de los negocios como los estadounidenses Steve Jobs y William Gates, creadores respectivamente de las multinacionales Apple y Microsoft, lanzaron al mercado —con las consabidas y agrias disputas por la primacía— los primeros computadores electrónicos de uso doméstico a mediados de la década de 1980.

Se trataba de dispositivos casi mágicos que centuplicaban por sí solos las prestaciones de una máquina de escribir, un tablero de diseño gráfico y un reproductor de audio-vídeo, todo ello sin olvidar su asombrosa capacidad de almacenamiento de datos digitalizados. El progreso de la industria informática fue tan vertiginoso que pareció cumplirse la llamada «ley de Moore», un enunciado empírico según el cual el número de transistores en un microprocesador se duplicaría aproximadamente cada dos años[466]. Naturalmente, este aserto no pasa de ser una mera descripción de los hechos en un cierto periodo del desarrollo de la industria, limitada en su validez por las restricciones físicas existentes a muy pequeña escala.

Las mejores esperanzas de superar tales barreras se depositaron en el aprovechamiento de las propiedades cuánticas para incrementar la potencia de las computadoras. El entrelazamiento cuántico, la superposición de estados y otros fenómenos típicos del micromundo permitirían realizar al mismo tiempo («en paralelo») operaciones que antes solo cabría efectuar sucesivamente («en serie»). El bit, la mínima unidad de información en la computación clásica, queda reemplazada en la computación cuántica por el cúbit o «bit cuántico», entendido como la combinación de varios bits clásicos. Por desgracia, para beneficiarnos de estas maravillas cuánticas tendríamos que mantener el sistema absolutamente aislado del entorno o a una temperatura extremadamente baja, lo que haría inmajenables tales dispositivos. Esa es

---

466 Observación realizada por Gordon Moore, uno de los cofundadores de la empresa Intel, en 1965.

la razón de que hasta ahora no se haya logrado producir un genuino computador cuántico comercialmente viable.

Muchas de las virtualidades de los computadores, domésticos o corporativos, se perderían si desatendiésemos una de sus mayores ventajas, la interconexión en algo que ningún autor de ciencia-ficción llegó a prever: la red de redes o Internet. Alumbrada inicialmente con un propósito defensivo, se trataba de responder al peligro de que un ataque enemigo destruyese los centros neurálgicos de las telecomunicaciones en los Estados Unidos. Así fue como el Departamento de Defensa, a través de la Agencia de Proyectos para la Investigación Avanzada o ARPA (Advanced Research Projects Agency), propuso a varias universidades la creación de una red descentralizada de computadoras que actuase como una inmensa telaraña de bases de datos, capaz de resistir la destrucción de alguno de sus nodos.

La idea de interconectar terminales de computador no era en sí misma tan nueva, ya que había sido puesta en práctica rudimentariamente por el Proyecto RAND en la década de 1950, para facilitar la comunicación entre investigadores científicos. Durante las dos décadas siguientes, el objetivo de una red mundial de telecomunicaciones rápida y polivalente fue haciéndose realidad al compás del trabajo pionero de numerosos profesionales, como Donald Davies, Leonard Kleinrock, Paul Baran, Michel Elie, Ray Tomlinson, Tim Berners Lee y Joseph Licklider. La adopción del sistema Internet por el CERN europeo en 1990 supuso un hito decisivo en esta historia, si tenemos en cuenta que fue allí donde nació la denominación, hoy ubicua, World Wide Web («telaraña mundial»).

Efectivamente, en la última década del siglo XX se produjo la vertiginosa expansión del uso de Internet en todos los ámbitos de la vida moderna: trabajo, ocio, educación, arte, ciencia e, incluso, en las propias relaciones interpersonales, que ganaron en rapidez y amplitud lo que perdieron en profundidad y valía. Como suele suceder en toda revolución técnica que trastoca el entramado social, junto con las indiscutibles ventajas aparecieron contrariedades inesperadas. Por mencionar solo algunas de ellas, pronto se advirtió el riesgo del analfabetismo digital (ineptitud en el uso de estas nuevas tecnologías), el crecimiento de los delitos en el ciberespacio[467], los posibles sesgos de

---

467 Vocablo creado y popularizado por el escritor William Gibson en novelas como Johnny Mnemonic (1981) y Neuromante (1984).

buscadores (Google, Bing, Baidu, etc.) que provocarían una imagen distorsionada de la información disponible, la censura ejercida por grupos de activistas en foros de opinión («cultura de la cancelación») y la posibilidad de que los grandes servidores de internet acumulasen ingentes cantidades de datos de los usuarios (*Big Data*) mediante los cuales detectar tendencias y propensiones que permitiesen manipular política o comercialmente a la opinión pública.

El campo de la política, por cierto, vio como la irrupción de Internet remozaba una de sus añejas doctrinas, abrillantándola con el color de la novedad tecnológica, en lo que se denominó «cibercomunismo». Los neomarxistas creen que una de las debilidades fatales del comunismo soviético —además de la ausencia de libertades individuales— fue su incapacidad técnica para embridar las complejidades de una economía moderna, y sugieren que la combinación de supercomputadores y redes telemáticas podría remediar ese defecto[468]. Todavía está por ver si este planteamiento tecnopolítico surte algún efecto, pues la única experiencia conocida es el Proyecto Synco (o Cybersyn) puesto en marcha por el gobierno chileno entre 1971 y 1973 bajo la guía del británico Stafford Beer. La precariedad de los medios disponibles —se usaban teletipos en lugar de computadores— y el golpe militar de Pinochet impidieron la culminación del experimento, que ya contaba con rudimentarios precedentes en la Unión Soviética[469]. Tampoco sabemos si resultaría viable una ciberdemocracia directa en la que los ciudadanos participasen mucho más de cerca en los asuntos públicos mediante votos electrónicos[470]. Además de las probables dificultades técnicas, cabe la razonable sospecha de que semejante posibilidad incomodaría a más de un político profesional.

CIBERNÉTICA Y ROBÓTICA

Al estadounidense Norbert Wiener (1894-1964) suele adjudicarse la paternidad de una nueva ciencia, la cibernética, por sus estudios sobre

---

468 Cockshott & Nieto (2017).
469 Anatoly Kitov propuso aplicar medios computerizados a la gestión económica en 1958, como también lo hizo Víktor Glushkov a partir de 1961. Ninguna de estas dos tentativas llegó a fructificar.
470 Rushkoff (2003).

sistemas capaces de reaccionar autocontroladamente a los cambios del entorno. El ejemplo más simple y en apariencia trivial de comportamiento cibernético se observa en el funcionamiento de un termostato. Al ajustar el termostato de un calefactor a cierta temperatura, la calefacción se encenderá cuando la temperatura ambiental descienda por debajo del valor prefijado y se apagará cuando lo supere.

Esa aptitud para autorregular la respuesta ante estímulos externos ya era conocida en los organismos vivos bajo el nombre de homeostasis, pero Wiener la extendió a sistemas artificiales y con posterioridad el británico Gregory Bateson (1904-1980) aplicó tales principios a la antropología, la sociología y la lingüística. El matemático Von Neumann completó el cuadro de estas investigaciones al demostrar la posibilidad de existencia, a partir de un cierto nivel de complejidad, de máquinas con capacidad para producir otras máquinas al menos tan complejas como ellas mismas[471].

Estas características, y muchas otras más, son exactamente las que desearíamos para los autómatas o robots[472], máquinas semovientes de aspecto humanoide con aptitudes para realizar muy diversos cometidos en provecho de sus dueños. Los intentos de construir máquinas dispuestas a realizar una determinada tarea por sí mismas, una vez han recibido las correspondientes instrucciones, se remontan muy lejos en el pasado entre fábulas folclóricas y los ecos de la inquietud humana sobre su propia existencia[473]. Los mitos griegos relatan que Prometeo dio aliento vital mediante el fuego celeste a la primera pareja humana, sin olvidar al dios Vulcano, constructor habitual de ingenios mecánicos que utilizaba como sirvientes. El poeta romano Ovidio (siglo I d. C.) narra la historia de Pigmalión, legendario rey-sacerdote mitológico, una de cuyas estatuas, Galatea, cobró vida.

Hacia el siglo V a. C. el chino King-su Tse inventó unas réplicas mecánicas de pájaros y caballos capaces de moverse. Unos cien años después, Arquitas de Tarento construía una paloma de madera que simulaba el vuelo, seguido por Filón de Bizancio que en torno al siglo

---

471 Wiener (1965) y Von Neumann (1966). Es interesante leer al respecto la biografía conjunta de estos dos personajes en Heims (1986).

472 Palabra cuyo origen se encuentra en la voz checa robota (roboti, en plural), traducible por «forzado», «esclavo» o «servidumbre». Apareció en 1920 por primera vez en la obra de teatro R.U.R (Robots Universales Rossum), escrita por el autor checo Karel Čapek, en colaboración con su hermano Josef. En esta pieza literaria se inspiraría la obra cinematográfica de 1927, Metrópolis, dirigida por Fritz Lang.

473 Bennett (1979, 2000), McCorduck (1979), LaGrandeur (2013), Mayor (2019).

II puso a punto un autómata acuático. Un inexcusable precursor de la robótica fue Heron de Alejandría, que en el año 62 recogió en su tratado *Automata* diseños de juguetes autopropulsados —como aves que vuelan, gorjean y beben— sirviéndose de aspas giratorias o circuitos de agua en ebullición. Casi un milenio más tarde el príncipe hindú Bhoja escribió en el libro *Samarangana-Sutradhara* algunos comentarios sobre la construcción de «yantras», máquinas capaces de funcionar por sí solas. Ya en el siglo XII Al-Jazari creó autómatas diestros en las tareas de cocina o el manejo de instrumentos musicales, aunque los más famosos de este tipo en el Medioevo son el «hombre de hierro» de Alberto Magno (1204-1282) o la «cabeza parlante» de Roger Bacon (1214-1294). Y en este muestrario de inventores no podía faltar Leonardo da Vinci, quien no solo construyó para el rey Luis XII de Francia un león mecánico, sino que ya en 1495 había diseñado uno de los primeros autómatas humanoides del mundo occidental. Se trataba de un caballero con armadura, capaz de agitar los brazos, mover la cabeza, incorporarse y abrir o cerrar la mandíbula.

Un elenco de autores que merecen mencionarse por su papel en la historia de la robótica y el automatismo reuniría a personajes tan variados como el Papa Silvestre II (ca. 938-1003), Villard de Honnecourt (ca. 1200-ca. 1250), San Alberto Magno (1206-1280), Johann Müller o *Regiomontanus* (1436-1476), Juanelo Turriano (ca. 1500-1585), Hans Bullmann (1505-1562), John Dee (1527-1609), Salomón de Caux (1576-1626), Jacques Vaucanson (1709-1782), Pierre Jaquet-Droz (1721-1790), Friedrich von Knauss (1724-1789), Johann Wolfgang Ritter von Kempelen (1734-1804), David Rontgen (1743-1807), Pierre Kintzing (1745-1816), Jean-Frédéric Leschot (1746-1824), o el propio Descartes.

El siglo XX asistió al insólito hecho de que las elucubraciones de un escritor de ciencia-ficción se convirtiesen en un lugar común de cualquier aproximación deontológica a los fundamentos de la robótica. El ruso-estadounidense Isaac Asimov (1919-1992) publicó en 1942 un relato de ciencia-ficción, *Runaround*, donde aparecían sus denominadas «tres leyes de la robótica», unas reglas básicas de conducta que cualquier robot debía cumplir en subordinación a los intereses humanos[474]. Brevemente expuestas venían a decir lo siguiente:

---

474 La traducción española de esta narración se tituló Círculo vicioso. Véase Asimov (1989).

i. Un robot no puede dañar activamente a un ser humano, o permitir pasivamente que un ser humano sufra algún daño.

ii. Un robot debe obedecer las órdenes que le den los seres humanos, excepto cuando tales órdenes contravengan la ley anterior.

iii. Un robot debe preservar su propia existencia siempre que ello no entre en conflicto con las dos leyes antes expuestas.

Las leyes de Asimov inspiraron las posteriores declaraciones de organismos profesionales acerca del mismo asunto, a medida que el siglo xx progresaba y asimismo lo hacían las expectativas de mejora en las prestaciones de los robots. Así, en 2011, el Consejo de Investigación de Ingeniería y Ciencias Físicas (EPSRC) y el Consejo de Investigación de Artes y Humanidades (AHRC) del Reino Unido publicó un pliego de conclusiones titulado «Principles of robotics: Regulating Robots in the Real World», tras el encuentro sobre el mismo tema celebrado el año anterior. La declaración conjunta de estos dos organismos recogía una serie de orientaciones éticas que deberían guiar el futuro desarrollo de la robótica, como la necesidad de que los humanos fuesen siempre responsables legales de las acciones de sus robots; que comprendiesen los límites técnicos y morales de sus actos, o promover entre el público un uso responsable de esta tecnología.

Por lo que sabemos hasta ahora, el esfuerzo por fabricar robots de aspecto humano topa con una barrera psicológica en los usuarios, denominada «el valle inquietante». Acuñado en 1970 por el especialista japonés Masahiro Mori, este término refiere las tres fases de la reacción humana ante un robot que progresivamente se asemeja más y más a una persona real. En un primer momento, aceptamos sin reticencias ese parecido creciente del robot con nuestra especie, pero llega una segunda etapa en la que esa similitud empieza a antojársenos siniestra y rechazable («valle inquietante»), para alcanzar a continuación un último estadio en el que admitimos de nuevo la semejanza hasta el punto de despertarnos cierto apego emocional.

Con independencia del aspecto, lo cierto es que los robots no han conseguido todavía una fluidez de movimientos que los acerquen siquiera lejanamente a un individuo corriente. Y tal vez nunca la alcancen a juzgar por la diferente textura de los materiales constituyentes de un robot y de un humano. Sin embargo, no es la movilidad el sello distintivo del robot humanoide en el siglo xx, sino la posesión de un «cerebro electrónico», un computador interno que lo faculte para captar información del entorno y reaccionar en consecuencia en estrecha analogía con un ser humano. Este objetivo abre la intrigante posibilidad de la inteligencia artificial (IA), es decir, la adquisición por parte de una máquina de una inteligencia equivalente a la humana. Como es lógico, de inmediato queda en expectativa el paso siguiente: si admitimos que una máquina pueda poseer la inteligencia de un humano, ¿por qué negarle la posibilidad de autoconciencia o sentimientos?

Los partidarios de la IA débil admiten que podríamos construir computadores que rivalizasen con la inteligencia humana solo en clases específicas de problemas, aunque no de forma general. Por el contrario, quienes defienden el proyecto de lograr una IA fuerte consideran que con ella se igualarían todas las facultades de la mente humana. Frente a estos dos grupos existe una tercera posición que sostiene la disparidad esencial entre la inteligencia artificial —que solo podría imitar ciertos aspectos de la mente humana— y el insondable mundo interior de nuestro psiquismo. Lo cierto es que, si ni siquiera somos capaces de definir con claridad elementos tan básicos de la mente como la inteligencia o la conciencia, parece difícil que sepamos reproducirlos de algún modo en un dispositivo artificial.

En todo caso, cabe definir la informática como el estudio (ciencia) y diseño (técnica) de sistemas artificiales capaces de procesar información. La informática, en consecuencia, surgiría por la fructífera hibridación entre las teorías generales de la codificación y la computación; las técnicas de elaboración de circuitos; computadores y sus correspondientes programas; así como los métodos empíricos destinados a reparar y mantener sus componentes electrónicos a pleno rendimiento. Es de crucial importancia subrayar aquí que la información de la que hablamos lo es porque hay seres humanos que interpretan los datos procesados y los enriquecen con un significado. Este es el punto clave que distingue la inteligencia humana de la electrónica.

Esa es la razón de que incluso si no pudiésemos distinguir entre la conversación mantenida con un humano y con una IA (el denominado «test de Turing»), tan solo habríamos comprobado que el sistema artificial puede simular una conversación humana, no que la IA sea realmente humana. El nudo de la cuestión reside en recordar que las máquinas no piensan en el sentido que esa palabra tiene cuando se aplica a los seres humanos, aun cuando posea una potencia de cálculo inalcanzable para un ser humano. Las IA pueden generar textos o sugerir respuestas, pero en ningún caso entienden lo que están haciendo porque carecen de esa característica tan humana que es la autoconsciencia. John Searle, con su famoso símil de la «habitación china», demostró que una cosa es realizar operaciones algorítmicas y, otra muy distinta, sería conferir significado a esas operaciones[475]. Esta última facultad es privativa de la consciencia humana (y tal vez de criaturas vivas en otros planetas).

No obstante, incluso admitiendo la imposibilidad de dotar a los robots de mentes como la humana, pende la cuestión de las simbiosis entre hombre y máquina. ¿Hasta qué punto seguiríamos considerando humano a quien ha sustituido partes vitales de su organismos por sofisticados dispositivos electrónicos de los cuales depende su vida? Ciertamente no consideraríamos un cíborg (del inglés *cyborg, cyberne-tic organism*) a quien porta un marcapasos o depende de un pulmón de acero para sobrevivir. Pero, precisamente, por ello, ¿dónde está el límite? Y lo mismo cabe decir de las modificaciones genéticas auspiciadas por la pujante biotecnología de finales del siglo xx. ¿Cuándo las alteraciones dirigidas de nuestro genoma darán paso a lo que algunos autores denominan poshumanos o transhumanos? ¿Hasta qué punto debería haber regulaciones legales sobre estos cambios genéticos? No son preguntas de fácil respuesta, como demuestra el hecho de que cada día surgen nuevos argumentos en todos los bandos en liza, arreciando una controversia aún sin visos de finalizar con una conclusión nítida.

LOS INTELECTUALES Y LA TÉCNICA

A partir del Renacimiento, si no antes, la técnica adquirió un nuevo valor cultural nacido de su facultad para gobernar el curso de la naturaleza y gozar de un bienestar material antes inimaginable. Los filósofos de la naturaleza abrazaron esta novedad con rapidez, como cabía esperar de investigadores interesados en expandir el alcance de sus cinco sentidos[476]. No obstante, tampoco faltaron los sabios que miraron con suspicacia unos artilugios que tal vez estaban creando por su propio funcionamiento, en todo o en parte, aquellos fenómenos que la ciencia pretendía explorar. Ese fondo de ambivalencia esencial se fue sofisticando al compás del desarrollo tecnológico; si la técnica evolucionaba, también lo hacía la actitud de los intelectuales hacia ella.

---

475 Searle (1980).
476 Rossi (19866), Pacey (1999), Mumford (2000), Gaukroger (2001), Long (2001), Rae (2001), Lefèvre (2004).

La segunda mitad del siglo XIX alumbró poderosos movimientos culturales que se prolongaron hasta comienzos de la siguiente centuria, con derivaciones tanto sociales como artísticas, en las cuales la técnica jugaba un papel esencial. Reflexiones sobre la repercusión social del maquinismo surgen con fuerza en los escritos de Marx, generalmente alentando el optimismo si la técnica era liberada del dogal capitalista. Al contrario opinaba el británico y también socialista William Morris (1834-1896), quien miraba con recelo el desplazamiento de los métodos artesanales provocado por la producción industrial en cadena. Morris fue un miembro destacado del movimiento *arts and crafts* (versión inglesa del *art noveau* francés) de raíces igualmente antiindustriales aunque con tendencias reformistas en el campo económico y social.

Todas estas efusiones culturales confluyeron en el Modernismo, la ola de renovación artística que pretendía superar tanto el clasicismo academicista como el rupturismo de los impresionistas, mediante una estética que imitase la naturaleza incorporando a la vez materiales propios de la Revolución Industrial, como el acero y el vidrio. La adoración de la técnica condujo a desviaciones exaltadas como el «futurismo», abanderado por el italiano Filippo Tommaso Marinetti (1876-1944), cuya enérgica glorificación de las máquinas, la fuerza descarnada y las emociones intensas prefiguró la irracionalidad del espíritu fascista.

Pero, sin necesidad de precipitarse por tales abismos, ya en los comienzos del siglo XX se perfilaron una serie de reacciones a la creciente importancia de la técnica en las sociedades avanzadas del mundo occidental. En este variopinto abanico de puntos de vista podríamos comenzar con el enfoque antropológico, que de algún modo agrupa aproximaciones tan distintas como el industrialismo, el evolucionismo darwiniano, materialismo economicista de Marx o incluso la fenomenología de Heidegger. El punto en común de todos ellos reside en la afirmación de que la técnica conforma una de las claves básicas de la condición humana, no un mero lujo intelectual del *Homo sapiens*.

Esta visión antropológica niega la dicotomía naturaleza-cultura que tanto tiempo ha traído de cabeza a los eruditos, intentando superar la división individuo-entorno, pues la técnica nos permite contactar con la realidad y transformarla a la vez que nos transforma a nosotros[477]. Este es un fenómeno análogo a la construcción de nichos

---

477 En este marco es como cobran sentido las frases de Heidegger («La piedra no tiene mundo, el animal tiene poco y el hombre sí tiene mundo») y de Ortega («Los humanos tenemos entorno») al respecto.

en la biología evolutiva moderna. Ahora admitimos que no solo el ambiente influye sobre los seres vivos que lo ocupan; también esos seres vivos modifican el entorno con sus actividades, en una espiral interactiva más complejo de lo que antaño suponíamos. De un modo u otro, todo animal explota el medio circundante, detectando aquello de lo que puede servirse, y en el caso de los humanos este afán por someter a la naturaleza a nuestros designios llega incluso a etiquetar una era en la historia terrestre, el Antropoceno.

El catastrófico impacto de la Primera Guerra Mundial dio paso a la llamada «corriente crítica» o «criticismo», cuyos exponentes filosóficos suelen asociarse con la Escuela de Frankfurt, sin menospreciar sus antecedentes en la obra de Max Weber y Georg Simmel. Se trata de una filosofía pesimista y reflexiva —hosca y desabrida a veces—, que formula, desde una perspectiva sociológica de inspiración marxista, una reconvención general sobre las relaciones del hombre con la técnica. De este examen sociologista bebe el pensamiento de autores como Walter Benjamin (1892-1940), Theodor Adorno (1903-1969) y Max Horkheimer (1895-1973).

Bajo este influjo, y ya en los años posteriores a la Segunda Guerra Mundial, aparece Marcuse con su hombre unidimensional[478] y la escuela de estudios Ciencia-Tecnología-Sociedad (CTS). Según estos autores, no resulta posible separar la técnica de las condiciones sociales que la envuelven y permiten su desarrollo. En concreto, el mundo occidental —nos dicen— se halla dominado por una forma particular de capitalismo, el estadounidense, que a través de la universalización de la técnica pretende convertirse en un estilo de civilización sin rival posible. En esta forma avanzada de capitalismo, el pilar fundamental del sistema económico ya no es la dominación violenta de los explotadores sobre los explotados —por utilizar el vocabulario marxista usual—, sino la propia complicidad de los explotados que abrazan entusiasmados las estructuras que los oprimen.

Así ocurre porque la civilización técnica auspiciada por este capitalismo tan sofisticado induce en la población unas formas culturales, unos modos de vida (consumismo, individualismo, egocentrismo, culto a la ostentación, felicidad como posesión) que la lleva a enamorarse de los grilletes que subyugan su espíritu. Es por ello —según la corriente crítica— que los aparatos tienden a encadenar la mente del

---

478 Como ya se comentó en el capítulo 9.

individuo a los usos sociales establecidos, cercenando siquiera el pensamiento de que podría vivir sin ellos. Esta concepción crítica se reavivó, a caballo entre los siglos XX y XXI, a menos de dos grandes autores norteamericanos: Andrew Feenberg y Langdon Winner. Feenberg, muy preocupado por la democratización de la tecnología, parte de la estrecha relación que existe, a su juicio, entre el diseño técnico y la organización social que lo alienta. Este «código técnico» —en palabras de Feenberg— debe su origen a la elección que realiza la cultura dominante sobre el camino a lo largo del cual debe orientarse el desarrollo tecnológico. Obviamente, este camino siempre tratará de reforzar los patrones de la cultura dominante, cerrando un bucle en el que las opciones técnicas reconducen a su vez el desarrollo de la sociedad.

Esta idea cardinal de la corriente crítica quedará magistralmente condensada en el artículo de Langdon Winner «¿Tienen política los artefactos?», cuestión a la que responde con un sí rotundo[479]. En su opinión, los dispositivos técnicos están políticamente tamizados para garantizar que su uso, lejos de amenazar a las élites, refuerce su predominio. Decisiones tan aparentemente inocuas y técnicamente neutrales como la planificación urbana poseen a menudo una onerosa carga política. Los centenares de pasos elevados construidos en Long Island —aduce Winner como ejemplo— impiden, por su altura, el tránsito de transportes públicos dificultando el acceso de las clases populares a las playas y a los bosques del litoral.

Otros pensadores reaccionaron ante la técnica agrupándose en la rama que podríamos llamar «esteticista» o «filoartística», caracterizada por su perspectiva principalmente culturalista. Los esteticistas abordaron la irrupción de la tecnología en el mundo desde un punto de vista muy ligado al humanismo tradicional, al posromanticismo y a la obra de personajes como el ya citado William Morris, Henry David Thoreau (1817-1862) o John Ruskin (1891-1900). De ellos heredaron la idea del mundo como paisaje trascendente, como una composición de objetos que no solo es capaz de inspirar deleite estético sino también de insuflar elevados valores morales. Entre los intelectuales deudores de esta corriente esteticista sobresalen Lewis Mumford (1895-1990), Sigfried Giedion (1888-1968), Iván Illich (1926-2002) y Jacques Ellul (1912-1994).

---

479 Winner (1980).

Los miembros de esta escuela de pensamiento se hallaban muy influenciados por la historia de la técnica, en tanto los criticistas se guiaban mucho más por una confusa mezcla de marxismo, sociología, psicoanálisis y filosofías escasamente científicas. Curiosamente, Mumford se forjó en el mundo de la crítica literaria, aunque muy pronto se entrega a los estudios históricos sobre el desarrollo tecnológico. Es así como revela que los procesos de tecnificación de las comunidades humanas condicionan su organización social. La construcción de las pirámides en el antiguo Egipto —por ejemplo— conduciría a un régimen autoritario capaz de unificar todas las fuerzas del país en esa gigantesca empresa, mientras que la agricultura permitiría una vida menos opresiva (observación desmentida, no obstante, por la existencia histórica del feudalismo).

Giedion, profesor suizo de historia de la arquitectura que trabajó en Estados Unidos, siguió una línea muy semejante a la de Mumford. En su famosa historia de la técnica, *La mecanización toma el mando*, refleja la progresiva ocupación del espacio doméstico por la automatización electromecánica[480] (lavadora, frigorífico, lavaplatos, máquina de coser, máquina de escribir, etc.), dando forma a lo que los antropólogos denominan «cultura material» de una sociedad. Ellul añadirá a todo esto un matiz inquietante: debido a su creciente complejidad, la técnica comienza a convertirse en un ente autónomo que obliga a los individuos a adaptarse a él («adaptación inversa»), contrariamente a la suposición de que son las máquinas las que han de someterse a las peculiaridades humanas[481]. Por su parte, la obra de Illich tiene mucho más que ver con la contracultura, la oposición a las grandes instituciones sociales y una marcada tendencia antindustrial. Como sus colegas antes mencionados, Illich insiste en la convicción de que la técnica no es políticamente neutra; bien al contrario, los diseños tecnológicos inducen un cierto ordenamiento social, despótico o democrático, y que la responsabilidad de conducir el desarrollo tecnológico recae sobre todos nosotros.

Una línea de pensamiento por derecho propio acerca de la técnica en la sociedad es la que recibe el nombre de «funcionalismo» o «teoría del diseño», muy ligada a las prácticas reales de ingeniería, del diseño, de la introducción de los artefactos en el ámbito del

---

480 Giedion (1978).
481 Ellul (1954).

consumo y, en general, en nuestras vidas. Esta mirada, mucho más pragmática sobre la técnica, se beneficia de las bases establecidas por la filosofía analítica, la escuela holandesa (Vermaas, Radder, Van de Poel, Dooyeweerd, Van Riessen, Schuurman) y la escuela salmantina (Quintanilla, Broncano, Vega, Lawler, etc.) de ciencia y tecnología.

Su enfoque se dirige hacia las cuestiones abiertas por el uso cotidiano de la tecnología: ¿podemos separar la identidad de un artefacto de la función que desempeña?; una lavadora que al averiarse no lava, ¿es realmente una lavadora? Pueden parecer trivialidades, aunque apuntan al corazón de interrogantes y tensiones relacionadas con las intenciones del diseñador y las del usuario, especialmente en la tecnología digital, donde los usuarios pueden crear por sí mismos modificaciones del producto original más adaptadas a sus propios gustos y necesidades.

Por último, tenemos la visión «cientificista» de la técnica, no por poco numerosa menos interesante en el plano intelectual. Sus orígenes pueden rastrearse hasta la *Nueva Atlántida* (1626), de Francis Bacon, y atraviesan el siglo XX en las páginas de titanes filosóficos como Bertrand Russell y Mario Bunge. Los cientificistas sostienen que el desarrollo tecnológico —como el avance del conocimiento científico— brota de la superposición de dinámicas internas y externas. Los descubrimientos de la ciencia fundamental desbrozan el camino para las aplicaciones técnicas, que a continuación permitirán nuevos avances fundamentales. Sin embargo, no deben olvidarse las presiones sociales que favorecen o dificultan determinadas líneas de investigación y reinterpretan constantemente —para bien o para mal— el uso de los dispositivos técnicos que nacen de ellas. La corriente cientificista aboga por un empleo ético de la técnica, que no desmerezca la importancia de sus repercusiones sociales y ponga el acento en la responsabilidad, individual y colectiva, de las prácticas tecnológicas.

TÉCNICAS QUE NO LO PARECEN

Estamos tan acostumbrados a identificar la técnica con el manejo de máquinas que olvidamos con frecuencia la importancia decisiva que técnicas como la medicina tienen para nuestra vida diaria. En efecto, la medicina es una técnica destinada a identificar y curar las dolencias que afectan al organismo humano, a partir de una combinación de conocimientos básicos tomados de la biología, la química y la física junto con instrumental de la ingeniería. Y dentro de la medicina los desórdenes psíquicos ocupan un lugar especial, por lo que reciben un tratamiento específico llamado «psicoterapia».

La psicoterapia se propone solucionar los problemas psicológicos, no solo con fármacos, sino también reorganizando las ideas y emociones del paciente de un modo más beneficioso para su vida. La práctica habitual consiste en prescribir nuevas pautas de conducta y ayudar mediante la conversación a la persona afectada a modificar en lo posible su perspectiva de la situación que la aqueja. Cambiar el marco que encuadra nuestros pensamientos puede facilitarnos una nueva atribución de significados a los hechos y un cese, o amortiguación, del dolor[482].

No obstante, pocos trastornos psíquicos pueden separarse por completo del medio social en el que se desenvuelve el paciente, y lo mismo cabe decir de los planteamientos del terapeuta. Es muy posible que el psicoterapeuta se deje llevar —conscientemente o no— por su ideología personal (creencias morales, políticas, religiosas) a la hora de realizar un tratamiento El enfermo puede detectar este extremo y desconfiar a continuación del propósito y efectividad de la terapia, lo que contrarrestaría gran parte de sus esfuerzos de curación.

Las ciencias sociales también cuentan con sus respectivas técnicas, o «sociotécnicas», algunas de ellas tan conocidas —aunque no con esa denominación— como el derecho. Para el científico social, las a veces llamadas «ciencias jurídicas» constituyen una técnica encaminada a regular la mejor convivencia posible bajo unas determinadas condiciones sociales. Tradicionalmente se suele distinguir entre *iusnaturalistas*, que buscan fundar la legislación sobre normas universales presuntamente determinadas por la propia naturaleza humana («derecho natural») y los *iuspositivistas,* solo interesados en las leyes promulgadas que rigen de hecho sobre una colectividad («derecho positivo»).

Las normas jurídicas pueden considerarse como parte de la ingeniería social en sentido amplio, cuando se promulgan con la intención de imprimir nuevas costumbres y valores en el conjunto de la sociedad. No obstante, también existe el peligro de que una minoría radical se adueñe del poder en una comunidad y utilice la legislación para imponer su ideario como un dogma incuestionable; tendríamos

---

482 Fernández & Rodríguez (2001).

entonces un uso instrumental del derecho cercano a las posiciones del jurista nazi Carl Schmitt (1888-1985). Ahora bien, no siempre la modificación de las opiniones de la ciudadanía se consigue bajo coacción; muy a menudo ocurre a través de un condicionamiento propagandístico lento e insidioso, pero constante y abrumador.

Así lo advirtió el politólogo estadounidense James Paul Overton (1960-2003), a cuyo juicio en cada momento existe un rango de políticas socialmente aceptables de acuerdo con el clima general de la opinión pública. Ese abanico de opciones aceptables se denominó «ventana de Overton» y su contenido puede variar mediante campañas de propaganda, activismo social subvencionado, razonamientos cortoplacistas, apelando a las emociones o a los prejuicios del público, e incluso recurriendo a información sesgada.

Imaginemos que en un cierto país se desea romper con el principio de igualdad ante la ley en beneficio de un cierto grupo x de individuos, mayoritario o minoritario. Las autoridades comenzarían promoviendo en todos los medios de comunicación apariciones de presuntos expertos, periodistas y tertulianos cuyos comentarios discurriesen siempre en la misma dirección, insistiendo en los agravios históricos sufridos por los x a manos de los no-x. Se aduciría que tales agravios siguen perpetuándose en la actualidad, aunque la ley ampare a todos por igual, debido a difusas tradiciones, conductas colectivas y prejuicios individuales imposibles de calibrar. Se apelaría a una estructura social indefinida como la responsable de esas injusticias aun presentes, ofreciendo como única solución la necesidad de ir más allá de la igualdad legal, otorgando a los x privilegios disfrazados de derechos compensatorios por ofensas pretéritas. Sería indiferente que ninguno de los x vivos hubiese sufrido las ofensas que se intentan reparar porque —imitando la doctrina del pecado original— todos los no-x de hoy tendrían que expiar las faltas de la fracción de no-x, que cometieron atropellos en el pasado.

Quien afirmase que la ley debe proteger de igual modo a los x y a los no-x caería en el descrédito público por acción de una maquinaria propagandística bien engrasada con subsidios públicos (al fin y al cabo, respaldar a los x sería una causa benemérita), se le tacharía de monstruo insensible y se le condenaría al ostracismo. Finalmente, estrangulado por el miedo y el hostigamiento cualquier conato de contestación, se reformarían las leyes a favor de los x, presentando el cambio como un esfuerzo de protección de los desfavorecidos. La ventana de Overton se ha desplazado desde la igualdad ante la ley hacia la desigualdad en provecho de una parte de la población que puede ser tan numerosa como se quiera.

Sea como fuere, un Estado solo puede considerarse como tal cuando se cumple un principio de legalidad, es decir, cuando se obedecen las leyes existentes, ya parezcan buenas o malas a los ciudadanos. En ausencia de ese principio, nos quedaría elegir entre un desorden caótico o la arbitrariedad del feudalismo. Si además de ello se dan ciertas restricciones efectivas al poder de los gobernantes sobre los gobernados, tenemos un Estado garantista que se elevaría a Estado de derecho cuando existe una separación e independencia de poderes para defender la participación política de la ciudadanía. Finalmente llegaremos a un Estado democrático de derecho cuando los ciudadanos elijan a sus representantes para el ejercicio de los poderes estatales.

La legitimidad de las leyes, por tanto, puede ser (*a*) meramente jurídica, si solo se cumple el principio de legalidad; (*b*) política, si los gobernantes tienen el apoyo mayoritario de la población, respetan los derechos humanos y cultivan la concordia en las relaciones internacionales, y (*c*) social, cuando los gobernantes trabajan en beneficio de la mayoría de los gobernados —no solo de sus élites— respetando las libertades de todos ellos, mayorías o minorías. La legitimidad moral, en suma, se lograría como combinación de las tres legitimidades anteriores: jurídica, política y social.

Otra sociotécnica que no suele contemplarse como tal es la pedagogía, entendida como la serie de estrategias que de la mejor manera posible permiten adquirir a un individuo un conjunto dado de conocimientos y valores que se juzgan estimables. La pedagogía bien entendida toma sus recursos de la psicología, la sociología e incluso de la neurofisiología. Y ya que la educación recibida constituye un factor clave en la forja de los ciudadanos que conformarán el futuro de una comunidad, no parece descabellado incluir la pedagogía entre las técnicas sociales que más duraderos efectos —buenos o malos— pueden acarrear.

También este campo se bifurca en dos tradiciones principales: la «magistral», basada en la transferencia de saberes desde el maestro al alumno, y la «rousseauniana» —cuyo nombre deriva del filósofo francés Rousseau—, que pretende cultivar las inclinaciones bondadosas que supuestamente toda persona posee en su interior. Si pensamos que el estilo de educación magistral se consolidó en instituciones religiosas del Occidente medieval cristiano, comprenderemos la poderosa visión espiritual que en ella subyace. La ignorancia se equipara con la oscuridad del pecado y la luz divina con la recta sabiduría. El ignorante vive en las tinieblas y, tal como los profetas transmiten el mensaje de Dios para salvación de la humanidad, así también el maestro ha de transmitir al aprendiz las enseñanzas que colmarán sus carencias.

En abierta oposición a la enseñanza magistral se situaba la educación rousseauniana, más interesada en retirar los obstáculos que presuntamente impiden el libre desarrollo de nuestras capacidades innatas. Lejos de verlo como una criatura descarriada, para Rousseau la naturaleza del hombre es esencialmente bondadosa, aunque se ve desviada del camino recto por la tiranía de una sociedad corrupta. Si nos liberásemos de tal servidumbre, la benevolencia humana se desarrollaría sin cortapisas. Por ello, la genuina función del maestro no sería impartir lecciones, sino cultivar y ayudar a brotar las aptitudes que pugnan por aflorar desde la intimidad de nuestro ser. En otras palabras, el educador ha de cultivar unas virtudes que en forma de semillas ya existen en el espíritu que pretende educar.

La Revolución Industrial y el auge del capitalismo depositó en las escuelas no solo la responsabilidad de modelar individuos obedientes y respetuosos de las autoridades, sino también trabajadores aptos para participar en las tareas que el nuevo entramado económico demandaba. No cabía duda de que una nación de palurdos analfabetos se encontraría en desventaja frente a sus enemigos y competidores. Además de inculcar buenas conductas, había que instruir en artes y oficios provechosos, y así fue como empezaron a impartirse diversas materias científicas y humanísticas con los mismos modos rígidos y jerárquicos consustanciales a la época. Por eso tuvieron tanto éxito reformadores educativos como Heinrich Pestalozzi (1746-1827), María Montessori (1870-1952) y John Dewey John Dewey (1859-1952), defendiendo una pedagogía antiautoritaria que pretendía dar vía libre a las posibilidades autodidactas de los propios niños.

Esta fórmula maravillosa no carecía de contraindicaciones, como constató el filósofo Bertrand Russell cuando en el periodo de entreguerras fundó su propia escuela progresista en Gran Bretaña[483]: «En retrospectiva, creo que muchos de los principios que regían la escuela eran erróneos. Un grupo de niños pequeños no puede ser feliz sin cierta medida de orden y rutina. Dejados a su aire, se aburren y se vuelven agresivos y destructivos».

---

483 Russell (1990), p. 217.

El avance de las tecnologías de la información y el viraje de las sociedades occidentales hacia una economía de predominio terciario —esto es, donde tienen mayor peso los servicios— determinó que la mayoría de los países desarrollados encaminasen sus sistemas educativos hacia modelos en los que un porcentaje mayoritario de la población recibiría una mínima instrucción, pues no habrían de ser más que trabajadores precarios y maleables a merced de los vaivenes de un mercado siempre cambiante, mientras una pequeña élite detentaría los conocimientos cualificados que garantizasen la supervivencia de la civilización científico-técnica tal como la conocemos.

Naturalmente, no se podía presentar la cuestión a la ciudadanía en términos tan descarnados. Por lo que se decidió presentar este cambio de rumbo como una «democratización» de la enseñanza —pervirtiendo así, una vez más, la palabra democracia—, que al rebajar la calidad de los contenidos convertía en asequibles las titulaciones para cualquiera. Que esos mismos títulos se viesen devaluados hasta la más completa irrelevancia por ese proceder, a casi nadie pareció inquietar. Al mismo tiempo el énfasis de los planes educativos se volcó en las emociones, los sentimientos y la autoestima para enmascarar su carácter desoladoramente inane. Los pedagogos titulados se transformaron en activistas al servicio de una perspectiva ideológica muy determinada, con exclusión de cualquier otra, y la pedagogía misma derrapó hacia las lindes de la pseudociencia. Pero el páramo pseudocientífico resulta tan vasto y variopinto que bien merece un tratamiento propio, y a ello dedicaremos el próximo capítulo.

13. PSEUDOCIENCIAS

A medida que la ciencia iba fortaleciéndose como institución social, algunas añejas creencias promovidas por las congregaciones religiosas y la moral tradicional perdían la posición de preeminencia que antaño disfrutaron sin discusión. En cuestiones relativas al mundo natural, la autoridad de los libros religiosos cedía el paso a la sagacidad de los textos científicos. Y otro tanto ocurrió con una constelación de creencias ancestrales, explicaciones supersticiosas, costumbres ritualizadas y recetas curativas. Todas ellas se vieron desbancadas por el irresistible poder de la racionalidad y la eficacia demostradas por la ciencia moderna.

Enfrentadas a su ocaso, este cúmulo de prácticas periclitadas y creencias tuvo que optar entre dos caminos nítidamente separados: o bien se oponía al naciente método científico, engrosando las filas de la anticiencia, o bien intentaba camuflarse como conocimiento científico legítimo, en la nebulosa de las llamadas pseudociencias, o «falsas ciencias». Ya vimos en el capítulo segundo de esta obra que una ciencia, para ser considerada como tal, ha de cumplir una serie de requisitos escogidos para garantizar su pertenencia a una familia de campos de investigación. Basta tomar a la inversa uno o varios de aquellos requisitos para comprender con bastante exactitud las condiciones en las que opera una pseudociencia.

En concreto, las pseudociencias contienen referentes de dudosa existencia (influencias astrales, criaturas inmateriales, inconscientes colectivos, poderes extrasensoriales, etc.), modos sobrenaturales de acceso a un conocimiento arcano y pretendidamente superior, afirmaciones incontrastables sostenidas dogmáticamente, enunciados incompatibles entre sí o autocontradictorios y cuestiones mal planteadas. Por si todo ello fuese poco, las doctrinas pseudocientíficas son regresivas o —en el mejor de los casos— permanecen estancadas por su indiferencia hacia la búsqueda de leyes y regularidades, actividad central en la verdadera investigación científica. Tampoco se solapan con otros campos del conocimiento, reforzándolos o nutriéndose de sus descubrimientos, ya que los pseudocientíficos carecen de conocimiento genuino que compartir.

No conviene confundir esta clase de embustes, por muy elaborados que resulten, con las «semiciencias», esto es, campos de investigación en crecimiento que todavía necesitan madurar y desarrollarse plenamente. Las semiciencias, o ciencias emergentes, no cumplen todos los requisitos típicos de una ciencia consolidada, pero tampoco pretenden infringirlos por principio con toda clase de peregrinas excusas, como suelen hacer las pseudociencias. La termoeconomía, la econofísica o la teoría general de la complejidad exhiben las características de las semiciencias, o ciencias emergentes, como ocurre en la actualidad con ciertas áreas de la psicología evolutiva o la sociología matemática.

Tampoco debemos olvidar los programas de investigación degenerados, líneas de trabajo que ofrecen claras señales de haber sido agotadas, pese a lo cual sus practicantes se empecinan en mantenerlas abiertas. Las teorías de supercuerdas, en opinión de muchos autores, entrarían en esta definición, si bien nadie las identificaría con pseudociencias en tanto no reclamen méritos de los que en realidad carecen o contravengan flagrantemente las evidencias experimentales.

Por último, antes de entrar en aquellos casos concretos de pseudociencias que nos saldrán al paso, sería bueno distinguir entre las pseudociencias externas, que existen ajenas a la comunidad científica, y las pseudociencias internas, surgidas a partir de la degeneración de algunas ramas de las disciplinas académicas establecidas. Parece una distinción baladí y por ello prescindible, aunque conforme avancemos en nuestro camino adquiriremos gradualmente un nuevo sentido de su importancia.

Para situarnos en el adecuado contexto, conviene recordar que la verdadera eclosión del interés por los temas ocultos, como fenómeno global, ocurrió en la segunda mitad del siglo xx. Concretamente, en 1960 los franceses Louis Pauwels y Jacques Bergier publicaron en París el libro titulado *Le matin des magiciens* (editado en España como *El retorno de los brujos*). Se trataba de un excitante cóctel en el que se mezclaban casi todos los aspectos de lo paranormal. Concebido a modo de mosaico literario, el libro se convirtió en un éxito comercial indiscutible, lo cual atrajo sobre los autores la crítica de quienes solo veían en la obra una amalgama de especulaciones fantasiosas acerca de magia, alquimia, astrología, telepatía, platillos volantes y un centenar más de temas semejantes.

En el mundo de las paraciencias, se tiene a Charles Hoy Fort (1874-1932) por el principal fundador de esta corriente. Charles Fort fue un periodista y escritor estadounidense que encontró uno de los mayores alicientes de su vida en la recolección de lo que él llamaba «hechos condenados», un conglomerado de presuntos sucesos que resultaban inexplicables[484]: desapariciones misteriosas, lluvias insólitas, fenómenos desconocidos, seres monstruosos, etc. El furor iconoclasta de Fort y su pasión por el exotismo irracionalista le extraviaron por una maraña de hipótesis delirantes con las que pretendía explicar sus supuestos hechos condenados. Sostenía, por este afán, la existencia de un océano sobre la atmósfera terrestre (el «supermar de los Sargazos») donde navegaban enigmáticos navíos que esporádicamente arrojaban sus desechos, o que la Tierra no es redonda sino cuadrada, y que algunos astros realizan inverosímiles movimientos erráticos en abierta oposición a las leyes de la mecánica celeste.

La desbordante aceleración de las comunicaciones entre la gran mayoría de grupos humanos en este planeta conduce irremediablemente a la uniformidad de gustos y comportamientos personales. Los temas esotéricos no son una excepción a este fenómeno social. El ocultismo, convenientemente vulgarizado y envasado en formato universal, se ha convertido en un artículo de consumo más, tal como los pantalones vaqueros o las patatas de bolsa. Bastaría dar un pequeño recorrido por la sección de librería de unos grandes almacenes para encontrar en ella toda clase de temas mágico-ocultistas preparados y presentados a gusto del consumidor. La adivinación del porvenir, las desapariciones misteriosas, la comunicación entre mentes, la quiromancia y muchos otros asuntos de este calibre aparecen reunidos en una amalgama apenas calificable. Y muchas de las pseudociencias que contemplaremos a continuación hunden sus raíces en estos umbríos territorios.

---

484 Fort (1974).

La astrología es posiblemente la más popular de las pseudociencias a la par que una de las más añejas. Nació en Babilonia y en Extremo Oriente como una magia de calendario ligada a la observación de los astros a lo largo de año. Los luceros que aguijoneaban la oscuridad en su incesante deambular por los cielos nocturnos se consideraron portadores de un mensaje divino sobre el provenir de los asuntos humanos, los horóscopos, en especial para los personajes eminentes. Poco importaba que las constelaciones fuesen agrupamientos completamente arbitrarios de objetos celestes, realizadas por los observadores humanos desde su limitada perspectiva terrestre.

Y tampoco pareció importar a los astrólogos que el avance de las ciencias físicas descabalgase sus creencias del pedestal de respetabilidad que las gentes de la Antigüedad reverenciaban. De doctrina esotérica se pasó a considerar la astrología como una ciencia oculta, un desdichado oxímoron toda vez que las ciencias verdaderas solo pueden germinar a la luz pública. Aunque poco cabe esperar de pretendidos expertos cuyo texto de referencia es el *Almagesto* de Ptolomeo, un tratado escrito hace más de 1500 años desde una absoluta ignorancia sobre la astronomía moderna.

La astrología cumple a la perfección los requisitos de una pseudociencia puesto que se presenta como un saber cierto y sistemático acerca de algún aspecto fundamental de la naturaleza, si bien incumple flagrantemente los criterios de cientificidad expuestos en el primer capítulo de esta obra. Al declarar que la astrología permite predecir el destino y la personalidad de un individuo, se parte de nociones mal definidas («destino») o impropias de una teoría física («personalidad»). No debe sorprendernos, pues, que tampoco ofrezcan mecanismo alguno que explique esa presunta influencia astral y que recurran a toda clase de expedientes para justificar el incumplimiento de sus pronósticos siempre inconcretos y ambiguos en un claro ejemplo de irrefutabilidad.

Recordemos que Popper tachaba de acientíficos los enunciados que, con independencia de las evidencias empíricas, siempre esgrimen excusas para ser tenidos por verdaderos. Las pruebas experimentales, como cabía esperar, se muestran rotundamente contrarias a las pretensiones de los astrólogos. El francés Michel Gauquelin alcanzó cierta fama en la década de 1970 pregonando la existencia de resultados estadísticos favorables a la validez de la astrología[485]. Su notoriedad se disipó con la misma rapidez en cuanto unos análisis más rigurosos demostraron que sus presuntas pruebas estadísticas eran pura filfa. Por todo ello, la astrología persiste hoy como una creencia folklórica a medio camino entre el pasatiempo lúdico y la estulticia popular.

Menos arraigadas que las fantasías astrológicas, pero incluso más escandalosas, son las ideas que atribuyen a nuestro planeta una forma plana o incluso lo creen tan hueco como un huevo de Pascua. La infinidad de argumentos astronómicos y geofísicos que se agolpan en contra de esta opinión no hacen mella en sus adeptos, que exhiben sin pudor un escandaloso analfabetismo científico. Como no cuentan con la menor prueba que respalde sus fábulas las inventan, falseando hechos históricos y apelando a confusos comentarios de autores antiquísimos. Tanto así que el término «terraplanismo» (también podría usarse «terrahuequismo») se ha convertido en justo sinónimo de cretinez.

No muy lejos de esta calificación se situaría las ocurrencias del ingeniero austriaco Hans Hörbiger (1860-1931), cuya cosmogonía glacial cautivó la indocta imaginación de algunos prebostes nazis. Hörbiger se hallaba convencido de que el universo había surgido de la colisión entre el fuego estelar y un hielo cósmico de naturaleza primigenia que —decía él— se encuentra por doquier, si bien dejaba sin explicación el origen mismo de ese fuego y ese hielo. Los más mitómanos seguidores de Hitler aplaudieron estas ideas viendo en ellas el germen de una «ciencia aria» que, por supuesto, nunca fue más allá de sus lunáticas fantasías. Sin culpar de ello a Hörbiger —que murió dos años antes de la llegada al poder del nazismo—, el caso de la cosmogonía glacial nos muestra el uso que determinados poderes políticos pueden hacer de creencias presuntamente innovadoras para disfrazar su propia irracionalidad.

Immanuel Velikovsky (1895-1979), escritor ruso afincado en los Estados Unidos, provocó con sus obras un escándalo que, por el comportamiento de sus protagonistas, superó los ribetes de la mera pseudociencia para entrar en los predios de la sociología, constituyendo un canon de conducta que se repite hasta la actualidad. En sus libros, Velikovsky recalibraba la mayor parte de la cronología histórica de la Antigüedad sobre la base de supuestos desajustes en el sistema solar

---

485 Gauquelin (1969, 1978). Véase la explicación del caso en Toharia (1992 y en Beck (2006).

que ocasionaron grandes cataclismos en nuestro planeta, reflejados en las leyendas de los pueblos primitivos en todo el mundo. A su juicio, Venus y Marte se aproximaron demasiado a la Tierra, causando catástrofes geológicas que arruinaron culturas y destruyeron civilizaciones, dando paso a nuevos periodos históricos[486].

Si en el momento de su publicación estas conjeturas contravenían todos nuestros conocimientos astronómico y geofísico, el paso del tiempo no ha hecho más que agravar sus faltas. Sin embargo, los escritos de Velikovsky se leían con el mismo agrado que una epopeya fantástica, lo que atrajo la atención de un público dispuesto a olvidar la diferencia entre realidad y ficción. El automático rechazo de la comunidad académica permitió al escritor ruso presentarse como una víctima del corporativismo científico y de la estrechez de mente de los eruditos, incapaces de tolerar ideas nuevas o rivales sin título superior. Las comparaciones indebidas con Galileo y Giordano Bruno salieron a relucir inaugurando la tradición según la cual toda extravagancia proferida por los más indocumentados personajes, al no ser tomada en consideración, concede a sus autores el rango de genios incomprendidos o mártires de una verdad que poderosas élites desean ver silenciada en beneficio de sus oscuros intereses. Nada mejor para ocultar excentricidades absurdas que la vitola del sacrificio heroico en aras de trascendentes revelaciones que nunca se concretan.

Imposibilidades materiales son también otras aspiraciones que fascinaron a multitud de estudiosos siglos atrás, como el movimiento continuo o la piedra filosofal. En el siglo xviii el pícaro alemán Johann Bessler, apodado Orfireus, hizo creer a algunos miembros de la realeza y la aristocracia europeas que había inventado una máquina capaz de funcionar por sí sola sin detenerse jamás. Recibió agrias críticas de los filósofos de la época, quienes desconocía entonces el mejor argumento en su contra: el artilugio de Bessler violaba la ley de conservación de la energía, manifestando la vana ilusión de conseguir algo a cambio de nada, ilusión expresada ya en la cornucopia —o «cuerno de la abundancia»— de la mitología griega. Igualmente imposible es la transmutación del plomo en oro, perseguida por los alquimistas medievales, sin que medie una reacción nuclear, lo que provocó que con el paso del tiempo esta búsqueda adquiriese un tono más espiritual que crematístico.

---

486 Fritze (2010), pp. 205-234.

La radiestesia o rabdomancia, esa especial facultad que dicen poseer algunos sujetos para detectar radiaciones emitidas por los acuíferos o yacimientos minerales subterráneos, carece asimismo de toda base racional. Las únicas radiaciones son las asociadas a los campos de fuerza hasta ahora conocidos, entre los que destaca el electromagnético. Y ni las vetas minerales ni las aguas subterráneas presentan un comportamiento electromagnético distinto de cualquier otro objeto cotidiano; es decir, nada emiten que pueda servir como indicador de su presencia.

No basta con añadir el sufijo «-logía» para convertir las más peregrinas ocurrencias en una ciencia respetable, como algunas personas parecen opinar. Buen ejemplo de ello nos lo ofrece la «ufología», dedicada al estudio de las presuntas apariciones en nuestro planeta de extraterrestres a bordo de prodigiosas naves espaciales. En 1968 hizo su entrada en escena un volumen alemán, *Recuerdos del Futuro*, que sería el primero de la serie escrita por el suizo Erich Von Däniken. A lo largo de todos sus libros, este excéntrico autor mantiene y desarrolla su idea de que la Tierra fue visitada hace miles de años por extraterrestres que dejaron huellas de su presencia en numerosas culturas antiguas.

Pensemos por un momento en una posibilidad que los ufólogos nunca mencionan, incluso admitiendo sus presupuestos. Dejando a un lado la excentricidad de libros claramente destinados a incrementar las ventas, resulta extremadamente difícil imaginar cómo podría constituirse una ciencia con el fin de analizar científicamente a unos seres inteligentes —muy superiores a nosotros por sus logros técnicos— cuyo comportamiento obedece a propósitos que se nos escapan. Sería como si los gorilas de Dian Fossey intentasen crear una «humanología» para estudiar a los naturalistas humanos que acuden a observarlos.

Sin embargo, la pseudociencia que más se ha esforzado por conceder verosimilitud a las tesis que carecen por completo de ella, es la denominada «parapsicología». El nombre en sí mismo resulta muy revelador por cuanto sugiere que los fenómenos que aborda ocupan un dominio más allá de la mente —signifique eso lo que sea—. Y tales fenómenos reciben nombres tan pintorescos como «telepatía» (del griego, «sentir a distancia») o telequinesis («movimiento a distancia»), aplicados a personas que presuntamente poseen la facultad de transmitir directamente ideas desde su propia mente a la de otro sujeto sin otro canal de comunicación, o la capacidad de mover objetos sin tocarlos. Sobra decir que sucesos de ese jaez violarían todos los principios de conservación que vertebran la concepción científica de la naturaleza, lo que explica el frecuente hermanamiento entre parapsicólogos y espiritistas. De hecho, parece imposible distinguir entre la acción de estos poderes metapsíquicos y la intervención de entes espirituales: en ambos casos se produce una flagrante suspensión de las leyes naturales imposible de encajar en cualquier esquema teórico racional[487].

Pese a la popularidad de trabajos de laboratorio, como los del estadounidense Joseph Rhine[488] (1895-1980), las observaciones aducidas en favor de la parapsicología nunca han dejado de ser equívocas, impredictibles, fragmentarias y del todo inconvincentes para la inmensa mayoría de los científicos. Los parapsicólogos se han mostrado víctimas de fraudes o autoengaños inconscientes; han cometido falacias estadísticas; no han empleado controles experimentales adecuados (o cuando lo han hecho, los resultados positivos han desaparecido), y han descontado los datos desfavorables atribuyéndolos al cansancio de los psíquicos o a la hostilidad de los controladores[489].

Nada se ha mejorado desde que Einstein prologara en 1930 *Mental Radio*, el libro de Upton Sinclair sobre telepatía[490]. El genio alemán se situaba ante la percepción extrasensorial con una mezcla de cautelosa curiosidad y prudente escepticismo. En una carta enviada posteriormente al psiquiatra Jan Ehrenwald, Einstein adoptaba una actitud abierta hacia estos fenómenos, pero reticente a causa de las incongruencias teóricas y la insuficiencia de pruebas experimentales al respecto.

Uno de los principales problemas de la parapsicología es la falta de una delimitación clara de su materia de estudio. Hay casi tantas opiniones como asociaciones parapsicológicas. Lo único evidente es que la parapsicología carece de un núcleo central universalmente reconocido de conocimientos básicos, de metodologías comprobadas y de fenómenos demostrables. Esto dificulta enormemente su vinculación con las ciencias establecidas, y también, por consiguiente, su corroboración imparcial. Si los fenómenos parapsicológicos no resultan repetibles en condiciones controladas, si su aparición depende aleatoriamente del estado anímico de los individuos, o de multitud de variables indeterminadas, estudiarla seriamente resulta imposible.

---

487 No es de extrañar, pues, que en Bunge (1989, cap. 8) se argumente la imposibilidad de convertir la parapsicología en una ciencia genuina.
488 Rhine (1962).
489 Hansel (1980) y Alcock (1990, 2005).
490 Sinclair (1976).

BIOLOGÍA ENGAÑOSA

La pseudociencia más conocida en relación con el estudio de la vida tuvo su origen a comienzos del siglo xx en los cenáculos del fundamentalismo cristiano más recalcitrante radicado en Norteamérica. Estos grupos ultraconservadores siempre habían abominado de la evolución darwiniana, considerándola un insultante menoscabo del poder y la magnificencia del Creador. A su juicio, los estudiantes de biología deberían ver sustituido el tema de la evolución por una versión maquillada del *Génesis* bíblico —única fuente de conocimiento respetable sobre la vida y del universo— a la que se etiquetó con el oxímoron «creacionismo científico». Utilizando su presencia en las cámaras legislativas de diversos Estados, estos activistas consiguieron promulgar normas que prohibían de hecho la enseñanza de la evolución biológica en los niveles educativos intermedios.

Así, cuando en 1925 las autoridades de Tennessee entendieron que el profesor John Scopes había quebrantado una de estas leyes, lo procesaron y condenaron al pago de una multa que fue anulada tras apelar a una instancia superior. El juicio contra este docente[491] (popularmente conocido como «Juicio del Mono») atrajo la atención de todo el país, puesto que escenificaba el enfrentamiento entre los creacionistas intransigentes, representados por el acusador William Jennings Bryan (1860-1925), y los defensores de los derechos civiles, que respaldaron a Scopes enviando al abogado Clarence Darrow (1857-1938). Además de su absoluta ignorancia en asuntos científicos, las sesiones del juicio revelaron que los creacionistas deseaban situar la intervención divina no en un origen o destino del universo más allá de las leyes naturales, sino en los propios mecanismos que operan en el seno de la naturaleza, exigencia incompatible con cualquier forma de pensamiento científico.

Tras la Segunda Guerra Mundial, las campañas de los creacionistas bíblicos quedaron olvidadas ante la necesidad, que el gobierno estadounidense reconoció, de impulsar la educación científica y técnica para vencer en la competencia con la Unión Soviética. Pero cuando en la década de 1980 el bloque comunista de Europa oriental

---

491 El hecho en sí inspiró en 1955 una famosa obra de teatro, *Inherit the Wind* (*Heredarás el viento*), de Jerome Lawrence y Robert Edwin Lee, que más tarde dio lugar a adaptaciones para el cine y la televisión.

comenzó a resquebrajarse irreversiblemente, el movimiento creacionista cobró nuevos bríos en Estados Unidos de la mano de personajes como Philip Johnson, William Dembski y Michael Behe, apoyados por instituciones tradicionalistas como The Discovery Institute y Centre for Science and Culture.

La nueva batalla tuvo lugar cuando once padres de estudiantes en Dover (Pennsylvania) demandaron al Distrito Escolar del Área de Dover debido a un escrito que la junta escolar exigía que fuese leída en voz alta en las clases de ciencias de noveno grado cuando se enseña la evolución. En ese texto se ponía en pie de igualdad la biología evolucionista con la nueva formulación del creacionismo bíblico bajo el nombre de «diseño inteligente». Así comenzó el caso de 2005 denominado Kitzmiller contra el Distrito Escolar del Área de Dover, en el que el juez de distrito de los Estados Unidos John E. Jones III dictaminó que el diseño inteligente carecía de carácter científico, pues no cabe desligarlo de sus premisas creacionistas y, por tanto, de una creencia religiosa previa[492].

En las antípodas ideológicas de los fundamentalistas estadounidenses, pero con la misma rúbrica pesudocientífica y resultados incluso más nocivos, actuaba por las mismas fechas en el otro extremo del mundo el ucraniano Trofim Lysenko (1898-1976). Este siniestro personaje estudió en una escuela de horticultura y a continuación obtuvo un doctorado en «ciencias agrícolas» de dudosa calidad, a juzgar por su ejecutoria posterior. Con estas credenciales y un absoluto descaro consiguió convencer a los jerarcas soviéticos de la época de que él era capaz de mejorar los cultivos sin fertilizante y a despecho de las inclemencias invernales. Llamaba «vernalización» a su modo de tratar de las semillas, aunque realmente nadie supo jamás en qué consistía. Lo único seguro es que despreciaba la totalidad del conocimiento biológico ya entonces disponible.

El indocto y sanguinario Stalin simpatizó con las afirmaciones de Lysenko en la medida en que satisfacían su íntimo deseo de rebajar a todos cuantos consideraba en algún sentido superiores a sí mismos, en este caso, a los verdaderos científicos y académicos. Lysenko, bien al contrario, era un campesino instruido —no mucho— que representaba a la perfección el ideal soviético del proletario que por sus conocimientos prácticos y su fe revolucionaria ridiculiza a los sabios del Occidente

---

492 Este suceso y otros análogos se narran con detalle en Alemañ (2021).

capitalista. Las consecuencias de todo ello, lógicamente, supusieron una auténtica catástrofe para la producción agrícola de la Unión Soviética, acarreando pérdidas de cosechas, desabastecimiento y hambrunas.

Estas desgracias se achacaban invariablemente a la acción de espías extranjeros y agentes contrarrevolucionarios, lo que permitía a Lysenko y a sus partidarios dedicarse a su siguiente proyecto igualmente calamitoso. Pocos científicos se atrevieron a denunciar los desvaríos de este iluminado, porque sabían perfectamente el destino que cabía esperar a quienes cometiesen semejante osadía: acusaciones de complicidad con la burguesía antisoviética, deportación, encarcelamiento o la muerte. Naturalmente, cuando sus protectores ya se hallaban fuera del juego político, Lysenko negó cualquier responsabilidad en la ejecución de muchos de sus colegas, demostrando la cobardía usual en quienes disponen de las vidas ajenas sin el menor escrúpulo cuando se ven confrontados a su propia barbarie[493].

Con frecuencia, los discursos pseudocientíficos se envuelven en un vocabulario en apariencia erudito para mejor disfrazarse de conocimiento respetable. Así ocurre con la noción de «campos mórficos», o campos M, del biólogo Rupert Sheldrake[494]. En opinión de Sheldrake, los campos M son entidades físicas aún no detectadas que vinculan todo objeto del universo —desde las partículas elementales a las mentes humanas— con otros de su misma clase. Estos campos mórficos actuarían instantáneamente, sin transmitir energía alguna, en un nivel subcuántico fuera del espacio y del tiempo, responsabilizándose de áreas tan diversas como el desarrollo embrionario, la adaptación evolutiva o la comunicación telepática.

Los campos M son entes dinámicos, puesto que se crea uno cada vez que algo comienza su existencia en nuestro universo. Por ejemplo, en la era de los dinosaurios no había un campo mórfico correspondiente a la especie humana, así como no hay en la actualidad uno de tales campos para los dinosaurios. Sin embargo, una vez creado, el campo M favorecería la aparición de nuevos especímenes del mismo tipo. Sheldrake afirma que un químico puede cristalizar una sustancia con mayor facilidad si ya ha sido cristalizada anteriormente puesto que, en ese caso, y no en el otro, el campo M generado durante la primera cristalización estimula ese mismo proceso en ocasiones

493 Graham (2016).
494 Sheldrake (2007).

posteriores. De la misma manera, si enseñamos a un chimpancé a ejecutar un movimiento con gracia y habilidad, otros congéneres suyos a miles de kilómetros de distancia podrán aprender a ejecutarlo con mayor presteza, merced al patrón de conducta impreso por el primero de ellos en el campo M común a todos los chimpancés. Este curioso efecto es denominado por Sheldrake «resonancia mórfica».

Además de estar completamente desprovista de cualquier corroboración práctica, los campos morfogenéticos adolecen de todos los defectos de la pseudociencia: introducción gratuita de entidades inobservables; explicación artificiosa de hechos anómalos que no son tales, y utilización de términos técnicos en un contexto intelectual enteramente distinto al que les dio origen. De ahí el uso y abuso de la palabra «campo» para referirse a extrañas energías capaces de obrar los prodigios que autores como Sheldrake —un pseudocientífico con formación científica— necesitan en cada momento.

También se tergiversó el concepto de ciclo biológico en la pseudociencia de los biorritmos. Iniciada a finales del siglo XIX por el médico vienés Wilhelm Fliess y muy popular durante la década de 1970, esta creencia sostiene la existencia de ciclos de diversa duración que rigen el mayor o menor rendimiento de los individuos en su capacidad física (23 días), intelectual (33 días) y emocional (28 días). Como sus partidarios afirman que estos biorritmos obedecen una ecuación sinusoidal, dependiendo del momento del ciclo, nuestra disposición en cada uno de esos ámbitos se verá más o menos acentuada, pasando por todos los estados intermedios entre sus valores máximos y mínimos. Huelga señalar que no solo no existe prueba alguna que sustente estas ocurrencias, sino que se oponen a todo cuanto sabemos sobre los auténticos ciclos biológicos a los que sí se someten los seres vivos[495].

Ocasionalmente las doctrinas pseudocientíficas surgen de una verdad parcial malinterpretada o llevada más allá de los límites razonables de su aplicación. Nos lo demuestra así el caso de la frenología, que postulaba la posibilidad de inferir la personalidad de un individuo a partir de la morfología craneal y facial. Ideada a comienzos del siglo XIX por el alemán Franz Joseph Gall (1758-1828) y popularizada posteriormente por el médico escocés Combe (1788-1858), la frenología se basaba en la suposición de que los rasgos del carácter humano

---

495 Grim (1990).

dependían de estructuras cerebrales cuya forma se veía reflejaba en el contorno del cráneo.

Los frenólogos acertaban en parte al suponer que en determinadas regiones cerebrales se localizaban —aunque no en exclusiva— las funciones psíquicas de las que dependía el temperamento de un sujeto. Pero fallaban estrepitosamente al suponer que dicha localización podía deducirse de la superficie craneal o, incluso, en tal caso, que de ello cabía predecir la conducta futura de una persona. Los argumentos presuntamente científicos de la frenología, hoy ampliamente desacreditados, sirvieron también para justificar los prejuicios decimonónicos que contemplaban a los distintos grupos humanos en una escala racial, donde los blancos anglosajones siempre ocupaban la cúspide y en el extremo opuesto quedaban los africanos negros. Con el mismo fin discriminatorio se desarrollaron desde la lunática antropología nazi hasta la noción del «criminal» nato del italiano Lombroso.

Mucho más amable es la discusión que se plantea si la llamada criptozoología debe juzgarse una caricatura ridícula de la zoología, o más bien se trata de una forma equivocada de trabajar por una buena causa. Sorprendidos por el hallazgo en 1938 de un ejemplar vivo de celacanto —pez prehistórico supuestamente extinto— el francobelga Berard Heuvelmans (1916-2001) y el británico Ivan Terence Sanderson (1911-1973) se preguntaron si no podría ocurrir algo análogo con otras especies que hoy día se tienen por desaparecidas. Acaso otros animales prehistóricos sobreviven en zonas muy remotas de nuestro planeta y resultan familiares para los nativos de aquellos lugares, que recogen su presencia en leyendas y tradicionales que los zoólogos occidentales desdeñan como producto de culturas primitivas. De ese modo, Heuvelmans y Sanderson fundaron la criptozoología como lo que ellos pensaban que sería una nueva vía de aproximación al descubrimiento de especies netamente desconocidas o que se creían extintas en la actualidad, a partir del folklore de los indígenas de todo el mundo[496].

Los críticos no tardaron en señalar que no se necesitaba dar un nombre tan sonoro a un procedimiento que cualquier zoólogo convencional podía aplicar, sin olvidar que ese tipo de búsqueda solo serviría para animales de tamaño suficiente para dejar huella en las costumbres de las poblaciones locales, dejando de lado una elevada cantidad de insectos y otras pequeñas criaturas también de gran inte-

---

496 Véase al respecto Alemañ (2010).

rés para la biología. Además, no ayudó mucho el empeño de estos naturalistas por considerar que la información obtenida de las tradiciones tribales bastaba para admitir la existencia de una nueva especie animal, dando la espalda a la usual exigencia de un ejemplar —vivo o muerto— que permitiese su estudio. No es de extrañar, pues, que la criptozoología, en los umbrales de la ciencia biológica, siga siendo pasto de aventureros, chiflados y oportunistas.

PSEUDOTERAPIAS

Pocos bienes tan preciados posee el hombre como la salud, lo que explica que quienes la pierden no duden en recurrir para recobrarla a los métodos más estrambóticos cuando los procedimientos ortodoxos se muestran impotentes. Algo semejante hubo de ocurrir en el siglo XVIII, cuando los conocimientos médicos eran tan precarios que los remedios prescritos por los doctores mataban y curaban con la misma asiduidad. De ello debió percatarse el alemán Samuel Hahnemann (1755-1843), creador de la homeopatía, quien constató que los medicamentos de su época resultaban menos dañinos cuanto más se diluían. De este efecto circunstancial, Hahnemann extrajo conclusiones de largo alcance al combinarlo con lo que denominó «ley de la semejanza».

Esta falsa ley afirma que una sustancia que provoca determinados síntomas en una persona sana puede curar esos mismos síntomas en un enfermo cuando se le administra en pequeñas cantidades; en realidad infinitesimales, a juzgar por las diluciones sucesivas —o «sucusiones»— que indican las recetas homeopáticas. Tanto se repite este proceso de dilución que los presuntos medicamentos homeopáticos acaban por consistir en un sencillo volumen de agua, a veces azucarada, sin una sola molécula del principio activo al que atribuyen poder terapéutico. Los homeópatas replican apelando a una supuesta «memoria del agua», misteriosa propiedad según la cual el agua adquiriría las capacidades curativas de las sustancias que alguna vez contuvo disueltas.

No solo es que tales aseveraciones contravienen nuestro conocimiento ya bien consolidado sobre química y física molecular, sino que además todos los estudios rigurosos e independientes (no financiados por industrias homeopáticas o realizados por creyentes) demuestran que la utilidad de esta falsa terapia no supera la de un placebo[497]. Por desgracia, los gobiernos de muchos países —entre ellos España— siguen autorizando la comercialización de estos productos por motivos sencillamente recaudatorios, pues los gravámenes sobre ellos son tan jugosos, especialmente si su venta es elevada, que nadie desea perderlos.

Las pseudoterapias se cuentan por cientos y una enumeración de todas sus manifestaciones ocuparía una gruesa enciclopedia de varios volúmenes. Sin embargo, todas ellas explotan la necesidad que todos experimentamos de sentirnos escuchados y atendidos de un modo más integral y humano que los escasos minutos que un facultativo sobrecargado y mal remunerado puede ofrecernos en una clínica masificada de nuestros tiempos. Si a ello superponemos la idolatría que practica nuestra sociedad por todo cuanto exhiba la etiqueta de «natural» o «ancestral», obtendremos una mixtura no precisamente muy saludable. Y con demasiada frecuencia la ignorancia —cuando no la malevolencia— de los políticos y los intereses económicos priman sobre la salud de los ciudadanos. Solo de ese modo cabe entender el proyecto constitucional elaborado por el parlamento chileno en 2022, cuyo artículo 44.2 afirma que «Los pueblos y las naciones indígenas tienen derecho a sus propias medicinas tradicionales, a mantener sus prácticas de salud y a conservar los componentes naturales que las sustentan». La redacción de esta cláusula no solo pasa por encima de la invalidez de los remedios chamánicos contra las enfermedades comunes, sino que encubrirá una reducción del gasto sanitario bajo la excusa de la preferencia de muchos usuarios por las tradiciones indígenas de sanación.

La inmensa mayoría de las falsas medicinas adornadas con el epíteto «alternativas» se alimentan de creencias disparatadas sobre el funcionamiento del mundo físico —generalmente derivada de religiones primitivas— y de una entre ingenua y romántica efectividad de los remedios naturales. Mención especial merece la acupuntura, técnica de la medicina tradicional china, que en el último tercio del siglo XX adquirió una inusitada popularidad en Occidente. Se supone que, insertando de forma indolora largas y finas agujas en determinados puntos de la piel, se restablece el equilibrio de ciertas energías invisibles que fluyen por nuestro cuerpo. Naturalmente, cuando la

---

497 Singh & Ernst (2008) y Ernst (2016) entre otros innumerables trabajos al respecto.

acupuntura parece surtir efecto, su éxito se atribuye a la reacción de los centros nerviosos que las agujas estimularían. Así puede ocurrir en algunos casos —sin olvidar que ha de tenerse sumo cuidado para evitar daños neurológicos— pero no siempre, porque se sabe que no hay nervios en muchos de los puntos trabajados por los acupunturistas. De modo que la eficacia terapéutica de la acupuntura, si llega a constatarse, quedaría pendiente de un mecanismo que la justificase.

Entre las pseudoterapias psicológicas, la más conocida y la más vilipendiada en los últimos tiempos es, sin duda, el psicoanálisis freudiano (véase cap. 8). Freud, de haberlo querido así, habría podido construir sus teorías sobre el fondo intelectual de los conocimientos neurológicos de su época, que señalaban el camino de un enfoque verdaderamente científico para el desarrollo de la psicología. Pero en su lugar prefirió seguir el ejemplo de figuras tan antagónicas como el filósofo Wilhelm Dilthey (1833-1911), quien defendía la existencia de un abismo insalvable entre las ciencias de la naturaleza y las «ciencias del espíritu», como él denominaba las humanidades. A su juicio, las virtualidades del espíritu humano, inaprehensible e inescrutable, nunca serían explicadas por las ciencias naturales y quedarían perpetuamente como un dominio aislado. Por desgracia, y aunque muchos no conozcan su nombre, sigue habiendo de hecho un gran número de seguidores de Dilthey en el mundo académico.

La década de 1970 fue testigo del surgimiento en Estados Unidos de unas nuevas prácticas que prometían, a la vez, como mínimo, desarrollo personal, autoayuda y sanación psicosomática. La «programación neurolingüística» sostenía que, cambiando nuestro modo de expresarnos y comunicarnos verbalmente, modificaríamos nuestra percepción del mundo. Y dado que del mundo solo tenemos percepciones, estaríamos alterando en definitiva nuestra propia realidad. Si hasta ahora pensábamos que solo los magos podían trastocar la naturaleza con el uso de las palabras, ahora vemos que esa potestad también es compartida por los programadores neurolingüísticos[498]. De confiar en ellos, deberíamos creer que la programación neurolingüística, estableciendo un arcano vínculo entre lenguaje y materia, puede curar fobias, depresiones, trastornos obsesivo-compulsivos, miopías, alergias, resfriados, estreñimientos y otras dolencias comunes.

---

498 No debe confundirse esta pseudoterapia con la neurolingüística, ciencia legítima que estudia las regiones cerebrales involucradas en la facultad humana del lenguaje.

Neurólogos, psiquiatras y psicólogos no trataron en contraatacar, despertando en los seguidores de esta pseudoterapia las típicas reacciones victimistas del charlatán desenmascarado que se resiste a perder su negocio. Nada importaba que las pruebas experimentales desmintieran las curaciones que los programadores neurolingüísticos esgrimían a su favor[499]. Tampoco parecía importante que no se ofreciese la menor explicación del mecanismo por el cual estas técnicas supuestamente funcionaban en el sentido expuesto por sus defensores. Todavía quedan algunos acólitos de estas prácticas pesudocientíficas, si bien permanecen reducidos a la marginalidad, alejados de la neuropsicología seria, para bien de los pacientes.

A finales del siglo XX, no obstante, surgieron unas nuevas extravagancias que pretendían poseer la clave para la curación de casi todas las enfermedades a través de la conexión —en un descarado dualismo— entre nuestro mundo mental y nuestro cuerpo material. El alemán Ryke Geerd Hamer (1935-2017) se presentó como fundador de la autodenominada «nueva medicina germánica», donde las mayúsculas solo enmascaraban una patraña que no tardó en causar los consabidos estragos entre incautos pacientes sin otra esperanza a la que aferrarse.

La tesis principal de Hammer consistía en culpar a los propios enfermos de la dolencia contraída, la cual —según este autor— tan solo exteriorizaba un conflicto emocional pendiente de resolver o un acontecimiento traumático sin asimilar. Así pues, las infecciones y los tumores no serían más que instrumentos de nuestra mente en su empeño por resolver esos problemas emocionales de fondo. No resulta sorprendente que Hammer acabara perdiendo su habilitación para ejercer la medicina, pues aquellos pacientes que abandonaban los verdaderos tratamientos médicos para entregarse a sus delirios solo conseguían empeorar y fenecer.

Apenas cabe calificar la desfachatez que supone responsabilizar al propio paciente de una enfermedad sobrevenida casi siempre sin su intervención. De ese modo, si el individuo mejora siguiendo sus instrucciones, estos charlatanes se arrogan de inmediato todo el mérito, y de fracasar, la culpa es en exclusiva del paciente que no ha sabido resolver el conflicto espiritual que le atenazaba. Diríase que para sostener estos argumentos en público se necesita un encanalla-

---

499 Witkowski (2010).

miento que ruborizaría a granujas orgullosos de su bribonería; y, sin embargo, ha habido —y hay— gente capaz de tal desafuero, porque la ignorancia malintencionada carece de límites.

La versión francesa de la nueva medicina germánica fue obra de Christian Flèche, quien introdujo algunos matices manteniendo el armazón básico establecido por Hammer: las patologías que sufrimos son el producto de choques emocionales inadecuadamente resueltos que dejan huellas invisibles en las células de nuestro organismo. Estas células dañadas provocan las enfermedades que nos aquejan y que pueden permanecer larvadas durante generaciones para manifestarse en nuestros descendientes. Nótese que los aspectos psicosomáticos de muchas dolencias son una realidad científica, y en ese aspecto parcialmente verdadero, se apoyan dislates como la biodescodificación u otras similares, para considerar los fenómenos emocionales la única causa de toda clase de afecciones.

Una corriente tan polémica que se desborda de Alemania a Francia no podía dejar de llegar a España, como así ocurrió de la mano del catalán Enric Corbera. Por problemas relacionados con derechos de autor, el nombre de la marca hubo de mudarse y pasó a ser «bioneuroemoción» con prácticamente los mismos mimbres que sus contrapartidas alemana y francesa. La enfermedad siempre nace, en último término, de un antagonismo emocional en el interior del enfermo, que puede provenir de un conflicto heredado de generaciones anteriores o haberse producido en la actualidad. La responsabilidad de la curación recae en exclusiva en el afectado, y si las cosas van mal no tiene derecho a reclamación alguna (no ante estos pseudoterapeutas, desde luego). Y —lo más importante— las sesiones con los especialistas en bioneuroemoción han de pagarse con largueza, porque, al fin y a la postre, el negocio es el negocio.

PSEUDOCIENCIAS SOCIALES

Las ciencias sociales, al igual que las naturales, no se hallan libres del peligro pseudocientífico. Esto no significa necesariamente que toda una disciplina académica deba desecharse por su carácter falsario —aunque algo similar veremos más adelante—, sino más bien que por las rendijas de su estructura penetran suposiciones y métodos que carecen de consistencia o se han demostrado erróneos, pero se conservan por una mezcla de prejuicio y corporativismo. En ocasiones tan solo es una falta de perspectiva más amplia la que vicia unas conclusiones que, con las pertinentes reservas, quedarían mejor asentadas.

El famoso libro *Por qué fracasan los países*, de los economistas y politólogos Acemoglu y Robinson[500], ofrece una explicación basada en la presencia de instituciones extractivas (que se apropian de la riqueza socialmente generada en beneficio de un segmento privilegiado de la comunidad) o inclusivas (que promueven el desarrollo sin permitir que el poder se concentre en manos de una élite reducida). Estos dos autores pertenecen a la escuela neoinstitucionalista, que concede un gran peso a la influencia de la política sobre la economía, aunque tal vez por ello tienden a orillar algunos factores que en la práctica neutralizarían parte de sus conclusiones. No parece serio, por ejemplo, que más de quinientos años después del descubrimiento de América se siga culpando a la organización política de las colonias españolas del menor desarrollo económico de las naciones sudamericanas en comparación con las del norte del continente. Asimismo, se silencia el mayor mestizaje de la población en Iberoamérica que en el territorio colonizado por anglosajones, y las consecuencias que esto tuvo en su futuro político. El libro de Acemoglu y Robinson, con todo, no carece de interés, no solo por las tesis que defiende, sino también porque demuestra el cuidado que ha de tenerse al abordar temas tan complejos.

Acaso uno de los más rotundos errores en la politología moderna, agravado por el hecho de que casi nadie se atreve a confesarlo abiertamente debido a escrúpulos morales mal entendidos, reside en la creencia de que la democracia liberal de partidos políticos puede arraigar sin más en cualquier lugar del mundo. Se da por descontado que las poblaciones de todos los países desean ardientemente convertirse en réplicas de las naciones del Occidente democrático, contra la tiranía de los autócratas locales empeñados en impedírselo. Pero las cosas son algo más complicadas que eso, porque la democracia como régimen político solo puede consolidarse bajo ciertas condiciones económicas y culturales, muchas de las cuales se hallan notablemente ausentes en la mayor parte de nuestro planeta.

No basta un bienestar material suficiente para alejar a los individuos de la miseria, y por tanto de la inclinación a rebelarse, sino que

---

500 Acemoglu & Robinson (2012).

también se necesita un fuerte compromiso cívico. La democracia, en su mejor acepción, implica la responsabilidad de participar constructivamente en un propósito colectivo, y para ello se precisa un sentido comunitario que exceda los mero lazos de lealtad entre clanes o tribus, típicos de las sociedades arcaicas. Esta premisa sociológica, casi siempre orillada, explica por qué la ocupación estadounidense tuvo éxito en Japón al trasplantar las instituciones políticas occidentales a partir de 1945, y no lo tuvo, por ejemplo, en Afganistán entre 2002 y 2021.

El historiador y politólogo británico Anthony Pagden lo expresó con una transparencia difícilmente igualable[501]:

> *Los defensores de la exportación de instituciones democráticas al mundo entero dan todos por sentado que lo que cada ser humano desea (sin que importe cuál pueda ser su raza o su credo o su pasado) es, sobre todo, libertad personal. [...] Esto no significa que los abanderados de la democracia no tengan razón al proclamar que es también el mejor gobierno posible que hay y [...] el medio más equitativo de distribuir poder y bienes, al menos en el presente. El error es suponer que este hecho debe ser simple y obvio, en particular para aquellos que no han tenido ninguna experiencia previa de democracia moderna y que la equiparan inevitablemente con el imperialismo y la impiedad occidentales, y cuyo primer encuentro con ella a menudo se produce a punta de pistola. [...] La idea de que todos los seres humanos desean por naturaleza la libertad ignora también el hecho de que desean —a menudo con la misma fuerza— orden y dirección en sus vidas. Si no fuese así, habría tenido muy poco atractivo la religión con su supuesto de que existe cierto principio organizador [...] en medio del evidente caos y de que guía nuestras vidas una fuente básica e imparcial de justicia.*

Ahora bien, la tesis pseudocientífica que más ha penetrado durante las últimas décadas en una importante porción de las ciencias sociales se relaciona con la supuesta vigencia de alguna forma de patriarcado en los países occidentales con democracias avanzadas. Un aserto tan patentemente falso solo puede sostenerse mediante un poderoso apoyo institucional animado por objetivos políticos de índole par-

---

501 Pagden (2011), pp. 458, 459 y 461.

tidista, una vez que las fuerzas políticas tradicionales comenzaron a poner el foco sobre los particularismos y reclamaciones de minorías marginadas en el pasado. Uno de los movimientos que tras esta mudanza ideológica pasaron a ocupar el centro del escenario fue el feminismo, el cual adquirió un carácter cada vez más institucional y corporativo.

A medida que sus demandas históricas se iban cumpliendo también se estrechaba el abanico de peticiones que justificaba su existencia, de modo que el sector más comprometido del activismo —cuyos sueldos dependían de la continuidad de las protestas— se empeñó con mayor ahínco en alentar una indignación que les mantuviese en sus cargos. Ya no bastaba la igualdad ante la ley (isonomía) para hombres y mujeres; ahora se debía perseguir la igualdad «real» o «efectiva», más allá de una igualdad que se tachó de meramente «formal».

Pero en este caso, la efectividad no se ceñía, en sentido marxista, a las condiciones materiales (capacidad económica, nivel cultural) que posibilitan en la práctica el ejercicio de los derechos jurídicamente reconocidos. A lo que se referían, sin exponerlo abiertamente, era al establecimiento de una serie de privilegios compensatorios —presentados, eso sí, como «derechos»— por las discriminaciones pretéritas. El perjuicio que tales prerrogativas comportaban para la mitad masculina de la población se juzgó irrelevante comparado con el caudal de votos que un público convenientemente aleccionado podría proporcionar a los grupos que defendiesen este alejamiento de los temas políticos usuales.

La cuestión se complica todavía más cuando nos percatamos de que la cantidad de rasgos identitarios específicos es potencialmente infinito: mujer, mujer quechua, mujer quechua y mestiza; mujer quechua, mestiza y pobre; mujer quechua, mestiza, pobre y discapacitada; mujer quechua, mestiza, pobre, discapacitada y homosexual, mujer quechua, mestiza, pobre, discapacitada, homosexual y obesa... Para dar cabida —si ello fuese posible— a esta multiplicación de afiliaciones se popularizó el término «interseccionalidad», que es la forma posmoderna de reconocer que la identidad humana es un fenómeno complejo, polifacético y en cierto modo inagotable.

Cuando consiguió quebrantar la igualdad de todos los ciudadanos ante la ley en nombre del combate contra un hipotético patriarcado, el feminismo institucional dio el primer paso en la senda del subjetivismo jurídico, pues apeló a una entidad objetivamente inexistente, aunque subjetivamente percibida —o eso se decía— por los miembros de este movimiento. Por ello, no deberían escandalizarse cuando alguien avanza más lejos todavía, hasta cercenar todo rastro de objetividad bajo nuestros pies, como hacen quienes sostienen que el género o el sexo —o ambos— tan solo dependen de la percepción subjetiva de esa persona; una subjetividad que, además, puede cambiar su parecer (¿por qué no?) de un día para otro. Merece la pena notar lo que acontece cuando abandonamos la racionalidad y la justicia en aras de nuestros particulares intereses ideológicos, esperando escarmentar con la lección recibida. En un mundo donde crece la marea del fanatismo y la irracionalidad, siempre habrá quien nos adelante en la carrera del sectarismo.

HABLANDO DE ECONOMÍA

De las recetas económicas aplicadas por nuestros gobernantes depende nuestro futuro y nuestra supervivencia, lo cual resulta motivo suficiente para preocuparnos por la solidez de las teorías que las sustentan. Y, aun lamentando reconocerlo, un somero análisis de la situación revela que entre las olas de la ciencia económica sobresalen no pocos islotes pseudocientíficos. Ello se debe a que la mayoría de los conceptos de la economía actual se fraguaron a finales del siglo XIX con la revolución marginalista, cuya veracidad nunca se sometió a prueba en más de cien años.

Los enunciados de la microeconomía neoclásica parecían tan obvios a sus defensores que nadie los puso en duda durante casi siglo y medio; sencillamente se aceptaban como los axiomas de la geometría, o como los dogmas de la religión. La diferencia estriba, claro está, en que la economía se tiene por ciencia social a gran distancia de la matemática y de la religión. El primer laboratorio de economía experimental se estableció, de hecho, a principios de la década de 2000 en Zürich, gracias al empeño de investigadores comprometidos como Daniel Kahneman, Amos Tversky, Ernst Fehr y Bruno Frey, entre otros. Sus miembros se preguntaron si los postulados económicos usuales eran aplicables a los individuos reales y no al *Homo economicus* idealizado de la década de 1870.

¿Cuáles son los postulados de la economía neoclásica? Brevemente, podríamos resumirlos como sigue:

1. Los recursos naturales son inagotables.
2. Todos somos básicamente racionales y egoístas, tal que en cualquier actividad los individuos y las empresas tratan de maximizar su ganancia esperada.
3. Toda acción económica posee una utilidad, o beneficio, precisa y una probabilidad asociada de lograr su objetivo.
4. La propiedad privada —ilimitada e inviolable— debe ser máxima y la pública mínima.
5. La actividad económica se identifica con el funcionamiento del mercado, el cual, a su vez, solo se considera posible en un régimen capitalista.
6. Los mercados libres (sus componentes pueden actuar sin reglamentaciones, entrando y saliendo de él a voluntad) se autorregulan con independencia de la política y la cultura, de modo que siempre están en equilibrio (la oferta iguala la demanda, sin escasez ni excedentes) o cerca de él para reequilibrarse de inmediato ante cualquier perturbación.
7. En un mercado libre en equilibrio, los precios reales —que oscilan con las variaciones de la demanda— son los asignados a las mercancías cuando la oferta iguala la demanda.
8. El mejor orden social es el que dispone del mercado más libre y los impuestos más bajos.
9. El mejor mercado es el que puede crecer sin límites.
10. Los negocios no conllevan obligaciones morales.
11. El Estado debe limitarse a proteger los intereses privados.
12. Los actores económicos tienen un conocimiento completo e instantáneo de todas las variables relevantes del mercado y de sus cambios.

Salta a la vista, sin necesidad de ser un experto en la materia, que los postulados neoclásicos resultan incongruentes unos con otros. Por ejemplo, el primer postulado es obviamente falso, y no menos que el segundo, pues nadie es completamente racional, ni en economía ni en otros campos[502]. La primera parte del quinto postulado centra su atención en el comercio al igualar la economía a las operaciones del mercado, olvidando la producción de las mercancías, mientras la segunda parte omite la existencia de mercados precapitalistas (trueque) o no

502 Kahneman & Tversky (1979), Pulido & Cante (2009), Glimcher & Fehr (2013), Kahneman (2013).

genuinamente capitalistas (cooperativas, comunas, economías colaborativas, etc.). La ley de la oferta y la demanda deja de aplicarse en mercados dominados por monopolios, oligopolios o monopsonios.

Singularmente flagrante por su falsedad resulta la definición de mercado libre, implícita en el sexto postulado de la lista anterior. Los pequeños comerciantes no son libres de comprar o vender lo que quieran, pues dependen de sus proveedores, quienes a menudo les obligan a comprar mercancías que no les interesan o a financiarlos indirectamente retrasando los pagos. A su vez, los consumidores se ven forzados a adquirir los productos que tienen más cerca por falta de tiempo y recursos para comparar los precios de la totalidad del mercado. Y qué decir del dogma del eterno equilibrio de los mercados. El nobel Paul Samuelson, de los doce capítulos de su famoso libro de texto para los estudiantes de economía, dedica solo uno a la dinámica económica, y para ello toma ejemplos de desequilibrio de otras ciencias, dando buena prueba de la limitada importancia concedida al desequilibrio de los mercados, a despecho de las dramáticas lecciones que la historia nos ofrece.

La economía se solapa con la política y la cultura, en tanto que toda empresa necesita un marco institucional estable para desarrollarse. El desarrollo tecnológico —sea el caso— precisa de su sistema educativo sostenido estatalmente para despegar y desarrollarse sobreviviendo a la competencia extranjera. Y también el Estado puede jugar un importante papel como consumidor principal de determinados servicios y proveedor de otros. Asimismo, las actuaciones del Estado para proteger la propiedad constituyen en sí mismas una forma de intervención en el mercado nada desdeñable.

Una de las características fundamentales del sujeto económico, según el enfoque tradicional, consistía en que el motor principal de sus acciones era el egoísmo personal, sin otro objetivo que la persecución del propio interés por los medios más efectivos a su disposición. Los miembros de la escuela de Zürich se preguntaron si eso realmente era así, y decidieron comprobarlo experimentalmente con voluntarios a los que se proponía ciertas situaciones para observar su comportamiento[503]. Una de ellas venía dada por el juego de parejas llamado *Ultimatum*, en el cual uno de los miembros de la pareja recibe una determinada cantidad de dinero que debe repartir con

---

503 Fehr & Gächter (2002), Gintis et al (2005), Fehr & Schmidt (2006), Tyler (2011).

el otro, por acuerdo mutuo, cumpliendo dos condiciones: (1º) nadie puede quedarse con todo y (2º) si no se llega a un acuerdo, ambos deberán renunciar a todo.

Contra la opinión del nobel de economía Milton Friedman, en su mayoría, las personas no se muestran esencialmente codiciosas (*greedy*) en su relación con las demás. En el experimento antes citado, la mayoría de los participantes repartían en una proporción igual, o muy cercana, al 50 %, a la vez que preferían perder toda ganancia posible antes que aceptar un trato que consideraban injusto. Es decir, los individuos no se comportan como máquinas de maximizar su beneficio, para las cuales cualquier ingreso es mejor que nada sin atender a otras restricciones morales. En realidad, los seres humanos encajamos mejor en un patrón conductual de altruismo recíproco —entre el puro egoísmo y el puro desinterés— que nos impele a hacer el bien a nuestros semejantes, en la confianza de que otros nos ayudarán del mismo modo en el futuro si lo necesitamos.

Algo análogo se aplica a las empresas. Desde la década de 1950, gracias a las investigaciones del economista y físico francés Marice Allais (1911-2010), los agentes económicos reales no buscan maximizar el beneficio, sino optimizarlo. En la práctica, los empresarios racionales tratan de obtener las mayores ventajas de cada situación dada —sin esperar a la máxima coyuntura favorable, que quizás nunca llegue— o simplemente de sobrevivir a los vaivenes de la economía. El objetivo es obtener una ganancia satisfactoria, y el empresario hábil sabe aprovechar la oportunidad cuando se presenta sin esperar a máximos ideales[504].

Si la escuela neoclásica no encuentra apoyo en nuestro conocimiento empírico de la psicología humana, tampoco mejora su consistencia en aspectos teóricos matemáticamente formalizados. Y así sucede porque se apoya en la «teoría de la elección racional», un haz de supuestos con muy escaso contacto con la realidad[505]. La idea fundamental consiste en que el mundo es enteramente equiparable a un

---

504 Los trabajos empíricos de Vernon Smith y James Platt, que parecen confirmar las predicciones de maximización, se realizaron con estudiantes de economía ya educados en los prejuicios de la teoría neoclásica, a los que se dio instrucciones que predeterminaban el resultado de la prueba. Por ello no pueden considerarse experimentos propiamente dichos.

505 A menudo, esta adición se complementa con otra, la llamada teoría de juegos, que analiza las decisiones que me procurarían el máximo provecho individual en un empeño común, considerando que mis demás compañeros adoptarán la misma actitud que yo. Este problema suele ejemplificarse con el conocido como «dilema del prisionero» (Von Neumann & Morgenstern, 1944).

casino donde todos somos jugadores capaces de calcular la probabilidad de tener éxito en cada una de nuestras acciones y el provecho o el perjuicio que podemos obtener de cada una de ellas. Desgranando sus bases conceptuales, podríamos enumerarlas como sigue:

— INDIVIDUALISMO: los grupos sociales son una ficción, pues solo existen los individuos particulares (individualismo ontológico), razón por la cual los problemas de la sociedad deben estudiarse tomando al individuo como base de cualquier consideración (individualismo metodológico).
— ECONOMICISMO: todas las relaciones sociales son de tipo económico o se pueden reducir a ellas.
— RACIONALIDAD PROSPECTIVA: todo agente económico puede estimar por adelantado las probabilidades y utilidades de sus actos.
— RACIONALIDAD INSTRUMENTAL: todo agente intenta maximizar su utilidad esperada.

El principal postulado marginalista versa sobre la curva de utilidad de cada individuo, donde por «utilidad» —recordémoslo— se entiende el beneficio alcanzable o la satisfacción obtenida[506] (aunque aquella sea cuantificable y esta no). Dicho postulado sostiene que todo individuo posee una curva de utilidad, y en cualquier transacción realizada racionalmente se tiende a maximizar el valor de la utilidad esperada. Que se pueda asociar una curva de utilidad a cada agente económico individual, presupone conocer la distribución de expectativas de ganancia y de satisfacción para cualquier sujeto, en todo momento, dada cualquier combinación de bienes con que mercadear; una suposición harto atrevida y escasamente justificable.

Veámoslo con un poco más de detalle. Para los marginalistas la «utilidad esperada» de un suceso x se define como la probabilidad del mismo, $p(x)$, multiplicada por su utilidad intrínseca, $u(x)$; esto es, $U(x) = p(x)u(x)$. En primer lugar, nadie conoce su «curva de utilidad» —si es que esta noción de veras significa algo—, que es una noción mal definida. Los libros de Stigler, Becker o Friedman jamás la definen; como máximo se dice que es una curva convexa (su ritmo de crecimiento se va frenando), sin reparar en que hay infinitas curvas que cumplen ese requisito matemático. Samuelson quiso solucionar

---

506 Pareto denominaba esta noción tan difusa como «ofelimidad» (ofelimità).

el entuerto introduciendo la teoría de la «preferencia manifiesta», según la cual las elecciones de los consumidores a la hora de adquirir productos revelan sus preferencias (o utilidades), pero esto no es cierto[507]. Tales elecciones revelan las capacidades de compra mucho más que las preferencias íntimas; un consumidor puede verse incapaz de satisfacer un deseo por falta de solvencia y ha de contentarse con adquirir otro artículo.

Por si ello fuese poco, se postula que todo suceso económico lleva asociada una probabilidad; o, en otras palabras, no hay procesos causales, lo que es patentemente falso. Además, esas probabilidades de la curva de utilidad serían de tipo subjetivo, pues se referirían al «grado de creencia» (la confianza que un individuo tiene en el acaecimiento del suceso x), y por eso serían incontrastables. En suma, no serían verdaderas probabilidades porque no se ajustan al cálculo de probabilidades (pueden arrojar valores negativos o superiores al 100 %). La conclusión, por tanto, se revela demoledora: este enunciado capital de la economía neoclásica es falso o, en el mejor de los casos, incomprobable (ni verdadero ni falso).

La actitud de los economistas neoclásicos —salvo que se muevan por intereses no científicos— despierta una considerable perplejidad. Por un lado, se comportan como dogmáticos que no ponen a prueba sus hipótesis, y cuando se deciden a contrastarlas lo hacen aceptando su veracidad de antemano, de modo que se retuercen los resultados para que encajen con lo esperado. En ocasiones, llegan incluso a creer que no necesitan corroborar sus hipótesis, porque la verdad es subjetiva, cada cual reacciona a su manera y todo da lo mismo (escepticismo posmodernista). En suma, su gnoseología es mayoritariamente acientífica; su ontología se revela incoherente y oportunista, pues ora se declaran individualistas, ora declaran que el mercado —como ente supracolectivo— dirige la comunidad con más sabiduría que cualquier individuo, y, finalmente, se sustentan sobre una ética insolidaria y egoísta que no se corresponde con la conducta natural de los humanos como especie hipersocial.

Pero no nos engañemos; la hipersociabilidad no confirma extremismos como el anarco-capitalismo, que propugna la desaparición absoluta del Estado y la soberanía del individuo a través de una pro-

---

507 No se olvide que Samuelson fue discípulo de Bridgman, el gran operacionalista (véase cap. 3), de modo que no creía más que en la conducta observable.

piedad privada inviolable y un mercado absolutamente libre. Las naciones se disolverían en una miríada de minipaíses formados por grupos de personas tan solo unidas por lazos de interés económico común, que entre ellas organizarían privadamente y de forma óptima todos los servicios de un Estado moderno. Además de una locura geopolítica, esta opinión es un delirio patentemente falso. Cualquiera que haya constatado lo que cuesta organizar, incluso una comunidad de vecinos sospechará de la viabilidad del orden espontáneo defendido por los anarco-capitalistas.

En el extremo opuesto del paisaje ideológico, tras el derrumbe de la Unión Soviética y sus adláteres, pocas críticas cabe añadir acerca de su economía estatalista y centralmente planificada. La ineficaz y desmesurada burocracia gubernamental promovió el más atroz conservadurismo en una sociedad nominalmente revolucionaria, ahogó la iniciativa individual y contribuyó, en no poca medida, al colapso económico. Las predicciones marxistas sobre los rendimientos decrecientes en el mundo capitalista no se cumplieron —gracias a los avances técnicos y la aparición de nuevas industrias— se extendió un cierto bienestar entre sus habitantes y la profetizada revolución mundial no se produjo. Muy al contrario, las ineficiencias de la economía comunista iban aflorando con mayor contundencia[508]:

> El sistema comunista de planificación central, que funcionaba adecuadamente para el acero, los tanques, la industria química y el armamento nuclear, no servía para los artículos de consumo, ya que era demasiado rígido e inflexible. [...] El compromiso de una población moderna con la economía de los bienes de consumo fue enormemente subestimado. Ello constituyó un serio error. [...] Repetimos que el estándar de vida moderna está más profundamente arraigado en la psique pública de lo que se imaginaba habitualmente. Los occidentales, que observaban las obvias extravagancias y las frecuentes estupideces de su propio estilo de vida, no apreciaban la urgencia con que estas eran deseadas en la Europa del este y en la Unión Soviética.

El hundimiento del bloque soviético provocó el colapso en cadena de los demás regímenes comunistas, con dos notables excepciones.

---

508 Galbraith (1999), p 199.

Corea del Norte, una tiranía desquiciada que dispensa a sus súbditos una mezcla de penuria, represión y paranoia, subsiste por los intereses geopolíticos de China, que no desea compartir frontera con la capitalista y proamericana Corea del Sur. La otra excepción es la propia China, cuyo sistema evolucionó desde los delirios colectivistas de Mao-Tse-Tung hasta una forma peculiar de capitalismo de Estado, apoyado por la tradición confuciana de subordinación del individuo al colectivo, y por la cooptación que realiza el partido comunista de las élites intelectuales y empresariales que florecen al compás del crecimiento económico.

Curiosamente —o quizás no tanto— la ortodoxia comunista y la escuela neoclásica han coincidido plenamente en la furia empeñada en defender sus dogmas, sin cuestionarlos jamás. El conocido Milton Friedman escribió un artículo para celebrar el centenario de la revista *Economic Journal* titulado «Vino viejo en botellas nuevas». En él se ufanaba de que los conceptos básicos de la ciencia económica no habían cambiado en ciento veinte años, sin que cupiese esperar en adelante más que sofisticaciones matemáticas de las mismas ideas[509]. Bástenos imaginar qué pensaríamos de un físico o un biólogo que se enorgulleciese públicamente de que su ciencia no hubiese hecho el menor progreso en más de un siglo. Parece que en estos casos —incluyendo el de los nuevos sacerdotes del generocentrismo— cabe aplicar la aguda observación de Bertrand Russell, según la cual «donde no hay conocimiento, tampoco hay necesidad de cambiar de opinión».

---

509 Friedman (1991).

14. CIENCIA Y CIVILIZACIÓN

El año 1992 asistió al raro acontecimiento de la publicación de una obra que pronto se convertiría en uno de los hitos de la politología del siglo XX, *El fin de la historia y el último hombre*. Su autor era un joven estadounidense de ascendencia japonesa, Francis Fukuyama, a quien la descomposición del imperio soviético —hasta poco antes considerado casi imbatible— había causado una muy honda impresión[510]. Ampliando un artículo publicado con el mismo título tres años antes en la revista *National Interest*, Fukuyama desarrollaba en profundidad su tesis según la cual el triunfo de Occidente en la Guerra Fría desvanecía finalmente cualquier alternativa a la democracia liberal como sistema político predominante en el mundo desarrollado.

El nazifascismo había sido derrotado militarmente a mediados del siglo XX y siete lustros después caía el comunismo ruso presa de su propia incompetencia. En semejante estado de cosas, el politólogo estadounidense estimaba innecesario cualquier envoltorio ideológico más allá del respeto por el libre mercado (el «pensamiento único»), verdadera columna vertebral de la visión de Fukuyama sobre la democracia liberal. Además de la economía de mercado, este régimen político precisaba un gobierno representativo y una seguridad jurídica basada en el reconocimiento de derechos e igualdad ante la ley.

Este «fin de la historia» no implica el inmovilismo absoluto que sugiere la frase, ya que para Fukuyama el progreso científico imbuirá de dinamismo la sociedad capitalista y demoliberal que él defiende —muy hegelianamente— como consumación de los tiempos. En realidad, otros adujeron antes que él sus propios argumentos para tenerse por testigos de la culminación del devenir histórico: Hegel consideró

---

510 Fukuyama (1992).

así al Estado prusiano y Kojève dijo lo mismo sobre la Revolución francesa transmutada después en el régimen napoleónico. A diferencia de estos dos autores previos, Fukuyama tuvo la perspicacia de contemplar a continuación el curso de los acontecimientos, lo cual le ofreció la posibilidad de poner a prueba su tesis y advertir sus desaciertos. Y, como toda persona inteligente, no perdió la ocasión de rectificar aquellas opiniones que no habían resistido el paso del tiempo.

Nunca ha existido unanimidad sobre lo que significa atribuir una dirección a la historia, más allá de las visiones teológicas que la describen como el escenario de la creación, caída y futura redención del hombre. Pero la historia humana se teje con hebras harto dispares, cada una de ellas compuesta por variadísimos procesos interconectados en multitud de aspectos. Por ello carece de sentido hablar de progreso o retroceso sin especificar con respecto a qué. Fukuyama lo hace y deja bien claro que a su juicio la extensión de la democracia liberal marca la dirección de ese avance histórico. Sin embargo, a todas luces falló su predicción de que en China la expansión de la mentalidad capitalista conduciría irremediablemente a una apertura política de tintes liberales. La democracia política no se halla inextricablemente unida a la economía de mercado, como pensaba Fukuyama.

Aunque fuese cierto que no hay mejor régimen político que la democracia liberal, y que cualquier defecto de nuestras sociedades burguesas se solucionaría profundizando en el espíritu del liberalismo, de ello no se sigue que todos los individuos estén dispuestos a aplicarse la receta. No cabe esperar una heroica defensa de las libertades cívicas en grandes masas humanas sin educación ni sustento, a

Francis Fukuyma [Stanford University].

las que la lucha diaria por la supervivencia priva de las energías necesarias para reclamar unos derechos que en su mayoría ignoran por completo. Tal vez por ello, Fukuyama dividía el mundo en las sociedades que habían entrado en la epata poshistórica y las regiones menos desarrolladas, que apenas se relacionarían con las primeras. El resurgimiento a comienzos del siglo XXI del extremismo político, el tribalismo cultural y la intransigencia religiosa desmintió también esta predicción del politólogo estadounidense.

La relevancia que Fukuyama concede a la ciencia y la técnica como nuevas locomotoras de la historia humana despierta cierta suspicacia en cuanto recordamos admoniciones literarias como las que nos ofrecieron novelas del estilo de *1984* y *Un mundo feliz*. Estas obras nos avisaron de los peligros que se ciernen sobre sociedades cuya fascinación por el poder de la técnica científica desemboca en el predominio de una élite burocrática que modela implacablemente a los ciudadanos con una felicidad impostada. Dejar en manos de expertos competentes el timón de las políticas públicas —alejándolas así, presuntamente, de los enfrentamientos partidistas— conduce a sociedades tecnocráticas contra las que nos previnieron autores como Michael Young (1915-2002), con *The Rise of Meritocracy* (1958), y Daniel Bell (1919-2011), en su *The End of Ideology* (1960). Confundir la ciencia con la ética conduce siempre a resultados desastrosos.

El también politólogo estadounidense Samuel Huntington replicó en 1993 las tesis de Fukuyama con un artículo en la revista *Foreign Affairs*, que tres años después daría lugar a su famoso libro *El choque de civilizaciones*. Para Huntington, tras el fin de las hostilidades larvadas entre las democracias occidentales y el bloque soviético, el mundo se ha reorganizado sobre grandes plataformas culturales que ocupan extensas áreas geográficas, creando un mosaico internacional de gran complejidad política. Los conflictos —prosigue este autor— serán más frecuentes que la colaboración entre estos conglomerados geopolíticos, especialmente en los países periféricos a cada lado de los lindes entre civilizaciones[511].

Lo que Huntington llama «civilizaciones» en este contexto remite a un grupo de países, generalmente adyacentes, unidos por lazos culturales (religión, tradiciones, idioma, etnia, etc.) así como por comu-

---

511 Huntington (1996). Este politólogo habla de «líneas de fractura» entre civilizaciones, con el mismo vocabulario que los geólogos utilizan para referirse a los límites entre placas continentales.

Samuel Hungtinton [Wikimedia Commons].

nes intereses económicos y geoestratégicos. De ese modo, distingue entre grandes agrupaciones geoculturales como la cristiana occidental, la cristiana oriental (ortodoxa o eslava), la islámica o la china, entre otras. Con ello, Huntington pulió y amplió las ideas al respecto del historiador británico Arnold Joseph Toynbee (1889-1975), artífice primigenio del concepto de «choque de civilizaciones». A juicio de Toynbee, este fenómeno se produciría como un contacto espacial entre sociedades con visiones del mundo distintas, influyéndose mutuamente en un ciclo sin fin, no necesariamente a través de enfrentamientos bélicos.

Hacia el mismo enfoque global se dirigieron los trabajos del sociólogo estadounidense Immanuel Maurice Wallerstein (1930-2019) a través de su análisis de «sistema-mundo». Para Wallerstein, con el nacimiento del capitalismo el mundo moderno ha ido hilvanando una intrincada red de interdependencias comerciales, políticas y económicas, que nos autorizan a hablar de un auténtico sistema mundial de relaciones o «sistema-mundo». Nos guste o no, la expansión económica y política de la esfera de influencia china; la crónica inestabilidad de Oriente medio, o las fricciones entre Rusia y el bloque occidental a cuenta de los combates en Ucrania de 2014 y 2022 parecen dar la razón a Huntington. Y el descalabro de la economía mundial provocado por la pandemia de 2020, junto con los efectos del citado enfrentamiento ruso-occidental confirma la hipótesis de Wallerstein sobre las interconexiones que acaban anudando nuestros destinos con los de nuestros semejantes más lejanos.

Toynbee otorgaba un papel primordial a la espiritualidad y a las creencias religiosas, individuales y colectivas, en sus explicaciones de los procesos históricos. A su parecer, este género de creencias —especialmente en la Antigüedad— moldeaban casi en su totalidad la visión del mundo que compartían los integrantes de una misma cultura. Y era esa visión compartida la que les conducía a actuar de una determinada manera, dando lugar a los procesos históricos que hoy estudiamos. La influencia de esta opinión en la obra de Huntington no se puede menospreciar, como hemos constatado. A su vez, Fukuyama consideraba que el avance científico había sido, y sería cada vez más, la verdadera fuerza impulsora del progreso humano, dadas sus inevitables repercusiones sobre la tecnología y la sociedad. La pregunta, por tanto, se impone: ¿son compatibles ambos modos de contemplar el mundo? Dicho con otras palabras: ¿quedaría algún lugar para la espiritualidad en un mundo donde predominase la cultura científica?

Las desavenencias entre la religión y la ciencia —esta precedida por la filosofía natural— poseen ya un rancio abolengo y sobre ellas se han escrito una abrumadora cantidad de páginas, aunque no siempre con la imparcialidad deseable. El antagonismo nace, al menos en apariencia, del empeño de ambas en ofrecer respuestas no siempre coincidentes a las mismas cuestiones fundamentales que el hombre se viene formulando desde el comienzo de su existencia. Los humanos compartimos con otros animales el impulso innato de explorar nuestro entorno, con el añadido de que nuestro pensamiento abstracto nos permite teorizar y generalizar de una forma sin parangón en otras especies. Pero además ansiamos desentrañar el porqué de todo, descubrir el sentido de nuestra existencia y de cuanto nos rodea; es decir, nos posee un anhelo de trascendencia que sería inútil negar, pues forma parte de nuestra naturaleza.

Durante las primeras edades de la humanidad ambos interrogantes —el cómo y el porqué de todo— se presentaban en una unidad inquebrantable, unidad que se fue resquebrajando a medida que el pensamiento independiente encontraba otro tipo de justificaciones para explicar los fenómenos de la naturaleza. Inevitablemente, los sacerdotes y administradores de las primeras religiones organizadas percibieron el peligro de que la disidencia sobre el cómo se transfiriesen al porqué, es decir, que una explicación alternativa al funcionamiento del mundo natural desembocase en el abandono de su vertiente trascendental. Y aparejado a ello —no podemos olvidarlo— los jerarcas religiosos veían peligrar también sus privilegios mundanos de gloria y poder.

Desde semejante perspectiva cabe entender conflictos archifamosos como el de Galileo y el tribunal eclesiástico que le condenó a abjurar de la astronomía heliocéntrica. Se dice a menudo que la condena de Galileo no se debió a una reprobación de la nueva física, sino a su alejamiento de la ortodoxia eclesiástica[512], como si las disputas doctrinales justificasen en algún grado la crueldad y el dogmatismo. Esta observación —en buena medida cierta— olvida que las discrepancias en la doctrina suscitaban la posibilidad de poner en duda la autoridad de las instituciones involucradas (en este caso, la Iglesia de Roma), debilitando su poder e influencia en el mundo espiritual y también en el terrenal. De modo que la abjuración de Galileo sí llevaba implícito un cierto rechazo del entonces naciente método científico o, al menos, a que fuese llevado hasta sus últimas consecuencias.

Galileo fue un devoto cristiano, a diferencia de otros autores que, a lo largo de los siglos, cuestionaron la existencia de los dioses en nombre de la racionalidad. Entre los siglos v y iv a. C. Demócrito y Leucipo defendieron un ateísmo filosófico basado en su filosofía atomista de la materia, fuera de la cual nada existiría. Esta doctrina fue recogida y popularizada varios siglos después por el romano Lucrecio. Brijáspati y Chárvaka (en torno al siglo iv a. C.) fundaron en la India una de las primeras escuelas filosóficas abiertamente materialistas y atea. En Occidente, en cambio, el ateísmo estuvo mal visto, o incluso fue severamente perseguido durante siglos. El escepticismo religioso de Hume[513], por ejemplo, constituye una notable excepción en una atmósfera intelectual y social dominada por los creyentes. La acusación de ateísmo lanzada contra Darwin a cuenta de su teoría de la evolución biológica cayó en saco roto gracias al cambio sociológico operado en el mundo occidental desde los tiempos de Galileo. Los científicos constituían ya un grupo profesional cuya influencia social ya no cabía desdeñar.

---

512 Esta apreciación es mucho más correcta en el caso de Giordano Bruno.

513 No obstante, en algunos pasajes de su más famosa obra al respecto (Hume, 2006) parece como si el filósofo escocés estuviese dispuesto a admitir alguna potencia sobrehumana tras el velo de la naturaleza, aunque sin comprometerse a identificarla. Véanse también al respecto los tratados de Descartes (que no publicó en vida), las opiniones de Spinoza o la literatura libertina clandestina, como el *Teophrastus redivivus*.

Fue a partir de la Revolución francesa, cuando la conquista de las primeras libertades ciudadanas incluyó la libertad de no profesar religión alguna. Ilustrados franceses como Diderot y d'Holbach allanaron el camino para obras posteriores del calibre de *Historia de la Guerra de la Ciencia con la Teología en la Cristiandad* (1896), de Andrew Dickson White (1832-1918), uno de los fundadores de la Universidad de Cornell, o la *Historia de los conflictos entre la religión y la ciencia* (1875), del también estadounidense John William Draper (1811-1882); dos textos cuyos títulos hablan por sí solos[514].

El filósofo alemán Ludwig Feuerbach (1804-1872) había publicado unos años antes *La esencia del cristianismo* (1841), sentando con ello las bases del humanismo ateo que hasta hoy se mantienen intactas en lo esencial. Feuerbach sostenía que el origen del impulso religioso ha de buscarse en el insatisfecho deseo de inmortalidad que nos atormenta. Sabiéndolo imposible, proyectamos nuestra frustración en divinidades, figuras míticas que ahuyentan el sentimiento de desamparo que nos invade cuando crecemos y abandonamos la protección de nuestros progenitores. El estudio racional de las creencias religiosas, así pues, debe encargarse la antropología en su más amplia acepción. Este punto de vista, con múltiples matices y retoques, ejerció una inmensa influencia al infundirse en la obra de autores posteriores, como Marx, Bakunin o Freud, y en ese sentido no resulta descabellado decir que todos los ateos actuales mantienen una deuda intelectual con Feuerbach.

La cuestión evolucionó en el terreno cultural por muy sinuosos meandros durante el siglo xx, de modo que podrían distinguirse tres afluentes principales: (1º) quienes niegan la compatibilidad, incluso superficial, de ciencia y religión; (2º) los que confían en encontrar una base común para ambas, sin negar sus respectivas jurisdicciones; y (3º) aquellos que contemplan la ciencia y la religión como reinos separados entre los cuales no existe conflicto siempre que ninguno trate de anexionarse una porción del otro. De estas tres posiciones, sin duda la más conocida es la primera, en buena parte a causa de algunos escandalosos propagandistas que la secundan. El más notorio de ellos tal vez sea el naturalista británico Richard Dawkins, campeón

---

514 Draper (2010) y White (2017).

de un ateísmo militante que a menudo parece complacerse rozando los límites de la provocación[515].

Las opiniones antirreligiosas de Dawkins se recogen con especial transparencia en dos de sus conocidos libros, *El Espejismo de Dios* y *El Capellán del Diablo*, ambos muy recomendables en cualquier caso[516]. En el primero de esos textos, el científico británico se une a la cohorte de autores que juzgan las religiones como residuos de supersticiones de un pasado tenebroso por su fanatismo, irracionalidad y violencia. Estas creencias, por consiguiente, deben ser abandonadas para procurar a la humanidad un futuro más racional y feliz. Dawkins pasa por alto el hecho de que la inmensa mayoría de los actuales creyentes admiten que los textos sagrados de las religiones monoteístas contienen numerosos pasajes que deben interpretarse como alegorías y metáforas, no como aserciones literalmente ciertas.

En el segundo libro mencionado (en el capítulo «Buenas y malas razones para creer»), Dawkins propone sustituir las convicciones religiosas por el sano hábito de basar nuestras creencias en las pruebas empíricas disponibles. Con ello, más que desacreditar el pensamiento religioso, nos vemos enfrentados una vez más a los límites del empirismo[517]. Porque a diario operamos con gran cantidad de presuposiciones que ni han sido ni pueden ser verificadas empíricamente, como la realidad del mundo externo a mi conciencia, o el hecho de que el prójimo tenga mente como yo. Sin duda, Dawkins admitiría cualquier indicio, por débil que fuese, para replicar que esto no es así, aunque de tal modo abriría una espita por la que podría comenzar el goteo de alguna forma de religiosidad. Incluso en la ciencia no podemos prescindir de «meta-principio», principios reguladores del resto de nuestros razonamientos, que solo pueden ser confirmados —nunca demostrados— por la experiencia. Piénsese en el principio de causalidad, la conservación de la energía o la persistencia de las leyes naturales.

Dawkins tampoco concede un espacio para el agnosticismo, al que considera una opción inconsecuente o un ateísmo temeroso de reconocerse como tal. Para argumentarlo, recurre al conocido ejemplo

---

515 Dawkins se contó entre los organizadores, en 2008, de una campaña publicitaria que instaló anuncios en los autobuses británicos con el mensaje: «Dios probablemente no existe. Deje de preocuparse y disfrute de su vida».

516 Dawkins (2011, 2013).

517 Véase la discusión al respecto en el capítulo 1.

de la tetera china en órbita, surgido de la pluma del genial Bertrand Russell[518]:

> *Si yo sugiriera que entre la Tierra y Marte hay una tetera de porcelana que gira alrededor del Sol en una órbita elíptica, nadie podría refutar mi aseveración, siempre que me cuidara de añadir que la tetera es tan pequeña que no puede ser vista ni por los telescopios más potentes. Pero si yo dijera que, puesto que mi aseveración no puede ser refutada, dudar de ella es de una presuntuosidad intolerable por parte de la razón humana, se pensaría con toda razón que estoy diciendo tonterías. Sin embargo, si la existencia de tal tetera se afirmara en libros antiguos, si se enseñara cada domingo como verdad sagrada, si se instalara en la mente de los niños en la escuela, la vacilación para creer en su existencia sería un signo de excentricidad, y quien dudara merecería la atención de un psiquiatra en un tiempo ilustrado, o la del inquisidor en tiempos anteriores.*

Es obvio que Russell no utiliza esta analogía para probar la inexistencia de Dios, sino para condenar la persecución de los no creyentes. Pero Dawkins la emplea para interpelar al agnóstico, aduciendo que, si no rechaza por principio la existencia de divinidades, también debería admitir la posibilidad de teteras de porcelana orbitando entre la Tierra y Marte. Aquí el naturalista británico comete el error de confundir dos planos explicativos completamente distintos: podemos discutir la verosimilitud de la tetera orbital recurriendo a las leyes de la física, pero la existencia de una entidad sobrenatural —llámase Dios o como se quiera— sobrepasa ese marco categorial[519]. Ciertamente, siempre cabe negar la propia idea de Dios por contradictoria, de igual manera que se puede replicar señalando que lo contradictorio es la pobre idea de Dios que se han forjado los humanos y que una entidad tal no solo es extramundana sino extralógica. Y, como tantas otras veces, volveríamos al punto de partida.

Frente a los que proclaman el antagonismo entre ciencia y religión se sitúan el grupo de quienes piensan que entre ellas no solo puede haber paz sino colaboración. Recogiendo una imagen original del ale-

---

518 Russell (1997), pp. 547-548.
519 Garvey (2010).

mán Nicolai Hartmann (1882-1950), podríamos describir la totalidad de lo que existe como una jerarquía de niveles, el más bajo de los cuales se halla ocupado por la materia inanimada. En el estrato siguiente encontramos la materia viva, y en el posterior los fenómenos de la conciencia, pues solo aparecen en algunos seres vivos. Por último, quedaría el nivel espiritual, trascendiendo el reino puramente material, que los ateos niegan y sobre el cual los agnósticos se abstienen de opinar. Este mundo sobrenatural —el último peldaño en la escala mencionada— podría dejar acaso alguna huella sobre el mundo material en forma de indicios de su presencia. Quienes así lo creen se cuentan entre los partidarios de la «teología natural», que pretende descubrir en la naturaleza el sello de la obra divina sin recurrir a la revelación sobrenatural.

El filósofo británico Antoni Flew (1923-2010) protagonizó un caso notorio de abandono del ateísmo al anunciar en 2004 que había reconsiderado su posición al respecto, tras muchas décadas reprobando con dureza la posible existencia de una divinidad creadora, o cualquier orden sobrenatural más allá de la realidad mundana. Flew se sintió vencido por el peso de argumentos, que él juzgó inapelables, relacionados con el aspecto nomológico del mundo. ¿Por qué hay regularidades en la naturaleza?, ¿cuál es el origen de esas leyes naturales?; este es el tipo de interrogantes fundamentales que movieron la conciencia del filósofo británico hacia el ámbito teísta, aunque solo por motivos intelectuales. Flew evidenció en sus últimos escritos que no había experimentado algo semejante a una revelación espiritual, que seguía rechazando cualquier trascendencia más allá de la muerte y, sobre todo, que censuraba el concepto de Dios como un déspota omnipotente, típico —en su opinión— de las grandes religiones monoteístas[520].

Por último, no faltan quienes defienden una opinión más matizada, por la cual no debería haber conflicto si la ciencia y la religión se mantienen en esferas separadas, como debiera haber sido desde un principio. Esta idea, popularizada por el paleontólogo estadounidense Stephen Jay Gould[521], recibió el nombre de «magisterios separados»

---

520 El caso Flew es problemático porque el texto que supuestamente escribió junto a un teísta fue compuesto enteramente por el otro autor. Flew reconoció que ya no podía escribir o leer como antes debido al deterioro cognitivo causado por su avanzada edad. Cuando le preguntaban sobre partes del libro, ni siquiera las recordaba. Con todo y ello, es cierto que al ser entrevistado reconoció haberse convertido en deísta, aunque negando la inmortalidad del alma y los milagros, entre otras cosas.

521 Gould (2000).

o «no superpuestos». La propuesta, bien clara y no del todo novedosa, considera que religión y ciencia se ocupan de campos disjuntos, cuya separación garantiza la inexistencia de fricciones, siempre y cuando ninguna de ellas —violentando su naturaleza— trate de superponerse a la otra. A la investigación científica corresponde desentrañar los cauces por los que discurren los procesos del mundo material, mientras la religión se ocupa de ofrecer un fundamento ultraterreno para los elevados valores morales que confieren dignidad a la vida humana. Y, por otra parte, nadie está obligado a abrazar esa fuente trascendental de los valores humanos.

Gould no lo dice abiertamente, pero esta separación de magisterios podría difuminarse en cuestiones metafísicas tan decisivas para la ciencia como el origen de las leyes naturales. Es obvio que para evitar una regresión infinita de explicaciones, algunos hechos de la realidad han de tomarse como puntos de partida carentes de justificación en sí mismos. Esto es lo que suele suponerse al respecto de una hipotética ley fundamental de la física de la que se derivarían todas las demás. Las personas de pensamiento religioso pueden atribuir esas leyes básicas a una divinidad creadora sin que haya la menor diferencia práctica entre esa visión del mundo real y la de un ateo. En tanto los humanos seamos seres falibles y limitados, más allá de nuestros alcances podrá situarse el reino de lo sobrenatural, en la confianza de que si algún día dejásemos de tener límites los dioses seríamos nosotros.

LA SOCIEDAD CIENTÍFICA: POLÍTICA, INFORMACIÓN Y ENERGÍA

El abrazo mutuo entre los frutos de la investigación científica y el funcionamiento de la sociedad que la alberga resurge de tanto en tanto para poner el foco sobre los beneficios que la ciencia y la técnica nos procuran o los riesgos que corremos de abandonarnos irreflexivamente a sus dictados. Por una parte, encontramos grupos que identifican el saber científico con la fabricación de armas y el emponzoñamiento del medio ambiente, pero, por otro lado, todos sabemos que, si los problemas del mundo actual han de tener alguna solución factible, no la encontraremos retrocediendo a los usos y costumbres del tiempo de las cavernas. La participación de la ciencia y de sus repercusiones técnicas es un factor con el que indefectiblemente hemos de contar en cualquier diseño realista del futuro.

Los ensayos de Bertrand Russell sobre este particular, especialmente tras la última guerra mundial, conservan todavía hoy toda su frescura y originalidad, alzándose como una lectura más que aconsejable para abarcar la dimensión moral del asunto. Russell siempre consideró que la ciencia era un componente imprescindible en la evolución de las sociedades modernas[522]. Sin embargo, por muy poderosos que resulten los avances científicos de nada servirá si su aplicación no se ve guiada por una firme aspiración hacia los fines que dotan de valor y dignidad a la existencia humana. Para el filósofo británico tales fines se resumían en la búsqueda de la belleza, la verdad y la bondad, entre otros valores, si bien reconocía a la vez que las exigencias de la vida cotidiana alejan a la mayoría de los individuos de un empeño tan sublime.

En sus ensayos sobre esta cuestión, Russell se muestra escéptico sobre la posibilidad de conciliar el creciente nivel de organización social —con las consiguientes restricciones de la iniciativa individual— que requiere un mundo cada vez más dependiente de la ciencia y la técnica, con las fuerzas violentas y anárquicas que anidan en un rincón del espíritu humano, exigiendo, de vez en cuando, alguna forma de liberación[523]: «La ciencia aumenta nuestro poder para hacer el bien y el mal, y acrecienta la necesidad de refrenar los impulsos destructivos. Si ha de sobrevivir un mundo científico, es necesario para ello que los hombres se hagan más dóciles de lo que han sido hasta ahora.». A esta inteligente observación también se une su temor a que la técnica científica otorgue a los gobiernos, elegidos o no, un poder tan grande sobre los individuos que los regímenes democráticos se acaben convirtiendo en sistemas oligárquicos apenas disfrazados por la propaganda y el adoctrinamiento de la población[524]:

> *Todo gobierno, por tanto, siempre que no esté cohibido por prejuicios tradicionales, defenderá una intervención en la libertad de lo que es prudente. Creo probable, por consiguiente, que casi todas las intervenciones en la libertad para las que exista una justificación teórica serán, con el tiempo, llevadas a la prác-*

522 Russell (1952, 1986).
523 Jbid. (1986), p. 176.
524 Op.cit. p. 183.

tica, porque la técnica científica está haciendo a los gobiernos gradualmente tan fuertes que no necesitan considerar la opinión ajena. El resultado de esto será que los gobiernos se sientan capaces de intervenir en la libertad individual siempre que, en su opinión, hay alguna razón sana para obrar así; y por lo que acabamos de decir esto ocurrirá mucho más a menudo de lo que debiera. Por esta causa, la técnica científica es probable que conduzca a tiranías gubernamentales que con el tiempo pueden resultar desastrosas. La igualdad, como la libertad, es difícil de conciliar con la técnica científica, ya que esta lleva consigo un gran aparato de expertos y empleados oficiales que inspiren y dominen vastas organizaciones. Las formas democráticas podrán conservarse en política, pero no tendrán tanta realidad como en una comunidad de pequeños propietarios labriegos. El elemento oficial goza inevitablemente de poder, y cuando tantas cuestiones vitales son tan técnicas que el hombre corriente no puede entenderlas, los expertos deben ineludiblemente adquirir un considerable grado de dominio.

Las sacudidas que los grandes hitos de la investigación científica y sus derivadas tecnológicas han provocado sobre la sociedad humana provienen de ese empeño humano, mezcla de curiosidad y necesidad, que nos incita a indagar en el entorno y, llegado el caso, a dominarlo en nuestro beneficio. Suele hablarse de «revoluciones» en sentido laxo para referirse a esos grandes episodios históricos en los que surgió una técnica o un descubrimiento que situó a nuestra especie en el camino de drásticas transformaciones en su forma de vida. La primera de estas revoluciones ocurrió en el Neolítico, alrededor de unos diez milenios atrás, cuando nuestros antepasados pusieron en práctica los primeros rudimentos de la agricultura y la ganadería. La segunda la encontramos a comienzos del siglo XIX y es bien conocida como Revolución Industrial (pasando por encima de la Revolución Científica, verdadera piedra angular del mundo moderno).

Así nos lo presenta el sociólogo estadounidense Alvin Toffler (1928-2016), añadiendo además una tercera revolución originada en el auge arrollador de la combinación entre las telecomunicaciones y la microelectrónica aplicada al procesamiento de datos por medio de computadores. Cambiando el nombre de «revolución» por «ola» (de cambios), Toffler asegura que vivimos sumergidos en la «Tercera Ola», que ha removido con fuerza los cimientos sociales, económicos y culturales del mundo moderno, empujándonos en una dirección todavía sin determinar por entero. El sociólogo estadounidense se une a cuantos creen que la sociedad occidental ha comenzado a transitar, desde la década de 1950, hacia una etapa posindustrial en la que el sector servicios predomina sin discusión sobre el resto de actividades económicas. Nos hallamos, de hecho, en la llamada «Era de la Información», capaz de superar ideologías, formas de gobierno y doctrinas económicas, enraizadas todas ellas —como el capitalismo y el comunismo— en la producción industrial a gran escala. Lo que hoy llamamos «globalización» no es un proceso que se origine en la conspiración de élites poderosas, sino —a juicio de este autor— en la propia dinámica de la evolución humana.

Toffler considera que la Primera Ola se extendió desde el dominio de las primeras técnicas agropecuarias, hace diez mil años, hasta aproximadamente la segunda mitad del siglo XVIII. En este primer periodo nacen los primeros asentamientos humanos estables, la arquitectura y las tejedurías. También surgen los primeros rudimentos del comercio y, a consecuencia de ello, queda la necesidad de comunicación entre individuos que no siempre habitan en lugares cercanos: así se desarrollan la navegación y los transportes terrestres. La población humana comienza a crecer de forma sostenida, lo que desembocará muchos siglos después en un auténtico problema demográfico.

La Segunda Ola, con la irrupción del maquinismo industrial, se caracterizó por el desplazamiento del esfuerzo humano, sustituido por los motores eléctricos o de combustión. Este cambio tuvo una doble consecuencia: por una parte, comienza la producción industrial a gran escala capaz de abastecer comunidades muy numerosas, y, por otro lado, mejoró enormemente los medios de transporte con la invención de los ferrocarriles, automóviles y buques con calderas. Como contrapartida, la explotación de los recursos naturales se acelera, ya que se necesita proveer de bienes y servicios a masas de población cada vez mayores. El crecimiento demográfico se intensifica a la vez que entran en escena las figuras, a menudo coincidentes, de productor (el que fabrica un artículo) y consumidor (quien se sirve de él).

Ya en la Tercera Ola, el mundo desarrollado vuelve a cambiar su enfoque basculando hacia la máxima eficiencia en el manejo de la información, dejando atrás la importancia de la generación masiva de los bienes y servicios tradicionales. Los nuevos valores son la descentralización (comienza a hablarse de «redes de trabajo») y la desmasificación (los artículos personalizados adquieren el valor de la especificidad, que se convierte en su seña de distinción). Toffler sugiere que pronto se alcanzará el nivel del «prosumidor», es decir, la capacidad de producir y consumir a la vez, no en el sentido del autoconsumo de subsistencia típico de las sociedades primitivas, sino producir también para otros.

Las nuevas formas de trabajar, producir y consumir quiebran —o al menos desincentivan— el armazón de la familia tradicional. Se extienden otros tipos de relaciones humanas y emparejamientos, no siempre prolíficos, que fomentan el hedonismo más egocéntrico. Así se frena el crecimiento demográfico en determinadas regiones del planeta a cambio de un progresivo envejecimiento de su población. El debilitamiento de los lazos sociales previos arroja a los individuos a un desierto de soledades inconexas, convirtiéndolos en piezas solitarias de un mecanismo que no comprenden, arrastradas por turbulencias que no dominan. En ello se revela el rostro menos admirable, y quizás más perdurable, de la Tercera Ola.

Pero Toffler no es pesimista; en su opinión, las computadoras microeléctronicas asistidas por telecomunicaciones veloces y potentes amplificarán nuestras aptitudes mentales, ayudándonos a conocer, sentir y pensar mejor que antes. Esas mismas tecnologías, y nuestra mente expandida gracias a ellas, nos permiten participar en las novedosas redes de comunicación interactivas a la vez como actores y como espectadores. Las opiniones del público modifican el estilo de los contenidos audiovisuales ofrecidos en la superred Internet, al mismo tiempo que ese aluvión de contenidos modela las opiniones del público al que van dirigidos.

En honor a la verdad, el paso del tiempo ha demostrado que las advertencias de Russell resultaron mucho más perspicaces que las visiones futuristas de Toffler, aun cuando el segundo compuso sus obras mucho más cerca que el primero de los tiempos actuales[525]. Día tras día es fácil comprobar cómo los gobiernos formalmente democráticos se deslizan por la pendiente del populismo y la demagogia, cuando políticamente les interesa, haciendo uso de todas las tecnologías de la información más o menos novedosas a su alcance. Tampoco acertó Toffler a vislumbrar que las sociedades hiperconectadas de comienzos del siglo XXI se fragmentarían en un aluvión de tribus culturales mutuamente enfrentadas, que vetarían la libertad

---

525 No obstante, Russell cambió drásticamente de opinión sobre el papel de la ciencia en el progreso humano. Véase Pérez-Jara & Camprubí (2022).

de expresión de cualquiera que no suscribiese sus principios. Ese tribalismo existencial se ha revelado como la mayor amenaza contra la libertad de pensamiento en los últimos cien años, una amenaza que empleó a fondo la versatilidad de las modernas telecomunicaciones para expandirse en todos sobre todos los recodos de la sociedad. Como ocurrió con las dos anteriores, en la Tercera Ola no todas las aguas eran limpias y cristalinas.

De todos modos, por decisiva que resulte la gestión de los datos en el mundo actual, no solo de información vive la sociedad actual. Su principal sustento es la energía, como sucede en cualquier realidad material, lo que nos invita a pensar en la importancia de un análisis de la evolución histórica de las sociedades humanas en función de su consumo energético. El vínculo entre consumo energético y desarrollo global parece tan obvio que cabría pensar en la existencia de una larga tradición de estudios en este campo, y sin embargo no es así. Uno de los científicos que han adoptado esta mirada con más éxito popular en los últimos años es de hecho el canadiense Vaclav Smil, geógrafo, economista y profesor emérito de la Universidad de Manitoba.

Los libros de Smil ponen de relieve el abrazo mutuo existente entre las fuentes de energía y los cambios que han dado lugar a las diferentes civilizaciones a lo largo de la historia humana[526]. No solo es que del tipo de fuentes de energía empleadas depende en buena medida la organización social; también hemos de tener en cuenta el modo en que la energía disponible se emplea y en qué dirección avanza la sociedad a lomos de ese gasto energético. Sin embargo, para Smil resulta evidente que la transición desde combustibles contaminantes a otros pretendidamente respetuosos con el medio ambiente no será un asunto sencillo. Además de las dificultades técnicas, debe tenerse presente la resistencia de los individuos corrientes a renunciar a una parte —quizás sustancial— de su nivel de vida para proteger el ecosistema planetario. Y este aspecto crucial del problema a nadie parece preocuparle.

---

526 Smil (2002, 2003, 2005, 2006, 2008, 2010a, 2010b, 2013, 2015, 2017).

EL ESPEJISMO DEL CRECIMIENTO INFINITO

Mucho antes de que la teoría de la complejidad y la dinámica de sistemas se convirtiesen en tópicos sobreexplotados, el italiano Aurelio Peccei (1908-1984) comprendió que los retos a los que se enfrentaba la humanidad debían abordarse desde distintas direcciones complementarias, todas ellas convergentes hacia soluciones tan globales como los problemas que pretendían resolver. Su formación como economista y el desempeño de altos puestos directivos en grandes empresas no le privaron de una marcada inclinación hacia el pensamiento sistémico, ni aliviaron su preocupación por los males que la civilización industrial comenzaba a perfilar en el horizonte. Así fue como Peccei, que no carecía de buenos contactos entre científicos, políticos y empresarios, fundó el Club de Roma en 1968. El objetivo de este grupo de estudiosos y expertos en ciencias naturales y sociales consistía en analizar los desafíos globales a los que previsiblemente habría de enfrentarse la humanidad en un futuro no muy lejano.

La idea que animaba este laboratorio de ideas era tan simple y potente que hoy podría parecernos obvia: interpretar los episodios concretos de crisis como síntomas de una crisis general que alcanzaba los fundamentos de la civilización tecnológica. Por ello, decidieron buscar un modelo científico que permitiese dilucidar posibles opciones para afrontarla. En su reunión de Berna en 1970, los miembros del Club de Roma encargaron al ingeniero informático Jay Forrester (1918-2016) la elaboración de un modelo capaz de pronosticar la evolución futura del consumo de energía, alimentos y materias primas a medida que se incrementasen variables como la población o el ritmo de producción industrial. Era una tarea titánica que requirió la ayuda del noruego Jørgen Randers, con cuya colaboración Forrster logró completar su modelo.

Pertrechados ya con una metodología eficaz, se constituyó en el Club de Roma un grupo de trabajo encabezado por Dennis Meadows y su esposa Donella, quienes se rodearon de otros dieciséis expertos en muy variadas áreas de conocimiento. La más activa impulsora del proyecto fue Donella Meadows (1941-2001), científica, humanista y brillante escritora, que actuó como nexo de unión entre el mundo académico y el incipiente movimiento ecologista que entonces comenzaba a cobrar peso político especialmente en Europa. Leer o escuchar hoy día las palabras de Donella produce una mezcla de admiración y desazón por lo certero de sus intuiciones sobre los peligros del porvenir y por la ingenuidad de sus esperanzas al respecto. Parecía creer que los experimentos de vida alternativa de los universitarios estadounidenses de su época se alzarían en breve como modelo de cambio para el mundo entero; ella misma no tardaría en percatarse de cuán distinto era el camino que emprendió esa misma juventud años después.

Fruto de todos esos esfuerzos, el libro *Los límites del crecimiento* (también conocido como *Informe Meadows*) apareció en 1972 ante una opinión pública que muy tímidamente daba las primeras muestras de sensibilidad hacia los asuntos medioambientales[527]. Y lo cierto es que el impacto de la obra levantó una enorme polvareda entre legos y especialistas. En sus páginas se exponían doce posibles situaciones futuras, a partir del momento en que se escribió, que abarcaban desde el colapso total hasta estados de equilibrio. Tales estimaciones se realizaron a partir de la evolución de cinco parámetros considerados básicos para el desarrollo de la civilización: crecimiento de la producción industrial, aumento de la población, extensión de la malnutrición, reducción de recursos no renovables y degradación del medioambiente. El caso típico en el que ninguno de estos parámetros se controla —como ahora ocurre— conduce a una caída de la producción industrial a mediados del siglo XXI por agotamiento de recursos naturales. E incluso si se controlan simultáneamente todas esas variables, disponiendo a la vez de una energía prácticamente inagotable como la nuclear, el crecimiento económico mundial también se frenaría en torno al año 2100. El mensaje resultaba diáfano para quien no se negase a admitirlo: es imposible acomodar un crecimiento infinito en un mundo finito. Y si seguimos empeñados en cerrar los ojos ante esta realidad incontestable, el desastre se halla garantizado. Una economía sostenible implica no consumir más recursos de los que la naturaleza sea capaz de ofrecernos de manera regular a largo plazo. Es verdad que los autores de este estudio ignoraban que llegarían a utilizarse nuevas técnicas (como el *fracking*, con sus propios inconvenientes asociados) para exprimir los recursos que la madre naturaleza pone a nuestro alcance. Pero el mensaje principal del informe Meadows es que, en cualquier caso, incluso bajo condiciones óptimas, el problema de fondo no desaparecerá mientras todos queramos más y más.

---

527 Meadows et al (1972).

La solución se halla lejos de ser fácil debido a razones de gran calado. Algunos elementos centrales del sistema global en el que vivimos han sido diseñados para crecer a un ritmo acelerado. El aumento exponencial de la población y de la producción económica forman parte de la naturaleza intrínseca de estas variables abandonadas a sí mismas. Entonces, conforme nos acercamos al límite de la capacidad planetaria de soportar un aumento explosivo de población y actividad económica deberíamos regular estas magnitudes para evitar el colapso. El problema se debe a que las consecuencias de nuestras decisiones tardan en manifestarse y, aunque restringiésemos esos parámetros críticos, entraríamos igualmente en una región de insostenibilidad ecosistémica de la cual solo podemos salir de dos maneras: suavemente y bajo nuestro propio control, o por la fuerza de la necesidad y de modo catastrófico.

Tal vez porque el carácter lúgubre de su aviso no se captó de inmediato, *Los límites del crecimiento* se convirtió rápidamente en un éxito internacional, con diez millones de ejemplares vendidos y traducciones a treinta idiomas. Tanta popularidad, como cabía esperar, provocó acalorados debates entre politólogos y economistas que tacharon a los autores del informe de alarmistas, malthusianos, agoreros y criptocomunistas. La inmensa mayoría de los críticos ni siquiera habían leído el texto, o lo habían hecho de forma muy superficial, pues les bastaba saber que anunciaba un futuro lóbrego si no cambiábamos nuestros hábitos y renunciábamos a ciertas comodidades en un grado que a ellos les parecía intolerable. Pocos ejemplos tan claros de la confusión entre nuestros deseos y la realidad. Sin duda, puede ser molesto trastocar algunos estilos de vida que nos procuran un notable bienestar, pero lo será menos si recordamos que la alternativa consiste en un malestar todavía mucho mayor.

Bien mirado, era cierto que la consecuencia lógica de la obra conducía a una enmienda a la totalidad de la economía moderna. El crecimiento ilimitado había sido uno de los pilares de todo sistema económico —capitalista o comunista— durante los últimos siglos, así que atacar la idea de que ese crecimiento sin fin es deseable y factible granjeó a sus autores una previsible oposición. Debe señalarse, no obstante, que *Los límites del crecimiento* transpira optimismo pese a ocuparse de riesgos muy serios, pues da por sentado que al advertir el peligro la especie humana reaccionaría con presteza y racionalidad. Que no ocurriese así no es algo que pueda achacarse a los autores del estudio, que hicieron todo lo posible para alertar del peligro por igual a gobernantes y ciudadanos comunes, sin demasiado éxito desgraciadamente.

¿Qué nos dice sobre la naturaleza humana la inacción mundial ante dictámenes tan demoledores como el realizado por el equipo de Meadows? No debemos caer en la desesperación si tenemos presente que también los seres humanos presentan sus limitaciones en la capacidad de manejar cierto tipo de problemas. Nuestra mente, a lo largo de la evolución de la especie, adquirió las facultades que la caracterizan en contacto con sistemas muy simples. Conducir un vehículo, por ejemplo, es uno de los problemas más complejos que una mente humana individual puede afrontar con eficacia. Sin embargo, con el desarrollo de la civilización hemos tenido que resolver cuestiones cada vez más complejas, y nuestra reacción natural ha sido recurrir a las expectativas derivadas de sistemas más sencillos. Esto, naturalmente, es una receta segura para el desastre.

El principal inconveniente a la hora de acometer esta clase de problemas complejos, como el equilibrio de la sociedad tecnológica con el ecosistema terrestre, es que todos debemos invertir dinero y esfuerzos aquí y ahora para que los beneficios afloren en otro lugar y en otro momento. Como los miembros del equipo de Meadows subrayaron, basta con reasignar entre el 1-2 % de las inversiones de capital en todo el mundo desde sectores económicos «sucios» a sectores «limpios». Por desgracia, el capitalismo hoy imperante tiene como propósito esencial dirigir los flujos de inversión hacia los proyectos más rentables, no necesariamente a los más sostenibles medioambientalmente. La respuesta podría consistir en que la sociedad regulará el capitalismo para que la inversión más rentable fuese también la más beneficiosa para la humanidad.

Suena bien, aunque resulta mucho más arduo de lo que parece. Para establecer esas nuevas normas que embriden el capitalismo necesitamos asambleas legislativas que las aprueben. Pero sus miembros son políticos sometidos por un lado a la presión de los grandes estamentos económicos, que no desean reducir sus beneficios, y a la reticencia de sus votantes que no quieren renunciar a su bienestar a corto plazo con objeto de garantizarlo a más largo plazo. Dejando a un lado las corruptelas políticas, en esa mentalidad cortoplacista, instalada en todos nosotros, reside el verdadero obstáculo en la lucha por la supervivencia de la sociedad moderna tal como la conocemos. A nadie agrada un encarecimiento de la energía y de los bienes de consumo, ni siquiera justificándolo con la defensa de la naturaleza, y eso se refleja en el funcionamiento efectivo de la democracia y el capitalismo, los dos grandes sistemas que hoy dominan nuestras vidas en el plano político y el económico[528].

Veinte años más tarde de la publicación de este trascendental trabajo apareció una revisión del mismo, titulada *Más allá de los límites del crecimiento* (1992). Estremece pensar que en sus páginas se confirman las predicciones del primer informe, y en algunos casos la situación había empeorado más de los que pronosticaban los autores originales[529]. Casualmente, también en 1992 se celebró la Cumbre del Clima de Río de Janeiro, donde los discursos oficiales —al menos por parte de Estados Unidos— volvieron a glosar el crecimiento sin restricciones, considerándolo la solución, y no el problema, de los cambios medioambientales. Desde entonces los gobernantes del mundo han vuelto a reunirse más de dos decenas de ocasiones, y siempre han aplazado las decisiones más comprometidas en defensa del planeta para un mejor momento que jamás llega. Mientras tanto, lo que no se detiene es la cuenta atrás hacia la debacle medioambiental que nos espera.

CONTAMINACIÓN, ESA AMENAZA SILENCIOSA

Una consecuencia ineludible de la sobreexplotación a la que nuestro mundo se ve sometido, junto al agotamiento de los recursos naturales, es el progresivo aumento de los desechos que nuestro acelerado consumo provoca. No solo depauperamos nuestro planeta, sino que además lo ensuciamos más allá de cualquier límite tolerable. El lema «usar y tirar», que la industria de bienes de consumo puso intencionadamente de moda en el último tercio del siglo xx, se consideró una lunática irresponsabilidad pocos lustros después. La respuesta pareció venir del eficaz reciclaje de los residuos urbanos e industriales, si bien pronto se comprobó que por sí solo no basta para solventar el problema. Por razones físicas incontrovertibles, no existe el reciclaje perfecto; siempre

---

528 Uno de los coautores del informe Meadows (Randers, 2013) llegó incluso a escribir un libro sobre la supervivencia futura de la humanidad en el que se planteaba la idoneidad de los regímenes democráticos actuales para combatir los problemas globales que enfrentamos.

529 Meadows & Randers (1993). Véase también en Meadows et al (2004) la versión actualizada de la fusión de ambos libros que se publicó tres décadas después de la primera obra.

habrá una fracción de los residuos que no podrá ser procesada, y esta porción irá acumulándose a la anterior en cada ciclo de reutilización.

Los grupos ecologistas, que fueron ganando presencia política en Europa occidental a lo largo de la década de 1970, desviaron el foco de la opinión pública hacia los efectos palpables de aquellos problemas que el Informe Meadows había tratado de señalar. Los vertidos industriales y urbanos emponzoñaban las aguas de ríos y lagos, contaminando en una segunda etapa los estuarios y mares en los que desembocaban. El Mediterráneo, cuna multisecular de las más influyentes civilizaciones humanas, se ha convertido en un gigantesco estanque de aguas turbias. Los residuos plásticos se hallan diseminados por los cuatro costados de nuestro planeta, por lo que no es extraño encontrar microfragmentos de este material incluso en el organismo de animales que supondríamos a salvo de esta amenaza, como los pingüinos.

Productos químicos, como los ftalatos o toda clase de pesticidas, entran en las cadenas alimentarias que terminan en la dieta del ser humano, sin que de ello quepa esperar más que un grave deterioro de la salud. La lluvia ácida es otro de los fenómenos que una nueva conciencia medioambiental reveló tristemente a la humanidad. Los humos azufrados que liberaban las chimeneas de innumerables factorías, al combinarse con el vapor de agua de la atmósfera, producían moléculas de ácido sulfúrico. Posteriormente arrastradas por la lluvia, estas moléculas acababan acidificando el terreno o las aguas de ríos y lagos donde caían, con el consiguiente perjuicio directo para la flora y la fauna del lugar.

Sin embargo, el peligro más acuciante que se cierne sobre nuestro planeta en la actualidad se debe a la acumulación atmosférica de los llamados «gases de efecto invernadero», responsables del primer cambio climático antropogénico (originado por el hombre) en la historia de la Tierra. El proceso no resulta difícil de entender: el vertido al aire libre de una ingente cantidad de humos de combustión desde los inicios de la Revolución Industrial, agravados por el uso extensivo de los automóviles ya en el siglo XX, desequilibró la composición química de la atmósfera terrestre incrementando la presencia de gases como el dióxido de carbono o el vapor de agua. Estos gases estorban la salida al espacio exterior de la radiación infrarroja que la Tierra despide para desprenderse de la energía sobrante una vez que nuestro ecosistema aprovecha la radiación que recibimos del Sol. Esta mayor retención de radiación infrarroja actúa aumentando la temperatura de nuestro planeta, justo como opera un invernadero sobre los plantíos en su interior.

El hecho de que este aumento de los gases de efecto invernadero ocurra fuera de todo control garantiza que, antes o después, nos tendremos que enfrentar a un cambio radical en las condiciones medioambientales que han permitido el desarrollo de la civilización moderna tal como la hemos conocido a lo largo del último siglo. Resulta difícil exagerar el impacto de una situación semejante, ya que implica un completo reajuste de todos los aspectos relevantes de nuestro modo de vida. Apenas el menor resquicio de nuestra existencia cotidiana permanecerá ajeno a las alteraciones que se avecinan. Y no puede decirse que careciésemos de las oportunas advertencias.

El oceanógrafo y climatólogo estadounidense Roger Revelle (1909-1991) fue uno de los pioneros en la medición atmosférica de la cantidad de dióxido de carbono y, por tanto, también fue uno de los primeros en advertir la envergadura del problema. Como sucedió con el Informe Meadows, tampoco sirvieron de mucho las advertencias de los científicos acerca de la excesiva concentración de CO_2. En 2006 un impactante documental titulado *Una verdad incómoda* (*An inconvenient truth*) sacudió la conciencia del público al respecto, en buena parte porque lo presentaba y narraba con notable vehemencia Al Gore, exvicepresidente de los Estados Unidos. Y precisamente por ello, ya que Gore pertenecía al partido Demócrata, los miembros del partido Republicano se sintieron en la obligación de combatir las informaciones expuestas en ese documental, sin importar las pruebas empíricas a su favor. Y tales pruebas, ya en aquellos momentos resultaban abrumadoras.

Nueve años después un nuevo documental insistió en advertirnos sobre el abismo al que inexorablemente nos encaminamos dando muestras de una ceguera terrorífica. Presentado por el científico y emprendedor británico Stephen Mott, *Diez mil millones* (2015) nos pone en guardia ante el demencial empeño de vivir dilapidando los recursos naturales de un mundo que los posee en cantidad limitada y aceleradamente decreciente. Este documental, cuyo título refiere la población mundial que se estima habrá en torno a 2050, equivale a un resumen actualizado de las mismas tesis expuestas en el Informe Meadows, cuyo aspecto más conocido —aunque no el único— es la excesiva presencia de dióxido de carbono en la atmósfera. El tono pesimista de la exposición de Mott se acentúa cuando reconoce que ningún flotador tecnológico podrá salvarnos de la marea de contaminación y escasez que nos anegará en la segunda mitad del siglo XXI.

Se trata, en última instancia, de un mensaje muy semejante al transmitido por Vaclav Smil en sus diversas obras de divulgación.

Nos hemos zambullido en una espiral de irresponsabilidad y derroche de la que nos costará ímprobos esfuerzos siquiera comenzar a recuperarnos en términos del ecosistema planetario. Por ejemplo, de los 1400 millones de vehículos a motor que existen en la actualidad, solo el 0,5 % utiliza motores eléctricos. Peor aún, por razones físicas incontrovertibles, hoy día resulta imposible electrificar los transportes pesados, así como la gran mayoría de actividades industriales. Las mejores baterías de litio nos proporcionan 0,26 kilovatios a la hora por cada kilogramo, cuando para el transporte marítimo y rodado necesitaríamos al menos 12,6 kw·h/kg, un abismo que ninguna tecnología a la vista nos permite franquear. Los carburantes fósiles empleados ahora sí poseen la densidad energética suficiente y por eso los usamos, pero un carguero transoceánico o un avión transcontinental no pueden funcionar con electricidad.

Por otro lado, ni reciclando toda la materia orgánica disponible se podría producir suficiente fertilizante de modo ecológico —es decir, minimizando los residuos y contaminantes del proceso— para cultivar los alimentos que necesitan a diario 8000 millones de personas. Tienen razón quienes proclaman que la sociedad debería adquirir tintes más ecológicos, pero no parece fácil conseguirlo si a la vez hemos de alimentar y procurar comodidades a la creciente población mundial. Aun así, la agricultura representa el 10 % de los gases de efecto invernadero, mientras desperdiciamos el 40 % de los alimentos que cultivamos. El consumo mundial de energía ha pasado de un 87 % de combustibles fósiles en 1990 al 83 % en el 2020. El hecho es que, en el 2020, incluso cuando la pandemia de COVID-19 redujo drásticamente la demanda, el 83% del gasto energético global provino de combustibles fósiles (un 73 % en la Unión Europea). El mundo emite anualmente alrededor de treinta y cinco mil millones de toneladas de dióxido de carbono, cuando la instalación para la captación de carbono más grande del mundo, en Islandia, solo puede recoger una cantidad casi nueve millones de veces menor.

Pensemos por un momento en términos de unidades de energía, los joules, según se utilizan en las ciencias. Para fijar ideas, tengamos en cuenta que el terremoto y el maremoto de 2011 en Japón —responsables del accidente de Fukushima— liberaron unos dos trillones de Joules (2×10^{18} J). Pues bien, en la actualidad los estadounidenses consumen anualmente cien trillones de Joules, de los cuales solo siete proceden de energías «verdes» (eólica, geotérmica, hidráulica, solar). Ante un panorama tan desalentador debe reconocerse que las fuentes renovables carecen de la capacidad de los combustibles fósiles para asegurar un suministro energético constante y de alto rendimiento. Y aún hay más: si quisiésemos sustituir por energías renovables tan solo un tercio de la demanda de combustibles fósiles, necesitaríamos una extensión de terreno (para turbinas, paneles solares, aerogeneradores, líneas de transmisión, etc.) equivalente a la suma de los territorios de la India y de Estados Unidos.

Para autores como Vaclav Smil, que se aferran al tozudo realismo de los datos más fiables, no hay otro camino que reducir nuestro nivel de vida al que se disfrutaba en la década de 1960, un patrón de consumo que ya desearían alcanzar sin la menor queja no pocos países subdesarrollados. Pero nada de eso servirá si no controlamos la natalidad de modo eficaz y a escala global para evitar una explosión demográfica que arruine todos nuestros ahorros y sacrificios. Sin duda será difícil, si bien la alternativa se perfila como un colapso que podría acabar con el 70 % de la humanidad a través de hambrunas, guerras, y enfermedades, catástrofes todas ellas derivadas del colapso ecológico de nuestro sobrecargado planeta.

CULTURA, CIENCIA Y CIVILIZACIÓN

A punto de cruzar el ecuador del siglo XX, recién acabada la Segunda Guerra Mundial y apenas comenzada la Guerra Fría, el filósofo estadounidense Mortimer Adler tuvo la ocurrencia de recorrer mediante un índice temático las obras más representativas de la cultura occidental. Así fue como, bajo la dirección de Robert Hutchins, a la sazón rector de la Universidad de Chicago, nació el *Syntopicon* (1952), cuyo subtítulo anunciaba *Un índice de las Grandes Ideas*. Publicado en dos volúmenes pertenecientes a la Enciclopedia Británica, esta compilación aspiraba a guiarnos a través de más de un centenar de magnas ideas y conceptos que —en opinión de estos autores— conformaban el canon intelectual de las artes y las ciencias, algo así como la savia espiritual de Occidente.

Adler y su equipo se zambulleron en las obras más descollantes desde Homero a Freud para seleccionar una serie de ideas cuya génesis y desarrollo se exponen enumerando sus apariciones en los textos de referencia sobre los cuales se basa el *Syntopicon*. No se desdeñaban las ciencias, pues en el repertorio de estas grandes ideas podían encontrarse Matemáticas, Materia, Mecánica o Física. Los volúmenes, con cuyos primeros ejemplares se obsequió al presidente Harry Truman y a la reina Isabel II, declaraban los propósitos de su edición en el prefacio: servir como una recopilación de referencias bien ordenadas; como un texto de lectura directa; como una herramienta para el estudio de los clásicos, y como un instrumento de educación liberal. Y es en este último punto donde reside la clave que aquí ha de atraer nuestro interés principal.

El nacimiento de una obra con la envergadura que posee el *Syntopicon* no puede desligarse del momento histórico en que tiene lugar. Abocados a un enfrentamiento ideológico con el bloque comunista, no pocos autores occidentales se persuadieron que el conflicto mostraba no solo aspectos económicos o militares, sino también intelectuales y culturales. Dos mentalidades antagónicas, o si se quiere decir así, dos modos de entender la civilización comparecían en la arena para librar un combate al cual, en última instancia, solo una podría sobrevivir. Para aprestarse a la lucha resultaba necesario un rearme moral e intelectual que solo los clásicos occidentales garantizaban sin reservas. Y dentro de este canon escogido para la defensa de una «educación liberal» no podían faltar los elementos científicos.

Se reconocía, aunque implícitamente, la importancia de la ciencia como alimento del espíritu y no solo como propulsora de la técnica. Adler pensaba que al catalogar metódicamente las reflexiones de tan excelsos autores sobre los mismos asuntos acabaría por emerger la unidad subyacente de los temas fundamentales que abordaban. Huchtcins, por su parte, confiaba en que la grandeza y profundidad de las ideas recogidas en el *Syntopicon* reanimasen las conciencias y salvasen al mundo de una autodestrucción que parecía inevitable. Ambos temieron seriamente —y no fueron los únicos— una debacle para la civilización occidental, y en general para todo el planeta, ante la irracional proliferación de los arsenales nucleares. Como hombres cultos que eran, conocían el precedente histórico de la caída del Imperio romano.

Dejando a un lado el hecho de que el Imperio romano cayó dos veces —primero en Roma y casi mil años después en Constantinopla—, el derrumbamiento de su parte occidental supuso un auténtico trauma cultural para quienes eran conscientes del fin de una entidad política que había perdurado durante un milenio. San Agustín reflexionó sobre ello en su texto *La ciudad de Dios contra los paganos*, atribuyendo la desgracia a la impiedad de sus coetáneos. Con mayor prudencia, el polígrafo tunecino Ibn Jaldún (1321-1406) consideró la misma cuestión en el siglo XIV y concluyó que la opulencia de la sociedad romana había debilitado su cohesión interna hasta hacerla vulnerable al embate de las tribus bárbaras, menos civilizadas pero más estrechamente unidas. El peligro de un asalto externo fue desvaneciéndose con la progresiva formación de una sociedad global, que comparte básicamente los mismos compromisos económicos y tecnológicos a lo largo y ancho de nuestro planeta. Existen, ciertamente, multitud de conflictos interregionales análogos a lo que Hutchinson denominaba «choque de civilizaciones», pero todos ellos más bien deberían contemplarse como enfrentamientos entre sectores de un mosaico global.

Ese retablo universal en el que todos somos a la vez actores y espectadores fue designado como «sistema-mundo» por el sociólogo y politólogo estadounidense Immanuel Maurice Wallerstein (1930-2019), quien rechaza el concepto geopolítico de Tercer Mundo, al considerar que solo tiene sentido hablar de un mundo único conectado por una compleja red de relaciones de intercambio económico[530]. Wallerstein sitúa el origen de este sistema-mundo en el noroeste de Europa durante el siglo XVI, donde una pequeña ventaja en la acumulación de capital en Gran Bretaña y Francia —a causa de circunstancias concretas allí imperantes al final del feudalismo— determinaron el inicio de una expansión gradual que culminó siglos después en la red mundial de interconexiones económicas que existe en la actualidad. Este sistema-mundo, lejos de mostrarse homogéneo, alberga profundas disparidades culturales sociales y económicas, lo que permite dividirlo en «núcleo» (los espacios centrales del sistema donde se toman las decisiones de mayor calado), la «semiperiferia» (regiones importantes para el buen funcionamiento del sistema, aunque en ellas no se encuentren los poderes rectores del mismo) y la «periferia» (aquellas naciones que solo desempeñan un papel subalterno).

Wallerstein también manejó la noción de «geocultura» como ideología dominante del sistema-mundo, que se superpone a las culturas locales y las reprime cuando alguna de ellas pretende cuestionar la ejecutoria del capitalismo dominante. Para este autor, la Revolución francesa introdujo el concepto de soberanía popular y, en consecuencia, la normalidad de los cambios de gobierno. De estos dos factores

---

530 Wallerstein (2006, 2007).

surgieron las ideologías que han caracterizado la modernidad occidental: liberalismo, conservadurismo y socialismo más o menos radical. Todas ellas coinciden en los rasgos fundamentales que debería poseer un mundo de individuos libres e iguales, aunque modulan de distinta manera los cambios sociales necesarios para acceder a él. De este camino brotan asimismo las desviaciones totalitarias (fascismo, comunismo) que radicalizan hasta el absurdo la visión de una sociedad ideal que transmutan en una pesadilla. Es por ello que Wallenstein tiende a situar la Revolución francesa por encima de la Revolución rusa en cuanto a la profundidad de sus repercusiones históricas.

Los revolucionarios franceses —o al menos los más ilustrados entre ellos— se propusieron dotar de un nuevo sustrato cultural de base racionalista la nueva sociedad que pretendían edificar, y así fue como nació el proyecto de la enciclopedia. Adler y Hutchins, los promotores del *Syntopicon*, también comprendieron que toda civilización duradera descansa sobre una infraestructura cultural que la sustenta y fortalece. Tal conjunto coherente de principios, valores y normas —tanto individuales como sociales— constituyen esa concepción compartida de nuestro lugar en el concierto general del universo que llamamos la cosmovisión de una comunidad concreta. Superadas las fases del chamanismo primitivo, la cosmovisión del Occidente cristiano medieval se sostenía primordialmente sobre la religión, cuya omnipresencia garantizaba un orden social basado en la compartimentación y el respeto a las jerarquías. Con las peculiaridades de cada continente, esta disposición se mantuvo prácticamente inalterada durante siglos en Asia, África y América, mientras comenzaba a resquebrajarse en Europa a resultas de la Revolución Científica de los siglos XVI-XVII.

La mutación de la filosofía natural en una indagación de la realidad que combinaba la formulación matemática de hipótesis con la realización de experimentos precisos para contrastarlas —algo que nunca antes se había practicado sistemáticamente— abrió un nuevo horizonte antes insospechado para el futuro del hombre. Al mismo paso que avanzaba el racionalismo, se debilitaba no tanto la religiosidad tradicional como su utilización política para someter a la plebe. Apuntalar con el miedo al otro mundo las tiranías de este pasó a considerarse, con acierto, una perversión de la espiritualidad humana. Como hemos visto a lo largo de las páginas precedentes, los avances tecnológicos derivados de la investigación científica contribuyeron a revolver una y otra vez las entrañas de una sociedad que con cada cambio se volvía más ávida de nuevos progresos técnicos.

La ciencia ha pasado a convertirse en un ingrediente esencial de la cultura humana, independientemente del lugar del mundo en el que nos encontremos, y no puede considerarse culto al individuo que carezca de unos mínimos rudimentos sobre el particular. Cierto es que los planes de estudio en casi todos los países del mundo incluyen algo que podría juzgarse como enseñanza de las ciencias, si bien casi nunca se alcanza aquello que hemos denominado cosmovisión científica. La educación formal se contenta con transmitir una serie de conocimientos sin preocuparse —por escasez de tiempo o de recursos— del efecto que tales conocimientos, si se llegan a adquirir de veras, ejercen sobre los puntos de vista del receptor. Si quien disponga de unos muebles sin preparar la vivienda para acogerlos posiblemente no alcance el resultado previsto, así sucederá si a la vez que asimilamos conocimientos no acondicionamos nuestra mente para obtener el máximo provecho de ellos.

Ese aprovechamiento se despliega al menos en una triple vía: (1º) nos entrena en el raciocinio sistemático y la adhesión a los hechos probados, así como en ciertos valores éticos (honestidad, imparcialidad, tolerancia, comunitarismo, etc.) inherentes al ideal de la investigación científica; (2º) nos protege contra los embaucadores que pretendan engañarnos con discursos falaces o pseudocientíficos, y (3º) nos abre la puerta a reinos de goce estético inalcanzables sin una educación científica. Este último punto merece ser subrayado, habida cuenta de que muchos parecen ignorarlo o, de conocerlo, viven dándole la espalda. Nadie pondría en duda que existe un goce estético proveniente de nuestras experiencias subjetivas en los variados campos del arte. La pintura, la escultura, la literatura y cualquiera de sus compañeras son capaces de conmover las más íntimas fibras de nuestro espíritu cuando sintonizan con las emociones más profundas que todos los humanos compartimos en diversos grados de excelencia. La belleza que así disfrutamos se considera subjetiva porque cada observador la percibe de un modo particular e intransferible al contacto con el objeto artístico de que se trate. El mismo placer estético ante, digamos, una pieza teatral puede venir envuelto por la nostalgia, la melancolía, la esperanza o la intriga, dependiendo de las circunstancias particulares de cada espectador.

De otro calado es el placer estético que nos ofrece la ciencia en sus más elevadas formas; no porque resulte menos deseable, sino por pertenecer a otro género que podríamos denominar «belleza objetiva». La capacidad de la comprensión científica de unificar fenómenos aparentemente inconexos, de predecir sucesos inesperados y de alcanzar exactitudes asombrosas, entre otras virtudes, se basa plenamente en la objetividad de sus logros. El armonioso entrelazamiento de los campos eléctricos y magnéticos que sustentan buena parte de los procesos fundamentales del universo persistirá aun cuando ningún humano permanezca para dar testimonio. Los delicados cursos moleculares de la química de la vida seguirán fluyendo con independencia de nuestros anhelos o temores, del mismo modo que los astros seguirán girando y las estrellas brillando —al menos por un tiempo inconcebible a escala humana— con soberana indiferencia hacia sus posibles observadores.

Esa impoluta sobriedad es una de las marcas inconfundibles de la estética objetiva que caracteriza las abstracciones científicas, otorgándoles una belleza no menor, pero sí distinta, que la obsequiada por las artes. Sin duda será necesario un cierto adiestramiento para apreciarla, tal como hemos de educar nuestro oído musical para obtener el máximo disfrute de una sinfonía de Shostakóvich, sin que ello desmerezca su valía. Porque si el arte va ligado al descubrimiento de la belleza que anida en nuestro interior para desvelarla y ofrecérsela a nuestros congéneres —no otra cosa es la creación artística—, la ciencia nos libera de la prisión de nuestra individualidad permitiéndonos abrazar verdades objetivas genuinamente sobrehumanas, pues también exceden la finitud del hombre, engrandecen su alma y desbordan las fronteras de su mortalidad para abismarse en algo infinitamente más grande que sí mismo. Gracias a la ciencia y la cultura que destila, aunque desconozcamos el futuro que espera a la humanidad en los siglos por venir, siempre nos quedará el consuelo de proclamar que en este planeta hubo dolor y éxtasis, belleza y miseria, amores y odios y, singularmente, hubo conocimiento.

Bibliografía

Acemoglu, Daron (2009, *Introduction to modern economic growth*. Princeton (NJ): Princeton University Press.

Acemoglu, Daron; Robinson, James (2012). *Por qué fracasan los países*. Barcelona: Deusto.

Açeşme, Banu; Baktir, Hasan; Steele, Eugene, eds.(2016), *Interdisciplinarity, Multidisciplinarity and Transdisciplinarity in Humanities*. Newcastle (UK): Cambridge Scholars Publishing.

Ackerman, Robert (1987), *J. G. Frazer: His Life and Work*. Cambridge – New York: Cambridge University Press.

— (1989), «The New Experimentalism», *British Journal for the Philosophy of Science* 40, 185 – 190

— (2002), *The Myth & Ritual School: J. G. Frazer and the Cambridge Ritualists*. New York: Routledge

Adorno, Theodor (1966), *Negative Dialektik*. Frankfurt am Main: Suhrkamp

Adorno, Theodor; Horkheimer, Max (1947), *Dialektik der Aufklärung*. Amsterdam: Springer.

Agassi, Joseph, Cohen, Robert S., eds. (1982), *Scientific Philosphy Today. Essays in Honor of Mario Bunge*. Dordrecht (Holland): Reidel Publishing Co.

Ahmed, Mahzuddin (1989), *Bertrand Russell's Neutral Monism*. New Delhi: Mittal Publications.

Albarracín, Agustín (1992), *La teoría celular en el siglo XIX*. Madrid: Akal

Alcock, James (1990), *Science and Supernature: A Critical Appraisal of Parapsychology*. Amherst (New York): Prometheus Books.

— (2005), *Parapsychology, Science or Magic? A Psychological Perspective*. Oxford (UK): Pergamon Press

Alcock, John (2001), *The Triumph of Sociobiology*. Oxford (UK): Oxford University Press

Aldersey-Williams, Hugh (2011), *La Tabla Periódica. La curiosa historia de los elementos*. Barcelona: Ariel

Aleksander, Igor (2000), *How to build a mind*. London: Weidenfeld & Nicholson

Alexander, Gerianne; Hines, Melissa (2002), «Sex differences in response to children's toys in nonhuman primates (Cercopithecus aethiops sabaeus)», *Evolution and Human Behavior* 23 (6), 467 – 479

Alemañ, Rafael (2010), *Criptozoología. Cazadores de monstruos*. Santa Cruz de Tenerife: Melusina

— (2011), *El Desafío de Einstein. Vol.I: En busca de la unificación – Vol. II: Un Empeño Inacabado*. Moscú: URSS

— (2012), «La relación mente-materia y el monismo neutral», *Naturaleza y Libertad. Revista de filosofía y estudios interdisciplinares*, 1, 16–50

— (2013), «Actualidad y vigencia del monismo neutral», *Naturaleza y Libertad. Revista de filosofía y estudios interdisciplinares*, 2, 11–25.

— (2014), *Física. Del átomo al universo*. Córdoba: Almuzara

— (2015), *La naturaleza imaginada. ¿Es matemático el mundo?* Moscú: editorial URSS

— (2016), *El Paradigma Einstein y la Controversia sobre la Teoría de la Relatividad*. Córdoba: Almuzara.

— (2018), «A new approach to neutral monism and the mind-matter controversy». *Naturaleza y Libertad. Revista de Estudios Interdisciplinares*, 11, 11–33.

— (2021), *Historia de la Evolución*. Córdoba: Almuzara

Al-Jazari (1973), *The Book of Knowledge of Ingenious Mechanical Devices* (Translated and annotated by Donald R. Hill). Boston: Reidel

Almeida, Mara; Diogo, Rui (2019), «Human enhancement: Genetic engineering and evolution», *Evolution, Medicine, and Public Health* 1, 183 – 189

Alonso, José (2017), *Las emociones*. Barcelona: RBA

— (2018), *Historia del cerebro*. Córdoba: Guadalmazán

Alter, Torin; Yujin Nagasawa (eds.), (2015), *Consciousness in the Physical World. Perspectives on Russellian Monism*. Oxford: Oxford University Press.

Álvarez, Raquel (1991), *La historia natural en los siglos XVI y XVII*. Madrid: Akal

Anaya, Salvador (2021), «Hans Driesch: el último vitalista experimental», en J. Arana (ed.), *La cosmovisión de los grandes científicos del siglo XIX* (capítulo XX, pp. 274 – 283). Madrid: Tecnos

Anderson, james (1967), *Principles of Relativity Physics*. New York: Academic Press

Anderson Philip (1972), «More is different», *Science*, 177 (4047), 393 – 396

Andre, Peter; Falk, Armin (2021), «What's Worth Knowing? Economists' Opinions About Economics», CEPR Discussion Paper Nº DP16344, SSRN: https://ssrn.com/abstract=3886832

Angle, Stephen (2009), *Sagehood: The Contemporary Significance of Neo-Confucian Philosophy*. New York: Oxford University Press

––– (2012), *Contemporary Confucian Political Philosophy: Toward Progressive Confucianism*. Cambridge (UK): Polity Press

Anstey, P. (2000), *The Philosophy of Robert Boyle*. London-New York: Routledge.

Anstey, P. (2002), «Robert Boyle and the heuristic value of Mechanism», *Stud. Hist. Phil. Sci.* 33, 161–174

Appiah, Kwame (2019), *Las mentiras que nos unen*. Barcelona: Penguin

Aranowitz, Stanley (1988), *Science as Power: Discourse and Ideology in Modern Society*. Minneapolis: University of Minnesota Press

Aristóteles (1941), *Politics*, en R. McKeon (ed.), *The Basic Works of Aristotle*. New York: Random House.

— (1982), *Metaphysics, Posterior Analytics. Great Books of the Western World* (vol. 8). Chicago: Encyclopedia Britannica.

— (1988), *Política*. Madrid: Editorial Gredos

— (1992). *Investigación sobre los animales*. Madrid: Gredos.

— (1994). *Reproducción de los Animales*. Madrid: Gredos.

— (1995), *Física*, traducción de Guillermo R. de Echandía. Biblioteca Clásica Gredos, Barcelona-Madrid: Planeta de Agostini-Editorial Gredos S.A.

— (2000). *Las Partes de los animales. Marcha y Movimiento*. Madrid: Gredos

Arquímedes (1543), *Opera Archimedis Syracusani philosophi et mathematici ingeniosissimi*. Edición de Venturinum Ruffinellum (Venecia).

Arquímedes (1544), *Archimedis Syracusani philosophi ac geometrae excellentissimi Opera*. Basel: Edición de Ioannes Hervagius

Arrow, Kenneth (1951), *Social Choice and Individual Values*. London: Yale University Press

Arrow, Kenneth; Debreu, Gerard (1954), «Existence of an equilibrium for a competitive economy», *Econometrica* 22, 265 – 290

Asimakopulos, Athanasios (1978), *An Introduction to Economic Theory: Microeconomics*. New York: Oxford University Press

— (1988a), *Theories of Income Distribution*. New York: Kluwer Academic Pub.

— (1988b), «Joan Robinson and economic theory» en *Investment, employment and income distribution* (pp. 186 – 215). Boulder (Colorado): Westview Press

— (1989), «Kalecki and Robinson» en Mario Sebastiani (ed.), *Kalecki's relevance today* (pp. 10 – 24). New York: St. Martin's Press

Asimov, Isaac (1986a), *Introducción a la ciencia. Vol. I: Ciencias Físicas*. Barcelona: Orbis

— (1986b), *Introducción a la ciencia. Vol. II: Ciencias Biológicas*. Barcelona: Orbis

Aspect, A., Dalibard, J., Roger, G. (1982), «Experimental Test of Bell's Inequalities Using Time-Varying Analyzers», *Physical Review Letters* 49, 1804–1807

Austin, John (1982), *Cómo hacer cosas con palabras: Palabras y acciones*. Barcelona: Paidós.

Avicena (1960-1968), *Libro de las orientaciones y de las advertencias* (4 vols). El Cairo: Editorial S. DUNYA.

Baas, Nils (1994), «Emergence, Hierarchies, and Hyperstructures», en C. G. Langton, ed., *Artificial Life III*, Santa Fe Studies in the Sciences of Complexity, Proc. Volume XVII, pp. 515-537. Redwood City (Calif.): Addison-Wesley.

Baas, Nils; Emmeche, Claus (1997), «Emergence and Explanation», *Intellectica*, 25, 67–83.

Badii, Reemo; Politi, Antonio (1997), *Complexity. Hierarchical structures and scaling in physics*. New Tork: Cambridge Univ. Press.

Bak, Per (1996), *How Nature Works: The Science of Self-Organized Criticality*. New York: Copernicus

Balme, David (1987), «The Place of Biology in Aristotle's Philosophy», en Gotthelf y Lennox (eds.), *Philosophical Issues in Aristotle's Biology*, Cambridge UK): Cambridge University Press, pp. 9 – 20

Bangu, S. (2012), *The Applicability of Mathematics in Science: Indispensability and Ontology*. Palgrave: Macmillan.

Banks, Erik (2014), *The Realistic Empiricism of Mach, James, and Russell. Neutral Monism Reconsidered*. Cambridge: Cambridge University Press

Bargh, John *et al* (2012), «Automaticity in social-cognitive processes», *Trends in Cognitive Sciences* 16 (12), 593 – 605

Barkow, Jerome, ed. (2006), *Missing the Revolution: Darwinism for Social Scientists*. Oxford (UK): Oxford University Press.

Barnard, George (1958), «Studies in the History of Probability and Statistics: IX. Thomas Bayes's Essay Towards Solving a Problem in the Doctrine of Chances». *Biometrika*, 45 (3–4), 293–295

Barnes, Barry; Bloor, David; Henry, John (1996), *Scientific knowledge: A sociological Analysis*. London: Athlone Press

Baron-Cohen, Simon (2002), «The extreme male brain theory of autism», *Trends in cognitive sciences* 6 (6), 248 – 254

— (2004), *The essential difference*. London (UK): Penguin books

— (2006), *Prenatal testosterone in mind: Amniotic fluid studies*. Cambridge (Mass): MIT Press

Baron-Cohen, S., Belmonte, M. K. (2005), «Autism: a window onto the development of the social and the analytic brain», *Annu. Rev. Neurosci.* 28, 109 – 126

Baron-Cohen, S., Chapman, E., Auyeung, B., Knickmeyer, R., Taylor, K., Hackett, G. (2006), «Fetal testosterone and empathy: evidence from the empathy quotient (EQ) and the "reading the mind in the eyes" test», *Social Neuroscience* 1 (2), 135 – 148

Baron-Cohen, S., Wheelwright, S. (2004), «The empathy quotient: an investigation of adults with Asperger syndrome or high functioning autism, and normal sex differences», *Journal of autism and developmental disorders* 34 (2), 163 – 175

Baron-Cohen, S., Wheelwright, S., Hill, J., Raste, Y., Plumb, I. (2001), «The "Reading the Mind in the Eyes" test revised version: A study with normal adults, and adults with Asperger syndrome or high-functioning autism», *Journal of child psychology and psychiatry* 42 (2), 241 – 251

Barona, José (1991), *La Fisiología: Origen Histórico de una Ciencia Experimental*, Madrid: Akal

Barrett, J. A. (2008), «Approximate truth and descriptive nesting» *Erkenntnis*, 68 (2), 213 – 224

Barrow, John (1998), *Impossibility. The limits of science and the science of limits*. Oxford (UK): Oxford University Press

Batterman, R. W. (2002), *The Devil in the Details: Asymptotic Reasoning in Explanation, Reduction, and Emergence*. Oxford (UK): Oxford University Press

— (2021), *A Middle Way: A Non-Fundamental Approach to Many-Body Physics*. Oxford (UK): Oxford University Press,

Bayes, Thomas; Price, Richard (1763). «An Essay towards Solving a Problem in the Doctrine of Chances». *Philosophical Transactions of the Royal Society of London*, 53, 370–418.

Bechtel, William; Richardson, Robert (1993), *Discovering complexity: Decomposition and localization as strategies in scientific research*. Princeton: Princeton University Press

Beck Roger (2006), *A brief history of Astrology*. London: Blackwell

Bell, John (1964), «On the Einstein-Podolsky-Rosen paradox», *Physics* 1, 195-200

Bennett, Stuart (1979), *A history of control engineering: 1800-1930*. London: Peter Peregrinus

— (2000), *A history of control engineering: 1930-1955*. London: Institute of Electrical Engineers

Berenbaum, Sheri; Hines, Melissa (1992), «Early androgens are related to childhood sex-typed toy preferences», *Psychological science* 3 (3), 203 – 206

Berger, Peter; Luckman, Thomas (1966), *The Social Construction of Reality*. Garden City (NY): Doubleday.

Berkson, William (1985), *Las teorías de los campos de fuerza. Desde Faraday hasta Einstein*. Madrid: Alianza

Bernabé, Daniel (2018), *La trampa de la diversidad. Cómo el neoliberalismo fragmentó la identidad de la clase trabajadora*. Madrid: Akal

Bernal, John (1954), *Science in History*. London: Watts & Co.

Bertalanffy, Ludwig von (1968), *General System theory: Foundations, Development, Applications*. New York: George Braziller

Bertuglia, C. Sergio; Vaio, Franco (2005), *Nonlinearity, chaos, and complexity*. New York: Oxford Univ. Press

Bičák, Jiří; Schmidt, Josef (2016), «Energy-momentum tensors in linearized Einstein's theory and massive gravity: The question of uniqueness», *Physical Review D* 93 (2), 024009.

Bickhard, Mark (2000), «Emergence», en P. B. Andersen, C. Emmeche, N. O. Finnemann, P. V. Christiansen (eds.), *Downward Causation*, pp. 322–348. Aarhus, (Denmark): University of Aarhus Press.

Birch, Thomas, ed. (1772), *The Works of the Honourable Robert Boyle* (6 vols.). London: W. Johnston

Birner, Jack (2002), *The Cambridge Controversies in Capital Theory: A Study in the Logic of Theory Development*. New York: Routledge

Blanchflower, David; Bryson, Alex (2020), *Now unions increase job satisfaction and well-being*. Cambridge (Mass.): National Bureau of Economic Research. Disponible en: <http://www.nber.org/papers/w27720>

Bloor, David (1998), «Changing axes: Response to Mermin», *Social Studies of Science* 28, 624 – 635

Bloor, David; Edge, David (2000), «Knowing reality through society», *Social Studies of Science* 30, 158 – 160

Bobbio, Norberto (2019), *Derecha e Izquierda*. Madrid: Taurus

Boltzmann, Ludwig (1986), *Escritos de mecánica y termodinámica*. Madrid: Alianza

Bonk, Thomas (2008), *Underdetermination. An Essay on Evidence and the Limits of Natural Knowledge*. Dordrecht (The Netherlands): Springer

Bonner, J.T. (ed.), (1982). *Evolution and Development*. Berlin: Springer-Verlag

Bostrom, Nick (2016), *Superintelligence: Paths, Dangers*. Oxford (UK): Oxford University Press

Bourbaki, Nicolas (1976), *Elementos de historia de las matemáticas*. Madrid: Alianza Universidad.

Boyle, Robert (1661), *The sceptical chymist: or Chymico-physical doubts & paradoxes, touching the spagyrist's principles commonly call'd hypostatical, as they are wont to be propos'd and defended by the generality of alchymists. Whereunto is praemis'd part of another discourse*. London: Printed by J. Cadwell for J. Crooke.

Boyle, Robert (1985), *Física, química y filosofía mecánica*. Alianza: Madrid

Braudel, Fernand (1970), *La historia y las ciencias sociales*. Madrid: Alianza

— (1984), *Civilización material, economía y capitalismo, siglos XV-XVIII* (2 vols.). Madrid: Alianza

— (1987), *El Mediterráneo y el mundo mediterráneo en la época de Felipe II*. Méjico (DF): Fondo de Cultura Económica

— (1994), *La Dinámica del Capitalismo*. Méjico (DF): Fondo de Cultura Económica

Bridgman, Percy (1927), *The Logic of Modern Physics*. New York: Macmillan

Briggs, Asa; Burke, Peter (2002), *A Social History of the Media: From Gutenberg to the Internet*. Cambridge (UK): Polity

Broad, Charles (1925), *The Mind and Its Place in Nature*. New York: Harcourt, Brace & Company, Inc.

Broad, William; Wade, Nicholas (1982), *Betrayers of the Truth: Fraud and Deceit in the Halls of Science*. New YorK: Simon & Schuster

Brock, William (1998), *Historia de la Química*. Madrid: Alianza

Broncano, Fernando, ed. (1995), *Nuevas meditaciones sobre la técnica*. Madrid: Trotta

— (2000), *Mundos artificiales. Filosofía del cambio tecnológico*. Barcelona: Paidós

— (2009), *La melancolía del ciborg*. Barcelona: Herder

Brown, James (2004), *Who Rules in Science? An Opinionated Guide to the Wars*. Cambridge (Mass): Harvard University Press

Brown, Peter *et al* (2004), «A new small-bodied hominin from the Late Pleistocene of Flores, Indonesia», *Nature* 431, 1055 – 1061

Brown, Steven; Gao, Xiaoqing; Tisdelle, Loren; Eickhoff, Simon; Liotti, Mario (2011), «Naturalizing aesthetics: Brain areas for aesthetic appraisal across sensory modalities», *NeuroImage* 58, 250 – 258

Buchanan, Mark (2000), *Ubiquity: Why catastrophes happen*. New York: Three River Press

Bude, Heinz (2017), *La sociedad del miedo*. Barcelona: Herder

Bueno, Gustavo (2003), *El mito de la izquierda*. Barcelona: Ediciones B

— (2004), *El mito de la cultura* (7ª ed.). Barcelona: Prensa Ibérica

— (2008), *El mito de la derecha*. Madrid: Temas de Hoy

Bunge, Mario (1971), «Is Scientific Metaphysics Possible?», *The Journal of Philosphy*, 68 (17), 507 – 520.

— (1973), «On confusing "measure" with "measurement" in the methodology of behavioral Science», pp. 105 – 122 en M. Bunge (comp.), *The Methodological Unity of Science*. Dordrecht-Boston: Reidel

— (1974), *Treatise on Basic Philosophy – Vol. 1. Semantics I: Sense and Reference & Vol. 2. Semantics II: Interpretation and Truth*. New York: Springer

— (1977), *Treatise on Basic Philosophy – Vol. 3. Ontology I: The Furniture of the World*. New York: Springer

— (1979). *Treatise on Basic Philosophy (Vol. 4). Ontology II. A World of Systems*. Dordrecht: D. Reidel Publishing Co.
— (1983a), *Exploring the World*. Dordrecht: Reidel.
— (1983b), *Understanding the World*. Dordrecht: Reidel,
— (1984), «What is pseudoscience?», *The Skeptical Enquirer* 9, 36 – 46.
— (1985), *Teoría y Realidad*. Barcelona: Ariel.
— (1988), *El problema mente-cerebro. Un enfoque psicobiológico*. Madrid: Tecnos
— (1989), *Mente y sociedad*. Madrid: Alianza Universidad
— (1999). *Buscar la filosofía en las ciencias sociales*. Madrid: Siglo XXI.
— (2000a). «Systemism: the alternative to individualism and holism». *The Journal of Socio-Economics*, 29 (2), 147-157
— (2000b). *La relación entre la sociología y la filosofía*. Madrid: EDAF
— (2006), *A la caza de la realidad*. Barcelona: Gedisa.
— (2014), *Emergencia y convergencia. Novedad cualitativa y unidad del conocimiento*. Barcelona: Gedisa
— (2015), *Evaluando filosofías*. Barcelona: Gedisa
— (2016), *Doing Science: In the Light of Philosophy*. Singapore – New Jersey – London: World Scientific Publishing Co.
Bunge, Mario; Ardila, Ruben (1988), *Filosofía de la psicología*. Barcelona: Ariel
Burke, Peter (1999), *La revolución historiográfica francesa. La escuela de los Annales, 1929-1984*. Barcelona: Gedisa
Buss, David (1989), «Sex differences in human mate preferences: Evolutionary hypotheses tested in 37 cultures», *Behavioral and brain sciences* 12 (1), 1 – 14
Buss, David; Schmitt, David (1993), «Sexual strategies theory: an evolutionary perspective on human mating», *Psychological review* 100 (2), 204
Butler, Judith (1988), «Performative Acts and Gender Constitution: An Essay in Phenomenology and Feminist Theory», *Theatre Journal* 40 (4), 519–531
— (1993), *Bodies That Matter: On the discursive limits of 'sex'*, New York: Routledge.
— (2004), *Undoing Gender*. New York: Routledge
— (2007), *El género en disputa*. Barcelona: Paidós
Cabanas, Edgar; Eva Illouz, Eva (2019), *Happycracia. Cómo la ciencia y la industria de la felicidad controlan nuestras vidas*. Barcelona: Paidós
Calude, Cristian, ed. (2007), *Randomness and Complexity. From Leibniz to Chaitin*. New Jersey: World Scientific.
Campbell, Donald (1974), «Downward Causation», en F. J.Ayala, T. Dobzhansky (eds.), *Hierarchically Organised Biological Systems. Studies in the Philosophy of Biology*, pp. 179–186. Berkeley (LA): University of California Press
Carnap, Rudolf (1948), *Introduction to Semantics*. Cambridge (Mass): Harvard University Press.
— (1957), *Introduction to Symbolic Logic and its Application*. New York: Dover
Carruthers, P; Laurence, S; Stich, S; Wynn, K. (2008), «Some innate foundations of social and moral cognition» en Carruthers P., Laurence S., Stich S. (eds), *The Innate Mind: Foundations and the Future*. Oxford: Oxford Univ. Press
Cartwright, Nancy (1983), *How the laws of the physics lie*. Oxford: Clarendon Press
Cassirer, Ernst (1972), *Filosofía de la Ilustración* (Reedición del texto original de 1943), Méjico: Fondo de Cultura Económica
Cauchy, Augustin-Louis (1821), *Cours d'Analyse de l'École Royale Polytechnique*. Paris
Ceccarelli, Marco (2007), *Distinguished Figures in Mechanism and Machine Science: Their Contributions and Legacies*. Vol. I-II. New York: Springer
Cercignani, Carlo (2006), *Ludwig Boltzmann. The man who trusted atoms*. New York: Oxford University Press
Chakrabarti, Bikas; Chakraborti, Anirban; Chatterjee Arnab, eds. (2006), *Econophysics and Sociophysics. Trends and Perspectives*. Weinheim (Germany): Wiley-VCH
Chalmers, Alan (2008), *¿Qué es esa cosa llamada ciencia?* Madrid: Siglo XXI Editores.
Chalmers, David (2006), «Strong and Weak Emergence», en P. Clayton, P. Davies (eds.), *The Re-Emergence of Emergence*. New York: Oxford University Press
Chekroud, A. M., Ward, E. J., Rosenberg, M. D., Holmes, A. J. (2016), «Patterns in the human brain mosaic discriminate males from females», *Proceedings of the National Academy of Sciences* 113 (14), e1968
Chesterton, Gilbert (1986), «La Lógica del País de las Hadas» en M. Gardner (comp.), *El escarabajo sagrado*. Barcelona: Salvat
Chilcote, E. B. (1997), *Interindustry Structure, Relative Prices, and Productivity: An Input-Output Study of the U.S. and O.E.C.D. Countries* (PhD thesis dissertation at the Department of Economics). New York: The New School for Social Research
Chomsky, Noam (1977), *El lenguaje y el entendimiento*. Barcelona: Seix-Barral
— (1979), *Reflexiones sobre el lenguaje*. Barcelona: Ariel
— (1982), *Ensayos sobre forma e interpretación*. Madrid: Cátedra
— (1989), *El conocimiento del lenguaje, su naturaleza, origen y uso*. Madrid: Alianza
— (1999a), *Estructuras sintácticas*. Buenos Aires: Siglo XXI
— (1999b), *El programa minimalista*. Madrid: Alianza
Christensen Ronald (2005), «Testing Fisher, Neyman, Pearson, and Bayes». *The American Statistician*, 59 (2), 121 – 126
Cilliers, Paul (1998), *Complexity and Postmodernism: Understanding Complex Systems*. Routledge: London.
Clarke, Desmond (1986), *La filosofía de la ciencia de Descartes*. Madrid: Alianza Universidad.
Clarke, Steve, Lyons, Thimoty D., eds. (2002), *Recent Themes in the Philosophy of Science. Scientific Realism and Commonsense*. New York: Springer
Cockshott, Paul; Nieto, Maxi (2017), *Ciber-comunismo. Planificación económica, computadoras y democracia*. Madrid: Trotta
Cohen, M.R., Drabkin, I.E. (1958), *A Source Book in Greek Science*, Mass: Harvard University Press.
Coles, Peter (2006), *From Cosmos to Chaos. The science of unpredictability*. New York: Oxford Univ. Press.

Collier, John; Muller, Scott (1998), «The dynamical basis of emergence in natural hierarchies», en G. Farre, T. Oksala, (eds.), *Emergence, Complexity, Hierarchy and Organization*, Selected and Edited Papers from the ECHO III Conference, Acta Polytecnica Scandinavica, MA91. Espoo: Finish Academy of Technology

Collins, Randall (2002), *The Sociology of Philosophies. A Global Theory of Intellectual Change*. Cambridge (Mass): Harvard Univ. Press

Confer, J. C.; Easton, J. A.; Fleischman, D. S.; Goetz, C. D.; Lewis, D. M. G.; Perilloux, C.; Buss, D. M. (2010), «Evolutionary psychology: Controversies, questions, prospects, and limitations», *American Psychologist* 65 (2), 110 – 26

Costa, Manuela; Obeso, Ignacio (2017), *Las neuronas espejo y la empatía*. Barcelona: RBA

Cotterill, R. (2000), *Enchanted looms: Conscious networks in brains and computers*. (Cambridge (UK): Cambridge University Press

Creedy, John (1986), *Edgeworth and the Development of Neoclassical Economics*. Oxford: Blackwell

Crick, Francis; Koch, Christof (1990), «Towards a neurobiological theory of consciousness», *Seminars in the Neurosciences* 4, 263 – 276

— (1998), «Consciousness and neuroscience», *Cerebral Cortex* 8, 97 – 107

— (2003), «A framework for consciousness», *Nature Neuroscience* 6, 119 – 126

— (2005), «What is the function of the claustrum?», *Philosophical Transactions of the Royal Society B* 360, 1271 – 1279

Crombie, Alistair (1994), *Styles of Scientific Thinking in the European Tradition. The History of Argument and Explanation Especially in the Mathematical and Biomedical Sciences and Arts* (Vol. 3). London: Duckworth

Crutchfield, James (1994), «The Calculi of Emergence: Computation, Dynamics, and Induction», *Physica D*, 75, 11–54

Daston, Lorraine (2015), «Before the Two Cultures: Big Science and Big Humanities in the Nineteenth Century», *Proceedings of the Israel Academy of Sciences and Humanities*, Vol. IX (1), 20 pags.

Daston, Lorraine; Galison, Peter (2007), *Objectivity*. Princeton (NJ): Zone Books

Daston, Lorraine; Lunbeck, Elizabeth (2011), *Histories of scientific observation*. Chicago – London: University of Chicago Press

Daston, Lorraine; Stolleis, Michael, eds. (2008), *Natural Law and Laws of Nature in Early Modern Europe*. Aldershot: Ashgate

Darwin, Charles (1920), *El Origen de las Especies*. Valencia: Prometeo

— (1926), *El Origen del Hombre. La selección natural y la sexual*. Valencia: Prometeo

Dawkins, Richard (1985), *El gen egoísta*. Barcelona: Salvat

Dauben, J. (1989), *George Cantor, His Mathematics and Philosophy of the Infinite*. Princeton (N.J.): Princeton University Press.

— (1995), *Abraham Robinson, The Creation of Nonstandard Analysis: A Personal and Mathematical Odyssey*. Princeton (N.J.): Princeton University Press

Davidson, Donal (2003), *Subjetivo, intersubjetivo, objetivo*. Madrid: Cátedra

Davis, M., ed., (2004), *The Undecidable - Basic Papers on Undecidable Propositions, Unsolvable Problems and Computable Functions*. New York: Dover.

Descartes, René (1997), *Las pasiones del alma*. Madrid: Tecnos

De Beauvoir, Simon (1949), *Le Deuxième Sexe* (Tomes I-II). Paris: Gallimard

De Beer, Gavin (1985), *Rousseau*. Barcelona: Salvat

De Finetti, Bruno (2017), *Theory of Probability: A critical introductory treatment*. Chichester: John Wiley & Sons Ltd.

De Kruif, Paul (1986), *Cazadores de Microbios*. Barcelona: Salvat.

De la Llosa, Pedro (2000), *El espectro de Demócrito. Atomismo, disidencia y libertad de pensar en los orígenes de la ciencia moderna*. Barcelona: Ediciones del Serbal

De Lora, Pablo (2019), *Lo sexual es político (y jurídico)*. Madrid: Alianza.

De Molina, Luis (2011), *La teoría del justo precio* [Facsímil del original publicado en Cuenca en 1597]. Valladolid: Maxtor

De Pedro, Antonio (1999), *El diseño científico*. Madrid: Akal

Demirel, Yaşar (2014), *Nonequilibrium Thermodynamics*. Amsterdam – Oxford (UK): Elsevier

Détroit, Florent *et al.* (2019), «A new species of Homo from the Late Pleistocene of the Philippines», *Nature* 568 (7751), 181 – 186

Devitt-Lee, Adrian; Wang, Hongyan; Li, Jie; Boghosian, Bruce (2018), «A Nonstandard Description of Wealth Concentration in Large-Scale Economies», *SIAM Journal on Applied Mathematics* 78, 996 – 1008

Dewdney, A.K. (2004), *Beyond Reason. Eight Great Problems that Reveal the Limits of Science*. New York: John Wiley & Sons Inc.

Dikötter, Frank (2017), *La gran hambruna en la China de Mao. Historia de la catástrofe más devastadora de China (1958-1962)*. Barcelona: Editorial Acantilado

Dilthey, Wilhelm (1980), *Introducción a las ciencias del espíritu*. Madrid: Alianza

Dixon, John (2010), «Naive Neoclassical Economics and the Promised Land of Privatization: A Critical Deconstruction of Homo economicus», *Administrative Theory & Praxis* 32 (3), 348 – 372

Doja, Albert (2008), «Claude Lévi-Strauss at his Centennial: toward a future anthropology», *Theory, Culture & Society* 25 (7/8), 321– 340

— (2010), «Claude Lévi-Strauss (1908-2009): The apotheosis of heroic anthropology», *Anthropology Today* 26 (5), 18 – 23

Domingos, Pedro (2015). *The Master Algorithm. How the quest for the ultimate learning machine will remake our world*. New York: Basic Books

Donovan, Arthur (1996), *Antoine Lavoisier: Science, Administration, and Revolution*. Cambridge: Cambridge University Press

Drăgulescu, Adrian; Yakovenko, Victor (2001), «Evidence for the exponential distribution of income in the USA», *The European Physical Journal B: Condensed Matter and Complex Systems* 20 (4), 585 – 589

Draper, John (2010), *Historia de los conflictos entre la religión y la ciencia*. Valladolid: Maxtor

Dreyfus, Hubert (1965), *Alchemy and Artificial Intelligence*. Santa Mónica (California): Rand Corporation.

— (1992), *What Computers Still Can't Do*. Nueva York: MIT Press

Dudda, Ricardo (2019), *La verdad de la tribu*. Barcelona: Penguin

Duhem, Pierre (1908), *Sozein ta phainomena. Essai sur la notion de théorie physique de Platon à Galilée*. Paris: Hermann.

Dunnington, Waldo (2004), *Gauss: Titan of Science*. Washington (DC): The Mathematical Association of America Inc.

Durkheim, Émile (1975), *Educación y sociología*. Barcelona: Ediciones Península

— (1987), *La división social del trabajo*. Madrid: Akal

— (2012), *Las formas elementales de la vida religiosa*. Méjico (DF): Fondo de Cultura Económica

— (2019), *Las reglas del método sociológico y otros ensayos de metodología*. Méjico (DF): Fondo de Cultura Económica

Eccles, John (1986), «Do mental events cause neural events analogously to the probability fields of quamtun mechanics?», *Proc R Soc Lond B*, 227, 411 – 428.

— (1990), «A unitary hypothesis of mind-brain interaction in the cerebral cortex», *Proc R Soc Lond B*, 240, 433–451

— (1992), *La evolución del cerebro: creación de la conciencia*. Barcelona: Labor

Edgeworth, Francis (1881), *Mathematical Psychics: An Essay on the Application of Mathematics to the Moral Sciences*. London: Kegan Paul.

Edwards, A.W.F. (1994), «The fundamental theorem of natural selection», *Biological Reviews* 69, 443 – 474

Einstein, A. (1905a), «Zur Elektrodynamik bewegter Körper», *Annalen der Physik*, 17, 891-921.

— (1905b), «Über einen die die Erzeugung und Verwandlung des Lichtes betreffenden heuristischen Gesichtspunkt», *Annalen der Physik*, 17, 132-148.

— (1915), «Die Feldgleichungen der Gravitation», *Sitz. Ber. Preuss. Akad., Wiss.* 48, 844-847. Traducción inglesa disponible en *The Collected Papers of Albert Einstein, Vol. 6*, M. J. Klein, A. J. Kox, J. Renn & R. Schulmann (éds.), Princeton University Press (Princeton), 1996.

— (1950), *La Relatividad (memorias originales)*, traducción de Fidel Alsina Fuertes y Damián Canals Frau, Buenos Aires: Emecé Editores S.A.

— (1985), *El significado de la Relatividad*, Barcelona: Planeta

— (1986), *Contribuciones a la ciencia y otros ensayos*. Barcelona: Orbis.

Einstein, A., Podolsky, B., Rosen, N. (1935), «Can Quantum-Mechanical Description of Physical Reality Be Considered Complete?», *Phys. Rev.* 47, 777.

Eldredge, Niles; Gould, Stephen (1972), «Punctuated equilibria: an alternative to phyletic gradualism» en T.J.M. Schopf (ed.), *Models in Paleobiology*. San Francisco: Freeman Cooper, pp. 82 – 115

Elias, Norbert (1990), *La sociedad de los individuos*. Barcelona: Península

Ellul, Jacques (1954), *La Technique: L'Enjeu du siècle*. Paris, Armand Colin

El-Sayed, Yehia (2003), *The Thermoeconomics of Energy Conversions*. London: Pergamon.

Emmeche, Claus; Koppe, Simo; Stjernfelt, Frederik (1997), «Explaining emergence: Toward an ontology of levels», *Journal for General Philosophy of Science*, 28, 83–119

Ernst, Edzard (2016), *Homeopathy. The Undiluted Facts*. New York: Springer

Errasti, José; Pérez, Marino (2022), *Nadie nace en un cuerpo equivocado. Éxito y miseria de la identidad de género*. Barcelona: Deusto

Escohotado, Antonio (2008), *Los enemigos del comercio. Una historia moral de la propiedad. Vol. I*. Madrid: Espasa

— (2013), *Los enemigos del comercio. Una historia moral de la propiedad. Vol. II*. Madrid: Espasa

— (2016), *Los enemigos del comercio. Una historia moral de la propiedad. Vol. III*. Madrid: Espasa

Fausto-Sterling, Anne (2000), *Sexing the Body: Gender politics and the construction of sexuality*. New York: Basic Books

Feenberg, Andrew (1995), *Alternative Modernity*. Berkeley: University of California Press

— (1999), *Questioning Technology*. New York: Routledge

— (2002), *Transforming Technology: A Critical Theory Revisited*. Oxford – New York: Oxford University Press

Fehr, Ernst; Gächter, Simon (2002), «Altruistic punishment in humans», *Nature* 415, 137 – 140

Fehr, Ernst; Schmidt, Klaus (2006), «The Economics of Fairness, Reciprocity and Altruism – Experimental Evidence and New Theories», en *Handbook of the Economics of Giving, Altruism and Reciprocity*, Volume 1, Chapter 8, pp. 615 – 691. Oxford (UK): Elsevier

Felson, Richard; Lane, Kelsea (2010), «Does violence involving women and intimate partners have a special etiology?», *Criminology* 48 (1), 321 – 338

Fernández, Alberto; Rodríguez, Beatriz (2001), *La práctica de la psicoterapia. La construcción de narrativas terapéuticas*. Bilbao: Desclée de Brouwer

Feser, Edward (2014), *Scholastic Metaphysics: A Contemporary Introduction*. Neunkirchen-Seelscheid (Germany): Editiones Scholasticae

Feyerabend, Paul (1987), *Adiós a la Razón*. Madrid: Tecnos.

— (1990), «Realism and the historicity of Knowledge», en W. R. Shea y A. Spadafora (eds.), *Creativity in the Arts and Science* (pp. 142 – 153). Canton: Science History Publications.

— (2003), *Tratado contra el método*. Madrid: Tecnos

Fisher, Helen (2005), *Por qué amamos: Naturaleza y química del amor romántico*. Madrid: Punto de Lectura

Fisher, Ronald (1925), *Statistical Methods for Research Workers*. Edinburgh: Oliver and Boyd.

— (1930), *The Genetical Theory of Natural Selection*. Oxford: Clarendon Press

— (1935), *The Design of Experiments*. Edinburgh: Oliver and Boyd.

Fleck, Ludwik (1986), *La génesis y el desarrollo de un hecho científico*. Madrid: Alianza Editorial.

Fleming, Fergus (2003), *Barrow y sus hombres*. Barcelona: RBA

— (2007), *La Conquista del Polo Norte*. Barcelona: Tusquets

Flyvbjerg, Bent (2012), *Making Social Science Matter. Why Social Inquiry Fails and How it Can Succeed Again*. New York: Cambridge University Press

Fort Charles (1974), *El libro de los condenados*. Buenos Aires: Dronte

Foucault, Michel (1976), *Histoire de la sexualité I: La volonté de savoir*. Paris: Gallimard

— (1999), *Arqueología de las ciencias humanas*. Méjico (DF): Editorial Siglo XXI

Frankish, Keith; Ramsey, William, eds. (2014). *The Cambridge Handbook of Artificial Intelligence*. Cambridge: Cambridge University Press.

Franklin, Allan (1986), *The Neglect of Experiment*. Cambridge: Cambridge University Press

Fraser, Robert (1990), *The Making of "The Golden Bough"*. New York: St. Martin's Press

Frazer, James (1890), *The Golden Bough*. London: Macmillan Publishers

Freeman, Derek (1983), *Margaret Mead and Samoa*. Cambridge (USA) – London (UK): Harvard University Press.

Freud, Sigmund (2012), *Proyecto de una Psicología científica* (edición y notas de Roberto Castro Rodríguez). Madrid: Siglo XXI

— (2013), *La interpretación de los sueños*. Madrid: Akal

Friedman, Michael (1991), *Fundamentos de las teorías del espacio-tiempo*. Madrid: Alianza Universidad

Friedman, Milton (1991), «Old Wine in New Bottles», *Economic Journal* 101 (404), 33 – 40

Friedman, R.C.; Downey. J. (1993), «Neurobiology and Sexual Orientation: Current Relationships», *Journal of Neuropsychiatry and Clinical Neurosciences* 5 (2), 131 – 153

Fritze, Ronald (2010), *Conocimiento inventado*. Madrid: Turner Noema

Fromm, Erich (2009), *El miedo a la libertad*. Barcelona: Paidós

— (2016), *El corazón del hombre*. Méjico: Fondo de Cultura Económica

Fukuyama, Francis (1992), *The end of History and the last man*. New York: The Free Press (edición española publicada en 1992 por Editorial Planeta, Barcelona)

Gabriel, Markus (2016), *Por qué no existe el mundo*. Méjico (DF): Océano editorial

Galbraith, John (1983), *El Dinero*. Barcelona: Orbis

— (1999), *Un viaje por la economía de nuestro tiempo*. Barcelona: Ariel

— (2000), *El crac del 29*. Barcelona: Ariel

Galileo (1632), *Dialogo sopra i due massimi sistemi del mondo*. Florencia

— (1638), *Discorsi e Dimostrazioni Matematiche, intorno a due nuove scienze*. Leiden: Louis Elsevier.

— (1976), *Consideraciones y demostraciones matemáticas sobre dos nuevas ciencias*. Madrid: Ed. Nacional.

— (1981), *El ensayador*. Buenos Aires: Aguilar.

— (1995), *Diálogo sobre los sistemas máximos*. Madrid: Alianza.

Galileo-Kepler, (1990), *El mensaje y el mensajero sideral*. Madrid: Alianza

Galvani, Luigi (1791), «De viribus electricitatis in motu musculari commentarius», *Bon. Sci. Art. Inst. Acad. Comm*. 7, 363– 418.

— (1953), *Commentary on the Effects of Electricity on Muscular Motion* (translated by Margaret Glover Foley – introduction by I. Bernard Cohen). Norwalk (Conn.): Brundy Library

Garcia-Falgueras, A., Swaab, D. F. (2010). «Sexual hormones and the brain: an essential alliance for sexual identity and sexual orientation», en *Pediatric Neuroendocrinology* (Vol. 17, pp. 22 – 35). Basilea: Karger Publishers

Gracía-Trevijano, Antonio (2010*), Teoría Pura de la República*. Madrid: El Buey Mudo

Gardner, Russell; Cory, Gardner (2002), *The evolutionary neuroethology of Paul MacLean: convergences and frontiers*. Nueva York: Praeger.

Gardner, Martin (1957), *Fads and fallacies in the name of science*. Dover: New York

Garvey, Brian (2010), «Absence of Evidence, Evidence of Absence, and the Atheist's Teapot», *Ars Disputandi* 10 (1), 9 – 22

Gaukroger, Stephen (2001), *Francis Bacon & the Transformation of Early-Modern Philosophy*. New York: Cambridge University Press

Gauquelin, Michel (1969), *La Astrología ante la Ciencia*. Barcelona: Plaza & Janés

— (1978), *Los Relojes Cósmicos*. Barcelona: Plaza & Janés

Gauss, Carl Friedrich (1809), *Theoria motus corporum coelestium in sectionibus conicis solem ambientium*. Hamburg: Friedrich Perthes und I.H. Besser.

Gavroglu, Kostas; Simões, Ana (2012), *Neither Physics nor Chemistry. A History of Quantum Chemistry*. Cambridge (Mass): The MIT Press

Gell-Mann, Murray (1995), «What is Complexity?», *Complexity*, 1 (1), 16 – 19

Georgescu-Roegen, Nicholas (1971), *The Entropy Law and the Economic Process*. Cambridge (Mass): Harvard University Press

Gibbs, Willard (1902), *Elementary principles in statistical mechanics*. New York: Scribner's sons

Giedion, Sigfried (1978), *La mecanización toma el mando*. Barcelona: Editorial Gustavo Gili

Gieryn, Thomas (1999), *Cultural boundaries of science. Credibility on the line*. Chicago: The University of Chicago Press

Gillespie, David (1976), *Introducción a la mecánica cuántica*. Barcelona: Reverté

Gillette, Aaron (2014). *Racial Theories in Fascist Italy*. London: Routledge

Gintis, Herbert; Bowles, Samuel; Boyd, Robert; Fehr Ernst (2005), *Moral Sentiments and Material Interests. The Foundations of Cooperation in Economic Life*. Cambridge (Mass): The MIT Press

Gleick, James (1987), *Chaos: Making a New Science*, New York: Penguin Books

Gleiser, Marcelo (2014), *The Island of Knowledge. The Limits of Science and the Search for Meaning*. New York: Basic Books

Glimcher, Paul; Fehr, Ernst, eds. (2013), Neuroeconomics: Decision Making and the Brain (2nd Edition). New York: Academic Press

Gomis, Alberto (1991), *La biología en el siglo XIX*. Madrid: Akal

González, Agustín (1998), *Los sistemas de clasificación de los seres vivos*. Madrid: Akal

González, Jose (2004), *Teorías de la vida*. Madrid: Síntesis

Gooren L. (2006), «The biology of human psychosexual differentiation», *Hormones and Behavior* 50 (4), 589 – 601

Gould, Stephen (1986), *La falsa medida del hombre*. Barcelona: Orbis

— (2000), *Ciencia versus religión. Un falso conflicto*. Barcelona: Crítica

— (2004), «¿Definen los caracteres emergentes o las aptitudes emergentes la selección de especies?», en *La estructura de la teoría de la evolución*, pp. 687–704. Barcelona: Tusquets.

— (2010), *Ontogenia y filogenia. La ley fundamental biogenética*. Barcelona: Crítica

Gould, Stephen; Lewontin, Richard C. (1979), «The spandrels of San Marco and the Panglossian paradigm: a critique of the adaptationist programme», *Proceedings of the Royal Society B: Biological Sciences*, 205 (1161), 581–598

Graham, Loren (2016), *Lysenko's Ghost: Epigenetics and Russia*. Cambridge (Mass): Harvard University Press

Gray, Jeremy (1997), *Enlightenment's Wake Politics and Culture at the Close of the Modern Age*. London - New York: Routledge

— (2006), *El reto de Hilbert*. Barcelona: Crítica (Drakontos)

Gregersen, Niels, ed. (2003), *From Complexity to Life*. New York: Oxford Univ. Press

Grim, Patrick, ed. (1990), *Philosophy of science and the occult*. Albany (NY): SUNY Press

Gross, Paul; Leavitt, Norman (1994), *Higher Superstition: The Academic Left and Its Quarrels with Science*. Baltimore (Maryland): The Johns Hopkins University Press

Guattari, Félix (2017), *La revolución molecular*. Madrid: Errata Naturae

Gullo, Marcelo (2021), *La insubordinación fundante. Breve historia de la construcción del poder de las naciones*. Buenos Aires: Biblos

Gutiérrez, Juan; Peset, Jose (1997), *Metro y kilo: El sistema métrico decimal en España*. Madrid: Akal

Hacking, Ian (1982), «Language, Truth and Reason» en *Rationality and Relativism*, Martin Hollis y Steven Lukes (eds.), pp. 48 – 66. Oxford: Blackwell

— (1983), *Representing and Intervening*. Chicago: University of Chicago Press (Versión española: *Representar e Intervenir*, Paidós, Barcelona, 1996)

— (1986), «Styles of Scientific Reasoning» en *Post-analytic Philosophy*, John Rajchman y Cornel West (eds.), pp. 145 – 165. New York: Columbia University Press

— (1994), «Styles of Scientific Thinking or Reasoning: A New Analytical Tool for Historians and Philosophers of Sciences» en *Trends in the Historiography of Science*. Eds. K. Gavroglu, J. Chistiandis y E. Nicolaidis (eds.), pp. 31 – 48. Dordrecht: Kluwer Academic Publishers

— (1999), *The social construction of what?* Cambridge (Mass): Harvard University Press

— (2002), *Historical Ontology*. Cambridge (Mass): Harvard University Press

— (2009), *Scientific Reason*. Taipei (Taiwan): Institute for Advanced Studies in Humanities and Social Sciences (National Taiwan University)

— (2012), «"Language, Truth and Reason" 30 years later», *Studies in History and Philosophy of Science* 43 (4), 599 – 609

Hadamard, Jacques (1945), *An Essay on the Psychology of Invention in the Mathematical Field*. Princeton: Princeton Univ. Press (Nueva edición con el título *The Mathematician's Mind: The Psychology of Invention in the Mathematical Field*, 1996)

Hahn A., Kranz G., Küblböck M., Kaufmann U., Ganger S., Hummer A., Seiger R., Spies M., Winkler D., Kasper S., Windischberger C., Swaab D., Lanzenberger R. (2015), «Structural Connectivity Networks of Transgender People», *Cereb. Cortex* 25 (10), 3527 – 3534

Haidt, Jonathan (2001), «The emotional dog and its rational tail. A social intuitionist approach to moral judgment», *Psychological Review* 108, 814 – 834.

Haidt, Jonathan (2012), *The righteous mind. Why good people are divided by politics and religion*. Nueva York: Pantheon Books.

Haidth, Johnathan; Lukianoff, Greg (2019), *La transformación de la mente moderna. Cómo las buenas intenciones y las malas ideas están condenando a una generación al fracaso*. Madrid: Deusto

Hallam, Anthony (1994), *Grandes controversias geológicas*. Barcelona: RBA

Hamlin, J-K; Wynn, K; Bloom, P. (2007), «Social evaluation by preverbal infants», *Nature* 450, 557–559

Hamlin, J-K; Wynn, K. (2011), «Young infants prefer prosocial to antisocial others», *Cogn. Dev.* 26, 30–39

Hampden-Turner, Charles; Trompenaars, Fons (1994), *The Seven Cultures of Capitalism*. London: Piatkus

Hansel, Charles (1980), *ESP and Parapsychology: A Critical Re-evaluation*. Buffalo (New York): Prometheus

Haraway, Donna (1989), *Primate Visions: Gender, Race, and Nature in the World of Modern Science*. New York – London: Routledge

— (1991), *Simians, Cyborgs and Women: The Reinvention of Nature*. New York: Routledge

Harcourt, Geoffrey (2006), *The Structure of Post-Keynesian Economics: The Core Contributions of the Pioneers*. Cambridge (UK): Cambridge University Press

Harding, Sandra (1986), *The Science Question in Feminism*. Ithaca (NY): Cornell University Press.

— (1991), *Whose Science? Whose Knowledge? Thinking from Women's Lives*. New York: Cornell University Press

— (1996), *Ciencia y feminismo*. Madrid: Morata

Hardy Lucien (2020), «Implementation of the Quantum Equivalence Principle» en Finster F., Giulini D., Kleiner J., Tolksdorf J. (eds), *Progress and Visions in Quantum Theory in View of Gravity*. Cham: Birkhäuser

Harman, P.M. (1990), *Energía, fuerza, material. El desarrollo conceptual de la física del siglo XIX*. Madrid: Alianza

Harris, Marvin (1987), *El materialismo cultural*. Madrid: Alianza

— (1997a), *Culture, people, nature: an introduction to general anthropology*. London: Longman

— (1997b). *Nuestra especie*. Madrid: Alianza

— (1998), *El desarrollo de la teoría antropológica. Historia de las teorías de la cultura*. Madrid: Siglo XXI

— (2004), *Teorías sobre la cultura en la era posmoderna*. Barcelona: Critica

— (2005a), *Bueno para comer: enigmas de alimentación y cultura*. Madrid: Alianza

— (2005b), *Vacas, cerdos, guerras, y brujas: los enigmas de la cultura*. Madrid: Alianza

Hart, David (2019), «The Paris School of Liberal Political Economy» en M. Moriarty & J. Jennings (eds.), *The Cambridge History of French Thought*, Cambrdige(UK): Cam. Univ. Press

Hartman, Ann (1991), «Words create worlds», *Social Work* 36, 275 – 276.

Harper, Kristine (2008), *Weather by the Numbers. The Genesis of Modern Meteorology*. Cambridge (Mass): The MIT Press

Hebb, Donald (1949), *The organization of behavior. A Neuropsychological Theory*. New York: Wiley

Hegel, Georg Wilhelm Friedrich (1807), *Phänomenologie des Geistes*. Würzburg: Verlag Joseph Anton Goebhardt

Heidegger, Martin (1997), *Filosofía, ciencia y técnica*. Santiago de Chile: Editorial Universitaria

Heims, Steve (1986), *John von Neumann y Norbert Wiener*. Barcelona: Salvat

Hellinga, Lotte (2007), «The Gutenberg Revolutions», pp. 207–220 en Simon Eliot y Jonathan Rose (eds.), *A Companion to the History of the Book*. Hoboken (NJ): Blackwell Publishing

Hénaff, Marcel (1998), *Claude Lévi-Strauss and the Making of Structural Anthropology*. Minneapolis (Minnesota): University of Minnesota Press

Hernández, Esteban (2015), *Nosotros o el caos: así es la derecha que viene*. madrid: Deusto

— (2020). *Así empieza todo. La gran guerra del siglo XXI*. Barcelona: Planeta

Hergenhahn, Baldwin (2013), *An Introduction to the History of Psychology*. Belmont (California): Wadsworth Publishing

Hessen, Boris (1931), «The Social and Economic Roots of Newton's Principia» en Nicolai I. Bukharin, *Science at the Crossroads* (pp. 151 – 212), London: Kniga

Hines, Melissa (2005), *Brain Gender*. Oxford (U.K.): Oxford Univ. Press

Hines, M., Golombok, S., Rust, J., Johnston, K. J., Golding, J., & Parents and Children Study Team, A. L. S. O. (2002), «Testosterone during pregnancy and gender role behavior of preschool children: a longitudinal, population study», *Child Development*, 73 (6), 1678 – 1687

Hines, M., Kaufman, F. R. (1994), «Androgen and the development of human sex-typical behavior: Rough-and-tumble play and sex of preferred playmates in children with congenital adrenal hyperplasia (CAH)», *Child Development*, 65 (4), 1042 – 1053

Hjelmslev, Louis (1972), *Ensayos lingüísticos*. Madrid: Gredos

Hobbes, Thomas (2009), *Leviatán o la materia, forma y poder de un estado eclesiástico y civil*. Madrid: Alianza Editorial

Hoff Sommers, Christina (2009), *The Science on Women and Science*. Washington DC: AEI Press

Holland, John (1975), *Adaptation in natural and artificial systems*. Michigan: University of Michigan Press.

Holton, Gerald (1982), *Ensayos sobre el pensamiento científico en la época de Einstein*. Madrid: Alianza Universidad.

Homer, Steven; Selman, Alan (2011), *Computability and Complexity Theory*. New York: Springer.

Hooke, Robert (1995), *Micrografía, o algunas descripciones fisiológicas de los cuerpos diminutos realizadas con cristales de aumento con observaciones y disquisiciones sobre ellas*. Barcelona: Círculo de lectores

Horgan, John (1996), *The End of Science: Facing the Limits of Knowledge in the Twilight of the Scientific Age*. Nueva York: Addison Wesley

Horkheimer, Max; Adorno, Theodor (2018), *Dialéctica de la Ilustración*. Madrid: Trotta

Horvitz, Leslie (2003), *¡Eureka! Descubrimientos científicos que cambiaron el mundo*. Barcelona: Paidós

Hsiao, Kung-chuan (1979), *A History of Chinese Political Thought. Volume 1: From the Beginnings to the Sixth Century A.D.* Princeton: Princeton University Press

Huang, Julie; Bargh, John (2014), «The selfish goal: Autonomously operating motivational structures as the proximate cause of human judgment and behavior», *Behavioral and Brain Sciences* 37 (2), 121 – 135

Humboldt, Alexander von (2011), *Cosmos: Ensayo de una descripción física del mundo*. Madrid: Consejo Superior de Investigaciones Científicas

Hume, David (2006), *Diálogos sobre la religión natural*. Madrid: Tecnos

Hunter, M., ed. (1994), *Robert Boyle Reconsidered*. Cambridge: Cam. Univ. Press

Huntington, Samuel (1996), *The Clash of Civilizations and the Remaking of World Order*. New York: Simon & Schuster

Huth, John (1998), «Latour's Relativity» en Noretta Koertge (ed.), *A House Built on Sand: Exposing Postmodernist Myths About Science* (pp. 181 – 192). New York – Oxford: Oxford University Press.

Ibáñez, Raul (2011). *El sueño del mapa perfecto. Cartografía y matemáticas*. Barcelona: RBA

Ienca, Marcello; Andorno, Roberto (2017), «Towards new human rights in the age of neuroscience and neurotechnology», *Life Sci Soc Policy* 13, article 5

Iggers, Georg (1997), *Historiography in the Twentieth Century: From Scientific Objectivity to the Postmodern Challenge*. Connecticut (USA): Wesleyand University Press

Insua, Pedro (2019). *El orbe a sus pies. Magallanes y Elcano: cuando la cosmografía española midió el mundo*. Barcelona: Ariel

Isard, Walter (1954), «Location Theory and Trade Theory: Short-Run Analysis», *Quarterly Journal of Economics*, 68 (2), 305

Ishizu, Tomohiro; Zeki, Semir (2011), «Toward A Brain-Based Theory of Beauty», *PLoS ONE* 6 (7): e21852.

Israel, Jonathan (2010), *A Revolution of the Mind*. Princeton (N.J.): Princeton University Press.

Ivanov, Vladimir; Shamin, Andrei (1985), *La historia de la síntesis de las proteínas*. Moscú: Editorial Mir

Jacobs, Jerry (2014), *In Defense of Disciplines: Interdisciplinarity and Specialization in the University Research*. Chicago: University of Chicago Press

Jadva, V., Hines, M., Golombok, S. (2010), «Infants' preferences for toys, colors, and shapes: Sex differences and similarities», *Archives of sexual behavior* 39 (6), 1261 – 1273

John, Richard (2010), *Network Nation: Inventing American Telecommunications*. Harvard (Mass): Harvard University Press

Jones, Barry (2007), *Discovering the solar system*. Chichester (UK): Wiley

Kahnemann, Daniel (2013), «Una perspectiva psicológica de la economía», *Ius et Veritas* 46 (ISSN 1995-2929), 420 – 428

— (2021), *Pensar rápido, pensar despacio*. Madrid: Debate

Kahneman, Daniel; Tversky, Amos (1972), «Subjective probability: A judgment of representativeness», *Cognitive Psychology* 3 (3), 430 – 454

— (1979), «Prospect Theory: An Analysis of Decision under Risk», *Econometrica* 47 (2), 263 – 292

Kalecki, Michał (1956), *Teoría de la dinámica económica: ensayo sobre los movimientos cíclicos y a largo plazo de la economía capitalista.* Méjico: Fondo de Cultura Económica
— (1968), *El Desarrollo de la Economía Socialista.* Méjico: Fondo de Cultura Económica
— (1970), *Estudios sobre la Teoría de los Ciclos Económicos.* Barcelona: Ariel
— (1976), *Economía socialista y mixta: selección de ensayos sobre crecimiento económico.* Méjico: Fondo de Cultura Económica
— (1977), *Ensayos escogidos sobre dinámica de la economía capitalista 1933-1970.* Méjico: Fondo de Cultura Económica
— (1980), *Ensayos sobre las economías en vías de desarrollo.* Barcelona: Crítica
Kant, Immanuel (2015), *Contestación a la pregunta qué es la Ilustración.* Madrid: Taurus
Kantorovich, Leonid (1965), *The Best Use of Economic Resources.* Oxford (UK): Pergamon Press
Kaplan, Michael (2002), «Historical evidence and human adaptation», *Philosophy of Science* 69 (53), 5294 – 5304
Kauffman, Stuart (2010), *Reinventing the Sacred.* New York: Basic Books
Keen, Steve (2015), *La economía desenmascarada.* Madrid: Capitán Swing
Keller, Evelyn (2008), «Organisms, Machines, and Thunderstorms: A History of Self-Organization, Part One», *Historical Studies in the Natural Sciences* 38 (1), 45 – 75
Kelton, Stephanie (2021), *El mito del déficit: La teoría monetaria moderna y el nacimiento de la economía de la gente.* Madrid: Taurus
Keynes, John (1998), *Teoría General del Empleo, el Interés y el Dinero.* Madrid: Ediciones Aosta.
Khun, Thomas (1980), *La teoría del cuerpo negro y la discontinuidad cuántica, 1894 – 1912.* Madrid: Alianza Editorial
— (2006), *La estructura de las revoluciones científicas* (4ª ed.). Madrid: Fondo de Cultura Económica de España
Khyal, Leyre; UTBH (2019), Prohibir la manzana y encontrar la serpiente: Una aproximación crítica al feminismo de cuarta generación. Madrid: Deusto
Kim, Jaegwon (1999), «Making Sense of Emergence», *Philosophical Studies*, 95, 3–36
Kimura, Motoo (1968), «Evolutionary rate at the molecular level», *Nature* 217 (5129), 624 – 626
— (1983), *The Neutral Theory of Molecular Evolution.* Cambridge – New York: Cambridge University Press
Kiverstein, J., Miller, M. (2015), «The embodied brain: towards a radical embodied cognitive neuroscience», *Frontiers in Human Neuroscience* 9, 237
Klein, Julie (2001), *Interdisciplinarity: History, Theory, & Practice.* Detroit: Wayne State University Press
Klein, Naomi (2012), *La doctrina del shock: el auge del capitalismo del desastre.* Barcelona: Planeta
Kolmogorov, Andrei (1950), *Foundations of the theory of probability* (traducción en inglés del original ruso de 1933). New York: Chelsea Publishing Company
Knorr-Cetina, Karin (1981), *The Manufacture of Knowledge: An Essay on the Constructivist and Contextual Nature of Science.* Oxford: Pergamon.
Kraft, Víctor (1986), *El Círculo de Viena.* Madrid: Taurus
Kral, V; MacLean, Paul D. (1973), *A Triune concept of the brain and behaviour, by Paul D. MacLean.* Toronto: Univ. of Toronto Press
Krause, J., *et al.* (2010). «The complete mitochondrial DNA genome of an unknown hominin from southern Siberia», *Nature* 464, 894 – 897
Kreimer, Roxana (2020), *El patriarcado no existe más.* Buenos Aires: Galerna
Kripke, Saul (1980), *Naming and Necessity.* Oxford: Blackwell Ltd
Kruijver F., Zhou J., Pool C., Hofman M., Gooren L., Swaab D. (2000), «Male-to-female transsexuals have female neuron numbers in a limbic nucleus», *The Journal of Clinical Endocrinology and Metabolism* 85 (5), 2034 – 2041
Laercio, Diógenes (2007), *Vida de los filósofos ilustres.* Madrid: Alianza
LaGrandeur, Kevin (2013), *Androids and Intelligent Networks in Early Modern Literature and Culture. Artificial Slaves.* New York – London: Routledge (Taylor & Francis Group)
Lagrange, Joseph-Louis (1788), *Méchanique Analitique.* Paris: La Veuve Desaint
Lakatos, Imre (1983), *La metodología de los Programas de Investigación Científica.* Madrid: Alianza
— (2002), *Pruebas y refutaciones.* Madrid : Alianza
Lakoff, George (2007), *No pienses en un elefante. Lenguaje y debate político.* Madrid: Editorial Complutense
Lakoff, George (2009), *The political mind. A cognitive scientist guide to your brain and its politics.* Nueva York: Penguin Books
Lakoff, George (2016), «Language and emotion», *Emotion Review* 8 (1), 1 – 5.
Lalande, André (1938), *Vocabulaire technique et critique de la philosophie*, 2nd ed., 3 vols. Paris: Alcan
Lane, Harlan (1976), *The wild boy of Aveyron.* Cambridge (Mass): Harvard University Press
Laplace, Pierre-Simon (1820), *Théorie analytique des probabilités* (III Edition). Paris: Courcier
— (1898), *Ouvres Completes.* Paris: Gauthier-Villars et Fils
Latour, Bruno (1988), «A Relativistic Account of Einstein's Relativity», *Social Studies of Science* 18, 3 – 44
— (1992), *Ciencia en acción: cómo seguir a los científicos e ingenieros a través de la sociedad.* Barcelona: Labor
— (2010), *Crónicas de un amante de las ciencias.* Buenos Aires: Dedalus Editores.
Latour, Bruno; Woolgar, Steve (1986). *Laboratory Life: The Construction of Scientific Facts.* Princeton (N.J.): Princeton University Press
Lavoisier, Antoine (1789), *Traité élémentaire de chimie, présenté dans un ordre nouveau et d'après les découvertes modernes.* Paris: Chez Cuchet
Lavoisier, Antoine ; De Morveau, Guyton; Berthollet, Claude-Louis; Fourcroy, Antoine (1787), *Méthode de nomenclature chimique.* Paris: Chez Cuchet
Lavoisier, Antoine *et al* (1789), *Nomenclature chimique, ou synonymie ancienne et moderne, pour servir à l'intelligence des auteurs.* Paris: Chez Cuche
Le Dantec, Félix (1912), *Contre la métaphysique.* Paris: Alcan
Lefèvre, Wolfgang, ed. (2004), *Picturing Machines, 1400-1700.* Cambridge (Mass): MIT Press
Lenin (1975), *Materialismo y empiriocriticismo.* Barcelona: Grijalbo
Leontief, Wassily (1986), *Input-output Economics.* New York: Oxford University Press

Lessing, Doris (2018), *Las cárceles que elegimos*. Barcelona: Penguin

LeVay, S. (1991), «A difference in hypothalamic structure between heterosexual and homosexual men», *Science* 253 (5023), 1034 – 1037

Levi-Strauss, Claude (1963), *Structural Anthropology*. New York: Basic Books

— (1969), *The Elementary Structures of Kinship*. Oxford (UK): Oxford University Press

Li, Jie; Boghosian, Bruce; Li, Chengli (2018), «The Affine Wealth Model: An agent-based model of asset exchange that allows for negative-wealth agents and its empirical validation», *Physica A: Statistical Mechanics and its Applications*, 516. 10.1016/j.physa.2018.10.042.

Líer, Carmen; Sanchis, Francisca; Herrero, Ana (1996), *La geografía entre los siglos XVII y XVIII*. Madrid: Akal

Lilla, Mark (2004), *Pensadores temerarios. Los intelectuales en la política*. Madrid: Debate

Lippa, Richard (1998), «Gender-related individual differences and the structure of vocational interests: The importance of the people–things dimension», *Journal of personality and social psychology* 74 (4), 996.

— (2009), «Sex differences in sex drive, sociosexuality, and height across 53 nations: Testing evolutionary and social structural theories», *Archives of sexual behavior* 38 (5), 631 – 651

— (2010), «Sex differences in personality traits and gender-related occupational preferences across 53 nations: Testing evolutionary and social-environmental theories», *Archives of sexual behavior* 39 (3), 619 – 636

Lipsey, Richard; Lancaster, Kelvin (1956), «The General Theory of Second Best», *Review of Economic Studies* 24 (1), 11–32

List, Christian; Spiekermann, Kai (2013), «Methodological Individualism and Holism in Political Science: A Reconciliation», *American Political Science Review* 107 (4), 629 – 643

Littman Lisa (2019), «Correction: Parent reports of adolescents and young adults perceived to show signs of a rapid onset of gender dysphoria», *PLOS ONE* 14 (3): e0214157

Łobaczewski, Andrzej (2006), *Political Ponerology: A Science on the Nature of Evil Adjusted for Political Purposes*. Grande Prairie: Red Pill Press

Locke, John (2014), *Segundo tratado sobre el gobierno civil: un ensayo acerca del verdadero origen y fin del gobierno civil*. Madrid: Alianza

Long, Pamela (2001), *Openness, Secrecy, Authorship: Technical Arts and the Culture of Knowledge from Antiquity to the Renaissance*. Baltimore: The Johns Hopkins Univ. Press

Lonsdorf, E. V., Anderson, K. E., Stanton, M. A., Shender, M., Heintz, M. R., Goodall, J., Murray, C. M. (2014), «Boys will be boys: sex differences in wild infant chimpanzee social interactions», *Animal behaviour* 88, 79 – 83

López, José (1992), *La anatomía comparada antes y después del darwinismo*. Madrid: Akal

Lorenz, Edward (1963), *Journal of Atmospheric Science*, 20, 130 y 448.

— (1979), «Predictability: Does the flap of a butterfly wings in Brazil set off a tornado in Texas?». Comunicación al Congreso de la *American Association for the Advancement of Science*, Washington (D.C.)

Lovelock, James (1979), *Gaia: A New Look at Life on Earth*. Oxford (UK): Oxford University Press

Lowe, Derek (2016), *The Chemistry Book. From gunpowder to graphene, 250 milestones in the history of chemistry*. New York: Sterling Publishing

Luders E., Sánchez F., Gaser C., Toga A., Narr K., Hamilton L., Vilain E. (2009), «Regional gray matter variation in male-to-female transsexualism», *NeuroImage* 46 (4), 904 – 907

Lyell, Charles (1830), *Principles of Geology* (3 vols). Londres: John Murray

Lyotard, Jean-François (2006), *La condición posmoderna* (4 edición). Madrid: Cátedra

— (2009), *La Posmodernidad (Explicada a los niños)*. Barcelona: Gedisa

Maalouf, Amin (1998), *Identidades asesinas*. Madrid: Alianza

Mackinnon, Catharine (1989), *Toward a Feminist Theory of the State*. Cambridge (Mass): Harvard University Press

MacLean, Paul (1990), *The triune brain in evolution: role in paleocerebral functions*. Nueva York: Plenum Press

Mainzer, Klaus (2005), *Symmetry and complexity*. New Jersey: World Scientific

Malinowski, Bronisław (1913), *The family among the Australian Aborigines: a sociological study*. London: University of London Press

— (1922), *Argonauts of the Western Pacific: An account of native enterprise and adventure in the Archipelagoes of Melanesian New Guinea*. London: Routledge & Kegan

— (1926a), *Myth in primitive psychology*. London: Norton.

— (1926b), *Crime and custom in savage society*. New York: Harcourt, Brace & Co.

— (1927), *Sex and Repression in Savage Society*. London: Kegan & Co.

— (1944), *A Scientific Theory of Culture and Others Essays*. Chapel Hill (NC): The University of North Carolina Press.

— (1948), *Magic, Science and Religion and Other Essays*. Glencoe, Illinois: The Free Press

— (1962), *Sex, Culture, and Myth*. New York: Harcourt

Malthus, Robert (1977), *Principios de economía política*. Méjico (DF): FCE

— (1993), *Primer ensayo sobre la población*. Madrid: Alianza

Mandelbrot, Benoit (1982), *The Fractal Geometry of Nature*. New York: Freeman

Mandler, George (2007), *A History of Modern Experimental Psychology. From James and Wundt to Cognitive Science*. Cambridge (Mass.) & London (UK): MIT Press

Mansion, A. (1953), «L'immortalité de l'âme et de l'intnellect d'après Aristote», *Revue Philosophique de Louvain* 51 (31), 444 – 472

Maquiavelo, Nicolás (2010), *El Príncipe*. Madrid : Alianza Editorial

Marcuse, Herbert (1985), *El hombre unidimensional*. Barcelona: Planeta – De Agostini

Márquez, Nicolás; Laje, Agustín (2016), *El libro negro de la nueva izquierda*. Buenos Aires: Grupo Unión

Marshall, Alfred (2006), *Principios de Economía*. Madrid: Síntesis

Martin, Richard (1958), *Truth and Denotation*. Chicago: University of Chicago Press

Martín-Loeches, Manuel (2017), *El cerebro social. Por qué estamos diseñados para conectar con los demás*. Barcelona: RBA

Martínez, Concha; Rivas, Uxía; Villegas-Foreromay, Luis (2019), *Truth in Perspective: Recent Issues in Logic, Representation and Ontology.* London: Routledge

Martínez, Felipe (2018), *La filosofía de «El capital».* Madrid: Abada

Marx, Karl (1867), *Das Kapital: Kritik der Politischen Ökonomie.* Hamburg: Verlag von Otto Meisner

Marx, Karl: Engels, Friedrich (2021), *El Manifiesto Comunista.* Barcelona: Galaxia Gutenberg

Maslow, Abraham (1943), «A Theory of Human Motivation», *Psychological Review* 50, 370 – 396

Mason, Stephen (1988), *Historia de las Ciencias* (5 vols.). Madrid: Alianza

Max-Neef, Manfred (1986), *Desarrollo a escala humana: Conceptos, aplicaciones y reflexiones.* Barcelona: Icaria

Maxwell, James (1873), *A Treatise on Electricity and Magnetism,* vol. I & II. Oxford: Clarendon Press. Nueva edición de Dover Co. (1954).

Maxwell, J.C. (1998), *Escritos Científicos,* edición de J.M. Sánchez Ron. Madrid: CSIC

Mayo, Deborah (1996), *Error and the Growth of Experimental Knowledge,* Chicago: University of Chicago Press

Mayor, Adrienne (2019), *Dioses y robots: Mitos, máquinas y sueños tecnológicos en la Antigüedad.* Madrid: Desperta Ferro Ediciones SLNE

Mazzucato, Mariana (2019), *El estado emprendedor.* Barcelona: RBA

— (2021), *El valor de las cosas. Quién produce y quién gana en la economía global.* Madrid: Taurus

McCorduck, Pamela (1979), *Machines Who Think: A personal inquiry into the history and prospects of artificial intelligence.* San Francisco: W. H. Freeman

McInally, Tom (2011), *The Sixth Scottish University: The Scots Colleges Abroad: 1575 to 1799.* Boston: Brill

McSween Jr., Harry; Huss, Gary (2010), *Cosmochemistry.* New York: Cambridge Univ. Press

Mead, Margaret (2004), *Coming of Age in Samoa: a psychological study of primitive youth for western civilisation.* New York: Perennial Classics

Meadows, Donella; Meadows, Dennis; Randers, Jørgen; Behrens III, William (1972), *Los límites del crecimiento.* Méjico (DF): Fondo de Cultura Económica

Meadows, Dennis; Randers, Jørgen (1993), *Más allá de los límites del crecimiento.* Barcelona: Círculo de lectores

Meadows, Donella; Randers, Jørgen; Meadows, Dennis (2004), *Los límites del crecimiento. 30 años después.* Barcelona: Galaxia Gutenberg

Merton, Robert (1938), «Science, Technology and Society in Seventeenth Century England», *Osiris* 4 (2), 360 – 362

— (1939), «Science and the Economy of Seventeenth Century England», *Science & Society* 3, 3 – 27

— (1973), *The Sociology of Science: Theoretical and Empirical Investigations.* Chicago: University of Chicago Press

— (1976), *Sociological Ambivalence and Other Essays.* Nueva York: The Free Press

Metzger, Thomas (2005), *A Cloud Across the Pacific: Essays on the Clash Between Chinese and Western Political Theories Today.* Hong Kong: Chinese University of Hong Kong Press

Metzinger, T., ed. (2000), *Neural correlates of consciousness.* Cambridge (Mass): MIT Press

Meyer-Abich, Adolf (1988), *Humboldt.* Barcelona: Salvat

Miah, Andy; Rich, Emma (2008), *The medicalization of cyberspace.* Nueva York: Routledge

Michels, Robert (2008), *Los partidos políticos. Un estudio sociológico de las tendencias oligárquicas de la democracia moderna* (2 Tomos). Buenos Aires – Madrid: Amorrortu editores.

Milankovic, Milutin (1930), *Mathematische Klimalehre und Astronomische Theorie der Klimaschwankungen, Handbuch der Klimalogie Band 1.* Berlin: Teil A Borntrager.

— (1941), *Kanon der Erdbestrahlung und seine Anwendung auf das Eiszeitenproblem.* Belgrade: Mihaila Ćurčića.

Mill, John Stuart (1843), *System of Logic. Ratiocinative and Inductive.* Collected Works, Vols. 7 & 8 (1996). Toronto: University of Toronto Press

Miller, Raymond (2010), «Interdisciplinariety: Its Meaning and Consequences», en Robert A. Denemark (ed.), *The International Studies Enclyclopedia (vol. VI),* pp. 3900 – 3915. Malden (Mass.): Wiley-Blackwell.

Mina, Federico (2019), «El problema mente-cuerpo en la antigua China: discusiones recientes», *Estudios de Asia y África* 54 (1), 151 – 176.

Mínguez, Carlos (2006), *Filosofía y ciencia en el Renacimiento.* Madrid: Síntesis

Misner, Charles; Thorne, Kip; Wheeler, John (1973), *Gravitation.* New York: Freeman & Co.

Mitcham, Carl (1989), *¿Qué es la filosofía de la tecnología?* Barcelona: Anthropos

Mitroff, Ian (1974), «Norms and Counter-Norms in a Select Group of the Apollo Moon Scientists: A Case Study of the Ambivalence of Scientists», *American Sociological Review* 39 (4), 579 – 595

Mizrahi, Moti (2016), «The History of Science as a Graveyard of Theories: A Philosophers' Myth?», *International Studies in Philosophy of Science,* 30 (3), 263–278

Moffy, Terrie; Caspi; Avshalom (1999), «Findings about partner violence from the Dunedin Multidisciplinary Health and development Study», *National Institute of Justice Research in Brief* (Office of Justice Programs – U.S. Department of Justice), 12 pages

Moffitt; Terrie; Krueger, Robert; Caspi, Avshalom; Fagan, Jeff (2000), «Partner abuse and general crime: how are they the same? How are they different?», *Criminology* 38 (1), 199 – 232

Monteith, John (1972), «Solar radiation and productivity in tropical ecosystems», *Journal of Applied Ecology,* 9, 747-766

Montesquieu, Charles de Secondat (2002), *El espíritu de las leyes.* Madrid: Istmo

— (2021), *La separación de poderes.* Barcelona: Página Indómita

Moore, George (1903), *Principia Ethica.* Cambridge (UK): Cam. University Press

Moran, Bruce (2005), *Distilling Knowledge: Alchemy, Chemistry, and the Scientific Revolution.* Cambridge (Mass): Harvard University Press.

Morbidelli, Alessandro (2002), Modern Celestial Mechanics. Aspects of solar system dynamics. New York – London: Taylor & Francis.

Morowitz, Harold J. (2002), *The Emergence of Everything. How the world became complex.* New York: Oxford Univ. Press.

Mosterín, Jesús (1981), *Grandes temas de la filosofía actual.* Barcelona: Salvat

— (1987), *Conceptos y teorías en la ciencia.* Madrid: Alianza Universidad.

Moulines, Ulises (1982), *Exploraciones metacientíficas*. Madrid: Alianza Universidad.

Müller, Ingo (2007), *A History of Thermodynamics. The Doctrine of Energy and Entropy*. Berlin – Heidelberg: Springer-Verlag.

Müller, Ingo; Weiss, Wolf (2005), *Energy and Entropy. A Universal Competition*. Berlin – Heidelberg: Springer-Verlag

Müller, Vincent, ed. (2016), *Fundamental issues of artificial intelligence*. Berlin: Springer

Mumford, Lewis (2000), *Técnica y civilización*. Madrid: Alianza

Murray, Douglas (2019). *La masa enfurecida. Cómo las políticas de identidad llevaron al mundo a la locura*. Barcelona: Península

Nàcher, Juan (2017), *La regeneración neuronal*. Barcelona: RBA

Naredo, José (2019), *Taxonomía del lucro*. Madrid: Siglo XXI

Needham, Paul, ed. (2011), *Commentary on the principles of thermodynamics by Pierre Duhem*. New York: Springer

Newell, Allen; Simon, Herbert (1976), «Computer science as empirical inquiry: symbols and search», *Communications of the ACM* 19 (3), 113 – 126

Newton, Isaac (1718), *Opticks: Or, A Treatise of the Reflections, Refractions, Inflexions and Colours of Light. The Second Edition, with Additions*. London: W. & J. Innys (Printers to the Royal Society).

— (1726), *Naturalis Philosophiae Principia Mathematica* (Editio tertia). Londini: Regiae Societatis Typographos. Hay versiones españolas en *Principios Matemáticos de la Filosofía Natural*. Editora Nacional (Madrid), 1982; Tecnos (Madrid), 1997.

— (1729), *Sir Isaac Newton's Mathematical Principles of Natural Philosophy and his System of the World*, 2 vols., editado por Florian Cajori, traducción de Andrew Motte, University of California Press (Berkeley), 1962.

— (1736), *The method of fluxions and infinite series with its application to the geometry of curve-lines*. London: H. Woodfall.

Newton, Isaac, Leibniz, Gottfried (2006), *La polémica sobre la invención del cálculo infinitesimal*, Barcelona: Crítica

Nicholson, Danuel; Gawne Richard (2014), «Rethinking Woodger's Legacy in the Philosophy of Biology», *Journal of the History of Biology* 47, 243 – 292

Nidditch, P.H. (1995), *El desarrollo de la lógica matemática*. Madrid: Cátedra.

Niiniluoto, Ilkka (1987), *Truthlikeness*. Dordrecht: Reidel.

— (1999), *Critical Scientific Realism*. Oxford: Oxford University Press.

— (2015), «Optimistic Realism about Scientific Progress», *Synthese* 194, 3291 – 3309

Nilsson, Nils (2010), *The Quest for Artificial Intelligence*. New York: Cam. Univ. Press

Noëlle-Neumann, Elisabeth (1974), «The Spiral of Silence A Theory of Public Opinion», *Journal of Communication* 24 (2), 43-51

(1995), *La espiral del silencio. Opinión pública: nuestra piel social*. Barcelona: Paidós

Ochoa, E. (1989), «Values, prices and wage-profit curves in the U.S. economy», *Cambridge Journal of Economics* 13, 413 – 429

Ohanian, Hans; Ruffini, Roberto (1994), *Gravitation and Space-time*, New York: Norton.

O'Hara, Kieran (2018), *A Brief History of Geology*. New York: Cambridge University Press

Oliveira, Arlindo (2017), *The Digital Mind. How science is redefining humanity*. Cambridge (Mass): MIT Press

O'Neill, John (1973), *Modes of Individualism and Collectivism*. London: Heinemann Educational

Ortega y Gasset, José (1947), «Introducción a una estimativa. ¿Qué son los valores?» en *Obras completas*, vol. VI. Madrid: Revista de Occidente

— (2015), *Meditación de la técnica y otros ensayos*. Madrid: Alianza

O'Shea, Donald (2008), *La conjetura de Poincaré*. Barcelona: Tusquets

Ovejero, Félix (2018), *La deriva reaccionaria de la izquierda*. Barcelona: Página Indómita

Pacey, Arnold (1999), *Meaning in Technology*. Cambridge (Mass): MIT Press

Padgen, Anthony (2002), *La Ilustración y sus enemigos. Dos ensayos sobre los orígenes de la modernidad*. Barcelona: Península

— (2011), *Mundos en guerra. 2500 años de conflicto entre Oriente y Occidente*. Barcelona: RBA

— (2015), *La Ilustración y por qué sigue siendo importante para nosotros*. Madrid: Alianza Editorial

Paglia, Camille (2018), *Feminismo pasado y presente*. Madrid: Turner

Pais, A. (1984), «*El Señor es sutil: La ciencia y la vida de Albert Einstein*». Barcelona: Ariel

Panksepp, Jakk; Panksepp, Jules (2000), «The seven sins of evolutionary psychology», *Evolution and Cognition* 6 (2), 108 – 131

París, Carlos (1973), *Mundo técnico y existencia auténtica*. Madrid: Revista de Occidente

Patai, Daphne; Koertge, Noretta (1994), *Professing Feminism. Cautionary Tales from the Strange World of Women's Studies*. Nueva York: Basic Books.

Paul, Harry W. (1968), «The Debate over the Bankruptcy of Science in 1895», French Historical Studies, 5 (3), 299–327.

Pauli, Wolfgang (1973), *Thermodynamics and the kinetic theory of gases*. Cambridge (Mass.): MIT Press

Peirano, Marta (2019), *El enemigo conoce el sistema. Manipulación de ideas, personas e influencias después de la economía de la atención*. Madrid: Debate

Pelayo, Francisco (1991), *Las teorías geológicas y paleontológicas durante el siglo XIX*. Madrid: Akal

Pellegrin, Piere (1982), *Aristotle's Classification of Animals: Biology and the Conceptual Unity of the Aristotelian Corpus*. Berkeley: University of California Press

Penrose, Roger (2006), *El camino a la realidad*. Madrid: Debate

— (2017), *Moda, fe y fantasía en la nueva física del universo*, Madrid: Debate

Pérez, Marino (2011), *El mito del cerebro creador. Cuerpo, conducta y cultura*. Madrid: Alianza

— (2012), «Frente al cerebrocentrismo, psicología sin complejos», *Infocop* 57, 8 – 12

Pérez-Jara, Javier; Camprubí, Lino (2022). *Science and Apocalypse in Bertrand Russell: A Cultural Sociology*. Lanham (USA): Lexington Books

Peters, Francis (1968), *Aristotle and the Arabs: The Aristotelian Tradition in Islam*. New York: New York University Press

Peterson, Ivars (1995), *El reloj de Newton. Caos en el sistema solar*. Madrid: Alianza

Peterson, Jordan (2019), *Mapas de sentidos. La arquitectura de la creencia*. Barcelona: Planeta

Piaget, Jean (1989), *The Jean Piaget Bibliography*. Ginebra: Jean Piaget Archives Foundation

Pica, Pierre; Lemer, Cathy; Izard, Veronique; Dehaene, Stanislas (2004), «Exact and Approximate Arithmetic in an Amazonian Indigene Group», *Science* 306, 499 – 503

Pickering, Andrew (1999), *Constructing Quarks. A Sociological History of Particle Physics*. Chicago: University of Chicago Press

Piketty, Thomas (2013), *El Capital en el Siglo XXI*. Madrid: Fondo de Cultura Económica

— (2019), *Capital e ideología*. Madrid: Deusto

— (2021), *Una breve historia de la igualdad*. Madrid: Deusto

Pinker, Steve (2012), *La tabla rasa: La negación moderna de la naturaleza humana*. Barcelona: Paidós

Planck, Max (1945), *Treatise on Thermodynamics*. New York: Dover

Pletcher, Kenneth, ed. (2010), *The Britannica Guide to Explorers and Explorations that Changed the Modern World*. New York: Britannica Educational Publishing

Pluckrose, Helen; Lindsay, James (2020), *Cynical Theories*. Durham: Pitchstone Publishing.

Poirier, Jean-Pierre (1998), *Lavoisier: Chemist, Biologist, Economist*. Philadephia: University of Pennsylvania Press

Polanyi, Michael (1946), *Science, Faith and Society*. Oxford (UK): Oxford University Press

Pólya, George (1954), *Mathematics and Plausible Reasoning*. Princeton: Princeton University Press.

— (1981), *Mathematical Discovery: On Understanding, Learning and Teaching Problem Solving*, 2 volumes. New York: Wiley.

— (2004), *How to Solve It*. Princeton: Princeton University Press.

Pólya, George; Kilpatrick J. (1974), *The Stanford mathematics problem book: with hints and solutions*. New York: Teachers College Press.

Pólya, George, Szegő, G. (1951), «Isoperimetric inequalities in mathematical physics». Princeton, *Annals of Mathematical Studies* 27

Poncela, Ángel, ed. (2015), *La Escuela de Salamanca. Filosofía y Humanismo ante el mundo moderno*. Arganda del Rey (Madrid): Verbum Editorial

Popper, Karl (1968), «Epistemology without a knowing subject», *Studies in Logic and the Foundations of Mathematics* 52, 333 – 373

— (1973), *La miseria del historicismo*, Madrid: Taurus

— (1994), *Conjeturas y refutaciones: el desarrollo del conocimiento científico*. Barcelona: Ediciones Paidós Ibérica.

Popper, Karl; Eccles, John (1993), *El yo y su cerebro*. Barcelona: Labor

Pressat, Roland (1989), *Introducción a la demografía*. Barcelona: Ariel.

Principe, L. (2000), *The Aspiring Adept: Robert Boyle and his Alchemical Quest*. Princeton (N.J.): Princeton Univ. Press

Puccini, Gabriel; Vucetich, Háctor (2004), «Steps towards the axiomatic foundations of the relativistic quantum field theory: Spin-statistics, commutation relations, and CPT theorems», *Foundations of Physics* 34 (4), 643 – 667

— (2005), «Steps towards the axiomatic foundations of the relativistic quantum theory of fields: Properties of the fields», *Il Nuovo Cimento B* 120 (1), 1

Pulido, Juan; Cante, Freddy (2009), «Intuición, sesgos y heurísticas en la teoría de la elección», *Cuadernos de economía* 28 (50), 1 – 33

Pullum, Geoffrey (1991), *The Great Eskimo Vocabulary Hoax and Other Irreverent Essays on the Study of Language*. Chicago: The University of Chicago Press

Quine, Willard (1953), *From a Logical Point of View*, Cambridge (Mass): Harvard University Press,

— (1960), *Word and Object*, Cambridge (Mass): M.I.T. Press

— (1974), *Roots of Reference*, La Salle (Ill): Open Court

— (1981), *Theories and Things*, Cambridge (Mass): Harvard University Press

— (1990), *Pursuit of Truth*, Cambridge (Mass): Harvard University Press

Quintanilla, Miguel (2017), *Tecnología: un enfoque filosófico y otros ensayos de filosofía de la tecnología*. Méjico (DF): Fondo de Cultura Económica

Rae, John (2001), *The Engineer in History*. New York: Peter Lang Publishing

Ramirez, Neyra (2004), «La tuberculosis a través de la historia», *Rev Fac Med Hum.*, 4 (1), 46-48

Ramón, José (2017), *Las emociones. La base neurológica del comportamiento*. Barcelona: RBA

Ramón y Cajal, Santiago (2006), *Trabajos escogidos*. Barcelona: Antoni Bosch Editor

— (2008), *Recuerdos de mi vida. Historia de mi labor científica*. Madrid: Alianza Editorial

Randers, Jørgen (2013), *2052: A Global Forecast for the Next Forty Years*. Vermont (USA): Chelsea Green Publishing Co

Rasmussen, Seth (2012), *How Glass Changed the World*. New York: Springer

Ravetz, Jerome (1971), *Scientific knowledge and its social problems*. Oxford (UK): Clarendon Press

Rawls, John (2012), *La justicia como equidad*. Barcelona: Paidós Ibérica

— (2013), *El liberalismo político*. Barcelona: Planeta

— (2018), *Teoría de la Justica*. Méjico (DF): Fondo de Cultura Económica

Read, John (1995), *From Alchemy to Chemistry*. New York: Dover Inc.

Redies, Christoph (2015), «Combining universal beauty and cultural context in a unifying model of visual aesthetic experience», *Frontiers of Human Neuroscience*, https://doi.org/10.3389/fnhum.2015.00218

Reichenbach, Heinrich (1944), *Symbolic Logic*. New York: Dover

Rescher, Nicholas (2001), *Nature and Understanding*. Oxford: Clarendon Press

— (2009), *Ignorance. On the wider implications of deficient knowledge*. Pittsburgh: University of Pittsburgh Press

Rhine, Joseph (1962), *El alcance de la mente*. Buenos Aires: Paidós

Ricardo, David (2003), *Principios de economía política y tributación*. Madrid: Pirámide

Richardson, Robert (2007), *Evolutionary psychology as maladapted psychology*. Cambridge (Mass): The MIT Press

Riedl, Rupert (1975), *Die Ordnung des Lebendigen. Systembedingungen der Evolution*. Hamburg: Parey. [*Order in Living Organisms: A Systems Analysis of Evolution*. New York: Wiley, 1978].

— (1983), *Biología del conocimiento. Los fundamentos filogenéticos de la razón*. Barcelona: Labor
Riffenburgh, Beau (2009), *Exploraciones Polares*. Madrid: Tikal.
— (2014), *Mapping the world. The story of cartography*. London: Andre Deutsch Ltd.
— (2017), *The Great Explorers and Their Journeys of Discovery*. London: Andre Deutsch Ltd.
Rindler, Wolfgang (1977), *Essential Relativity*. New York: Springer-Verlag
Rioja, Ana, Ordóñez, Javier (2004), *Teorías del Universo* (3 vols.). Madrid: Síntesis
Ristori J., Cocchetti C., Romani A., Mazzoli F., Vignozzi L., Maggi M., Fisher A. (2020), «Brain Sex Differences Related to Gender Identity Development: Genes or Hormones?», *Int J Mol Sci*. 21 (6), 2123
Robinson, Joan (1973), *Introducción a la economía marxista*. Méjico (DF): Siglo XXI
Romero, Gustavo (2016), «A Formal Ontological Theory Based on Timeless Events», *Philosophia* 44 (2), 607 – 622
— (2018a), *Scientific Philosophy*. New York: Springer
— (2018b), «Outline of a theory of scientific aesthetics», *Foundations of Science* 23 (4), 795 – 807
Rosch, Eleanor (1973), «Natural categories», *Cognitive Psychology* 4 (3), 328 – 350
Rossi, Paolo (1966), *Los filósofos y las máquinas (1400-1700)*. Barcelona: Labor
Roth, G; Wullimann, M.F., eds. (2001), *Brain evolution and cognition*. New York: Wiley
Rousseau, Jean-Jacques (2012), *Del contrato social*. Madrid: Alianza
— (2014), *Discurso sobre el origen de la desigualdad entre los hombres*. Madrid: Biblioteca Nueva
Rovelli, Carlo (2018), «La física necesita la filosofía. La filosofía necesita la física», *Disputatio. Philosophical Research Bulletin* 7, nº. 8: a019
Rushkoff, Douglas (2003), *Open Source Democracy: How Online Communication is Changing Offline Politics*. Freshwater: Central Books Ltd (Demos Pub. Co.)
— (2019), *Team Human*. New York: Norton & Co.
Russell, Bertrand (1936), *Libertad y Organización*. Madrid: Espasa – Calpe
— (1950), *Principles of Social Reconstruction*. London: George Allen & Unwin Ltd
— (1952), *El impacto de la ciencia en la sociedad*. Madrid: Aguilar
— (1960), *Retratos de memoria y otros ensayos*. Buenos Aires: Aguilar
— (1968), *El poder en los hombres y en los pueblos*. Buenos Aires: Losada
— (1972), *La Sabiduría de Occidente*. Madrid: Aguilar
— (1982), *La evolución de mi pensamiento filosófico*. Madrid: Alianza Editorial
— (1984), *El Conocimiento Humano*. Barcelona: Orbis
— (1986), *La Perspectiva Científica*. Barcelona: Planeta-Agostini
— (1990), *Autobiografía (vol. II) 1914 – 1944*. Barcelona: Edhasa
— (1997), *The Collected Papers of Bertrand Russell, vol. 11*. London: Routledge
Russell, Stuart; Norvig, Peter (2010), *Artificial Intelligence: A Modern Approach*. Upper Saddle River: Pearson
Sainsbury, Mark (2009), *Fiction and Fictionalism*. London: Routledge
Sambursky, S. (2009), *El mundo físico a finales de la antigüedad*, Madrid: Alianza
— (2011), *El mundo físico de los griegos*, Madrid: Alianza.
Sánchez, José (2001), *Historia de la física cuántica, vol. I*, Barcelona: Crítica
Sánchez, Juan (2017), *La plasticidad cerebral*. Barcelona: RBA
Sánchez, Miguel (2017), *La naturaleza del sueño*. Barcelona: RBA
Sánchez, Guadalupe (2020), *Populismo punitivo*. Madrid: Deusto
Sanderson, Stephen (2007), «Marvin Harris, Meet Charles Darwin: A Critical Evaluation and Theoretical Extension of Cultural Materialism», pp. 194 – 228 en Lawrence A. Kuznar & Stephen K. Sanderson (eds.), *Studying Societies and Cultures: Marvin Harris's Cultural Materialism and Its Legacy*. Boulder (Colorado): Paradigm Publishers
Sankey, Howard (1994), *The Incommensurability Thesis*. Aldershot: Avebury.
— (2008), *Scientific Realism and the Rationality of Science*. Aldershot: Ashgate
Sartori, Giovanni (1998), *Homo Videns. La sociedad teledirigida*. Madrid : Taurus
Sastre, Peggy (2015), *La domination masculine n'existe pas*. Paris: Editions Anne Carrière
Saussure, Ferdinand (1971), *Curso de lingüística general*. Buenos Aires: Losada
Savic, I; Arver, S. (2011), «Sex Dimorphism of the Brain in Male-to-Female Transsexuals», *Cereb. Cortex* 21 (11), 2525 – 2533
Schroedinger, Erwin (1985), *¿Qué es la vida?*, Barcelona: Orbis
Schumpeter, Joseph (1927), «The Explanation of the Business Cycle», *Economica* 21, 286 – 311
— (1934), *The Theory of Economic Development. An Inquiry into Profits, Capital, Credit, Interest, and the Business Cycle*. Cambridge (Mass): Harvard University Press
— (1942), *Capitalism, Socialism and Democracy*. New York: Harper & Collins
— (2010), *The Nature and Essence of Economic Theory*. New Brunswick (NJ): Transaction Publishers, 2010)
Schwenk, K; Wagner, G.P. (2003), «Constraint» en B.K. Hall & W.M. Olson (eds.), *Keywords and Concepts in Evolutionary Developmental Biology*. Cambridge (Mass): Harvard University Press, pp. 52 – 61
Scruton, Roger (2017), *Pensadores de la nueva izquierda*. Madrid: Rialp
Seargent, David (2016), *Weird astronomical theories of the solar system and beyond*. New York: Springer
Searle, John (1980), «Minds, brains, and programs», *Behavioral and Brain Science* 3 (3), 417 – 457
— (1990), *Mentes, cerebros y ciencia*. Madrid: Cátedra
Sebreli, Juan (2004), *El asedio a la Modernidad. Crítica del relativismo cultural*. Buenos Aires: Editorial Sudamericana
— (2011), *El olvido de la razón*. Buenos Aires: Editorial Sudamericana
Segerstråle, Ullica; Olofsdotter, Christina (2000), *Defenders of the truth: the battle for science in the sociobiology debate and beyond*. Oxford (UK): Oxford Univ. Press.
Selleri, Franco (1986), *El debate de la teoría cuántica*, Madrid: Alianza
Seung, Sebastian (2012), *Conectoma. Cómo las conexiones neuronales determinan nuestra identidad*. Barcelona: RBA
Shaikh, A. (1984), «The Transformation from Marx to Sraffa» in E. Mandel and A. Freeman (eds.), *Ricardo, Marx, Sraffa. The Langston Memorial Volume*. London: Verso.

Shannon, Claude (1948), «A Mathematical Theory of Communication». *Bell System Technical Journal*, 27, 379–423 & 623–656

Shattuck, Roger (1981), *The forbidden experiment; the story of the wild boy of Aveyron*. New York: Washington Square Press

Sheldrake, Rupert (2007), *Una nueva ciencia de la vida. La hipótesis de la causación formativa*. Barcelona: Kairós

Shepherd, Linda (1993), *Lifting the Veil. The Feminine Face of Science*. Boston: Shambala

Shrier, Abigail (2021), *Un daño irreversible: La locura transgénero que seduce a nuestras hijas*. Barcelona: Deusto

Sinclair, pton (1976), *La telepatía*. Barcelona: Caralt

Singh, Simon (2010), *El enigma de Fermat*. Barcelona: Planeta (Booklet)

Singh, Simon; Ernst, Edzard (2008), *Trick or Treatment? Alternative Medicine on Trial*. London: Bantam Press

Smil, Vaclav, (2002), *The Earth's Biosphere: Evolution, Dynamics and Change*. Cambridge (Mass): The MIT Press

— (2003), *Energy at the Crossroads Global Perspectives and Uncertainties*. Cambridge (Mass): The MIT Press

— (2005), *Creating the Twentieth Century: Technical Innovations of 1867-1914 and Their Lasting Impact*. New York: Oxford University Press

— (2006), *Transforming the Twentieth Century: Technical Innovations and Their Consequences*. New York: Oxford University Press

— (2008), *Energy in Nature and Society: General Energetics of Complex Systems*. Cambridge (Mass): The MIT Press

— (2010a), *Energy Myths and Realities: Bringing Science to the Energy Policy Debate*. Washington (DC): The AEI Press

— (2010b), *Energy Transitions: History, Requirements, Prospects*. Santa Bárbara (California): Praeger

— (2013), *Harvesting the Biosphere: What We Have Taken from Nature*. Cambridge (Mass): The MIT Press

— (2015), *Power Density: A Key to Understanding Energy Sources and Uses*. Cambridge (Mass): The MIT Press

— (2017), *Energy and Civilization: A History*. Cambridge (Mass): The MIT

Smith, Adam (2019), *La riqueza de las naciones*. Madrid: Biblioteca Nueva

Smith, E. S., Junger, J., Derntl, B., Habel, U. (2015), «The transsexual brain – A review of findings on the neural basis of transsexualism», *Neuroscience & Biobehavioral Reviews* 59, 251 – 266

Smolin, Lee (2007), *Las dudas de la física en el siglo XXI*. Barcelona: Crítica

Snow, Charles (1961), *The two cultures and the scientific revolution*. New York: Cambridge University Press

Söderlund, Therese; Madison, Guy (2017), «Objectivity and realms of explanation in academic journal articles concerning sex/gender: A comparison of Gender studies and the other social sciences», *Scientometrics* 112 (2), 1093 – 1109

Soh, Debra (2020), *The End of Gender: Debunking the Myths About Sex and Identity in Our Society*. New York: Threshold Editions

Sokal, Alan (1996), «Transgressing the Boundaries: Towards a Transformative Hermeneutics of Quantum Gravity», *Social Text* 46/47 (14), N. 1 & 2, 217 – 252

— (2008), *Beyond the Hoax. Sciencie. Philosophy and Culture*. Oxford – New York: Oxford University Press

Sokal, Alan; Bricmont, Jean (1999), *Imposturas intelectuales*. Barcelona: Paidós

Soto, Juan (2017), *Arden las redes. La poscensura y el nuevo mundo virtual*. Barcelona: Penguin

— (2021), *La casa del ahorcado. Como el tabú asfixia la democracia occidental*. Madrid: Debate

Sporns, O; Tononi, G; Kötter, R. (2005), «The Human Connectome: A Structural Description of the Human Brain», *PLoS Comput. Biol.* 1 (4): e42

Spyridakis, Manos (2018), *Market Versus Society*. London: Palgrave Macmillan

Sraffa, Piero (1960), *Producción de mercancías por medio de mercancías*. Barcelona: Oikos-Tau

Stebbing, Susan (1939), *Thinking to some purpose*. Harmondsworth: Penguin

Stephan, Achim (1999), «Varieties of Emergentism», *Evolution and Cognition*, 5 (1), 49–60

Stigler, Stephen (1999), *Statistics on the Table: The history of statistical concepts and methods*. Harvard: Harvard University Press

Stock, Gregory (2005), «Germinal Choice Technology and the Human Future», *Ethics L. & Moral Phil. Reprod. Biomedicine* 10, 27 – 34

Swaab, Dick (2004), «Sexual differentiation of the human brain: relevance for gender identity, transsexualism and sexual orientation», *Gynecological Endocrinology* 19 (6), 301 – 12

Swaab, Dick; Fliers, Eric (1985), «A sexually dimorphic nucleus in the human brain», *Science* 228, 1112 – 1115

Tao, Yong *et al.* (2019), «Exponential structure of income inequality: evidence from 67 countries», *Journal of Economic Interaction and Coordination*, 14 (2), Nº 6, 345 – 376

Tarde, Gabriel (1890), *Les lois de l'imitation: étude sociologique*. Paris: Alcan

— — — (1898). *Les Lois Sociales: Esquisse d'une sociologie*. Paris: Alcan

— — — (1901). *L'opinion de la foule*. Paris: Alcan

Tarski, Alfred (1994), *Introduction to Logic and the Methodology of Deductive Sciences*. Oxford: Oxford University Press

Taton, Rene, ed. (1988), *Historia General de las Ciencias*. Barcelona: Orbis

Taylor, Charles (1996a), *Las fuentes del yo. La construcción de la identidad moderna*. Barcelona: Paidós

— (1996b), «Identidad y reconocimiento», *Revista Internacional de Filosofía Política* 7, 10 – 19

Teller, Paul (1992), «A Contemporary Look at Emergence», en A. Beckermann, H. Flohr, J. Kim (eds.), *Emergence or Reduction? Essays on the Prospects of Nonreductive Physicalism*. Berlin: De Gruyter

Thatcher, Margaret (1987), «Aids, education and the year 2000». Entrevista realizada por Douglas Keay para la revista *Woman's Own* (31.10.1987), pp. 8-10. Disponible en https://www.margaretthatcher.org/document/106689 – Thatcher Archive (THCR 5/2/262): COI transcript.

Thom, René (1975), *Structural Stability and Morphogenesis*. Massachusetts: Benjamin Reading

Thomas, William (1928), *The child in America: Behavior problems and programs*. New York: Arthur Knopf

— (1967), *The Unadjusted Girl. With Cases and Standpoint for Behavioral Analysis*. New York: Evanston

Thuillier, Pierre (1981), *La trastienda del sabio*. Valencia: Fontalba

Toharia, manuel (1992), *Astrología, ¿ciencia o creencia?* Madrid: MacGraw-Hill

Truesdell, Clifford (1966), *Six Lectures on Modern Natural Philosophy*. New York: Springer-Verlag

Truesdell, C.; Bharatha, S. (1977), *The concepts and logic of classical thermodynamics*. New YorK: Sprenger-Verlag

Tsuen-Hsuin, Tsien; Needham, Joseph (1985), *Paper and Printing. Science and Civilization in China* 5 – Part I. Cambridge (UK): Cambridge University Press

Turing, Alan (1937), «On Computable Numbers, with an Application to the Entscheidungsproblem», *Proceedings of the London Mathematical Society* 2 (42), 230-265

— (1950), «Computing machinery and intelligence», *Mind. A quarterly review of psychology and philosophy* 59 (236), 433 – 460

Tyler, Tom (2011), *Why People Cooperate: The Role of Social Motivations*. Princeton (NJ): Princeton University Press

Uribe, Carme; Junque, Carme; Gómez-Gil, Esther; Abos, Alexandra; Mueller, Sven; Guillamon, Antonio (2020), «Brain network interactions in transgender individuals with gender incongruence», *NeuroImage* 211, 116613

Udehn, Lars (2001), *Methodological Individualism: Background, History, and Meaning*. London: Routledge

Valdebenito, María Paz (2016), «La doctrina del Justo Precio, desde Aristóteles hasta la escuela moderna subjetiva del valor», *Economía y Sociedad* 20 (34), 69 – 79

Varshney L.R., Chen B.L., Paniagua E., Hall D.H., Chklovskii D.B. (2011), «Structural properties of the Caenorhabditis elegans neuronal network», *PLoS Comput. Biol.* 7 (2): e1001066. doi: 10.1371/journal.pcbi.1001066. PMID: 21304930; PMCID: PMC3033362.

Velázquez, Héctor (2021), «Georges Cuvier: la fisiología como paradigma» en J. Arana (ed.), *La cosmovisión de los grandes científicos del siglo XIX* (capítulo XVIII, pp. 249 – 262). Madrid: Tecnos

Von Hayek, Friedrich (2011), *Camino de servidumbre*. Madrid: Alianza

Von Mises, Ludwig (2011). *La Acción Humana: Tratado de Economía*. Madrid: Unión Editorial

Von Neumann, John; Morgenstern, Oskar (1944), *Theory of Games and Economic Behavior*. Princeton (NJ): Princeton University Press

Vries, G. J., Södersten, P. (2009), «Sex differences in the brain: the relation between structure and function», *Hormones and behavior* 55 (5), 589 – 596

Wagner, G.P; Laubichler, M.D. (2004), «Rupert Riedl and the re-synthesis of evolutionary and developmental biology: Body plans and evolvability», *Journal of Experimental Zoology B* (Molecular and Developmental Evolution) 302, 92 – 102

Wald, Robert (2010), *General Relativity*. Chicago: University of Chicago Press

Wallerstein, I. (2006), *Análisis de sistemas-mundo. Una introducción*. Madrid: Siglo XXI

— (2007), *Geopolítica y geocultura: ensayos sobre el moderno sistema mundial*. Barcelona: Kairos

Ward, Peter (2009), *The Medea Hypothesis: Is Life on Earth Ultimately Self-Destructive?* Princeton (NJ): Princeton University Press

Watson, James (2011), *La doble hélice: Relato personal del descubrimiento de la estructura del ADN*. Madrid: Alianza Editorial

Watson, Peter (2002), *Historia Intelectual del Siglo XX*. Barcelona: Crítica

Webster, Richard (2005), *Why Freud Was Wrong: Sin, Science and Psychoanalysis*. Oxford: The Orwell Press

Weinberg, Steven (1972), *Gravitation and cosmology*. New York: Wiley

— (1980), *Los tres primeros minutos del universo*. Madrid: Alianza

— (1994), *El sueño de la teoría final: la búsqueda las leyes fundamentales de la naturaleza* (Biblioteca de Bolsillo). Barcelona: Crítica

Weizenbaum, Joseph (1976), *Computer Power and Human Reason: From Judgment to Computation*. San Francisco: W. H. Freeman

— (1977), *La frontera entre el ordenador y la mente*. Madrid: Ediciones Pirámide

Westen, Drew (2007), *The political brain. The role of emotion in deciding the fate of the nation*. Nueva York: Public Affairs

White, Andrew (2017), *History of the Warfare of Science With Theology in Christendom*. Canton (Ohio): Pinnacle Press

White, James (2018), *The life and ideas of Alexander Bogdanov*. Leiden – Boston: Brill

White, John; Strome, Susan (1996), «Cleavage plane specification in C. elegans: how to divide the spoils», *Cell* 84 (2), 195 – 198. PMID 8565065. doi:10.1016/S0092-8674(00)80974-5

Whittaker, E.T. (1953), *A history of the theories of aether and electricity* (2 vols.), London: Nelson

Whorf, Benjamin (1956), *Language, Thought, and Reality*. Cambridge (Mass): MIT Press

Wiener, Norbert (1965), *Cybernetics: Or Control and Communication in the Animal and the Machine*. Cambridge (Mass): MIT Press

— (1988), *Cibernética y Sociedad*. Buenos Aires: Editorial Sudamericana

Wilcken, Patrick (2011), *Claude Lévi-Strauss: The Poet in the Laboratory*. London: Bloomsbury

Wimsatt, William (2008), «Aggregativity: Reductive Heuristics for Finding Emergence», en Mark A. Bedau & Paul Humphreys (eds.), *Emergence: Contemporary Readings in Philosophy and Science* (pp. 100 – 110). Cambridge (Mass.) – London: MIT Press

Wind, Marlene (2019), *La tribalización de Europa*. Madrid: Espasa

Winner, Langdon (1980), «Do Artifacts Have Politics?», *Daedalus* 109 (1), 121 – 136

Winson, Jonathan (1986), *Cerebro y psique*. Barcelona: Salvat

Wiseman, Boris (1998), *Introducing Lévi-Strauss*. Flint (Michigan): Totem Books

Witkowski, Tomasz (2010), «Thirty-Five Years of Research on Neuro-Linguistic Programming. State of the Art or Pseudoscientific Decoration?», *Polish Psychological Bulletin* 41 (2), 58–66

Wittgenstein, Ludwig (2002), *Tractatus Logico-Philosophicus*. Madrid: Alianza

— (2017), *Investigaciones filosóficas*. Madrid: Editorial Trotta

Woodcock, Alexander; Davis, Monte (1986), *Teoría de las catástrofes*. Madrid: Cátedra

Woodger, Joseph (1929), *Biological Principles: A Critical Study*. London: Routledge & Kegan Paul Ltd.

— (1937), *The Axiomatic Method in Biology*. Cambridge: Cambridge University Press

Woods, Alan; Grant, Ted (2008), *Razón y revolución. Filosofía marxista y ciencia moderna*. Madrid: Fundación Federico Engels

Woolgar, Steve (1988), *Science: The Very Idea*. Chichester: Ellis Horwood.

Worrall, John (1989): «Structural Realism: The Best of Both Worlds?», *Dialectica*, 43, 99 – 124

Wray, Randall (2019), *Teoría Monetaria Moderna. Manual de macroeconomía sobre los sistemas monetarios soberanos*. Berlín: Lola Books

Wulf, Andrea (2016), *La invención de la naturaleza: El Nuevo Mundo de Alexander von Humboldt*. Madrid: Taurus

Wuppuluri, Shyam; Ghirardi, Giancarlo (eds.), (2017), *Space, Time and the Limits of Human Understanding*. Cham (Switz): Springer

Yanofsky, Noson (2013), *The Outer Limits of Reason. What Science, Mathematics, and Logic Cannot Tell Us*. Cambridge (Mass): The MIT Press

Zahle, Julie; Collin, Finn (2014), *Rethinking the Individualism/Holism Debate: Essays in the Philosophy of Social Science*. Cham: Springer International Publishing

Zarrow, Peter (2021), *Abolishing Boundaries: Global Utopias in the Formation of Modern Chinese Political Thoughts, 1880–1940*. New York: State University of New York Press

Zeki, Semir (2013), «Clive Bell's "Significant Form" and the neurobiology of aesthetics», *Front. of Hum. Neuroscie*, https://doi.org/10.3389/fnhum.2013.00730

Zeki, Semir; Romaya John; Benincasa, Dionigi; Atiyah, Michael (2014), «The experience of mathematical beauty and its neural correlates», *Frontiers of Human Neuroscience*, https://doi.org/10.3389/fnhum.2014.00068

Zhou J., Hofman M., Gooren L., Swaab D. (1995), «A sex difference in the human brain and its relation to transsexuality», *Nature* 378 (6552), 68 – 70

Ziman, John (1981), *La credibilidad de la ciencia*. Madrid: Alianza.